普通高等教育"十一五"国家级规划教材

大学物理学

（第二版）

余　虹　主　编

姜东光　李雪春　刘　昱　副主编

科学出版社

北　京

内 容 简 介

本书是普通高等教育"十一五"国家级规划教材,是作者在总结了多年教学和科研工作经验,并在第一版的基础上撰写而成的.本书重视激发学生学习兴趣,注重学习方法的培养,以更多更好地培养创新性人才为重要的和基本的目标.全书分五篇,适合于90~128学时(或更多学时)的工科院校使用.力学篇包含质点力学、振动、波动和相对论.本书对相对论有较新的讲法,对深入理解电磁学有一定帮助.电磁学篇中强调对基本理论的理解,对电磁势、对称性等都作了深入浅出的介绍.光学篇主要讨论波动光学.但前有几何光学作铺垫,后有光与物质相互作用压阵,既衔接前面内容,又为学习量子物理作了必要的准备.热学包括气体动理论和热力学,量子物理强调了量子态和概率幅.本书突出近年教学内容现代化改革的研究成果,注重表现物理学研究的新思想,对工程技术背景也有一定反映.

本书适合工科各专业本科生学习使用.

图书在版编目(CIP)数据

大学物理学/余虹主编. —2 版. —北京:科学出版社,2008
普通高等教育"十一五"国家级规划教材
ISBN 978-7-03-021902-2

Ⅰ. 大… Ⅱ. 余… Ⅲ. 物理学-高等学校-教材 Ⅳ. O4

中国版本图书馆 CIP 数据核字(2008)第 064557 号

责任编辑:胡云志 唐保军/责任校对:宋玲玲
责任印制:张克忠/封面设计:耕者设计工作室

科 学 出 版 社 出版
北京东黄城根北街16号
邮政编码:100717
http://www.sciencep.com

北京市文林印务有限公司 印刷
科学出版社发行 各地新华书店经销

*

2001 年 2 月第 一 版 开本:B5 (720×1000)
2008 年 6 月第 二 版 印张:32 1/2
2014 年 1 月第十九次印刷 字数:630 000
印数:70 501—75 500

定价:46.00 元
(如有印装质量问题,我社负责调换)

再 版 前 言

本书第一版曾受到国家级教学名师卢德馨教授的指点,并于 2007 年被评为辽宁省精品教材.

2006 年作者得到"十一五国家级重点教材"项目的支持,根据教育部高等学校物理与天文教学指导委员会、物理基础课程教学指导分委会对"非物理类理工学科大学物理课程教学基本要求"的精神,对本教材作了如下修改:

在第一篇中,重新编写第 1 章~第 3 章增加了 3.4 节刚体的复合运动,重新编写了第 6 章相对论;

在第二篇中,作部分微调,10.4 节的叙述作了明显调整;

在第三篇中,增加了第 11 章几何光学,重新编写了其他 4 章;

在第四篇中,将原第 15 章与第 16 章合并,对各节内容进行局部调整;

在第五篇中,对全篇的叙述作了重要调整,重新编写了 21.2 节激光,增加 21.4 节核物理,重新编写了 21.5 节粒子物理.

其中第 1 章~第 3 章的工作主要由刘昱完成,第 6 章、第 11 章~第 15 章及第 21 章 21.2 节由余虹完成,第 16 章~第 18 章的调整工作主要由常葆荣完成,第 19 章、第 21 章的工作由姜东光完成,第 20 章的工作由姜东光和荆亚玲完成. 常葆荣编写了几何光学的习题. 刘升光编制了附录,校对了习题及答案. 余虹对全文进行了统稿,姜东光参加了部分篇章的统稿工作. 第一篇的振动和波动、第二篇电磁学和第四篇热学的校对工作由李雪春完成,其他各章节的校对工作由各作者完成.

大学物理课程是高等学校理工科各专业学生一门重要的通识性必修基础课,修改后的教材进一步体现课程的这一性质. 作者希望读者对本书中涉及的基本概念、基本理论和基本方法有比较系统的认识和正确的理解,最终使其真正成为读者科学素养的重要组成部分.

感谢广大读者对本书第一版的厚爱,感谢编委会委员为本书的修改、再版提出了很好的建议,并做了很多工作,特别是鞍山科技大学的高首山教授和赵汝顺教授.

本次再版,作者在好读、好教、好理解方面也做了充分的考虑. 若有不当之处,请不吝赐教.

作 者

2007 年 11 月 26 日

第 一 版 序

当我们在飞机上舒适地飞越崇山峻岭、横渡重洋时,就不能忘记经典力学、流体力学、结构力学……的成就.热力学则推动了各种车辆、发动机、发电等动力装置的研究.而如没有电磁学的成就,何来电灯、电话、电视、通讯……

20 世纪是以物理学的重大突破而开始的.量子论、相对论、量子力学以及光电效应、原子结构、激光、半导体……一系列重大成就给今天的人类物质文明打下了坚实的基础.如果没有这些重大突破,今天的技术成就是不可想象的.每一次物理学的突破都意味着一系列或早或晚的重大技术成就有了基础.而技术的突破意味着对事物有了新的认识,新认识需要物理、数学、力学等方面的基础.在科技领域,"学好数理化,走遍天下都不怕",就是要打好基础之意.

方法论也是很重要的,物理学的学习也提供了走向成功的方法论.

对于工科大学的学生,学好物理是非常重要的环节.大学几年是打好基础的最紧要阶段.打好基础可以一辈子得益.不要急于求成,丢掉基础去赶一些时尚是得不偿失的.当今是知识爆炸性增长的年代,尤其需要基础.交叉学科,一专多能,都需要物理.

我怀着很大兴趣看到这本物理学教材.有感于怀,写上几句.

钟万勰谨识

2000 年 12 月 25 日于大连理工大学

第一版前言

物理学研究物质最基本、最普遍的运动形式和规律,研究物质最基本的结构. 物理学研究对象的时空尺度极为广泛,从亚核粒子到浩瀚的宇宙;从大爆炸宇宙的极早期,到延绵不尽的未来. 物理学又是自然科学中发展完善最早的学科. 它的实验精确性之高,堪称自然科学之最;它的理论广度和深度,在各学科之中名列前茅;它与数学科学和计算机科学有着千丝万缕的联系. 过去的半个世纪之中,计算物理也有了长足的发展. 物理学的基本概念和方法,为整个自然科学提供了规范、模板甚至工作语言. 物理学所取得的辉煌成就,深刻地影响着人类对自然界的基本认识,并极大地改变着社会生活的每一个层面.

物理学研究的历史可以追溯到人类文明的早期,近四百年间它的发展更是博大精深. 与其说物理学是一门自然科学,不如说它是整个人类文化最丰富最活跃的一部分. 经典力学创立之前的物理学,与哲学、数学研究密切相关,彼此渗透,成为人类文明进步的重要推动力. 经典力学与热物理学的研究,为第一次工业革命奠定了理论基础. 麦克斯韦电磁学理论体系的建立,为第二次工业革命拉开了序幕. 以相对论和量子物理为标志的近代物理,更是参与了第三次工业革命的全过程.

在世纪之交,放眼未来的 100 年,物理学有着极大的发展潜力和良好前景. 在 21 世纪里,信息社会与知识经济将日臻完善,光子技术与电子技术、计算机科学的进一步结合,将推动社会与生产的全面进步;反过来,信息技术、光子技术、材料与生命科学等科学技术的全面进步,又会拉动物理学等基础学科的进一步发展. 在 21 世纪,物理学仍将是一门充满生机与活力的科学,它的创造性进展仍将日新月异,它的理论与实验研究仍是生产力发展的巨大推动力,物理学与其它学科之间的边缘学科、交叉学科和物理学本身,仍然是高科技发展十分活跃的增长点.

物理学为工程科学与工程技术人才提供必要的理论基础,是高等理工科教育的重要基础课. 随着社会的进步与发展,学习物理学的重要性将日显突出. 从伽利略与牛顿时代开始,逐步建立起来的经典物理学,在今天仍然非常有用;而近三四十年来的一些物理学研究的重要成果,在现代科技中已属于基本内容,成为现代社会每一位工程技术人员的基本常识. 另外,物理学的研究方法,诸如理想模型方法、半定量与定性分析方法、对称性分析方法、精密的实验与严谨的理论紧密结合的方法,以及注重能量、熵、信息、对称性与守恒律等基本概念和普遍原理的风格,具有扩张的趋势.物理学家用典型的物理学方法,所从事的所有研究都是物理学的研究,所解决的所有课题都是物理学问题.显然,在 21 世纪任何科技领域中,都会出现物理学家的身影,只要是他所关注的问题、研究问题的视角、成果的特色与解决问题的程度,都将打上物理学家的烙印.因此,在 21 世纪里,工程科学家、工程技术人才与物理学家将会有更多的交流与合作;迈进新世纪的大门时,努力优化工科物理学教育将是十分有意义的.

　　然而,在高等工科物理教育中,一方面,工科物理基础课的学时近年来呈下降趋势,许多需要讲授也可以讲授的物理内容不能纳入到课程中去;另一方面,现有学时怎样有效地利用,工科大学物理教学内容、体系、手段和模式怎样进行现代化改革,也还需要进一步探索解决.怎样搞好工科物理基础课教育,有许多不同的见解.下面是在编写过程中的一些思考.

　　从提出"普通物理现代化"那天起,"现代物理普通化"的问题就提上了教改的日程.一方面,为帮助学生开阔眼界,提高他们学物理的积极性,教师领着学生浏览一下现代物理的丰硕成果,是大有好处的.另一方面,作为一门基础课,只是透过"窗口"向物理学的现代发展观望一下是不够的,物理学应当让学生对这些成就的物理本质有起码的了解.这就涉及物理学的现代发展,即量子物理、相对论和非线性物理等有关内容了.运用普通物理的风格,把物理学的这些现代发展讲好,正是物理基础课、特别是工科大学物理成功的标志.所谓"普物风格",就是授课时尽量避免艰深和复杂的数学,突出物理本质,建立起鲜明的物理图像.所以,追求"普通物理现代化"和"现代物理普通化"是本书的第一个宗旨.

　　大学物理学的改革是人们的共识,但对怎样改、为什么这样改却是见仁见智.20 世纪 60 年代和 80 年代美国等西方国家有几次物理教学改革的高潮,在全世界范围内具有很大影响.20 世纪 90 年代,中国的高等教育改革也是高潮迭起,方兴未艾.纵观这些物理学教改的侧重点与特色,可分为"宏观、介观与微观"三个层次.这里的"宏观"是指教学内容的选取与篇章布局,"微观"是指概念的引入、定理的证明、例题的选用和图表的安排等,而"介观"在这里借指建立物理图像和讲解基本概念的方式方法.介观层次上的改革应当强调知识点的链接方式,即怎样把基本概念与相关的知识有机地联系起来.这本教材在宏观上做了些调整,在微观上尽了不少的努力,而在介观上着力最甚.编者的用心良苦,在电磁势、光与物质的相互作用和概率幅(波函数)等内容的编排上可见一斑.强调介观层次上的教学改革,从而达到对基本概念与理论的深刻理解与直觉上的把握,这是本书的第二个宗旨.

　　第三,寻求合适的定位,也是本书编者的另一个素求.大学物理学应当合理地建立在中学物理教学的平台之上,既不能重复过多,也不能相互脱节.微积分是物理教学的工具,在学习物理学的过程中,学生应当对高等数学有更好的理解与掌握,但不能使大学物理课降低为数学的练兵场,给学生造成这样的印象:大学物理等于中学物理加微积分,那必定是一个要解决的问题.大学物理教学应为后继课服务,但它的主要功能不是某一门或几门课的基础课.它应当是这样一门公共基础课,其主旨是提高学生的科学素质,提高学生的智能与技能,指导学生建立合理的知识结构,以便更多的人以科学的方式去思维.作者努力使本书好教好学,保留传统大学物理教学的优点,并富有新意.

关于学习大学物理学和使用本书的注意事项,作者想对同学们说几句话:

(1) 学习物理学基础课时,常常需要有意识地从五个方面入手,既实验现象、逻辑结构、数学表述、理论预言和实际应用.学习相对论和量子物理学等有关内容时,由于接受新观念时往往会碰到某些障碍,而直觉与常识并不一定能帮助你解决这些问题;所以,学习过程中多向自己提出一些问题,有目的地从这五个方面分析所学的新内容,往往能够取得事半功倍的效果.

(2) 对一门课程理解的途径通常有:机械的(例如套公式做题)、演绎的(如证明定理)、归纳的(由典型现象到一般规律)和直观的.因此,本书在编排上并不局限于前两种方式,同传统教学方式相比,侧重于归纳与直观理解的方法就显得比较多,通过类比来激发学生想象力的处理方式比较多.在不少情况下,我们采取"跳跃式"的或"渗透式"的叙述法,读者也许只知道一个大概的联系与发展方向,但留下了悬念,今后可以进一步学习,慢慢体会.希望在学习过程中,同学们能够更好地使用归纳法,更好的利用直觉和发挥想像力.

(3) 本书主要编者的一位已故老师——金百顺教授生前竭力提倡学习中的"主观创造法",使人受益良多.所谓主观创造法,是指某一学识客观上已为他人发明或发现,但你在学习中,可以尝试着自己去独立地发现它.这样的学习方法,不但使你对学问会有极为深刻的理解,而且可能,你真的会有所发现,有所发明.作为21世纪的主人,我们建议你运用一下主观创造的学习方法.本书中为你留下了许多进行主观创造的用武之地.

参加编写本书的教师分别隶属于基础物理教研室、近代物理实验室和理论物理教研室,都有多年从事大学一、二年级普通物理教学的经验和教学研究、科学研究的体会.

第1~4章由刘中原完成,第5章由李淑凤完成,第6章由张殿凤完成,第7章、第10章由余虹、姜东光、王雪莹和牟宗信完成,第8章、第9章由李雪春完成,第11~14章由余虹完成、第15章、第17章由王文春完成,第16章由郑殊完成,第18~21章由姜东光、牟宗信完成.余虹、李雪春和张殿凤完成了本书的大部分插图,李淑凤校阅了电磁学篇、刘中原校阅了热学篇、李雪春校波动章,王昕、熊伟等同学完成了部分章节的打字工作.

余虹、姜东光负责全书的统稿,张殿凤、牟宗信参加了统稿工作.

本书编写过程中受到大连理工大学教务处和物理系领导的关注和支持,还得到郭永江教授的鼓励和帮助,中国科学院院士钟万勰教授为本书写了序,作者在这里表示衷心感谢. 本书在编写过程中,特别借鉴了许多国内外出版的物理教材. 其中主要有:

R. P. Feynman,《Lectures on Physics》;张三慧,《大学物理学》;赵凯华,《新概念物理教程》;倪光炯,《改变世界的物理学》;王锡祉,《大学物理》.

对于这些教材的作者,我们特别致以诚挚的谢意.

由于时间仓促,参加编写的人员较多,很可能有疏漏和错误之处,恳请各位读者不吝赐教,提出宝贵的意见和建议.

编者

2000 年 12 月

目　录

再版前言

第一版序

第一版前言

第一篇　力　学

第1章　质点运动学 ……………………………………………… 3

　1.1　质点运动的描述 …………………………………………… 3

　1.2　速度和加速度的分量表示 ………………………………… 5

　1.3　相对运动 ……………………………………………………11

第2章　质点和质点系动力学 …………………………………… 15

　2.1　牛顿运动定律和质心运动定理 …………………………… 15

　2.2　动量定理和动量守恒定律 ………………………………… 20

　2.3　角动量定理和角动量守恒定律 …………………………… 22

　2.4　功能原理和机械能守恒定律 ……………………………… 25

第3章　刚体力学 ………………………………………………… 36

　3.1　刚体的运动 ………………………………………………… 36

　3.2　刚体定轴转动定律 ………………………………………… 37

　3.3　刚体的复合运动 …………………………………………… 43

第4章　振动 ……………………………………………………… 50

　4.1　简谐振动 …………………………………………………… 50

　4.2　谐振子 ……………………………………………………… 51

　4.3　阻尼振动 …………………………………………………… 55

　4.4　受迫振动 …………………………………………………… 57

　4.5　同方向简谐振动的合成 …………………………………… 58

　4.6　互相垂直简谐振动的合成 ………………………………… 61

　4.7　谐振分析 …………………………………………………… 63

　4.8　相空间中振动的轨道 ……………………………………… 63

第5章　波动 ……………………………………………………… 66

　5.1　简谐波 ……………………………………………………… 66

　5.2　波动方程与波速 …………………………………………… 72

5.3　波的能量 ·· 74

5.4　惠更斯原理　反射与折射 ······························· 77

5.5　波的叠加　波的干涉和驻波 ··························· 80

5.6　声波与声强级 ··· 85

5.7　多普勒效应 ··· 87

5.8　波的色散及非线性波简介 ······························· 89

第6章　相对论基础 ·· 95

6.1　经典时空观 ··· 95

6.2　狭义相对论和洛伦兹变换 ······························· 96

6.3　狭义相对论的时空观 ····································· 100

6.4　相对论动力学 ·· 111

6.5　广义相对论简介 ··· 118

第二篇　电　磁　学

第7章　静电场和恒定电场 ··································· 129

7.1　静电场　高斯定理 ·· 129

7.2　场强环路定理　电势 ····································· 140

7.3　静电场中的导体 ··· 145

7.4　静电场中的电介质 ·· 148

7.5　电容　电容器 ·· 153

7.6　静电场的能量 ·· 156

7.7　恒定电场 ·· 158

7.8　匀速运动点电荷的电场 ·································· 164

第8章　恒定磁场 ··· 171

8.1　磁场　磁感应强度 ·· 171

8.2　磁场的高斯定理 ··· 177

8.3　安培环路定理及其应用 ·································· 178

8.4　带电粒子在磁场中的运动 ······························ 181

8.5　磁场对电流的作用 ·· 186

8.6　磁介质 ·· 188

8.7　铁磁质 ·· 193

第9章　电磁感应 ··· 199

9.1　法拉第电磁感应定律 ····································· 199

9.2　动生电动势与感生电动势 ······························ 201

9.3　自感和互感 ··· 206

　9.4　磁场的能量 ……………………………………… 210

　9.5　匀速运动点电荷的磁场 ………………………… 212

第10章　麦克斯韦方程组　电磁场 ……………… 216

　10.1　位移电流 ……………………………………… 216

　10.2　全电流安培环路定理 ………………………… 217

　10.3　麦克斯韦方程组积分形式 …………………… 218

　10.4　电磁波 ………………………………………… 220

　10.5　电磁波能量与电磁波谱 ……………………… 223

　10.6　电磁势 ………………………………………… 224

第三篇　光　　学

第11章　几何光学的基本概念 …………………… 233

　11.1　几个重要的基本概念 ………………………… 233

　11.2　物和像 ………………………………………… 236

　11.3　薄透镜成像 …………………………………… 238

第12章　光的干涉 ………………………………… 244

　12.1　相干条件 ……………………………………… 244

　12.2　杨氏双缝干涉 ………………………………… 248

　12.3　时空相干性 …………………………………… 251

　12.4　分振幅干涉 …………………………………… 255

　12.5　迈克耳孙干涉仪 ……………………………… 262

第13章　光的衍射 ………………………………… 265

　13.1　惠更斯-菲涅耳原理 …………………………… 265

　13.2　单缝夫琅禾费衍射 …………………………… 266

　13.3　圆孔衍射　光学仪器的分辨本领 …………… 270

　13.4　光栅衍射 ……………………………………… 273

　13.5　伦琴射线的衍射 ……………………………… 279

第14章　光的偏振 ………………………………… 283

　14.1　光的偏振状态 ………………………………… 283

　14.2　起偏与检偏 …………………………………… 285

　14.3　光的双折射 …………………………………… 289

　14.4　椭圆偏振光　圆偏振光 ……………………… 294

　14.5　偏振光的干涉 ………………………………… 297

　14.6　旋光效应 ……………………………………… 301

第 15 章　光与物质相互作用 ································· 305

　　15.1　分子光学的基本概念 ··························· 305

　　15.2　光的散射 ································· 307

　　15.3　光的吸收 ································· 312

　　15.4　光的色散 ································· 313

第四篇　热　　学

第 16 章　气体动理论 ································· 319

　　16.1　物质的聚集态 ································· 319

　　16.2　温度 ································· 321

　　16.3　理想气体 ································· 324

　　16.4　能量均分定理 ································· 327

　　16.5　两种分布律 ································· 330

　　16.6　范德瓦耳斯方程 ································· 337

　　16.7　气体分子平均自由程 ························· 340

第 17 章　热力学第一定律 ························· 346

　　17.1　准静态过程 ································· 346

　　17.2　热力学第一定律与能量守恒 ··············· 347

　　17.3　理想气体的等值过程 ························· 354

　　17.4　卡诺循环 ································· 366

第 18 章　热力学第二定律 ························· 378

　　18.1　自然界演化过程的方向性 ··············· 378

　　18.2　热力学第二定律的表述 ··················· 380

　　18.3　热力学概率 ································· 381

　　18.4　玻尔兹曼熵公式与熵增加原理 ··········· 382

　　18.5　可逆过程　卡诺定理 ····················· 383

　　18.6　克劳修斯熵公式 ························· 385

第五篇　量子物理学基础

第 19 章　实验基础与基本原理 ················· 393

　　19.1　量子物理学的早期证据 ··················· 393

　　19.2　康普顿效应 ································· 403

　　19.3　微观粒子的波动性 ························· 407

　　19.4　概率波与概率幅 ························· 411

　　19.5　量子物理学的基本原理 ··················· 419

第 20 章　薛定谔方程 ……………………………………… 425

　　20.1　定态薛定谔方程 …………………………………… 425

　　20.2　双态系统 …………………………………………… 429

　　20.3　一维定态问题 ……………………………………… 436

　　20.4　原子中的电子 ……………………………………… 443

第 21 章　量子物理的应用 ………………………………… 452

　　21.1　多粒子系统与量子统计 …………………………… 452

　　21.2　激光 ………………………………………………… 456

　　21.3　半导体 ……………………………………………… 465

　　21.4　核物理 ……………………………………………… 473

　　21.5　粒子物理 …………………………………………… 480

习题答案 …………………………………………………… 494

附录 ………………………………………………………… 501

第一篇　力　　学

　　力学是物理学中最古老的学科,以牛顿定律为基础的力学称为经典力学. 经典力学有其局限性,在高速领域被狭义相对论取代,在微观领域被量子力学取代. 尽管如此,经典力学依然十分重要. 经典力学是一般工程技术的理论基础,它的实用性是学习经典力学的重要原因. 经典力学又是物理学的重要基础. 动量、角动量、能量等是物理学的基本概念,动量守恒、角动量守恒、能量守恒等是自然界的普遍规律. 而这些基本概念和普遍规律又与对称性密切相关. 物理学是一门改变世界的科学,要学好物理学首先要学好经典力学.

第 1 章　质点运动学

在很多实际问题中,物体的形状和大小对于所研究的问题没有影响或者影响很小,此时就可以把它看成一个几何点,并把它的质量集中在这个点上,这种抽象化的模型,称为质点. 例如,研究行星运动时,虽然行星本身很大,但是它的半径比起它绕太阳运动时的轨道半径却小得多,因此在这一类问题中,就可以把行星当作质点. 但在研究它们的自转时,就不能把它们当作质点了.

质点运动学是力学的一个部分,它研究在不同时刻质点的运动状态(即位置和速度)和运动状态的改变. 至于运动状态改变的原因,则属于动力学的内容.

本章的重点是在矢量分析的基础上,讨论速度、加速度,研究运动的特点,最后讨论伽利略变换.

1.1　质点运动的描述

一、参考系和坐标系

描述物体运动或静止并不完全取决于物体本身,还取决于观测者所采用的另外一个物体或物体群. 被选做参考的物体或物体群称为参考系.

运动和静止是相对一定参考系而言的,同一物体相对不同的参考系其运动的状态不同,此为运动的相对性;任何物体都在参与某种运动,不存在绝对静止的物体,此为运动的绝对性.

为了定量描述质点的运动,需要在选定的参考系上建立坐标系. 其实,可以认为坐标系是由实物构成的参考系的某种数学抽象.

在比较常用的直角坐标系中,质点的位置用(x, y, z)来表示. 此外经常采用的还有柱坐标系(r, θ, z)、球坐标系(r, θ, φ)和自然坐标系等. 平面问题常用极坐标系(r, θ).

二、位置矢量和轨道

在物理问题中,质点的位置用位置矢量 r 来表示,它的起点为坐标原点,终点为质点所在的位置. 质点的位置矢量随时间变化的关系称为质点的运动方程或运动函数,即

$$r = r(t) \tag{1.1}$$

如图 1.1 所示,在直角坐标系中,如果沿坐标轴方向定义三个单位矢量 $\boldsymbol{i}$、$\boldsymbol{j}$、$\boldsymbol{k}$,它们之间满足关系式 $\boldsymbol{i} \times \boldsymbol{j} = \boldsymbol{k}$,则位置矢量表示为

$$\boldsymbol{r} = x(t)\boldsymbol{i} + y(t)\boldsymbol{j} + z(t)\boldsymbol{k} \tag{1.2}$$

式(1.2)表明,质点的任意运动都是由 x、y、z 三个方向上独立进行的直线运动叠加而成的,这就是运动的叠加原理. 运动函数给出了质点运动的全部信息.

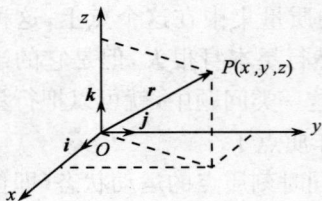

图 1.1　三维矢量　　　　　　　　　图 1.2　二维矢量

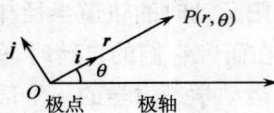

如图 1.2 所示,在平面极坐标系中,如果 $\boldsymbol{i}$、$\boldsymbol{j}$ 分别是平行和垂直位置矢量 $\boldsymbol{r}$ 的两个单位矢量,则

$$\boldsymbol{r} = r(t)\boldsymbol{i} \tag{1.3}$$

运动质点在空间经过的路径称为轨道. 式(1.2)或式(1.3)是轨道的参数方程,消去参数 t 就得到轨道方程.

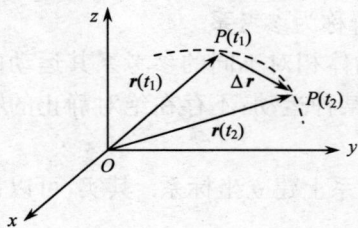

图 1.3　位移

三、速度和加速度

如图 1.3 所示,位置矢量在时间 $\Delta t = t_2 - t_1$ 内的增量称为质点的位移,用 $\Delta \boldsymbol{r}$ 表示.

$$\Delta \boldsymbol{r} = \boldsymbol{r}(t_2) - \boldsymbol{r}(t_1) \tag{1.4}$$

若 Δt 时间内质点所经过的路程记为 Δs,则 $\Delta s \geqslant |\Delta \boldsymbol{r}|$. 并且在一般情况下,$|\Delta \boldsymbol{r}| \neq \Delta r$,但是有

$$\lim_{\Delta t \to 0} \frac{|\Delta \boldsymbol{r}|}{\Delta s} = \frac{\mathrm{d}s}{\mathrm{d}s} = 1 \tag{1.5}$$

位移 $\Delta \boldsymbol{r}$ 与产生这段位移所需时间 Δt 的比称为质点在 Δt 时间内的平均速度,即

$$\bar{\boldsymbol{v}} = \frac{\Delta \boldsymbol{r}}{\Delta t} \tag{1.6}$$

平均速度是矢量,是描述质点位置矢量变化快慢程度的物理量. 它的方向与位移相同,大小与单位时间内的位移长度相当.

平均速度在 $\Delta t \rightarrow 0$ 时的极限,称为质点的瞬时速度,简称速度,用 $\boldsymbol{v}$ 表示. 即

$$\boldsymbol{v} = \lim_{\Delta t \to 0} \frac{\Delta \boldsymbol{r}}{\Delta t} = \frac{\mathrm{d}\boldsymbol{r}}{\mathrm{d}t} \tag{1.7}$$

速度是矢量,它的方向与轨道切线相同,速度的大小称为速率,根据式(1.5)和式(1.7),有

$$v = \lim_{\Delta t \to 0} \frac{|\Delta \boldsymbol{r}|}{\Delta t} = \lim_{\Delta t \to 0} \frac{\Delta s}{\Delta t} = \frac{\mathrm{d}s}{\mathrm{d}t} \tag{1.8}$$

式(1.8)表明,质点的速率等于质点的路程对时间的变化率.

同样,为了描述速度变化的快慢程度,定义时间 $\Delta t = t_2 - t_1$ 内的平均加速度为

$$\bar{\boldsymbol{a}} = \frac{\Delta \boldsymbol{v}}{\Delta t} \tag{1.9}$$

根据极限和导数等概念,定义质点的瞬时加速度,简称加速度,用 $\boldsymbol{a}$ 表示. 即

$$\boldsymbol{a} = \frac{\mathrm{d}\boldsymbol{v}}{\mathrm{d}t} = \frac{\mathrm{d}^2 \boldsymbol{r}}{\mathrm{d}t^2} \tag{1.10}$$

在 SI 单位制中,速度的单位是米·秒$^{-1}$,符号是 m·s^{-1};加速度的单位是米·秒$^{-2}$,符号是 m·s^{-2}.

例 1.1 导出加速度恒定的质点的位移公式.

解 因为质点的加速度为恒量,根据加速度定义,有 $\boldsymbol{a}_0 = \dfrac{\mathrm{d}\boldsymbol{v}}{\mathrm{d}t}$,即 $\mathrm{d}\boldsymbol{v} = \boldsymbol{a}_0 \mathrm{d}t$,两边积分得

$$\int_{v_0}^{v} \mathrm{d}\boldsymbol{v} = \int_0^t \boldsymbol{a}_0 \mathrm{d}t = \boldsymbol{a}_0 \int_0^t \mathrm{d}t$$

$$\boldsymbol{v} = \boldsymbol{v}_0 + \boldsymbol{a}_0 t$$

根据速度定义,有 $\boldsymbol{v} = \dfrac{\mathrm{d}\boldsymbol{r}}{\mathrm{d}t}$,即 $\mathrm{d}\boldsymbol{r} = \boldsymbol{v}\mathrm{d}t = (\boldsymbol{v}_0 + \boldsymbol{a}_0 t)\mathrm{d}t$,两边积分得

$$\int_{r_0}^{r} \mathrm{d}\boldsymbol{r} = \int_0^t (\boldsymbol{v}_0 + \boldsymbol{a}_0 t)\mathrm{d}t = \boldsymbol{v}_0 \int_0^t \mathrm{d}t + \boldsymbol{a}_0 \int_0^t t\mathrm{d}t$$

$$\boldsymbol{r} - \boldsymbol{r}_0 = \boldsymbol{v}_0 t + \frac{1}{2} \boldsymbol{a}_0 t^2$$

1.2 速度和加速度的分量表示

一、直角坐标系

在直角坐标系中,将式(1.2)代入式(1.7),注意到 $\dfrac{\mathrm{d}\boldsymbol{i}}{\mathrm{d}t} = 0$,$\dfrac{\mathrm{d}\boldsymbol{j}}{\mathrm{d}t} = 0$,$\dfrac{\mathrm{d}\boldsymbol{k}}{\mathrm{d}t} = 0$,有

$$\boldsymbol{v} = v_x \boldsymbol{i} + v_y \boldsymbol{j} + v_z \boldsymbol{k} \tag{1.11}$$

其中,$v_x = \dfrac{\mathrm{d}x(t)}{\mathrm{d}t}$,$v_y = \dfrac{\mathrm{d}y(t)}{\mathrm{d}t}$,$v_z = \dfrac{\mathrm{d}z(t)}{\mathrm{d}t}$ 分别是速度沿 x,y,z 三个坐标方向的分量.

速率为

$$v = \sqrt{v_x^2 + v_y^2 + v_z^2} \tag{1.12}$$

根据式(1.11),得到加速度的表达式为

$$\boldsymbol{a} = a_x\boldsymbol{i} + a_y\boldsymbol{j} + a_z\boldsymbol{k} \tag{1.13}$$

其中,$a_x = \dfrac{\mathrm{d}^2 x(t)}{\mathrm{d}t^2}$,$a_y = \dfrac{\mathrm{d}^2 y(t)}{\mathrm{d}t^2}$,$a_z = \dfrac{\mathrm{d}^2 z(t)}{\mathrm{d}t^2}$ 分别是加速度沿 x,y,z 三个坐标方向的分量. 同样,加速度的大小为

$$a = \sqrt{a_x^2 + a_y^2 + a_z^2} \tag{1.14}$$

在直角坐标系中,速度矢量和加速度矢量都可以分解成方向固定、彼此垂直的三个分量.

对于平面运动,位置矢量可表示成

$$\boldsymbol{r}(t) = x(t)\boldsymbol{i} + y(t)\boldsymbol{j} + c\boldsymbol{k}$$

其中,c 是任意常数. 通常在选择坐标系时,取 $c = 0$,有

$$\boldsymbol{r}(t) = x(t)\boldsymbol{i} + y(t)\boldsymbol{j}$$

该式表示质点在 xy 平面中运动. 若将 x、y 分量中的时间 t 消去,就会得到质点运动的平面曲线方程,即轨道方程. 如果互相垂直的两个分量,一个为匀速运动,另一个为匀变速直线运动,平面曲线就是抛物线,此类运动称为抛体运动. 地球表面的抛体运动只是其中的一个特例.

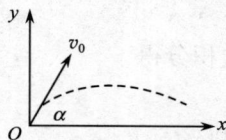

图 1.4　抛体运动

例 1.2　导出抛体运动函数.

解　如图 1.4 所示,x 轴为水平方向,y 轴为竖直方向. 物体从坐标原点以速度 $\boldsymbol{v}_0$ 抛出. 物体水平方向的初速度为 $v_0\cos\alpha$,水平方向的加速度为零,所以

$$x = v_0\cos\alpha \cdot t$$

物体竖直方向的初速度为 $v_{0y} = v_0\sin\alpha$,竖直方向的加速度为 $-g$,所以

$$\mathrm{d}v_y = a_y\mathrm{d}t = -g\mathrm{d}t$$

两边积分

$$\int_{v_0\sin\alpha}^{v_y} \mathrm{d}v_y = -\int_0^t g\mathrm{d}t$$

$v_y = v_0\sin\alpha - gt$,由于 $\mathrm{d}y = v_y\mathrm{d}t = (v_0\sin\alpha - gt)\mathrm{d}t$,两边积分得

$$y = v_0\sin\alpha \cdot t - \frac{1}{2}gt^2$$

抛体运动函数为

$$x = v_0\cos\alpha \cdot t, \quad y = v_0\sin\alpha \cdot t - \frac{1}{2}gt^2$$

可见,抛体运动是水平匀速直线运动和竖直上抛运动的叠加.

对于直线运动,位置矢量可表示成

$$\boldsymbol{r}(t) = x(t)\boldsymbol{i} + c_1\boldsymbol{j} + c_2\boldsymbol{k}$$

c_1 和 c_2 是任意常数. 通常在选择坐标系时,取 $c_1 = c_2 = 0$,有

$$\boldsymbol{r}(t) = x(t)\boldsymbol{i}$$

该式表示质点沿 x 轴运动. 值得注意的是,常数的变化对直线运动的轨迹位置有影响,但是这些不同轨迹的速度和加速度却没有任何区别,或者说这些彼此平行的运动具有完全相同的速度和加速度.

例 1.3　一质点沿 x 轴运动,采用 SI 单位制时,其加速度和位置在数值上满足 $a = 2 + 6x$. 已知在 $x = 0$ 处,速度 $v = 10$. 求质点的速度与位置的关系.

解　根据加速度的定义,有

$$a = \frac{\mathrm{d}v}{\mathrm{d}t} = \frac{\mathrm{d}v}{\mathrm{d}t}\frac{\mathrm{d}x}{\mathrm{d}x} = \frac{\mathrm{d}x}{\mathrm{d}t}\frac{\mathrm{d}v}{\mathrm{d}x} = v\frac{\mathrm{d}v}{\mathrm{d}x}$$

所以

$$v\frac{\mathrm{d}v}{\mathrm{d}x} = 2 + 6x$$

$$v\mathrm{d}v = (2 + 6x)\mathrm{d}x$$

$$\int v\mathrm{d}v = \int (2 + 6x)\mathrm{d}x$$

$$\frac{1}{2}v^2 = 2x + 3x^2 + c$$

当 $x = 0$ 时,$v = 10$,代入上式,$c = 50$,有

$$\frac{1}{2}v^2 = 2x + 3x^2 + 50$$

$$v = \sqrt{4x + 6x^2 + 100}$$

二、柱坐标系

1. 角速度与角加速度

用平面极坐标系取代直角坐标系中的 xy 平面,就构成了柱坐标系. 在柱坐标系中,关系式 $\boldsymbol{i} \times \boldsymbol{j} = \boldsymbol{k}$ 依然满足,$\boldsymbol{k}$ 依然不变,但 $\boldsymbol{i}, \boldsymbol{j}$ 的方向不再固定. 因为直角坐标系和柱坐标系的 z 坐标没有区别,所以重点讨论平面极坐标系.

在平面极坐标系中,将式(1.3)代入式(1.7),得到

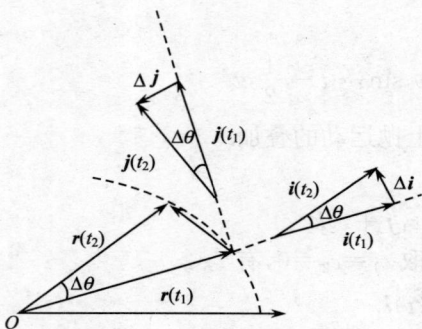

图 1.5　Δi 和 Δj

$$v = \frac{\mathrm{d}r}{\mathrm{d}t}\boldsymbol{i} + r\frac{\mathrm{d}\boldsymbol{i}}{\mathrm{d}t} \tag{1.15}$$

由于单位矢量 $\boldsymbol{i}$ 的方向不再固定，所以 $\Delta\boldsymbol{i}$ 不再为零，为此，首先计算 $\Delta\boldsymbol{i}$.

如图 1.5 所示，设在时间 $\Delta t = t_2 - t_1$ 内位置矢量 $\boldsymbol{r}(t_2)$ 和 $\boldsymbol{r}(t_1)$ 之间角度的增量为 $\Delta\theta = \theta_2 - \theta_1$，则对应的两个单位矢量 $\boldsymbol{i}(t_2)$ 和 $\boldsymbol{i}(t_1)$ 之间的夹角也是 $\Delta\theta$，$\Delta\boldsymbol{i}$ 的方向沿等腰三角形的底边，大小就是等腰三角形底边的长度.

当 $\Delta t \to 0$、$\Delta\theta \to 0$ 时，$\boldsymbol{i}(t_2)$ 和 $\boldsymbol{i}(t_1)$ 趋于平行，并与 $\Delta\boldsymbol{i}$ 的方向趋于垂直，$\Delta\boldsymbol{i}$ 的大小也由弦长趋于对应的弧长 $\mathrm{d}s$，即

$$\Delta\boldsymbol{i} \approx \lim_{\Delta t \to 0} |\Delta\boldsymbol{i}|\,\boldsymbol{j} = (\mathrm{d}s)\boldsymbol{j} = (r\mathrm{d}\theta)\boldsymbol{j} = \boldsymbol{j}\mathrm{d}\theta$$

对 $\Delta\boldsymbol{j}$ 做同样的处理，得到 $\boldsymbol{i}$ 和 $\boldsymbol{j}$ 的微分

$$\mathrm{d}\boldsymbol{i} = \boldsymbol{j}\mathrm{d}\theta, \quad \mathrm{d}\boldsymbol{j} = -\boldsymbol{i}\mathrm{d}\theta \tag{1.16}$$

将式（1.16）代入式（1.7），得到

$$\frac{\mathrm{d}\boldsymbol{i}}{\mathrm{d}t} = \frac{\boldsymbol{j}\mathrm{d}\theta}{\mathrm{d}t} = \frac{\mathrm{d}\theta}{\mathrm{d}t}\boldsymbol{j}, \quad \frac{\mathrm{d}\boldsymbol{j}}{\mathrm{d}t} = -\frac{\boldsymbol{i}\mathrm{d}\theta}{\mathrm{d}t} = -\frac{\mathrm{d}\theta}{\mathrm{d}t}\boldsymbol{i} \tag{1.17}$$

在平面极坐标内，$\boldsymbol{r}$ 与极轴之间的角度 θ 是位置矢量的角位置，为了描述角位置随时间变化的快慢程度，定义角速度为

$$\omega = \frac{\mathrm{d}\theta}{\mathrm{d}t} \tag{1.18}$$

对式（1.18）求导，定义角加速度为

$$\alpha = \frac{\mathrm{d}\omega}{\mathrm{d}t} = \frac{\mathrm{d}^2\theta}{\mathrm{d}t^2} \tag{1.19}$$

2. 速度和加速度的分量表示

利用式（1.15）、式（1.17）和角速度的定义，得到平面极坐标速度的分量表达式为

$$\boldsymbol{v} = v_r\boldsymbol{i} + v_\theta\boldsymbol{j} \tag{1.20}$$

其中，$v_r = \dfrac{\mathrm{d}r}{\mathrm{d}t}$ 和 $v_\theta = r\omega$ 分别称为速度的径向分量和横向分量，速率为

$$v = \sqrt{v_r^2 + v_\theta^2} \tag{1.21}$$

对式（1.20）求导，得到平面极坐标加速度的分量表达式为

$$\boldsymbol{a} = a_r\boldsymbol{i} + a_\theta\boldsymbol{j} \tag{1.22}$$

其中，$a_r = \dfrac{\mathrm{d}^2 r}{\mathrm{d}t^2} - r\omega^2$ 和 $a_\theta = r\alpha + 2v_r\omega$ 分别是加速度的径向分量和横向分量，横向分量中的 $2v_r\omega$ 又称科里奥利加速度. 加速度的大小为

$$a = \sqrt{a_r^2 + a_\theta^2} \tag{1.23}$$

3. 圆周运动

圆周运动是指质点的运动轨迹在平面极坐标内的投影是一个半径为 R 的圆，圆心在极点. 这里不考虑柱坐标系中 z 的变化，尽管实际的 z 可能很复杂.

根据式(1.20)，得到圆周运动的速度和速率的表达式为

$$\boldsymbol{v} = R\omega\boldsymbol{j} \tag{1.24}$$

$$v = R\omega \tag{1.25}$$

根据式(1.22)，得到圆周运动的加速度及其大小的表达式为

$$\boldsymbol{a} = -R\omega^2\boldsymbol{i} + R\alpha\boldsymbol{j} \tag{1.26}$$

$$a = R\sqrt{\omega^4 + \alpha^2} \tag{1.27}$$

不难看出，圆周运动的速度沿切线方向，速率 $v = R\omega$. 加速度有两项：前一项沿半径指向圆心，记为 $a_n = R\omega^2 = \dfrac{v^2}{R}$，称法向加速度；后一项沿切线方向，记为 $a_\tau = R\alpha = \dfrac{\mathrm{d}v}{\mathrm{d}t}$，称切向加速度. 法向加速度改变速度的方向，切向加速度改变速度的大小.

例 1.4 质点做变速圆周运动，半径为 r，速率 $v = 3t^2$. 求质点在 t 时刻的切向加速度、法向加速度和时间 t 内通过的路程.

解 质点的切向加速度为

$$a_\tau = \frac{\mathrm{d}v}{\mathrm{d}t} = 6t$$

法向加速度为

$$a_n = \frac{v^2}{r} = \frac{9t^4}{r}$$

由于 $v = \dfrac{\mathrm{d}s}{\mathrm{d}t}$，得 $\mathrm{d}s = v\mathrm{d}t$

$$s = \int_0^t 3t^2\,\mathrm{d}t = t^3$$

三、自然坐标系

质点在运动过程中，它的速度始终沿着空间曲线的切线方向. 由于曲线上各点都对应一个在该点附近、与该段空间曲线无限逼近的平面曲率圆，所以质点运动

的三维空间运动在局部被二维圆周运动所取代. 这样,前面关于圆周运动的一些结论对于曲线运动依然成立,所不同的是:第一,这些圆周的半径等于曲线在该点的曲率半径 ρ. 第二,这些圆周运动的圆心为曲线各点的瞬时曲率中心.

用质点的运动轨迹上相对某点的曲线长度作为坐标,相应的坐标系称为自然坐标系. 采用自然坐标系后,质点运动的加速度可以在曲率圆所在的平面内分解成两个分量.

加速度与速度方向垂直的分量称为法向加速度,用 a_n 表示,根据式(1.26)有

$$a_n = \rho\omega^2 = \frac{v^2}{\rho} \tag{1.28}$$

加速度与速度方向平行的分量称为切向加速度,用 a_τ 表示,根据式(1.26)有

$$a_\tau = \rho\alpha = \frac{\mathrm{d}v}{\mathrm{d}t} \tag{1.29}$$

在自然坐标系中,若取法向单位矢量为 $\boldsymbol{n}$、切向单位矢量为 $\boldsymbol{\tau}$,并满足 $\boldsymbol{n}=-\boldsymbol{i}$、$\boldsymbol{\tau}=\boldsymbol{j}$($\boldsymbol{i}$ 和 $\boldsymbol{j}$ 是以瞬时曲率中心为极点的平面极坐标中的单位矢量),由式(1.26)加速度及其大小可表示为

$$\boldsymbol{a} = \frac{v^2}{\rho}\boldsymbol{n} + \frac{\mathrm{d}v}{\mathrm{d}t}\boldsymbol{\tau} \tag{1.30}$$

$$a = \sqrt{\left(\frac{v^2}{\rho}\right)^2 + \left(\frac{\mathrm{d}v}{\mathrm{d}t}\right)^2} \tag{1.31}$$

例 1.5　求平抛物体 t 时刻的切向加速度、法向加速度及轨道的曲率半径.

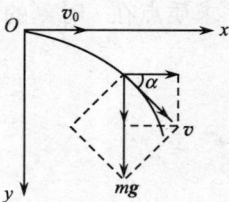

解　如图 1.6 选取直角坐标系. 质点从坐标原点以水平速度 v_0 抛出,t 时刻质点的分速度为

$$v_x = v_0, \quad v_y = gt$$

质点速度的大小为

$$v = \sqrt{v_0^2 + g^2 t^2}$$

设质点的速度与水平方向的夹角为 α,因为质点的加速度就是重力加速度,所以得到质点的切向加速度为

图 1.6　抛体运动的加速度

$$a_\tau = g\sin\alpha = g\frac{gt}{\sqrt{v_0^2 + g^2 t^2}}$$

法向加速度为

$$a_n = g\cos\alpha = g\frac{v_0}{\sqrt{v_0^2 + g^2 t^2}}$$

根据式(1.28),t 时刻质点轨道的曲率半径为

$$\rho = \frac{v^2}{a_n} = \frac{(v_0^2 + g^2 t^2)^{3/2}}{gv_0}$$

应当指出,对于质点运动的描述,原则上采用什么坐标系都可以. 但简单、方便通常是选择坐标系的标准. 不仅如此,不同的描述之间还存在某种内在的联系. 能明确区分各种运动的不同点很重要,在此基础上能主动探寻各种运动类型之间的共同点可能更重要.

例 1.6 求匀速圆周运动在直角坐标系中的分量表示.

解 如图 1.7 所示,质点做匀速圆周运动的半径为 r,恒定的角速度为 ω,任意时刻 t 的角位置由 $\theta = \theta_0 + \omega t$ 表示. 质点的位置矢量 $r(t)$ 在直角坐标系中表示为

$$r(t) = r\cos(\omega t + \theta_0)i + r\sin(\omega t + \theta_0)j$$

由此得到速度和加速度的表达式为

图 1.7 圆周运动

$$v(t) = \frac{\mathrm{d}r}{\mathrm{d}t} = -r\omega\sin(\omega t + \theta_0)i + r\omega\cos(\omega t + \theta_0)j$$

$$a(t) = \frac{\mathrm{d}v}{\mathrm{d}t} = -r\omega^2\cos(\omega t + \theta_0)i - r\omega^2\sin(\omega t + \theta_0)j$$

速度和加速度的大小分别为

$$v = \sqrt{v_x^2 + v_y^2} = r\omega, \quad a = \sqrt{a_x^2 + a_y^2} = r\omega^2$$

由此可以看出,平面极坐标系或自然坐标系中的匀速圆周运动,在直角坐标系中被分解为两个互相垂直的直线运动,它们分别是时间的余弦函数或正弦函数,这种运动称为简谐振动. 简谐振动是后面振动、波动乃至光学等部分章节的主要内容.

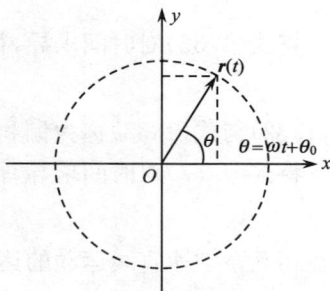

1.3 相 对 运 动

质点运动的描述离不开参考系. 在有些情况下,参考系本身也在运动. 当我们用不同的参考系描述同一个质点的运动时,对质点运动的描述也会不同,这就是运动的相对性.

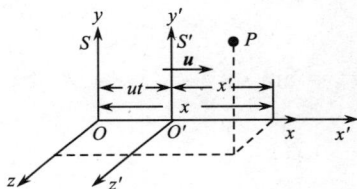

如果有两个观察者 A 和 B,一个处于静止的参考系 S 中,另一个处于相对于 S 运动的参考系 S' 中. 那么他们所得到的结果,彼此间有何不同和联系呢?

为了简化叙述,本节只讨论最简单的情况,即 S' 相对 S 只做平动. 如图 1.8 所示,两个互为平动的参考系 S 和 S',它们的 x 轴重合、

图 1.8 两个参考系

y 轴和 z 轴分别平行. 在初始时刻, O 与 O' 重合. 若某一质点在 S 中的位置矢量为 r, 在 S' 中的位置矢量为 r', $\dfrac{\mathrm{d}u}{\mathrm{d}t}=0$, 即 u 恒定, 则有

$$r' = r - ut \tag{1.32}$$

将式(1.32)对时间求导, 得

$$v' = v - u \tag{1.33}$$

式(1.32)与式(1.33)称为伽利略变换.

将式(1.33)对时间求导, 得

$$a' = a \tag{1.34}$$

即在相互做匀速直线运动的诸参考系中, 同一质点的加速度是相等的. 对于 u 是变量的情况, 若令 $\dfrac{\mathrm{d}u}{\mathrm{d}t}=a_0$, 则有 $a'=a-a_0$.

例 1.7　设有一部升降机向下做加速运动, 加速度的大小为 a_0, 其中有一物体自由下落, 物体相对升降机的初速度为零. 求物体相对升降机的加速度, 以及 t 时相对升降机位移.

解　选坐标轴向下为正, 物体相对升降机的加速度为

$$a' = g - a_0$$

由于物体相对升降机的初速为零, 则物体相对升降机的位移为

$$y' = \frac{1}{2}a't^2 = \frac{1}{2}(g - a_0)t^2$$

如果 $a_0 < g$, 物体相对升降机加速下降;

如果 $a_0 > g$, 物体相对升降机加速上升;

如果 $a_0 = g$, 物体相对升降机静止.

例 1.8　设雨滴相对地面以 $v = 3\mathrm{m \cdot s^{-1}}$ 的速度竖直下落, 车厢以 $u = 4\mathrm{m \cdot s^{-1}}$ 的速度在地面上水平向右运动, 求雨滴相对车厢的速度.

解　设地面为 S 系, 车厢为 S' 系, 由伽利略速度变换可得雨滴相对车厢的速度为

$$v' = v - u$$

由图 1.9 可知

$$v' = \sqrt{v^2 + u^2} = 5\mathrm{m \cdot s^{-1}}$$

设 v' 与水平方向夹角为 α, 则

图 1.9　相对运动

$$\tan\alpha = \frac{v}{u} = \frac{3}{4}$$

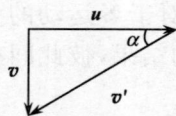

思　考　题

1.1　自由落体从 $t=0$ 时刻开始下落.用公式 $h=gt^2/2$ 计算,它下落的距离达到 19.6m 的时刻为 $+2s$ 和 $-2s$.这 $-2s$ 有什么物理意义? 该时刻物体的位置和速度各如何?

1.2　一斜抛物体的水平初速度是 v_0,它的轨道的最高点处的曲率半径是多大?

1.3　质点沿圆周运动,且速率随时间均匀增大,问 a_n、a_τ、a 三者的大小是否都随时间改变? 总加速度 a 与速度 v 之间的夹角如何随时间改变?

1.4　如图所示,根据开普勒第一定律,行星轨道为椭圆.已知任一时刻行星的加速度方向都指向椭圆的一个焦点(太阳所在处).分析行星在通过图中 M、N 两位置时,它的速率分别在增大还是在减小?

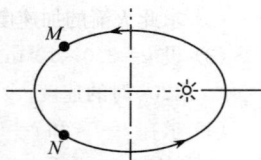

思考题 1.4 图

1.5　如果使时间反演,即把时刻 t 用 $t'=-t$ 取代,质点的速度、加速度、运动学公式等将会有什么变化?

习　题

1.1　在水平面上做任意曲线运动的质点,当经过 A 点时,速度为向东 $12\mathrm{cm}\cdot\mathrm{s}^{-1}$,经过 4s 到达 B 点,B 点位于 A 点之东 24cm,北 32cm 处,此时速度为向北 $16\mathrm{cm}\cdot\mathrm{s}^{-1}$,求质点在这 4s 内的平均速度和平均加速度.

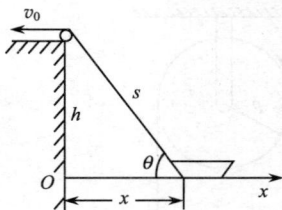

题 1.3 图

1.2　一质点在 Oxy 平面内运动,沿两坐标轴的速度分别为 $v_x=(4t^3+4t)$,$v_y=4t$,已知当 $t=0$ 时,位置坐标为(1,2).求质点的轨道方程.

1.3　如右图所示,在离水面高度为 h 的岸边上,有人以 v_0 的速度收绳拉船靠岸,求船被拉到离岸边 x 处的速率和加速度的大小.

1.4　一质点沿半径为 R 的圆周按规律 $s=v_0t-\dfrac{1}{2}bt^2$ 运动,v_0、b 都是恒量.求:

(1) t 时刻质点的加速度矢量;

(2) t 为何值加速度在数值上等于 b;

(3) 当加速度为 b 时质点已沿圆周运动了多少圈.

1.5　如图所示,已知升降机以恒定的速度 v 上升,当升降机底面通过地平线时,地面上一弹射器以初速 v' 向上弹出一小球,地面上一人和升降机内一人同时观察小球的运动.问:

(1) 两人看到小球达到最高点的时刻是否相同?

(2) 两人看到小球达到最高点的高度是否相同? 以 $v=4.9\mathrm{m}\cdot\mathrm{s}^{-1}$,$v'=9.8\mathrm{m}\cdot\mathrm{s}^{-1}$,$g=9.8\mathrm{m}\cdot\mathrm{s}^{-2}$ 作定量计算.

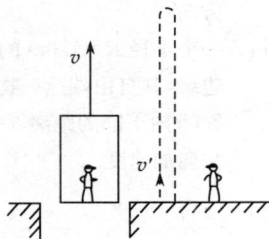

题 1.5 图

1.6　设轮船以 $v_1=18\mathrm{km}\cdot\mathrm{h}^{-1}$ 的航速向正北航行时,测得风是西北风(即风从西北吹向东南),当轮船以 $v_2=36\mathrm{km}\cdot\mathrm{h}^{-1}$

的航速改向正东航行时,测得风是正北风(即风从北吹向南).问地面上测得风速 v 如何?

1.7　一只在星际空间飞行的火箭,当它的燃料以恒定速率燃烧时,其运动函数可表示为 $x=$
$ut+u\left(\dfrac{1}{b}-t\right)\ln(1-bt)$,其中 u 是喷出气流相对火箭体的速度,是一个常量,b 是与燃烧
速率成正比的一个常量.
(1) 求此火箭的速度表示式;
(2) 求此火箭的加速度表示式;
(3) 设 $u=3.0\times10^3\,\mathrm{m\cdot s^{-1}}$,$b=7.5\times10^{-3}\,\mathrm{s^{-1}}$,并设燃料在 120s 内燃烧完,求 $t=0$ 和 $t=$
　　120s 时的速度;
(4) 求在 $t=0\mathrm{s}$ 和 $t=120\mathrm{s}$ 时的加速度.

1.8　一质点在 xy 平面上运动,运动函数为 $x=2t$,$y=4t^2-8$(SI).求:
(1) 质点运动的轨道方程并画出轨道曲线;
(2) $t_1=1\mathrm{s}$ 和 $t_2=2\mathrm{s}$ 时,质点的位置、速度和加速度.

1.9　滑雪运动员离开水平滑雪道飞入空中时的速率 $v=110\mathrm{km\cdot h^{-1}}$,着陆的斜坡与水平面夹
角 $\alpha=45°$,如图所示.
(1) 计算滑雪运动员着陆时沿斜坡的位移 L 是多大(忽略起飞点到斜面的距离)?
(2) 在实际的跳跃中,滑雪运动员所达到的距离 $L=165\mathrm{m}$,这个结果为什么与计算结果
　　不符?

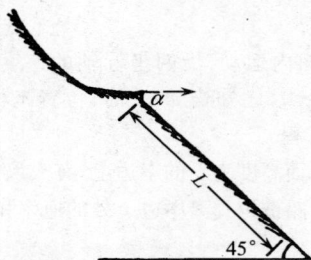

题 1.9 图

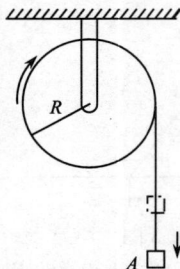

题 1.11 图

1.10　汽车在半径 $R=400\mathrm{m}$ 的圆弧弯道上减速行驶.设在某一时刻,汽车的速率为 $v=10\mathrm{m\cdot}$
　　$\mathrm{s^{-1}}$,切向加速度的大小为 $a_\tau=0.2\mathrm{m\cdot s^{-2}}$.求汽车的法向加速度和总加速度的大小和
　　方向?

1.11　一个半径 $R=1.0\mathrm{m}$ 的圆盘,可以绕一水平轴自由转动,如图所示.一根轻绳绕在盘子的
　　边缘,其自由端拴一物体 A.在重力作用下,物体 A 从静止开始匀加速地下降,在 $\Delta t=$
　　$2.0\mathrm{s}$ 内下降的距离 $h=0.4\mathrm{m}$.求物体开始下降后 3s 末,轮边缘上任一点的切向加速度与
　　法向加速度.

第 2 章　质点和质点系动力学

牛顿在 1687 年出版的《自然哲学的数学原理》一书中,提出了三条定律. 这三条定律互为依存、缺一不可,形成了一个完整的力学体系,统称牛顿运动定律. 完整、准确地理解和把握牛顿运动定律十分重要,因为它既是经典力学的核心,又是工程技术的基础.

牛顿运动定律是根据大量实验总结出来的规律,它的正确性在于由其得出的结论都被客观实际所证实. 本章的内容就是运用数学推理,根据牛顿定律导出质点和质点系的动量定理、角动量定理和功能原理,并得到动量守恒定律、角动量守恒定律和机械能守恒定律等.

2.1　牛顿运动定律和质心运动定理

一、牛顿运动定律

1. 牛顿第一定律

任何物体都保持静止或匀速直线运动的状态,除非作用在物体上的力迫使它改变这种状态.

物体具有保持其静止或匀速直线运动状态的属性,常称为惯性,因此第一定律也称为惯性定律. 惯性定律的成立与否同参考系的选择是有关的. 在一个参考系中,如果不受力物体的运动状态能够描述为静止或匀速直线运动,那么这一参考系就称为惯性参考系,简称惯性系,否则就是非惯性系.

一个问题是:惯性定律是不是牛顿第二定律的特例? 一种观点认为,前者不是后者的特例,因为它提供了牛顿三定律的前提条件和实验基础。也有观点认为,前者不但要求选择惯性系来建立动力学,而且要求时间、空间间隔的选择,应当使匀速直线运动的描述最为简单。

图 2.1　牛顿
(Isaac Newton 1642~1727)

如图 1.8 所示,在两个相互做匀速平动的参考系中,同一质点的速度分别为 v 和 v',并满足式(1.33),因而有

$$a = a' + \frac{\mathrm{d}u}{\mathrm{d}t} = a'$$

得到的两个加速度完全相同. 考虑到参考系选择的偶然性,有如下重要结论:惯性系不是一个而是一类,它们之间要么彼此静止,要么彼此做匀速直线运动.

牛顿曾设想有一个绝对空间,它是绝对惯性系. 但科学的发展已经扬弃了关于绝对空间的观念. 实际使用的惯性系通常是局部的、近似的惯性系. 实验表明地球参考系是较好的惯性系. 地心系是以地心为原点、以地心指向远处恒星的方向为坐标轴的坐标系. 由于地球参考系在地心系内转动,所以地心系是比地球参考系更好的惯性系. 与地心系相比,太阳系是更为精确的惯性系,但它仍随银河系一起旋转. 目前最好的实用惯性系,是以选定的 1535 颗恒星平均静止位形作为基准的参考系——FK4 系.

2. 牛顿第二定律

物体运动的量的变化率与施加在该物体上的力成正比,并且发生在该力的方向上.

第二定律的实质是在惯性系内,对作用在物体上的特定的作用力与其产生的特定的运动变化之间的定量分析. 为此,牛顿定义了物体运动的量(简称动量)为物体的质量和速度的乘积,并提出了该定律的数学表达式

$$F = \frac{\mathrm{d}(mv)}{\mathrm{d}t} \tag{2.1}$$

如果物体的质量是一个常量,根据加速度的定义,有

$$F = ma \tag{2.2}$$

式(2.2)为牛顿第二定律的数学表达式. 其中的 m 称为物体的质量,它是合外力的大小与加速度大小的比值. 在合外力相同的条件下,质量越大,加速度越小,物体速度的改变也越小,我们就说物体的惯性越大. 由于质量可以作为物体惯性的定量表述,所以式(2.2)中的质量也称惯性质量. 在 SI 单位制中,质量的单位是千克,符号是 kg;加速度的单位是米·秒$^{-2}$,符号是 m·s^{-2};力的单位是牛顿,符号是 N,1N=1kg·m·s^{-2}.

3. 牛顿第三定律

每一个作用力,总有一个等值的反作用与之对应;或者说,两个相互作用的物体,彼此对对方的作用总是大小相等、方向相反,作用在一条直线上.

若以 F_{12} 表示第一个物体受第二个物体的作用力,以 F_{21} 表示第二个物体受第一个物体的作用力,则该定律的数学形式为

$$F_{12} = -F_{21} \tag{2.3}$$

这两个力分别作用在两个物体上,它们不能互相抵消. 在经典力学的范围内,作用力和反作用力同时存在、同时消失. 它们是同一性质的力,如同为摩擦力或同为万有引力等. 此外,与牛顿第二定律一样,牛顿第三定律只在惯性系中成立.

例 2.1 如图 2.2 所示,在光滑的水平面上放一质量为 M 的楔块,楔块底角为 θ,在光滑的斜面上放一质量为 m 的物块. 求物块沿楔块的斜面下滑时,相对楔块和地面的加速度.

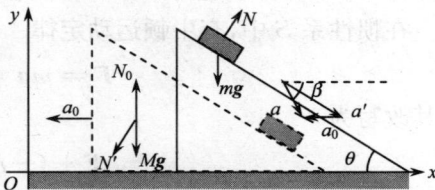

解 取地面为静止坐标系 S,取楔块为运动坐标系 S'. 若楔块相对 S 系的加速度为 $\boldsymbol{a}_0$,物块相对楔块的速度为 $\boldsymbol{a}'$,则物块相对 S 的加速度为

图 2.2

$$\boldsymbol{a} = \boldsymbol{a}' + \boldsymbol{a}_0$$

即

$$\boldsymbol{a} = (a'\cos\theta - a_0)\boldsymbol{i} + (-a'\sin\theta)\boldsymbol{j}$$

物块受重力 $m\boldsymbol{g}$ 和斜面的支撑力 $\boldsymbol{N}$,楔块受重力 $M\boldsymbol{g}$,地面的支撑力 $\boldsymbol{N}_0$ 和物块对斜面的压力 $\boldsymbol{N}'$,$\boldsymbol{N}'$ 是 $\boldsymbol{N}$ 的反作用力. 在惯性系 S 中,对楔块应用牛顿第二定律得

$$N\sin\theta = Ma_0$$

对物块应用牛顿第二定律得

$$N\sin\theta = m(a'\cos\theta - a_0)$$

$$N\cos\theta - mg = m(-a'\sin\theta)$$

联立求解得

$$a' = \frac{(M+m)\sin\theta}{M + m\sin^2\theta}g, \quad a_0 = \frac{m\sin\theta\cos\theta}{M + m\sin^2\theta}g$$

由 $a_x = a'\cos\theta - a_0$,$a_y = -a'\sin\theta$ 可求得

$$a = \sqrt{a_x^2 + a_y^2} = \frac{\sin\theta\sqrt{M^2 + m(2M+m)\sin^2\theta}}{M + m^2\sin^2\theta}g$$

设加速度 $\boldsymbol{a}$ 与水平方向的夹角为 β,则

$$\tan\beta = \left|\frac{a_y}{a_x}\right| = \left(1 + \frac{m}{M}\right)\tan\theta$$

二、惯性力

如前所述,牛顿运动定律只在惯性系中才成立,对非惯性系是不成立的. 这就给牛顿运动定律的应用提出一个问题:在非惯性系中如何使用牛顿运动定律?

为描述某质点的运动,选定一个惯性系 S,同时又选择一个非惯性系 S',根据

惯性系的讨论和运动学公式

$$a = a' + \frac{\mathrm{d}u}{\mathrm{d}t} = a' + a_0$$

可知,S' 相对 S 的加速度 $a_0 \neq 0$,否则它们都是惯性系.

在惯性系 S 中,有牛顿运动定律

$$F = ma = ma' + ma_0$$

将其改写为

$$F + (-ma_0) = ma' \tag{2.4}$$

式 (2.4) 表明,只要将方程左侧依然视为作用在质点上的合力,那么牛顿第二定律在非惯性系 S' 中就依然成立. 为此而加入的修正项

$$F' = -ma_0 \tag{2.5}$$

称为惯性力.

在所有参考系中,物理定律的表达式都相同的特点称为协变. 由此,可以说,加入惯性力后,牛顿第二定律是协变的.

例 2.2　利用惯性力解答例 2.1.

解　参照图 2.2,楔块相对地面的加速度为 a_0,因此固定在楔块上的 S' 为加速平动参考系. 设物块相对楔块的加速度为 a',引入惯性力后,得到物块在非惯性系 S' 中牛顿第二定律的分量形式

$$N\sin\theta + ma_0 = ma'\cos\theta$$

$$N\cos\theta - mg = -ma'\sin\theta$$

相对非惯性系 S',楔块的牛顿第二定律的水平分量式为

$$Ma_0 - N\sin\theta = 0$$

联立求解,得到与例 2.1 相同的结果.

必须强调,惯性力不是真实的力,它是物体的惯性在非惯性系中的表现. 因为它不属于基本自然力,也没有反作用力,因此惯性力常被称为虚拟力.

有趣的是,惯性力虽被称为虚拟力,却能带来真实的影响. 在日常生活中,惯性离心力随处可见. 如各种离心机和甩干机、旋转雨伞去除雨水、车辆转弯站立不稳等现象. 在转动参考系中,运动物体除了受到惯性离心力作用之外,还受到称为科里奥利力的惯性力的作用. 高处物体落点的偏移、傅科摆的旋转、水面旋涡的形成等,都是科里奥利力作用的结果,它也是包括地球在内的具有大气层的宇宙天体,在表面形成巨大气旋的主要原因.

三、质心运动定理

由多个相互作用的质点构成的系统,称为质点系统,简称质点系. 在惯性系

内,第 i 个质点的质量和位置矢量用 (m_i, r_i) 表示. 对于质点系,可以定义一个质点,它的质量和位置矢量用 (m, r_C) 表示,其中

$$m = \sum m_i \tag{2.6}$$

$$r_C = \frac{\sum m_i r_i}{m} \tag{2.7}$$

该质点称为质点系统的质量中心,简称质心. 质心的质量为系统质量之和,质心的位置矢量是各质点位置矢量关于质量的加权平均值.

对于连续分布的物体,其中任意质量元的质量和位置矢量用 (dm, r) 表示,则

$$m = \int dm \tag{2.8}$$

$$r_C = \frac{\int r\, dm}{\int dm} \tag{2.9}$$

对式(2.7)两端求导

$$m v_C = \sum m_i v_i = \sum p_i \tag{2.10}$$

式(2.10)表明,质心的动量等于系统内所有质点的动量之和.

若第 i 个质点受系统外部的合力为 F_i,受系统内第 j 个质点的作用力为 f_{ij},则受系统内部其他质点作用力的合力为

$$f_i = \sum_{j \neq i} f_{ij} \tag{2.11}$$

第 i 个质点满足牛顿第二定律,即

$$F_i + f_i = \frac{dp_i}{dt} \tag{2.12}$$

对式(2.10)求导,在右端求和中代入式(2.12). 根据牛顿第三定律 $f_{ij} + f_{ji} \equiv 0$,得到

$$\sum_i \sum_{j \neq i} f_{ij} \equiv 0$$

令 $\sum F_i = F$,有

$$F = m a_C \tag{2.13}$$

式(2.13)称为质心运动定理,即质心的加速度与质点系所受外力的矢量和成正比,与质点系的总质量成反比. 该定理表明质心的加速度与内力无关.

例 2.3 人和船的质量分别为 m 和 M,船长为 L. 忽略水的阻力,当人从船头走到船尾,船在水面上前进多远?

解 人和船组成的系统,所受外力矢量和为零,因此质心保持静止. 船的质心

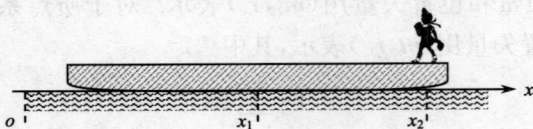

图 2.3

坐标为 x_1,人的质心坐标为 x_2,如图 2.3 所示,则系统的质心坐标为

$$x_C = \frac{Mx_1 + mx_2}{M + m}$$

微分得

$$\Delta x_C = \frac{M\Delta x_1 + m\Delta x_2}{M + m}$$

由于质心不动,所以

$$M\Delta x_1 + m\Delta x_2 = 0 \tag{1}$$

Δx_1 和 Δx_2 分别是船和人相对水面的水平位移. 人相对水面的位移等于船相对水面的位移与人相对船的位移的代数和,即

$$\Delta x_2 = \Delta x_1 + \Delta x_2'$$

当人从船头走到船尾时,$\Delta x_2' = -L$,所以

$$\Delta x_2 = \Delta x_1 - L \tag{2}$$

将式(2)代入式(1),得到船移动的距离为

$$\Delta x_1 = \frac{mL}{M + m}$$

投掷手榴弹时,手榴弹一面翻转、一面前进,运动很复杂. 可是若忽略空气阻力,手榴弹质心的运动轨迹很简单,由质心运动定理可知,它是重力作用下的抛体运动.

2.2　动量定理和动量守恒定律

一、质点的动量定理

我们知道,如果一个恒力 F 持续作用在一个物体上的时间为 Δt,那么 $F\Delta t$ 作为力对时间的积累,称为力的冲量. 对于变化的力 F,可以根据牛顿第二定律求出 dt 段时间内力的冲量

$$F dt = m \frac{dv}{dt} dt = m dv = d(mv)$$

积分得

$$\int_{t_1}^{t_2} \boldsymbol{F} \mathrm{d}t = \int_{v_1}^{v_2} \mathrm{d}(m\boldsymbol{v}) = m\boldsymbol{v}_2 - m\boldsymbol{v}_1$$

方程左端是力对时间的积累的全过程,而右端却仅与始、末状态有关. 若定义 $\boldsymbol{I} = \int_{t_1}^{t_2} \boldsymbol{F} \mathrm{d}t$ 为力的冲量,$\boldsymbol{p} = m\boldsymbol{v}$ 为质点的动量,有

$$\boldsymbol{I} = \int_{t_1}^{t_2} \boldsymbol{F} \mathrm{d}t = \Delta \boldsymbol{p} \tag{2.14}$$

式(2.14)称为质点的动量定理,即合外力的冲量等于质点动量的增量.

二、质点系的动量定理

质点系满足质心运动定理 $\boldsymbol{F} = m\boldsymbol{a}_C$,即 $\boldsymbol{F} = \dfrac{\mathrm{d}(m\boldsymbol{v}_C)}{\mathrm{d}t}$,因为质心的动量等于质点系动量之和,所以有 $\sum \boldsymbol{F}_i = \dfrac{\mathrm{d}}{\mathrm{d}t} \sum \boldsymbol{p}_i$,积分得

$$\sum \int_{t_1}^{t_2} \boldsymbol{F}_i \mathrm{d}t = \sum \boldsymbol{p}_i(t_2) - \sum \boldsymbol{p}_i(t_1)$$

若定义 $\boldsymbol{I} = \sum \int_{t_1}^{t_2} \boldsymbol{F}_i \mathrm{d}t$ 为各质点所受合外力的冲量和,$\boldsymbol{p} = \sum \boldsymbol{p}_i$ 为质点动量和,有

$$\boldsymbol{I} = \sum \int_{t_1}^{t_2} \boldsymbol{F}_i \mathrm{d}t = \Delta \boldsymbol{p} \tag{2.15}$$

式(2.15)称为质点系的动量定理,即质点系中各质点所受合外力的冲量和等于质点系总动量的增量.

三、动量守恒定律

若质点系(含质点)所受合外力为零或不受外力作用,则质点系的总动量保持不变,即

$$\boldsymbol{p} = \sum \boldsymbol{p}_i = 恒量 \tag{2.16}$$

式(2.16)称为动量守恒定律. 该定律表明质点系的动量与内力无关.

若质点系所受合外力在某一方向上的分量为零,则质点系在这个方向上的动量分量守恒. 必须注意,动量守恒定律只在惯性参考系中成立.

例 2.4 讨论火箭飞行原理.

解 分析:各种导弹、卫星、飞船及空间探测器都是用火箭发射的,火箭是利用向后喷出气体产生反冲力飞行的. 由于火箭自带燃料和助燃剂,因此火箭可以在真空中飞行.

在惯性系中,沿火箭运动方向建立一维坐标系. 设 t 时刻火箭的质量为 $M(t)$,速率为 $v(t)$,$t+\mathrm{d}t$ 时刻火箭的质量为 $M(t)+\mathrm{d}M$,速率为 $v(t)+\mathrm{d}v$. 在 $\mathrm{d}t$ 时间内

火箭喷出气体的质量为 dM. 若喷出气体相对火箭的速率为常数 u,则喷出的气体相对坐标系的速率为 $v-u$,忽略重力的影响,根据动量守恒定律,有

$$Mv = (M + dM)(v + dv) + (-dM)(v - u)$$

化简为

$$Mdv + dvdM + udM = 0$$

忽略二阶无穷小量 $dvdM$,得 $Mdv = -udM$,即

$$dv = -u\frac{dM}{M}$$

设点火时火箭的质量为 M_1、速率为 v_1,燃料耗尽时火箭的质量为 M_2,速率为 v_2,积分得

$$v_2 - v_1 = u\ln\frac{M_1}{M_2}$$

火箭在燃料耗尽后速度的增加,与喷出气体的相对速率 u 成正比,与火箭始末质量比的自然对数成正比.

此外,对于质量为 $M(t) + dM$(注意 $dM < 0$)的火箭来说,它在 dt 时间内动量的增量为

$$dp = (M + dM)dv \approx Mdv$$

因 $Mdv = -udM$,所以 $dp = -udM$,由牛顿第二定律可以求出火箭受到的推力为

$$F = \frac{dp}{dt} = -u\frac{dM}{dt}$$

由此表明,火箭受到的推力与火箭质量的时间变化率成正比,与喷出气体的相对速度成正比.

增加火箭的速度,必须增大火箭喷出气体的相对速度和增大火箭的始末质量比. 对单一火箭而言,提高这两个参数受到限制. 为此人们制造了由单级火箭组成的多级火箭. 每级火箭燃尽后自动脱落,随后下一级火箭自动点火. 设各级火箭的喷气速度分别为 $u_1, u_2, \cdots, u_n$,始末质量比分别为 $N_1, N_2, \cdots, N_n$,可得火箭的末速度为

$$v = u_1\ln N_1 + u_2\ln N_2 + \cdots + u_n\ln N_n$$

由于技术上的原因,目前多级火箭一般是三级的.

2.3　角动量定理和角动量守恒定律

一、质点的角动量定理

经验告诉我们,物体围绕转轴的转动现象,不仅与施加的外力有关,还与外力

作用点的位置有关. 为此,定义力矩 $\boldsymbol{M} = \boldsymbol{r} \times \boldsymbol{F}$,其中 $\boldsymbol{r}$ 为外力 $\boldsymbol{F}$ 作用点的位置矢量. 在 SI 单位制中,力矩的单位是牛[顿]·米,符号是 N·m.

同样,定义质点的角动量 $\boldsymbol{L} = \boldsymbol{r} \times \boldsymbol{p}$,其中 $\boldsymbol{r}$ 为质点的位置矢量,$\boldsymbol{p}$ 为质点的动量. 因为与力矩的定义相似,所以角动量亦称动量矩. 这里 $\boldsymbol{M}$ 与 $\boldsymbol{L}$ 的定义对质点的任意运动都适用.

将角动量定义式对时间求导,有

$$\frac{\mathrm{d}\boldsymbol{L}}{\mathrm{d}t} = \frac{\mathrm{d}\boldsymbol{r}}{\mathrm{d}t} \times \boldsymbol{p} + \boldsymbol{r} \times \frac{\mathrm{d}\boldsymbol{p}}{\mathrm{d}t} = \boldsymbol{v} \times m\boldsymbol{v} + \boldsymbol{r} \times \boldsymbol{F} = \boldsymbol{r} \times \boldsymbol{F}$$

得

$$\boldsymbol{M} = \boldsymbol{r} \times \boldsymbol{F} = \frac{\mathrm{d}\boldsymbol{L}}{\mathrm{d}t} \tag{2.17}$$

式(2.17)称为质点的角动量定理,即合外力矩等于质点角动量的时间变化率.

二、质点系的角动量定理

在惯性系中任选一坐标原点,将质点的角动量定理用于第 i 个质点,然后对所有质点求和,有

$$\sum \boldsymbol{r}_i \times \boldsymbol{F}_i + \sum \boldsymbol{r}_i \times \boldsymbol{f}_i = \sum \frac{\mathrm{d}\boldsymbol{L}_i}{\mathrm{d}t}$$

求和时,首先考虑一对内力 $\boldsymbol{f}_{ij}$ 和 $\boldsymbol{f}_{ji}$ 对固定点的力矩之和. 注意到 $\boldsymbol{f}_{ji} = -\boldsymbol{f}_{ij}$,有

$$\boldsymbol{r}_i \times \boldsymbol{f}_{ij} + \boldsymbol{r}_j \times \boldsymbol{f}_{ji} = \boldsymbol{r}_i \times \boldsymbol{f}_{ij} - \boldsymbol{r}_j \times \boldsymbol{f}_{ij} = (\boldsymbol{r}_i - \boldsymbol{r}_j) \times \boldsymbol{f}_{ij} \equiv 0 \tag{2.18}$$

式(2.18)表明,系统内部一对作用力的力矩之和为零. 将此结论用于对质点系的力矩求和,得到

$$\sum \boldsymbol{r}_i \times \boldsymbol{f}_i \equiv 0$$

又因

$$\sum \frac{\mathrm{d}\boldsymbol{L}_i}{\mathrm{d}t} = \frac{\mathrm{d}}{\mathrm{d}t} \sum \boldsymbol{L}_i$$

所以有

$$\sum \boldsymbol{r}_i \times \boldsymbol{F}_i = \frac{\mathrm{d}}{\mathrm{d}t} \sum \boldsymbol{L}_i \tag{2.19}$$

式(2.19)称为质点系的角动量定理,即质点系中各质点所受外力矩的和等于质点系中各质点角动量和的时间变化率.

三、角动量守恒定律

若质点系(含质点)所受外力矩的和为零,则质点系的总角动量保持不变,即

$$L = \sum L_i = 恒量 \tag{2.20}$$

式(2.20)称为角动量守恒定律. 该定律表明质点系的总角动量与内力无关.

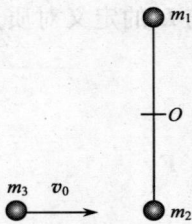

例 2.5 如图 2.4 所示,质量分别为 m_1 和 m_2 的两个小钢球,固定在一根长为 $2a$ 的质量很小的硬杆的两端. 硬杆可绕中点 O 处的转轴在光滑水平面上转动. 质量为 m_3 的泥球,以垂直于杆的水平速度 v_0 与 m_2 发生碰撞而粘在一起. 若碰撞前,杆是静止的,且 $m_1 = m_2 = m_3 = m$,求碰撞后杆的角速度.

图 2.4

解 相对 O 点,硬杆和三个小球组成的系统,在碰撞过程中所受合外力矩为零,因此角动量守恒. 设碰撞后,杆的角速度为 ω,则杆两端小球的速率为 ωa,忽略杆的角动量,由角动量守恒定律得

$$m_3 v_0 a = m_1(\omega a)a + (m_2 + m_3)(\omega a)a$$

将 $m_1 = m_2 = m_3 = m$ 代入上式,得

$$\omega = \frac{v_0}{3a}$$

要注意,系统的动量是不守恒的. 因为在碰撞过程中,系统受到转轴的作用力,这个力是外力. 因为该力的力矩为零,所以不影响角动量守恒.

例 2.6 利用角动量守恒定律讨论开普勒定律.

解 开普勒定律是在牛顿发现万有引力定律之前依靠天文观测得到的行星运动规律,它由三个定律组成. 经典力学的诞生揭开了开普勒定律神秘的面纱. 下面利用角动量守恒定律证明其中的开普勒第二定律,即太阳到行星的连线单位时间内扫过的面积是一个定值.

将太阳和行星都当成质点,$r(t)$ 是行星在太阳坐标系中的位置矢量(图 2.5). 在行星运动过程中,由于受到的引力 F 和位置矢量 $r(t)$ 始终在一条直线上,所以行星受到太阳的力矩恒为零. 根据质点的角动量定理,行星相对太阳的角动量为常量,即

图 2.5

$$L = r \times mv = 常矢量$$

因为 $r(t)$ 垂直 L,所以行星只能在垂直 L 的平面内运动. 同时,L 的大小 L 也是常数,即

$$L = mvr\sin\theta = 常数$$

设行星在 Δt 时间内走过的弧长为 Δl,太阳与行星连线扫过的面积为 ΔS,不难看出

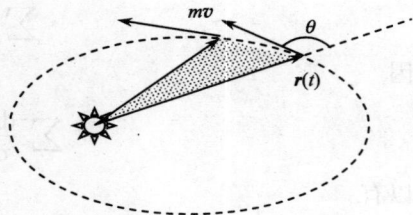

$$\Delta S = \frac{1}{2}r\Delta l\sin\theta = \frac{1}{2}r(v\Delta t)\sin\theta = \frac{L}{2m}\Delta t$$

由此得到单位时间内扫过的面积为

$$\frac{\mathrm{d}S}{\mathrm{d}t} = \lim_{\Delta t \to 0}\frac{\Delta S}{\Delta t} = \frac{L}{2m} = 常数$$

2.4 功能原理和机械能守恒定律

一、力的功与动能定理

如果一个恒力 $\boldsymbol{F}$ 持续作用在一个物体上,并使它移动了直线距离 S,那么 $FS\cos\theta$ 作为力对空间的积累,称为力做的功,其中 F 是力 $\boldsymbol{F}$ 的大小,θ 是力 $\boldsymbol{F}$ 和运动方向之间的夹角. 对于变化的力 $\boldsymbol{F}$,可以根据牛顿第二定律求出 $\mathrm{d}r$ 段位移内力做的功

$$\boldsymbol{F} \cdot \mathrm{d}\boldsymbol{r} = m\frac{\mathrm{d}\boldsymbol{v}}{\mathrm{d}t} \cdot \mathrm{d}\boldsymbol{r} = m\frac{\mathrm{d}\boldsymbol{r}}{\mathrm{d}t} \cdot \mathrm{d}\boldsymbol{v} = m\boldsymbol{v} \cdot \mathrm{d}\boldsymbol{v} \tag{2.21}$$

将等式 $\boldsymbol{v} \cdot \boldsymbol{v} = v^2$ 取微分有 $\mathrm{d}\boldsymbol{v} \cdot \boldsymbol{v} + \boldsymbol{v} \cdot \mathrm{d}\boldsymbol{v} = 2\boldsymbol{v} \cdot \mathrm{d}\boldsymbol{v} = 2v\mathrm{d}v$,得到 $\boldsymbol{v} \cdot \mathrm{d}\boldsymbol{v} = v\mathrm{d}v$,代入式(2.21),得到 $\boldsymbol{F} \cdot \mathrm{d}\boldsymbol{r} = mv\mathrm{d}v$,积分得

$$\int_{r_1}^{r_2}\boldsymbol{F} \cdot \mathrm{d}\boldsymbol{r} = \int_{v_1}^{v_2}mv\mathrm{d}v = \frac{1}{2}mv_2^2 - \frac{1}{2}mv_1^2 \tag{2.22}$$

方程左端是计算力的功的全过程,而右端却仅与始、末状态有关. 若定义 $A = \int_{r_1}^{r_2}\boldsymbol{F} \cdot \mathrm{d}\boldsymbol{r}$ 为力 $\boldsymbol{F}$ 的功,$E_k = \frac{1}{2}mv^2$ 为质点的动能,得

$$A = \int_{r_1}^{r_2}\boldsymbol{F} \cdot \mathrm{d}\boldsymbol{r} = \Delta E_k \tag{2.23}$$

式(2.23)称为质点的动能定理,即合外力对质点所做的功等于质点动能的增量.

在 SI 单位制中,功和动能的单位是焦[耳],符号是 J,$1J = 1N \cdot m$.

如果在 Δt 时间内力做功为 ΔA,定义平均功率为

$$\bar{P} = \frac{\Delta A}{\Delta t}$$

瞬时功率是当 $\Delta t \to 0$ 时平均功率的极限,即

$$P = \lim_{\Delta t \to 0}\frac{\Delta A}{\Delta t} = \frac{\mathrm{d}A}{\mathrm{d}t}$$

根据

$$\mathrm{d}A = \boldsymbol{F} \cdot \mathrm{d}\boldsymbol{r}, \quad P = \frac{\mathrm{d}A}{\mathrm{d}t} = \frac{\boldsymbol{F} \cdot \mathrm{d}\boldsymbol{r}}{\mathrm{d}t} = \boldsymbol{F} \cdot \frac{\mathrm{d}\boldsymbol{r}}{\mathrm{d}t}$$

有

$$P = \boldsymbol{F} \cdot \boldsymbol{v} \tag{2.24}$$

式(2.24)表明,瞬时功率与外力和速度的大小成正比,与二者的夹角有关. 在 SI 单位制中,功率的单位是瓦[特],符号是 W,$1W = 1J \cdot s^{-1}$.

将质点的动能定理用于第 i 个质点,然后对所有质点求和

$$\boldsymbol{A} = \sum \int \boldsymbol{F}_i \cdot \mathrm{d}\boldsymbol{r}_i + \sum \int \boldsymbol{f}_i \cdot \mathrm{d}\boldsymbol{r}_i = \sum \frac{1}{2} m_i v_{i2}^2 - \sum \frac{1}{2} m_i v_{i1}^2$$

如果外力功的和用 $A_{\mathrm{ex}} = \sum \int \boldsymbol{F}_i \cdot \mathrm{d}\boldsymbol{r}_i$ 表示,内力功的和用 $A_{\mathrm{in}} = \sum \int \boldsymbol{f}_i \cdot \mathrm{d}\boldsymbol{r}_i$ 表示,

质点系初状态的动能和用 $E_{\mathrm{k1}} = \sum \frac{1}{2} m_i v_{i1}^2$ 表示,质点系末状态的动能和用 $E_{\mathrm{k2}} = \sum \frac{1}{2} m_1 v_{i2}^2$ 表示,代入上面的求和式,有

$$A_{\mathrm{ex}} + A_{\mathrm{in}} = E_{\mathrm{k2}} - E_{\mathrm{k1}} = \Delta E_{\mathrm{k}} \tag{2.25}$$

式(2.25)称为质点系的动能定理,即质点系所有外力的功和所有内力的功之和等于质点系动能的增量.

虽然内力不能改变质点系的总动量、总角动量,也不能改变质点系质心的速度,但内力可以改变质点系的总动能. 例如,静止的炸弹动能为零,爆炸后动能增加,就是因为内力做功. 值得注意的是,尽管质点系的内力成对出现、大小相等、方向相反,但由于相互作用的两个质点位移不一定相等,因此,质点系所有内力的功之和不一定为零.

二、保守力与势能

现在计算一对内力 $\boldsymbol{f}_{ij}$ 和 $\boldsymbol{f}_{ji}$ 做功的微分. 因为 $\boldsymbol{f}_{ij} + \boldsymbol{f}_{ji} \equiv 0$,所以 $\mathrm{d}A$ 有两种表示

$$\mathrm{d}A = \boldsymbol{f}_{ij} \cdot \mathrm{d}\boldsymbol{r}_i + \boldsymbol{f}_{ji} \cdot \mathrm{d}\boldsymbol{r}_j = \boldsymbol{f}_{ij} \cdot \mathrm{d}(\boldsymbol{r}_i - \boldsymbol{r}_j)$$

$$\mathrm{d}A = \boldsymbol{f}_{ij} \cdot \mathrm{d}\boldsymbol{r}_i + \boldsymbol{f}_{ji} \cdot \mathrm{d}\boldsymbol{r}_j = \boldsymbol{f}_{ji} \cdot \mathrm{d}(\boldsymbol{r}_j - \boldsymbol{r}_i)$$

由公式可知,在惯性系中两个质点之间一对内力功的和,可以只对其中一个质点来计算,前提是选另一质点为新的坐标原点. 由此可知,如果两个质点的相对位置保持不变,那么它们之间的内力功的和为零. 当然,如此选择的坐标系可以不是惯性系.

两个质点间万有引力做功就是一个典型的例子. 以一质点为原点,考虑引力的方向,有

$$A = \int_{r_1}^{r_2} \left(-G \frac{m_1 m_2}{r^3} \boldsymbol{r} \right) \cdot \mathrm{d}\boldsymbol{r} = -\int_{r_1}^{r_2} G \frac{m_1 m_2}{r^2} \mathrm{d}r = G \frac{m_1 m_2}{r_2} - G \frac{m_1 m_2}{r_1} \tag{2.26}$$

其中,r 是两质点的距离. 式(2.26)说明,一对万有引力的功只与两质点间始、末状态的距离有关,与质点的运动路径无关. 做功与路径无关的力称为保守力. 根据保守力的这一特点,可以定义与质点系的特定结构或架势有关的势能,它完全取决于质点间的相对位置. 如果保守内力的功用 $A_{in,cons}$ 来表示,势能用 E_p 来表示,根据能量守恒,保守内力的功等于系统势能的减少,即

$$A_{in,cons} = E_{p1} - E_{p2} \tag{2.27}$$

若选择系统处于位形 2 的势能为零,即 $E_{p2}=0$,则系统处于位形 1 的势能为

$$E_{p1} = A_{in,cons} \tag{2.28}$$

式(2.28)表明,系统处于某位形的势能等于从该位形运动至势能零点时保守力所做的功. 需要注意的是,势能是相互作用能,它归属于整个系统. 此外,势能零点可任意选取.

前面已经证明,两个质点间的万有引力是保守内力. 若选取两质点间距离无穷远时系统的势能为零,则两质点间距离为 r 时系统的引力势能为

$$E_p = -G\frac{m_1 m_2}{r} \tag{2.29}$$

对于由质点和地球组成的系统,如果选择 $r=R$ 的地面为势能零点,则在地表附近距离地面垂直高度为 h 处的引力势能为

$$E_p = -G\frac{Mm}{R+h} - \left(-G\frac{Mm}{R}\right) = GMm\left(\frac{1}{R} - \frac{1}{R+h}\right) \approx G\frac{M}{R^2}mh = mgh$$

弹性力也是保守力,如果选择弹簧原长时为势能零点,可以证明弹簧的弹性势能为

$$E_p = \frac{1}{2}kx^2 \tag{2.30}$$

三、功能原理与机械能守恒定律

由于保守内力的功 $A_{in,cons}$ 与系统势能有关,若将非保守内力的功表示为 $A_{in,n-cons}$,将式(2.27)代入式(2.25)并整理,有

$$A_{ex} + A_{in,n-cons} = (E_{k2} + E_{p2}) - (E_{k1} + E_{p1})$$

定义系统的动能和势能之和为系统的机械能 $E=E_k+E_p$,有

$$A_{ex} + A_{in,n-cons} = \Delta E \tag{2.31}$$

式(2.31)称为功能原理,即系统所受外力的功与系统内非保守内力的功之和等于系统机械能的增量.

如果在质点系运动过程中,只有保守内力做功,或者说外力的功和非保守内力的功都为零或可以忽略,根据式(2.31),得到

$$\Delta E \equiv 0 \tag{2.32}$$

式(2.32)称为机械能守恒定律,即在只有保守内力做功的条件下,系统的机械能保持不变.

1. 能量守恒定律与卫星宇宙速度

要成功地发射人造地球卫星或宇宙探测器,需要很多科学技术方面的知识,它已成为一门综合性的新兴学科,称作空间科学技术. 其中的一个重要问题就是发射速度问题. 发射速度虽然是早就知道的问题,但由于它的数值巨大,一直难以实现. 直到 20 世纪中期,火箭技术飞跃发展,才使人类的梦想变成现实.

1) 第一宇宙速度

第一宇宙速度是卫星能够环绕地球飞行的最低速度. 在地心参考系中,它应满足的条件是物体环绕地球表面飞行时,它所受到的重力完全充当向心力,即

$$mg = m\frac{v_1^2}{R_E}$$

其中,$R_E \approx 6.37 \times 10^6 \text{m}$ 是地球的半径. 所以第一宇宙速度为

$$v_1 = \sqrt{gR_E} \approx 7.9 \times 10^3 \text{m} \cdot \text{s}^{-1}$$

2) 第二宇宙速度

第二宇宙速度是卫星能够脱离地球引力束缚的最低速度. 在地心参考系中,它应满足的条件是物体在环绕地球表面飞行时,它所具有的机械能最低为零,即

$$E = \frac{1}{2}mv_2^2 - G\frac{M_E m}{R_E} \geqslant 0$$

其中,$M_E \approx 5.98 \times 10^{24} \text{kg}$,是地球的质量;$G = 6.67 \times 10^{-11} \text{N} \cdot \text{m}^2 \cdot \text{kg}^{-2}$,是万有引力常数. 所以第二宇宙速度为

$$v_2 \geqslant \sqrt{\frac{2GM_E}{R_E}} = \sqrt{2gR_E} \approx 11.2 \times 10^3 \text{m} \cdot \text{s}^{-1}$$

3) 第三宇宙速度

第三宇宙速度是卫星能够脱离太阳引力束缚的最低速度. 在日心参考系中,它应满足的条件是物体在地球轨道附近脱离地球引力环绕太阳飞行时,它所具有的机械能最低为零,即

$$E = \frac{1}{2}mv_{3-1}^2 - G\frac{M_S m}{R_{ES}} \geqslant 0$$

其中,$R_{ES} \approx 1.49 \times 10^{11} \text{m}$,是地球轨道平均半径;$M_S \approx 1.99 \times 10^{30} \text{kg}$,是太阳的质量. 得

$$v_{3-1} \geqslant \sqrt{\frac{2GM_S}{R_{ES}}} = 42.2 \times 10^3 \text{m} \cdot \text{s}^{-1}$$

如果充分利用地球在日心参考系中的环绕速度 $v_{ES} = 29.8 \times 10^3 \text{m} \cdot \text{s}^{-1}$，那么卫星脱离地球时的速度只需

$$v_{3-2} = v_{3-1} - v_{ES} = 12.4 \times 10^3 \text{m} \cdot \text{s}^{-1}$$

在地心参考系中，它应满足的条件是物体在环绕地球飞行时，它所具有的机械能不低于 $\frac{1}{2}mv_{3-2}^2$，即

$$E = \frac{1}{2}mv_{3-3}^2 - G\frac{M_E m}{R_E} \geqslant \frac{1}{2}mv_{3-2}^2$$

最后得到的第三宇宙速度为

$$v_{3-3} = \sqrt{v_{3-2}^2 + v_2^2} = 16.7 \times 10^3 \text{m} \cdot \text{s}^{-1}$$

2. 碰撞问题

碰撞是物体相互作用的一种形式，主要特征是相互作用很强、但持续时间很短，可明显区分系统碰撞前、后的状态. 碰撞过程一般都很复杂，难于对过程进行仔细分析，所以守恒定律就成为研究碰撞的有效手段. 在碰撞发生过程中，由于物体间的相互作用很大，其他外力都可忽略，所以动量守恒定律总是成立的.

1) 完全非弹性碰撞

碰撞包括物体之间的接触撞击，其中大多数都伴随有能量的损失，其中最简单的情形是发生碰撞后，参与碰撞的诸物体变成一个整体，不再分开. 这类碰撞称为完全非弹性碰撞.

设有两个物体，它们的质量分别为 m_1 和 m_2，碰撞前二者的速度分别为 v_1 和 v_2. 对于完全非弹性碰撞，动量守恒定律成立，若以 u 表示碰撞后物体的共同速度，有

$$m_1 v_1 + m_2 v_2 = (m_1 + m_2)u$$

由此得到

$$u = \frac{m_1 v_1 + m_2 v_2}{m_1 + m_2} \tag{2.33}$$

由质心运动定理可知，$u = v_C$，即质心速度. 损失的动能为

$$\Delta E_k = \frac{1}{2}m_1 v_1^2 + \frac{1}{2}m_2 v_2^2 - \frac{1}{2}(m_1 + m_2)v_C^2 \tag{2.34}$$

2) 完全弹性碰撞

碰撞也包括物体之间的非接触相互作用. 带电粒子间碰撞时, 相互作用力是库仑力; 天体之间碰撞时, 相互作用力是万有引力. 无论是前面的接触碰撞还是这里的非接触碰撞, 只要没有能量损失, 能量守恒定律就成立. 没有能量损失的碰撞称为完全弹性碰撞.

设有两个物体, 它们的质量分别为 m_1 和 m_2, 碰撞前二者的速度分别为 $\boldsymbol{v}_{10}$ 和 $\boldsymbol{v}_{20}$. 对于完全弹性碰撞, 动量守恒定律和能量守恒定律都成立, 若以 $\boldsymbol{v}_1$ 和 $\boldsymbol{v}_2$ 表示两物体碰撞以后的速度, 有

$$m_1 \boldsymbol{v}_{10} + m_2 \boldsymbol{v}_{20} = m_1 \boldsymbol{v}_1 + m_2 \boldsymbol{v}_2$$

$$\frac{1}{2} m_1 v_{10}^2 + \frac{1}{2} m_2 v_{20}^2 = \frac{1}{2} m_1 v_1^2 + \frac{1}{2} m_1 v_2^2$$

一般的讨论比较复杂, 这里也只讨论两种简单的情况.

(1) 对于三维的情况, 假设 $m_1 = m_2 = m$, 且 $\boldsymbol{v}_{20} = 0$, 上面两个守恒定律简化成

$$\boldsymbol{v}_{10} = \boldsymbol{v}_1 + \boldsymbol{v}_2 \tag{2.35}$$

$$v_{10}^2 = v_1^2 - v_2^2 \tag{2.36}$$

将式 (2.35) 平方

$$v_{10}^2 = v_1^2 + v_2^2 + 2\boldsymbol{v}_1 \cdot \boldsymbol{v}_2 \tag{2.37}$$

比较式 (2.36) 和式 (2.37), 有

$$\boldsymbol{v}_1 \cdot \boldsymbol{v}_2 \equiv 0 \tag{2.38}$$

式 (2.38) 表明, 两个质量相同的物体, 如果其中一个碰撞前是静止的, 那么碰撞以后分离的速度彼此垂直.

(2) 如果两个物体发生对心碰撞, 碰撞后的速度方向沿着原来运动的方向, 上面两个守恒定律简化成一维的情况, 联立求解这两个方程, 有解

$$v_1 = \frac{m_1 - m_2}{m_1 + m_2} v_{10} + \frac{2m_2}{m_1 + m_2} v_{20} \tag{2.39}$$

$$v_2 = \frac{m_2 - m_1}{m_1 + m_2} v_{20} + \frac{2m_1}{m_1 + m_2} v_{10} \tag{2.40}$$

下面讨论几种特殊情况:

如果 $m_1 = m_2$, 则 $v_1 = v_{20}$、$v_2 = v_{10}$, 两物体互相交换速度.

如果 $m_1 \ll m_2$, 且 $v_{20} = 0$, 则 $v_1 = -v_{10}$、$v_2 \approx 0$, 轻的物体原速率返回, 重的物体保持静止.

如果 $m_1 \ll m_2$, 且 $v_{20} \neq 0$, 则 $v_1 = -v_{10} + 2v_{20}$、$v_2 \approx v_{20}$, 轻的物体返回速率变大, 重的物体保持原速. 在这类碰撞中, 轻粒子在碰撞前被重物吸引, 碰撞后又被高速抛回, 所以被形象地称为弹弓效应. 弹弓效应是航天技术中增大宇宙飞行器

速率的一种有效手段.

除了前面讨论的动量定理、角动量定理、动能定理和功能原理,及其相应的守恒定律,自然界中还有很多守恒定律. 如质量守恒定律、电荷守恒定律和宇称守恒定律等. 作为研究自然、探索自然的有效手段,守恒定律在实践和理论方面都具有重要意义.

守恒定律是关于变化过程的规律,这些过程可能是未知的,也可能太复杂而难以处理. 利用守恒定律就可以避开过程细节,利用系统始、末状态的某些特征量处理问题. 这就是守恒定律的实践意义. 正因为如此,物理学家总是想方设法在他们的研究领域里找出守恒的量,创建新理论,掌握新方法.

如果发现守恒定律存在某种缺陷,人们就会努力寻找"补救"的方法. 通过更精确、更全面的考察,拓展新的概念,引进新的形式,得到新的守恒定律,使人们对自然界的认识进入更深入的阶段. 这就是守恒定律在理论方面的意义. 事实上,每一守恒定律的发现、修正和推广,都曾在科学史上产生过深远的影响.

尽管有些守恒定律是从牛顿运动定律得出的,但在牛顿运动定律已不再适用的领域,这些守恒定律依然正确. 这说明这些守恒定律具有更普遍、更深刻的根基. 现代物理学已确认,这些更普遍、更深刻的根基就是时空对称性. 具体来说,动量守恒定律反映的是空间平移的对称性,角动量守恒定律反映的是空间转动的对称性,而能量守恒定律反映的是时间平移的对称性. 在现代物理理论中,可以由上述对称性导出相应的守恒定律,进而导出牛顿运动定律. 此外,自然界还存在着其他一些守恒定律,而且每种守恒定律都对应着一个对称性.

思 考 题

2.1 两人手拉手进行拔河比赛,甲对乙的拉力等于乙对甲的拉力,为什么会有胜负?

2.2 摩擦力是否一定阻碍物体的运动?

2.3 没有动力的小车通过弧形桥面时,受几个力的作用? 它们的反作用力作用在哪里? 若 m 为车的质量,车对桥面的压力是否等于 $mg\cos\theta$? 小车能否做匀速率运动?

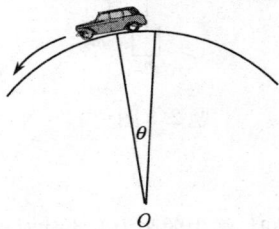

思考题 2.3 图

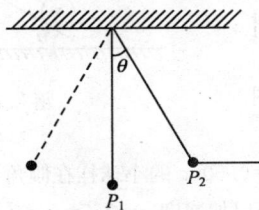

思考题 2.4 图

2.4　有一单摆如图所示.试在图中画出摆球到达最低点 P_1 和最高点 P_2 时所受的力.在这两个位置上,摆线中张力是否等于摆球重力或重力在摆线方向的分力? 如果用一水平绳拉住摆球,使之静止在 P_2 位置上,线中张力多大?

2.5　当飞机由爬升转为俯冲时,飞行员会由于脑充血而"红视"(视场变红),当飞行员由俯冲拉起时,飞行员由于脑失血而"黑晕"(眼睛失明),这是为什么? 若飞行员穿上一种 G 套服(把身躯和四肢肌肉缠得紧紧的一种衣服),当飞行员由俯冲拉起时,他能经得住 $5g$ 的加速度而避免黑晕,但飞行开始俯冲时,最多经得住 $-2g$ 而仍免不了红视.这又是为什么(定性分析)?

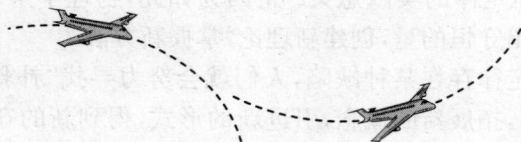

思考题 2.5 图

习　题

2.1　如图所示,一个擦窗工人利用滑轮—吊桶装置上升.

(1) 要自己慢慢匀速上升,他需要用多大力拉绳?

(2) 如果他的拉力增大 10%,他的加速度将多大? 设人和吊桶的总质量为 75kg.

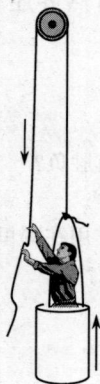

题 2.1 图

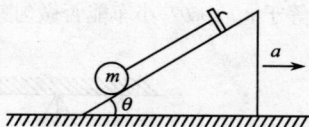

题 2.2 图

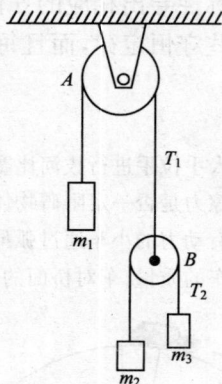

题 2.3 图

2.2　设质量 $m=0.50$kg 的小球挂在倾角 $\theta=30°$ 的光滑斜面上.

(1) 当斜面以加速度 $a=2.0$m·s^{-2} 沿如图所示的方向运动时,绳中的张力及小球对斜面的正压力各是多大?

(2) 当斜面的加速度至少为多大时,小球将脱离斜面?

2.3　图中 A 为定滑轮,B 为动滑轮,3 个物体的质量分别为 $m_1=200$g,$m_2=100$g,$m_3=50$g.

(1) 求每个物体的加速度;

(2) 求两根绳中的张力 T_1 和 T_2. 假定滑轮和绳的质量以及绳的伸长和摩擦力均可忽略.

2.4　在光滑的水平冰面上,放着一根长 10m 质量为 500kg 的均匀圆钢.用力拉圆钢使它做匀加速直线运动,加速度为 2m·s^{-2}.求圆钢任一横截面前后两部分间的作用力(即张力),并画出张力随横截面位置的变化图线(即 T-x 图).

2.5　水平桌面上,放着一块质量为 M 的三角形冰块,冰块斜面上放着一质量为 m 的物体.斜面的仰角为 θ.不计摩擦,试求冰块对地的加速度,物体 m 对冰块的加速度.

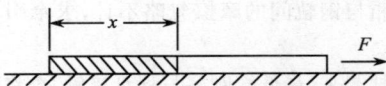
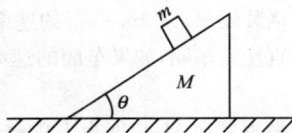

題 2.4 图　　　　　　　　　　　　　　　題 2.5 图

2.6　如图所示,一个质量为 m_1 的物体拴在长为 L_1 的轻绳上,绳的另一端固定在一个水平光滑桌面的钉子上.另一物体质量为 m_2,用长为 L_2 的绳与 m_1 连接.二者均在桌面上做匀速圆周运动,假设 m_1,m_2 的角速度为 ω,求各段绳子上的张力.

2.7　质量为 m,长为 l 的摆,挂在固定于小车上的架子上,求在下列情况下摆线的方向及线中的张力:

(1) 小车沿水平面做匀速直线运动;

(2) 小车以加速度 a 做水平运动;

(3) 小车自由地从斜面上滑下,斜面与水平面成 α 角.

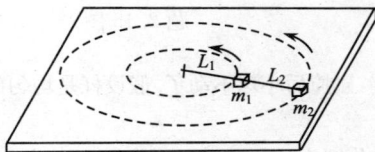
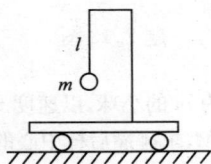

題 2.6 图　　　　　　　　　　　　　　　題 2.7 图

2.8　长度为 l 的轻绳,一端拴着质量为 m 的小球,另一端固定在离水平冰面高 h 的地方,使小球在冰面上做匀速圆周运动,转速为 n.问冰面受小球的压力是多少? n 多大时小球将离开冰面?

2.9　一质量 $m=2.5$g 的乒乓球以 $v_1=10$m·s^{-1} 的速率飞来,用板推挡后球又以 $v_2=20$m·s^{-1} 的速率飞出,设推挡前后球的运动方向与板面夹角分别为 45° 和 60°,如图所示.

(1) 求小球得到的冲量;

(2) 如果撞击时间是 0.01s,求板施于球的平均冲力.

2.10　将一空盒放在秤盘上,秤的读数调到零,然后从高出盒底 $h=4.9$m 处,将小石子流以每秒 $n=100$(个)的速度注入盒中,假设每一石子的质量为 $m=0.02$kg 都从同一高度落下,且落到盒内后就停止运动.求石子从开始落到盒底后 10s 时秤的读数.

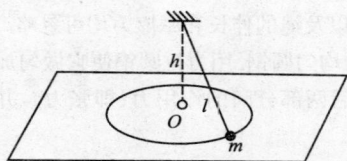

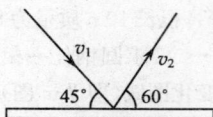

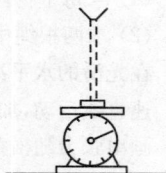

题 2.8 图　　　　　　　　　　　题 2.9 图　　　　　　　　　　　题 2.10 图

2.11　一辆装煤车,以 $3\text{m}\cdot\text{s}^{-1}$ 的速率从煤斗下面通过,煤末通过漏斗以每秒 $5\times10^3\text{kg}$ 的速率铅直注入车厢,如果车厢的速率保持不变,车厢与钢轨间的摩擦忽略不计,求牵引力的大小.

2.12　一根质量为 M,长度为 L 的链条,被竖直地悬挂起来,最低端刚好与秤盘接触,今将链条释放并让它落到秤上,求证:链条下落长度为 x 时,秤的读数为 $N=\dfrac{3Mgx}{L}$.

2.13　质量为 20t 的浮吊,吊着质量为 $2\times10^3\text{kg}$ 的货物.当吊杆与垂线的夹角 θ 从 60°变到 30°时,浮吊在水平方向移动了多少距离? 设杆长为 8m,杆的质量可忽略不计.

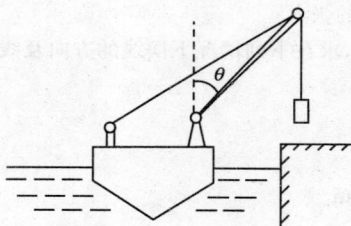

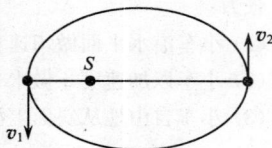

题 2.13 图　　　　　　　　　　　　　　　题 2.15 图

2.14　质量为 m 的小球,以速度 v_0 碰撞静止长杆一端,碰撞后小球不动了.假设杆是均匀的,质量为 M,求碰撞后杆中心的运动速度.

2.15　地球绕日公转轨道是椭圆.设椭圆的长、短半轴分别为 a 和 b.求地球位于近日点和远日点时离太阳的距离.设地球位于近日点时的速率为 v_1,求它在远日点时的速率.

2.16　质量为 M,长为 l 的均匀细杆,中点有一垂直杆的转轴.杆绕轴旋转的角速度为 ω.求杆对中点的角动量.

2.17　仰角为 45°的光滑斜面上,有一质量为 0.5kg 的物体从斜面上滑下来.滑了 3m 后和一弹簧接触.设弹簧的劲度系数为 $400\text{N}\cdot\text{m}^{-1}$.求弹簧的最大压缩量.

2.18　在光滑的水平桌面上,放一质量为 M 的滑块,滑块与轻质弹簧相连,弹簧的另一端固定于 O 点,弹簧的劲度系数为 k,静止的弹簧原长为 l_0,今用力猛击滑块,使之获得与弹簧轴线垂直的水平速度 v_0,当滑块 M 运动到 B 点时,弹簧长度为 l,求滑块在 B 点速度的大小和速度与弹簧轴线间的夹角 θ.

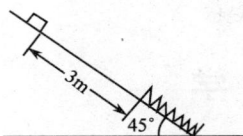

题 2.17 图

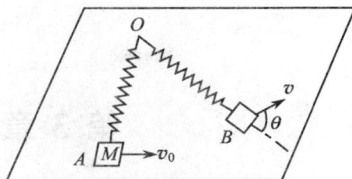

题 2.18 图

2.19　用弹簧把质量为 m_1、m_2 两木块连接起来,如图放置.用力压上面的木块,突然撤掉压力,让上木块跳起来.为了能使下木块也随着起来,压力至少要多少?(弹簧质量不计)

2.20　质量为 7.2×10^{-2}kg,速度为 6.0×10^7m·s^{-1} 的粒子 A,与另一个质量为其一半而静止的粒子 B 相碰,假定碰撞是完全弹性碰撞,碰撞后粒子 A 的速度为 5×10^7m·s^{-1},求:

(1) 粒子 B 的速率及偏转角;

(2) 粒子 A 的偏转角.

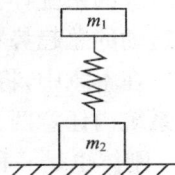

题 2.19 图

2.21　石墨原子核在核反应中作为快中子的减速剂.已知石墨原子核的质量为 19.9×10^{-27}kg,中子的质量为 1.67×10^{-27}kg,若中子的初速度为 3×10^7m·s^{-1} 与静止的石墨原子作完全弹性碰撞后减速,问经过几次对心碰撞后中子速度减为 10^2 m·s^{-1}.

2.22　测子弹速度的一种方法是把子弹水平射入一个固定在弹簧上的木块内,由弹簧压缩的距离可以求出子弹的速度.已知子弹的质量 $m=0.02$kg,木块质量 $M=8.98$kg,弹簧劲度因数 $k=100$N·m^{-1},子弹射入木块后,弹簧被压缩 10cm,求子弹的速度.设木块与平面间的动摩擦因数是 0.2.

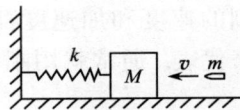

题 2.22 图

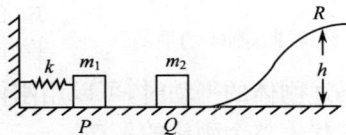

题 2.23 图

2.23　m_1 与 m_2 可沿光滑表面 PQR 滑动,如图所示.开始,将 m_1 压紧弹簧(m_1 与弹簧未连接),然后放手,让 m_1 与静止放在 Q 处的 m_2 做完全弹性碰撞,假定弹簧的劲度系数为 k,开始压缩的距离为 x_0.

(1) 如 $m_1 < m_2$,问碰撞后 m_1 能再将弹簧压缩多大距离 x?

(2) 如 $m_1 = m_2$,x 为多大?

(3) 如仍为 $m_1 < m_2$,而 m_2 到达 R 时恰好停止,问原来压缩弹簧距离 x_0 为多少?

第3章　刚体力学

前面介绍了质点和质点系的一些基本概念、基本原理和守恒定律,并对由两个质点组成的简单系统的碰撞问题进行了讨论. 对于一般的质点系,哪怕由三个质点组成的系统,问题就会变得很复杂. 通过质心的运动规律,可以大致了解质点系运动的总趋势和某些特征.

在本章中,将研究一种特殊质点系的运动. 这种特殊的系统具有这样的性质,即系统内任意两个质点间的距离,不因力的作用而改变,这种特殊的系统称为刚体. 刚体也是一种理想模型,当研究对象的大小和形状的变化可以忽略时,才可以把它当作刚体.

本章着重讨论刚体的定轴转动定律、转动惯量等基本概念和规律. 并通过对质点系角动量定理的推广,分析刚体的一般运动.

3.1　刚体的运动

一、刚体的平动

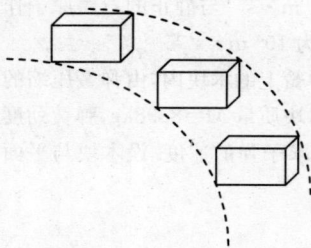

图 3.1　刚体的平动

在运动过程中,如果刚体内任意两点间的连线始终保持平行,这种运动就称为平动. 如图 3.1 所示,在平动时,由于刚体内各质点的运动轨迹彼此平行,而且在同一时刻的速度和加速度都相等,所以在描述刚体的平动时,可以用刚体上的任何一点来代表. 通常就用刚体质心的运动来代表整个刚体的平动.

根据质心的定义和质心运动定理,可以完全确定平动刚体的运动规律.

二、刚体的转动

在运动过程中,如果刚体上的各点都围绕同一条直线做圆周运动,这条直线就称为转动轴线. 如图 3.2 所示,如果转动轴线的位置和方向相对于某一参考系是固定的,该转轴称为固定转轴,这种运动就称为定轴转动. 刚体的定轴转动常用 z 轴与固定转轴重合的柱坐标系来描述.

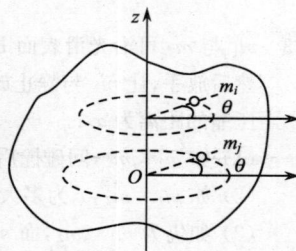

图 3.2　刚体的转动

做定轴转动时,尽管刚体中各质点的速度大小、方向各异,但刚体内所有质点做圆周运动的角速度和角加速度都是相同的. 因此,刚体内任一质点的角位移 θ、角速度 ω 和角加速度 α 就是刚体做定轴转动的角位移、角速度和角加速度.

根据圆周运动的柱坐标描述,位于 (r, θ, z) 处质点的速度和加速度分别为

$$\boldsymbol{v} = r\omega\boldsymbol{j} \tag{3.1}$$

$$\boldsymbol{a} = -r\omega^2\boldsymbol{i} + r\alpha\boldsymbol{j} \tag{3.2}$$

角加速度不变的转动称为匀加速转动,刚体匀加速转动的公式为

$$\omega = \omega_0 + \alpha t \tag{3.3}$$

$$\theta = \omega_0 t + \frac{1}{2}\alpha t^2 \tag{3.4}$$

$$\omega^2 - \omega_0^2 = 2\alpha\theta \tag{3.5}$$

其中,ω_0 是刚体的初角速度,ω 是 t 时刻刚体的角速度,θ 是在时间 t 内刚体的角位移.

三、刚体的一般运动

刚体的一般运动,可分解为刚体质心的平动与绕通过质心的某直线的转动. 由于刚体的一般运动过于复杂,我们只讨论其中比较简单的平面平行运动和定点转动. 平面平行运动是指刚体运动时,刚体内任意质点始终在某一固定的平面内运动.

3.2　刚体定轴转动定律

一、刚体的定轴转动定律

对刚体的定轴转动,采用柱坐标系,转轴方向为 z 轴,则刚体内第 i 个质点的位置矢量为

$$\boldsymbol{R}_i = r_i\boldsymbol{i} + z_i\boldsymbol{k} \tag{3.6}$$

其中,$\boldsymbol{R}_i$ 是质点的位置矢量,r_i 是 $\boldsymbol{R}_i$ 在垂直转轴的极坐标平面内的投影,是一个标量. 同样,该质点受到的外力表示为

$$\boldsymbol{F}_i = F_{ir}\boldsymbol{i} + F_{i\theta}\boldsymbol{j} + F_{iz}\boldsymbol{k} \tag{3.7}$$

根据式(3.6)和式(3.7),该质点受到的力矩为

$$\boldsymbol{M}_i = (r_i\boldsymbol{i} + z_i\boldsymbol{k}) \times (F_{ir}\boldsymbol{i} + F_{i\theta}\boldsymbol{j} + F_{iz}\boldsymbol{k})$$

因为是定轴转动,所以作用在刚体上的力矩只有沿转轴方向的分量不为零,展开得到力矩的 z 分量为

$$M_{iz} = r_i F_{i\theta} \tag{3.8}$$

设第 i 个质点的质量为 m_i,则该质点的角动量为

$$L_i = \boldsymbol{R}_i \times m_i \boldsymbol{v}_i = m_i(r_i \boldsymbol{i} + z_i \boldsymbol{k}) \times (r_i \omega \boldsymbol{j})$$

展开得到角动量的 z 分量为

$$L_{iz} = m_i r_i^2 \omega \tag{3.9}$$

将式(3.9)对所有质点求和,有

$$L_z = \sum m_i r_i^2 \omega = \left(\sum m_i r_i^2\right)\omega$$

对于刚体的定轴转动,$\sum m_i r_i^2$ 是一个与时间无关的常量,将其定义为刚体绕固定轴的转动惯量,用 J 表示,即

$$J = \sum \Delta m_i r_i^2 \tag{3.10}$$

这样,刚体的角动量沿固定转轴方向的分量就可以简单地表示为

$$L_z = J\omega \tag{3.11}$$

因为刚体是特殊的质点系,所以质点系的角动量定理,即式(2.19)

$$\sum \boldsymbol{r}_i \times \boldsymbol{F}_i = \frac{\mathrm{d}}{\mathrm{d}t}\sum \boldsymbol{L}_i$$

对于刚体依然成立。代入式(3.8)和式(3.11),得到角动量定理沿 z 轴的分量表达式

$$M_z = \sum r_i F_{i\theta} = \frac{\mathrm{d}}{\mathrm{d}t} L_z = \frac{\mathrm{d}}{\mathrm{d}t}(J\omega)$$

考虑到 $M = M_z$ 和 $\dfrac{\mathrm{d}\omega}{\mathrm{d}t} = \alpha$,有

$$M = J\alpha \tag{3.12}$$

式(3.12)称为刚体的定轴转动定律,即刚体定轴转动的角加速度与合外力矩成正比,与转动惯量成反比.

由转动定律可知,当定轴转动的刚体所受合外力矩为零时,

$$L_z = J\omega = 恒量 \tag{3.13}$$

式(3.13)称为刚体定轴转动的角动量守恒定律。

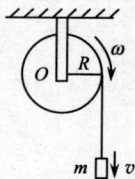

例 3.1　在半径为 R 的定滑轮上绕着一细绳. 绳的一端固定在滑轮上,另一端挂着质量为 m 的物体. 当物体下落时,带动滑轮转动. 设滑轮的转动惯量为 J,求物体下落的加速度.

解　见图 3.3,物体在重力和绳子的拉力作用下加速下落,因此

图 3.3

$$mg - T = ma \tag{1}$$

滑轮在绳子的拉力作用下,加速转动,由转动定律得

$$TR = J\alpha \tag{2}$$

滑轮边缘处的切向加速度与物体的加速度相等即

$$a = \alpha R \tag{3}$$

联立(1)、(2)、(3)式求解得

$$a = \frac{g}{1 + \dfrac{J}{mR^2}}$$

例 3.2　质量为 M,长为 l 的均匀细杆,可绕固定端转动. 令杆从水平静止状态下落,求转角为 θ 时的角速度(图 3.4).

解　细杆在重力矩的作用下加速转动. 当转角为 θ 时,重力的力矩为 $Mg \cdot \dfrac{l}{2}\cos\theta$,由转动定律得

$$\frac{1}{2}Mgl\cos\theta = J\frac{\mathrm{d}\omega}{\mathrm{d}t}$$

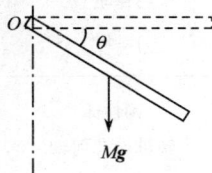

图 3.4

这是一个微分方程,两边乘以 ω 得

$$\frac{1}{2}Mgl\cos\theta\omega = J\omega\frac{\mathrm{d}\omega}{\mathrm{d}t}$$

两边对 t 积分

$$\frac{1}{2}Mgl\int_0^t \cos\theta\omega\,\mathrm{d}t = J\int_0^t \omega\frac{\mathrm{d}\omega}{\mathrm{d}t}\cdot\mathrm{d}t$$

$$\frac{1}{2}Mgl\int_0^\theta \cos\theta\mathrm{d}\theta = J\int_0^\omega \omega\mathrm{d}\omega$$

$$\frac{1}{2}Mgl\sin\theta = \frac{1}{2}J\omega^2$$

细杆的转动惯量的 $J = \dfrac{1}{3}Ml^2$,代入上式解得

$$\omega = \sqrt{\frac{3g\sin\theta}{l}}$$

二、刚体的转动惯量

刚体的转动惯量与转轴的位置有关,它是所有质点质量与其转动半径平方乘积的总和. 对于质量连续分布的刚体,转动惯量的计算由分立求和,变成了连续积分

$$J = \int r^2\,\mathrm{d}m \tag{3.14}$$

对线状刚体，$dm=\lambda dl$；对板状刚体，$dm=\sigma dS$；对立体刚体，$dm=\rho dV$. 式中 λ、σ、ρ 分别为刚体的线密度、面密度和体密度. 在 SI 单位制中，转动惯量的单位是 $kg\cdot m^2$.

一些常见的均匀刚体的转动惯量在表 3.1 中给出.

表 3.1　刚体的转动惯量

细棒 转轴通过中心 与棒垂直 $J=\dfrac{ml^2}{12}$	 细棒 转轴通过端点 与棒垂直 $J=\dfrac{ml^2}{3}$ 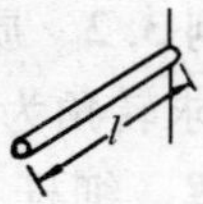
圆柱体 转轴沿几何轴 $J=\dfrac{mR^2}{2}$	 圆柱体 转轴通过中心 与几何轴垂直 $J=\dfrac{mR^2}{4}+\dfrac{ml^2}{12}$ 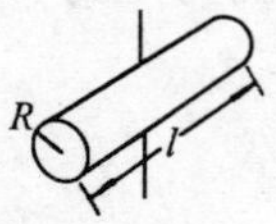
圆环 转轴通过中心 与环面垂直 $J=mR^2$	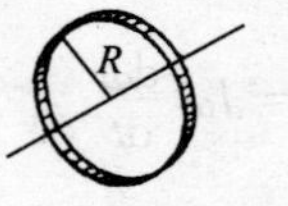 圆环 转轴沿直径 $J=\dfrac{mR^2}{2}$ 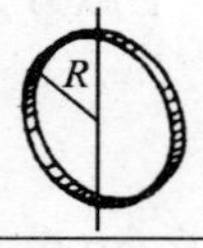
薄圆盘 转轴通过中心 与盘面垂直 $J=\dfrac{mR^2}{2}$	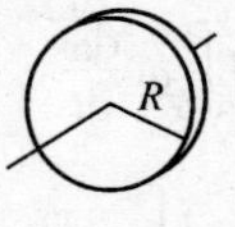 圆筒 转轴沿几何轴 $J=\dfrac{m}{2}(R_1{}^2+R_2{}^2)$ 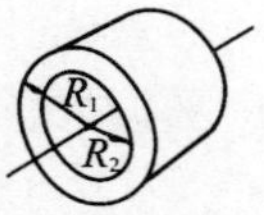
球壳 转轴沿直径 $J=\dfrac{2mR^2}{3}$	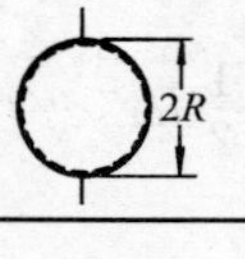 球体 转轴沿直径 $J=\dfrac{2mR^2}{5}$ 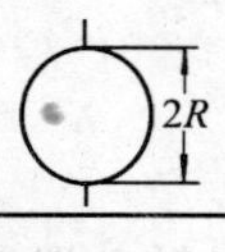

下面不加证明地介绍 3 个计算转动惯量的定理.

1. 叠加定理

转动惯量是标量，所以几个物体的转动惯量是各个物体相对于同一转轴转动惯量的代数和，即

$$J = \sum J_i \tag{3.15}$$

2. 平行轴定理

刚体对任一转轴的转动惯量 J 等于刚体对通过质心的平行轴的转动惯量 J_C

加上刚体的质量乘以两平行轴之间距离 d 的平方,即

$$J = J_C + md^2 \qquad (3.16)$$

3. 正交轴定理

薄板状刚体对板内两正交轴的转动惯量之和等于该刚体对通过两轴交点并垂直于板面转轴的转动惯量,即

$$J_z = J_x + J_y \qquad (3.17)$$

读者可以利用这些定理,对表 3.1 中的转动惯量的进行验证或拓展.

三、刚体转动的动能定理

刚体是质点系,所以刚体做定轴转动时的总动能就是各质点动能的和. 根据式(3.1),有

$$E_{ki} = \frac{1}{2}m_i v_i^2 = \frac{1}{2}m_i (r_i\omega)^2 = \frac{1}{2}m_i r_i^2 \omega^2$$

由于对刚体而言,所有质点的角速度 ω 都相同,对所有质点求和,利用式(3.10)得到

$$E_k = \sum E_{ki} = \frac{1}{2}J\omega^2 \qquad (3.18)$$

式(3.18)表明,刚体定轴转动动能与相对该转轴的转动惯量成正比,与刚体转动的角速度平方成正比. 在平动中,物体的惯性用质量 m 量度;在转动中,刚体的惯性用转动惯量 J 量度.

根据刚体的定义和内力做功的特点,刚体内力做功恒为零. 将式(1.16)代入式(3.6)的微分得

$$\mathrm{d}\boldsymbol{R}_i = r_i \mathrm{d}\boldsymbol{i} = r_i \mathrm{d}\theta\boldsymbol{j}$$

由式(3.7),可得外力对第 i 个质点做功为

$$\mathrm{d}A_i = \boldsymbol{F}_i \cdot \mathrm{d}\boldsymbol{R}_i = (F_{ir}\boldsymbol{i} + F_{i\theta}\boldsymbol{j} + F_{iz}\boldsymbol{k}) \cdot (r_i \mathrm{d}\theta\boldsymbol{j}) = r_i F_{i\theta} \mathrm{d}\theta = M_{iz} \mathrm{d}\theta$$

对所有质点求和,有

$$\mathrm{d}A = \sum \mathrm{d}A_i = \sum M_{iz} \mathrm{d}\theta = M_z \mathrm{d}\theta$$

代入式(3.12),并积分,有

$$A = \int \mathrm{d}A = \int_{\omega_1}^{\omega_2} J\alpha \, \mathrm{d}\theta = \int_{\omega_1}^{\omega_2} J \frac{\mathrm{d}\omega}{\mathrm{d}t} \mathrm{d}\theta = \int_{\omega_1}^{\omega_2} J\omega \, \mathrm{d}\omega$$

有

$$A = \frac{1}{2}J\omega_2^2 - \frac{1}{2}J\omega_1^2 \qquad (3.19)$$

式(3.19)称为刚体定轴转动的动能定理,即外力矩的和对一个围绕固定转轴转动

的刚体所做的功等于它的转动动能的增量.

例3.3　一根均匀细杆,质量为 m,长为 l,可绕固定端旋转(参照图3.4).使细杆从水平静止状态开始转动,求当细杆转到竖直位置时,细杆受到的转轴的支持力.

解　细杆在下落过程中,受到的外力是重力和转轴对细杆的支持力 N.其中只有重力对细杆做功.由刚体定轴转动的动能定理,可知重力对细杆做的功等于细杆转动动能的增量.而重力的功又等于重力势能的减小(刚体的重力势能等于刚体质量完全集中在质心时质点的重力势能).选取转轴 O 点为重力势能零点.设细杆在竖直位置的角速度为 ω.由转动动能定理可得

$$0 - \left(-\frac{1}{2}mgl\right) = \frac{1}{2}J\omega^2 - 0$$

其中,转动惯量 $J = \frac{1}{3}ml^2$,代入上式解得

$$\omega = \sqrt{\frac{3g}{l}}$$

细杆在竖直位置时,细杆的质心的加速度为

$$a = \frac{l}{2}\omega^2$$

由质心运动定理可得

$$N - mg = m\frac{l}{2}\omega^2$$

其中,N 是转轴对细杆的支持力,解得

$$N = mg + \frac{1}{2}ml\omega^2 = \frac{5}{2}mg$$

例3.4　一根长为 l、质量为 M 的均匀细棒,静止在竖直位置上,上端有一光滑固定转轴.质量为 m 的子弹,以水平初速度 v_0 射入子弹下端,求子弹和棒在碰撞结束时的共同角速度 ω 及二者一起摆动的最大摆角 θ.

解　子弹和棒碰撞时间极短,在碰撞过程中细棒的角位移可忽略不计.在此过程中,子弹和细棒系统所受外力为重力和转轴的支持力,这两个力相对转轴的力矩均为零.因此系统的角动量守恒.系统碰撞前的角动量(即子弹相对转轴的角动量)等于碰撞结束时的角动量

$$mv_0l = \left(\frac{1}{3}Ml^2 + ml^2\right)\omega$$

解得

$$\omega = \frac{3mv_0}{(3m - M)l}$$

在碰撞过程中,子弹和细棒的总机械能不守恒. 但碰撞结束后,子弹细棒系统从竖直位置以角速度 ω 摆到最大角位移这一过程中,只有重力做功,因此系统机械能守恒. 以转轴处为势能零点,由始末状态机械能相等得

$$\frac{1}{2}\left(\frac{1}{3}Ml^2 + ml^2\right)\omega^2 - mgl - \frac{1}{2}Mgl = -mgl\cos\theta - \frac{1}{2}Mgl\cos\theta$$

解得最大摆角为

$$\theta = \arccos\left[1 - \frac{(M+3m)l\omega^2}{3(M+2m)g}\right]$$

3.3 刚体的复合运动

在以上对于刚体动力学的讨论中,得到两个结论:

第一个结论是质心运动定律

$$\boldsymbol{F} = m\boldsymbol{a}_C$$

其中, $\boldsymbol{F}$ 是刚体所受的合外力, $\boldsymbol{a}_C$ 是刚体质心的加速度, m 是整个刚体的质量.

第二个结论是刚体的定轴转动定律

$$M = J\alpha$$

其中, M 是刚体所受的合力矩, α 是刚体绕固定轴转动的角加速度, J 是刚体绕固定轴转动的转动惯量.

本节的目的在于应用上述结论,讨论刚体的平动与转动的复合运动. 通过对质心系角动量定理的一般性讨论,使刚体定轴转动定律得以推广,从而得到结论:刚体的运动可以方便地分解为刚体的平动和刚体绕质心轴的转动.

一、质心系的角动量定理

以质心 O' 为原点的参考系称为质心参考系. 设惯性系的原点为 O,质心 O' 在其中的位置用 $\boldsymbol{r}_C$ 来表示,则第 i 个质点的位置矢量为

$$\boldsymbol{r}_i = \boldsymbol{r}_C + \boldsymbol{r}_i' \tag{3.20}$$

有

$$m_i\boldsymbol{r}_i = m_i\boldsymbol{r}_C + m_i\boldsymbol{r}_i'$$

求和

$$\sum m_i\boldsymbol{r}_i = \sum m_i\boldsymbol{r}_C + \sum m_i\boldsymbol{r}_i'$$

根据质心的定义,有

$$m\boldsymbol{r}_C = m\boldsymbol{r}_C + \sum m_i\boldsymbol{r}_i'$$

得到

$$mr'_C = \sum m_i r'_i \equiv 0 \qquad (3.21)$$

在质心系中,由于质点系质心的位置矢量 r'_C 始终为零,继而质心速度恒为零,所以质心系也称为零动量参考系.

将式(3.20)代入力矩定义式并求和,得到

$$\sum r_i \times F_i = \sum r_C \times F_i + \sum r'_i \times F_i = r_C \times \sum F_i + \sum r'_i \times F_i$$

根据 $F = \sum F_i$,有

$$\sum r_i \times F_i = r_C \times F + \sum r'_i \times F_i \qquad (3.22)$$

将 $r_i = r_C + r'_i$ 对时间求导,得到

$$v_i = v_C + v'_i \qquad (3.23)$$

将式(3.23)代入角动量定义式并求和,得到

$$\sum r_i \times p_i = \sum (r_C + r'_i) \times m_i (v_C + v'_i)$$

整理后有

$$\sum L_i = \sum r_C \times m_i v_C + \sum r_C \times m_i v'_i + \sum r'_i \times m_i v_C + \sum r'_i \times m_i v'$$

根据质心系的零动量特点,上式右侧中间两项为零,最后一项为质点系在质心参考系内的角动量之和,所以

$$\sum L_i = mr_C \times v_C + \sum L'_i$$

对时间求导

$$\frac{d}{dt} \sum L_i = \frac{dr_C}{dt} \times mv_C + r_C \times m \frac{dv_C}{dt} + \frac{d}{dt} \sum L'_i$$

其中

$$\frac{dr_C}{dt} \times mv_C = mv_C \times v_C \equiv 0$$

所以

$$\frac{d}{dt} \sum L_i = r_C \times ma_C + \frac{d}{dt} \sum L'_i \qquad (3.24)$$

将式(3.22)和式(3.24)代入式(2.19),由 $F = ma_C$,得到

$$\sum r'_i \times F_i = \frac{d}{dt} \sum L'_i \qquad (3.25)$$

其中, $\sum r'_i \times F_i$ 是质点系中各质点所受外力对质心的力矩的矢量和, $\sum L'_i$ 是质点系中各质点对质心的角动量之和. 式(3.25)称为质心系的角动量定理. 既然质点系的角动量定理在质心参考系中仍然成立,那么原来只对定轴转动成立的转动定律,对于通过质心的转轴也就仍然成立. 注意刚体的质心系一般为非惯性系.

二、柯尼希定理

在原点为 O 的惯性系中,质点系的总动能为各质点的动能之和,即

$$E_k = \sum \frac{1}{2} m_i v_i^2 = \sum \frac{1}{2} m_i \boldsymbol{v}_i \cdot \boldsymbol{v}_i \qquad (3.26)$$

将式(3.23)代入式(3.26),有

$$E_k = \sum \frac{1}{2} m_i v_C^2 + \sum m_i \boldsymbol{v}_C \cdot \boldsymbol{v}_i' + \sum \frac{1}{2} m_i v_i'^2$$

其中,右侧第一项 $E_{kC} = \sum \frac{1}{2} m_i v_C^2 = \frac{1}{2} m v_C^2$ 是质心在惯性系中的动能,称为质点系的轨道动能;第二项 $\sum m_i \boldsymbol{v}_C \cdot \boldsymbol{v}_i' = \boldsymbol{v}_C \cdot \sum m_i \boldsymbol{v}_i'$,根据式(3.21),得 $\sum m_i \boldsymbol{v}_i' \equiv 0$,所以该项为零;第三项 $E_{k,in} = \sum \frac{1}{2} m_i v_i'^2$ 为质点系相对于质心系的总动能,称为质点系的内动能. 所以有

$$E_k = E_{kC} + E_{k,in} \qquad (3.27)$$

此式称为柯尼希定理,即质点系相对于惯性系的总动能等于该质点系的轨道动能和内动能之和. 在前面完全非弹性碰撞的讨论中,损失的能量其实就是系统的内动能.

对于刚体,有

$$E_k = \frac{1}{2} m v_C^2 + \frac{1}{2} J \omega^2 \qquad (3.28)$$

如果再考虑到重力势能,有

$$E = mgh_C + \frac{1}{2} m v_C^2 + \frac{1}{2} J \omega^2 \qquad (3.29)$$

例 3.5 如图 3.5 所示,质量为 m 半径为 R 的圆柱体沿斜面向下无滑动地滚动,试求它到达斜面下端时质心的速率.

解法一 用能量守恒原理求解. 最初圆柱体静止,滚到斜面下端时,它损失的势能等于 mgh,根据能量守恒原理,有

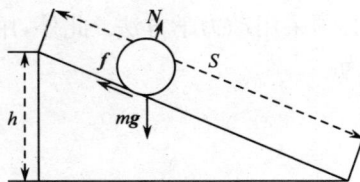

图 3.5

$$mgh = \frac{1}{2} m v_C^2 + \frac{1}{2} J \omega^2$$

其中,v_C 是圆柱体在斜面底端时质心的速率;ω 是圆柱体在斜面底端时绕质心的角速率;$J = \frac{1}{2} m R^2$ 是刚体绕质心轴的转动惯量. 由于是无滑动地滚动,所以 $v = R\omega$,代入上式,有

$$mgh = \frac{1}{2}mv_C^2 + \frac{1}{2}\left(\frac{1}{2}mR^2\right)\left(\frac{v}{R}\right)^2 = \left(\frac{1}{4} + \frac{1}{2}\right)mv_C^2 = \frac{3}{4}mv_C^2$$

由此得到

$$v_C = \sqrt{\frac{4}{3}gh}$$

解法二　用转动定律求解. 图 3.6 中,mg 是作用在圆柱体上的重力,N 是斜面对圆柱体所施的支持力,f 是在接触点沿着斜面对圆柱体所施的静摩擦力.

根据质心运动定律,对于垂直于斜面的运动,$N - mg\cos\theta = 0$,对于平行于斜面的运动有

$$mg\sin\theta - f = ma_C \tag{1}$$

因为 mg 和 N 的作用线通过质心,对于质心的力矩为零,所以外力矩的和就是摩擦力 f 对于质心的力矩 $M = fR$,根据绕质心的转动定律有

$$fR = J\alpha \tag{2}$$

将 $J = \frac{1}{2}mR^2$ 和 $\alpha = \frac{a_C}{R}$ 代入式(2),得到 $f = \frac{1}{2R}ma_C$,代入式(1)

$$a_C = \frac{2}{3}g\sin\theta$$

这一结果在圆柱体沿斜面向下无滑动地滚动的任何时刻都成立,根据匀加速直线运动公式有

$$v_C^2 = 2a_C S = 2\left(\frac{2}{3}g\sin\theta\right)S = \frac{4}{3}g\frac{h}{S}S = \frac{4}{3}gh$$

$$v_C = \sqrt{\frac{4}{3}gh}$$

能量方法虽然简单,但它只能计算速率. 如果还要计算作用在圆柱体上的力,就必须采用动力学方法. 此外,用这方法可以确定维持滚动所需的最小静摩擦力为

$$f = \frac{1}{3}mg\sin\theta$$

三、角动量守恒和进动

刚体的角动量守恒定律在现代技术中的一个重要应用是惯性导航,所用的装置叫回转仪,也称陀螺. 它的核心部分是在常平架上放置一个质量较大的转子. 由于转子在常平架的任何运动中所受力矩为零,一旦转子转动起来,根据角动量守恒定律,它将保持其通过质心的对称轴在空间的指向恒定不变. 这样安装在轮船、飞机、导弹和宇宙飞行器上的回转仪就可以起到导航的作用.

当外力矩不为零时,对于一种绕自身的对称轴高速自旋的刚体来说,它的转轴可以在空间转动. 这种运动称为刚体的进动.

需要注意的是,式(3.11)是刚体的角动量矢量的分量表达式. 虽然在定轴转动中,按照右手定则和 z 轴的单位矢量 k,可以将角速度写成矢量,即

$$\boldsymbol{\omega} = \omega\boldsymbol{k} \tag{3.30}$$

但一般来说,公式

$$\boldsymbol{L} = J\boldsymbol{\omega} \tag{3.31}$$

并不成立. 根本原因在于角动量是对点定义的,与转轴无关. 只有当刚体的质心轴是对称轴时,对轴上任意点的角动量都相等,式(3.31)才是成立的.

图 3.6 所示就是这样的刚体。由于刚体的对称轴是转轴,所以它的角动量符合式(3.31)。特别地,选择支点 O 为定点,得到转动定律在水平面内的分量表示

$$M = mgr = \frac{\mathrm{d}L}{\mathrm{d}t}$$

其中,M 是重力矩,沿水平方向,L 是刚体角动量的水平分量. 假设刚体在水平面内转动的角速度为 Ω,有

图 3.6 刚体的进动

$$\mathrm{d}L = L\mathrm{d}\theta = L\Omega\mathrm{d}t$$

两式联立,得到

$$\Omega = \frac{M}{L} \tag{3.32}$$

它就是刚体转轴旋转的角速度,称为进动角速度.

技术上利用进动的一个实例是在炮筒内壁上刻出螺旋线,称来复线. 炮弹发射时,它同时绕自己的对称轴高速旋转,这样空气阻力就不能使其在空中翻转,只能使它绕着发射时质心运动的方向进动,从而保证弹头始终大致指向前方目标.

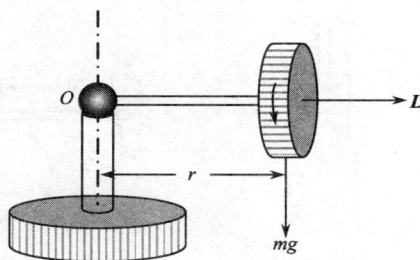

思 考 题

3.1 平行于 z 轴的力对 z 轴的力矩一定是零,垂直于 z 轴的力对 z 轴的力矩一定不是零. 这种说法都对吗?

3.2 一个有固定轴的刚体,受两个力的作用. 当这两个力的合力为零时,它们对轴的合力矩也一定是零吗? 当这两个力对轴的合力矩为零时,它们的合力也一定是零吗? 举例说明之.

3.3 一个系统的动量守恒和角动量守恒的条件有何不同?

3.4 假定时钟的指针是质量均匀的矩形薄片. 分针长而细,时针短而粗,两者具有相等的质量. 哪一个指针有较大的转动惯量? 哪一个有较大的动能与角动量?

3.5 一个站在水平转盘上的人,左手举一个自行车轮,使轮子的轴竖直.当他用右手拨动轮缘使车轮转动时,他自己会同时沿相反方向转动起来.解释其中的道理.

习　　题

3.1 (1) 求地球自转和公转的角速度;(2) 地球在自转,讨论球面上各点的速度、加速度与纬度的关系.

3.2 在半径为 R、转动惯量为 J 的定滑轮上跨一轻绳,绳的两端挂着质量分别为 m_1 和 m_2 两物体,$m_1 > m_2$.设绳在滑轮上不打滑,求物体的加速度,滑轮的角加速度和绳中张力.

3.3 飞轮的质量为 60kg,直径为 0.5m,转速为 1000r·min^{-1}.在 5s 内使其制动,求制动力.假定闸瓦与飞轮之间的摩擦因数为 $\mu = 0.40$,飞轮的质量全分布在圆周上.尺寸如图所示.

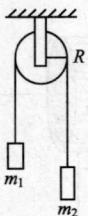

题 3.2 图

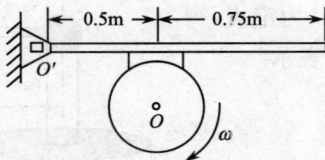

题 3.3 图

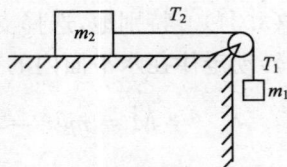

题 3.4 图

3.4 如图所示,两物体质量分别为 m_1 与 m_2,滑轮的转动惯量为 J,半径为 r.m_2 与桌面间的摩擦因数为 μ,求物体的加速度 a 及绳中的张力 T_1 与 T_2(设绳子与滑轮间无相对滑动).

3.5 有一条长为 l,质量为 m 的均匀细杆,两端各牢固地联结有一个质量为 m 的小球(小球半径 $r \ll l$),整个系统可绕过 O 点并垂直于杆长的水平轴无摩擦地转动,如图所示.系统转过水平的位置时,求:
(1) 这系统所受的合外力矩;
(2) 系统对该转轴的转动惯量;
(3) 系统的角加速度.

3.6 某冲床上飞轮的转动惯量为 $4.0 \times 10^3 \, kg \cdot m^2$,当它的转速达到 30r·min^{-1} 时,它的转动动能是多少? 冲一次后,其转速降为 10r·min^{-1}.求飞轮所做的功.

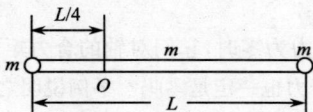

题 3.5 图

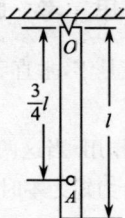

题 3.7 图

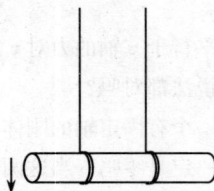

题 3.8 图

3.7　质量为 m,长为 l 的均匀长杆,一端可绕水平的固定轴旋转. 开始时,杆系静止下垂. 现有一质量为 m 的子弹,以水平速度 v 打击杆于 A 点,以后就附在杆上随之一起摆动. 设 A 离轴的距离为 $\dfrac{3}{4}l$,求杆向上摆的最大角度.

3.8　如图所示,一个圆柱体,长为 L,半径为 R,质量为 m. 用两条轻软的绳子对称地绕在柱体两端,绳的上部固定. 现将柱体水平托住,且使两绳垂直拉紧,然后释放. 求:

(1) 该柱体向下运动的线加速度;

(2) 该柱体向下运动时一条绳中的张力.

第4章 振 动

物体在一定位置附近往复的运动称为机械振动. 机械振动广泛地存在于自然界之中,如钟摆的摆动、发声物体的振动、机器的振动等.

广义地说,任何一个物理量随时间周期性的(或更一般地,在一给定值附近)变化都称为振动. 如电量及电磁场强度等随时间周期性的变化称为电磁振动或电磁振荡. 各种振动都遵从相同的规律. 因此研究机械振动即可掌握振动的普遍规律. 本章重点讨论机械振动.

简谐振动是最简单最基本的振动形式. 一切复杂的振动都可由简谐振动合成. 本章先讨论简谐振动,然后介绍阻尼振动、受迫振动及简谐振动的合成等.

4.1 简 谐 振 动

质点沿 x 轴在原点附近做往复的直线运动,其位移随时间按余弦函数规律变化,即

$$x = A\cos(\omega t + \varphi) \tag{4.1}$$

这样的运动就称为**简谐振动**. 式(4.1)称为简谐振动函数. 其中 A 是**振幅**,是质点离开原点的最大距离. ω 是**角频率**,$\omega t + \varphi$ 是**相位**,φ 是**初相**. A、ω、φ 是描述简谐振动的三个特征量.

振动一次所需要的时间就是周期. 式(4.1)中余弦函数的周期称为简谐振动的周期. 以 T 表示周期,由式(4.1)可知 $\omega T = 2\pi$,所以

$$T = \frac{2\pi}{\omega} \tag{4.2}$$

单位时间内振动的次数就是频率. 以 ν 表示频率,则有

$$\nu = \frac{1}{T} = \frac{\omega}{2\pi} \tag{4.3}$$

在 SI 单位制中,T 的单位是 s,ν 的单位是 Hz,ω 的单位是 rad·s^{-1}. 简谐振动位移随时间变化的函数图线,称为简谐振动图线,如图 4.1 所示.

由振动函数式(4.1)可求出振动质点的速度和加速度,有

$$v = \frac{\mathrm{d}x}{\mathrm{d}t} = -\omega A\sin(\omega t + \varphi) = \omega A\cos\left(\omega t + \varphi + \frac{\pi}{2}\right) \tag{4.4}$$

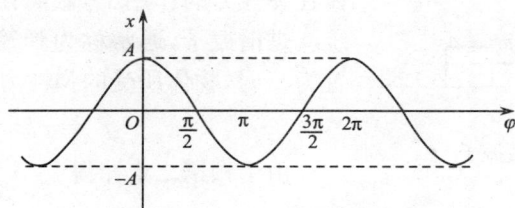

图 4.1 简谐振动图线

$$a = \frac{\mathrm{d}^2 x}{\mathrm{d}t^2} = -\omega^2 A\cos(\omega t + \varphi) = \omega^2 A\cos(\omega t + \varphi + \pi) = -\omega^2 x \qquad (4.5)$$

式(4.1)、式(4.4)和式(4.5)的函数图线如图 4.2 所示. 简谐振动的速度和加速度

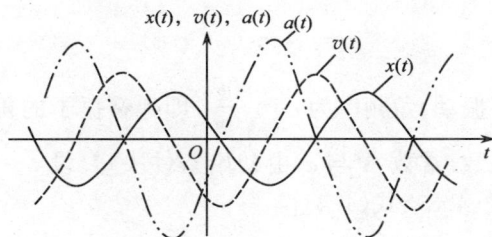

图 4.2 x、v、a 三种图线的比较

也都是时间的余弦函数, x、v、a 三者角频率相同, 但振幅、初相不同.

　　简谐振动可以用一个旋转矢量 **A** 表示. **A** 的大小为简谐振动的振幅, $t=0$ 时 **A** 与 x 轴夹角为初相 φ, **A** 以角速度 ω 在 xOy 面中逆时针匀速转动(图 4.3). 在 t 时刻 **A** 与 x 轴的夹角为 $\omega t + \varphi$, 是简谐振动的相位. t 时刻 **A** 的 x 分量为

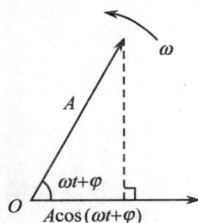

图 4.3 振幅矢量

$$x = A\cos(\omega t + \varphi)$$

这正是简谐振动函数. 旋转矢量端点在 x 轴上的投影在 x 轴上做简谐振动. 旋转矢量 **A** 称为振幅矢量.

4.2 谐 振 子

　　做简谐振动的系统称作**谐振子**. 在一定条件下, 单摆、复摆、弹簧振子等都是谐振子. 如图 4.4 所示, 一轻弹簧左端固定, 右端系一物体, 物体在水平面内运动. 平衡位置为 O 点. 把物体从平衡位置向右移动一段距离后放开, 忽略摩擦等阻力, 物

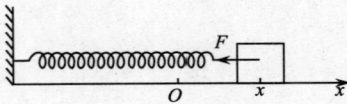

图 4.4　弹簧振子

体在弹性力的作用下,做简谐振动.物体弹簧系统就是谐振子,通常称为弹簧振子.当物体的位置为 x 时,物体所受的弹性力为

$$f = -kx$$

由牛顿第二定律得

$$m\frac{\mathrm{d}^2 x}{\mathrm{d}t^2} = -kx \tag{4.6}$$

这是简谐振动的动力学方程.令 $\dfrac{k}{m} = \omega^2$,式(4.6)简化为

$$\frac{\mathrm{d}^2 x}{\mathrm{d}t^2} + \omega^2 x = 0 \tag{4.7}$$

微分方程的解为

$$x = A\cos(\omega t + \varphi) \tag{4.8}$$

可见弹簧振子做简谐振动,角频率为 $\omega = \sqrt{\dfrac{k}{m}}$,即弹簧振子的角频率取决于物体的质量和弹簧的劲度系数.常数 A 与 φ 由初始条件决定.设 $t = 0$ 时,物体的位移为 x_0,速度为 v_0,代入式(4.8)、式(4.4)得

$$x_0 = A\cos\varphi \tag{4.8a}$$

$$v_0 = -\omega A\sin\varphi \tag{4.8b}$$

式(4.8a)、式(4.8b)联立解得

$$A = \sqrt{x_0^2 + \left(\frac{v_0}{\omega}\right)^2} \tag{4.9}$$

$$\varphi = \arctan\left(-\frac{v_0}{\omega x_0}\right) \tag{4.10}$$

　　振动系统的振幅取决于其初机械能,而初相与系统的物理性质无关,只取决于时间原点的选择.

　　弹簧振子的机械能为动能和弹性势能之和,即

$$E = \frac{1}{2}mv^2 + \frac{1}{2}kx^2 = \frac{1}{2}m\omega^2 A^2\sin^2(\omega t + \varphi) + \frac{1}{2}kA^2\cos^2(\omega t + \varphi)$$

将 $\omega^2 = \dfrac{k}{m}$ 代入,得

$$E = \frac{1}{2}kA^2\sin^2(\omega t + \varphi) + \frac{1}{2}kA^2\cos^2(\omega t + \varphi) = \frac{1}{2}kA^2$$

可见弹簧振子在振动过程中,动能和势能互相转化而总机械能保持不变.振动的总机械能和振幅平方成正比.

刚体绕固定水平轴自由摆动就是复摆. 微振动的复摆也是谐振子. 图 4.5 中, C 是刚体的质心, O 点表示固定水平轴, $OC = l$, θ 为刚体的摆角. 刚体在重力矩的作用下摆动. 由刚体定轴转动定律得

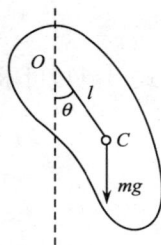

$$-mgl\sin\theta = J\frac{\mathrm{d}^2\theta}{\mathrm{d}t^2}$$

当 θ 很小时, $\sin\theta \approx \theta$, 上式简化为

$$\frac{\mathrm{d}^2\theta}{\mathrm{d}t^2} + \frac{mgl}{J}\theta = 0$$

图 4.5 复摆

方程的解为

$$\theta = A\cos\left(\sqrt{\frac{mgl}{J}}t + \varphi\right)$$

可见微振动的复摆是谐振子. 振动的角频率和周期为

$$\omega = \sqrt{\frac{mgl}{J}}, \quad T = \frac{2\pi}{\omega} = 2\pi\sqrt{\frac{J}{mgl}}$$

振幅 A 和初相 φ 由复摆的初始条件决定.

LC 振荡是一个电磁谐振子. 如图 4.6 所示的电路, 先将开关拨到电池一边, 使电容器充电. 再把开关拨到线圈一边使 L、C 串联成回路, 电容器通过线圈放电. 设电容器的带电量为 Q, 电路中的电流为 I. 由回路中自感电动势等于电容器的电压, 得

$$-L\frac{\mathrm{d}I}{\mathrm{d}t} = \frac{Q}{C}$$

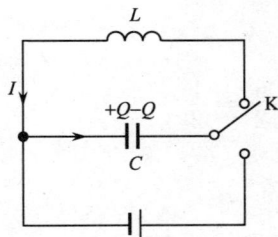

图 4.6 电磁振荡电路

将 $I = \dfrac{\mathrm{d}Q}{\mathrm{d}t}$ 代入上式得

$$\frac{\mathrm{d}^2Q}{\mathrm{d}t^2} + \frac{1}{LC}Q = 0$$

这也是简谐振动方程, 方程的解为

$$Q = Q_0\cos\left(\frac{1}{\sqrt{LC}}t + \varphi\right) \tag{4.11}$$

其中, Q_0 和 φ 是由初始条件决定的两个常数. 可见电容器的带电量 Q 随时间按余弦函数规律变化. 角频率为

$$\omega = \frac{1}{\sqrt{LC}} \tag{4.12}$$

周期为

$$T = \frac{2\pi}{\omega} = 2\pi\sqrt{LC} \qquad\qquad (4.13)$$

由式(4.11)可求出电路中的电流为

$$I = \frac{\mathrm{d}Q}{\mathrm{d}t} = -\omega Q_0 \sin(\omega t + \varphi) = \omega Q_0 \cos\left(\omega t + \varphi + \frac{\pi}{2}\right)$$

$$= I_0 \cos\left(\omega t + \varphi + \frac{\pi}{2}\right)$$

LC 振荡的电量相当于弹簧振子的位移,电流相当于弹簧振子的振动速度.

LC 振荡的总能量等于线圈中的磁场能量与电容器中的电场能量之和

$$E = E_m + E_e = \frac{1}{2}LI^2 + \frac{Q^2}{2C}$$

$$= \frac{1}{2}L\omega^2 Q_0^2 \sin^2(\omega t + \varphi) + \frac{1}{2C}Q_0^2 \cos^2(\omega t + \varphi) = \frac{Q_0^2}{2C}$$

可见在 LC 电磁振荡过程中,电能和磁能互相转化,但总能量保持不变.

例 4.1　一质点沿 x 轴做简谐振动,振幅 $A = 0.12\mathrm{m}$,周期 $T = 2\mathrm{s}$,$t = 0$ 时,位移 $x_0 = 0.06\mathrm{m}$,$v_0 > 0$. 求:

(1) 简谐振动函数;

(2) $t = \dfrac{T}{4}$ 时,质点的速度;

(3) 第一次通过平衡位置的时间.

解　(1) $t = 0$ 时,$x_0 = 0.06\mathrm{m}$ 代入简谐振动函数得

$$0.06 = A\cos\varphi, \qquad \cos\varphi = \frac{0.06}{A} = \frac{0.06}{0.12} = \frac{1}{2}$$

所以 $\varphi = \pm\dfrac{\pi}{3}$,由于

$$v_0 > 0$$

取 $\varphi = -\dfrac{\pi}{3}$(图 4.7),简谐振动函数为

$$x = 0.12\cos\left(\frac{2\pi}{T}t - \frac{\pi}{3}\right) = 0.12\cos\left(\pi t - \frac{\pi}{3}\right)$$

(2) 质点的速度为

$$v = -\omega A\sin(\omega t + \varphi) = -0.12\pi\sin\left(\pi t - \frac{\pi}{3}\right)$$

将 $t = \dfrac{T}{4} = 0.5\mathrm{s}$ 代入得

$$v = -0.188\mathrm{m} \cdot \mathrm{s}^{-1}$$

（3）将 $x=0$ 代入振动函数得

$$0 = 0.12\cos\left(\pi t - \frac{\pi}{3}\right)$$

由图 4.7 可知，$\pi t - \frac{\pi}{3} = \frac{\pi}{2}$，解得

$$t = \frac{5}{6}\text{s} = 0.83\text{s}$$

例 4.2 在一轻弹簧下端挂一 $m=$ 0.1kg 砝码时，弹簧伸长 0.08m. 现在该弹簧下端挂一 $M=0.25$kg 的物体构成弹簧振子. 将物体从平衡位置向下拉 4cm，并给它向上的初速度 0.21m·s^{-1}. 取竖直向下为 x 轴正方向，求振动函数.

图 4.7

解 弹簧的劲度系数 $k = \frac{mg}{x} = \frac{0.1 \times 9.8}{0.08} = 12.25$（N·m^{-1}），弹簧振子的角频率为

$$\omega = \sqrt{\frac{k}{M}} = \sqrt{\frac{12.25}{0.25}} = 7(\text{rad}\cdot\text{s}^{-1})$$

由初速度 $v_0 = -0.21$m·s^{-1}，$x_0 = 0.04$m，求得振幅为

$$A = \sqrt{x_0^2 + \left(\frac{v_0}{\omega}\right)^2} = 0.05\text{m}$$

初相为

$$\varphi = \arctan\left(\frac{-v_0}{\omega x_0}\right) = 0.64\text{rad}$$

振动函数为

$$x = 0.05\cos(7t + 0.64)$$

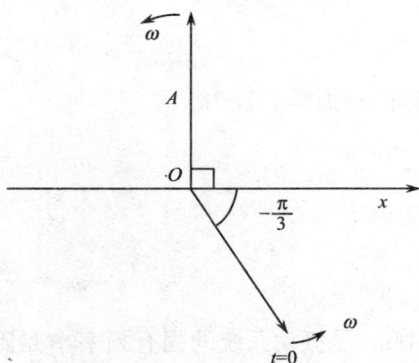

4.3 阻 尼 振 动

前面讨论的简谐振动，是物体在恢复力 $f = -kx$ 作用下产生的，物体不受阻力的作用. 这样的简谐振动又称作无阻尼自由振动. 但任何实际的振动系统都会受到阻力的作用. 在恢复力和阻力共同作用下的振动称为**阻尼振动**. 在阻尼振动中，由于振动系统克服阻力做功而不断消耗能量，因此振幅不断减小. 故而阻尼振动被称为减幅振动.

若弹簧振子处在空气或液体中，振动物体速度不太大时，物体所受阻力和物体的速度成正比，即

$$f = -\gamma v = -\gamma \frac{\mathrm{d}x}{\mathrm{d}t}$$

物体的动力学方程为

$$m \frac{\mathrm{d}^2 x}{\mathrm{d}t^2} = -kx - \gamma \frac{\mathrm{d}x}{\mathrm{d}t} \tag{4.14}$$

令

$$\omega_0^2 = \frac{k}{m}, \quad 2\beta = \frac{\gamma}{m}$$

其中 ω_0 是振动系统的固有频率，β 是阻尼系数. 式(4.14)简化为

$$\frac{\mathrm{d}^2 x}{\mathrm{d}t^2} + 2\beta \frac{\mathrm{d}x}{\mathrm{d}t} + \omega_0^2 x = 0 \tag{4.15}$$

这就是阻尼振动满足的微分方程. 下面分三种情况求解该微分方程.

（1）$\beta < \omega_0$　这是小阻尼情况. 方程(4.15)的解为

$$x = A e^{-\beta t} \cos(\omega t + \varphi) \tag{4.16}$$

其中

$$\omega = \sqrt{\omega_0^2 - \beta^2} \tag{4.17}$$

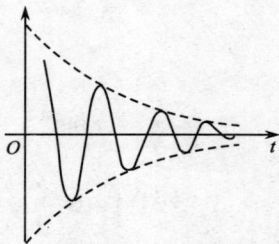

图 4.8　阻尼振动图线

而 A、φ 是由初始条件决定的常数. 式(4.16)就是阻尼振动表达式. 阻尼振动图线在图 4.8 中画出.

　　阻尼振动表达式中 $A e^{-\beta t}$ 可以看成是振幅. 振幅随时间按指数规律衰减，阻尼越大衰减越快. 阻尼振动不是严格的周期振动. 这时仍把 ω 看成角频率，则阻尼振动周期为

$$T = \frac{2\pi}{\omega} = \frac{2\pi}{\sqrt{\omega_0^2 - \beta^2}} \tag{4.18}$$

阻尼振动的周期大于振动系统的固有周期. 图 4.9 中曲线 a 也表示这种情况.

　　（2）$\beta > \omega_0$　这是大阻尼的情况. 这时方程(4.15)的解为

$$x = A e^{-(\beta - \omega)t} + B e^{-(\beta + \omega)t} \tag{4.19}$$

其中，A、B 是由初始条件决定的两个常数. 可见大阻尼的情况下，物体以非周期的方式慢慢回到平衡位置，如图 4.9 中曲线 b 所示.

　　（3）$\beta = \omega_0$　这是临界阻尼情况. 方程(4.15)的解为

$$x = e^{-\beta t}(At + B) \tag{4.20}$$

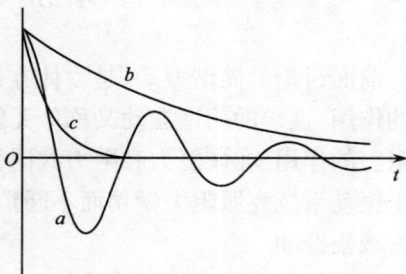

图 4.9　三种阻尼的比较

其中, A、B 是由初始条件决定的两个常数. 和过阻尼类似, 物体的位移除在开始一段时间可能有起伏以外, 以后其绝对值是单调减小. 但与过阻尼不同的是物体以非周期的方式很快地回到平衡位置, 如图 4.9 中的曲线 c 所示. 因此常用临界阻尼使物体在不产生振动的情况下, 很快地回到平衡位置.

4.4 受 迫 振 动

振动系统在周期性外力作用下的振动就是**受迫振动**. 这种周期性的外力称为策动力. 人们听到声音就是耳膜在声波的周期性外力作用下做受迫振动的结果.

为简化问题, 设策动力是随时间按余弦函数规律变化的简谐力, $F = F_0 \cos\omega t$. 此外, 物体还受到弹性力和阻尼力的作用. 物体做受迫振动的动力学方程为

$$-kx - \gamma \frac{\mathrm{d}x}{\mathrm{d}t} + F_0 \cos\omega t = m \frac{\mathrm{d}^2 x}{\mathrm{d}t^2}$$

令

$$\frac{k}{m} = \omega_0^2, \quad \frac{\gamma}{m} = 2\beta, \quad \frac{F_0}{m} = f_0$$

上式简化为

$$\frac{\mathrm{d}^2 x}{\mathrm{d}t^2} + 2\beta \frac{\mathrm{d}x}{\mathrm{d}t} + \omega_0^2 x = f_0 \cos\omega t \tag{4.21}$$

这个方程对应的齐次方程为

$$\frac{\mathrm{d}^2 x}{\mathrm{d}t^2} + 2\beta \frac{\mathrm{d}x}{\mathrm{d}t} + \omega_0^2 x = 0$$

这是阻尼振动方程. 式(4.21)的解是阻尼振动方程的通解和式(4.21)本身的一个特解的代数和.

设受迫振动方程(4.21)的特解为

$$x = A\cos(\omega t + \varphi)$$

代入式(4.21)得

$$A\left[(\omega_0^2 - \omega^2)\cos(\omega t + \varphi) - 2\beta\omega\sin(\omega t + \varphi)\right] = f_0 \cos\omega t$$

利用二角和余弦公式, 上式化简为

$$A\sqrt{(\omega_0^2 - \omega^2)^2 + (2\beta\omega)^2}\cos(\omega t + \varphi + \psi) = f_0 \cos\omega t$$

其中, $\psi = \arctan\dfrac{2\beta\omega}{\omega_0^2 - \omega^2}$. 由于上式为恒等式, 因此

$$A = \frac{f_0}{\sqrt{(\omega_0^2 - \omega^2)^2 + (2\beta\omega)^2}}, \quad \varphi = -\psi = -\arctan\frac{2\beta\omega}{\omega_0^2 - \omega^2} \tag{4.22}$$

方程(4.21)的通解为

$$x = A\cos(\omega t + \varphi) + x'(t)$$

其中,$x'(t)$是阻尼振动方程的通解. 在任何情况下,x'都是随时间增长而衰减至零. 因此

$$x = A\cos(\omega t + \varphi)$$

就是受迫振动的稳态解. 受迫振动的物体,经过一段时间以后,就稳定地做简谐振动,振动的振幅和初相由式(4.22)决定,振动的频率等于策动力的频率. 稳态受迫振动与初始状态无关.

稳态时受迫振动物体的速度为

$$v = \frac{\mathrm{d}x}{\mathrm{d}t} = \omega A \cos\left(\omega t + \varphi + \frac{\pi}{2}\right)$$

速度的振幅为

$$v_m = \omega A = \frac{f_0}{\sqrt{\frac{1}{\omega^2}(\omega_0^2 - \omega^2)^2 + (2\beta)^2}} \tag{4.23}$$

由式(4.23)可知 $\omega = \omega_0$ 时,速度的振幅最大,为

$$v_m = \frac{f_0}{2\beta}$$

当策动力的频率等于系统固有频率时,受迫振动速度的振幅达到极大值,这种现象称**速度共振**. 由式(4.22)可知,稳态时,受迫振动的振幅,与初始状态无关,而与策动力的频率有关. 当策动力的频率 $\omega = \sqrt{\omega_0^2 - 2\beta^2}$ 时,受迫振动的位移的振幅最大,这个现象称为**位移共振**. 对弱阻尼情况,即 $\beta \ll \omega_0$ 时,位移共振频率为 $\omega = \omega_0$,位移共振与速度共振同时发生,这时两种共振不加区分. 共振时,策动力与物体的振动同相位,策动力总对系统做正功,系统从外界得到的能量最多,因此振幅最大.

共振现象有广泛的应用,例如,收音机利用共振选台,乐器利用共振提高音响效果等. 共振有时也会造成危害. 机器设备发生共振有可能损坏. 桥梁发生共振有可能坍塌,在这些情况下都要采取措施避免共振的发生.

4.5 同方向简谐振动的合成

坐标系 xOy 为 K 系,$x'O'y'$ 为 K' 系,两坐标系的 x 轴与 x' 轴重合,y 与 y' 轴、z 与 z' 轴分别平行. 若 K' 系相对 K 系沿 x 轴做简谐振动,O' 点相对 K 系的振动函数为

$$x_1 = A_1 \cos(\omega t + \varphi_1)$$

若有一质点在 x' 轴上相对 K' 系做简谐振动,振动函数为

$$x_2 = A_2\cos(\omega t + \varphi_2)$$

则该质点相对 K 系的振动函数为

$$x = x_1 + x_2 \tag{4.24}$$

这就是两个简谐振动的合成. 当两列声波传到同一点时,该点的空气质点的振动就是两个振动的合成. 若两个分振动是同方向的简谐振动,则空气质点的振动就是两个同方向的简谐振动的合成.

式(4.24)就是同一条直线上两个简谐振动合成的法则. 对于同频率的同一条直线上的两个简谐振动,式(4.24)的结果很容易利用三角函数公式求出. 下面采用更直观的振幅矢量法求出简谐振动合成的结果.

图 4.10 中的 A_1 和 A_2 分别是简谐振动 x_1 和 x_2 的振幅矢量. 应用平行四边形法则可求出 A_1 与 A_2 的矢量和 A.

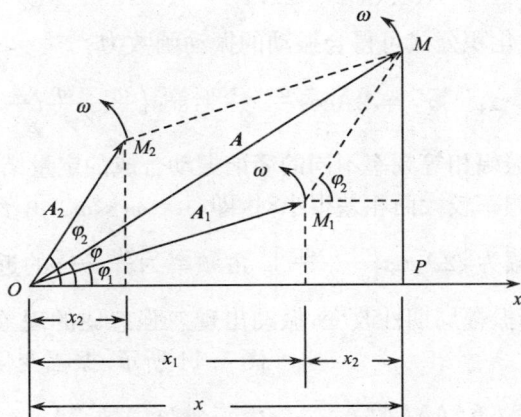

图 4.10 同向同频振动的合成

由于 A_1、A_2 以相同的角速度转动,图中平行四边形在转动过程形状不变,因此矢量 A 的长度不变,并且与 A_1、A_2 以同样的角速度转动. 这样 A 也是简谐振动的振幅矢量. 由于 $A = A_1 + A_2$ 可得 $x = x_1 + x_2$,可见 A 表示的简谐振动就是合振动. 即,同一条直线上两个同频率的简谐振动的合振动仍然是同一条直线上同频率的简谐振动. 合振动的振幅由图 4.10 中的平行四边形,利用余弦定理可求得

$$A = \sqrt{A_1^2 + A_2^2 + 2A_1A_2\cos(\varphi_2 - \varphi_1)} \tag{4.25}$$

由图 4.10 中直角三角形 MOP,可求出合振动的初相为

$$\varphi = \arctan\frac{A_1\sin\varphi_1 + A_2\sin\varphi_2}{A_1\cos\varphi_1 + A_2\cos\varphi_2} \tag{4.26}$$

由式(4.25)可知

$\varphi_2 - \varphi_1 = 2k\pi$ 时$(k=0, \pm 1, \pm 2, \cdots)$,即两个分振动同相,可得

$$A = A_1 + A_2$$

合振动振幅最大.

$\varphi_2 - \varphi_1 = (2k+1)\pi$ 时$(k=0, \pm 1, \pm 2)$,两个分振动反相,可得

$$A = |A_1 - A_2|$$

合振动振幅最小.

当 $\varphi_2 - \varphi_1$ 为其他值时,合振动的振幅介于 $A_1 + A_2$ 和 $|A_1 - A_2|$ 之间.

同一条直线上两个频率不同的简谐振动合成时,仍然可以由振幅矢量和的平行四边形法则求出合振动的振幅矢量. 由于 A_1 与 A_2 的转速不同,因此平行四边形的形状不断变化. 这样 A 的大小和转速都在不断变化,合振动不再是简谐振动,也可能不是周期性的振动. 设两个振幅相等的简谐振动函数为

$$x_1 = A\cos(\omega_1 t + \varphi), \quad x_2 = A\cos(\omega_2 t + \varphi)$$

设 $\omega_2 > \omega_1$ 应用和差化积公式可得合振动的振动函数为

$$x = x_1 + x_2 = 2A\cos\frac{\omega_2 - \omega_1}{2}t\cos\left(\frac{\omega_1 + \omega_2}{2}t + \varphi\right) \tag{4.27}$$

式(4.27)就是两个振幅相等频率不同的简谐振动合成的定量结果.

当两个分振动频率较大而相差很小时,即 $\omega_2 - \omega_1 \ll \omega_1$,由于 $\omega_2 - \omega_1 \ll \omega_2 + \omega_1$,式(4.27)可看成振幅为 $\left|2A\cos\frac{\omega_2 - \omega_1}{2}t\right|$,角频率为 $\frac{\omega_1 + \omega_2}{2}$ 的近似的简谐振动,这种振动称为**拍**. 由于振幅周期性改变,振动出现忽强忽弱的现象. 振动合成图线如图 4.11 所示. 振幅变化的频率称为拍频.

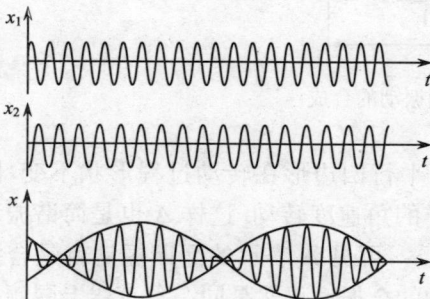

图 4.11　拍

由于余弦函数 $2A\cos\frac{\omega_2 - \omega_1}{2}t$ 的频率为 $\frac{\frac{1}{2}(\omega_2 - \omega_1)}{2\pi}$,而 $\left|2A\cos\frac{\omega_2 - \omega_1}{2}t\right|$ 的频率是 $2A\cos\frac{\omega_2 - \omega_1}{2}t$ 的 2 倍,因此拍频为

$$\nu = \frac{\omega_2 - \omega_1}{2\pi} = \nu_2 - \nu_1 \tag{4.28}$$

即拍率等于两分振动频率之差.

利用拍可以测频率. 已知一个简谐振动的频率,测出拍频,就可求出另外一个未知频率.

4.6 互相垂直简谐振动的合成

一个质点同时参与两个不同方向的振动,质点的合位移等于两个分振动位移的矢量和,这就是不同方向振动合成的法则.

在前一节中提到,K'系相对 K 系做简谐振动,O' 相对 K 系的振动函数为

$$x = A_1\cos(\omega_1 t + \varphi_1)$$

若一质点沿 y' 轴相对 K' 系做简谐振动,有

$$y' = A_2\cos(\omega_2 t + \varphi_2)$$

则相对 K 系质点同时参与两个互相垂直的简谐振动,该质点的运动函数为

$$x = A_1\cos(\omega_1 t + \varphi_1), \quad y = y' = A_2\cos(\omega_2 t + \varphi_2) \tag{4.29}$$

即两个振动函数的联立就是质点的合振动函数.

若两个分振动的频率相同,$\omega_1 = \omega_2$,消去参量 t,得到质点运动的轨道方程为

$$\frac{x^2}{A_1^2} + \frac{y^2}{A_2^2} - \frac{2xy}{A_1 A_2}\cos(\varphi_2 - \varphi_1) = \sin^2(\varphi_2 - \varphi_1) \tag{4.30}$$

(1) 当 $\varphi_2 - \varphi_1 = 0$ 时,即两个分振动同相,式(4.30)化为

$$\frac{x}{A_1} - \frac{y}{A_2} = 0$$

质点运动轨道是一条直线段,如图 4.12(a)所示,斜率为 $\dfrac{A_2}{A_1}$.

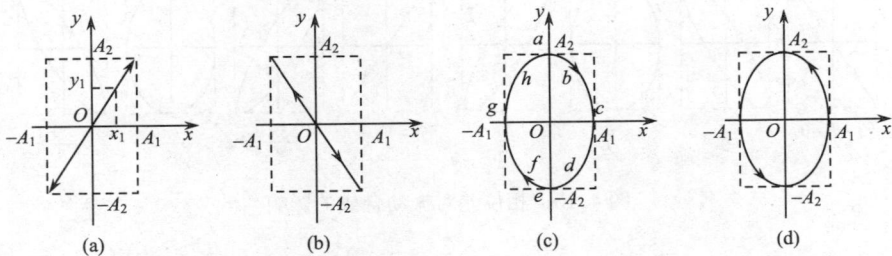

图 4.12 互相垂直同频振动的合成

(2) 当 $\varphi_2 - \varphi_1 = \pi$ 时,即两分振动反相,式(4.30)化为

$$\frac{x}{A_1} + \frac{y}{A_2} = 0$$

质点运动轨道仍是一条直线段,但斜率为 $-\dfrac{A_2}{A_1}$,如图 4.12(b)所示.

（3）当 $\varphi_2 - \varphi_1 = \dfrac{\pi}{2}$ 时，x 落后于 y 为 $\dfrac{\pi}{2}$. 式（4.30）化为

$$\frac{x^2}{A_1^2} + \frac{y^2}{A_2^2} = 1$$

这是以坐标轴为主轴的椭圆方程. 质点沿椭圆顺时针运动（右旋），如图 4.12（c）所示.

（4）当 $\varphi_2 - \varphi_1 = -\dfrac{\pi}{2}$ 时，y 落后 $\dfrac{\pi}{2}$，式（4.30）仍化为

$$\frac{x^2}{A_1^2} + \frac{y^2}{A_2^2} = 1$$

但质点沿椭圆反时针运动（左旋），如图 4.12（d）所示.

当 $\varphi_2 - \varphi_1 = \pm\dfrac{\pi}{2}$，$A_1 = A_2 = A$ 时，质点的轨道方程为

$$x^2 + y^2 = A^2$$

质点运动轨道是一个圆.

（5）当 $\varphi_2 - \varphi_1$ 为一般值时，式（4.30）是主轴不在坐标轴上的椭圆方程.

两个频率不同的互相垂直的简谐振动的合成比较复杂. 这时只能根据质点运动轨道的参数方程式（4.29）了解质点的运动情况.

如果两分振动频率之差很小，则合振动可近似地看成是同频率的两个互相垂直的简谐振动的合成，但由于相位差随时间缓慢变化，因此合成振动的轨道依图 4.13 所示的次序不断变化，由直线变成椭圆再变成直线等.

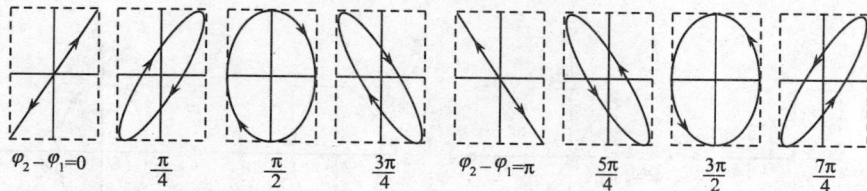

图 4.13　相位差对振动合成的影响

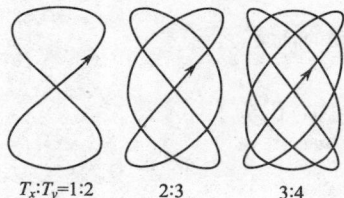

图 4.14　李萨如图形

如果两分振动频率相差较大，但有简单整数比，则合成振动具有稳定闭合的轨道，这种轨道称为李萨如图形，如图 4.14 所示. 已知一个振动的周期，根据李萨如图形就可求出另一振动的周期. 这是常用的测定频率的方法.

4.7 谐振分析

任何一个复杂的周期性振动都可以分解成一系列简谐振动之和. 这就是谐振分析. 如 $F(t)$ 是周期性振动函数, 由傅里叶级数展开得

$$F(t) = \frac{A_0}{2} + \sum_{k=1}^{\infty} \left[A_k \cos(k\omega t + \varphi_k) \right] \tag{4.31}$$

这就是谐振分析. 分振动的最小频率 ω 称为基频, 这个频率就是 $F(t)$ 的变化频率, 其他分振动的频率都是基频的整数倍 $k\omega, k = 2, 3, \cdots$ 依次称为二次、三次、四次等谐频.

非周期振动也可以分解为简谐振动, 这时分振动的频率连续变化, 因此合振动是简谐振动的频率积分.

表示实际振动的各简谐振动成分的振幅和频率的图线称为频谱. 周期振动[图 4.15(a)]的频谱是离散的线状谱, 如图 4.15(b)所示, 而非周期振动[图(4.15(c)]的频谱是连续谱, 如图 4.15(d)所示.

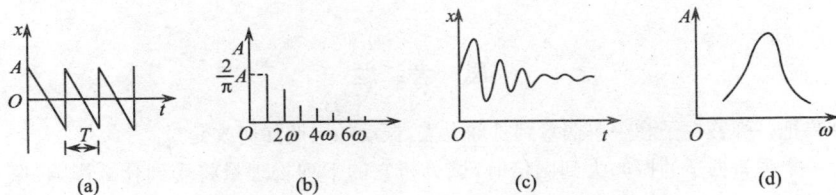

图 4.15 频谱

频谱分析在理论研究和实际应用两个方面都很重要. 一个实际的复杂振动的特征都取决于它的频谱. 例如, 基频相同的声音的不同音色就取决于高次谐频的个数与相应的振幅的大小.

4.8 相空间中振动的轨道

由质点的位置坐标 x、y、z 构成的空间称为位形空间. 由质点的位置 x 和动量 p 构成的空间称为相空间. 在位形空间中, 简谐振动的轨道是一线段. 由简谐振动的质点的机械能守恒得

$$\frac{p^2}{2m} + \frac{1}{2} kx^2 = E(常量)$$

可见在相空间中, 简谐振动的轨道是一个椭圆(图 4.16).

小阻尼振动表达式为

$$x = A e^{-\beta t} \cos(\omega t + \varphi) \tag{4.32}$$

质点的动量为

$$p = -m\beta A e^{-\beta t} \cos(\omega t + \varphi) - m\omega A e^{-\beta t} \sin(\omega t + \varphi) \tag{4.33}$$

式(4.32)、式(4.33)就是小阻尼振动在相空间的轨道参数方程,其轨道如图4.17所示.受迫振动达到稳态时相空间的轨道是椭圆.

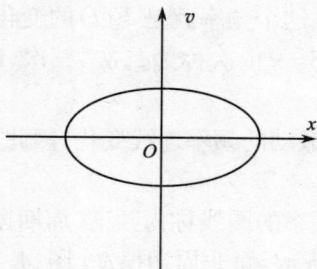

图 4.16　简谐振动相空间曲线　　　　　　图 4.17　阻尼振动相空间曲线

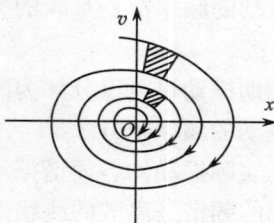

思　考　题

4.1　如果把一弹簧振子和一单摆拿到月球上去,振动的周期如何改变?

4.2　当一个弹簧振子的振幅大到两倍时,试分析它的下列物理量将受到什么影响:振动的周期、最大速度、最大加速度和振动的能量.

4.3　把一单摆从其平衡位置拉开,使悬线与竖直方向成一小角度 φ,然后放手任其摆动. 如果从放手时开始计算时间,此 φ 角是否振动的初相? 单摆的角速度是否振动的角频率?

4.4　已知一简谐运动在 $t=0$ 时物体在平衡位置,试结合旋转矢量图说明由此条件能否确定物体振动的初相.

4.5　稳态受迫振动的频率由什么决定? 这个振动频率与振动系统本身的性质有何关系?

习　　题

4.1　做简谐运动的小球,速度最大值为 $v_m = 3\text{cm} \cdot \text{s}^{-1}$,振幅 $A = 2\text{cm}$,若从速度为正的最大值的某时刻开始计算时间,

　　(1) 求振动的周期;

　　(2) 求加速度的最大值;

　　(3) 写出振动函数.

4.2　一水平弹簧振子,振幅 $A = 2.0 \times 10^{-2}\text{m}$,周期 $T = 0.50\text{s}$. 当 $t = 0$ 时,

　　(1) 物体过 $x = 1.0 \times 10^{-2}\text{m}$ 处,向负方向运动;

　　(2) 物体过 $x = -1.0 \times 10^{-2}\text{m}$ 处,向正方向运动.

分别写出以上两种情况下的振动表达式.

4.3　一质量为 10g 的物体做简谐运动,其振幅为 24cm,周期为 4s,当 $t=0$ 时,位移为 $+24$cm. 求:

(1) $t=0.5$s 时,物体所在位置和物体所受的力;

(2) 由起始位置运动到 $x=12$cm 处所需最少时间.

4.4　两个谐振子做同频率、同振幅的简谐运动. 第一个振子的振动表达式为 $x_1=A\cos(\omega t+\varphi)$,当第一个振子从振动的正方向回到平衡位置时,第二个振子恰在正方向位移的端点.

(1) 求第二个振子的振动表达式和二者的相差;

(2) 若 $t=0$ 时,$x_1=-A/2$,并向 x 负方向运动,画出二者的 x-t 曲线及旋转矢量图.

4.5　弹簧下悬一质量为 10g 的小球时,其伸长量为 4.9cm. 将小球从平衡位置向下拉 1cm 后,再给它向上的初速度 5cm·s^{-1}. 求小球的振动周期和任意时刻的振移和速度.

4.6　在平板上放一质量为 1kg 的物体. 平板沿铅直方向做简谐振动,振幅为2cm,周期为0.5s.

(1) 平板位于最高点时,物体对平板的压力是多大?

(2) 平板应以多大的振幅振动时,才能使重物跳离平板?

4.7　阻尼振动时($\omega_0>\beta$),位移的两个相邻的极大值之比是多少?

4.8　在简谐力作用下弹簧振子做受迫振动. 设重物的质量是 10kg,弹簧的劲度系数是 700N·m,阻尼系数 $\beta=2$,简谐力的振幅是 100N,角频率是 10s^{-1}.

(1) 求稳态时各时刻重物的速度.

(2) 简谐力的角频率应为多大时才能产生共振? 共振时速度的振幅是多大?

4.9　电台播音频率为 800kHz,收音机中接收线圈的自感系数为 0.25mH,应把电容调到多少微法才能收到此电台的播音?

4.10　LC 振荡电路中,$L=0.01$H,$C=1\mu$F. 先使电容器充电至 1.4V,然后接通电路. 求:

(1) 振荡角频率;

(2) L 中的最大电流;

(3) 电能和磁能相等时,电容器上的电荷.

4.11　求下列合振动的振幅和初相角(长度单位是 mm,时间单位是 s).

(1) $x(t)=5\cos\left(10t+\dfrac{3}{4}\pi\right)+6\cos\left(10t+\dfrac{1}{4}\pi\right)$;

(2) $x(t)=5\cos\left(10t+\dfrac{3}{4}\pi\right)-6\cos\left(10t+\dfrac{1}{4}\pi\right)$.

4.12　下列合振动的周期是多大?

(1) $x(t)=10\cos 250t+20\cos(300t+\pi/2)$;

(2) $x(t)=10\cos 3t+20\cos(3.6t+\pi/2)$.

4.13　已知质点在 x 轴和 y 轴上的投影在做简谐振动.

$x(t)=4\cos 20t$　　$y(t)=2\cos(20t+\pi/3)$ 用图解法画出质点的轨迹,并标明运动方向.

第5章 波 动

振动向周围空间传播的过程称为波动,简称波.机械振动在介质中的传播称为机械波,如水波、声波、地震波等.变化的电磁场在空间的传播,称为电磁波,如无线电波、光波、X射线、γ射线等.机械波的传播离不开弹性介质,电磁波却可以穿越真空地带.虽然这两类波动过程本质不同,各有其特殊的性质和规律,但是,它们都具有波动的共同的物理特征,如都有一定的传播速度,并伴随有能量的传播,都能产生反射、折射、干涉和衍射现象,都用类似的波动方程来描述.近代物理中,在研究微观粒子的运动规律时发现,微观粒子具有二象性,即粒子性和波动性.粒子的波动是一种概率波,但它也具有波动的一些基本特征,因此研究微观粒子时,波动概念也是重要的基础.由于机械波直观具体,易于理解,故本章以机械波为例研究波动的基本规律.

5.1 简 谐 波

一、波的基本概念

机械波的产生首先要有做机械振动的物体作为波源,其次要有能够传播机械振动的介质,通过介质各部分之间的弹性相互作用才能把振动传播出去,即要有弹性介质,所以机械波也称为弹性波.弹性介质可以是固体、液体或气体.

如果介质中某一质点在外界作用下离开了它的平衡位置,它就受到邻近质点给它的指向平衡位置的弹性回复力作用,迫使它回到平衡位置.到达平衡位置时,弹性回复力消失,但由于有惯性,不会停留在平衡位置上不动,而是在其附近振动起来.同时邻近质点也受到该质点的弹性力而产生位移,迫使它也在自己的平衡位置附近振动.

如图5.1和图5.2所示,第一行是一排等距离的由弹性力互相联系着的质点,可以看成弹性介质的简化模型(如一根橡皮绳,一根细弹簧).图5.1中从第一个质点自平衡位置向上振动开始,每隔1/8周期的时间

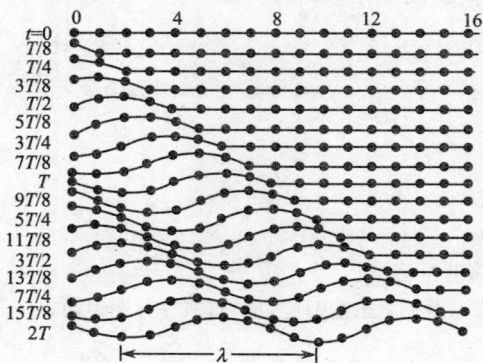

图 5.1 横波的形成与传播示意图

记录下的各质点的位置,可以看出由于质点 0 首先上下振动,而依次带动质点 1,2,3,4,…也一个一个地振动起来,振动状态就由左向右传播开去而形成波动. 经过一段时间 Δt,则 t 时刻的波形就朝波的传播方向推进了一段距离. 图 5.1 中,质点的振动方向和波的传播方向相垂直,这样的波称为**横波**. 而如将图 5.2 中的模型具体化为一根细弹簧,当用手周期性地沿水平方向推拉弹簧的一端,那么其他的质点也会相继地

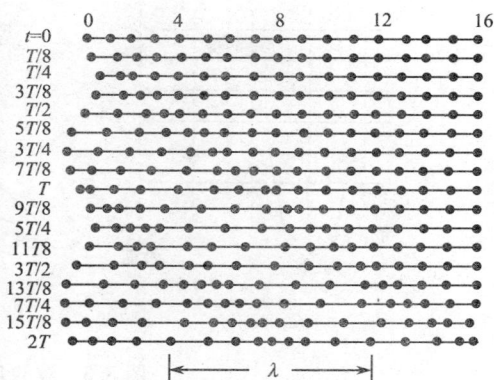

图 5.2　纵波的形成与传播示意图

在各自的平衡位置附近沿水平方向振动起来. 这时,质点振动的方向与波传播方向是平行的,这样的波称为**纵波**. 横波在外形上有峰有谷,纵波传播时,介质的密度发生变化,有疏有密. 横波和纵波是弹性介质内波的两种基本形式.

　　从图 5.1 和图 5.2 中可看出,不论是横波还是纵波,当弹性介质传播机械波时,各质点并不随波前进,每个质点只是在自己的平衡位置附近振动. 传播出去的是振动状态(也可以说传播出去的是能量)而不是介质质点本身.

二、几何描述

　　在介质中形成波时,各质点间的相位关系和传播方向可以用几何图形形象地加以描述. 波的传播方向用有向直线(或曲线)表示,称作**波线**或波射线,介质中振动相位相同的各点组成的面称作**波面**,把某一时刻处在最前面的波面,称作**波前**. 波线和波面始终垂直. 波面的形状是平面的称作**平面波**,波面的形状是球面的称作**球面波**,如图 5.3(a)、图 5.3(b)所示. 当球面波离波源足够远时,其局部可近似看成是平面波.

三、波函数

　　把介质中各质点位移随时间与空间坐标的变化规律用数学形式表示出来,就是波函数. 波速为 u 的沿 x 正向传播的波,只要知道其中一个质点是怎样振动的,就可以知道其他质点的振动情况. 设平衡位置在原点的质点的位移 y_0 与时间 t 的关系为

$$y_0(t,0) = f(t) \tag{5.1}$$

$f(t)$ 是时间的已知函数. 平衡位置在 x 处的质点也将做同样的振动,但因原点的振

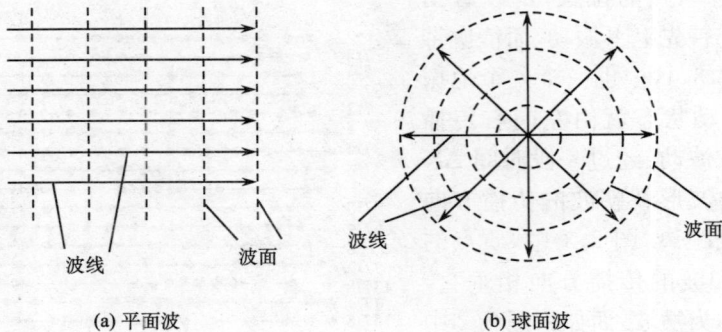

(a) 平面波　　　　　　　　　　　　　(b) 球面波

图 5.3　波的几何描述

动状态传到 x 处要经过 $\dfrac{x}{u}$ 的时间,所以平衡位置在 x 处的质点在 t 时刻的位移等于平衡位置在原点的质点在 $\left(t-\dfrac{x}{u}\right)$ 时刻的位移. 即

$$y(t,x) = y_0\left(t-\frac{x}{u},0\right) = f\left(t-\frac{x}{u}\right) \tag{5.2}$$

如果波是沿 x 轴反方向传播的,由于平衡位置在 x 的质点其振动状态传播到原点要历时 $\dfrac{x}{u}$,所以它在 t 时刻的位移就和平衡位置在原点的质点在 $\left(t+\dfrac{x}{u}\right)$ 时刻的位移相同,即

$$y(t,x) = y_0\left(t+\frac{x}{u},0\right) = f\left(t+\frac{x}{u}\right) \tag{5.3}$$

这就是朝 x 轴反方向传播的波的波函数.

对于某一特定时刻 $t=t_0$,y 只是 x 的函数,它表示各质点的位移与其在空间的位置的关系,表示这一关系的曲线称作波形曲线. 如图 5.1 中的实线就是不同时刻的波形曲线. 随着时间的推移,这一曲线将保持原状以速度 u 沿波的传播方向平移.

四、简谐波

波源的振动在介质中由近及远地传播开去形成波. 实际的波动过程都是比较复杂的,其中最简单、最基本的波动过程,就是波源和介质中的各个质点都做简谐振动的简谐波(也称作正弦波或余弦波). 而其他任何复杂的波动,无论是连续波还是脉冲波,都可以看成是若干个简谐波的叠加.

现假定有一平面简谐波,在均匀的、不吸收能量的无限大介质中传播. 要描述一列平面简谐波,只需解决任一波线上波的传播过程即可. 设该简谐波以波速 u 沿

x 轴正方向传播，x 轴可取任一波线. 介质各质点依次在做振幅为 A、角频率为 ω 的谐振动，始点 O 的振动规律已知. 现选始点的平衡位置作为坐标原点 O，设始点 O 的振动函数为

$$y_0 = A\cos\omega t \tag{5.4}$$

则根据式(5.2)，相应的波函数为

$$y = A\cos\omega\left(t - \frac{x}{u}\right) \tag{5.5}$$

如果此平面简谐波沿 x 轴反向传播，则根据式(5.3)，波函数为

$$y = A\cos\omega\left(t + \frac{x}{u}\right) \tag{5.6}$$

各质点都做具有相同角频率和振幅的谐振动.

式(5.5)中的 $\omega\left(t - \frac{x}{u}\right)$ 为在 x 处的质点在时刻 t 的相位，对于确定的相位 $\varphi = \omega\left(t - \frac{x}{u}\right)$，它所在的位置 x 和时刻 t 有如下关系

$$x = ut - \varphi\frac{u}{\omega} \tag{5.7}$$

该相位的位置随时间变化，它的移动速度为

$$u = \frac{\mathrm{d}x}{\mathrm{d}t} \tag{5.8}$$

可见简谐波的传播速度 u 就是振动的相位的传播速度，因此这一速度也称为**相速度**.

介质中任一质点都在做简谐振动，质点振动的周期也就是波的周期 $T = \frac{2\pi}{\omega}$，振动的频率也就是波的频率 $\nu = \frac{1}{T} = \frac{\omega}{2\pi}$.

对确定的时刻，波函数还体现了空间上的周期性. 沿波的传播方向相位相差 2π 的两点振动状态完全相同，设这两点空间相距 λ，那么

$$\Delta\varphi = \omega\frac{\lambda}{u} = 2\pi, \quad \lambda = 2\pi\frac{u}{\omega} = uT \tag{5.9}$$

λ 称为**波长**，也就是一周期内简谐振动传播的距离，或者说是一周期内相位所传播的距离. 对简谐波，还常用波数 k 来描述，其定义为

$$k = \frac{2\pi}{\lambda} \tag{5.10}$$

即等于在 2π 的长度内波形曲线含有的"完整波"的数目. 因此，沿 x 正方向传播的平面简谐波的波函数还可以写成下列形式

$$y = A\cos 2\pi\left(\frac{t}{T} - \frac{x}{\lambda}\right) \tag{5.11}$$

或

$$y = A\cos(\omega t - kx) \tag{5.12}$$

有时为了分析和运算的方便,常常将简谐波的波函数表示成复数形式

$$y = A\mathrm{e}^{\mathrm{i}(\omega t - kx)} \tag{5.13}$$

式(5.12)正好是它的实部.

简谐波的波形曲线是正弦曲线,如图 5.4 所示.图中还显示了经过 Δt 时间波形曲线的平移,即反映了波的传播.

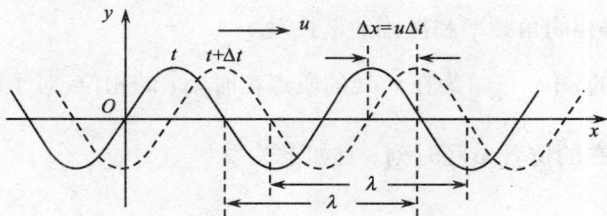

图 5.4　简谐波的波形曲线及波的传播

例 5.1　有一平面简谐波,其波函数为 $y=0.02\cos(10t+6x)$(SI),试求:

(1)周期、频率、波长与波速;

(2)波谷经过原点的时刻;

(3) $t=6\mathrm{s}$ 时,各波峰的位置.

解　(1)由波函数可知,此列波是沿 x 轴反方向传播的,可将该波函数写成标准形式

$$y=0.02\cos 2\pi\left(\frac{t}{\pi/5} + \frac{x}{\pi/3}\right)$$

由此可得,振幅 $A=0.02\mathrm{m}$,周期 $T=\dfrac{\pi}{5}=0.63\mathrm{s}$,频率 $\nu=\dfrac{1}{T}=1.6\mathrm{Hz}$,波长 $\lambda=\dfrac{\pi}{3}=1.05\mathrm{m}$,波速 $u=\dfrac{\lambda}{T}=1.67\mathrm{m\cdot s^{-1}}$.

(2)因原点 O 处 $(x=0)$ 质点的振动表达式为

$$y=0.02\cos 10t$$

当波谷经过原点时,质点 O 位移最小,$y=-0.02\mathrm{m}$,此刻质点 O 的相位应为 $10t=(2k+1)\pi,(k=0,1,2,\cdots)$

则得波谷经过 O 点的时刻

$$t = \frac{2k+1}{10}\pi \text{(s)}$$

将 $k=0,1,2,\cdots$ 代入,得 t 为 0.31s,0.94s,1.57s,2.20s,$\cdots$

(3) $t=6$s 时,各质点离开平衡位置的位移随坐标 x 的分布为

$$y = 0.02\cos(60+6x)$$

波峰位置处应满足 $60+6x=2k\pi$,$x=k\pi/3-10$,将 $k=0,\pm 1,\pm 2,\cdots$ 代入得波峰位置为 $x=-10$m,-8.95m,-7.90m,$\cdots$

例 5.2 一简谐波沿 x 轴正向传播,波长 $\lambda=4$m,周期 $T=4$s,已知 $x=0$ 处质点的振动曲线如图 5.5(a)所示.

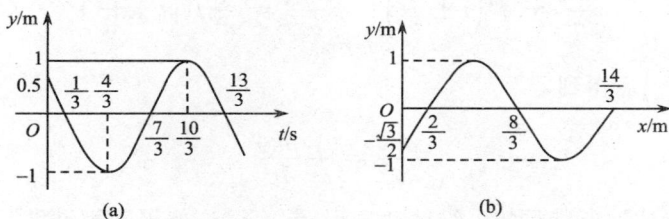

图 5.5

(1) 写出 $x=0$ 处质点的振动表达式;

(2) 写出波的表达式;

(3) 画出 $t=1$s 时刻的波形曲线.

解 由振动曲线可得波函数的相关量 $A=1$m,$\omega=2\pi/T=\pi/2$(rad·s^{-1})

(1) 设原点处质点的振动表达式为 $y=\cos(\pi t/2+\varphi)$,$t=0$ 时,$y=0.5$m,$\cos\varphi=0.5$,因此 $\varphi=\pm\pi/3$,原点处质点的运动速度 $v=\dfrac{\mathrm{d}y}{\mathrm{d}t}=-\dfrac{\pi}{2}\sin\left(\dfrac{\pi}{2}t+\varphi\right)$,因 $t=0$ 时,$v<0$,所以 $\varphi=\pi/3$,原点处质点的振动表达式为

$$y = \cos\left(\frac{\pi}{2}t + \frac{\pi}{3}\right) \quad \text{(SI)}$$

(2) 波向 x 轴正向传播,x 处质点振动的相位比 $x=0$ 处质点的振动相位落后 $\dfrac{2\pi}{\lambda}x=\dfrac{\pi}{2}x$,故 x 处质点的振动表达式,即波函数为

$$y = \cos\left(\frac{\pi}{2}t - \frac{\pi}{2}x + \frac{\pi}{3}\right) \quad \text{(SI)}$$

(3) $t=1$s 时的波形由下式给出

$$y = \cos\left(\frac{\pi}{2} - \frac{\pi}{2}x + \frac{\pi}{3}\right) = \cos\left(\frac{\pi}{2}x - \frac{5\pi}{6}\right) \quad \text{(SI)}$$

据此可画出 $t=1\mathrm{s}$ 时的波形曲线,如图 5.5(b)所示.

5.2　波动方程与波速

一、波动方程

将朝着 x 轴正向以速度 u 传播的波或朝着 x 轴反向以速度 u 传播的波的表达式(5.2)和式(5.3),即 $y(t,x)=f\left(t\pm\dfrac{x}{u}\right)$ 对时间 t 和坐标 x 分别求二阶导数,得

$$\frac{\partial^2 y}{\partial t^2}=f''\left(t\pm\frac{x}{u}\right),\quad \frac{\partial^2 y}{\partial x^2}=\frac{1}{u^2}f''\left(t\pm\frac{x}{u}\right)$$

消去 $f''\left(t\pm\dfrac{x}{u}\right)$ 后得到

$$\frac{\partial^2 y}{\partial x^2}=\frac{1}{u^2}\frac{\partial^2 y}{\partial t^2} \tag{5.14}$$

这就是上述波所满足的一维波动方程. 前面讨论的平面简谐波是该方程的一个解. 波动方程是物理学中最重要的方程之一,具有普遍意义. 在一维空间中,随时间变化的任何物理量 $y(t,x)$(可以是位移、温度、压强、电磁场等),如果满足式(5.14),那么该物理量就按波的形式传播,u 就是这种波的传播速度.

三维空间中的波动方程的形式为

$$\frac{\partial^2 \xi}{\partial x^2}+\frac{\partial^2 \xi}{\partial y^2}+\frac{\partial^2 \xi}{\partial z^2}=\frac{1}{u^2}\frac{\partial^2 \xi}{\partial t^2} \tag{5.15}$$

$\xi(t,x,y,z)$ 代表三维空间中随时间变化的物理量(如空气中的声压分布或密度分布).

下面以长杆中的纵波和弦上的横波为例利用动力学方法导出波动方程,并给出波速与弹性介质性质的关系.

二、长杆中的纵波

考虑截面为 S,密度为 ρ 的均匀长杆. 纵波传播时,杆发生形变,杆中不同部位被拉伸和压缩. 任取杆中一小段质元作为研究对象. 如图 5.6 所示. 选长杆方向为 x 轴,平衡位置在 $x\to x+\mathrm{d}x$ 的一小段杆,在有波传播的某一时刻,两端面的位移分别是 y 和 $y+\mathrm{d}y$,Δy 就是该质元的增量,$\Delta y/\Delta x$ 称为质元的线应变. 作用在端面的单位面积上的拉力或压力(称作应力)分别是 f 和 $f+\mathrm{d}f$,其中,y 和 f 都是时间 t 和坐标 x 的函数. 根据牛顿定律,$a\rho S\mathrm{d}x=S\mathrm{d}f$,因 $\mathrm{d}x$ 很小,a 就等于 x 面的加速度,$a=\dfrac{\partial^2 y}{\partial t^2}$,因此有

$$\rho \frac{\partial^2 y}{\partial t^2} = \frac{\partial f}{\partial x} \qquad (5.16)$$

根据胡克定律,应力与该处的线应变成正比,即

$$f = Y \frac{\partial y}{\partial x} \qquad (5.17)$$

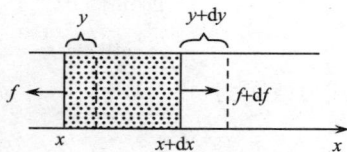

图 5.6 纵波在长杆中传播时的应变与应力分析

其中,比例系数 Y 称作该材料的杨氏模量(弹性模量).把式(5.17)代入式(5.16),得

$$\rho \frac{\partial^2 y}{\partial t^2} = Y \frac{\partial^2 y}{\partial x^2} \qquad (5.18)$$

式(5.18)可改写成

$$\frac{\partial^2 y}{\partial x^2} = \frac{1}{u^2} \frac{\partial^2 y}{\partial t^2}$$

这正是一个波动方程,其中

$$u = \sqrt{\frac{Y}{\rho}} \qquad (5.19)$$

即为长杆中的纵波传播速度.

三、弦上的横波

一根被拉紧的均匀弦,弦中的张力为 T,单位长度的质量为 η,在平衡时的直线作为 x 轴.波动过程中,弦上质元在垂直于弦的 y 方向上振动,如图5.7所示.在弦上取一段微元 $x_1 \to x_2$,由于位移不同,这一小段略微弯曲,弦发生切变(注意,只有能发生切变的介质才可以传播横波,像液体和气体中就只能传播纵波).弦是柔软的,张力沿着弦的切向,微元两端点处的张力差别可忽略.根据牛顿定律,有

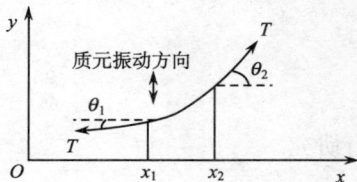

图 5.7 弦上横波引起的切变

$$a\eta \mathrm{d}x = T(\sin\theta_2 - \sin\theta_1)$$

其中,a 是质元质心在 y 方向的加速度. $a = \frac{\partial^2 y}{\partial t^2}$. 弦振动时位移很小,可认为 $\sin\theta_2 \approx \tan\theta_2$,$\sin\theta_1 \approx \tan\theta_1$,而

$$\tan\theta_2 = \left(\frac{\partial y}{\partial x}\right)_{x_2}, \quad \tan\theta_1 = \left(\frac{\partial y}{\partial x}\right)_{x_1}$$

由此可得

$$\eta \frac{\partial^2 y}{\partial t^2} = T \frac{\partial^2 y}{\partial x^2}$$

上式可改写为

$$\frac{\partial^2 y}{\partial x^2} = \frac{1}{u^2} \frac{\partial^2 y}{\partial t^2}$$

这就是弦上横波的波动方程,横波的波速为

$$u = \sqrt{\frac{T}{\eta}} \tag{5.20}$$

介质中传播的横波的波速也可以表示成

$$u = \sqrt{\frac{G}{\rho}} \tag{5.21}$$

其中,G 是切变模量,即切应力与切应变之比,ρ 是介质密度.

　　由此可见,波速取决于介质本身的性质,如杨氏模量、切变模量、密度等,而与机械波的振幅和频率无关,所以机械波是非色散波. 应注意的是,波速 u 和波长 λ 取决于介质的性质,但是波的频率 ν 只取决于振源的性质,而与介质的性质无关.

5.3　波 的 能 量

　　波在弹性介质中传播时,介质发生了形变和振动,因而获得了弹性势能和动能,它们的和称为波的能量. 因此振动的传播必然伴随着能量的传播,这是波的一个重要特征. 很显然,波的能量是从波源传播过来的.

一、传播介质的能量

　　以长直杆中传播的一维平面简谐纵波为例进行研究.
　　设介质的密度为 ρ,当平面简谐波

$$y = A\cos\omega\left(t - \frac{x}{u}\right)$$

在杆中传播时,任取一质元 $\mathrm{d}m = \rho \mathrm{d}V$,其中心的平衡位置坐标为 x,则 t 时刻该质元的振动速度为 $v = \partial y / \partial t = -\omega A\sin\omega(t - x/u)$,质元具有振动动能

$$\mathrm{d}E_{\mathrm{k}} = \frac{1}{2}\rho \mathrm{d}V v^2 = \frac{1}{2}\rho \mathrm{d}V \omega^2 A^2 \sin^2\omega\left(t - \frac{x}{u}\right) \tag{5.22}$$

根据式(5.17),质元所受弹性力为

$$F = fS = YS \frac{\Delta y}{\Delta x} = k\Delta y \tag{5.23}$$

k 就是劲度系数. 因质元的长度变化为 Δy, 质元具有弹性势能

$$\mathrm{d}E_\mathrm{p} = \frac{1}{2}k(\Delta y)^2 = \frac{1}{2}\frac{YS}{\Delta x}(\Delta y)^2 = \frac{1}{2}YS\Delta x\left(\frac{\Delta y}{\Delta x}\right)^2$$

$$= \frac{1}{2}Y\left(\frac{\partial y}{\partial x}\right)^2\mathrm{d}V = \frac{1}{2}\frac{Y}{u^2}\omega^2 A^2\sin^2\omega\left(t - \frac{x}{u}\right)\mathrm{d}V \tag{5.24}$$

由 $Y/\rho = u^2$ 得

$$\mathrm{d}E_\mathrm{p} = \frac{1}{2}\rho\omega^2 A^2\sin^2\omega\left(t - \frac{x}{u}\right)\mathrm{d}V \tag{5.25}$$

比较式(5.22)和式(5.25), 任一时刻, $\mathrm{d}E_\mathrm{p} = \mathrm{d}E_\mathrm{k}$, 可见, 传播介质中任一质元的振动动能和弹性势能随时间做周期性变化的规律是相同的, 两者不但相位相同, 而且大小总是相等. 质元通过平衡位置时, 具有最大的振动速度, 动能最大, 同时形变也最大, 因而其弹性势能也最大; 而在最大位移时其动能为零, 其形变也为零, 因而弹性势能也为零. 所以传播介质中质元的振动不同于谐振子的振动.

波传播时质元的机械能为

$$\mathrm{d}E = \mathrm{d}E_\mathrm{k} + \mathrm{d}E_\mathrm{p} = \rho\omega^2 A^2\sin^2\omega\left(t - \frac{x}{u}\right)\mathrm{d}V \tag{5.26}$$

在波的传播过程中, 任一质元总的机械能并不守恒, 而是在零与最大值之间变化, 它的能量从零增加到最大, 也就是它从前面的质元接受来自波源的能量的过程; 然后它的能量又从最大减小到零, 这是通过弹性力做功把输入的能量传递给后面的质元的过程. 图 5.8 是某时刻的波形曲线与能量的分布曲线. 可以看出, 随着波形以速度 u 做"整体"移动, 能量的分布曲线也与之一起以速度 u 做"整体"移动. 振动在介质中的传播过程也就是能量的传播过程, 波是能量传播的一种形式.

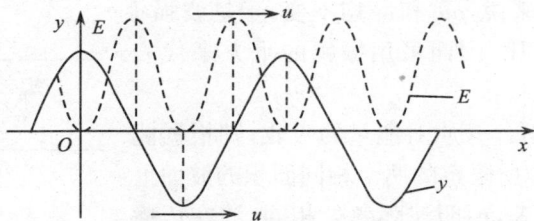

图 5.8 波形与能量分布示意图

二、能量密度和能流密度

波传播时, 单位体积介质中的波动能量称作波的**能量密度**, 以 w 表示. 由式

(5.26)可得

$$w = \frac{\mathrm{d}E}{\mathrm{d}V} = \rho\omega^2 A^2 \sin^2\omega\left(t - \frac{x}{u}\right) \tag{5.27}$$

可见能量密度随时间做周期性变化,一个周期内能量密度的平均值称为平均能量密度,以 $\overline{w}$ 表示

$$\overline{w} = \frac{1}{T}\int_0^T w\mathrm{d}t = \frac{1}{2}\rho\omega^2 A^2 \tag{5.28}$$

式(5.28)表明,机械波的平均能量密度与频率的平方、振幅的平方以及介质的密度成正比. 这一公式虽然是从平面简谐波的特殊情况导出的,但它适用于任何弹性波.

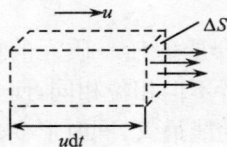

图 5.9　柱体内能量 $\mathrm{d}t$ 时间通过 ΔS 面

为了描述波动过程中能量的传播,引入能流的概念. 通过某一面积的能流就是单位时间内通过该面的能量,通过垂直于传播方向的单位面积的能流称作该处的**能流密度**. 如图 5.9 所示,在介质中垂直于波的传播方向取一面积 ΔS,那么以 ΔS 为底,以 $u\mathrm{d}t$ 为长度的柱体内的能量 $u\mathrm{d}t\Delta Sw$ 在 $\mathrm{d}t$ 时间内刚好全部通过 ΔS,则 ΔS 面上的能流密度为

$$S = \frac{u\mathrm{d}t\Delta Sw}{\Delta S\mathrm{d}t} = uw = \rho u\omega^2 A^2 \sin^2\omega\left(t - \frac{x}{u}\right) \tag{5.29}$$

能流密度也是时间的周期函数,对时间取平均,则平均能流密度(又称**波强**)为

$$I = u\overline{w} = \frac{1}{T}\int_0^T uw\mathrm{d}t = \frac{1}{2}\rho u\omega^2 A^2 \propto A^2 \tag{5.30}$$

式(5.30)说明波强与振幅的平方成正比,与频率的平方成正比,对均匀介质中传播的确定的行波来说,ρu 和 ω 均不变,于是波强 I 与振幅的平方成正比,因而可用振幅的平方来代表波强.

对平面波,若不计介质对能量的吸收,则根据能量守恒,由一束波线所限定的两个相同面积的波面上的平均能流必然相等,说明波强各处相同,波在传播过程中振幅不变(图5.10).

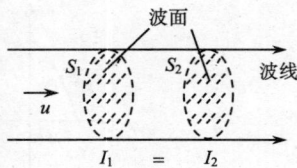

图 5.10

如图 5.11 所示,对各向同性的不吸收能量的均匀介质中的球面波,考虑半径为 r_1 和 r_2 的两个波面,通过这两个球面的平均能流一定相等,即 $I_1 S_1 = I_2 S_2$,而 $S_1 = 4\pi r_1^2$,$S_2 = 4\pi r_2^2$,有

$$\frac{I_1}{I_2} = \frac{r_2^2}{r_1^2}, \text{或者} \frac{A_1}{A_2} = \frac{r_2}{r_1}$$

即球面波的振幅 A 反比于到点波源的距离. 由于波的能量来自于波源,如果知道点波源对外做功的功率 P,那么半径为 r 的波面上的波强为

$$I = \frac{P}{4\pi r^2} = \frac{1}{2}\rho\omega^2 A^2 u$$

该面上的振幅为

$$A = \sqrt{\frac{P}{2\pi\rho\omega^2 u}}\,\frac{1}{r} = \frac{c}{r} \qquad (5.31)$$

其中,c 是与波源及介质有关的常数. 因振动的相位随 r 的增加而落后,所以球面简谐波的波函数是

$$y = \frac{c}{r}\cos\omega\left(t - \frac{r}{u}\right) \qquad (5.32)$$

图 5.11

实际波在介质中传播时,介质总要吸收一部分能量,不论是平面波,还是球面波,通过 S_1 和 S_2 的能量是不相等的,通过 S_1 的能量有一部分被介质吸收转换成介质的内能或热. 这种现象称为波的吸收.

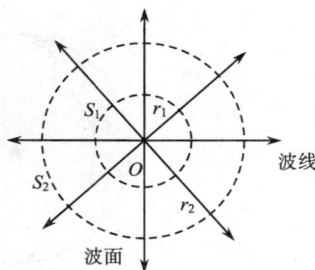

5.4 惠更斯原理　反射与折射

一、惠更斯原理

一般来说,波动在各向同性的均匀介质中传播时,波面不会改变,波线保持直线,即传播方向不变. 但经常会看到这样的现象:在水面上放一块开有小孔的障碍物,当水波遇到障碍物后,可以看到在障碍物后形成以小孔为中心的圆形水波,好像水波是以小孔为波源产生的. 波在传播过程中遇到障碍物即改变其传播方向,绕过障碍物的边缘继续前进,这种现象称作波的衍射. 怎样解释衍射现象呢? 1690 年惠更斯提出:介质中有波传播时,任一波阵面上的各点都可以看做是发射子波的波源,其后任一时刻,这些子波的包迹就是该时刻的新的波面. 这就是**惠更斯原理**.

如图 5.13(a)所示,设球面波在 t 时刻的波面是半径为 R_1 的球面 S_1,根据惠更斯原理,S_1 上各点都可以看做是发射子波的波源. 则以 S_1 面上的各点为中心,以 $r = u\Delta t$ 为半径沿波传播方向做一些半球形子波,那么这些子波的包迹

图 5.12　惠更斯
(Christiaan Huygens
1629~1695)

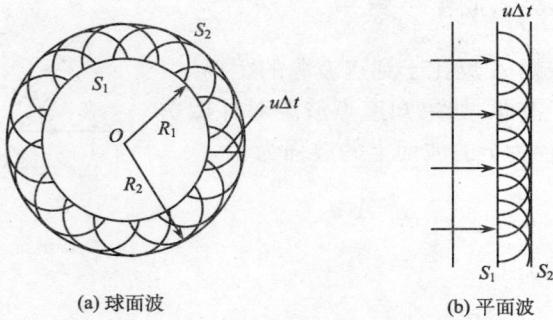

(a) 球面波　　　　　　　　　　　(b) 平面波

图 5.13　用惠更斯作图法得到的新的波阵面

面 S_2 即为 $t+\Delta t$ 时刻的新波面. 显然波面 S_2 是以 O 为中心, 以 $R_2=R_1+u\Delta t$ 为半径的球面. 由于波的传播方向与波面垂直, 这时波沿球半径方向传播. 若已知平面波在 t 时刻的波面 S_1, 根据惠更斯原理, 同样可以得到 $t+\Delta t$ 时刻的新的波面 S_2, 仍然是平面, 如图 5.13(b) 所示.

　　用惠更斯原理可以定性地对波的衍射现象做出解释. 如图 5.14(a) 所示, 当平面波通过宽度大于波长的缝时, 在缝的中部, 波的传播仍维持原来的方向, 在缝的边缘处, 波前弯曲, 波的传播方向改变, 波绕过障碍物的边缘继续传播. 若缝宽比波长小得多时, 衍射现象更加显著, 如图 5.14(b) 所示.

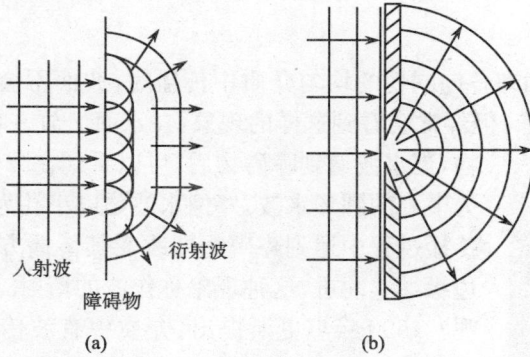

(a)　　　　　　　　　　　(b)

图 5.14　波的衍射

　　惠更斯原理不仅适用于任何弹性波, 对电磁波也适用. 但是应该提出, 惠更斯原理只是解决了波的传播问题, 对各个子波在传播中的某一点的振动有多少贡献并没有说明, 也没有说明为什么没有反向子波的问题. 但后来菲涅耳对惠更斯原理作了重要补充, 形成了惠更斯-菲涅耳原理. 在波动光学中将作以介绍.

二、波的反射与折射

波在行进中遇到障碍物,会发生衍射现象,改变传播方向.除此之外,当波入射到两种均匀的各向同性介质的分界面上时,传播方向也会发生改变,这就是波的反射和折射.下面我们根据惠更斯原理确定反射波和折射波的传播方向.

如图 5.15 所示,一列波面与图面垂直的平面波,以入射角 i(入射波线与界面法线的夹角)从介质 I 射向介质 II.波在介质 I 中的波速为 u_1,在介质 II 中的波速为 u_2.分析 t 时刻入射波的一个波面,它与图面的交线为 AB,这时 A 点刚好到达界面,此后 AB 上各点依次到达界面,经过 Δt 时间,B 到达界面 B'.先后到达界面的 AB 上各点,先后发出子波.

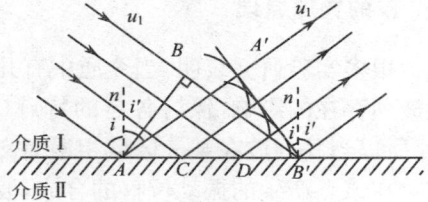

图 5.15 波的反射

先分析在介质 I 中的子波.因为波在同一介质中传播,波速不变,当 B 到达界面时,A 点发出的子波的半径是 $AA'=u_1\Delta t=BB'$,其他晚于 A 点到达界面的各点发出的子波的半径依次减小,做这些子波半球面的包迹,是与图面垂直的平面,与图面的交线显然是直线 $A'B'$,所以垂直于 $A'B'$ 的射线就是反射波的波线,它与界面法线的夹角 i' 称为反射角.从图 5.15 的几何关系可以看出,入射波线、反射波线、界面法线都在同一平面内,而且 $i'=i$,即入射角等于反射角,这就是波的反射定律.

下面分析进入介质 II 中的子波.如图 5.16 所示,B 点到达界面时,A 点发出的子波的半径是 $AA''=u_2\Delta t$,其他晚于 A 点到达界面的各点发出的子波的半径也依次减小,做这些子波半球面的包迹,也是与图面垂直的平面,与图面的交线显然是直线 $A''B'$,所以垂直于 $A''B'$ 的射线就是折射波的波线,它与界面法线的夹角 r 称为折射角.根据几何关系,入射波线、折射波线、界面法线都在同一

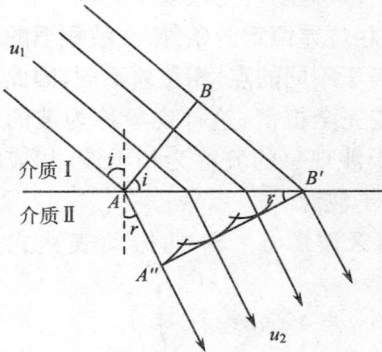

图 5.16 波的折射

平面内,由

$$BB'=u_1\Delta t=AB'\sin i, \quad AA''=u_2\Delta t=AB'\sin r$$

两式相比得

$$\frac{\sin i}{\sin r}=\frac{u_1}{u_2}=n_{21}$$

比值 n_{21} 称为第二种介质相对于第一种介质的折射率,对于给定的两种介质是常数.因此对于给定的两种介质来说,入射角的正弦与折射角的正弦之比是常数,这就是波的折射定律.

5.5　波的叠加　波的干涉和驻波

一、波的叠加原理

很多实验研究表明,当介质中有几列波同时传播时,每一列波的传播并不受其他波列存在的影响,保持各自的特点(频率、波长、振幅、振动方向)独立地进行传播.所以当几列波在某一区域相遇而交叠时,任一点的振动位移是各个波列单独存在时在该点产生的振动位移的合成,波的这一传播规律称为波的独立性原理或波的叠加原理.

例如,两列水波在互相穿过后仍各自传播;人们能分辨出同时吹奏的几种乐器的声音或几个人同时讲话时每个人的声音.不同颜色的光交叉相遇后继续传播并仍保持原来的特点,颜色不变,传播方向不变等;大量无线电波在空中相互交错,但仍可接收到不同广播电视台的节目,这是电磁波的独立传播.

二、波的干涉

干涉现象是波叠加所产生的一种现象.一般说来,如果各列波振动方向不同,频率不同,则这些波在重叠区激起的介质质元的合成运动将是很复杂的.但当两列波(或几列波)满足频率相同、振动方向相同以及相位差恒定的条件,在波相遇的区域内任何一点,分振动都有恒定的相位差,但是对于不同的点,相位差不同,因此有些地方振动始终加强,有些地方振动始终减弱或完全抵消,这种现象称为**波的干涉**,能产生干涉现象的波称为相干波,相应的波源称为相干波源.

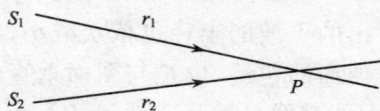

设两相干波源 S_1、S_2 的振动表达式分别为

$$y_{10} = A_{10}\cos(\omega t + \varphi_1),$$
$$y_{20} = A_{20}\cos(\omega t + \varphi_2)$$

图 5.17　两相干波在空间相遇叠加

由它们发出的相干波经过距离 r_1、r_2 于 P 点相遇,如图 5.17 所示,两波在 P 点引起的分振动为

$$y_1 = A_1\cos\left(\omega t + \varphi_1 - \frac{2\pi r_1}{\lambda}\right), \quad y_2 = A_2\cos\left(\omega t + \varphi_2 - \frac{2\pi r_2}{\lambda}\right)$$

P 点的合振动为

$$y = y_1 + y_2 = A\cos(\omega t + \varphi)$$

其中,合振动的振幅满足

$$A^2 = A_1^2 + A_2^2 + 2A_1 A_2 \cos\Delta\varphi$$

合振动的相位满足

$$\tan\varphi = \frac{A_1 \sin\left(\varphi_1 - \dfrac{2\pi r_1}{\lambda}\right) + A_2 \sin\left(\varphi_2 - \dfrac{2\pi r_2}{\lambda}\right)}{A_1 \cos\left(\varphi_1 - \dfrac{2\pi r_1}{\lambda}\right) + A_2 \cos\left(\varphi_2 - \dfrac{2\pi r_2}{\lambda}\right)}$$

而

$$\Delta\varphi = (\varphi_2 - \varphi_1) - \frac{2\pi}{\lambda}(r_2 - r_1) \tag{5.33}$$

是 P 点两振动的相位差. 由于波强正比于振幅的平方,合振动在 P 点的强度 I 和两相干波的强度 I_1、I_2 有如下关系

$$I = I_1 + I_2 + 2\sqrt{I_1 I_2}\cos\Delta\varphi \tag{5.34}$$

一般说来,I 不等于 $I_1 + I_2$,还有一干涉项 $2\sqrt{I_1 I_2}\cos\Delta\varphi$,它可正可负,取决于 $\Delta\varphi$,当

$$\Delta\varphi = \pm 2k\pi, \quad k = 0,1,2,\cdots \tag{5.35}$$

P 点的合振幅为 $A = A_1 + A_2$,波强为 $I = I_1 + I_2 + 2\sqrt{I_1 I_2}$,该处合振幅最大并有最大的强度,称为干涉相长,式(5.35)为干涉相长的条件. 当

$$\Delta\varphi = \pm(2k+1)\pi, \quad k = 0,1,2,\cdots \tag{5.36}$$

P 点的合振幅为 $A = |A_1 - A_2|$,波强为 $I = I_1 + I_2 - 2\sqrt{I_1 I_2}$,该处合振幅最小并有最小的强度,称为干涉相消,式(5.36)为干涉相消的条件.

如果波源的振动是同相的,即 $\varphi_1 = \varphi_2$,则 $\Delta\varphi$ 取决于 $(r_2 - r_1)$,$(r_2 - r_1)$ 称作波程差,用 δ 表示. 这时干涉相长和干涉相消的条件完全由波程差决定,有

$$\delta = \pm k\lambda, \quad k = 0,1,2,\cdots, \quad 干涉相长$$

$$\delta = \pm(2k+1)\frac{\lambda}{2}, \quad k = 0,1,2,\cdots, \quad 干涉相消$$

由此说明,当两个相干波源同相位时,在两波叠加区域,波程差等于零或波长的整数倍的各点,振幅最大;在波程差等于半波长的奇数倍的各点,振幅最小.

在前面提到的相干条件中,振动方向不完全相同的情况下,只要互相不垂直,分振动的同向分量之间也能发生干涉现象. 若两列波频率不同或者振动方向互相垂直,或者相位差在观测时间内完全随机地多次改变,则称为非相干波. 当非相干波相遇时,实际测得强度是观测时间内的平均强度,这时其干涉项的时间平均值为

零,因此平均强度 $I=I_1+I_2$,这种叠加称为非相干叠加.

三、驻波

驻波是一种特殊的干涉现象. 在同一介质中,在同一直线上沿相反方向传播的两简谐波,如果它们的频率、振动方向、振幅相同,叠加后就形成驻波. 下面分析驻波的特点.

沿 x 轴正向传播的简谐波,其波函数可表示为

$$y_1(t,x) = A\cos\left(\omega t - 2\pi \frac{x}{\lambda}\right)$$

沿 x 轴反向传播的简谐波的波函数为

$$y_2(t,x) = A\cos\left(\omega t + 2\pi \frac{x}{\lambda}\right)$$

其叠加波的波函数为

$$y(t,x) = y_1 + y_2 = A\cos\left(\omega t - 2\pi \frac{x}{\lambda}\right) + A\cos\left(\omega t + 2\pi \frac{x}{\lambda}\right)$$

$$= 2A\cos 2\pi \frac{x}{\lambda}\cos\omega t \tag{5.37}$$

这就是驻波的波函数表达式. 式(5.37)表明,各点都在做角频率为 ω 的谐振动,但各点振动的振幅 $\left|2A\cos 2\pi \dfrac{x}{\lambda}\right|$ 随位置的不同而不同. 振幅最大的各点称为**波腹**,波腹的位置满足 $\left|\cos 2\pi \dfrac{x}{\lambda}\right|=1$,即

$$2\pi \frac{x}{\lambda} = k\pi \quad (k = 0, \pm 1, \pm 2, \cdots)$$

因此波腹的位置为

$$x = k\frac{\lambda}{2} \quad (k = 0, \pm 1, \pm 2, \cdots)$$

而振幅为零的各点称为**波节**,波节的位置满足 $\left|\cos 2\pi \dfrac{x}{\lambda}\right|=0$,即

$$2\pi \frac{x}{\lambda} = (2k+1)\frac{\pi}{2} \quad (k = 0, \pm 1, \pm 2, \cdots)$$

因此波节的位置为

$$x = \left(k + \frac{1}{2}\right)\frac{\lambda}{2} \quad (k = 0, \pm 1, \pm 2, \cdots)$$

可见相邻两个波腹之间或相邻两个波节之间的距离都是 $\dfrac{\lambda}{2}$. 据此可以测得原来两

相干波的波长.

从式(5.37)可以看出因子 $\cos\omega t$ 中的相位 ωt 与位置无关,似乎任一时刻所有质点都具有相同的相位,所有质点都同步振动,其实不然.因为因子 $\cos2\pi\dfrac{x}{\lambda}$ 在波节处为零,在波节两边符号相反,在相邻两波节之间相位相同.因此在驻波中,两波节之间的各点有相同的振动相位,它们同时达到最大位移,同时通过平衡位置;波节两侧的各点相位相差 π,振动是反相的,即同时沿反方向通过平衡位置.驻波实际上是分段振动的,没有振动状态或相位的传播,也没有能量的传播,所以才称其为驻波.图5.18描述了绳上沿相反方向传播的两简谐波在图示各时刻叠加所形成的驻波以及绳上各质点的振动过程.

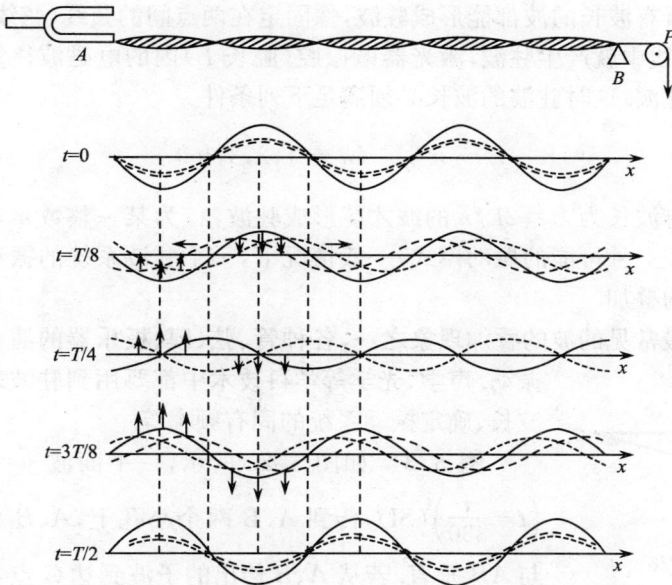

图 5.18　驻波的形成及质点的振动

驻波常由一列行波在介质分界面上反射,从而入射波和反射波干涉叠加而形成.当入射波垂直入射到界面,且界面为固定端(其位移始终为零)时,端点处一定为波节,即入射波与反射波在端点的振动相位差一定是 π,说明入射波在固定端反射时其相位有 π 的突变,它相当于半个波长的波程差,把入射波反射时发生相位突变 π 的现象称为**半波损失**.当反射端为自由端时,该处出现波腹,入射波和反射波同相位,说明反射时没有相位突变,不产生半波损失.一般情况下,入射波在两种介质的分界面上反射时是否产生半波损失,取决于介质的密度与波速的乘积 ρu,ρu 相对较大的称为**波密介质**,相对较小的称为**波疏介质**.当波从波疏介质向波密介质入射时,反射波就出现半波损失,反之无半波损失,如图 5.19 所示.

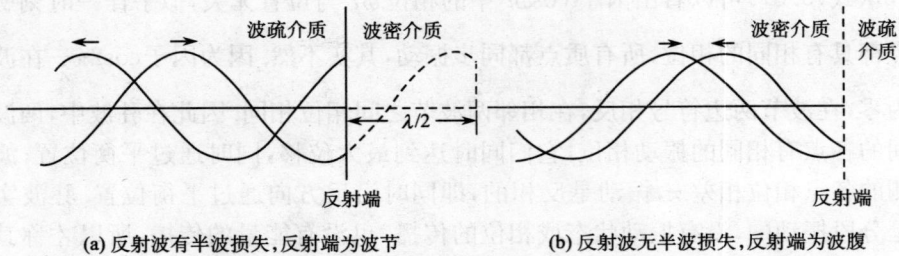

| 波疏介质 | 波密介质 | | 波密介质 | 波疏介质 |

(a) 反射波有半波损失,反射端为波节　　　　(b) 反射波无半波损失,反射端为波腹

图 5.19　波的反射

并不是所有波长的波都能形成驻波,像固定在两点间的弦线(弦线长 L),当拨动弦线时,弦线中就产生驻波,激光器谐振腔(腔长 L)内的电磁波往复反射,也将在腔内形成驻波. 这时驻波的波长必须满足下列条件

$$L = n\frac{\lambda}{2} \quad (n = 1, 2, 3, \cdots)$$

因此只有波长为 $\lambda_n = 2L/n$ 的波才能形成驻波,λ_n 为某一整数 n 对应的波长. 每一波长对应一种可能的振动模式,一般情况下,一个驻波系统的振动,是它的各种可能模式的叠加.

驻波是最常见的波的叠加现象之一,各种管、弦、膜、板乐器的演奏,都是驻波振动. 声学、光学等学科技术中都要用到驻波理论,如测定波长、确定振动系统的固有频率等.

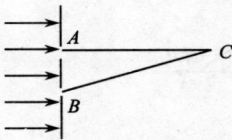

图 5.20

例 5.3　如图 5.20 所示,一平面波 $y = 2\cos 600\pi \cdot \left(t - \frac{x}{330}\right)$(SI),传到 A、B 两个小孔上,A、B 相距 1m,AC 与 AB 垂直. 若从 A、B 传出的子波到达 C 点,两波叠加刚好发生第一次减弱,求 $AC = ?$

解　图示中,平面波传到 A、B 两点具有相同的相位,它们发出的子波在 C 点的相位差由它们的波程差决定,有

$$\Delta\varphi = \frac{2\pi}{\lambda}(\overline{BC} - \overline{AC})$$

从波函数知 $u = 330 \mathrm{m} \cdot \mathrm{s}^{-1}$,$\nu = \frac{600\pi}{2\pi} = 300 \mathrm{Hz}$,而波长 $\lambda = \frac{u}{\nu} = 1.1 \mathrm{m}$,因两波传到 C 点处 $\Delta\varphi = \pi$,将其代入上式,并由几何关系可得 $\overline{AC} = 0.78 \mathrm{m}$.

例 5.4　如图 5.21 所示,在绳上传播的入射波方程为

$$y_1 = A\cos\left(\omega t + \frac{2\pi}{\lambda}x - \frac{\pi}{2}\right) \quad \text{(SI)}$$

入射波在 $x=0$ 处反射,反射端固定.设反射波不衰减,求驻波方程及波节和波腹的位置.

解 入射波在 $x=0$ 处引起的振动为

$$y_{10} = A\cos\left(\omega t - \frac{\pi}{2}\right) \quad (\text{SI})$$

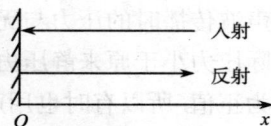

图 5.21

由于反射端固定,反射波在 $x=0$ 处与入射波的相差是 π(有半波损失),故反射波在 $x=0$ 处引起的振动为

$$y_{20} = A\cos\left(\omega t - \frac{\pi}{2} + \pi\right) = A\cos\left(\omega t + \frac{\pi}{2}\right) \quad (\text{SI})$$

反射波沿 x 轴正向传播,故反射波方程为

$$y_2 = A\cos\left(\omega t - \frac{2\pi}{\lambda}x + \frac{\pi}{2}\right) \quad (\text{SI})$$

合成的驻波方程为

$$y = y_1 + y_2 = A\cos\left(\omega t + \frac{2\pi}{\lambda}x - \frac{\pi}{2}\right) + A\cos\left(\omega t - \frac{2\pi}{\lambda}x + \frac{\pi}{2}\right)$$

$$= 2A\cos\left(\frac{2\pi}{\lambda}x - \frac{\pi}{2}\right)\cos\omega t = 2A\sin\frac{2\pi}{\lambda}x\cos\omega t$$

当 $\sin\frac{2\pi}{\lambda}x = 0$,即 $\frac{2\pi}{\lambda}x = n\pi$,$n = 0, 1, 2, \cdots$ 时,为波节.波节位置为

$$x = \frac{1}{2}n\lambda \quad (n = 0, 1, 2, \cdots)$$

当 $\sin\frac{2\pi}{\lambda}x = 1$,即 $\frac{2\pi}{\lambda}x = n\pi + \frac{\pi}{2}$,$n = 0, 1, 2, \cdots$ 时,为波腹.波腹位置为

$$x = \frac{1}{2}n\lambda + \frac{\lambda}{4} \quad (n = 0, 1, 2, \cdots)$$

5.6 声波与声强级

声波是机械波,频率在 $20 \sim 20\,000\text{Hz}$ 的声波,能引起人类产生听觉,称为声波,频率低于 20Hz 的称为次声波,频率高于 $20\,000\text{Hz}$ 的称为超声波.在流体中传播的声波都是纵波.

声波的平均能流密度称为**声强**,由式(5.30),声强 I 为

$$I = \frac{1}{2}\rho u\omega^2 A^2$$

其中,ρ 是无声波时流体的密度.声强正比于频率的平方,正比于振幅的平方.声强的单位是 $\text{W}\cdot\text{m}^{-2}$.但在声学中重要的是声压,仪器所测得的也是声压,即介质中

有声波传播时的压力与无声波时的静压力之间的差值. 声波为疏密波,在稀疏区域实际压力小于原来静压力,声压为负值;在稠密区域,实际压力大于原来静压力,声压为正值. 所以有时也用声压来表示声强.

一块物质周围受到的压强改变时,其体积也会发生改变,以 p^* 表示压强的改变,以 $\Delta V/V$ 表示体积的改变,则 $p^* = -k\dfrac{\Delta V}{V} = -k\dfrac{\partial \xi}{\partial x}$, k 为体变弹性模量. 如将其应用于有声波传播的流体,那么 p^* 就表示声压. 设平面简谐声波为

$$\xi(t,x) = A\cos\omega\left(t - \frac{x}{u}\right)$$

而纵波波速即声波的波速为 $u = \sqrt{\dfrac{k}{\rho}}$,因此

$$p^* = -\rho u^2 \frac{\partial \xi}{\partial x} = -\rho u\omega A \sin\omega\left(t - \frac{x}{u}\right) \tag{5.38}$$

声压幅值

$$p_{\mathrm{m}} = \rho u\omega A \tag{5.39}$$

因此,声强为

$$I = \frac{1}{2}\rho u\omega^2 A^2 = \frac{1}{2}\frac{p_{\mathrm{m}}^2}{\rho u} \tag{5.40}$$

这就是常用的声强的计算公式.

引起人的听觉的声波,不仅有一定的频率范围,还有一定的声强范围. 可以听到的声强范围极为广泛,从勉强能听到声音的 1000Hz 声音的声强 10^{-12} W·m^{-2}(这个最低限度称作闻阈)到能够在耳中引起强烈振动,有压力感甚至痛觉的声强 10W·m^{-2}(这个限度称作痛感阈),强弱相差 13 个数量级. 因为声强数量级相差悬殊,通常用声强级来描述声波的强弱. 常以声强 10^{-12} W·m^{-2} 作为标准声强 I_0,如取空气密度 $\rho = 1.293$kg·m^{-3},声速 $u = 332$m·s^{-1},根据式(5.40)计算,与 I_0 对应的声压幅值为 $\sqrt{2\rho u I_0} = 2.93\times10^{-5}$N·m^{-2}.

定义声强为 I 的声波的声强级为

$$X = \lg\frac{I}{I_0}(\mathrm{B}) \tag{5.41}$$

这里用的是以 10 为底的对数. 因而

$$\frac{I}{I_0} = 10^X$$

由此可见,X 表示声强 I 比声强 I_0 高出的数量级. 由式(5.41)确定的声强级,其单位为 Bell. 声强级通常还有另一个单位,称作 dB,用此单位来表示的声强级为

$$X = 10\lg\frac{I}{I_0}(\text{dB}) \tag{5.42}$$

人耳所能忍受的声强约为 $1\text{W} \cdot \text{m}^{-2}$,其声强级是 120dB,人耳对频率在 2000~3000Hz 的声波最为敏感,有听觉的最小声强的声强级约为 -5dB.

人耳对声音强弱的主观感觉称作响度,研究表明,响度大致正比于声强的对数. 表 5.1 给出了常遇到的一些声音的声强、声强级和响度.

表 5.1 几种声音的声强、声强级和响度

声 源	声强/$(\text{W} \cdot \text{m}^{-2})$	声强级/dB	响 度
聚焦超声波	10^9	210	
炮声	1	120	
痛觉阈	1	120	
铆钉机	10^{-2}	100	震耳
闹市车声	10^{-5}	70	响
通常谈话	10^{-6}	60	正常
室内轻声收音机	10^{-8}	40	较轻
耳语	10^{-10}	20	轻
树叶沙沙声	10^{-11}	10	极轻
听觉	10^{-12}	0	

5.7 多普勒效应

到目前为止,讨论的都是波源和观察者(或探测器)相对介质静止的情况,这时波的频率和波源的频率相同,接收到的波的频率和传播的波的频率也相同. 如果波源或接收器相对介质运动则接收到的波的频率和波源的振动频率不同,这种现象称为**多普勒效应**. 例如,当一辆鸣笛的火车向我们驶来时,我们听到的音调较静止时为高,而列车迅速离去时则音调较静止时为低,这就是发生了多普勒效应,我们接收到的波的频率与波源的振动频率相比发生了多普勒频移.

为简单起见,只讨论波源 S 与探测器 D 在一条直线上运动的情况. 设波源振动频率为 ν,波在介质中传播速度为 u,u 与波源及探测器的运动无关,波源和探测器相对介质运动速度分别为 v_S 和 v_D.

(1) 假设波源运动,探测器不动($v_D = 0$)

波源运动时,波源某瞬时在 S 点发出的波经过一个周期 T 时间后到达距离为 uT 的 P 点,在此时间内波源也从 S 点经过距离 $v_S T$ 到达 S' 点,如图5.22所示. P

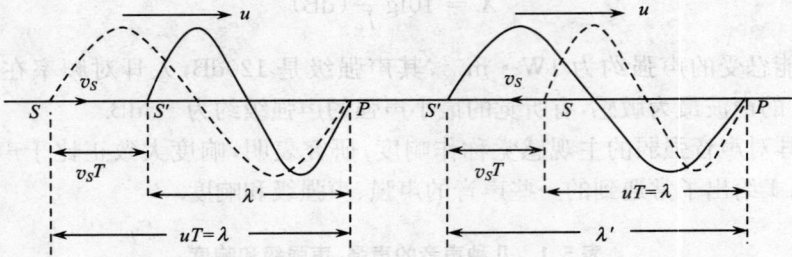

图 5.22　波源运动时的多普勒效应

点的振动状态和 S' 点的振动状态完全相同,如果波源向着探测器运动,在探测器和波源之间的波的波长为

$$\lambda' = uT - v_ST = \frac{u - v_S}{\nu_S} \tag{5.43}$$

其中,T 是波源的振动周期;ν_S 为波源的频率. 现在波的频率为

$$\nu' = \frac{u}{\lambda'} = \frac{u}{u - v_S}\nu_S \tag{5.44}$$

由于探测器静止,所以接收到的波的频率就是式(5.44),它大于波源的频率.

如果波源远离探测器运动,在探测器和波源之间的波的波长为

$$\lambda' = uT + v_ST = \frac{u + v_S}{\nu_S} \tag{5.45}$$

探测器接收到的波的频率为

$$\nu' = \frac{u}{\lambda'} = \frac{u}{u + v_S}\nu_S \tag{5.46}$$

该频率小于波源的频率.

(2) 假设探测器移动,波源不动($v_S = 0$)

从波源传来的波长为 λ 的波到达探测器 D 处,而探测器以速度 v_D 趋向或离开波源,探测器接收到的波的传播速度为 $u' = u \pm v_D$,于是探测器接收到的波的频率为

$$\nu' = \frac{u'}{\lambda} = \frac{u \pm v_D}{\lambda} = \frac{u \pm v_D}{u}\nu_S \tag{5.47}$$

(3) 相对于介质,波源和探测器同时运动

综合以上两种分析,可知当波源和探测器相向运动时,探测器接收到的波的频率为

$$\nu' = \frac{u + v_D}{u - v_S}\nu_S \tag{5.48}$$

当波源和探测器彼此离开时,探测器接收到的波的频率为

$$\nu' = \frac{u - v_D}{u + v_S} \nu_S \tag{5.49}$$

电磁波也有多普勒现象. 以光波为例,设一发光原子的中心频率为 ν_0($h\nu_0 = E_2 - E_1$,E_1 和 E_2 为原子的两个跃迁能级),当原子相对于探测器静止时,探测器测得的光波频率也为 ν_0,但当原子相对于探测器以速度 v 运动时,探测器测得的光波频率不再是 ν_0,而是

$$\nu = \nu_0 \sqrt{\frac{1 + v/c}{1 - v/c}} \tag{5.50}$$

其中,当原子朝着探测器运动(或沿光传播方向运动)时,v 取正值;当原子离开探测器(或反光波传播方向)运动时,v 取负值. 这就是光学多普勒效应. 由此可见,当光源远离探测器运动时,接收到的频率变小,因而波长变长,这种现象称作"红移".

如果波源和探测器不在一条直线上运动,只要把结果中的 v_S、v_D 换成其速度在波源到探测器连线的波传播方向的分量就可以了.

当波源的速度大于波速时,波源发出的波到达的前沿形成圆锥面,称为冲击波. 其波面的压强很大,具有一定的破坏性.

5.8 波的色散及非线性波简介

一、波的色散

几个频率相同、振动方向相同、波速相同的简谐波叠加后,合成波仍然是简谐波. 而不同频率的简谐波的叠加,合成波一般不再是简谐波了,我们称其为**复波**,如图 5.23a)所示的频率相近的两简谐波合成的周期波及图 5.23(b)所示的非周期的孤子波等. 利用傅里叶变换,可以将任何一列周期的或非周期的复波,分解成若干个频率不同的简谐波或无限多个频率连续变化的简谐波的叠加.

为了简单起见,这里只考虑两个频率相近、振幅相同的简谐波的同向叠加. 设

$$y_1 = A\cos(\omega t - kx), \quad y_2 = A\cos[(\omega + d\omega)t - (k + dk)x]$$

叠加后得

$$y = 2A\cos\left(\frac{d\omega}{2}t - \frac{dk}{2}x\right)\cos\left[\left(\omega + \frac{d\omega}{2}\right)t - \left(k + \frac{dk}{2}\right)x\right] \tag{5.51}$$

因 $d\omega \ll \omega$,式(5.51)的前一个因子表示相对缓慢变化的波包,如图 5.23(a)中的虚线,即振幅变化的波形. 波包的角频率为 $\frac{d\omega}{2}$,波数为 $\frac{dk}{2}$,令

$$\frac{d\omega}{2}t - \frac{dk}{2}x = 常量$$

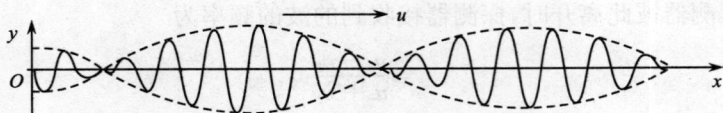

(a) 周期性复波

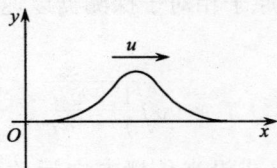

(b) 孤子的波形与传播

图 5.23　复波的传播

可求得波包的传播速度为

$$u_{\mathrm{g}} = \frac{\mathrm{d}x}{\mathrm{d}t} = \frac{\mathrm{d}\omega}{\mathrm{d}k} \tag{5.52}$$

该速度称为**群速度**. 而对确定频率(或波长)的简谐波 $y_1 = A\cos(\omega t - kx)$，相位的传播速度 $u = \dfrac{\omega}{k}$，称为**相速度**. 利用 $\omega = uk$，式(5.52)可改写为

$$u_{\mathrm{g}} = \frac{\mathrm{d}(ku)}{\mathrm{d}k} = u + k\frac{\mathrm{d}u}{\mathrm{d}k} \tag{5.53}$$

　　对于光波，频率不同，颜色不同，相应的相速也不同，因而有不同的折射率，这种现象称作色散. 可以把色散概念推广到包括弹性波在内的各种类型的波. 由于波的色散是由介质的特性决定的，在有些介质中，相速与波长无关，即 $\dfrac{\mathrm{d}u}{\mathrm{d}k} = 0$，这时群速和相速相同，这种介质称为非色散介质，这时的波称为非色散波，通常，在介质中传播的弹性波正是这种情况. 而波在有些介质中传播时，相速与波长有关，固定时刻 t 时的波包的形状就不能随时间的变更而保持不变. 由式(5.53)求出的波包的群速和相速不同，而且，随着时间的推移，波包将会逐渐扩散开去，宽度逐渐增大，这样的波称作色散波，这种介质称为色散介质. 图 5.23(b)表示的复波，是在无色散或色散不大的介质中传播的情形，这种情况下，波包具有稳定的形状. 如果介质的色散较大，则由于各成分相速的显著差异，波包在传播过程中会逐渐弥散消失，这种情况下，群速的概念也就失去意义了.

二、非线性效应

　　在前面的讨论中，都假定介质是弹性介质，即介质中恢复力与介质的形变成正比. 这一假定导致了弹性介质中的波动方程是线性的,波的性质遵从叠加原理,波的传播只与介质的性质有关,而与振动状态无关. 具有线性波动微分方程的介质称为线性介质. 反之,若介质是非线性的(对于机械波,根据质元受恢复力的规律列出的波动微分方程不是线性的;对于电磁波,介质的极化、磁化规律不是线性的),即介质的动力学方程含有非线性项,如波动方程

$$\frac{\partial y}{\partial t} - 6y\frac{\partial y}{\partial x} + \frac{\partial^3 y}{\partial^3 x} = 0 \tag{5.54}$$

该方程的一个特解是

$$y = -\frac{u}{2}\operatorname{sech}^2\left[\frac{\sqrt{u}}{2}(x - ut)\right] \tag{5.55}$$

这个波的波形就是图 5.23(b)所示的孤子波. 就物理原因来说,式(5.54)的第三项表示介质的色散作用,称作色散项,它使波包弥散. 第二项称作非线性项,它使波包能量重新分配从而使频率扩展,空间坐标收缩,波包被压挤,这两种相反的作用相互抵消,就形成了形状不变的孤子波. 近年来,在各种不同的学科领域中,在理论和实际中,都出现了孤子这种运动形态. 例如,流体中的涡旋、超导体中的磁通量子、激光在介质中的自聚集以及神经系统中信号的传递等. 由于光纤中光孤子可以进行压缩而且传输过程中光孤子形状不变,用光孤子进行通信具有容量大、误码率低、反干扰能力强、传输距离长等优点,目前各国都在竞相研究光孤子通信.

另外非线性效应会导致介质中各点的波速不再相同,它与质元的位移大小和正负都有关系. 介质中各点的波速不同,会导致随着传播距离的增加波形将发生越来越大的畸变. 原来的简谐波经过非线性介质的作用,会变成具有不同的谐波成分的非线性波,该波可能包含有常值分量、和频分量、差频分量和基频的倍频分量等.

由于介质对波的能量的吸收通常随着波的频率的增高而增大,因此介质的非线性效应使波的能量向高次谐波转移并被介质吸收. 所以非线性效应使介质对低频波的吸收也增大.

非线性波的另一个突出的性质是叠加原理不成立. 例如,同时平行地向前传播的两个声波,因非线性效应会产生组合频率的声波,如差频波、和频波等.

思 考 题

5.1 振动与波动有何区别与联系?

5.2 一物体做机械振动就一定能产生机械波吗?

5.3 横波与纵波有何异同处?

5.4 说"介质中某处是波峰",是不是该处任何时候都是波峰?

5.5 设某时刻横波波形曲线如图所示,试分别用箭头表示出图中 A,B,C,D,E,F,G,H,I 各点在该时刻的运动方向,并画出经过 1/4 周期后的波形曲线.

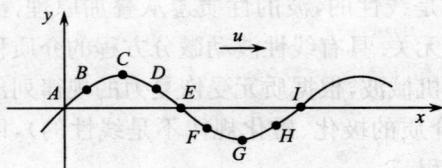

思考题 5.5 图

5.6　机械波可以传送能量,机械波能传送动量吗?

5.7　从能量观点看,谐振子系统与传播介质中的体积元有何不同?

5.8　一球面波在各向同性的不吸收能量的介质中传播,波源发射的功率为 5W,问离波源 2m 处波的强度如何?

5.9　有人认为频率不同、振动方向不同、相位差恒定的两列波在空间相遇时不能叠加,这种说法对吗? 波的叠加和波的干涉有何联系和区别? 两列波的频率相同,相位差恒定,但振动方向并不相同,这两列波相遇时是否会产生干涉现象?

5.10　为什么日常生活中容易感觉到声的衍射,而不易观察到光的衍射现象?

5.11　两列振幅相同的相干波在空间相遇时,干涉加强处的波的强度为一个波强度的 4 倍,而不是两相干波强度的和,这是否违背能量守恒定律?

5.12　有两个相干波源,在两者连线的垂直平分线上各点,两波叠加后的合成振动是否一定加强? 为什么?

5.13　驻波是怎样产生的,它与行波有何区别? 在驻波中,各质元的相位有什么关系? 为什么说相没有传播?

5.14　怎样理解"半波损失"?

5.15　声波向接收器运动和接收器向声源运动,都会产生声波频率增高的效果. 这两种情况有何区别? 如果两种情况下的运动速度相同,接收器接收的频率会有不同吗?

习　　题

5.1　图示为 $t=0$ 时刻的波形曲线.
(1) 质点 O 振动的初相位是多少? 用余弦函数形式写出其振动表达式;
(2) L、M、N、P 各质点的振动相位比原点 O 的质点的相位超前还是落后? 写出各点与 O 点之相位差值;
(3) 各质点振动速度之幅值如何?

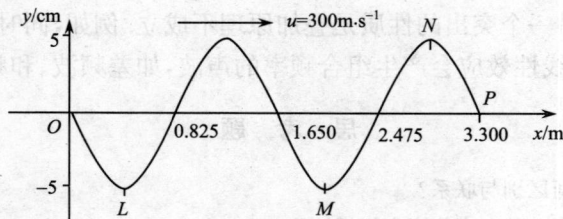

题 5.1 图

5.2　一正弦波沿一弦传播,如果弦上某一质点从最大位移处回到平衡位置所用的时间是 0.17s,

(1) 求周期;

(2) 求频率;

(3) 如果波长是 1.4m,波速多大?

5.3　一声波在空气中的波长 0.25m,波速是 340m·s⁻¹,当它进入另一介质时,波长变成了 0.79m,求在这种介质中声波波速.

5.4　投石于静水中,见圆形波纹沿水面向外传播.当第一波峰的半径发展为 6m 时,第十个波峰恰在圆心处,且第一个波峰传到 5m 远处所需时间为 40s,试求此波波长、波速、周期和频率.

5.5　一平面简谐波的波动方程为 $z=A\cos(nt+ry)$,A、n、r 均为正值常数,试求此波的

(1) 传播方向;

(2) 频率与周期;

(3) 波长;

(4) 波速;

(5) t_1 时刻位于 $y=a$ 处的振动状态,何时传到 $y=b$ 处,($b<a$)?

5.6　一质点在弹性介质中作谐振动,振幅为 0.2cm,周期为 4πs.取该质点过 $x_0=0.1$cm 处开始往 x 轴正向运动的瞬时为 $t=0$,已知由此质点的振动所激起的横波,在 y 轴正向传播,其波长为 $\lambda=2$cm. 试求此波的波动方程.

5.7　图示为一等幅谐波在 $t=0$ 时刻的波形图,此波以波速 $u=2.5$m·s⁻¹ 朝 x 轴负向传播.

(1) 写出此波之波动方程;

(2) 画出 $t=T/4$ 周期时的波形图;

(3) 在 $t=0$ 时的波形图上标出该时刻各质点的运动方向;

(4) $t=0$ 时刻在 $x=3$m 处之振动状态,在什么时刻传到 $x=1$m 处?

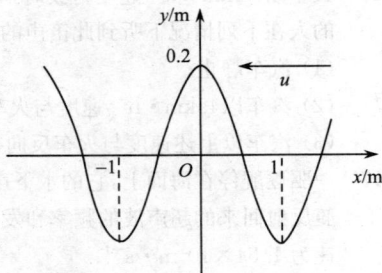

题 5.7 图

5.8　有一波在密度为 800kg·m⁻³ 的介质中以波速 $u=10^3$m·s⁻¹ 传播.振幅 $A=1.0\times10^{-4}$m,频率 $\nu=10^3$ Hz. 求

(1) 该波的能流密度;

(2) 1min 内垂直通过面积 $S=4\times10^{-4}$m² 的总能量.

5.9　一线波源发射柱面波,设介质为不吸收能量的各向同性均匀介质,波的强度以及振幅和离开波源的距离有何关系?

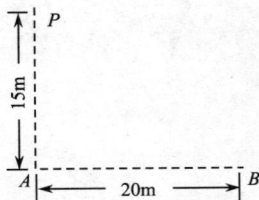

题 5.11 图

5.10　位于 A、B 两点的两个波源,振幅相等,频率都是 100Hz,相差为 π,若 A、B 相距 30m,波速为 400m·s⁻¹,求 AB 连线上二者之间因叠加而静止的各点的位置.

5.11　如图所示,A、B 两点为同一介质中两相干波源,振幅皆为 $a=5$cm,频率皆为 100Hz,当 A 为波峰时,B 恰为波谷. 设在介质中的波速为 10m·s⁻¹,试写出两列波的波动方程及两波传到 P 点时干涉的结果.

5.12　两相干波源 S_1 与 S_2 相距为 1/4 波长，S_1 相位比 S_2 超前 $\pi/2$. 若两波在 S_1S_2 连线上强度相同，且不随距离变化，问在 S_1S_2 连线上 S_1 外侧与 S_2 外侧各点的强度如何？

5.13　一个 3m 长的弦上有三个波腹的驻波（四个波节），其振幅为 1.0cm，弦上波速为 100m·s^{-1}.

(1) 试计算频率；

(2) 写出合成此驻波的两个波动方程.

5.14　一驻波波函数为 $y=0.02\cos 20x\cos 750t$，求：

(1) 形成此驻波的两行波的振幅和波速；

(2) 相邻两波节间的距离；

(3) $t=2.0\times 10^{-3}$s 时，$x=5.0\times 10^{-2}$m 处质点振动的速度.

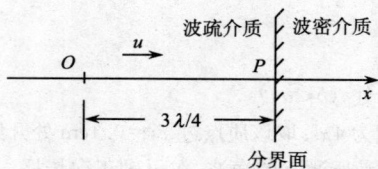

题 5.15 图

5.15　一平面简谐波沿 x 轴正向传播，如图所示，振幅为 A，频率为 ν，传播速度为 u.

(1) 若 $t=0$ 时，在原点 O 处的质元由平衡位置向 x 轴正方向运动，试写出此波的波函数；

(2) 若经分界面反射的波的振幅和入射波的振幅相等，试写出反射波的波函数，并求在 x 轴上因入射波和反射波叠加而静止的各点的位置.

5.16　火车以 63km·h^{-1} 速度行驶时，鸣笛声频率为 650Hz，问在铁道旁的公路上坐在汽车中的人在下列情况下听到此笛声的频率分别是多少？

(1) 汽车静止；

(2) 汽车以 45km·h^{-1} 速度与火车同向行驶；

(3) 汽车以上述速度与火车反向行驶（空气中声速 $u=340$m·s^{-1}）.

5.17　一驱逐舰停在海面上，它的水下声纳向一驶近的潜艇发射 1.8×10^4Hz 的超声波. 由该潜艇反射回来的超声波的频率和发射的频率相差 220Hz，求该潜艇的速度. 已知海水中声速为 1.54×10^3m·s^{-1}.

第6章 相对论基础

前几章介绍了以牛顿定律为基础的经典力学. 这个理论经过漫长的历程,在对现实世界一系列成功应用(包括发现海王星、冥王星)的辉煌中终于被世人接受了. 不可否认,直到今天,经典力学仍然在许多科学技术领域中起着不可替代的作用.

然而,自19世纪后期,随着人类的研究领域的深入拓展,经典理论在微观以及高速运动领域遇到了困难. 研究和解决这些困难促使物理学发展了新的理论——相对论和量子理论.

100年来,关于相对论、量子论中的一些问题的争论,如是否存在"以太"、"宇宙常量"的争论时起时伏,也许今后还将延续相当长的时期. 不管结果如何,这个过程却显示出人类对世界认识的发展.

本章将对相对论作一些基本的介绍.

6.1 经典时空观

一、经典时空观

经典时空观也称为牛顿的绝对时空观.

已经知道,牛顿定律成立的参考系必须是惯性系. 相对于一个惯性系做匀速直线运动的参考系也是惯性系,这就意味着存在无穷多个惯性系. 如此众多的惯性系中是否有一个特殊的惯性系——绝对静止的惯性系呢? 其他惯性系都由于相对这个绝对静止的惯性系做匀速直线运动,才被确定为惯性系. 这个特殊的惯性系在哪里呢?

牛顿认为存在这样一个绝对静止的惯性系,但是人类无法证实其存在. 同时他提出了绝对时间、绝对空间的概念,并在《自然哲学的数学原理》中写道:

"绝对空间就其本性来说,与外界任何事物毫无关系,它永远是同一的、不动的……绝对的、真实的数学时间本身,按其本性来说是均匀流逝的,与外界的任何事物无关."

经典时空观还认为,时间和空间是互相独立的,时间间隔和空间间隔的量度与参考系的选择无关.

从日常生活的经验看来,这些理论似乎是理所当然的"公理". 从来没有人怀疑过:飞机上的米尺和地面上的米尺会有什么不同,飞机上的1h和地面上1h又会有什么差别.

二、伽利略的相对性原理

在经典力学的范畴内,人们确实不能区分一个惯性系是静止的,还是在做匀速直线运动.

17 世纪上半叶,伽利略在他的名著《天体运行对话录》一书中有一段精彩的描述,"你和你的朋友将自己关在大船甲板下的船舱中,带上几只苍蝇、蝴蝶和养着金鱼的鱼缸. 将瓶子倒挂,让其中的水一滴一滴地滴入下方的容器中. 当船静止时你仔细观察,鱼儿优哉游哉地四处游动,水滴准确地滴入容器中;只要用的力量相同,无论朝哪个方向抛掷物体,距离都一样;只要用的力量相同,无论你朝哪个方向跳跃,距离也都一样……然后让船以任何速率沿直线做匀速运行,你会发现,所有的现象都丝毫未变. "

图 6.1　伽利略
(Galilei Galileo 1564~1642)

伽利略究竟是否真的在封闭船舱里做过这些力学实验并不重要,重要的是他得出这样一个理性的结论:想通过观察封闭船舱内的力学现象来判断船是静止还是在做匀速直线运动,只能希望落空. 这就是伽利略的**相对性原理**,也称经典力学的相对性原理.

概括来说,**在一切惯性系中,力学规律是相同的**. 或者说,**在一个惯性系内部所做的任何力学实验,都不能确定这一惯性系是处于静止状态还是在做匀速直线运动**.

在经典时空观下,关于两个惯性系中对同一事件描述的时空坐标关系式、速度变换式——伽利略变换,在第 1 章已经介绍过,不再赘述.

6.2　狭义相对论和洛伦兹变换

一、光速引出的困惑

19 世纪下半叶,麦克斯韦用一组方程统一了电磁波理论,并且指出,光只是特定频率范围的电磁波.

麦克斯韦的电磁理论表明,"真空"中电磁波的速度是一个固定值. 于是,问题来了,机械波的传播需要媒质. 比如,我们熟悉的声波,就是靠空气(或者水、金属等媒质)传播的,那么光(电磁波)的传播媒质是什么呢?

当时的理论物理学家提出,"真空"中存在着一种无所不在的东西,它是绝对静止的. 这种东西被起名为"以太". 麦克斯韦方程组提及的光速,应该是相对"以太"而言的. 如果找到了"以太",也就找到了绝对参考系.

当时物理学界的一个重要话题就是寻找"以太"——绝对空间,爱因斯坦也曾设计过几个实验,最后无果而终. 事后他认为:简陋的条件和根本不存在的"以太"使他的努力徒劳.

在诸多的物理实验中,最著名、设计最出色、条件最完善的要数美国物理学家迈克耳孙和莫雷的实验. 实验的基本思想是,由于光对"以太"的速度是不变的,根据伽利略变换,相对于"以太"运动的不同观察者,测量到的光速应该是不同的. 当地球穿过"以太"绕太阳公转时,沿着运动方向测量的光速与垂直运动方向测量的光速应该有差异. 这个差异将导致迈克耳孙干涉仪测得干涉条纹偏移. 从而得到地球相对绝对空间的运动速度. 实验历时近 10 年,得到的却是"零结果". 尽管迈克耳孙由此而获得了诺贝尔物理学奖,但是,他一直在检查自己的实验什么地方设计不周,直到他生命的最后时刻.

如果光速 $c=299\ 792\ 458\text{m}\cdot\text{s}^{-1}$(通常记为 $c=3.0\times10^8\text{m}\cdot\text{s}^{-1}$)是光相对绝对参考系的速度,问题又来了. 按照经典力学的观点,如果一个人站在速度为 $30\text{m}\cdot\text{s}^{-1}$ 的车上,相对于车以 $10\text{m}\cdot\text{s}^{-1}$ 的速度向后方抛出一个皮球. 静止在地面的你测量,球的速度是 $20\text{m}\cdot\text{s}^{-1}$. 如果把球换成光束(站在车上的人拿的是激光器),那么在地面上的人测量,光的速度是多少呢? 是 $(3.0\times10^8-30)\text{m}\cdot\text{s}^{-1}$ 吗?要是车以 $3.0\times10^8\text{m}\cdot\text{s}^{-1}$ 的速度运动,光相对你的速度是 0 吗? 你还会"看"到光吗?

尽管对于"以太"的问题至今还在讨论,但是当年光速引出的一系列困惑的确导致了相对论的诞生.

二、狭义相对论的基本原理

还在中学的时候,爱因斯坦一度对麦克斯韦的电磁理论崇拜之致. 吸引爱因斯坦的,主要不是因为它能解决很多实际问题,而是麦克斯韦方程组本身具有的完美的对称性.

但是,这组完美的方程组相对伽利略变换却不具有协变性,与牛顿的经典力学理论是相冲突的. 爱因斯坦为麦克斯韦方程组和伽利略变换的冲突深感苦恼:为什么看起来都如此正确的两件事却不能相容呢? 经过将近 10 年的探索与思考,他终于领悟是绝对时间在作怪. 在伽利略变换中,时间 t 是与参考系无关的,也就是牛顿提出的绝对时间.

爱因斯坦曾经从马赫那里接受抨击牛顿绝对空间和绝对时间的观念,现在,他决定将绝对的、孤立的无法测量的空间、时间驱逐出科学的领域. 爱因斯坦认为,不存在绝对时

图 6.2 爱因斯坦
(Albert Einstein
1879~1955)

间,一切时间都与测量有关,都与运动有关. 也不存在绝对静止的空间.

1905 年爱因斯坦大胆地提出了两个基本假设:①一切惯性系都是等价的(在一切惯性系中,物理规律相同.);②真空中的光速是常数(对任何惯性系都一样,不因参照系的运动而改变). 物理学界也称其为狭义相对论的两条基本原理. 即

(1)狭义相对论的相对性原理:一切彼此相对做匀速直线运动的惯性系都是等价的. 或者说,在一个惯性系内部所做的任何物理实验都不能确定这一惯性系本身是处于静止状态,还是在做匀速直线运动.

这一原理,可以看成是伽利略相对性原理的推广,也可以看成是当时想用力学以外的物理方法寻找"绝对参照系"的一切尝试失败的总结.

(2)光速不变原理:在彼此相对做匀速直线运动的一切惯性系中,所测得的真空中光速都是相等的[①].

注意,其中还隐含着一条原则:一切物质运动都不可能达到(更不能超过)光速.

三、洛伦兹变换

要满足狭义相对论的两个基本原理,则相互做匀速运动的两个惯性系之间的"变换",就不能再用伽利略变换了,取而代之的是洛伦兹变换.

图 6.3 所示的两个惯性系是在第 1 章介绍过的,惯性系 $S(x,y,z,t)$ 和 $S'(x',y',z',t')$ 的各对应轴相互平行,S' 沿 x 轴以速度 u 相对于 S 做匀速直线运动. 请注意时间的设置:当 O、O' 重合时刻,$t_O = t'_{O'} = 0$.

由洛伦兹变换可知:某时刻质点 P 的时空坐标,在 S 系测得为 x、y、z、t,在 S' 系测得为 x'、y'、z'、t',则两组时空坐标的关系为

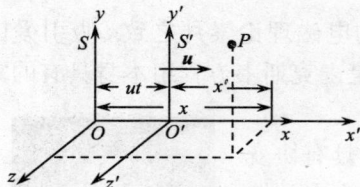

图 6.3　两个惯性系

$$\left.\begin{array}{l} x' = \dfrac{x-ut}{\sqrt{1-\beta^2}} \\[2mm] y' = y \\[1mm] z' = z \\[2mm] t' = \dfrac{t-\dfrac{ux}{c^2}}{\sqrt{1-\beta^2}} \end{array}\right\} \tag{6.1}$$

---

① 数学家 H·魏尔曾给出关于对称性的定义:如果对系统(或事物)进行某种操作(或做一件事),且操作前后系统不变(或不可区分),则称此系统具有该操作标志的对称性.

设想将观测者从一个惯性系移到另一惯性系. 根据狭义相对论的两条原理,任何物理实验不能判定这观测者在哪个惯性系中,可见,狭义相对论的两条原理反映了这一理论的对称性.

式(6.1)就是洛伦兹变换式,其中$\beta \equiv \dfrac{u}{c}$. 显然在 S 系测得质点 P 的时空坐标为 x、y、z、t,通过洛伦兹变换可以得到其在 S' 系的时空坐标.

可以看出,当 $u \ll c$ 且 $\dfrac{ux}{tc^2} \ll 1$ 时洛伦兹变换就过渡到伽利略变换. 即对于远小于光速的运动,用经典理论处理不会带来明显的偏差.

换个立场,若在 S' 系测量,则 S 系沿 x' 轴负方向以速度 u 相对于 S' 做匀速直线运动,洛伦兹变换式为

$$\left.\begin{array}{l} x = \dfrac{x' + ut'}{\sqrt{1 - \beta^2}} \\[3mm] y = y' \\[2mm] z = z' \\[2mm] t = \dfrac{t' + \dfrac{ux'}{c^2}}{\sqrt{1 - \beta^2}} \end{array}\right\} \tag{6.2}$$

洛伦兹变换显示,如果你我彼此运动,则我的空间一定是你的空间和你的时间的混合,而你的空间一定是我的空间和我的时间的混合. 所以称为四维时空坐标,即把三维空间坐标看成时空坐标的前三维,而时间则看成第四维时空坐标.

四维时空第一次深刻地揭示了空间和时间的不可分割性,即定义空间中任意一个物体,仅有 x,y,z 坐标还不够,必须加上时间 t.

可是,习惯于三维空间,怎么能够建立四维时空的想象呢? 如果把作为三维物体的书本放到光源的对面,它的影子会投射在二维的墙面上,随着书本的转动,影子的形状也会改变.

四维时空的观点认为,三维空间的所有事物,不过是四维时空中的"原物"在空间上的"投影". 正如爱因斯坦的老师闵可夫斯基所说:"我们现在讲述的空间和时间的观点,是在实验物理学基础上发展起来的,这就是理论之所以有力的原因. 它的意义是革命性的. 从此以后,时间和空间退化为虚幻的影子,只有两者结合才能保持独立的存在. "

爱因斯坦用精巧的逻辑论证方法从狭义相对论的两条基本原理推出了洛伦兹变换.

* 证明洛伦兹变换式

如图 6.3 所示,惯性系 $S(x,y,z,t)$ 和 $S'(x',y',z',t')$ 的各对应轴互相平行,S' 沿 x 轴以速度 u 相对于 S 做匀速直线运动,当 O 和 O' 重合时,$t_0 = t'_0$. 欲证明式(6.1)、式(6.2)中的变换关系.

(1) 测量 O 点.

在 S 系测量,不论什么时间,总有 $x = 0$;

在 S 系测量，t' 时刻的坐标 $x'_0 = -ut'$，即 $x'_0 + ut' = 0$ 总是成立的.

对 O 点，x_0 和 $x'_0 + ut'$ 同时为零，有理由认为在任何时刻对任何一点 x 和 $x' + ut'$ 具有比例关系

$$x = k(x' + ut') \tag{1}$$

(2) 测量 O' 点.

在 S' 系测量，不论什么时间，总有 $x'_{O'} = 0$；

在 S 系测量，t 时刻的坐标 $x_{O'} = ut$，即 $x_{O'} - ut = 0$ 总是成立的.

对 O' 点，$x_{O'}$ 和 $x_{O'} - ut$ 同时为零，同样有理由认为在任何时刻对任何一点 x' 和 $x - ut$ 具有比例关系

$$x' = k'(x - ut) \tag{2}$$

根据狭义相对论的相对性原理，k 和 k' 是等价的，则

$$k = k'$$

为了求出 k，再次利用光速不变原理. 假设在 O 与 O' 重合的瞬时（$t_0 = t'_{O'} = 0$），从重合点发出一个光信号. 在 $x(x')$ 方向，任一时刻光信号到达点的坐标必然是

$$x = ct, \quad x' = ct' \tag{3}$$

将式(3)代入式(1) 和式(2)，再把得到的两式两边分别相乘，有

$$c^2 tt' = k^2 tt'(c - u)(c + u)$$

整理得

$$k = \frac{c}{\sqrt{c^2 - u^2}} = \frac{1}{\sqrt{1 - \dfrac{u^2}{c^2}}} = \frac{1}{\sqrt{1 - \beta^2}}$$

于是式(1)、式(2) 可分别写成

$$x = \frac{x' + ut'}{\sqrt{1 - \beta^2}}, \quad x' = \frac{x - ut}{\sqrt{1 - \beta^2}}$$

从这两式中消去 x' 或 x，便可得到关于时间的变换式.

6.3 狭义相对论的时空观

狭义相对论的两条基本假设，可以使洛伦兹变换与麦克斯韦理论保持一致，而且在低速运动时，与经典物理理论也吻合.

接受狭义相对论的两条基本假设似乎并不十分困难，但是，令人吃惊的事情出现了……由于在不同的惯性系测量，事物各种物理量包括时间和空间大小都可能改变. 例如，一飞船的速度为 $0.5c$，根据地面参考系测量报告，飞船以及船上的一切物体沿运动方向的长度都比在飞船参考系测量的值小了，地面参考系测量还发现船上的钟变慢了，甚至飞船上的人心跳频率都变得极其缓慢. 可是飞船上的人觉得一切都正常，心跳每分钟 70 下. 以飞船为参考系测量，发现长度缩短、钟变慢的事情恰恰在地面上发生了. 这就是相对论效应！让我们试着接受狭义相对论的

时空观吧!

一、时间的相对论效应

1. "同时性"是相对的

让我们利用爱因斯坦的思维实验来考察"同时"这一概念.

列车以 u 的速度做匀速直线运动,车厢正中间有一光源,如图 6.4(a)所示. 某时刻光源同时向前、后方发出两个光脉冲. 我们来考察光脉冲到达后车厢板(记为事件 A)和到达前车厢板(记为事件 B)这两件事情发生的时刻.

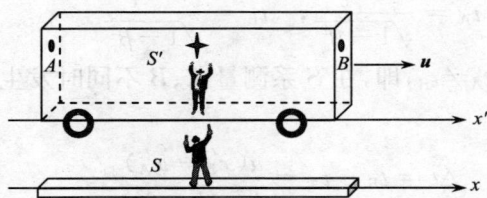

(a) 在车厢正中发射光脉冲

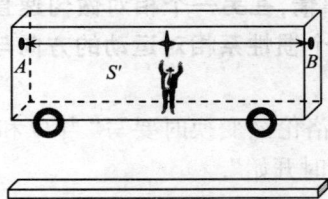

(b) 在 S' 测量 A、B 同时发生

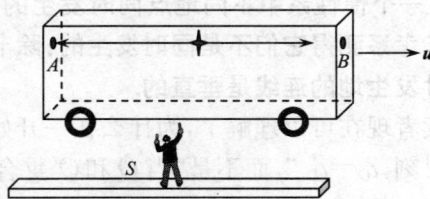

(c) 在 S 测量 A 先于 B 发生

图 6.4 同时的相对性

设车厢为 S' 参考系,地面为 S 参考系.

在 S' 系测量,由于光源在车厢正中间,光速 c 是常量,A、B 一定是同时发生的,如图 6.4(b)所示. 忽略无相对运动的二维空间坐标,在 S' 系中 A、B 的时空坐标分别为 $A(x'_A, t')$、$B(x'_B, t')$.

在 S 系测量,由于光速有限,传播需要时间,在光传播过程中车保持匀速运动,所以,往后传播的光脉冲行程较短,往前传播的光脉冲行程较长. 又因为光速 c 是常量,所以光脉冲到达后车厢板需要的时间短——A 先发生;到达前车厢板需要的时间长——B 后发生,如图 6.4(c)所示. 在 S 系中 A、B 的时空坐标分别为 $A(x_A, t_A)$、$B(x_B, t_B)$,我们来考察 t_A 与 t_B 是否相等(表 6.1).

将测量结果列表如下：

表 6.1　不同参考系测量结果

	A	B	
S'（车厢）	x'_A, t'	x'_B, t'	已知：$x'_A \neq x'_B$
S（地面）	x_A, t_A	x_B, t_B	问：$t_A = t_B$？

根据洛伦兹变换

$$t_A = \frac{t' + \dfrac{u x'_A}{c^2}}{\sqrt{1-\beta^2}}, \quad t_B = \frac{t' + \dfrac{u x'_B}{c^2}}{\sqrt{1-\beta^2}} \tag{6.3}$$

因为 $x'_A \neq x'_B$，所以 $t_A \neq t_B$，即，在 S 系测量 A、B 不同时发生．两事件的时间间隔为

$$\Delta t = t_B - t_A = \frac{u(x'_B - x'_A)}{c^2 \sqrt{1-\beta^2}} \tag{6.4}$$

由 $x'_A < x'_B$，得知 $t_A < t_B$，即在 S 系测量，A 先发生、B 后发生．

这个例子表明，两件事情是否同时发生是与参考系有关的，这就是**同时的相对性**．在一个惯性系中不同地点同时发生的两件事情，在另一个相对做匀速直线运动的参考系测得它们不是同时发生的，除非这两个惯性系相对运动的方向与这两个事件发生地的连线是垂直的．

读者现在可以理解了，为什么在一开始讨论洛伦兹变换时要写"当 O 和 O' 重合的时刻，$t_0 = t'_{0'}$"，而不是"当 O 和 O' 重合时，计时开始"．

例 6.1　相对某惯性系 S 发生在同一地点的 A、B 两事件的次序是 A 先于 B．问：对其他任何一个相对 S 运动的惯性系，A、B 事件的次序是否会颠倒？地点是否相同？

解　设另一惯性系 S' 相对于 S 系沿 x 正方向运动，则根据洛伦兹变换

$$x'_A = \frac{x - u t_A}{\sqrt{1-\beta^2}}, \quad x'_B = \frac{x - u t_B}{\sqrt{1-\beta^2}}$$

已知 $t_A < t_B$，则 $x'_A > x'_B$，所以地点一定不同．

又

$$t'_A = \frac{t_A - \dfrac{ux}{c^2}}{\sqrt{1-\beta^2}}, \quad t'_B = \frac{t_B - \dfrac{ux}{c^2}}{\sqrt{1-\beta^2}}$$

因为 $t_A < t_B$，则 $t'_A < t'_B$，所以次序一定不会颠倒．

2. "时间间隔"是相对的

讨论这个问题之前,必须先了解相对论的时间测量规则.

(1) 所有的钟是完全相同的,并且校对好的;

(2) 在同一参考系中所有的钟都是同步的(由于同时的相对性,这些同步的时钟在其他参考系看来并不一定同步);

(3) 说某事件几点钟发生的,报时必须用事发地的钟(爱因斯坦让所有的参考系到处摆上钟,让每一个物体都挂上钟).

下面来进行一项实验,A 在车(S'参考系)上,B、C、D 在站台(S 参考系)上. 车与站台的相对运动速度为 u,A 测量车上的光脉冲往返一次需要时间为 $\Delta t'$. 由图 6.5(a)所示,显然有

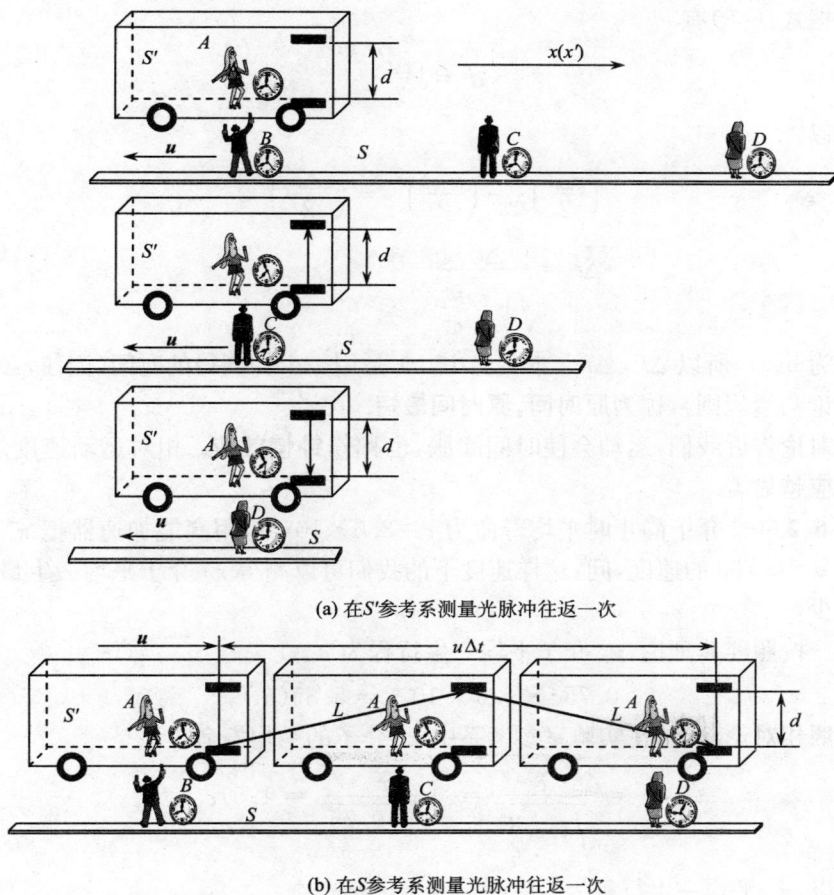

(a) 在S'参考系测量光脉冲往返一次

(b) 在S参考系测量光脉冲往返一次

图 6.5 时间间隔的相对性

$$\Delta t' = \frac{2d}{c} \tag{6.5}$$

B、C 和 D 在站台上测量，这个光脉冲往返一次需要的时间为 Δt. 考察一下 $\Delta t'$ 与 Δt 是什么关系？

由图 6.5(b)可见，由于光传播需要时间，当发出的光脉冲到达上面的反射镜时车开到 C 处，站台上测量光运动了 L 长的直线距离；光从上面回到下面的反射镜期间，车又运行到 D 处，光同样运行了 L 长的直线距离. 两段时间加起来是 Δt，车运行的距离是 $u\Delta t$，光运行距离为

$$2L = c\Delta t$$

根据勾股定理，有

$$\left(\frac{c\Delta t}{2}\right)^2 - \left(\frac{u\Delta t}{2}\right)^2 = d^2$$

根据式(6.5)有

$$d = \frac{c\Delta t'}{2}$$

所以

$$\left(\frac{c\Delta t}{2}\right)^2 - \left(\frac{u\Delta t}{2}\right)^2 = \left(\frac{c\Delta t'}{2}\right)^2$$

$$\Delta t = \frac{\Delta t'}{\sqrt{1 - \dfrac{u^2}{c^2}}} \tag{6.6}$$

因为 $u < c$，所以 $\Delta t > \Delta t'$. 本实验中，$\Delta t'$ 是用一个钟测得的时间（记住，必须满足相对论测量规则），称为**原时间，原时间最短**.

相对论告诉我们，运动会使时间膨胀，也称作**钟慢效应**. 相对运动速度越大，膨胀效应越显著.

例 6.2　π^+ 介子静止时平均寿命为 $\bar{\tau} = 2.6 \times 10^{-8}$ s，用高能加速器把 π^+ 介子加速到 $u = 0.75c$ 的速度，问：这样速度下的我们可以测得 π^+ 介子平均一生最长行程是多少？

解　按照经典理论，π^+ 介子平均一生行程为

$$0.75c \times 2.6 \times 10^{-8} = 5.85 \text{(m)}$$

按照相对论理论，在实验室参考系中 π^+ 介子的平均寿命应该是

$$\bar{\tau}' = \frac{\bar{\tau}}{\sqrt{1 - \dfrac{u^2}{c^2}}} = \frac{\bar{\tau}}{\sqrt{1 - 0.75^2}} = 1.51\bar{\tau}$$

所以，π^+ 平均一生行程为 $\bar{l}' = u\bar{\tau}' = 8.83 \text{(m)}$.

实验室测量得到 $\bar{l}'_{\text{实验}} = (8.5 \pm 0.6)$ m，相对论理论与实验吻合得比较好.

例 6.3　在地面参考系,甲、乙两地直线相距 1000km,某一时刻从两地同时各开出一列火车. 若以沿两地连线从甲向乙匀速($u=9$km·s^{-1})飞行的飞船为参考系,求:

(1) 测得的两列火车开出的间隔;

(2) 哪一列先开出?

解　(1) 设地面为 S 系,飞船为 S' 系,从甲地指向乙地为 $x(x')$ 轴正方向,如图 6.6 所示,在 S 系,甲地位置坐标为 x_1,乙地位置坐标为 x_2.

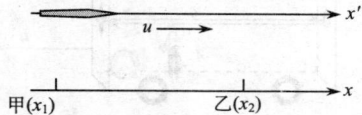

已知

$$x_2 - x_1 = 10^6 \text{ m}$$

$$t_2 = t_1$$

图 6.6

设在 S' 系中,甲地开出火车的时刻为 t'_1,乙地开出火车的时刻为 t'_2,两列火车开出的间隔为

$$\Delta t' = t'_2 - t'_1$$

由洛伦兹变换可得

$$t'_2 - t'_1 = \frac{(t_2 - t_1) - \dfrac{u}{c^2}(x_2 - x_1)}{\sqrt{1 - \dfrac{u^2}{c^2}}} \approx -10^{-7} \text{ s}$$

(2) $\Delta t' < 0$ 表示,飞船为参考系测量 $t'_2 < t'_1$,即乙地的车先出发.

1922 年前后,物理学界对爱因斯坦的理论的争论还很激烈,以至于当瑞典科学院的秘书电告爱因斯坦获得诺贝尔奖时,还特别指出,相对论不在评奖所考虑的工作之内. 直到 1930 年,技术上的先进足可以为狭义相对论带来精确的实验证据,争论才告结束.

20 世纪末,粒子加速器可以把电子加速到 0.999 999 999 5c,实验发现,它们在这种超高速运动下的行为,与相对论的物理学规律完全吻合.

二、"长度"的相对论效应

列车相对地面做匀速直线运动,速度为 u. A 在车上量得自己的车长为 L,这个测量可以用尺,也可以通过测量光脉冲在前后车厢板之间往返一次需要的时间 Δt 计算得到,即

$$\Delta t = \frac{2L}{c}$$

注意到在车上测量光脉冲往返一次的时间,可以用脉冲发出地的一只钟测量,所以 Δt 是原时间. 根据相对论时间膨胀效应,在站台参考系测量光脉冲往返一次

的时间为

$$\Delta t' = \frac{\Delta t}{\sqrt{1-\dfrac{u^2}{c^2}}} = \frac{2L}{c\sqrt{1-\dfrac{u^2}{c^2}}} \tag{6.7}$$

设在站台参考系测量车长为 L'，由于车在运动，所以在站台参考系测量光脉冲往、返所用的时间不一样，我们分别记为 $\Delta t'_1$、$\Delta t'_2$，总时间为

$$\Delta t' = \Delta t'_1 + \Delta t'_2$$

由图 6.7 可见

$$c\Delta t'_1 + u\Delta t'_1 = L'$$
$$c\Delta t'_2 - u\Delta t'_2 = L'$$

整理得

$$\Delta t'_1 = \frac{L'}{c+u}, \quad \Delta t'_2 = \frac{L'}{c-u}$$

$$\Delta t'_1 + \Delta t'_2 = \frac{L'}{c+u} + \frac{L'}{c-u} = \Delta t' \tag{6.8}$$

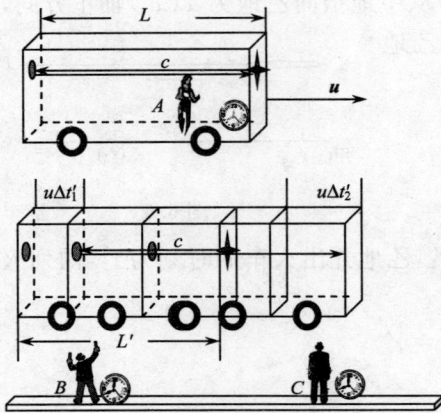

图 6.7　在运动参考系测量长度缩短

把式（6.7）代入式（6.8）得

$$\frac{L'}{c+u} + \frac{L'}{c-u} = \frac{2L}{c\sqrt{1-\dfrac{u^2}{c^2}}}$$

整理得

$$L' = L\sqrt{1-\frac{u^2}{c^2}} \tag{6.9}$$

其中，L 是在静止的参考系中测量的长度，称作**静长**. 由式（6.9）可知，静长最长. 在相对运动的参考系中测量，沿运动方向长度缩短的现象也称作**尺缩效应**.

　　记得三维空间的事物，是四维时空中的"原物"在空间上的"投影". 高速行驶的列车对于站台参考系来说长度会缩短. 因为我们所测量到的不过是一个"投影"，"原物"在四维时空中旋转. 实际上，四维时空中的"原物"是不变的.

　　例 6.4　静止长度为 120m 的高速列车，以 u 的速率通过一车站，已知站台的静长度为 90m. 若在站台参考系测量，列车某时刻正好与站台齐头齐尾，求列车相对站台的速率.

　　解　由题意知道列车的运动长度 $L'=90\text{m}$，静止长度 $L=120\text{m}$

　　根据式（6.9）有

$$90 = 120\sqrt{1 - \frac{u^2}{c^2}}$$

$$1 - \frac{u}{c} = \left(\frac{3}{4}\right)^2$$

$$u = c\sqrt{1 - \frac{9}{16}} = 1.98 \times 10^8 \text{ m} \cdot \text{s}^{-1}$$

例 6.5 某空间站相对地球静止,相距 9.0×10^9m,且两处的钟都校正、同步. 一飞船匀速飞经两地,当飞船经过地球时宇航员将钟与地球上的钟校准,当飞船飞经空间站时,宇航员发现飞船上的钟比空间站的钟慢了 3s. 求飞船相对地球的速率.

解 设地球为 S 参考系,飞船为 S' 参考系. 由题意知道地球、空间站、飞船的关系,如图 6.8 所示,飞船经过地球时飞船的钟和地球上的钟都为 0 点;飞船经过空间站时,空间站的钟读数为 t,宇航员的钟读数为 t'. 则

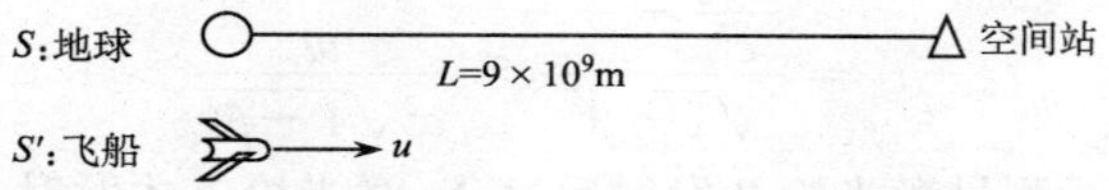

S:地球 ⚪ ——— $L = 9 \times 10^9$m ——— △ 空间站

S':飞船 ➤ u

图 6.8

$$t = \frac{L}{u}, \quad t' = \frac{L'}{u} = \frac{L\sqrt{1 - \frac{u^2}{c^2}}}{u}$$

已知 $t - t' = 3$,所以

$$\frac{L}{u} - \frac{L\sqrt{1 - \frac{u^2}{c^2}}}{u} = 3$$

解得

$$u = \frac{6}{\frac{L}{c^2} + \frac{9}{L}} = \frac{20}{101}c = 0.198c$$

例 6.6 列车沿 x 轴以 u 的速度运动. 站台上发射孔距离 l 的两激光器,同时发射光脉冲垂直射向列车,在车厢外侧留下两点迹. 求:

（1）在列车参考系测量激光器发射光脉冲的先后顺序和时间差;

（2）车厢外两个点之间的距离.

解 （1）建立坐标系,如图 6.9 所示,设列车为 S' 系,站台为 S 系. 两个光脉冲与车厢接触的时空坐标列表如表 6.2 所示.

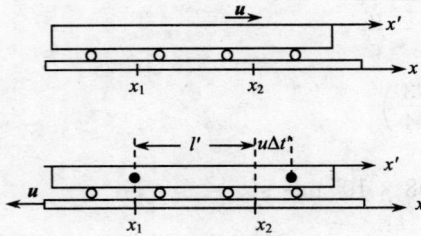

图 6.9

表 6.2　测量数据

	1		2	
站台 S	x_1	t	x_2	t
列车 S'	x'_1	t'_1	x'_2	t'_2

根据洛伦兹变换

$$t'_1 = \frac{t - \frac{ux_1}{c^2}}{\sqrt{1-\beta^2}}, \quad t'_2 = \frac{t - \frac{ux_2}{c^2}}{\sqrt{1-\beta^2}}$$

时间差

$$t'_1 - t'_2 = \frac{\frac{ux_2}{c^2} - \frac{ux_1}{c^2}}{\sqrt{1-\beta^2}} = \frac{ul}{c^2\sqrt{1-\beta^2}} > 0$$

结论,在列车参考系测量激光枪 2 发射后过 $\Delta t'$ 激光枪 1 才发射.

(2) 分析:在 S' 参考系测量,两激光发射孔之间的距离为

$$l' = l\sqrt{1-\beta^2}$$

如果两激光器同时发射,则两点间距就是 l'. 但是由于激光枪 1 发射时间 $\Delta t'$ 的滞后,使两点之间的距离为

$$\Delta x' = l' + u\Delta t'$$

其中,$\Delta t' = \dfrac{ul}{c^2\sqrt{1-\beta^2}}$ 是(1) 的结果. 代入整理得

$$\Delta x' = l' + u\Delta t' = l\sqrt{1-\beta^2} + \frac{u^2 l}{c^2\sqrt{1-\beta^2}} = \frac{l}{\sqrt{1-\beta^2}}$$

三、相对论速度变换关系

接下来我们将在图 6.3 所表示的两个惯性系中考察相对论的速度变化关系. 设物体沿 x 方向运动,某时刻在 S' 系中测得其速度为 $v'_x = \dfrac{\mathrm{d}x'}{\mathrm{d}t'}$,在 S 系中测得其速度为 $v_x = \dfrac{\mathrm{d}x}{\mathrm{d}t}$.

对式(6.1)求微分可得

$$\mathrm{d}x' = \frac{\mathrm{d}x - u\mathrm{d}t}{\sqrt{1 - \frac{u^2}{c^2}}}$$

$$dt' = \frac{dt - \dfrac{u\,dx}{c^2}}{\sqrt{1 - \dfrac{u^2}{c^2}}}$$

两式相比得

$$\frac{dx'}{dt'} = \frac{dx - u\,dt}{dt - \dfrac{u\,dx}{c^2}}$$

即

$$v_x' = \frac{v_x - u}{1 - \dfrac{uv_x}{c^2}} \tag{6.10}$$

此式就是相对论速度变换公式,它除了符合光速不变原理,也保证了一切物质运动的速度小于真空中的光速.

由式(6.2)可以得到

$$v_x = \frac{v_x' + u}{1 + \dfrac{uv_x'}{c^2}} \tag{6.11}$$

如果质点是沿任意方向运动,还需要讨论沿 y、z 方向的速度分量的变换关系.

由式(6.1)$y' = y$ 得

$$dy' = dy$$

$$dt' = \frac{dt - \dfrac{u}{c^2}dx}{\sqrt{1 - \dfrac{u^2}{c^2}}}$$

两式相比得

$$\frac{dy'}{dt'} = \frac{dy\sqrt{1 - \dfrac{u^2}{c^2}}}{dt - \dfrac{u}{c^2}dx}$$

$$v_y' = \frac{v_y\sqrt{1 - \dfrac{u^2}{c^2}}}{1 - \dfrac{uv_x}{c^2}} \tag{6.12}$$

同理可得

$$v_z' = \frac{v_z\sqrt{1 - \dfrac{u^2}{c^2}}}{1 - \dfrac{uv_x}{c^2}} \tag{6.13}$$

例 6.7　两根相互平行的米尺,在地面测量以 $v = \dfrac{3}{5}c$ 的速率沿尺长相向运动,求:在任意一尺参考系测量另一尺的长度.

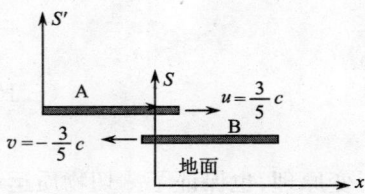

解　第一步,求 B 尺相对 A 尺的速度. 建立坐标系,如图 6.10 所示,选 A 尺为 S' 系、地面为 S 系.

问题转化为:在 S 系测量 S' 的速度 $u = \dfrac{3}{5}c$,B 尺速度为 $v_x = -\dfrac{3}{5}c$,求在 S' 系测量 B 尺速度.

图 6.10

根据相对论速度变换关系式(6.10)有

$$v_x' = \frac{v_x - u}{1 - \dfrac{v_x u}{c^2}} = \frac{-\dfrac{3}{5}c - \dfrac{3}{5}c}{1 + \left(\dfrac{3}{5}\right)^2} = -\frac{1.2}{1.36}c = -0.88c$$

第二步,求在 A 尺参考系测量,B 尺的长度. 根据式(6.9),有

$$L' = L\sqrt{1 - \frac{v^2}{c^2}} = \sqrt{1 - 0.88^2} = 0.47\text{m}$$

同理,在 B 尺参考系测量,A 尺的长度也是 0.47m.

　　以上由洛伦兹变换推出的这些结论与日常生活的经验大相径庭,原因是我们生活在一个所有物体的运动速度都远远小于光速的世界,相对论效应微乎其微,而我们又没有足够灵敏的神经系统直接感受如此微小的差异. 但是,在高能物理领域里,粒子的速度接近光速,相对论效应就很可观了,在那里相对论每天都经受着实践的检验. 至少到目前为止,相对论经受住了所有的科学测量和实验考验.

　　例 6.8　火箭相对于地面以 $u = 0.6c$ 的匀速度飞离地球. 火箭参考系计时,在发射后 $\Delta t' = 10\text{s}$ 时,向地面发射一信号弹,其速度相对于地面为 $v = 0.3c$. 问:在地面参考系测量时,从火箭发射到信号弹到达地球需要多少时间?

　　解　设火箭离地为事件 A,火箭发射信号弹为事件 B,信号弹到达地面为事件 C.

　　把过程分为 $A \to B$ 和 $B \to C$ 两个阶段. $A \to B$ 阶段的时间间隔可以用火箭参考系一个钟测量,所以 $\Delta t' = 10\text{s}$ 是原时,而在地面参考系测量,这段时间为

$$\Delta t_{A \to B} = \frac{\Delta t'}{\sqrt{1 - \dfrac{u^2}{c^2}}} = \frac{10}{\sqrt{1 - 0.6^2}} = 12.5\text{s}$$

$B \to C$ 阶段的时间间隔,可以直接在地面参考系测量,即信号弹在火箭以 $0.6c$ 的速度飞了 12.5s 所在的位置,以 $0.3c$ 的速度飞回地面所需要的时间. 所以

$$\Delta t_{B \to C} = \frac{0.6c \times 12.5}{0.3c} = 25\text{s}$$

最后得到本题要求的时间为

$$\Delta t_{A \to B \to C} = \Delta t_{A \to B} + \Delta t_{B \to C} = 37.5\text{s}$$

例 6.9 一个中微子在惯性系 S 中沿 y 方向以 c 的速度运动,S' 系以 $\dfrac{\sqrt{2}}{2}c$ 的速度沿 x 方向运动,求在 S' 系中微子运动方向与 y' 轴的夹角 α.

解 建立坐标系,如图 6.11 所示. 由图可见

$$\tan\alpha = \frac{|v_x'|}{|v_y'|}$$

欲求 v_x'、v_y'

$$v_x' = \frac{v_x - u}{1 - \dfrac{v_x u}{c^2}}$$

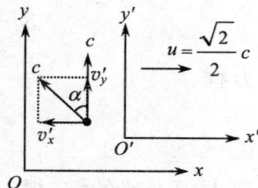

图 6.11

由已知条件 $v_x = 0, u = \dfrac{\sqrt{2}}{2}c$,求得 $v_x' = -\dfrac{\sqrt{2}}{2}c$ 负号表示方向逆 x 轴.

同理

$$v_y' = \frac{v_y \sqrt{1 - \dfrac{u^2}{c^2}}}{1 - \dfrac{v_x u}{c^2}}$$

由 $v_y = c, u = \dfrac{\sqrt{2}}{2}c$,得 $v_y' = \dfrac{\sqrt{2}}{2}c$

最后得

$$\tan\alpha = 1 \Rightarrow \alpha = 45°$$

6.4 相对论动力学

一、质量的相对论效应

牛顿的绝对时空观认为,质量是物质本身的属性,也就是说,质量 m 不会随运动变化. 相对论却认为质量与运动(或者参考系)有关.

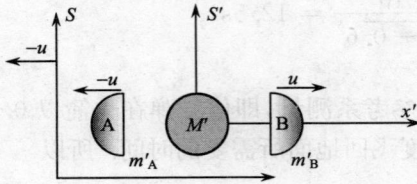

图 6.12　粒子分裂

下面通过一个简单的例子来寻找质量与运动的关系. 如图 6.12 所示,在 S' 系中,静止粒子的质量为 M',分裂为质量相同、分别以 $\pm u$ 运动的 A、B 两个粒子. 考察在 S 系中测量,这两个粒子的质量是否相同.

把已知条件用数学语言表示:

在 S' 系测量: S 系相对其以 $-u$ 的速度沿 $x(x')$ 轴运动, $u'_M = 0$, $v'_B = -v'_A = u$, $m'_A = m'_B$.

在 S 系测量: $v_M = u$, $v_A = 0$, $m_A + m_B = M$. 问: m_A 与 m_B 是否还相等?

由式(6.16)速度变换公式得到

$$v_B = \frac{v'_B + u}{1 + \frac{uv'_B}{c^2}} = \frac{u + u}{1 + \frac{u^2}{c^2}} = \frac{2u}{1 + \frac{u^2}{c^2}}$$

解方程

$$v_B\left(1 + \frac{u^2}{c^2}\right) - 2u = 0$$

舍弃大于光速的解,得

$$u = \frac{c^2}{v_B}\left(1 - \sqrt{1 - \frac{v_B^2}{c^2}}\right) \tag{6.14}$$

因为无论在哪个参考系,粒子分裂前后动量都应该守恒,所以在 S 系有

$$(m_A + m_B)u = 0 + m_B v_B = \frac{2m_B u}{1 + \frac{u^2}{c^2}}$$

考虑式(6.14),消去 u,整理得

$$m_B = \frac{m_A}{\sqrt{1 - \frac{v_B^2}{c^2}}}$$

在 S 系中测量,A 是静止的, m_A 称为 A 的**静质量**,B 以速率 v_B 运动, m_B 称为 B 的**相对论运动质量**,简称**质量**. 考虑到 $m_A = m_{B0}$ 则

$$m_B = \frac{m_{B0}}{\sqrt{1 - \frac{v_B^2}{c^2}}} \tag{6.15}$$

去掉下角标 B,得

$$m = \frac{m_0}{\sqrt{1 - \frac{v^2}{c^2}}} \tag{6.16}$$

m_0 是物体的静止质量,m 表示物体以 v 的速率运动时的质量,在宏观低速运动的范畴内,实验确实证实了 m 是一个常数. 但是,到高速运动的范畴,差异就明显了.

1901 年德国物理学家考夫曼(W. Kaufmann),利用镭的放射性衰变发出的 β 射线——高能电子做实验,发现随速度增加,电子越来越难以加速.

由图 6.13 可以看出相对论理论与实验相符合,在 $v < 0.2c$ 的时候,基本上是 $m \approx m_0$. 随着速度的增大,电子的惯性质量 m 越来越大.

爱因斯坦狭义相对论的成功,并不是意味着我们必须完全抛弃牛顿的经典物理学定律. 在日常生活中,在大多数科学领域和工程技术中,牛顿定律依然

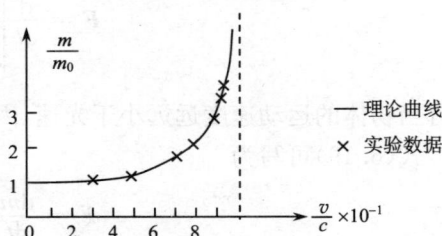

图 6.13 质量与速度

被广泛地运用着. 当然,如果你愿意,也可以运用爱因斯坦的相对论定律. 你会发现两者的结果几乎完全一样,因为这些领域中的相对速度远远小于光速. 即使认为很大的第二宇宙速度($11.2 \text{ km} \cdot \text{s}^{-1}$)、第三宇宙速度($17.1 \text{ km} \cdot \text{s}^{-1}$),运动质量与静止质量的偏差也只有 10^{-9}(十亿分之一). 只有在相对速度 $u \geqslant 0.6c$ 时,牛顿和爱因斯坦才出现严重的分歧,这时必须运用爱因斯坦的相对论理论才能得出正确的结果.

表 6.3 列出了几个基本力学量,经典理论和相对论理论中的区别.

表 6.3 不同理论的时空观

	与参考系有关	与参考系无关
经典理论	速度 v(包括光速)	时间 Δt、长度 Δx、质量 m
相对论	时间 Δt、长度 Δx、质量 m、速度 v(不包括光速)	光速 c、静止质量 m_0

二、相对论动力学的基本方程

力学中有一个重要的物理量——动量,它的定义是

$$p = mv$$

力是改变物体动量的原因——这一观点相对论和经典理论是一致的,即

$$F = \frac{\mathrm{d}p}{\mathrm{d}t} = \frac{\mathrm{d}(mv)}{\mathrm{d}t} \tag{6.17}$$

牛顿的绝对时空观认为质量是物质的基本属性,即 m 不会随运动变化. 所以经典力学的动力学基本方程,也就是牛顿第二定律

$$F = m_0 \frac{\mathrm{d}\boldsymbol{v}}{\mathrm{d}t} = m_0 \boldsymbol{a} \tag{6.18}$$

而在相对论理论中,质量是与运动速度有关的,根据式(6.16)和式(6.17),相对论动力学的基本方程为

$$F = \frac{\mathrm{d}}{\mathrm{d}t} \left(\frac{m_0 \boldsymbol{v}}{\sqrt{1 - \dfrac{v^2}{c^2}}} \right) \tag{6.19}$$

只有当物体的运动速度远远小于光速,因而质量几乎是常量时,才有式(6.18).

式(6.19)可写为

$$F = \frac{\mathrm{d}m}{\mathrm{d}t}\boldsymbol{v} + m \frac{\mathrm{d}\boldsymbol{v}}{\mathrm{d}t} \tag{6.19a}$$

当物体的运动速度接近光速时,上式中的第一项不可忽略。可见,式(6.19)包括对牛顿第二定律的重要修改[①]。

三、质量-能量关系

力学中的功能原理指出,外力对物体做的功将转化为物体动能的增量. 如果质量为 m_0 静止物体,在外力作用下获得了动能,速度从 0 增加到 $\boldsymbol{v}$,则外力做功 $A = E_k$,E_k 即速度为 $\boldsymbol{v}$ 的物体的动能.

在经典力学中,根据功的定义 $A = \displaystyle\int_{r_0}^{r} \boldsymbol{F} \cdot \mathrm{d}\boldsymbol{r}$,利用经典力学的基本方程式 (6.18),可以得到粒子从静止到速度为 $\boldsymbol{v}$ 动能增量,就是瞬时动能

$$E_k = \frac{1}{2} m v^2$$

相对论则需要利用基本方程式(6.17),得到的结果是不同的. 由

$$A = \int_{r_0}^{r} \boldsymbol{F} \cdot \mathrm{d}\boldsymbol{r} = \int_{r_0}^{r} \frac{\mathrm{d}\boldsymbol{p}}{\mathrm{d}t} \cdot \mathrm{d}\boldsymbol{r} = \int_{r_0}^{r} \frac{\mathrm{d}(m\boldsymbol{v})}{\mathrm{d}t} \cdot \mathrm{d}\boldsymbol{r}$$

粒子从静止到速度为 $\boldsymbol{v}$,相应的质量从 m_0 到 m,故

$$A = \int_{m_0}^{m} \mathrm{d}(m\boldsymbol{v}) \cdot \boldsymbol{v}$$

$$A = \int_{m_0}^{m} v^2 \mathrm{d}m + m v \mathrm{d}v \tag{6.20}$$

---

① 费曼. 2004. 费曼讲物理相对论. 长沙:湖南科学技术出版社,72.

式(6.19a)是一个新动力学方程,它隐含在狭义相对论的两个基本原理中,是这两个原理的推论. 因此,可以说正是狭义相对论的两个基本原理决定了对牛顿第二定律的修改,即式(6.19a)。这是一个"对称性决定动力学(杨振宁语)"的例子.

根据式(6.16),可得

$$m^2(c^2 - v^2) = m_0^2 c^2$$

微分得

$$2mc^2 \, \mathrm{d}m - 2mv^2 \, \mathrm{d}m - 2m^2 v \mathrm{d}v = 0$$

整理得

$$mv\mathrm{d}v = (c^2 - v^2)\mathrm{d}m \tag{6.21}$$

把式(6.21)代入式(6.20),得

$$A = \int_{m_0}^{m} c^2 \, \mathrm{d}m = mc^2 - m_0 c^2$$

所以,物体的动能

$$E_k = mc^2 - m_0 c^2 \tag{6.22}$$

相对论把 $E_0 = m_0 c^2$ 称作物体的静止能量,把 $E = mc^2$ 称作物体的总能量,于是有

$$E = E_0 + E_k \tag{6.23}$$

相对论指出,一个物体的总能量等于物体的静止能量与动能的和. 物体静止时不但具有能量,而且静止能量大得惊人,比同一物体的化学能大数亿倍. 物体的质量变化与能量变化是互相伴随的,如果物体的质量减少了,必定释放了相应的能量;反之如果给物体输入能量,必定有相应的质量增加. 质量与能量的界线打破了.

$$\left. \begin{array}{l} E = mc^2 \\ E_0 = m_0 c^2 \\ \Delta E = \Delta mc^2 \end{array} \right\} \tag{6.24}$$

这是一个出乎爱因斯坦意料之外的、令人惊心动魄结果. 当年爱因斯坦不但没有提出如何获得到那份巨大的能量,而且当记者兴致勃勃地向他提出采用减少周围比比皆是的质量来获得能量的灿烂的前景时,这个老实人摇头否认了:"这根本不能,没人能随便减少质量,上帝未必会允许开这个玩笑."

可是,上帝的玩笑也有人敢开. 1938 年德国物理学家奥托·哈恩和弗里茨·斯特拉斯曼发现,在原子核裂变前后质量出现了亏损,于是提出"劈裂原子核可释放静止能量". 一个核能时代开始了. 如今,人类不但从核裂变得到能量,核聚变也已成为获取能量的目标.

为什么这么大的能量长期没被人注意? 原因是:

(1) 一般的物质通常不发射能量,直到放射性蜕变被发现;

(2) $\Delta m = \dfrac{\Delta E}{c^2}$ 中光速 c 很大,以至于当物体改变运动状态而能量发生变化时,质量的变化太小,被人们忽视了;

（3）在牛顿力学中，功 A 与动能的增量 ΔE_k 相关联，有测量意义的是 ΔE_k.

质能关系表示质量与能量的相互联系，表明物质与运动的不可分，也使我们理解了支持太阳长期稳定发光的机理，那是每秒钟有 4×10^5 t 的物质被转化成能量辐射出来.

由于能量和质量的等价，物体运动所具有的能量增加了质量. 也就是说，要加速它将变得更为困难. 这个效应只有当物体以接近于光速的速度运动时才有实际的意义. 例如，以 $0.1c$ 速度运动的物体的质量只比原先增加了 0.5%，而以 $0.9c$ 速度运动的物体的 $m=2.3m_0$. 当一个物体接近光速时，它的质量上升得越来越快，它需要越来越多的能量才能进一步加速. 实际上它永远不可能达到光速，因为那时质量会变成无限大，而由质量能量等价原理，这就需要无限大的能量才能做到. 由于这个原因，相对论认为任何物质运动速度永远低于光速.

例 6.10　氘核的质量 $m_d=2.013\,55$u，氚核的质量 $m_t=3.015\,50$u，中子的质量为 $m_n=1.008\,67$u，氦核的质量 $m_\alpha=4.001\,50$u. 求：

（1）一个氘核与一个氚核核反应，产生一个氦核与一个中子，能放出多少能量？

（2）1kg 反应物完全核反应，能释放多少核能（$1u=1.660\,54\times10^{-27}$kg 称作原子质量单位）？

解　（1）核反应前物质的总质量

$$m = m_d + m_t = 2.013\,55 + 3.015\,50 = 5.029\,05u$$

核反应后物质的总质量

$$m' = m_n + m_\alpha = 1.008\,67 + 4.001\,50 = 5.010\,17u$$

核反应过程质量亏损

$$\Delta m = m - m' = 0.018\,88u = 3.135\times10^{-29}\,\text{kg}$$

根据质能关系，释放能量

$$\Delta E = \Delta mc^2 = 2.818\times10^{-12}\,\text{J}$$

（2）已经算得 m' 的反应物，产生 ΔE 核能，设 1kg 反应物，将产生 ΔE_z 核能，即

$$\Delta E_z = \frac{\Delta E}{m'} = \frac{2.818\times10^{-12}}{5.029\,05\times1.660\,54\times10^{-27}} = 3.38\times10^{14}\,\text{J}$$

这个动能与 $\frac{1}{2}mv^2$ 什么关系呢？把式（6.16）代入式（6.22）得

$$E_k = m_0 c^2 \left[\frac{1}{\sqrt{1 - \dfrac{v^2}{c^2}}} - 1 \right]$$

只要 $v < c$ 就可以做级数展开

$$\frac{1}{\sqrt{1-\dfrac{v^2}{c^2}}} = 1 + \frac{1}{2}\frac{v^2}{c^2} + \frac{3}{8}\frac{v^4}{c^4} + \cdots$$

$$E_k = \frac{1}{2}m_0 v^2 + \frac{3}{8}m_0 \frac{v^4}{c^4} + \cdots$$

当 $v \ll c$，略去四阶以上的小量不会有明显的影响，于是经典力学的动能表示式

$$E_k = \frac{1}{2}m_0 v^2$$

四、能量-动量关系

由式(6.24)得

$$E^2 = m^2 c^4 = \frac{m_0^2 c^4}{1 - \dfrac{v^2}{c^2}}$$

$$m^2 c^4 \left(1 - \frac{v^2}{c^2}\right) = m_0^2 c^4$$

$$m^2 c^4 - m^2 v^2 c^2 = m_0^2 c^4$$

因为 $\boldsymbol{p} = m\boldsymbol{v}$，$p^2 = m^2 v^2$，所以

$$m^2 c^4 - p^2 c^2 = m_0^2 c^4$$

$$E^2 - p^2 c^2 = m_0^2 c^4 \tag{6.25}$$

式(6.25)是相对论的能量-动量关系. 可以看出等式的右边是与参考系无关的常量，而等式的左边是洛仑变换下的不变量.

在熟悉的三维空间来讨论一个矢量 $\boldsymbol{L} = x\boldsymbol{i} + y\boldsymbol{j} + z\boldsymbol{k}$，如果矢量旋转，其三个分量(或者称投影)会变化，但是矢量的模

$$L = \sqrt{\boldsymbol{L} \cdot \boldsymbol{L}} = \sqrt{x^2 + y^2 + z^2}$$

不会变. 把 L 称作三维空间的旋转不变量.

回到在四维时空里，我们已经知道三维空间的事物，不过是四维时空中的"原物"在空间上的一种"投影"，"原物"在四维时空中旋转，四维时空的不变量是什么呢? 把式(6.25)改写为

$$p^2 + \left(-\frac{E^2}{c^2}\right) = -m_0^2 c^2$$

设四维矢量

$$\boldsymbol{A}_4 = p_x \boldsymbol{i} + p_y \boldsymbol{j} + p_z \boldsymbol{k} + i\frac{E}{c}\boldsymbol{s} \tag{6.26}$$

则有

$$\sqrt{\boldsymbol{A}_4 \cdot \boldsymbol{A}_4} = \sqrt{p^2 - \frac{E^2}{c^2}} = im_0 c$$

这个四维矢量的"模"$im_0 c$ 就是四维时空的旋转不变量[①].

　　光子的静止质量 $m_0 = 0$,故有

$$p = \frac{E}{c} \tag{6.27}$$

根据量子力学理论,频率为 ν 的光子的能量为

$$E = h\nu \tag{6.28}$$

因此,光子的动量

$$p = \frac{h\nu}{c} = \frac{h}{\lambda} \tag{6.29}$$

式(6.28)中,$h = 6.626 \times 10^{-34} \text{J} \cdot \text{s}$,称为普朗克常量.

6.5　广义相对论简介

　　狭义相对论是在惯性系中讨论问题,可是一个物质的世界,引力是无法避免的,有力的作用,就会有加速度,有加速度的参考系不是惯性系. 爱因斯坦意识到狭义相对论最大的缺陷是忽略了引力作用,给了惯性系一个特殊优越的地位. 爱因斯坦坚信自然的和谐与统一. 万物平权的美学准则使他下决心,或者对惯性系的优越地位做出合理的解释,或者放弃惯性系的优越地位.

　　在这一思想的指导下,爱因斯坦建立了引力条件下的相对论理论,称为广义相对论.

　　在伽利略和牛顿的经典力学理论中,一维时间和三维空间是完全独立的;在狭义相对论的理论中,时间、空间是相互依赖、不可分割的四维时空. 广义相对论需要我们进一步改变时空观——物质的存在使时空弯曲,加速度是弯曲时空造成的,引力只是人们对时空弯曲的感觉.

一、广义相对论基本原理

1. 等效原理

　　牛顿在发表万有引力的公式时,定义了物体的引力质量 m_g;在推出著名的牛顿第二定律时,又引进了惯性质量 m_i.

　　为了验证这两种质量等值,牛顿亲自用空心摆做了实验,在当时的条件下,精

---

① 这个洛仑兹变换下的不变量,在 10.6 节中有应用.

度为 0.1‰. 后来,在贝塞尔的精心设计下实验精度提高到 10^{-5}. 从 1890 年起,尼厄又锲而不舍地用扭摆做了 25 年实验,精度达到了 10^{-8}. 20 世纪 70 年代狄克等人采用最新技术,发现即使在 10^{-11} 的精度内,两者依然相等的.

尽管不少人知道引力质量和惯性质量不是同时出现、同时消失的,可是没人问、也没人回答,为什么这两种质量在数值上如此的严格相等呢?

爱因斯坦找到了突破口,"惯性和引力等价"终于成为广义相对论的重要依据.

爱因斯坦想,当一个人从高空自由下落时释放手中的石头,石头将与人一同下落. 如果这个人只看着石头,不看其他物体,就无法判断是自己和石头一同加速落向地面,还是在没有引力的宇宙空间做着匀速运动.

他提出,在引力场中下落时,你所携带的小范围参考系(称**局域惯性系**)里引力和惯性力是不可分辨的. 这是广义相对论的基本原理,称作**等效原理**. 也可简单叙述为:**加速度与引力场等效**. 这就是引力质量和惯性质量数值上严格相等的原因.

2. 相对性原理

如图 6.14 所示,是爱因斯坦的思维实验,假想你在一个处于自由空间的加速电梯里(如果电梯的加速度 a 正好与地面的重力加速度 g 相等),你会感到电梯地面对你有一个 mg 的支撑力. 当你松开手里的小球,它会以 g 的加速度落向电梯地面. 这种情况与你待在一个在静止地球表面(或者相对地面匀速运动)的电梯里,释放手里的小球所观察到的情况完全一样. 尽管在第一种场合,小球受到的是惯性力,在第二种场合小球受到的是所谓的万有引力.

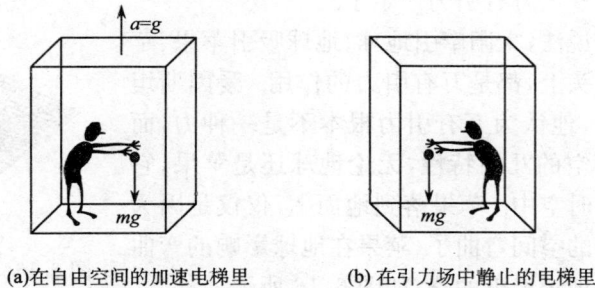

(a)在自由空间的加速电梯里 (b) 在引力场中静止的电梯里

图 6.14 爱因斯坦思维实验

爱因斯坦总结说,不仅扔一个小球,而且**做任何物理实验,你都无法判断电梯是在自由空间做加速运动还是在地球附近匀速飞离**.

爱因斯坦毅然把相对性原理从惯性系推广到非惯性系,提出广义相对论的另一个基本原理——**相对性原理:一切参考系都是等价的**.

　　这样一来,牛顿时代所固有的,惯性系比非惯性系优越的地位彻底改变了. 在爱因斯坦的理论中,任何参考系都是平等的,不管是静止的还是运动的,你站在任何一个参考系都不会改变你对世界的看法和对自然规律的表述. 当然,**光速不变原理**也仍然成立.

　　3. 弯曲的时空

　　爱因斯坦提出,一个有物质存在的四维时空是弯曲的.

　　关于四维时空扭曲的图像比较难以理解. 先在二维空间理解物质造成空间弯曲.

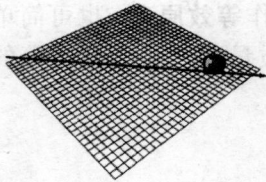

图 6.15　二维平直空间

　　设想由弹性材料构成的二维空间(比如橡胶膜),没有物体时它是平直的,如图 6.15 所示,用数学语言说即处处曲率为零. 如果空间有物体,附近的橡胶膜就凹陷下去——空间弯曲了. 质量越大,凹陷越厉害,或者说附近空间曲率越大. 如果是一个孤立的物体,它将静止在弯曲的空间. 如果空间有两个物体,如一个地球、一个苹果、地球的质量使空间严重弯曲,附近的苹果会自动向地球运动. 牛顿把这种现象解释为万有引力的作用;爱因斯坦的解释是,物质造成了时空弯曲.

　　这是对引力新的诠释——引力不过是加速运动带来的感觉. 因为我们先入为主地认为我们的空间是平直的,而在平直的空间,不受力的物体应该沿着直线匀速运动(或者静止). 如果发现一个物体沿着弯曲路线运动或者做加速运动,就认为一定有力的作用——万有引力产生了.

　　按照牛顿的说法,太阳牵引地球、地球吸引苹果、苹果掉下来砸到他头上,都是万有引力的作用. 爱因斯坦不赞同这种观点,他认为万有引力根本不是一种力,而是物质改变了时空的几何特性,无论地球还是苹果,它们都是在弯曲的时空中. 苹果落到地面上,仅仅是因为地球使自己周围的空间弯曲了,苹果在地球影响的弯曲时空中别无选择地走最近的路,如图 6.16 所示.

图 6.16　二维弯曲空间

　　事实上,物质空间并不是平直的,只是在很小的范围内近似平直. 可以利用平面几何来体会,描述平直空间用的欧几里得几何,其中包含着我们熟悉的定理:两点之间直线最短、两条平行线永不相交、三角形内角和等于 180° 等. 你可以在桌面上、脚下周围的地面上验证这些公理或定律. 可是,只要你把范围扩大,就会发现问题. 如果从赤道处两个不同点垂直于赤道向北(或向南)引两根平行线,毫无疑问它们将在北极(或南极)相交;它们与那段赤道线所构成的三角形的内角和大于

180°……因为在这样大的范围内,忽略凹凸以后的地球表面是球面. 显然对于弯曲面,欧几里得几何不合适了,新的数学工具称作黎曼几何,本书不再作进一步介绍.

二、广义相对论的预言与检验

在广义相对论建立初期,爱因斯坦就提出了三项检验广义相对论的实验:①光线在引力场中弯曲;②引力红移;③水星近日点的进动.

1. 光线在引力场中弯曲

广义相对论指出,狭义相对论的平直时空结构被物质破坏了,时空变得扭曲了,所有的物体都在弯曲的时空中运动. 广义相对论还指出,对于物理定律在哪个空间都是平权的. 比如,几何光学中的费马原理(将在第三篇介绍)指出,在真空中光线沿着最短的路径传播. 无论在平直空间还是弯曲空间都成立. 然而在平直空间联系两点间的最短距离是直线,在弯曲的四维时空中,联系两点间的最短距离表现在三维空间就不是直线了. 所以光线在物质附近(如果我们还念念不忘"引力",也可称为在"引力场"中)会弯曲,并不是物理定律变了,恰恰是物理定律没变,而是时空特性变了.

如图 6.17 所示,对一个局域惯性系,星球参考系可以有两种等效的观点:①这是自由空间一个相对某惯性系向上做加速运动的非惯性系,所谓"引力"不过是惯性力的表现而已;②这是一个静止在引力场中的参考系. 从①的观点看,如果飞船没有加速运动,从 A 点发出的光应该传到 B 点,由于飞船的加速运动,光线的终点是 C 点. 从②的观点看,由于星球附近的时空弯曲,光线沿弯曲时空最短路径传播到 C 点.

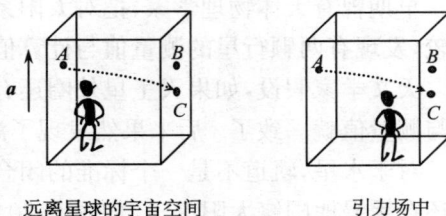

远离星球的宇宙空间　　引力场中

图 6.17　光线在引力场中弯曲

爱因斯坦提出,当日食时可以根据通过太阳附近的光线直接验证广义相对论理论,如图 6.18 所示. 他按照太阳附近的空间弯曲程度,计算得到光线经过太阳

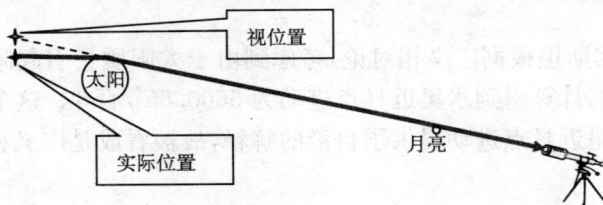

图 6.18　太阳附近光线偏折线弯曲

的偏折角 1.75″(角秒),而根据牛顿力学计算是 0.87″.

1919 年,英国皇家学会和英国皇家天文学会派出两支观测队,在爱丁顿与戴维孙的率领下分别赴西非几内亚湾的普林西比岛和巴西的索布拉尔,趁 5 月 29 日日全食时,对掠过太阳附近的毕宿星团的光线进行测量. 所拍摄的照片与太阳处于其他位置上时对同一星场所拍摄的底片进行比较后,发现光线的偏折角分别为(1.60±0.30)″和(1.98±0.12)″,与爱因斯坦的预言基本符合. 20 世纪 60 年代,射电技术的发展提高了测量精度,1975 年 4 月,测得射电源发出的电磁波经过太阳后,偏折角为(1.761±0.016)″,和爱因斯坦的理论值误差不超过 1%.

图 6.19　爱丁顿
(Arthur Stanley Eddington
1882～1944)

2. 水星近日点的进动

牛顿的万有引力定律堪称物理学的巨大胜利,它与牛顿第二定律结合,成功地解释了行星绕太阳运动的轨道. 行星和太阳之间的万有引力,提供了行星绕太阳做椭圆轨道运动的加速度,而太阳则处在椭圆轨道的一个焦点上.

早期曾有天体物理学家,把对太阳系的众行星轨迹的理论计算值与测量值相比较,发现有两颗行星的测量值与计算值不符合. 一颗是天王星,另一颗是水星.

天文学家假设,如果天王星外圈还有一颗行星,那么根据牛顿定律计算的理论值与测量值就一致了. 后来果然发现了海王星,牛顿定律又一次胜利了.

对于水星,轨道不是一个标准的闭合椭圆,它的近日点还在缓慢地围绕太阳进动,如图 6.20 所示. 根据牛顿理论计算,进动的角速度是每百年 5557.62″. 但是,实际观测值却是 5600.73″/百年,比理论值多了 43.11″. 天文学家凭经验估计水星内圈还有一颗行星,甚至连名字也已经给取好了——Vulcan(这是古罗马神话中火神的名

图 6.20　水星轨道进动

字),中国有记载,称其为"祝融"星. 但是这颗星始终没有找到. 尽管 43.11″/百年是个很小的误差,但是牛顿理论在其他地方如此精确,以至于必须对这一现象作出解释.

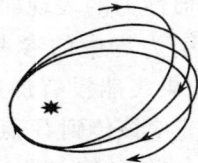

1916 年爱因斯坦根据广义相对论,考虑到由于太阳质量引起附近时空弯曲对水星行为的影响,计算得到水星近日点进动为 5600.65″/百年. 这个数值与观测值如此接近,为水星近日点进动提供了自洽的解释,故被看成是广义相对论初期的重大验证之一.

3. 引力红移

爱因斯坦在广义相对论中指出,引力场的强弱,会影响时间进程,包括时钟的运行速度、光的频率等. 或者说,强引力场会导致时间变慢.

如果把完全相同的两个钟,一个放在珠穆朗玛峰顶,一个放在准格尔盆地. 盆地的钟要比山顶的钟慢,因为盆地处的引力场较强. 不过这个差异太小,不容易观测到. 特别是在当时根本无法实现,直到 1958 年德国年轻的物理学家穆斯堡尔实现了穆斯堡尔效应,找到一种精度极高的测量时间的方法. 即使你的手表走了3000 年后只比标准时间慢 0.01s,也能觉察出来. 通过这种方法,研究人员发现放在高建筑物底部(这里的引力场稍强)的时钟,确实比顶层的时钟走得慢.

1911 年爱因斯坦在《引力对光传播的影响》指出,考察同样的原子光谱,比较从太阳传来的和直接在地球上产生的,从太阳传来的光谱有红移现象. 比如,频率为 ν_0 的光,从太阳表面传出,在地球表面测量可以发现其频率为 ν. 两者满足

$$\frac{\nu_0 - \nu}{\nu} = -\frac{\Delta\Phi}{c^2} \tag{6.30}$$

其中,$\Delta\Phi$ 是太阳表面与地球表面的引力势能差.

根据引力势能与质量、距离的关系有

$$\Phi = -G\frac{M}{R} \tag{6.31}$$

考虑太阳观测值,$M_\odot = 1.9891 \times 10^{30}\,\text{kg}$,$R_\odot = 6.96 \times 10^8\,\text{m}$;地球的观测值,$M_E = 5.9736 \times 10^{24}\,\text{kg}$,$R_E = 6.378 \times 10^6\,\text{m}$ 和引力常数 $G = 6.672\,59 \times 10^{-11}\,\text{m}^3 \cdot \text{kg}^{-1} \cdot \text{s}^{-2}$、光速 $c = 2.997\,925\,48 \times 10^8\,\text{m} \cdot \text{s}^{-1}$ 爱因斯坦算得

$$\frac{\nu_0 - \nu}{\nu} = 2 \times 10^{-6}$$

上述数值仍然很小,原因是太阳的质量和密度还不够大,因此它的引力红移效果并不明显. 如果是塌陷恒星(白矮星或者中子星)附近引力场就很大,红移会变得比较明显.

如何理解引力使光波发生红移的事实? 已经知道,引力会使与之反向运动的物体消耗能量,对于一般的粒子(如太阳风喷射的亚原子)能量减少的直接效果就是速度变慢. 对于光子逃离引力场的后果是什么? 消耗能量的物理规律不会改变,光的速度也不会变. 6.4 节中提到,根据量子力学理论,频率为 ν 的光子的能量为 $E = h\nu$,光的能量减少直接表现为频率变小,或者说波长变大,这就产生了红移现象.

1971 年,海菲勒(J. C. Hafele)和凯丁(R. E. Keating)用几台铯原子钟比较不同高度的计时率. 其中一台放在地面作参考,另外几台由飞机带到 10 000m 高空,

沿着赤道环绕地球飞行,实验结果与理论计算值偏差小于 10%. 而同年夏皮罗(I. Shapiro)的雷达回波延迟实验结果精度达到 10^{-4} s,与理论偏差不到 2%.

1980 年,魏索特(R. F. Vessot)把氢原子钟用火箭发射到 10 000km 太空,得到的结果与理论值仅差 7×10^{-5}.

21 世纪,高新技术迅速发展,测量越精确,广义相对论的理论越令人信服.

思 考 题

6.1 什么是伽利略相对性原理? 在一个参考系内做力学实验能否测出这个参考系相对于惯性系的加速度?

6.2 前进中的一列火车的车头和车尾各遭到一次闪电轰击,据车上的观察者测定这两次轰击是同时发生的. 试问,据地面上的观察者测定它们是否仍然同时? 如果不同时,何处先遭到轰击?

6.3 什么是原时? 什么是静长? 它们各有什么特点?

6.4 相对论的时间和空间概念与牛顿力学的有何不同? 有何联系?

6.5 牛顿力学中的变质量问题(如火箭的推进)和相对论中的质量变化有何不同?

习 题

6.1 π^+ 介子的固有寿命为 2.6×10^{-8} s,在实验室参考系观察到某 π^+ 介子的速度为 $v = 0.9c$,问它衰变前飞过的路程是多少?

6.2 沿米尺长度方向运动的参考系里测得米尺的长度缩为 0.5m,求米尺与参考系的相对运动速度(用光速 c 表示结果).

6.3 地面观察者测定某火箭通过地面上相距 120km 两观察点的时间间隔是 5×10^{-4} s,问由火箭上的观察者所测出的这两观察点的距离和飞越的时间间隔是多少?

6.4 在惯性参考系 A 中观察,在同一位置发生的两个事件的时间间隔是 2s,在惯性参考系 B 中观察,这两个事件的时间间隔是 3s,问在 B 系中这两个事件的空间距离是多少(设两事件空间连线沿参考系相对运动方向)?

6.5 远方有一颗星体,以 $0.80c$ 的速度离开我们,我们接收到它的光辐射系按 5 昼夜的周期变化,求这个星体光辐射的固有周期.

6.6 火箭 A 和火箭 B 分别以 $0.8c$ 和 $0.6c$ 的速度相对于某惯性参考系沿同一直线但反向飞行,问 A 与 B 的相对速度是多少?

6.7 一静止面积为 $s_0 = 100\text{m}^2$,面密度为 σ_0 的正方形板,当观察者以 $u = 0.6c$ 的速度沿其对角线运动,求

(1) 所测得图形的形状与面积;

(2) 面密度之比 σ/σ_0.

6.8 地球上的观察者发现一只以速率 $0.60c$ 向东航行的宇宙飞船将在 5s 后同一个以 $0.80c$ 速率向西航行的彗星相撞.

(1) 问:在飞船参考系测量彗星以多大速率接近.

(2) 按照飞船的钟,最多还有多少时间允许他们离开原来航线避免碰撞?

6.9　当电子的运动质量为其静止质量的 2 倍时,问电子的速度为多少?

6.10　设电子的速度分别为:①$1.0 \times 10^8 \mathrm{m \cdot s^{-1}}$;②$2.0 \times 10^8 \mathrm{m \cdot s^{-1}}$. 计算电子的动能各是多少? 如用牛顿力学公式计算,电子的动能又各是多少?

6.11　把一个电子从静止加速到 $0.1c$ 的速度需要做多少功? 从速度 $0.9c$ 加速到 $0.99c$ 需要做多少功?

6.12　计算聚变反应 $^2_1 \mathrm{H} + ^2_1 \mathrm{H} \longrightarrow ^3_2 \mathrm{He} + ^1_0 \mathrm{n}$ 所放出的能量. 已知 $^2 \mathrm{H}$、$^3 \mathrm{He}$ 的原子质量分别为 2.014 102u、3.016 049u,中子和电子的质量各为 1.008 665u、0.005 49u.

6.13　燃烧 1kg 煤最多可放出能量 $2.9 \times 10^7 \mathrm{J}$. 设某国每年消耗能量约为 $7 \times 10^{12} \mathrm{kW \cdot h}$,问:
(1)若这能量从燃烧煤来获得,至少需要多少煤?
(2)若从 6.12 题中的聚变反应来获得,需要多少 $^2_1 \mathrm{H}$?
(3)这些能量相当于多少 $^2_1 \mathrm{H}$ 原子的静止质量所联系着的能量.

6.14　设静质量为 m_0 的粒子具有初速度 $v_0 = 0.4c$,
(1) 若粒子速度增加一倍,问这时它所具有动量为初动量的几倍?
(2) 若要它的末动量等于初动量的 10 倍,问末速度是初速度的几倍?

6.15　在北京正负电子对撞机中,电子可以被加速到动能为 $E_k = 2.8 \times 10^9 \mathrm{eV}$.
(1) 这种电子的速度和光速相差多少 $\mathrm{m \cdot s^{-1}}$?
(2) 这样的一个电子动量多大?
(3) 这种电子在周长为 240m 的储存环内绕行时,它受到的向心力多大? 需要多大的偏转磁场?

6.16　最强的宇宙射线具有 50J 的能量,如果这一射线是由一个质子形成的,这样的一个质子的速度和光速差多少 $\mathrm{m \cdot s^{-1}}$?

第二篇 电 磁 学

自从 19 世纪麦克斯韦建立电磁理论至今,人类在电磁理论和应用方面已有了突飞猛进的发展. 200 年前鲜为人知的电,如今早已走进千家万户,成为绝大多数人生活中不可缺少的一部分. 很难想象,如果让电在世界范围内消失 3s,社会将混乱到什么程度. 随着科学的发展,磁也越来越多地介入人们的生活,象征文明社会进步程度的磁卡、磁盘等正在被越来越多的人接受. 握在掌心的一部手机,可以使你在世界各地与远隔重洋的朋友随意交谈. 信息时代,世界变小了. 如果说,电磁理论曾经为人类进入信息时代奠定了基础,那么,未来科学技术的发展仍然无法离开电与磁.

在本篇中读者将对电磁理论的基本概念、基本理论及电与磁的关系有一较为系统的认识,并且领略到在不同的惯性系中电磁场分布的变化.

第7章 静电场和恒定电场

7.1 静电场 高斯定理

一、基本实验定律

1. 基本电现象

对电相互作用的观察在两千多年前就有了文字记载. 电(electricity)来源于希腊文 electron, 原意是琥珀. 1747 年, 富兰克林(B. Franklin)根据一系列实验研究的结果, 提出了电荷的概念. 1897 年, 英国物理学家汤姆孙(J. J. Thomson)通过对阴极射线的研究, 证明了阴极射线是一种粒子流. 这种粒子具有确定的荷质比, 称其为电子. 1911 年, 英国物理学家卢瑟福(E. Rutherford)进行了 α 粒子轰击金箔的散射实验, 发现了原子核, 它带有正电并且集中了原子的绝大部分质量. 人们逐渐认识到, 中性原子和带电的离子都是由原子核与电子依靠电相互作用而构成的. 宏观物体的电磁现象实质上都来源于微观粒子的状态和运动. 研究表明, 原子核中有两种核子, 一种是带正电的质子, 一种是不带电的中子. 质子和电子的电量分别为 $\pm 1.602 \times 10^{-19}$ C, 以 $\pm e$ 表示. 电子电量的绝对值 e 称为基本电荷.

图 7.1 汤姆孙
(Joseph John Thomson
1856~1940)

20 世纪中对"基本粒子"的研究结果表明, 荷电性是基本粒子的重要属性. 不仅电子和质子带有电荷, 还有许多粒子也带有电荷. 表 7.1 列举了一些粒子所带的电荷(用基本电荷表示). 表中有些粒子是不带电的, 如光子、中微子和中子等. 表中粒子所对应的反粒子没有列入, 反粒子所带电荷的符号与相应的正粒子的电荷符号相反. 例如, 反电子带的电荷为 $+e$, 反质子带的电荷为 $-e$, 反中子的电荷仍为零.

表 7.1　一些粒子所带的电荷

粒子	电荷	粒子	电荷
光子	0	π^+ 介子	$+e$
中微子	0	π^0 介子	0
电子	$-e$	π^- 介子	$-e$
质子	$+e$	Ω 超子	$-e$
中子	0	Δ^{++} 超子	$+2e$

实验表明,所有基本粒子所带的电荷都是基本电荷 e 的整数倍. 因此可以推断,任何宏观带电体的电荷,只能是基本电荷 e 的整数倍,荷电量增减也只能是 e 的整数倍. 从这个意义说,**电荷是量子化的**. 粒子物理理论认为强子(质子和中子等)由夸克(也叫层子)组成,夸克的电量为 $\pm e/3$ 或 $\pm 2e/3$. 证实夸克存在的研究工作荣获了 1990 年的诺贝尔物理学奖,电荷量子的值有了新结论. 但电荷仍然是量子化的. 对于通常的宏观带电体,由于所带电量比基本电荷 e 大得多,其电荷的增减及分布仍可以认为是连续的.

1747 年,富兰克林首先提出了**电荷守恒定律**,指出:**在一孤立系统内发生的任何过程中总电荷数不变,即在任一时刻存在于系统中的正电荷与负电荷的代数和不变.**

熟知的静电感应现象和摩擦起电现象中,电荷是守恒的. 在涉及原子、原子核和基本粒子的微观现象中,电荷守恒定律也都是严格成立的. 例如,γ 射线照射到一个薄壁盒子上,一个高能光子的消失,会产生正负电子对. 参照表 7.1,很容易发现盒子内和盒子上的电荷总量没有变化. 下面列举一些电荷参与的反应过程.

中子的放射性衰变

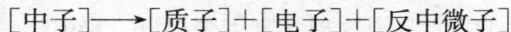

$$[\text{中子}] \longrightarrow [\text{质子}] + [\text{电子}] + [\text{反中微子}]$$

电荷

$$0 \longrightarrow e + (-e) + 0$$

铀核的放射性衰变

$$^{238}_{92}\text{U} \longrightarrow {}^{234}_{90}\text{Th} + {}^{4}_{2}\text{He}$$

对应电荷变化

$$92e \longrightarrow 90e + 2e$$

显然反应前后电荷是守恒的. 迄今为止,在所有物理过程中,无论微观现象还是宏观现象,都未观察到违背电荷守恒定律的事件. 在这个意义上,电荷守恒定律可以看成一条可靠的经验定律. 例如,若是电子和反电子的电荷大小不精确相等,

电子偶的产生就会破坏电荷守恒这个严格的规律. 然而,在实验所能确定的精度内,电子与反电子电荷的大小是相等的.

2. 库仑定律

1785 年法国工程师库仑(C. A. Coulomb)总结了两个点电荷之间作用力的规律:在真空中两个静止点电荷之间的静电作用力与这两个点电荷所带电量的乘积成正比,与它们之间距离的平方成反比,作用力的方向沿两个点电荷的连线,如图 7.3 所示. 这就是**库仑定律**.

图 7.2　库仑

(Charles-Augustin de Coulomb
1736～1806)

在 SI 单位制中,其数学表达式为

$$\boldsymbol{F} = \frac{1}{4\pi\varepsilon_0}\frac{q_1 q_2}{r^3}\boldsymbol{r} \tag{7.1}$$

图 7.3 库仑定律

$\varepsilon_0 = 8.854\ 187\ 817 \times 10^{-12} \approx 8.85 \times 10^{-12}\,\text{C}^2 \cdot \text{N}^{-1} \cdot \text{m}^{-2}$ 是自然界的一个基本常量,称为真空介电常数.

例 7.1 试求氢原子内电子与原子核(质子)之间静电力与引力之比.

解 电子和质子的电量分别为 $-e$ 和 e, $e = 1.6 \times 10^{-19}\,\text{C}$. 它们之间静电力大小为 $F_e = \frac{1}{4\pi\varepsilon_0} \cdot \frac{e^2}{r^2}$,电子质量 $m_e = 9.1 \times 10^{-31}\,\text{kg}$,质子的质量 $m_p = 1.7 \times 10^{-27}\,\text{kg}$,它们之间的万有引力大小为 $F_g = G\frac{m_e m_p}{r^2}$,因此,两力之比为

$$\frac{F_e}{F_g} = \frac{1}{4\pi\varepsilon_0 G} \cdot \frac{e^2}{m_e m_p} = 2.2 \times 10^{39} \tag{7.2}$$

此结果说明这一比值与距离 r 无关,而且引力与电力相比十分微小,因此在考虑电力作用时,万有引力通常可以忽略不计.

二、电场强度及其叠加原理

库仑定律只是指出了两个点电荷之间的静电力与哪些因素有关,对于如何施力的问题并没有直接解答. 关于库仑力历史上有两种不同的观点. 一种是"超距作用"论,牛顿对万有引力曾用这种观点作过解释. 另一种是场的观点,由法拉第在19 世纪初提出,以后科学的发展表明场的观点是正确的. 场是物质存在的一种特殊形态,这是 19 世纪物理学最重要的贡献.

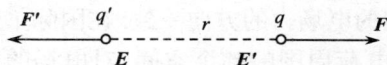

图 7.4 电场力

场观点认为,物质间的相互作用要靠中介物质来传递,这种物质就是场. 带电体周围恒存在着传递电相互作用的电场,静止于惯性系的电荷只受电场力作用,运动电荷还可能受到磁场的作用(见本篇第 9 章). 对于两个静止点电荷组成的系统,其中任一电荷 q 受到的力都是它所在空间处的场施加的,而这场是另一电荷 q' 在此点产生的. 因此,场的观点也可以总结为:电荷⇆电场⇆电荷,如图 7.4 所示.

在静电情况下,超距作用与场的观点很难用实验加以判别. 但对于由静止运动起来的电荷 q,两种观点给出的结果就不同了. 按照超距作用论,q' 应立即感受到 q 改变位置对相互作用的影响. 而按场的观点,q 的运动对场进行了扰动,这扰动由场传播出去相当于一个信号. 由相对论,任何信号的传播速度都不能大于真空中的光速. 因而 q 运动对场的影响只能以有限速度传播,不能立即到达 q',经过一段时间之后 q' 才能感受到 q 运动所造成的作用力的改变. 虽然静止电荷之间的库仑

力满足牛顿第三定律,但一般而言,对于两个有相对运动的电荷 q 与 q',它们之间的相互作用力不是一对作用力和反作用力. 由力学我们知道,此时 q 与 q' 间的相互作用力将导致 q 与 q' 的总动量不守恒. 研究表明,电荷所激发的场也具有动量,q、q' 及场的总动量是守恒量. 现代物理指出,电场也具有能量和质量. 一般地讲,在电磁相互作用下带电粒子及其场的总能量和总动量都是守恒量. 进一步的研究表明,承载电磁相互作用的电磁场是量子化的,它具有波动性和粒子性. 电磁场对应的基本粒子就是光子.

　　静电场作为物质存在的特殊形态,对外的表现主要有如下两点:

　　(1) 对场中的电荷有施力作用(场强的概念就是由此引入的);

　　(2) 电荷在电场中移动时电场力做功(这表明电场具有能量);而且,静电场对电荷的做功与电荷移动的路径无关,只与移动的始末位置有关——静电场是保守力场.

　　说明:由于运动是相对的,因此电场和磁场的区别也是相对的. 在一个惯性系中静止的电荷,在另一惯性系中则是运动的,而运动电荷不仅产生电场,还产生磁场. 所以,电场与磁场其实是不能截然分开的,在相对论中,电磁场是统一的.

　　为了研究静电场对电荷的作用力,选用几何线度充分小、带电量也充分小的试验电荷 q_0,静止放置在电场中,测量它在各点受到的电场力 F. 实验表明,对于电场中任一给定点,比值 F/q_0,是一个大小和方向都与试验电荷无关的矢量,它反映了电场的固有属性,定义为电场强度,简称场强. 用 E 表示场强,即

$$E = \frac{F}{q_0} \tag{7.3}$$

　　空间某一点的电场强度是这样一个矢量,其大小等于单位电荷在该点所受到的电场力的大小,其方向与正电荷在该点所受到的电场力的方向一致. 在国际单位制中,电场强度的单位是 $N \cdot C^{-1}$. 电场存在于电荷周围的整个空间,对电场的整体描述需要给出场强随空间坐标分布的矢量函数 $E(x, y, z)$. 电场是个矢量场. 其实,对于非静电场,定义式(7.3)仍然有效,与静电场有所不同的是试验电荷必须静止地放在电场中,因为 q_0 如果运动,还会受到磁场的作用力.

　　如果场源是 n 个点电荷 $q_1, q_2, \cdots, q_n$ 组成的系统,则称这电荷系为点电荷系. 实验表明,静电力也满足力的叠加原理,所以作用在场中试验电荷 q_0 上的力 F,等于各个点电荷所产生的力 $F_1, F_2, \cdots, F_n$ 的矢量和. 即

$$F = F_1 + F_2 + \cdots + F_n$$

将其两边各除以 q_0,得

$$\frac{F}{q_0} = \frac{(F_1 + F_2 + \cdots + F_n)}{q_0}$$

根据定义,得场强

$$E = E_1 + E_2 + \cdots + E_n = \sum_{i=1}^{n} E_i \tag{7.4}$$

式(7.4)说明,点电荷系在某点产生的场强,等于每一个点电荷单独存在时,在该点产生的场强的矢量和.这就是**场强叠加原理**,它是电场的基本性质之一.场强的可叠加性,不仅对点电荷系成立,对任意连续带电体所产生的电场也是正确的.

下面讨论由给定的电荷分布求解电场强度分布的问题.根据点电荷的场强公式及场强的叠加原理,可以得到点电荷系的场强表示式

$$E = \sum_{i=1}^{n} \frac{1}{4\pi\varepsilon_0} \frac{q_i}{r_i^3} r_i \tag{7.5}$$

其中,r_i 是从点电荷 q_i 到场点的矢径.如果带电体的电荷是连续分布的,则式(7.5)中求和应改为积分,因而有

$$E = \int dE = \int \frac{dq}{4\pi\varepsilon_0 r^3} r \tag{7.6}$$

其中,r 是电荷元 dq 到场点的矢径.对于电荷的线分布、面分布和体分布,式(7.6)中的 dq 可以写成

$$dq = \begin{cases} \lambda dl, & \text{(线分布)} \\ \sigma dS, & \text{(面分布)} \\ \rho dV, & \text{(体分布)} \end{cases}$$

其中,λ、σ 和 ρ 分别是电荷的线密度、面密度和体密度.

有了点电荷的场强公式和场强叠加原理,原则上从电荷分布求场强的问题已经解决.

例7.2 电偶极子是大小相等、符号相反的点电荷 $+q$ 和 $-q$ 组成的系统(它们之间的距离 l 与其中心到场点的距离 r 相比足够小,$l \ll r$).矢量 $p = ql$ 称为电偶极矩,简称电矩,规定 l 由 $-q$ 指向 q.试求电偶极子轴线 l 的延长线上一点 P 和中垂面上一点 N 的场强(图7.5).

解 (1)求电偶极子轴延长线上的场强分布.如图7.5所示,P 到电偶极子中点 O 的距离为 r,则点电荷 $+q$ 和 $-q$ 在 P 点的场强大小分别为

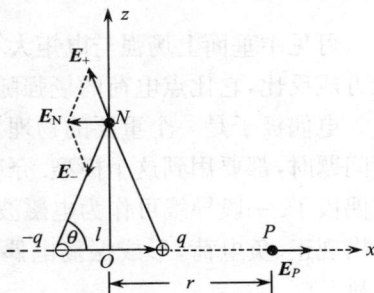

图 7.5 电偶极子的场

$$E_{P+} = \frac{1}{4\pi\varepsilon_0} \frac{q}{(r-l/2)^2}, \quad E_{P-} = \frac{1}{4\pi\varepsilon_0} \frac{q}{(r+l/2)^2}$$

二者方向相反,因此总场强的大小为

$$E_P = E_{P+} - E_{P-} = \frac{1}{4\pi\varepsilon_0} \frac{2pr}{(r^2 - l^2/4)^2}$$

注意到 $r \gg l, (r^2 - l^2/4)^2 \approx r^4$ 有

$$E_P = \frac{1}{4\pi\varepsilon_0} \frac{2p}{r^3}$$

写成矢量式

$$\boldsymbol{E}_P = \frac{1}{4\pi\varepsilon_0} \frac{2\boldsymbol{p}}{r^3}$$

即场强 $\boldsymbol{E}_P$ 与电矩 $\boldsymbol{p}$ 同向.

(2) 求电偶极子中垂面上的场强分布.

电偶极子中垂面上任意一点 N 到电荷 $+q$ 和 $-q$ 的距离都是 $\sqrt{r^2 + \dfrac{l^2}{4}}$,两点

电荷在 N 点产生的场强大小相等,为

$$E_+ = E_- = \frac{1}{4\pi\varepsilon_0} \frac{q}{r^2 + l^2/4}$$

方向如图 7.5 所示. N 点的总场强的大小为

$$E_N = |\, \boldsymbol{E}_+ + \boldsymbol{E}_- \,| = 2E_+ \cos\theta$$

由图可见

$$\cos\theta = \frac{l/2}{\sqrt{r^2 + l^2/4}}$$

所以

$$\boldsymbol{E}_N = \boldsymbol{E}_+ + \boldsymbol{E}_- = -\frac{1}{4\pi\varepsilon_0} \frac{\boldsymbol{p}}{r^3}$$

可见中垂面上场强与电矩大小成正比、方向相反. 在远处的场强与距离 r 的三次方成反比,它比点电荷的场强随 r 递减的速度快得多.

电偶极子是一个重要的物理模型,在研究电介质的极化、电磁波的发射和吸收等问题时,都要用到这个模型. 介质的分子,其正、负电荷重心不重合,因而可视为电偶极子. 一段导线可作为电磁波发射天线,其中电子做周期运动,使导线两端交替出现正、负电荷,形成振荡电偶极子. 此外,电偶极子模型也用于原子物理学等学科.

在均匀外电场中,电偶极子所受的合力为零,电偶极子在外电场中受到的力矩

$$\boldsymbol{M} = \boldsymbol{p} \times \boldsymbol{E}$$

一般不为零. 当电矩 $\boldsymbol{p}$ 与外场 $\boldsymbol{E}$ 平行时,合力矩 M 为零;当 $\boldsymbol{p}$ 垂直于 $\boldsymbol{E}$ 时,$M = pE$ 为极大. 外电场 $\boldsymbol{E}$ 的作用是使电矩 $\boldsymbol{p}$ 转向 $\boldsymbol{E}$ 的方向.

在非均匀外电场中,电偶极子所受合力、合力矩一般都不等于零,所以转动和平动同时发生.

例 7.3 长度为 L 的均匀带电直线总电量为 q,线外一点 P 到直线的距离为 a,P 点同直线两端点的连线与直线间夹角分别为 θ_1 和 θ_2,计算 P 点的场强,如图 7.6 所示.

解 以 P 点到直线的垂足为原点 O,建立坐标系如图 7.6 所示,在带电直线上离原点为 l 处取线元 $\mathrm{d}l$,其电量为

$$\mathrm{d}q = \lambda \mathrm{d}l$$

其中电荷线密度 $\lambda = q/L$.

图 7.6 均匀带电直线的场强

从 $\mathrm{d}q$ 到 P 点的矢径为 $\boldsymbol{r}$,$\mathrm{d}q$ 在 P 点处产生的场强为

$$\mathrm{d}\boldsymbol{E} = \frac{\lambda \mathrm{d}l}{4\pi\varepsilon_0 r^2}\boldsymbol{r}_0$$

$\mathrm{d}\boldsymbol{E}$ 的 x、y 分量分别为

$$\mathrm{d}E_x = \mathrm{d}E\cos\theta, \quad \mathrm{d}E_y = \mathrm{d}E\sin\theta$$

由图 7.6 可知

$$l = a\cot(\pi - \theta) = -a\cot\theta$$
$$\mathrm{d}l = a\csc^2\theta\mathrm{d}\theta, \quad r^2 = a^2\csc^2\theta$$

因此

$$\mathrm{d}E_x = \frac{\lambda}{4\pi\varepsilon_0 a}\cos\theta\mathrm{d}\theta, \quad \mathrm{d}E_y = \frac{\lambda}{4\pi\varepsilon_0 a}\sin\theta\mathrm{d}\theta$$

将此两式积分,得场强

$$E_x = \int \mathrm{d}E_x = \int_{\theta_1}^{\theta_2}\frac{\lambda}{4\pi\varepsilon_0 a}\cos\theta\mathrm{d}\theta = \frac{\lambda}{4\pi\varepsilon_0 a}(\sin\theta_2 - \sin\theta_1)$$

$$E_y = \int \mathrm{d}E_y = \int_{\theta_1}^{\theta_2}\frac{\lambda}{4\pi\varepsilon_0 a}\sin\theta\mathrm{d}\theta = \frac{\lambda}{4\pi\varepsilon_0 a}(\cos\theta_1 - \cos\theta_2)$$

$$\boldsymbol{E} = E_x\boldsymbol{i} + E_y\boldsymbol{j}$$

如果 $\theta_1 = 0$,$\theta_2 = \pi$,那么

$$E_x = 0, \quad E_y = \frac{\lambda}{2\pi\varepsilon_0 a} \tag{7.7}$$

这就是无限长均匀带电直线的场强公式. 如果直线足够长,以至于 $a \ll L$,且 P 点距离两个端点均很远,则可以近似利用式(7.7)计算 P 点的场强. 此时 $E = E_y$,大小与线密度 λ 成正比,与直线到该点的距离 a 成反比.

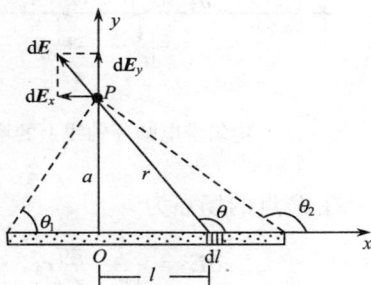

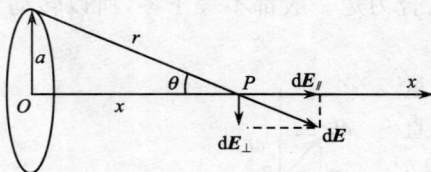

图 7.7　均匀带电圆环轴线上的场强

例 7.4　图 7.7 中半径为 a 的均匀带电细圆环,总电量为 q,求圆环轴线上任一点 P 的场强.

解　建立坐标系如图 7.7 所示,环上一电荷元

$$dq = \lambda dl = \frac{q}{2\pi a}dl$$

在 P 点的场强为

$$d\boldsymbol{E} = \frac{1}{4\pi\varepsilon_0}\frac{dq}{r^2}\boldsymbol{r}_0, \quad dE_{/\!/} = dE\cos\theta, \quad dE_\perp = dE\sin\theta$$

各电荷元在 P 点的场强大小相等,方向各异. 由对称性,垂直分量 $dE_\perp$ 相互抵消.

$$E_\perp = \oint_{2\pi a} dE_\perp = 0$$

$$E = E_{/\!/} = \int_0^{2\pi a} dE_{/\!/} = \frac{\lambda\cos\theta}{4\pi\varepsilon_0 r^2}\int_0^{2\pi a} dl = \frac{q\cos\theta}{4\pi\varepsilon_0 r^2} = \frac{1}{4\pi\varepsilon_0}\frac{xq}{(x^2+a^2)^{\frac{3}{2}}} \tag{7.8}$$

由式(7.8)可以看出,在圆环中心($x=0$)处,场强为零;当 $x \gg a$ 时,$E = \dfrac{q}{4\pi\varepsilon_0 x^2}$,此时带电圆环可以看作一个点电荷.

例 7.5　求半径为 R、总电量为 Q 的均匀带电薄圆盘轴线上的场强分布.

解　如图 7.8,带电薄圆盘看成由一系列不同半径的同心细圆环组成,半径为 r 宽度为 dr 的一环的总电量为

$$dQ = \sigma 2\pi r dr$$

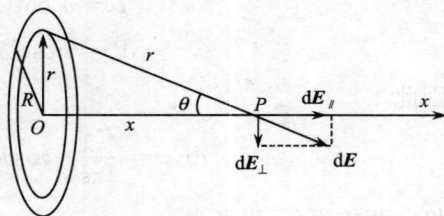

图 7.8　均匀带电圆盘轴线上的场强

其中,$\sigma = \dfrac{Q}{\pi R^2}$,根据式(7.8)这一环在 P 点的场强

$$dE = \frac{1}{4\pi\varepsilon_0}\frac{xdQ}{(x^2+r^2)^{\frac{3}{2}}} = \frac{x\sigma}{2\varepsilon_0}\frac{rdr}{(x^2+r^2)^{\frac{3}{2}}}$$

$$E = \int_0^R dE = \frac{x\sigma}{2\varepsilon_0}\int_0^R \frac{rdr}{(x^2+r^2)^{\frac{3}{2}}} = \frac{\sigma}{2\varepsilon_0}\left(1 - \frac{x}{\sqrt{x^2+R^2}}\right)$$

当 P 点接近 O 点,即 $x \ll R$

$$E = \frac{\sigma}{2\varepsilon_0} \tag{7.9}$$

这就是无限大均匀带电平面所产生电场的场强大小.

三、高斯定理

我们已经掌握了均匀电场中电通量的计算,现在,讨论在非均匀电场中如何求得穿过一个任意曲面的电通量. 如图 7.9 所示,将曲面细分为许多小面元(小到在面元的范围内电场近似为常矢量),定义面元矢量 dS 的大小为面元的面积 dS,方向为其法线方向. 则正向穿过 dS 的电通量为

$$\mathrm{d}\Phi = \boldsymbol{E} \cdot \mathrm{d}\boldsymbol{S} = E\cos\theta\mathrm{d}S \tag{7.10}$$

穿过整个曲面的电通量为

$$\Phi = \iint_S \mathrm{d}\Phi = \iint_S \boldsymbol{E} \cdot \mathrm{d}\boldsymbol{S} \tag{7.11}$$

注意:对于一个开放曲面,电通量的正负依赖于法线的正向规定,而这规定完全由读者自己决定.

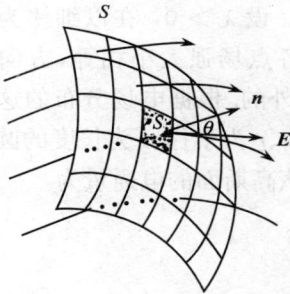

图 7.9 非封闭曲面的电通量

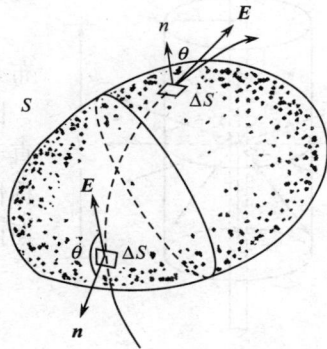

图 7.10 封闭曲面的电通量

对于闭合曲面(图 7.10),通常规定曲面外法线方向为正方向. 当电场线穿出闭合曲面,即场强和该处法线间的夹角 $\theta < 90°$ 时,电通量 d$\Phi > 0$;反之若电场线穿入该曲面,则 $\theta > 90°$,d$\Phi < 0$. 即电通量穿出为正,穿入为负.

1. 高斯定理

高斯(K. F. Gauss)在电相互作用实验定律的基础上,给出静电场的基本性质.

定理说:**真空中的静电场内,通过任意封闭曲面的电通量等于该封闭曲面所包围的电荷电量的代数和的 1/ε_0.**

其数学表达为

$$\Phi = \oiint_S \boldsymbol{E} \cdot \mathrm{d}\boldsymbol{S} = \frac{1}{\varepsilon_0} \sum_i Q_i \qquad \text{（离散带电体）} \qquad (7.12)$$

$$\Phi = \oiint_S \boldsymbol{E} \cdot \mathrm{d}\boldsymbol{S} = \frac{1}{\varepsilon_0} \int_Q \mathrm{d}q \qquad \text{（连续带电体）} \qquad (7.13)$$

读者可以自己去证明这一定理.

高斯定理不仅是静电场的重要定理,也可以推广到非静电场,可以说是电磁场的重要定理之一[①].

2. 高斯定理的应用

应用库仑定律与叠加原理,原则上可以计算任何静电场的场强. 如果带电体具有一定对称性(如轴对称、球对称等),应用高斯定理可以比较简单地计算出场强. 下面通过例题加以说明.

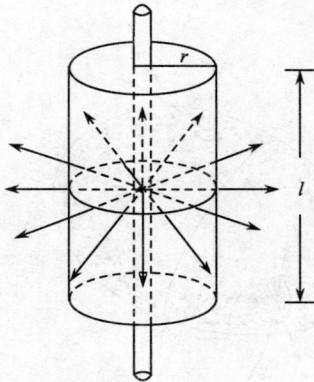

图 7.11

例 7.6　均匀带电的无限长直细棒的电荷线密度为 λ,求其场强分布.

解　带电细棒的轴对称导致其产生的电场分布必具有轴对称性. 设 $\lambda > 0$,在以细棒为轴的任一同轴圆柱面上,各点场强大小相等,方向都是垂直于圆柱面辐射向外的. 根据电场分布的这种轴对称性,取以细棒为轴、r 为半径、l 为长度的圆柱形高斯面 S(图 7.11). 该高斯面的电通量为

$$\Phi = \oiint_S \boldsymbol{E} \cdot \mathrm{d}\boldsymbol{S}$$

$$= \iint_{\text{侧面}} \boldsymbol{E} \cdot \mathrm{d}\boldsymbol{S} + \iint_{\text{上面}} \boldsymbol{E} \cdot \mathrm{d}\boldsymbol{S} + \iint_{\text{下面}} \boldsymbol{E} \cdot \mathrm{d}\boldsymbol{S}$$

由于上、下底面任意一处的法线都与该处场强垂直,所以上述积分中后两项均为零. 第一项积分中 $\boldsymbol{E}$ 的大小处处相等,而且方向与 $\mathrm{d}\boldsymbol{S}$ 一致,所以

$$\Phi = \iint_{\text{侧面}} \boldsymbol{E} \cdot \mathrm{d}\boldsymbol{S} = E \iint_{\text{侧面}} \mathrm{d}S = E \cdot 2\pi r l$$

根据高斯定理

$$\Phi = \frac{1}{\varepsilon_0} \int_Q \mathrm{d}q = \frac{\lambda l}{\varepsilon_0}$$

所以,场强大小可表示为

$$E = \frac{\lambda}{2\pi\varepsilon_0 r} \qquad (7.14)$$

---

①　见本书式(10.13).

结果与例 7.3 的一样.

例 7.7 均匀带电的无限大平面薄板的面电荷密度为 σ,求其场强分布.

解 由于电荷均匀分布在无限大平面上,因而电场也具有相应的对称性,设 $\sigma > 0$,平面两侧对称点处的场强大小相等,方向处处与平面垂直且指向两侧. 为计算场强,可选择高斯面为一柱体的表面,其侧面与带电面垂直,两底面与带电平面平行并与平面等距离(图 7.12). 该高斯面的电通量为

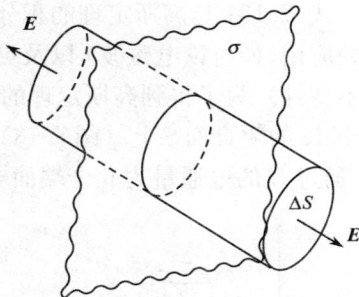

$$\Phi = \oiint_S \boldsymbol{E} \cdot \mathrm{d}\boldsymbol{S}$$

$$= \iint_{侧面} \boldsymbol{E} \cdot \mathrm{d}\boldsymbol{S} + \iint_{左面} \boldsymbol{E} \cdot \mathrm{d}\boldsymbol{S} + \iint_{右面} \boldsymbol{E} \cdot \mathrm{d}\boldsymbol{S}$$

图 7.12

由于侧面上任意一处的法线都与该处场强垂直,所以上述积分中第一项为零. 后两项情况完全相同,积分中 $\boldsymbol{E}$ 的大小处处相等,而且方向与 $\mathrm{d}\boldsymbol{S}$ 一致,所以

$$\Phi = 2\iint_{左面} \boldsymbol{E} \cdot \mathrm{d}\boldsymbol{S} = 2E\Delta S$$

根据高斯定理

$$\Phi = \frac{1}{\varepsilon_0}\int_Q \mathrm{d}q = \frac{\sigma\Delta S}{\varepsilon_0}$$

比较两式,可求得场强为

$$E = \frac{\sigma}{2\varepsilon_0} \tag{7.15}$$

式 (7.15) 与本章例 7.5 中所得结果完全相同,解法却简便得多.

通过以上的例子,将应用高斯定理计算场强的步骤归结如下:

(1) 根据带电体的对称性,分析场强的对称性,确定场强的大小和方向是怎样分布的.

(2) 选择合适的高斯面(欲求的场点在高斯面上),所谓合适是指高斯面上的场强除了是常量并处处与 $\mathrm{d}\boldsymbol{S}$ 方向一致,就是满足 $\boldsymbol{E} \cdot \mathrm{d}\boldsymbol{S} = 0$,从而能将积分式中的 E 提出积分号.

(3) 求出高斯面内的电荷电量的代数和.

(4) 按高斯定理计算场强的大小.

请注意:① 由高斯定理可知,通过封闭曲面的电通量只与封闭曲面内的电荷有关,与曲面外的电荷无关. 但是,封闭曲面上各点的电场强度却与空间所有的电荷有关.② 高斯定理对于任何电场、任何封闭曲面都成立,但是要利用高斯定理简

化电场求解,却限于具有高度对称性的电场.

3. 高斯定理的微分形式

式(7.13)是高斯定理的积分形式,与其等价的高斯定理的微分形式,具有更多的应用(如讨论电磁波)以及更深刻的物理意义(如可以较方便地讨论它的洛伦兹不变性).为了得到高斯定理的微分形式,我们把式(7.13)应用到包围小体积元 $\mathrm{d}x\mathrm{d}y\mathrm{d}z$ 的闭合面 S 上.(图 7.13),包围在其中的电荷 $\mathrm{d}q = \rho\mathrm{d}x\mathrm{d}y\mathrm{d}z$,$\rho$ 是电荷体密度.通过 S 的电通量为 6 个端面电通量的代数和.

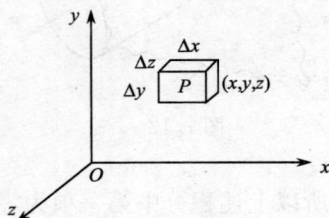

设体积元左、右两端面处的场强在 x 轴上的投影分别为 E_{L} 和 E_{R},则两端面上的电通量为

$$\Delta\Phi_{\mathrm{L}} + \Delta\Phi_{\mathrm{R}} = -E_{\mathrm{L}}\Delta y\Delta z + E_{\mathrm{R}}\Delta y\Delta z$$
$$= (E_{\mathrm{R}} - E_{\mathrm{L}})\Delta y\Delta z$$
$$= \left(\frac{\partial E_x}{\partial x}\Delta x\right)\Delta y\Delta z$$

图 7.13　高斯定理微分形式　同理可得上下和前后两对端面上的电通量

$$\Delta\Phi_{\text{前}} + \Delta\Phi_{\text{后}} = \left(\frac{\partial E_z}{\partial z}\Delta z\right)\Delta x\Delta y, \quad \Delta\Phi_{\text{上}} + \Delta\Phi_{\text{下}} = \left(\frac{\partial E_y}{\partial y}\Delta y\right)\Delta x\Delta z$$

因此,通过 S 的总电通量为

$$\Delta\Phi = \left(\frac{\partial E_x}{\partial x} + \frac{\partial E_y}{\partial y} + \frac{\partial E_z}{\partial z}\right)\Delta x\Delta y\Delta z = \nabla \cdot \boldsymbol{E}\Delta V \tag{7.16}$$

其中,向量微分算子 $\nabla = \left(\boldsymbol{i}\dfrac{\partial}{\partial x} + \boldsymbol{j}\dfrac{\partial}{\partial y} + \boldsymbol{k}\dfrac{\partial}{\partial z}\right)$ 称作哈密顿算子,它与 $\boldsymbol{E}$ 的点积也称作 $\boldsymbol{E}$ 的散度,记为 $\mathrm{div}\boldsymbol{E}$. 根据高斯定理有

$$\Delta\Phi = \oiint_S \boldsymbol{E} \cdot \mathrm{d}\boldsymbol{S} = \frac{\rho}{\varepsilon_0}\Delta V \tag{7.17}$$

比较式(7.16)与式(7.17)得

$$\nabla \cdot \boldsymbol{E} = \frac{\rho}{\varepsilon_0} \tag{7.18}$$

式(7.18)即高斯定理的微分形式,它深刻地反映了静电场和源之间的定量关系.

7.2　场强环路定理　电势

一、电场力的功

如图 7.14 所示,点电荷 Q 的电场中有一个试验电荷 q_0,在距离 Q 为 r 处受力为

$$\boldsymbol{F} = \frac{Qq_0}{4\pi\varepsilon_0 r^2}\boldsymbol{r}_0$$

若 q_0 有一微小位移 $\mathrm{d}\boldsymbol{r}$，则电场力做功为

$$\mathrm{d}A = \boldsymbol{F} \cdot \mathrm{d}\boldsymbol{r} = q_0\boldsymbol{E} \cdot \mathrm{d}\boldsymbol{r}$$

$$= q_0E \mid \mathrm{d}\boldsymbol{r} \mid \cos\theta = q_0E\mathrm{d}r$$

q_0 从 a 点沿任意路径移动到 b 点，电场力所做的功为

$$A = \int_a^b \mathrm{d}A = q_0\int_a^b \boldsymbol{E} \cdot \mathrm{d}\boldsymbol{r}$$

$$= \int_a^b \frac{Qq_0\mathrm{d}r}{4\pi\varepsilon_0 r^2} = \frac{Qq_0}{4\pi\varepsilon_0}\left(\frac{1}{r_a} - \frac{1}{r_b}\right)$$

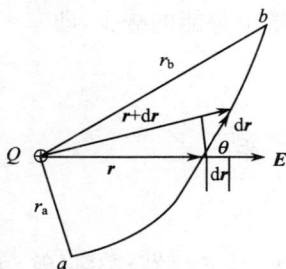

图 7.14　静电场的功

当 Q、q_0 确定后，A 只与 q_0 的始末位置有关. 很容易得出 q_0 绕任何闭合路径运动一周，电场力做功恒为零，即

$$q_0\oint_L \boldsymbol{E} \cdot \mathrm{d}\boldsymbol{r} = 0$$

做功与路径无关的力场称为保守力场，这与讨论万有引力定律非常类似. 由于 $q_0 \neq 0$，所以有

$$\oint_L \boldsymbol{E} \cdot \mathrm{d}\boldsymbol{r} = 0 \tag{7.19}$$

式 (7.19) 称为**场强环路定理**. 它表示，在静电场中，场强沿任意闭合路径的环流等于零. 也说明静电场是**无旋场**，电场线不能是闭合曲线.

根据斯托克斯公式，式 (7.19) 可以写成

$$\oint_L \boldsymbol{E} \cdot \mathrm{d}\boldsymbol{r} = \iint_S (\nabla \times \boldsymbol{E}) \cdot \mathrm{d}\boldsymbol{S} = 0 \tag{7.20}$$

其中，积分区域 S 是以 L 为边界的有向曲面. $\nabla \times \boldsymbol{E}$ 称为 $\mathrm{d}\boldsymbol{S}$ 面元上的旋度，记作 $\mathrm{rot}\boldsymbol{E}$. 由于 S 的任意性，由式 (7.20) 必有

$$\nabla \times \boldsymbol{E} = 0 \tag{7.20a}$$

即静电场环路定理的微分形式。

静电场的环路定理与静电场的高斯定理各自独立地反映了静电场性质的一个侧面，来源于不同的实验事实：前者来自点电荷静电场力的各向同性，后者来源于这种静电场力的平方反比关系. 这两个定理合起来才能完整地描述静电场. 式 (7.19) 和式 (7.20) 只对静电场适用，对一般的电磁场需要做修正.

二、电势能　电势

因为静电场的电场力为保守力，所以对试验电荷 q_0 与静电场 $\boldsymbol{E}$ 组成的系统，

可以引入电势能 W 加以描述.

由功能原理,试验电荷 q_0 由 a 点沿任一路径移到 b 点,电场力所做的功等于系统电势能的减少,即

$$A=\frac{Qq_0}{4\pi\varepsilon_0}\left(\frac{1}{r_a}-\frac{1}{r_b}\right)=W_a-W_b \qquad (7.21)$$

定义

$$W_a = A_{a\to 0势} = q_0\int_a^{0势}\boldsymbol{E}\cdot\mathrm{d}\boldsymbol{r}$$

为 q_0 在 a 点处,系统(q_0 与 Q 的电场)的电势能.电势能具有能量的单位 J.

电势能与试验电荷 q_0 有关,不能用来描述 Q 的电场,再定义一个物理量——**电势**(也称电位)

$$U_a = \frac{W_a}{q_0} = \int_a^{0势}\boldsymbol{E}\cdot\mathrm{d}\boldsymbol{r} \qquad (7.22)$$

从式(7.22)可以看出**电势的物理意义**:把单位正电荷放在 a 点处时,系统的电势能.或者,把单位正电荷从 a 点移到电势为零点,电场力所做的功.电势的单位 V 或 $\mathrm{J}\cdot\mathrm{C}^{-1}$.

根据电势的定义,静电场中任意两点 a 和 b 间的电势差为

$$U_a - U_b = \int_a^{\infty}\boldsymbol{E}\cdot\mathrm{d}\boldsymbol{r} - \int_b^{\infty}\boldsymbol{E}\cdot\mathrm{d}\boldsymbol{r} = \int_a^b\boldsymbol{E}\cdot\mathrm{d}\boldsymbol{r}$$

注意:电势、电势能的大小与选定的电势零点有关,一旦标准状态选定,系统不同状态的电势、电势能也就确定了.在处理一个问题中只能选定一个零势点.通常有限大带电体的场,选择无限远处为零势点;无限大的带电体的场,则需要选择有限远处一确定点为电势零点;地球是个稳定的大导体,也常常被选作零势位.

三、电势的计算

1. 点电荷电场的电势

由式(7.21)和式(7.22)可直接得出点电荷电场中,距离电荷 r 的空间一点 P 的电势为

$$U=\frac{Q}{4\pi\varepsilon_0 r} \qquad (7.23)$$

式(7.23)默认了无限远处为零势点.$Q>0$,则 $U>0$,离电荷越远的点,电势越低;$Q<0$,则 $U<0$,离负电荷越远的点电势越高.

2. 点电荷系的电势

用 $\boldsymbol{E}$ 和 U 分别表示某一电荷系的场强和电势,用 $\boldsymbol{E}_i$ 和 U_i 分别表示第 i 个点

电荷 Q_i 单独存在时的电场的场强和电势. 选 $U_\infty = 0$,则此系统在空间任一点 P 的电势值为

$$U_P = \int_P^\infty \boldsymbol{E} \cdot \mathrm{d}\boldsymbol{r} = \int_P^\infty \left(\sum \boldsymbol{E}_i \right) \cdot \mathrm{d}\boldsymbol{r} = \sum \int_P^\infty \boldsymbol{E}_i \cdot \mathrm{d}\boldsymbol{r} = \sum U_i$$

根据式(7.23),有

$$U_P = \sum \frac{Q_i}{4\pi\varepsilon_0 r_i} \qquad (7.24)$$

其中,r_i 是第 i 个点电荷 Q_i 到 P 点的距离.

3. 电荷连续分布系统的电势

当带电体电荷连续分布时,将带电体细分为许多小电荷元 $\mathrm{d}q$,每个小电荷元就是一个点电荷. 则电势叠加原理表示为

$$U = \int \mathrm{d}U = \frac{1}{4\pi\varepsilon_0} \int_V \frac{\mathrm{d}q}{r} \qquad (7.25)$$

积分遍及带电体的体积 V.

例 7.8 求电偶极子场中一点 P 的电势. 设电偶极子的电荷为 $\pm q$,相距为 l.

解 设场点 P 到 $+q$ 和 $-q$ 的距离分别为 r_+ 和 r_-,P 点到偶极子中点 O 的距离为 r(图 7.15).

据电势的叠加原理,P 点的电势为

$$U_P = U_+ + U_- = \frac{q}{4\pi\varepsilon_0 r_+} + \frac{-q}{4\pi\varepsilon_0 r_-} = \frac{q(r_- - r_+)}{4\pi\varepsilon_0 r_+ r_-}$$

考虑离电偶极子较远的点,即 $r \gg l$ 时,应有 $r_+ r_- \approx r^2$,$r_- - r_+ \approx l\cos\theta$,代入上式可得

$$U_P = \frac{ql\cos\theta}{4\pi\varepsilon_0 r^2} = \frac{p\cos\theta}{4\pi\varepsilon_0 r^2} = \frac{\boldsymbol{p} \cdot \boldsymbol{r}_0}{4\pi\varepsilon_0 r^2} \qquad (7.26)$$

其中,θ 是 $\boldsymbol{r}$ 与 $\boldsymbol{l}$ 之间夹角,$\boldsymbol{r}_0 = \dfrac{\boldsymbol{r}}{r}$ 是单位矢量. 式(7.26)再一次表明电偶极子的电场性质取决于它的电偶极矩 $\boldsymbol{p}$.

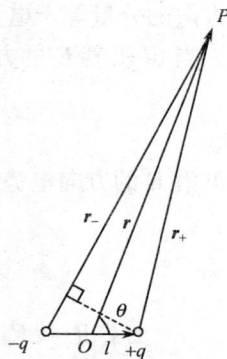

图 7.15

四、场强和电势的微分关系

如同用电场线可形象地描绘电场强度一样,也可以引入等势面形象地描绘电势分布. 在静电场中,电势相等的点组成的曲面称作**等势面**. 等势面具有如下性质:① 等势面与电场线处处垂直;② 电场线指向电势降落的方向;③ 在等势面上移动电荷,电场力不做功;④ 等势面密集处场强大,稀疏处场强小(此时已规定相邻等势面间电势差为定值).

　　电场强度 E 和电势 U 都是描述电场各点性质的物理量，两者之间必有一定联系. 式(7.22) 表述了它们之间的积分关系，即

$$U(r) = \int_r^\infty E \cdot dr$$

其中，默认了无限远处电势为零.

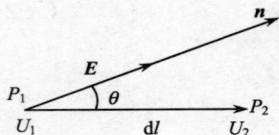

　　　　　　下面研究两者之间的微分关系. 如图 7.16 所示，静电场中相距很近的两点 P_1、P_2，从 P_1 到 P_2 的微小的位移矢量 dl. 则两点间的电势差为

$$U_1 - U_2 = E \cdot dl$$

图 7.16　电势的空间变化率

设 $U_2 = U_1 + dU_l$，有

$$U_1 - U_2 = -dU_l = E \cdot dl = Edl\cos\theta$$

　　如图 7.16 所示，进一步得到

$$E\cos\theta = E_l = -\frac{dU_l}{dl} = -\frac{\partial U}{\partial l} \tag{7.27}$$

其中，$\dfrac{dU_l}{dl}$ 是势函数沿 dl 方向的变化率. 式(7.27) 表明，静电场中任一点的场强沿某方向的分量等于电势沿此方向的空间变化率的负值.

　　当 dl 沿着 E 的方向时，$\theta = 0$，$\cos\theta = 1$ 有最大值. 即

$$E = -\frac{dU}{dl} \tag{7.28}$$

可见沿 E 的方向电势降低最快. 由式(7.28) 可得

$$-dU = E \cdot dl$$

因为

$$E \cdot dl = E_x dx + E_y dy + E_z dz, \quad dU = \frac{\partial U}{\partial x}dx + \frac{\partial U}{\partial y}dy + \frac{\partial U}{\partial z}dz$$

比较两式，得

$$E_x = -\frac{\partial U}{\partial x}, \quad E_y = -\frac{\partial U}{\partial y}, \quad E_z = -\frac{\partial U}{\partial z} \tag{7.29}$$

又

$$dl = i dx + j dy + k dz$$

所以写成矢量式，则有

$$E = -\left(i\frac{\partial U}{\partial x} + j\frac{\partial U}{\partial y} + k\frac{\partial U}{\partial z} \right) = -\nabla U \tag{7.30}$$

　　式(7.29)、式(7.30) 就是电场强度与电势的微分关系.

∇U 称为**电势梯度**,又记为 grad$U$. 即式(7.30) 可以写成

$$\boldsymbol{E} = -\nabla U = -\mathrm{grad}U$$

例 7.9 根据已知的电偶极子的电势分布求其场强分布.

解 建立坐标如图 7.17 所示. 电偶极子的场对 x 轴有轴对称性,故只需要求 xOy 平面内的场强分布.

注意到 $r^2 = x^2 + y^2$ 和 $\cos\theta = \dfrac{x}{r} = \dfrac{x}{\sqrt{x^2+y^2}}$,可知电偶极子电势为

$$U = \frac{ql\cos\theta}{4\pi\varepsilon_0 r^2} = \frac{px}{4\pi\varepsilon_0(x^2+y^2)^{\frac{3}{2}}}$$

其中,$p = ql$ 是偶极矩. 对于任何一场点 $P(x, y)$,可得

$$E_x = -\frac{\partial U}{\partial x} = \frac{p(2x^2-y^2)}{4\pi\varepsilon_0(x^2+y^2)^{\frac{5}{2}}}$$

$$E_y = -\frac{\partial U}{\partial y} = \frac{3pxy}{4\pi\varepsilon_0(x^2+y^2)^{\frac{5}{2}}}$$

图 7.17

如果 P 在 x 轴上,则 $y = 0$,那么

$$E_x = \frac{2p}{4\pi\varepsilon_0 x^3}, \quad E_y = 0$$

如果 P 在 y 轴上,则 $x = 0$,那么

$$E_x = \frac{-p}{4\pi\varepsilon_0 y^3}, \quad E_y = 0$$

这一结果与例 7.2 是一致的.

由于求标量积分和微分比矢量积分简单,所以先求 U 再求 $\boldsymbol{E}$ 一般说来比较容易.

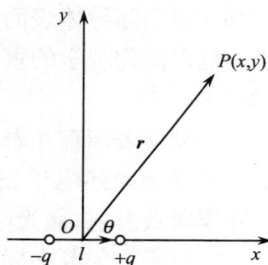

7.3 静电场中的导体

不同材料的导电性能是不同的. 依据导电性能的优劣可以将材料分为导体、半导体和绝缘体. 各种金属和电解质水溶液等是导体,绝缘体如云母、橡胶和硅油等. 金属导体的电阻率为 $10^{-8} \sim 10^{-6} \Omega \cdot \mathrm{m}$. 绝缘体的电阻率为 $10^8 \sim 10^{20}$ $\Omega \cdot \mathrm{m}$,比金属的电阻率大 10^{14} 倍以上. 在电场中,这些材料都要受到电场的影响,也会反过来改变电场的分布. 下面只讨论各向同性、均匀的金属导体与电场的相互影响. 这种相互影响的规律实质上是静电场的一般规律在导体存在时的应用.

一、静电平衡状态和条件

所谓导体的静电平衡状态是指导体内部和表面都没有电荷宏观定向移动的状态. 只有在**导体内部电场强度处处为零**时才有可能达到并维持这种状态. 否则, 电场力将驱动导体内的自由电子做定向移动. 既然导体内部电场强度处处为零, 考虑到电势与场强的关系, 导体中任意两点间的电势差就必然为零. 形象地说, 处于静电平衡的导体是等势体. 而对任意具有唯一电势值的空间区域, 其表面必是等势面. 所以, **静电平衡中的导体表面是等势面**. 这里把导体表面简单地看成几何面. 而实际导体表面附近的几个原子层有着丰富的物理性质和异于体内的对称性, 是表面物理学的重要研究内容. 不对导体表面展开进一步的讨论, 只需要了解:

(1) 导体表面存在着对自由电荷的束缚力, 使其一般不能逸出表面. 若温度升高, 可以导致热电子发射, 称作热致发射; 表面外有强电场也可以导致电子发射, 称作场致发射; 而光电效应是光致电子发射的例子.

(2) 对于均匀各向同性导体, 可以认为其表面对电子的束缚力垂直于表面, 当导体之外存在电场时与束缚力相平衡的电场力也垂直于表面, 否则在电场力平行于表面的切向分量的作用下, 电子将发生定向移动.

综上所述, 导体的静电平衡条件是

$$E_内 = 0, \quad E_表面 \perp 表面 \tag{7.31}$$

即**导体内部场强为零, 表面处场强垂直于表面**. 或者**导体为等势体, 其表面为等势面**.

二、处于静电平衡导体的基本特性

(1) 导体处于静电平衡时, 其内部各处无净电荷, 电荷只能分布在表面(几个原子层厚度). 假如导体内部某处有净电荷, 那么它附近的场强就不可能为零. 由于静电平衡时导体内部场强处处为零, 根据高斯定理也可以很容易地证明上面的结论.

(2) 静电平衡下的导体, 其表面上的电荷面密度 σ 与场强之间满足关系式

$$\sigma = \varepsilon_0 E \tag{7.32}$$

仍用高斯定理对此加以证明, 取高斯面如图 7.18 所示. 由于 P 点离曲面足够近, 根据对称性 P 点场强 E 只能垂直于导体表面. ΔS 为平行于导体表面的小面积元, 由高斯定理

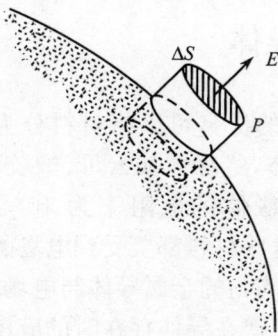

图 7.18　导体表面的场强

$$E\Delta S = \frac{\sigma \Delta S}{\varepsilon_0}$$

即

$$E = \frac{\sigma}{\varepsilon_0} \tag{7.33}$$

其中,E 是所有电荷的合场强的大小.

(3) 孤立导体处于静电平衡时,所带电荷的面密度与表面的曲率有关. 凸表面的曲率越大处,$|\sigma|$ 越大;凹表面的曲率越大处,$|\sigma|$ 越小. 例如,对于一个形状为正四面体的带电导体,四个顶点上的电荷最多. 这可以由电荷同性相斥的性质来推断,也可以通过比较导体表面附近处和较远处的等势面的形状来推想.

尖端上电荷过多时,会引起尖端放电现象. 为防止尖端放电,高电压器件的表面必须做得光滑并且常常做成球面. 利用尖端放电的例子有避雷针、电子点火器和火花放电设备中的电极.

三、静电屏蔽

利用导体静电平衡时所具有的特性,空腔导体可以使其内部与外部的电场分布互不影响,这种使内外电场相互隔离的作用称为**静电屏蔽**.

设想由图 7.19 所示的一组带电体所组成的系统. 如果 B 导体相对于 A 导体的位置有了变化,那么腔外空间的电场分布和 A、B 上的电荷分布都会相应变化. 尽管 A 导体的电势值一般也有变化,但是空腔导体 A 仍为等势体. A 导体中任意两点间的电势差为零,因而场强处处为零,这样的事实不会因 B 导体位置的变化而有所改变.

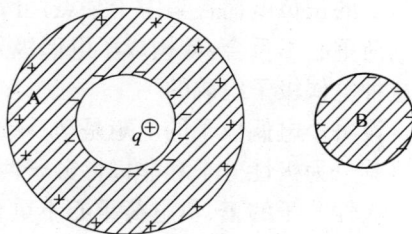

图 7.19 静电屏蔽

仅仅是空腔导体 A 的电势值增减某一常数绝不会在内部产生新的电场分布.

同理,如果腔内点电荷 q 发生了位移,那么导体腔内表面的电荷分布与腔内电场分布必发生相应的变化. 但是变化前后的 q 与内表面的电荷在 A 导体所在的空间各点的场强恒为零,A 仍为等势体,A 的内外表面仍为等势面. 因而,外表面上的电荷分布以及腔外电场的分布都不会因腔内 q 的移动而发生变化. 而且,利用高斯定理和导体空腔为等势体的性质,容易证明,如果腔内无电荷则导体腔内表面必无电荷分布.

实用上静电屏蔽的金属壳经常接地,则外表面的感应电荷就会转移流入地中. 全封闭的金属壳也常常用金属网替代. 传送弱信号的导线,其外表就是用金属丝编成的网包起来的. 这样的导线叫屏蔽线.

7.4　静电场中的电介质

　　一般来讲,凡处在电场之中能与电场发生相互作用的物质,除导体外皆可称作电介质.电介质主要以极化方式而不是以传导方式传递电的作用和影响.绝缘体和导体是这两种传递电作用方式的极端情形.介于二者之间的许多半导体如高纯度的锗和硅也是电介质.当温度足够高时,电介质也可以成为导体.因此物质电学性质的这种分类是相对的.注意,由于某些电介质具有电致伸缩、压电性、热电性和铁电性等特殊性能,并得到广泛的应用,人们从 20 世纪 30 年代起,就开始对电介质作深入研究.特别是激光出现以后,研究电介质与激光的相互作用,又成为非线性光学等学科的重要研究内容.现在,电介质物理学已成为独立的学科,构成材料科学的理论基础之一.

　　下面主要研究密度均匀和各向同性的电介质.

一、两类电介质及其极化机理

　　电介质中每个分子都是由正负电荷构成的复杂带电系统,所占体积的线度为 10^{-10} m.当考虑这些电荷在较远处产生的电场,或其所受外电场作用时,都可以认为分子的正负电荷各集中于某点,分别称作正负电荷的"重心".如果中性分子的正负电荷重心不重合,就构成了电偶极子.对于电场中的电介质,可以认为是由大量的这种电偶极子组成的.

　　设每个电偶极子的电矩是 $p = ql$.依照电介质分子内部结构电特性的不同,可以将其分为极性分子和非极性分子两类.

　　极性分子的正、负电荷重心不重合,具有固有的电偶极矩,如 CO、H_2O 等是极性分子;非极性分子的结构对称的,电荷分布也对称,因此正、负电荷重心重合,没有固有电偶极矩.如 He、O_2、CO_2 等分子.非极性分子在外电场的作用下,电荷重心会分开,因而具有了电偶极矩,这种电偶极矩称为**感应电矩**.

　　感应电矩的方向与外加电场同向.分子处在不太强的电场中,p 与 E 近似成正比.感应电矩与温度无关,其大小比极性分子的固有电矩小得多,约为后者的万分之一.对固有电矩,受外电场的作用,其方向趋同于外电场的方向.但是,分子的无规则热运动始终存在着,又在很大程度上干扰了固有电矩的这种排列趋向.外电场越强,固有电矩排列趋向越明显,而温度越高,干扰越大.最终,在常温下,电介质中与 E 成锐角的固有电矩比成钝角的多一些,从而对外表出现这类电介质与温度有关的电特性.

　　虽然两种电介质受外电场影响的微观行为不同,但宏观表现是一样的.在均匀电介质内部仍是电中性,其表面出现了一定的电荷分布.如图 7.20 所示.在外电场的作用下,电介质显示电性的现象,称作电介质的**极化**.电介质表面的极化电荷与导体中的自由电荷不同,不能用传导的方法引走,因而又称**束缚电荷**.

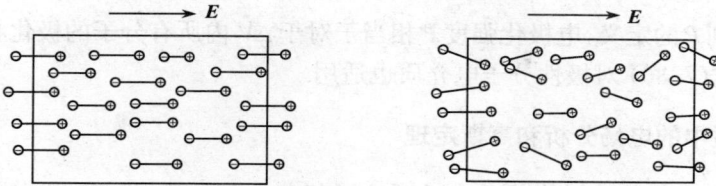

图 7.20 外电场中的电介质

引入**电极化强度**来描写电介质的电极化程度.电极化强度的定义是单位体积内分子电偶极矩的矢量和. 在电介质中取一小体积 ΔV, 其中第 i 个分子的电矩记为 $\boldsymbol{p}_i$, 体积元 ΔV 处的电极化强度 $\boldsymbol{P}$ 为

$$\boldsymbol{P} = \frac{\sum \boldsymbol{p}_i}{\Delta V} \qquad (7.34)$$

如果电介质的分子是非极性的,则每个分子的电矩都相同.以 n 表示 ΔV 内分子数 N 与 ΔV 的比, 即 ΔV 处的分子数密度, 则有

$$\boldsymbol{P} = n\boldsymbol{p}$$

电极化强度的单位是 $C \cdot m^{-2}$, 量纲与电荷面密度的量纲相同.

实验表明:当电介质中的电场强度不太强时,电极化强度与场强成正比,即

$$\boldsymbol{P} = \varepsilon_0 \chi_e \boldsymbol{E} \qquad (7.35)$$

其中, χ_e 是电介质的电极化率.

电介质在电极化状态中,内部电极化强度 $\boldsymbol{P}$ 不为零,并且表面出现了极化电荷面密度 σ', 下面我们以非极性分子电介质为例, 求出 σ' 与 $\boldsymbol{P}$ 的关系.

在电介质表面取小面元 dS, 设想极化过程中负电荷不动,正电荷的重心相对负电荷移了 $l, l \parallel \boldsymbol{P} \parallel \boldsymbol{E}$. 如图 7.21 所示, 做一斜高为 l, 底面积 dS 的斜柱体体积元 dV. 由于电介质的极化, dV 内的所有分子的正电荷重心都将移出 dS, 从而成为极化电荷. 极化电荷的总电量为

$$dq' = qn\,dV = qnl\,dS\cos\theta$$

其中, q 是一个分子的正电荷, n 是电介质的分子数密度. 注意到 $ql = p$, $np = P$, 所以

$$dq' = P\,dS\cos\theta = \boldsymbol{P} \cdot d\boldsymbol{S}$$

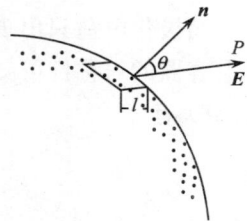

图 7.21 电介质表面的极化电荷

进而，极化电荷面密度为

$$\sigma' = \frac{\mathrm{d}q'}{\mathrm{d}S} = P\cos\theta = \boldsymbol{P} \cdot \boldsymbol{n} \tag{7.36}$$

考虑到 $\boldsymbol{P}$ 的定义，电极化强度 $\boldsymbol{P}$ 相当于对于 ΔV 内所有分子的极化状态的平均描述，故式 (7.36) 对极性分子电介质也适用.

二、电介质中的电场分析和高斯定理

当电介质存在时，电场是由电介质上的极化电荷和其他电荷共同决定的. 这里其他电荷是指所考察的电介质以外的带电体上的电荷，包括金属导体上带的电荷，为了与所研究的电介质上的极化电荷相区别，常方便地称为自由电荷. 设自由电荷为 q_0，其电场为 $\boldsymbol{E}_0$，极化电荷为 q'，其电场为 $\boldsymbol{E}'$，此时总场强则为

$$\boldsymbol{E} = \boldsymbol{E}_0 + \boldsymbol{E}' \tag{7.37}$$

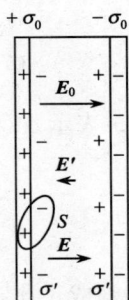

图 7.22　介质中的电场

有电介质存在时，静电平衡实际是 q 和 q' 激发电场相互影响的结果，当然达到平衡所需的弛豫时间很短，通常假定平衡是瞬间达到的. 根据实际问题，求解这类平衡问题时一般作以下的简化处理，即电介质的分布和自由电荷的分布是确定的. $\boldsymbol{E}$ 既和已知的自由电荷 q_0 的分布有关，又和待定的极化电荷 q' 的分布有关. 为了说明解决这类问题的一般方法，先研究一个特例.

一个充满均匀电介质的平板电容器，设边缘效应可忽略，则自由电荷在极板上是均匀分布的 (图 7.22). 由高斯定理可以证明，两板上等量异号的电荷分布在金属板的内表面上. 由导体表面处场强与电荷面密度的关系式 (7.33)，容易得到均强电场的场强的表达式为

$$E_0 = \frac{\sigma_0}{\varepsilon_0} \tag{7.38}$$

而极化电荷只出现在均匀介质与两板相邻的表面上，设其面密度为 σ'. 由平板电容器的对称性可知，$\boldsymbol{E}'$ 与 $\boldsymbol{P}$ 都垂直于介质表面. 由式 (7.35)、式 (7.36) 和式 (7.38) 有

$$E' = \frac{\sigma'}{\varepsilon_0}, \quad \sigma' = P, \quad \boldsymbol{P} = \varepsilon_0 \chi_e \boldsymbol{E}$$

以及

$$\boldsymbol{E} = \boldsymbol{E}_0 + \boldsymbol{E}'$$

所以各场强大小为

$$E = E_0 - \frac{P}{\varepsilon_0} = E_0 - \chi_e E$$

可以解出

$$E = \frac{E_0}{1 + \chi_e} = \frac{E_0}{\varepsilon_r} \tag{7.39}$$

其中,$\varepsilon_r \equiv 1 + \chi_e$,称为**相对介电常数**.

因为 $\chi_e > 0, \varepsilon_r > 1$,所以 $E < E_0$. 注意到电容器极板间的场强与电势差的关系 $Ed = U$ 有

$$U = \frac{U_0}{\varepsilon_r}$$

其中,U 是充满电介质时电容器两极板的电势差,U_0 是电容器两板间真空时的电势差. 根据电容的定义,无电介质时平板电容器的电容为 $C_0 = \frac{Q_0}{U_0}$,充满电介质时平板电容器的电容为 $C = \frac{Q_0}{U}$. 比较两式,得

$$C = \varepsilon_r C_0$$

即电介质使电容器的电容增大.

电介质表面上的极化电荷面密度为

$$\sigma' = P = \varepsilon_0 \chi_e E = \varepsilon_0 (\varepsilon_r - 1) \cdot \frac{\sigma}{\varepsilon_0 \varepsilon_r} = \frac{\varepsilon_r - 1}{\varepsilon_r} \sigma_0$$

在这个例子中,看到有电介质存在时总场强 E 和自由电荷分布的关系为

$$E = \frac{E_0}{\varepsilon_r} = \frac{\sigma_0}{\varepsilon_0 \varepsilon_r} = \frac{\sigma_0}{\varepsilon} \tag{7.40}$$

其中,$\varepsilon \equiv \varepsilon_0 \varepsilon_r$,称为介电常数. 电介质的影响使得 E,U 变小了.

现在考虑图 7.22 中画出的高斯面 S,以 q_{0i} 表示 S 所包围的自由电荷. 根据高斯定理有

$$\oiint_S \boldsymbol{E}_0 \cdot \mathrm{d}\boldsymbol{S} = \frac{\sum q_{0i}}{\varepsilon_0}$$

将 $\boldsymbol{E}_0 = \varepsilon_r \boldsymbol{E}$ 代入可得

$$\oiint_S \varepsilon \boldsymbol{E} \cdot \mathrm{d}\boldsymbol{S} = \sum q_{0i} \tag{7.41}$$

令

$$\boldsymbol{D} = \varepsilon \boldsymbol{E}$$

$\boldsymbol{D}$ 称为电位移矢量,在各向同性的介质中 $\boldsymbol{D}$ 与 $\boldsymbol{E}$ 同方向. 式(7.41) 化为

$$\oiint_S \boldsymbol{D} \cdot \mathrm{d}\boldsymbol{S} = \sum q_{0i} \tag{7.42}$$

式(7.42) 称为**电介质中的高斯定理**. 虽然这是由充满电介质的平板电容器这一特例导出，但可以证明，它在一般的情况下也成立.

在对称性较好的情况下，可以通过解式(7.42)，先求得 D，再进一步得到 E, σ 等物理量.

例 7.10　如图 7.23，一个半径为 R 的带正电的金属球，所带电量为 q，浸没在一个大油箱中，油的相对介电常数为 ε_r. 求：

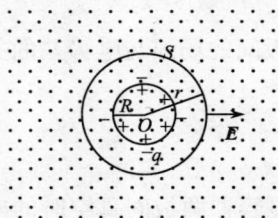

(1) 油中的电场分布；

(2) 贴近金属球油面上的极化电荷总量 q'.

解　(1) 由对称性分析可知，自由电荷 q 和电介质分布以及 E 和 D 的分布都具有球对称性. 做一个半径为 r 并与金属球同心的球面 S，根据高斯定理有

图 7.23

$$\oiint_S \boldsymbol{D} \cdot \mathrm{d}\boldsymbol{S} = q$$

因为 S 面上 D 处处相等，D 的方向处处与 $\mathrm{d}\boldsymbol{S}$ 一致，故

$$\oiint_S \boldsymbol{D} \cdot \mathrm{d}\boldsymbol{S} = D \cdot 4\pi r^2$$

比较两式，得

$$D = \frac{q}{4\pi r^2}$$

写成矢量式为

$$\boldsymbol{D} = \frac{q}{4\pi r^2}\boldsymbol{r}_0$$

距离球心 r 处的电场强度为

$$\boldsymbol{E} = \frac{q}{4\pi \varepsilon r^2}\boldsymbol{r}_0 = \frac{q}{4\pi \varepsilon_0 \varepsilon_r r^2}\boldsymbol{r}_0$$

由此表明电介质中的场强比真空中的场强减弱到 $1/\varepsilon_r$. 其中的 ε_r 反映了极化后的电介质对电场的影响，也就是在这种对称性足够高的情况下，极化电荷 q' 的贡献完全可以由 ε_r 来描述.

(2) 由式(7.35) 得

$$\boldsymbol{P} = \varepsilon_0 \chi_e \boldsymbol{E} = \varepsilon_0 (\varepsilon_r - 1)\frac{q}{4\pi \varepsilon_0 \varepsilon_r R^2}\boldsymbol{r}_0$$

再由式(7.36) 得

$$\sigma' = \boldsymbol{P} \cdot \boldsymbol{n} = -\boldsymbol{P} \cdot \boldsymbol{r}_0 = -(\varepsilon_r - 1)\frac{q}{4\pi \varepsilon_r R^2}$$

其中的负号是因为介质表面的法线指向球心.

电介质面上的总极化电荷为

$$q' = 4\pi R^2 \sigma' = -\left(1 - \frac{1}{\varepsilon_r}\right)q$$

因为 $\varepsilon_r > 1$，所以 q' 与 q 总为异号，其数值则总小于 q.

7.5 电容 电容器

一、孤立导体的电容

一个带电量为 Q 的孤立导体,达到静电平衡时,本身具有一确定的电势值 U. 实验证明,同一导体的电势与它所带的电量成正比. 另外,不同形状和大小的导体达到相同的电势时,其所带电量一般不同. 因此,可把导体当作电量的容器,并引入导体的电容这一物理量来描述导体的这种属性. 孤立导体的电容 C 定义为

$$C = \frac{Q}{U} \tag{7.43}$$

电容的单位是 F. 真空中的孤立导体球的电容为

$$C = \frac{Q}{\dfrac{Q}{4\pi\varepsilon_0 R}} = 4\pi\varepsilon_0 R$$

如果球的半径 $R = 1\mathrm{m}$,则 $C = 4\pi\varepsilon_0 = 4\pi \times 8.85 \times 10^{-12}\mathrm{F} = 1.11 \times 10^{-10}\mathrm{F}$, 即使 R 大到如地球的半径 $R = 6.37 \times 10^6\mathrm{m}$,它的电容也只有 $C = 7.07 \times 10^{-4}\mathrm{F}$, 可见 F 的单位很大,实际常用 $\mu\mathrm{F}$ 和 pF. $1\mu\mathrm{F} = 10^{-6}\mathrm{F}, 1\mathrm{pF} = 10^{-12}\mathrm{F}$.

二、电容器

1. 电容器

在实际问题中,严格的孤立导体并不存在. 带电导体周围一般存在着电介质或导体. 带电导体的电势也会随环境的变化而有所不同. 通常用两个由电介质隔开的、彼此靠得很近的导体薄板、导体薄球面或薄柱面组成电容器. 这两块导体称为电容器的极板. 对充电的电容器,电场相对集中在两极板之间,因而极板间的电势差受外界的影响就会很小,常常可以忽略. 若电容器两极板带等量异号电荷 $\pm q$,其间电势差为 $U_1 - U_2$,电容器的电容则定义为

$$C = \frac{Q}{U_1 - U_2} \tag{7.44}$$

实验和理论都表明,它的值只取决于极板的大小、形状、相对位置及其间所充的电介质等因素. 对给定的电容器,C 与极板是否带电无关.

在电力系统中,可以用电容器来储存电荷或电能,也可以用来提高用电设备

的功率因数, 以便减少输电损耗和充分发挥设备的效率.

2. 几种典型电容器电容的计算

1) 平板电容器

平板电容器结构如图 7.24 所示. S 是极板相对着的面积, d 为板间的距离, 相对介电常数为 ε_r 的电介质充满极板之间.

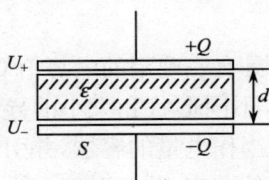

忽略边缘效应, 两极板的带电量为 $\pm Q$ 时的电场为

$$E = \frac{\sigma}{\varepsilon} = \frac{Q}{\varepsilon S}$$

两极板间电势差为

$$U = Ed = \frac{Qd}{\varepsilon S}$$

图 7.24　平板电容器

由电容的定义式, 有

$$C = \frac{\varepsilon S}{d} \tag{7.45}$$

式 (7.45) 说明电容的确只和电容器的结构有关, 而且板间所充满的电介质使得电容增大到板间真空时的电容的 ε_r 倍.

2) 圆柱电容器

圆柱电容器由两个同轴的金属圆筒组成 (图 7.25). 设筒长为 L, 筒的半径分别为 R_1 和 R_2, 其间充满介电常数为 ε 的电介质. 忽略边缘效应, 由 $\boldsymbol{D}$ 的高斯定理可知两极板带电量分别为 $\pm Q$ 时的场强表达式

$$\boldsymbol{D} = \frac{Q}{2\pi r L}\boldsymbol{r}_0, \quad (R_1 < r < R_2)$$

其中, r 是轴线到场点的距离, 场强方向沿径向向外. 则两筒间的电势差为

$$U = \int_{R_1}^{R_2} \boldsymbol{E} \cdot \mathrm{d}\boldsymbol{r} = \int_{R_1}^{R_2} \frac{Q}{2\pi \varepsilon r L} \cdot \mathrm{d}\boldsymbol{r} = \frac{Q}{2\pi \varepsilon L}\ln\left(\frac{R_2}{R_1}\right)$$

依定义有圆柱电容器的电容表达式为

$$C = \frac{2\pi \varepsilon L}{\ln\left(\dfrac{R_2}{R_1}\right)} \tag{7.46}$$

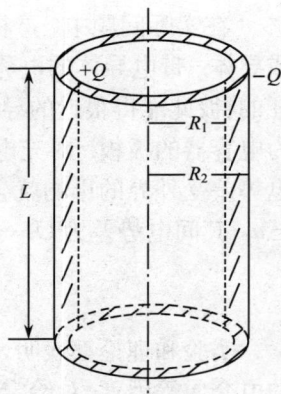

电工技术中常用的同轴电缆, 其电容可由式 (7.46) 计算.

图 7.25　圆柱电容器

3) 球形电容器

球形电容器由两个同心的导体球壳构成. 如果两球壳间充满电介质, 介电常数为 ε, 用与上面类似的方法就可求出球形电容器的电容为

$$C = \frac{4\pi\varepsilon R_1 R_2}{R_2 - R_1} \tag{7.47}$$

其中, R_1 和 R_2 分别是电介质内外两个表面的半径.

衡量一个电容器的性能有两个主要指标: 一个是电容, 另一个是耐压能力. 极板间充满电介质时电容和耐压都可以增大. 电容的并联和串联, 分别提高了电容组的电容量和耐压能力. 对此, 进一步说明如下.

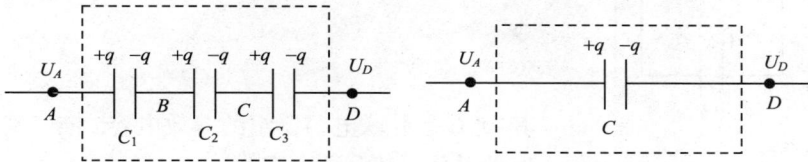

图 7.26 电容器的串联

实际电路中, 常常将电容器组合起来使用. 如图 7.26 所示, 将电容分别为 C_1、C_2、C_3 的电容器串联在电路中, A、B、C、D 各点的电压分别为 U_A、U_B、U_C、U_D, 各电容器极板上的电量大小均为 q. 根据电容的定义可知

$$U_A - U_B = \frac{q}{C_1}, \quad U_B - U_C = \frac{q}{C_2}, \quad U_C - U_D = \frac{q}{C_3}$$

三式相加, 得

$$U_A - U_D = q\left(\frac{1}{C_1} + \frac{1}{C_2} + \frac{1}{C_3}\right)$$

令

$$\frac{1}{C} = \frac{1}{C_1} + \frac{1}{C_2} + \frac{1}{C_3}$$

则

$$U_A - U_D = \frac{q}{C}$$

其中, C 称为串联电容器组的等效电容. 推广到一般, n 个电容器串联的等效电容为 C, 则有

$$\frac{1}{C} = \sum_{i=1}^{n} \frac{1}{C_i} \tag{7.48}$$

　　串联电容器组的特点是:等效电容小于组内任意一个电容器的电容;等效电容两端的电压为组内各电容器端电压之和,即串联提高了耐压性.

　　如图 7.27 所示,将电容分别为 C_1、C_2、C_3 的电容器并联在电路中. 显然,各电容器两端的电压均为 $U_A - U_B$,各电容器极板上的储电量分别为 q_1、q_2、q_3. 根据定义有

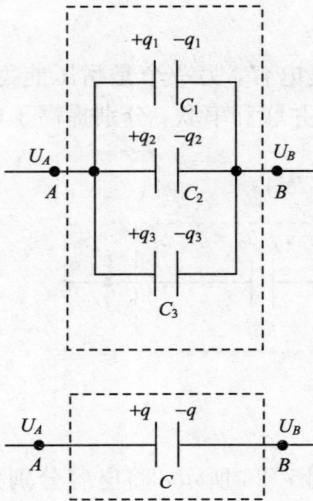

$$q_1 = C_1(U_A - U_B), \quad q_2 = C_2(U_A - U_B),$$
$$q_3 = C_3(U_A - U_B)$$

电容器组的总储电量

$$q = q_1 + q_2 + q_3$$
$$= (C_1 + C_2 + C_3)(U_A - U_B)$$

令

$$C = C_1 + C_2 + C_3$$

其中,C 是并联电容器组的等效电容. 推广到 n 个电容器并联,其等效电容为

$$C = \sum_{i=1}^{n} C_i \tag{7.49}$$

　　显然,并联电容器增大了电容量,但耐压性并未提高,只要其中一个电容器被击穿,整个电容器组就意味着被击穿了.

图 7.27　电容器的并联

7.6　静电场的能量

　　场是物质存在的一种形态,它具有能量和动量. 本节所讨论的静电场的能量,与其他场一样也是储存于场中的. 为了讨论的方便,我们先来考虑电容器电场中储存的能量.

一、电容器的能量

　　电容器极板电量分别为 $\pm Q$, 相应的电势差为

$$U = U_1 - U_2$$

　　根据在充电过程中外力克服电场力对电荷做的功,来计算电容器储存的能量. 设想在电容器充电过程中,外力不断把微小电荷元 $+\mathrm{d}q$ 从电容器的负极迁移到正极. 设某一时刻极板所带电量为 $\pm q$,则板间的电压为 $U = (U_1 - U_2) = \dfrac{q}{C}$(图 7.28)在迁移 $+\mathrm{d}q$ 的过程,外力做功为

$$dA = (U_1 - U_2)dq = Udq = \frac{qdq}{C}$$

充电从 $q_1 = 0$ 开始, 到 $q_2 = Q$ 结束, 外力所做的总功为

图 7.28　电容器的能量

$$A = \int_1^2 dA = \frac{1}{C}\int_0^Q qdq = \frac{1}{2}\frac{Q^2}{C}$$

根据能量守恒定律, 这个功即为储存在电容器内的能量为

$$W_e = \frac{1}{2}\frac{Q^2}{C} = \frac{1}{2}CU^2 = \frac{1}{2}QU \tag{7.50}$$

电容器的能量可以认为储存在电容器内的电场之中.

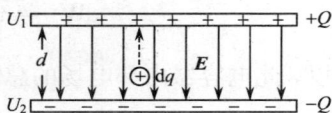

二、电场能量和电场能量密度

为了找到电容器能量和场强的关系, 以平板电容器为例来展开讨论. 对平板电容器, 其内部场强均匀, 因为

$$U = Ed, \quad C = \frac{\varepsilon S}{d}$$

所以

$$W_e = \frac{1}{2}CU^2 = \frac{1}{2}\frac{\varepsilon S}{d}E^2 d^2 = \frac{1}{2}\varepsilon E^2 Sd = \frac{1}{2}\varepsilon E^2 V$$

其中, V 是两极板间电场所占空间的体积, 所以电场的能量密度为

$$w_e = \frac{1}{2}\varepsilon E^2 \tag{7.51}$$

电场中储有能量的观念, 是关于电场概念的一个重要结论. 在各向同性的介质中可以写成

$$w_e = \frac{1}{2}DE = \frac{1}{2}\boldsymbol{D} \cdot \boldsymbol{E} \tag{7.52}$$

虽然式 (7.51)、式 (7.52) 是从平板电容器的匀强电场这一特例导出的, 但是可以证明, 其结论是在更广泛的情况下普遍成立的.

例 7.11　一球形电容器, 球壳间充满电介质, 其介电常数为 ε, 电介质的内外半径分别为 R_1 和 R_2 (图 7.29). 求带有电量 Q 时此电容器所储存的电能.

解　注意到电容器的球对称性, 由 $\boldsymbol{D}$ 的高斯定理得

图 7.29

$$D = \frac{Q}{4\pi r^2}, \quad E = \frac{Q}{4\pi \varepsilon r^2}$$

由式 (7.52), 半径为 $r \sim r + dr$ 的薄球壳内有电场能

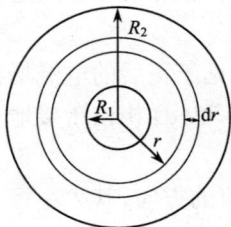

$$dW_e = w_e dV = \frac{1}{2}\varepsilon\left(\frac{Q}{4\pi\varepsilon r^2}\right)^2 \cdot 4\pi r^2 dr$$

所以，此电容器内部电场的总能量为

$$W_e = \int dW_e = \int_{R_1}^{R_2} \frac{\varepsilon}{2}\left(\frac{Q}{4\pi\varepsilon r^2}\right)^2 \cdot 4\pi r^2 dr = \frac{Q^2}{8\pi\varepsilon}\left(\frac{1}{R_1} - \frac{1}{R_2}\right)$$

7.7　恒定电场

本节研究恒定电场，即电荷运动，但是场的空间分布不随时间变化的电场. 前面所讨论的静电场也不随时间变化，而且还要求电荷不流动，所以静电场可以看成恒定电场的特例. 为了揭示恒定电场、电荷分布以及电流之间的相互制约关系，先讨论恒定电流并引入电流密度的概念.

一、恒定电流

从微观看，导体内的自由电荷总在不停地运动着. 金属中大量的自由电子就好像容器中的气体分子一样，永不停歇地做无规则热运动. 如果不存在外电场或其他外在原因，电子在任意一个方向上的运动是等概率的. 因此，电子运动速度的时间平均值为零，即做无规热运动的电子不形成电流. 另外，电流是带电粒子的定向运动，导体中电荷的携带者统称为载流子，它们可以是电子、正负离子或质子，在半导体中还包括带正电的"空穴".

常见的电流是在导线的两端加上电压后形成的. 电流的大小用电流强度来描述. 单位时间通过导体任一截面的电量称作通过该截面的电流，用 I 表示，即

$$I = \frac{dq}{dt}$$

国际单位制中电流是基本物理量之一，单位是 A，$1A = 1C \cdot s^{-1}$.

电流并不能说明电荷通过截面上各点的情况，尤其对于大块导体，其不同部分的电流大小和方向都不一样. 此外，对于高频交流电会有明显的趋肤效应，即使在细导线的横截面上也会形成一定的电流分布. 为了描述导体中各处电荷定向运动的情况，需要引进电流密度 $\boldsymbol{j}$.

图 7.30 给出了几种电流密度分布的实例（进一步的说明见于稍后的电流场概念）. 图中(a)与(b)相当于同轴电缆和电容器的漏电电流，(c)和(d)相当于接地线和物理勘探中接地导线所形成的电流场.

电流密度是矢量，在导体中各点该矢量的方向即该点电流的方向，其大小等于通过该点单位垂直截面的电流强度，即通过该截面的电量与所需时间的比值. 如图 7.31，设 $dS_\perp$ 为导体中某点与电流方向垂直的一截面元，通过 $dS_\perp$ 的电流与该

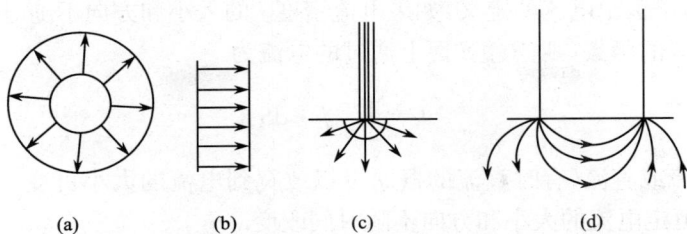

图 7.30 电流密度分布实例

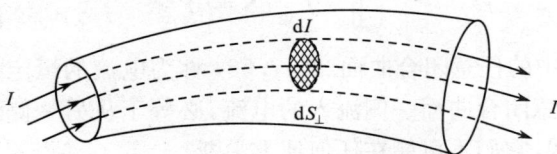

图 7.31 电流密度

点的电流密度大小有如下关系

$$j = \frac{\mathrm{d}I}{\mathrm{d}S_\perp} \qquad 即 \ \mathrm{d}I = j\mathrm{d}S_\perp \tag{7.53}$$

如果所考虑的截面 $\mathrm{d}S$ 的法线 $\boldsymbol{n}$ 与电流方向成 θ 角,则有

$$\mathrm{d}I = j\mathrm{d}S_\perp = j\mathrm{d}S\cos\theta \tag{7.54}$$

因此,通过导体中任一有限截面 S 的电流为

$$I = \iint_S \boldsymbol{j} \cdot \mathrm{d}\boldsymbol{S} \tag{7.55}$$

在电流区域内各点的电流密度 $\boldsymbol{j}$ 一般有不同的数值和方向,常把这样的矢量场称作电流场. 电流场与管道中水的流速场情形类似. 因此,可以用电流线形象地描绘电流场,电流线上每点的切线方向都与该点的电流密度方向相同. 电流密度的单位为 $\mathrm{A} \cdot \mathrm{m}^{-2}$.

导体中的载流子既做无规热运动,又在电场力等外部因素影响下做定向漂移运动. 无规热运动对电流没有贡献. 载流子运动速度在一定时间间隔内的平均值就是载流子的漂移速度,记作 v_d. 另外,考虑电量为 q,单位体积内以速度 v_i 运动的载流子数为 n_i,则某一时刻大量载流子的平均速度为

$$\bar{v} = \frac{\sum n_i v_i}{\sum n_i} = \frac{\sum n_i v_i}{n}$$

其中,n 是单位体积内这种载流子的总数. 则 $\bar{v} = v_\mathrm{d}$,根据 $\boldsymbol{j}$ 的定义可有

$$j = nq v_\mathrm{d}$$

现在,给出恒定电流的定义:如果电流密度 j 的大小和方向不随时间变化,即 j 只是空间位置的函数,则任意 S 面上通过的电流为

$$I = \iint_S j \cdot dS$$

称为恒定电流或直流(有时直流的概念可以放宽到电流的大小可变,只是方向不变). 显然,恒定电流的大小和方向不随时间改变.

对于恒定电流来说,电流场是不随时间变化的. 容易证明此时有

$$\oiint_S j \cdot dS = 0 \tag{7.56}$$

其中,S 是电流场中的任意闭合曲面. 式(7.56)称为电流的恒定条件,它表明在恒定条件下,通过任意闭合曲面一侧流入的电流,必等于从另一侧流出的电流,即电流线必是闭合曲线,它们不可能在任何地方中断.

注意到,如果式(7.56)不成立,比如

$$\oiint_S j \cdot dS = I = \frac{dq}{dt} > 0$$

这意味着流出某一封闭曲面 S 的净电流大于零,若同时要求电流不随时间改变,则等价于要求 S 面内能够不断产生正电荷. 这显然是不可能的. 因此,对恒定电流,式(7.56) 一定成立.

二、恒定电场

恒定电流要求电流场中任意闭曲面上电流密度的通量为零,见式(7.56),即在任意一段时间内通过此闭合面流入和流出的电量相等. 根据电荷守恒定律,这一闭合曲面内的总电量应不随时间改变. 以上论述对导体内各处任意大小的闭曲面 S 都成立,由此可知,在恒定电流的情况下,导体内的电荷分布不随时间改变. 净电荷的宏观分布不随时间改变这样一种动态平衡,是由电荷稳定的定向移动形成的,即一些电荷因向前流动离开某处时,必有等量的另一些电荷移至该处. 恒定的电荷分布产生不随时间改变的电场,这种电场称作恒定电场. 对恒定电场,高斯定理显然是成立的, 因为前面已有讨论,高斯定理是电磁场的普遍规律,它所根据的事实只是电场力的平方反比关系或电场线在无电荷处永不中断. 而且,关于对称性较高的恒定电场,仍可用高斯定理方便地求出场强.

恒定电场与静电场有着形式完全相同的环路定理. 因为,恒定电流场中任一点 $P(r)$ 处,电荷密度 $\rho(r)$ 不随时间变化,该点附近取一体积元 dV,电荷元 $\rho(r)dv$ 可等价地看作静止点电荷,其电场力是各向同性的. 这种各向同性导致恒定电场的环路定理仍然是

$$\oint_L \boldsymbol{E} \cdot \mathrm{d}\boldsymbol{l} = 0 \qquad (7.57)$$

式(7.57)也常常说成:沿任一闭合回路,恒定电场做功为零.由式(7.57)所揭示的恒定电场的保守性,导致电势的概念对恒定电场仍然有效.

恒定电场和静电场还有一些重要区别需要注意.首先,恒定电流场描述的是稳定的电荷定向运动,因此,即使在导体内部,恒定电场也不等于零.这与静电平衡中的导体根本不同.其次,因为电荷运动时恒定电场要做功,所以恒定电场的存在总伴随着能量转换的过程.而维持静电荷所激发的静电场一般不需能量的转换.此外,如果电场场强随时间变化不大,则此电场仍可作恒定电场处理,这种电场可以称作准恒定电场.这种对实际问题的近似处理方法,在电工技术等应用领域是极为有用的.

由式(7.56)知道,要维持闭合回路中的恒定电流,只靠恒定电场显然是不行的,还必须引入非恒定电场(为简单起见,常称作非静电场).

三、非静电场和电动势

要在导线中产生电流,导线两端必须具有电势差.并不是任意两个具有电势差的带电体,用导线联结后都能产生恒定电流.

如图 7.32 电容器两极板的电势分别为 U_A、U_B,$U_A > U_B$,用导线连接极板 A 和 B,导线中会产生电流.电荷流动的结果导致两极板上正负电荷中和,电势差 $\Delta U = U_A - U_B$ 下降,最后达到 $U_A = U_B$,导线中电流 $I = 0$.

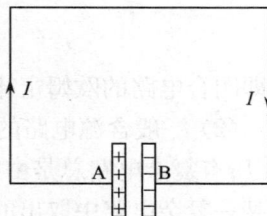

图 7.32 电容器放电

仅靠静电力不可能维持恒定电流,还必须有非静电力,将正电荷不断地从低电势端运送到高电势端.这种能将正电荷从低电势处(负极)输运到高电势处(正极)的装置称为直流电源,常简称为电源.

电源通过做功,把各种形式的能量(热能、光能、机械能、化学能、核能等)转化为电能.等效地可以认为,电源在其内部形成一非静电场.当电荷 Q 通过电源从负极到达正极时,电源对其做功为

$$A = \mathcal{E}Q$$

比例系数 $\mathcal{E}$ 只与电源本身的机制有关,将它称为电源的电动势,它表示把单位正电荷从负极经过电源内部运到正极非静电力所做的功.

$\mathcal{E}$ 是标量,但是通常也规定了一个方向(类似于电流的方向),即从电源的负极指向正极.换句话说,也就是电势升高的方向,或者是在电源内正电荷被推动的方向.

电荷在电源内的非静电力场中所受的力 $\boldsymbol{F}_k$ 可以用 $\boldsymbol{F}_k = q\boldsymbol{E}_k$ 表示,其中 E_k 称为非静电力场场强.

根据电动势的定义,有

$$\mathscr{E} = \frac{A}{q} = \int_{\substack{- \\ (\text{电源内})}}^{+} \boldsymbol{E}_k \cdot \mathrm{d}\boldsymbol{r} \tag{7.58}$$

电动势的单位为 V.

需要说明的是,在稳恒电路中,静电场在电源内、外电路中,其至电路以外的空间都存在,而我们所指的非静电场只在电源内部存在. 当然,也会有非静电场布满整个电路的情况,如温差电动势、感应电动势等. 这时,式(7.58)要改写成

$$\mathscr{E} = \oint_L \boldsymbol{E}_k \cdot \mathrm{d}\boldsymbol{r}$$

其中,积分路径 L 沿整个闭合导体回路.

引入直流电源的电路中可存在恒定电场和恒定电流,这种电路称为直流电路(或稳恒电路). 下面列出这种电路的欧姆定律.

(1) 含源闭合电路的欧姆定律. 设 R、r 和 $\mathscr{E}$ 分别表示闭合电路中的外电阻、电源的内电阻和电源电动势,当流经电路的电流为 I 时,有

$$I = \frac{\mathscr{E}}{R + r}$$

此即闭合电路的欧姆定律.

(2) 一般含源电路的欧姆定律. 对复杂的含源电路,上述欧姆定律不易直接应用. 所有复杂电路总是由一段一段电路组成的,其中可能包含电源,图 7.33 可视为从某一复杂电路中取出的一段含源电路. 终点 B 和起点 A 之间的电势差,应等于 AB 两点间所有电势升高与所有电势降落之差值,即

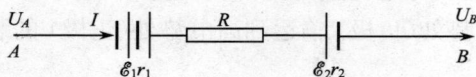

图 7.33　一段含源电路的欧姆定律

$$U_B - U_A = \sum \mathscr{E}_i - \sum I_i R_i$$

常将其称作一段含源电路的欧姆定律.

另外,由熟知的欧姆定律还可以做一些有益的讨论. 设圆柱体导线长为 L,截面积为 S,电阻率为 ρ,由欧姆定律

$$U = IR = I\rho \frac{L}{S}$$

设导线内有均匀电流, 即电流密度 $j = I/S$.

注意 $U = EL$, 令 $\sigma = 1/\rho$ 有

$$EL = j\rho L \text{ 或 } j = \sigma E$$

写成矢量式, 即

$$\boldsymbol{J} = \sigma \boldsymbol{E} \tag{7.59}$$

此式是欧姆定律的微分形式. 它给出了电流密度 $\boldsymbol{j}$ 和电场强度 $\boldsymbol{E}$ 之间逐点的对应关系. 式(7.59)虽然由一特例导出, 但容易证明对一般恒定电流场也成立. 实验表明, 式(7.59)适用于金属和电解液, 在变化不太快的准恒定情况下也成立. 其中 σ 是电导率, 单位是 $S \cdot m^{-1}$.

由式(7.59), 容易得到

$$\oiint_S \boldsymbol{j} \cdot d\boldsymbol{S} = \oiint_S \sigma \boldsymbol{E} \cdot d\boldsymbol{S} = 0$$

如果导体材料均匀, σ 为常数, 有

$$\oiint_S \boldsymbol{E} \cdot d\boldsymbol{S} = 0$$

由此说明, 均匀导体的恒定电流场中, 处处没有净电荷. 电荷只能分布在均匀导体的表面和两种导体的界面.

其次, 对于导体中的电子有

$$j = -nev_d$$

e 为基本电荷的量值. 由式(7.59), 有

$$-nev_d = \sigma E$$

即金属导体中电子的漂移速度 v_d 与电场 $\boldsymbol{E}$ 成正比, 而不是电子的加速度与电场成正比. 关于这一点的理论解释, 只有用量子力学理论才能给出与实验相一致的结果.

例7.12 铜是电的良导体. 若铜导线横截面面积为 $1 mm^2$, 通过电流为 $1A$. 设每一个原子贡献出一个自由电子, 求对自由电子漂移速度的量级进行估算.

解 铜的密度为 $8.9 g \cdot cm^{-3}$, 摩尔质量为 $64 g \cdot mol^{-1}$, 则铜原子或电子的数密度为

$$n = \frac{8.9}{64} \times 6.0 \times 10^{23} = 8.3 \times 10^{22} (cm^{-3})$$

$$v_d = \frac{I}{Sne} = \frac{10^6}{8.3 \times 10^{28} \times 1.6 \times 10^{-19}} \approx 10^{-4} (m \cdot s^{-1})$$

可见电子漂移速度是非常小的.

7.8　匀速运动点电荷的电场

前面研究了静电场与恒定电场的一些规律,本节讨论运动电荷的电场以及这电场中带电粒子受到的力. 为了方便起见,这里仅限于讨论匀速运动点电荷的电场,以及静止于场中的点电荷所受的作用力.

运动电荷的电场强度仍用下式表示,即

$$E = \frac{F}{q_0}$$

其中,F 是运动电荷的电场对放入其中的静止点电荷 q_0 的作用力,E 是运动电荷的电场强度.

静止点电荷的电场具有球对称性. 与此相对应的是,静止电荷周围的空间也有球对称性,即没有哪个方向比其他方向更优越. 而对于沿某一直线做匀速运动的点电荷来说,它的电场应不再具有球对称性,因为点电荷的运动方向就是电荷周围空间中的一个特殊方向. 因此,原来静止的点电荷的场强表达式一般不再成立. 为了找到运动电荷的场强表达式,首先假设高斯定理对运动电荷的电场仍然成立. 至于这一假设是否正确,则要看由此得到的推论与实验结果是否相符. 实验表明,高斯定理的确是经典电磁场的基本规律,当然也可以用它作为研究运动电荷的电场的出发点.

根据相对性原理和电荷的相对论不变性,有

$$\oint E \cdot dS = \oint E' \cdot dS' = \frac{1}{\varepsilon_0} \sum_{i=1}^{n} Q_i$$

带撇和不带撇的量为 K' 系中和 K 系中的各物理量,其积分面形状和位置可以不同,但应包围同样电荷.

为了研究运动电荷的电场,首先讨论相对电荷静止的参考系中的电场,再利用相对性原理就可以得到运动电荷的电场. 这就涉及电场的变换. 即 K' 系中的场强 E' 与 K 系中的场强 E 之间的变换关系式. 通过一个特例来讨论这个问题,所得出的结论却是普遍适用的.

如图 7.34 所示,在参考系 K' 中有两个静止的相互平行的均匀带电的 $(+\sigma', -\sigma')$ 大矩形平板. 沿 x' 方向板的长度为 l_0,则周围空间的电场分布为

板外　　　　　　　　　　　　$E' = 0$

板间　　　　　　　　　$E' = E_z' = \dfrac{\sigma'}{\varepsilon_0} k'$　　　　　　　　(7.60)

而在另一参考系 K 中,平行板面垂直于 z 轴,并以恒定速度 v 沿 x 轴正向运动. 根据狭义相对论的长度收缩规律,测得板的长度为

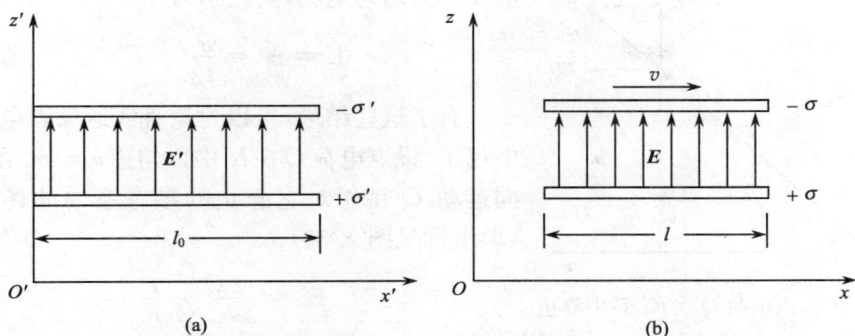

图 7.34 垂直运动方向电场的变换

$$l = l_0\sqrt{1-v^2/c^2}$$

由于板的宽度不变,面积 S 为

$$S = S_0\sqrt{1-v^2/c^2} \tag{7.61}$$

根据电荷的相对论不变性,板上总电量 Q 将保持不变,因而电荷面密度为

$$\sigma = \frac{Q}{S} = \frac{Q}{S_0\sqrt{1-v^2/c^2}} = \frac{\sigma'}{\sqrt{1-v^2/c^2}} \tag{7.62}$$

在 K 中观察,每个板都在运动,所以场强与板静止时有所不同. 但由于板面很大,且电荷均匀分布,所以板两侧仍应为均匀电场,而且对板面呈镜像对称分布. 合场强应与板面垂直,如图 7.34 所示. 利用高斯定律可求得板间电场为

$$E_z = \frac{\sigma}{\varepsilon_0} = \frac{\sigma'}{\varepsilon_0\sqrt{1-v^2/c^2}} = \frac{E_z'}{\sqrt{1-v^2/c^2}} \tag{7.63}$$

如果两平行板沿垂直板面的方向运动,板的面积及电荷不变,板的间距缩小了,如图 7.35 所示. 同样用高斯定律进行分析,可得:两板外的电场为零,两板间的

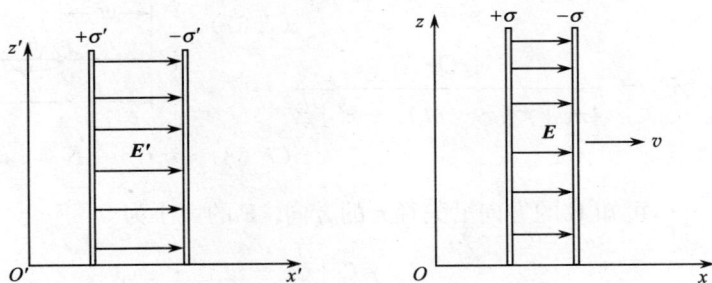

图 7.35 平行运动方向电场的变换

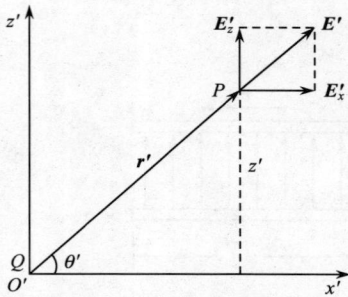

图 7.36　点电荷 Q 在 K' 系中静止

电场仍为均匀电场, 其大小为

$$E = \frac{\sigma}{\varepsilon_0} = \frac{\sigma'}{\varepsilon_0} = E' \qquad (7.64)$$

有了这些结果, 可以讨论直线运动点电荷的电场了. 设点电荷 Q 在 K 中以匀速 $\boldsymbol{v} = v\boldsymbol{i}$ 沿 x 正向运动. Q 在相对它静止的参考系中的场强为 (取坐标见图 7.36)

$$\boldsymbol{E}' = \frac{Q}{4\pi\varepsilon_0 r'^2} \frac{\boldsymbol{r}'}{r'}$$

在 K 中电场应对 x 轴具有对称性. 所以只讨论 xOz 平面及 $x'O'z'$ 平面上的电场分布. 在 $x'O'z'$ 平面上

$$E'_x = \frac{Q}{4\pi\varepsilon_0 r'^2}\cos\theta' = \frac{Qx'}{4\pi\varepsilon_0 (x'^2 + z'^2)^{3/2}} \qquad (7.65)$$

$$E'_z = \frac{Q}{4\pi\varepsilon_0 r'^2}\sin\theta' = \frac{Qz'}{4\pi\varepsilon_0 (x'^2 + z'^2)^{3/2}} \qquad (7.66)$$

在电场的变换过程中, 还要用到洛伦兹变换式, 有

$$x' = \frac{x - vt}{\sqrt{1 - v^2/c^2}}, \quad z' = z, \quad t' = \frac{t - vx/c^2}{\sqrt{1 - v^2/c^2}}$$

设在 K 系中, t 时刻 Q 电荷位于 x 轴上 A 点, 如图 7.37 所示. 代入坐标变换及场强变换关系式, 引入常用符号: $\beta = v/c, \gamma = (1 - v^2/c^2)^{-1/2}$, 并根据电荷的相对论不变性, 可得

$$E_x = E'_x = \frac{\gamma Q(x - vt)}{4\pi\varepsilon_0 \left[\gamma^2(x - vt)^2 + z^2\right]^{3/2}} \qquad (7.67)$$

$$E_z = \gamma E'_z = \frac{\gamma Q z}{4\pi\varepsilon_0 \left[\gamma^2(x - vt)^2 + z^2\right]^{3/2}} \qquad (7.68)$$

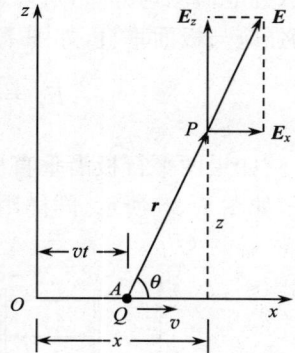

图 7.37　K 系中的运动电荷

由 $\dfrac{E_z}{E_x} = \dfrac{z}{x - vt}$, 可知 $\boldsymbol{E}$ 的方向沿矢径 $\boldsymbol{r}$ 的方向. $\boldsymbol{E}$ 的大小为

$$E^2 = E_x^2 + E_z^2 = \frac{\gamma^2 Q^2 \left[(x - vt)^2 + z^2\right]}{(4\pi\varepsilon_0)^2 \left[\gamma^2(x - vt)^2 + z^2\right]^3}$$

整理可得

$$E^2 = \frac{Q^2(1-\beta^2)^2}{(4\pi\varepsilon_0)^2 r^4(1-\beta^2\sin^2\theta)^3}$$

其中，$r^2 = x^2 + z^2$，$\sin\theta = z/r$，于是

$$\boldsymbol{E} = \frac{Q(1-\beta^2)}{4\pi\varepsilon_0 r^2(1-\beta^2\sin^2\theta)^{3/2}} \frac{\boldsymbol{r}}{r} \tag{7.69}$$

在运动电荷的前方或后方，相应的有 $\theta = 0$ 或 π，则电场为

$$E = \frac{Q}{4\pi\varepsilon_0 r^2}(1-v^2/c^2) \tag{7.70}$$

与电荷静止时相比，场强变小了. 在运动电荷所在的平面上，并要求此平面与电荷运动方向垂直，此时有 $\theta = \pi/2$ 时，则场强大小为

$$E = \frac{Q}{4\pi\varepsilon_0 r^2(1-v^2/c^2)^{1/2}} \tag{7.71}$$

与电荷静止时相比场强变大.

当 $v \ll c$ 时

$$E \approx \frac{Q}{4\pi\varepsilon_0 r^2}$$

这正是电荷静止情况下的电场强度. 运动电荷场强的变化由图 7.38 可以定性的表示出来.

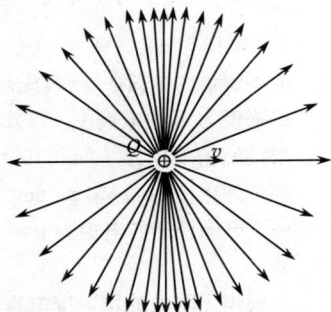

图 7.38　运动电荷的电场线

思　考　题

7.1　一个金属球带上正电荷后，质量有所增大?减小?不变?

7.2　以点电荷为中心，半径为 R 的球面上，场强的大小一定处处相等吗?

7.3　如果点电荷 Q 只受电场力作用而运动，其轨迹是否就是电场线?

7.4　如果高斯面上 E 处处为零，能否肯定高斯面内一定没有净电荷?

7.5　如果高斯面内没有净电荷，能否断定高斯面上 E 一定处处为零?

7.6　$\oint_S \boldsymbol{E} \cdot \mathrm{d}\boldsymbol{S} = \dfrac{\sum Q_i}{\varepsilon_0}$ 表明静电场具有什么性质?

7.7　$\oint_L \boldsymbol{E} \cdot \mathrm{d}\boldsymbol{r} = 0$ 表明静电场具有什么性质?

7.8　电势为零的空间场强一定为零吗?

7.9　电场强度为零的空间电势一定为零吗?

7.10　将一个中性的导体放在静电场中，导体上感应出来的正负电荷的电量是否一定相等?这时导体是否为等势体?若在电场中将此导体分为分别带正负电的两部分，两者的电势是否仍相等?

7.11　孤立导体带电量 Q，其表面附近的场强方向如何?当将另一带电体移近导体时，其表面附

近的场强方向有什么变化?导体内部的场强有无变化?

7.12　根据电容的定义 $C = \dfrac{Q}{U}$,是否可认为系统不带电时电容为零?

7.13　半径为 R 的均匀带电金属球壳里充满了均匀、各向同性的电介质,球外是真空,球壳的电势是否为 $\dfrac{Q}{4\pi\varepsilon R}$?为什么?

习　　题

7.1　两个点电荷分别带电荷 $2Q$ 和 Q,相距为 l,问将第三个点电荷放在何处所受合力为零?

7.2　一个正 π 介子由一个 u 夸克和一个反 d 夸克组成. u 夸克带电量为 $\dfrac{2}{3}e$,反 d 夸克带电量为 $\dfrac{1}{3}e$. 将夸克作为经典粒子处理,试计算正 π 介子中夸克间的电力(设它们之间的距离为 1.0×10^{-15} m).

7.3　电子所带的电荷($-e$)最先是由密立根通过油滴实验测出的. 一个很小的带电油滴放在电场强度为 E 的电场中,调节 E 的大小,使作用在油滴上的电场力与油滴的重量平衡. 如果油滴的半径为 1.64×10^{-4} cm,在平衡时 $E = 1.92 \times 10^5\,\text{N} \cdot \text{C}^{-1}$. 求油滴上所带电荷(已知油的密度为 $0.851\text{g} \cdot \text{cm}^{-3}$).

7.4　一个电偶极子的电矩为 $\boldsymbol{p} = q\boldsymbol{l}$,求此电偶极子轴线上距其中心为 $r(r \gg l)$ 处的一点的场强.

7.5　一根半无限长的均匀带电直线,电荷线密度为 λ. 求通过端点垂直方向上 P 点的电场强度.

7.6　一均匀带电直线,长为 L,电荷线密度为 λ. 求直线的延长线上距 L 中点为 $r(r > L/2)$ 处的场强.

7.7　用细绝缘线弯成的半圆形环,半径为 R,其上均匀地带正电荷 Q,求圆心 O 点处的电场强度.

7.8　一细线做成的圆环,半径 $R = 5 \times 10^{-2}$ m,其上均匀分布着 $Q = 5 \times 10^{-9}$ C 的电荷. 求:
(1) 在圆环轴线上一点 A 的场强,设 A 距环心 O 点的距离 $x = 5 \times 10^{-2}$ m;
(2) 证明在 $x = \dfrac{R}{\sqrt{2}}$ 处场强最大,并计算其值.

7.9　一根不导电的细塑料杆,被弯成近乎完整的圆,圆的半径为 0.5m,杆的两端有 2×10^{-2} m 的缝隙,3.12×10^{-9} C 的正电荷均匀地分布在杆上,求圆心处电场的大小和方向.

7.10　如图所示的电荷分布称为电四极子,它由两个相同的电偶极子组成. 证明在电四极子

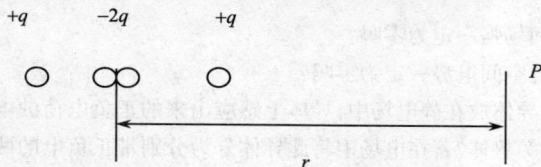

题 7.10 图

轴线的延长线上离中心为 $r(r \gg l)$ 的 P 点处的场强强度为 $E = \dfrac{6pl^2}{4\pi\varepsilon_0 r^4}$

7.11　(1) 点电荷 q 位于边长为 a 的正立方体的中心,通过此立方体的每一面的电通量各为多少?

　　　(2) 若电荷移至立方体的一个顶点上,则通过每个面的电通量又各是多少?

7.12　如图所示,在点电荷 q 的电场中,取半径为 R 的圆形平面.设 q 在垂直于该平面并通过圆心 O 的轴线上 A 点处,试计算通过此平面的电通量 $\left(\text{图中}\overline{OA} = x, \overline{OB} = R, \alpha = \arctan\dfrac{R}{x}\right)$

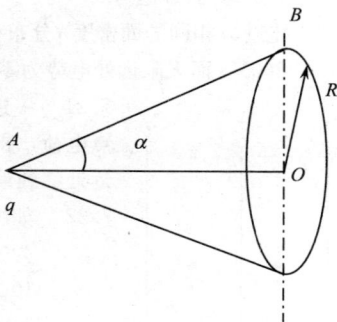

题 7.12 图

7.13　实验表明:在靠近地面处有相当强的电场,E 垂直地面向下,大小约为 $200\,\text{N}\cdot\text{C}^{-1}$;在离地面 1400m 高处,场强 E 也是垂直地面向下的,大小约为 $20\,\text{N}\cdot\text{C}^{-1}$.

　　　(1) 如果地球上的电荷全部分布在表面,求地球表面所带的过剩电荷.

　　　(2) 试计算在 1400m 以下大气层的平均电荷体密度.

7.14　图示为半径分别是 R_1 和 R_2 的两个同心球面,其上分别均匀地分布着电荷 Q_1 和 Q_2,求:

　　　(1) Ⅰ、Ⅱ、Ⅲ 三个区域内的场强分布;

　　　(2) 若 $Q_2 = -Q_1$,情况又如何? 画出上述情况下的 $E\text{-}r$ 图线.

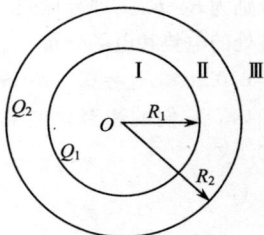

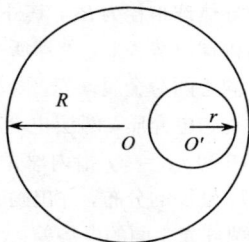

题 7.14 图　　　　　　　　　题 7.15 图

7.15　如图所示,一球形带电体,电荷的体密度为 ρ,其内部有一偏心的球形空腔,试证明空腔内有均匀电场(提示:可将空腔球形带电体,等效为一个带正电荷的与球体等大的实球体同一带负电荷的与空腔等大的实球体相叠加).

7.16　一厚度为 d 的无限大平板,平板体内均匀带电.体电荷密度为 ρ.求板内外的场强分布,画出 $E\text{-}x$ 图线.

7.17　一对无限长的共轴直圆筒,半径分别为 R_1 和 R_2,筒面上都均匀带电,沿轴线单位长度的电荷分别为 λ_1 和 λ_2,求各区域内的场强分布,并画出 $E\text{-}r$ 曲线.

7.18　两个平行无限大均匀带电平面,电荷面密度分别为 $+\sigma$ 和 $-\sigma$,求此系统的电场分布.

7.19　半径为 R 的带电球体，其电荷体密度为 $\rho = \begin{cases} \dfrac{qr}{\pi R^4}, & (r \leqslant R) \\ 0, & (r > R) \end{cases}$　求：

(1) 带电体的总电量；

(2) 球内、外的电场强度；

(3) 球内、外电势.

7.20　电荷以相同的面密度 σ 分布在半径为 10cm 和 20cm 的两同心球面上. 若球心处的电势为 300V，而无限远处电势为零. 求电荷面密度 σ.

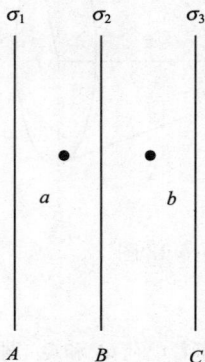

7.21　一边长为 a 的正三角形，其三个顶点上各放以 q，$-q$ 和 $-2q$ 的点电荷，求此三角形重心上的电势. 将一电量为 $+Q$ 的点电荷由无限远处移到重心上，外力要做多少功？

7.22　如图所示，三块互相平行的均匀带电大平面，电荷面密度分别为 $\sigma_1 = 1.2 \times 10^{-4} \text{C} \cdot \text{m}^{-2}$，$\sigma_2 = 2.0 \times 10^{-5} \text{C} \cdot \text{m}^{-2}$，$\sigma_3 = 1.1 \times 10^{-4} \text{C} \cdot \text{m}^{-2}$. a 点与平面 B 相距 5.0cm，b 点与平面 B 相距 7.0cm. 求：

(1) a、b 两点电势差；

(2) 如果把一电量 $q_0 = -1.0 \times 10^{-8} \text{C}$ 的点电荷从 a 点移到 b 点，外力克服电场力做多少功？

题 7.22 图

7.23　一无限长均匀带电圆柱，电荷体密度为 ρ，截面半径为 a，以轴线为电势零点，求出柱内外电势分布，并画出电势 U 随距轴线距离 r 的函数曲线.

7.24　一个导体球半径为 R_1，其外同心地罩以内、外半径分别为 R_2、R_3 的厚导体壳. 此系统带电后内球电势为 U，外球所带电量为 Q. 求此系统各处的电势和电场分布.

7.25　两个同心的薄金属球壳，内、外球壳半径分别为 $R_1 = 0.02\text{m}$ 和 $R_2 = 0.06\text{m}$. 球壳间充满两层均匀电介质，两层电介质分界面半径 $R = 0.04\text{m}$，它们的相对介电常数分别为 $\varepsilon_{r1} = 6$ 和 $\varepsilon_{r2} = 3$，沿内球壳带电量 $Q = -6 \times 10^{-8}\text{C}$，求：

(1) D 和 E 的分布，并出画 D-r，E-r 曲线；

(2) 两球壳之间的电势差；

(3) 贴近内金属壳的电介质表面上的束缚电荷面密度.

7.26　计算半径为 R，带电量为 Q 的均匀带电球体和半径为 R，带电量为 Q 的导体球的电场的总能量.

第8章 恒定磁场

一切电磁现象都起因于电荷及其运动. 在运动电荷周围除了存在电场外,还存在磁场. 运动电荷之间的相互作用是通过电场和磁场来传递的. 这里讨论由恒定电流在其周围空间产生的恒定磁场.

8.1 磁场 磁感应强度

一、磁现象

磁现象在我国很早就被发现并应用. 如磁铁矿石吸引铁片的现象在公元前300年已被发现. 到了11世纪,我国已成功制造了指南针,并发现了地磁偏角(geomagnetic declination).

人们把能够吸引铁、镍等物质的性质称为磁性,在众多的磁性物质中,"磁石"是人们最为熟悉的,它是天然磁铁的俗称,其主要成分是四氧化三铁(Fe_3O_4). 条形磁铁两端磁性最强的地方称为磁极,针形磁铁的磁极在针尖上,如果用弦线悬挂磁针的中部,总是指向南北方向,磁针指北的这端称为 N(北)极,相反的一端称为 S(南)极. 一般而言,磁铁的指向与严格的南北方向有偏离,偏离的角度即为地磁偏角,其大小因地区不同而稍有偏差.

现代科技的发展已经揭示:磁性是物质的一种普遍属性,而且物质的磁性是种类繁多和丰富多彩的. 磁场在宇宙中到处都存在,远到宇宙空间,近至我们自身的生命活动都会产生磁场.

二、磁场 磁感应强度

既然磁性在自然界是普遍存在的,那么磁的本质到底是什么? 最早人们认为磁的本质是磁荷. 1820年,奥斯特发现了电流的磁效应后,人们才认识到磁现象是与运动电荷相联系的. 运动的电荷或电流在其周围空间产生磁场,磁场对运动电荷或电流有磁场力的作用. 因而我们可以用类似研究电场的方法来研究磁场的性质.

在有磁场存在的空间,我们来做下面的实验.

将试验电荷 Q 静止置于磁场中,只有起因于引力相互作用和电相互作用的力作用在该电荷上,然而当 Q 以某一速度运动时,除上述两个力之外,它还受到一种力——磁力的作用. 实验表明磁场作用在运动的试验电荷上的力的大小正比于该电荷的电量 Q 以及运动速率 v,力的方向垂直于该电荷的速度的方向. 同时,磁场作用在运动电荷上的力,还与表征磁场本身的特征量有关.

由上面的实验可以定量地描述磁场,设磁场中任一点 P 的性质用**磁感应强度矢量** $\boldsymbol{B}$(magnetic induction)描述,它的大小反映该点磁场的强弱,它的方向为该点磁场的方向.

(1) 让试验电荷 Q 沿不同方向飞经 P 点,其受力大小和方向是不同的,但存在一特征方向,当 Q 沿此方向运动时不受磁场力,该特征方向暂时称为"磁线",该点磁感应强度沿此方向,如图 8.1(a)所示.

(2) 乘积 Qv 为定值的运动电荷,沿不同方向通过 P 点时,它所受磁力 $\boldsymbol{F}_{\mathrm{m}}$ 的大小与 $Qv\sin\theta$ 成正比,即

$$F_{\mathrm{m}} \propto Qv\sin\theta$$

定义比例常数

$$B = \frac{F_{\mathrm{m}}}{Qv\sin\theta} \tag{8.1}$$

为 P 点的磁感应强度的大小. 空间不同地点,具有不同的比例常数,即有不同 B.

(3) 磁力的方向是沿 $\boldsymbol{Qv}$ 与"磁线"所决定的平面的法线方向,如图 8.1(a)所示. 如果 $\boldsymbol{Qv}$ 与"磁线"所决定的平面不变,改变 $\boldsymbol{Qv}$ 的方向,令图 8.1(a)中 θ 从 0 增至 $\pi/2$,则磁力的方向保持不变,而其大小从零增至 $\boldsymbol{F}_{\max}$. 运动电荷受到最大磁力时,$\boldsymbol{F}_{\max}$、$\boldsymbol{Qv}$ 和"磁线"三者互相垂直. 定义 $\boldsymbol{F}_{\max} \times \boldsymbol{Qv}$ 所指的方向为磁感应强度 $\boldsymbol{B}$ 的方向,如图 8.1(b)所示. 则运动电荷在磁场中受的磁力可表示为

$$\boldsymbol{F} = Q\boldsymbol{v} \times \boldsymbol{B} \tag{8.2}$$

在国际单位制中,磁感应强度 $\boldsymbol{B}$ 的单位为 T.

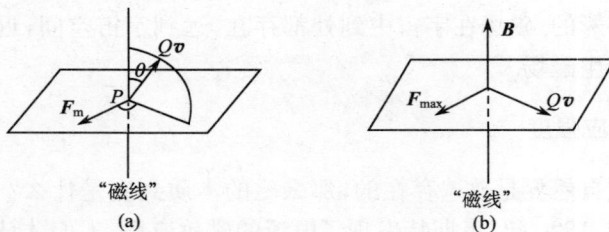

图 8.1　磁感应强度

三、毕奥-萨伐尔定律

已经知道,运动的电荷在其周围产生磁场,而电流是电荷的定向运动形成的,所以在载流导线周围,一定有相应的磁场存在.那么怎样才能确定空间的磁场呢?实验表明,磁场和电场一样遵循叠加原理.因而,可以把任意形状的载流导线划分成许多电流元 $I\mathrm{d}\boldsymbol{l}$(其中 I 为导线中通过的电流强度,$\mathrm{d}\boldsymbol{l}$ 为在导线上沿电流流向任

取的一小段有向线元,其方向即为该处的电流流向),而整个载流导线所产生的磁场,就是这些电流元所产生的磁场 d$\boldsymbol{B}$ 的叠加.

　　上面的叙述可以用数学的语言表达出来,这里只研究恒定电流所产生的恒定磁场. 由于恒定电流总是闭合的,不可能从实验上得出电流元与它们所产生的磁场的关系,毕奥和萨伐尔在实验的基础上总结出电流元产生的磁感应强度的表达式,称为**毕奥-萨伐尔定律**(Biot-Savart law).

　　如图 8.2 所示,一段载流为 I 的线状电流,是某一闭合回路的一部分,毕奥-萨伐尔定律指出:载流回路的任一电流元 Id$\boldsymbol{l}$,在空间任意一点 P 处所产生的磁感应强度 d$\boldsymbol{B}$ 可表示为

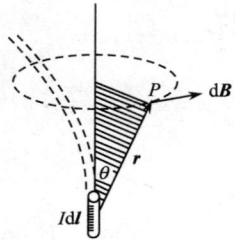

$$\mathrm{d}\boldsymbol{B} = \frac{\mu_0}{4\pi} \frac{I\mathrm{d}\boldsymbol{l} \times \boldsymbol{r}}{r^3} \qquad (8.3)$$

其中,$\mu_0 = 4\pi \times 10^{-7} \mathrm{N \cdot A^{-2}}$ 为真空磁导率;r 是电流元 Id$\boldsymbol{l}$ 到场点 P 的矢径. 由式(8.3)可知,电流元 Id$\boldsymbol{l}$ 在真空中任一点 P 所产生的磁感应强度 d$\boldsymbol{B}$ 的大小与电流元的大小成正比,与电流元 Id$\boldsymbol{l}$ 和 $\boldsymbol{r}$ 的夹角的正弦成正比,而与电流元到 P 点的距离 r^2 成反比. 即磁感应强度 d$\boldsymbol{B}$ 的大小为

图 8.2　电流元的磁场

$$\mathrm{d}B = \frac{\mu_0}{4\pi} \frac{I\mathrm{d}l\sin\theta}{r^2} \qquad (8.4)$$

　　d$\boldsymbol{B}$ 的方向垂直于 Id$\boldsymbol{l}$ 和 $\boldsymbol{r}$ 所组成的平面,并沿矢积 Id$\boldsymbol{l} \times \boldsymbol{r}$. 由毕奥-萨伐尔定律及叠加原理就可求出任一载流导线在空间任一给定场点 P 的磁感应强度为

$$\boldsymbol{B} = \int \mathrm{d}\boldsymbol{B} = \int \frac{\mu_0}{4\pi} \frac{I\mathrm{d}\boldsymbol{l} \times \boldsymbol{r}}{r^3} \qquad (8.5)$$

若空间存在若干载流导线,每一导线在 P 点所产生的磁感应强度为 $\boldsymbol{B}_i$,则 P 点的磁感应强度是

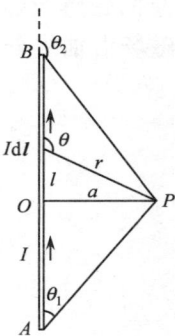

$$\boldsymbol{B} = \sum \boldsymbol{B}_i \qquad (8.6)$$

　　由毕奥-萨伐尔定律及磁场的叠加原理可求出任意形状载流导线所产生的磁场的分布.

　　例 8.1　求载流直导线的磁场(导线长度为 L,载流为 I).

　　解　由毕奥-萨伐尔定律知,直线上任一电流元 Id$\boldsymbol{l}$ 在场点 P 处产生的磁场的方向都是一致的,如图 8.3 所示. 则求总磁感应强度 $\boldsymbol{B}$ 的大小时,只需求 dB 的代数和.

图 8.3　直导线的磁场

　　设场点 P 到直导线的垂直距离为 a,电流元 Id$\boldsymbol{l}$ 到垂

足的距离为 l,则

$$dB = \frac{\mu_0}{4\pi} \frac{Idl\sin\theta}{r^2}$$

由图知

$$l = r\cos(\pi - \theta) = -r\cos\theta$$

$$a = r\sin(\pi - \theta) = r\sin\theta$$

则有

$$l = -a\cot\theta, \quad dl = \frac{ad\theta}{\sin^2\theta}$$

$$dB = \frac{\mu_0}{4\pi} \frac{I\sin\theta d\theta}{a}$$

$$B = \int dB = \frac{\mu_0}{4\pi} \int_{\theta_1}^{\theta_2} \frac{I\sin\theta d\theta}{a} = \frac{\mu_0 I}{4\pi a}(\cos\theta_1 - \cos\theta_2) \tag{8.7}$$

讨论:对无限长的直导线,$\theta_1 \to 0$,$\theta_2 \to \pi$

$$B = \frac{\mu_0 I}{2\pi a} \tag{8.8}$$

式(8.8)表明无限长载流直导线周围的磁感应强度 B 的大小与导线到场点的距离成反比.

　　例 8.2　求载流圆线圈轴线上的磁场(半径 R,载流为 I).

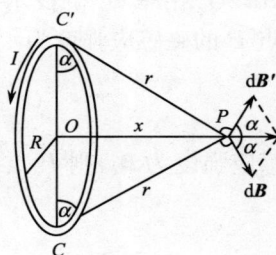

　　解　设 P 为轴线上任一点,与圆心距离为 x,圆线圈上任意一点 C 处的电流元 Idl 在 P 点产生的元磁场 dB 在 POC 平面内,与 PC 连线垂直,则 dB 与轴线 OP 的夹角 $\alpha = \angle PCO$,如图 8.4 所示. 由于轴对称性,在通过 C 点的直径的另一端 C' 点处,电流元产生的元磁场 dB' 与 dB 对称,合成后垂直于轴线方向的分量互相抵消. 因此,对于整个圆线圈来说,总的磁感应强度 B 将沿轴线方向,它的大小等于各元磁场沿轴线分量的代数和,即

$$B = \oint dB\cos\alpha$$

图 8.4　载流圆线圈轴线
上的磁场

由毕奥-萨伐尔定律有

$$dB = \frac{\mu_0}{4\pi} \frac{Idl}{r^2}\sin\theta$$

对轴上的场点 P,$\theta = \pi/2$,$x = r\sin\alpha$,有

$$dB = \frac{\mu_0}{4\pi} \frac{I dl}{x^2} \sin^2\alpha, \quad B = \oint dB\cos\alpha = \frac{\mu_0}{4\pi} \frac{I}{x^2} \sin^2\alpha\cos\alpha \oint dl$$

而

$$\cos\alpha = \frac{R}{\sqrt{R^2 + x^2}}, \quad \sin\alpha = \frac{x}{\sqrt{R^2 + x^2}}, \quad \oint dl = 2\pi R$$

则有

$$B = \frac{\mu_0}{4\pi} \frac{2\pi R^2 I}{(R^2 + x^2)^{3/2}} = \frac{\mu_0}{2} \frac{R^2 I}{(R^2 + x^2)^{3/2}} \tag{8.9}$$

讨论：

（1）$x=0$ 时，即在圆心处的磁场为

$$B = \frac{\mu_0 I}{2R} \tag{8.10}$$

（2）$x \gg R$ 时，即圆线圈轴线上远处的磁场为

$$B = \frac{\mu_0}{4\pi} \frac{2\pi R^2 I}{x^3} = \frac{\mu_0}{2} \frac{R^2 I}{x^3}$$

令 $\boldsymbol{m} = IS\boldsymbol{n} = I\pi R^2 \boldsymbol{n}$，为线圈的磁矩，则当 $x \gg R$ 时，有

$$\boldsymbol{B} = \frac{\mu_0}{4\pi} \frac{2\boldsymbol{m}}{x^3} \tag{8.11}$$

与电偶极子的电场

$$\boldsymbol{E} = -\frac{1}{4\pi\varepsilon_0} \cdot \frac{\boldsymbol{p}}{r^3}$$

相比可以看出，它们在形式上完全相同. 因此，当我们研究载流线圈在远处产生的磁场时，可以把线圈看成是一个磁偶极子.

例 8.3 求载流均匀密绕长直螺线管轴线上的磁场（总长度 L，截面半径 R，单位长度上匝数为 n，通电流 I).

解 对均匀密绕长直螺线管，可以看成是由一系列紧密并排的圆线圈构成的，在轴线上某点 P 处的磁场为各匝圆电流在该处产生的磁场的矢量和.

如图8.5所示，取 P 点为坐标原点，x 轴沿螺线管轴线向右为正方向. 在任意位置 x 处取长为 dx 的螺线管元，将它看成为圆电流，其电流为

$$dI = nI dx$$

它在 P 点产生的磁感应强度的大小为

$$dB = \frac{\mu_0}{2} \frac{R^2 In dx}{(R^2 + x^2)^{3/2}}$$

方向沿轴线向右，因各螺线管元在 P 点产生的磁场方向相同，所以整个螺线管在 P 点产生的磁场为

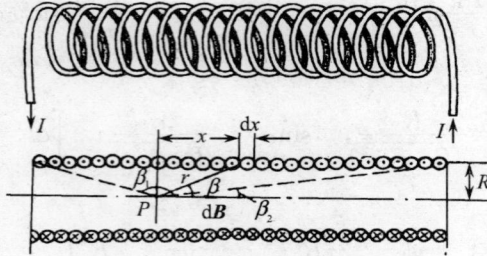

图 8.5　长直螺线管轴线上的磁场

$$B = \int_L dB = \int_L \frac{\mu_0}{2} \frac{R^2 I n\, dx}{(R^2 + x^2)^{3/2}}$$

由图 8.5 知 $x = R\cot\beta$,有

$$dx = -R\csc^2\beta d\beta, \quad R^2 + x^2 = R^2\csc^2\beta$$

$$B = \int_{\beta_1}^{\beta_2} \left(-\frac{\mu_0}{2} nI\sin\beta \right) d\beta = \frac{\mu_0}{2} nI(\cos\beta_2 - \cos\beta_1)$$

由此表示的磁场分布如图 8.6 所示($L = 10R$),在螺线管中心附近轴线上各点磁场基本上是均匀的. 到管口附近 B 值逐渐减少,出口以后磁场很快减弱.

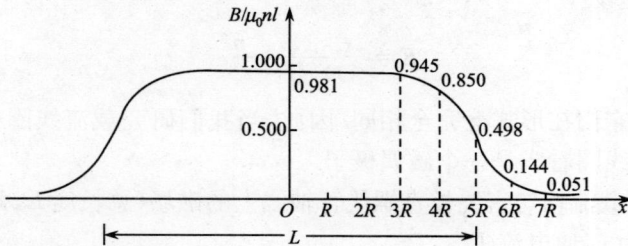

图 8.6　长直螺线管轴线的磁场分布

讨论:

(1) 对无限长直螺线管,内部轴线上的任一点 $\beta_2 \to 0$,$\beta_1 \to \pi$

$$B = \mu_0 nI \tag{8.12}$$

(2) 在螺线管的任一端口的中心处 $\beta_2 \to \pi/2$,$\beta_1 \to \pi$

$$B = \frac{1}{2}\mu_0 nI$$

8.2　磁场的高斯定理

一、磁感应线　磁通量

像电场中引入电场线一样,磁场中的磁感应强度也可以用**磁感应线**来描述. 磁感应线的画法规定与电场线的画法一样. 图 8.7 为直电流和圆电流磁场的磁感应线,从图中可以看出,磁感应线的特点是,每一条磁感应线都是同电流相套连的无头无尾的闭合曲线.

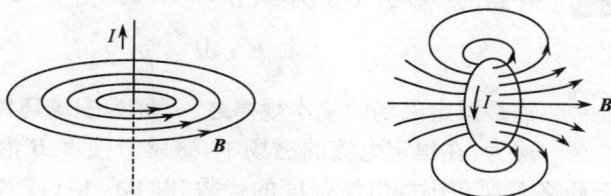

图 8.7　电流磁场的磁感应线

与计算电场强度通量的方法一样,在磁场中,沿曲面法线方向通过曲面的**磁感应通量**(磁通量)为

$$\Phi_m = \int_S \boldsymbol{B} \cdot \mathrm{d}\boldsymbol{S} \tag{8.13}$$

磁通量的单位是 Wb,$1\mathrm{Wb} = 1\mathrm{Tm}^2$.

二、磁场的高斯定理

由毕奥-萨伐尔定律知,电流元磁场的磁感应线都是圆心在电流元轴线上的同心圆. 由于这些同心圆都是闭合曲线,所以通过任意闭合曲面的磁通量都等于零. 又由磁场的叠加原理,任何电流的磁场都可看成是无限多的电流元所产生的磁场的叠加,所以在任何恒定电流的磁场中,通过任意闭合曲面的磁通量总为零,这就是磁场的**高斯定理**. 它的数学表达式为

$$\oint_S \boldsymbol{B} \cdot \mathrm{d}\boldsymbol{S} = 0 \tag{8.14}$$

其微分形式为

$$\nabla \cdot \boldsymbol{B} = 0 \tag{8.15}$$

高斯定理是电磁场的一条基本规律. 与静电场相比,静电场是有源场,其场源为电荷. 而高斯定理表明磁感应线一定是无头无尾的闭合曲线,这意味着磁场是无源场,即不存在与电荷相对应的磁荷(磁单极子). 近代关于基本粒子的理论研究预言

有磁单极子存在,但迄今为止,人们还没有发现磁单极子存在的确切实验证据.

8.3　安培环路定理及其应用

一、安培环路定理

图 8.8　安培
(André-Marie Ampère
1775～1836)

在静电场中,电场强度 E 沿任意闭合环路的线积分为零,这说明静电场是保守场.但在恒定磁场中,磁感应线都是一系列环绕电流的闭合曲线,所以磁感应强度 B 沿任意闭合环路的线积分不恒为零.由毕奥-萨伐尔定律可以导出

$$\oint_L \boldsymbol{B} \cdot \mathrm{d}\boldsymbol{l} = \mu_0 \sum I_i \tag{8.16}$$

这是恒定磁场的基本规律之一,称为**安培环路定理**.它可表述为:在恒定电流的磁场中,磁感应强度 B 沿任意闭合环路 L 的线积分,等于环路 L 所包围的电流强度的代数和的 μ_0 倍(或者说等于正向穿过以 L 为边界的任意曲面的电流强度的代数和的 μ_0 倍).其微分形式为

$$\nabla \times \boldsymbol{B} = \mu_0 \boldsymbol{J} \tag{8.17}$$

其中,$\boldsymbol{J}$ 是与 B 相应的电流密度.安培环路定理表明磁场是有旋场.在磁场中不存在像静电场中电势一样的磁势.

为了说明安培环路定理的正确性,以载流长直导线的磁场为例,分析磁感应强度 B 沿任意闭合环路 L 的线积分.

由式(8.8)知,在无限长的载流直导线周围,磁感应强度的大小为

$$B = \frac{\mu_0 I}{2\pi r}$$

其磁感应线为在垂直于直导线的平面内的同心圆.首先以闭合的磁感应线作为计算 B 的线积分的闭合环路 L,设环路的正绕向与电流成右手螺旋关系如图 8.9(a)所示,则在线积分中,B 与 $\mathrm{d}\boldsymbol{l}$ 的方向处处一致,且 B 的大小处处相等,则

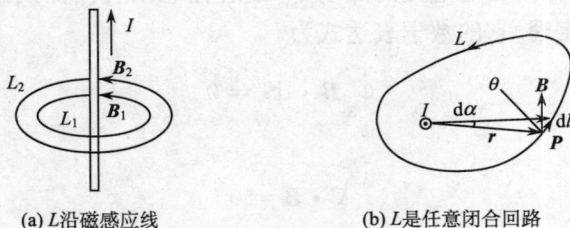

(a) L 沿磁感应线　　　　　　　　(b) L 是任意闭合回路

图 8.9

$$\oint_L \boldsymbol{B} \cdot \mathrm{d}\boldsymbol{l} = \oint_L B \mathrm{d}l = \frac{\mu_0 I}{2\pi r} 2\pi r = \mu_0 I \qquad (8.18)$$

式(8.18)说明安培环路定理对此环路是成立的.

选取绕电流 I 并与其垂直的任意平面闭合环路 L 来计算 $\boldsymbol{B}$ 的线积分. 如图 8.9(b)所示,此时有

$$\oint_L \boldsymbol{B} \cdot \mathrm{d}\boldsymbol{l} = \oint B \mathrm{d}l \cos\theta = \oint_L B r \mathrm{d}\alpha = \oint \frac{\mu_0 I}{2\pi r} r \mathrm{d}\alpha = \frac{\mu_0 I}{2\pi} \oint \mathrm{d}\alpha = \mu_0 I$$

由此表明,当闭合环路 L 包围电流 I 时,此电流对该环路上的 $\boldsymbol{B}$ 的线积分的贡献为 $\mu_0 I$,即安培环路定理成立.

如果电流的流向相反,则 $\boldsymbol{B}$ 的方向也与原来相反,上述 $\boldsymbol{B}$ 的线积分结果等于 $-\mu_0 I$,所以可以对电流的正负作个规定:若电流方向与 L 的正绕向成右手螺旋关系,则电流为正,否则为负. 因此,$\boldsymbol{B}$ 的线积分的值可以统一用式(8.18)表示.

如果选取的环路 L 是与电流垂直的任意平面闭合环路,但不包围电流,$\boldsymbol{B}$ 的线积分结果又如何呢? 此时我们从导线与上述平面的交点作环路 L 的切线,将 L 分成 L_1 和 L_2 两部分,取 L 的正绕向如图 8.10,则沿该环路 $\boldsymbol{B}$ 的线积分为

$$\begin{aligned}
\oint_L \boldsymbol{B} \cdot \mathrm{d}\boldsymbol{l} &= \int_{L_1} \boldsymbol{B} \cdot \mathrm{d}\boldsymbol{l} + \int_{L_2} \boldsymbol{B} \cdot \mathrm{d}\boldsymbol{l} \\
&= \frac{\mu_0 I}{2\pi} \left(\int_{L_1} \mathrm{d}\alpha + \int_{L_2} \mathrm{d}\alpha \right) \\
&= \frac{\mu_0 I}{2\pi} [\alpha + (-\alpha)] = 0
\end{aligned}$$

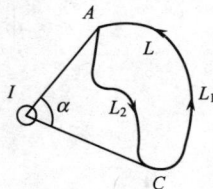

图 8.10 L 不包围
电流的情况

由此表明当闭合环路不包围电流时,该电流对这一闭合环路 $\boldsymbol{B}$ 的线积分无贡献,但该电流在空间仍产生磁场.

这里虽然只讨论了载流长直导线的情况,并且只讨论了与电流垂直的任意平面闭合环路,可以证明,对非平面的任意闭合环路,及任意的闭合恒定电流,安培环路定理均成立.

需要注意的是:安培环路定理中,闭合环路 L "包围" 的电流是指与 L 相铰链的闭合电流,电流的正负依前述规定;式(8.16)中右端的 $\sum I_i$ 中包括闭合环路 L 所包围的电流的代数和,但左端的 $\boldsymbol{B}$ 却是空间所有电流产生的磁场的矢量和,只是那些不被 L 所包围的电流产生的磁场对沿 L 的 $\boldsymbol{B}$ 的线积分无贡献.

二、安培环路定理的应用

在静电场中,利用高斯定理可以方便地计算一些有对称性的带电体的电场分

布,这里也同样可以用安培环路定理计算出某些具有对称性的载流导线的磁场分布.

用安培环路定理计算载流导线的磁场分布时,首先要根据电流的对称性分析磁场分布的对称性,然后再由安培环路定理计算磁感应强度的大小和方向. 其中重要的是如何选取合适的闭合环路作为 B 的积分路径,以使积分 $\oint_L B \cdot dl$ 中的 B 能以标量的形式从积分号里提出来.

例 8.4　求均匀载流无限长圆柱导体内外的磁场分布(设圆柱半径 R,通有电流 I).

解　设 P 为圆柱外任一场点,它到圆柱轴线的垂直距离为 r,由电流分布的对称性可知,P 点磁感应强度的大小只与 r 有关. 可把无限长圆柱导体看成是由很多无限长载流直导线组成的,在横截面图中对称地选取一对面元 dS 和 dS',这一对导线在 P 点产生的磁场分别为 dB 和 dB',它们在沿矢径 r 方向的分量相互抵消,合成的 dB 沿圆的切线方向,与 r 垂直,所以电流在 P 点产生的磁场一定与 r 垂直,并与电流成右手螺旋关系.

由以上分析,我们可选取通过场点 P 的以圆柱轴线为中心的圆作为安培环路 L,以与电流成右旋的方向为环路的正绕向,应用安培环路定理有

$$\oint_L B \cdot dl = \oint_L B dl = B \oint_L dl = B2\pi r = \mu_0 I$$

则

$$B = \frac{\mu_0 I}{2\pi r} \quad (r > R)$$

可见,圆柱形导体外的磁场与电流全部集中在圆柱轴线上的一根载流直导线产生的磁场一样.

在圆柱导体的内部磁场分布的对称性与外部相同,所以可用同样的方法求出导体内任意点的磁场. 需要注意的是,在圆柱体的内部,导体中只有一部分电流被安培环路包围,因电流分布是均匀的,则有

$$\sum I_i = \frac{I}{\pi R^2} \pi r^2 = \frac{I}{R^2} r^2$$

因此

$$\oint_L B \cdot dl = B2\pi r = \mu_0 \sum I_i = \frac{\mu_0 I}{R^2} r^2$$

可得

$$B = \frac{\mu_0 I}{2\pi R^2} r \quad (r < R)$$

可见,在圆柱体内部,B 与 r 成正比,B 随 r 的分布如图 8.11 所示.

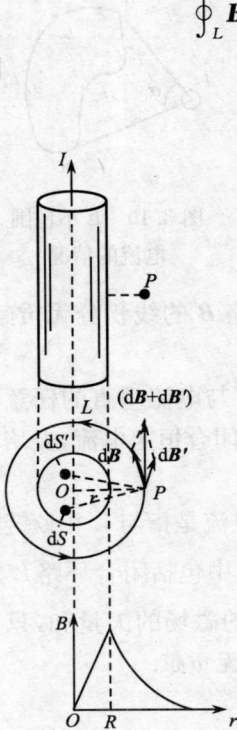

图 8.11

例 8.5 求载流螺绕环的磁场分布(轴线半径 R,环上均匀密绕 N 匝线圈,线圈中通有电流 I).

解 绕在圆环上的螺线形线圈称作螺绕环,如图 8.12 所示.由对称性可知,在与环共轴的圆周上,磁感应强度的大小相同,方向沿圆周的切向方向,磁感应线为与环共轴的一系列同心圆.在环内取过场点 P 的磁感应线为安培环路 L,其半径为 r,由以上分析,应用安培环路定理有

图 8.12 螺绕环

$$\oint_L \boldsymbol{B} \cdot \mathrm{d}\boldsymbol{l} = B2\pi r = \mu_0 \sum I_i = \mu_0 NI$$

可得

$$B = \frac{\mu_0 NI}{2\pi r}$$

可见,在螺绕环的横截面上各点的 B 与 r 成反比.当横截面半径比环半径小很多时,可以忽略从环心到管内各点的 r 的区别,即取 $r=R$,于是有

$$B = \frac{\mu_0 NI}{2\pi R} = \mu_0 nI \quad (\text{管内})$$

其中 $n = N/2\pi R$,为螺绕环单位长度上的匝数.此结果与载流无限长直螺线管内的磁感应强度相同,实际上,当螺绕环半径趋于无限大而保持单位长度上线圈的匝数不变时,螺绕环就过渡到无限长直螺线管.可以证明,载流无限长直螺线管内各点的磁场是相同的,都等于轴线上的磁场.

如果在螺绕环外取与环内相同的安培环路 L'、L'',这时因穿过环面的总电流为零,所以

$$B = 0 \quad (\text{管外})$$

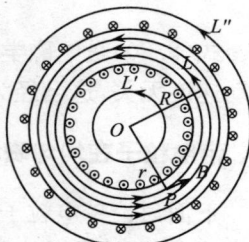

8.4 带电粒子在磁场中的运动

一、磁场作用在带电粒子上的洛伦兹力

已经知道,运动电荷在磁场中会受到力的作用,该力可用磁感应强度 $\boldsymbol{B}$、运动电荷的电荷 q 及其速度 $\boldsymbol{v}$ 表示出来,有

$$\boldsymbol{F} = q\boldsymbol{v} \times \boldsymbol{B} \tag{8.19}$$

称为**洛伦兹力**(Lorentz force).该式表明洛伦兹力始终与运动电荷的速度垂直,所以洛伦兹力做的功恒为零,洛伦兹力只改变电荷的运动方向而不改变其速度的大小.

　　若运动电荷所在空间既有磁场又有电场,则作用在该电荷上的力是电场力与磁场力的矢量和,表示为

$$F = q(E + v \times B) \tag{8.20}$$

　　式(8.20)是电磁学的基本公式之一,它表明静电场对电荷的作用力与电荷的运动速度无关,这已经为实验所验证.

二、带电粒子在均匀磁场中的运动

　　下面讨论带电粒子在均匀磁场中的运动. 设一带电粒子 q 以初速度 v 进入磁场中,它受到洛伦兹力的作用,在磁场中的运动与其速度有关.

　　(1) $v // B$,由式(8.19)知,带电粒子不受磁场力的作用,仍以原来的速度做匀速直线运动.

　　(2) $v \perp B$,则带电粒子受到大小不变的力 $F = qvB$ 的作用,在垂直于 B 的平面内做匀速圆周运动,如图 8.13(a)所示. 有

$$F = qvB = \frac{mv^2}{R}$$

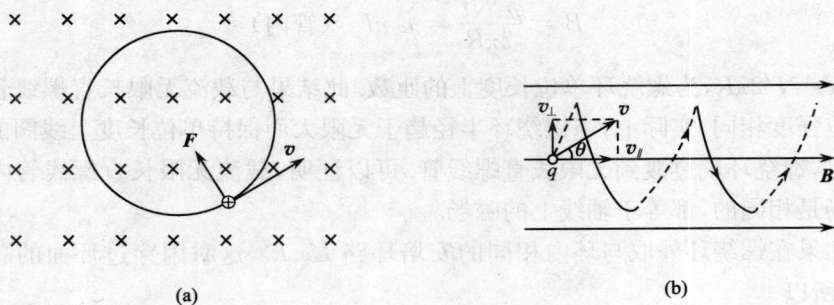

(a)　　　　　　　　　　　　　　(b)

图 8.13　带电粒子在均匀磁场中运动

则带电粒子做圆周运动的半径为

$$R = \frac{mv}{qB} \tag{8.21}$$

运动的周期为

$$T = \frac{2\pi R}{v} = \frac{2\pi m}{qB} \tag{8.22}$$

　　式(8.22)表明,带电粒子的运动周期与其运动速率及半径无关.

　　(3) v 与 B 有一夹角 θ,则可将 v 分解为

$$v_{//} = v\cos\theta, \quad v_{\perp} = v\sin\theta$$

两个分量,它们分别平行和垂直于 B,若只有分量 $v_\perp$,带电粒子将在垂直于 B 的平面内做匀速圆周运动;若只有分量 $v_\parallel$,带电粒子将沿 B 方向做匀速直线运动. 当两个分量同时存在时,带电粒子的轨迹将是一条螺旋线,如图 8.13(b) 所示,其螺距为

$$h = v_\parallel T = \frac{2\pi m v_\parallel}{qB} \tag{8.23}$$

带电粒子运动一周所前进的距离与 $v_\perp$ 无关,所以若从磁场中某点 A 发射出一束很窄的电子流,使它们的速率很接近,并与 B 的夹角都很小,则 $v_\parallel = v\cos\theta \approx v$,即它们具有近似相同的螺距 h. 尽管它们的 $v_\perp = v\sin\theta \approx v\theta$ 不同,各电子会沿不同半径的螺旋线运动,但各电子经过距离 h 后又

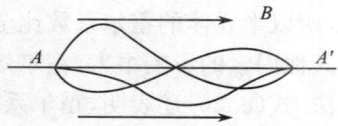

图 8.14 磁聚焦

重新会聚在一起,如图 8.14 所示,这就是磁聚焦(magnetic focusing). 在实际应用中用得更多的是短线圈产生的非均匀磁场的磁聚焦作用,该种线圈称作磁透镜 (magnetic lens),它在电子显微镜(electron microscope)中起了与光学仪器中的透镜类似的作用.

例 8.6 霍尔效应(Hall effect).

1879 年霍尔发现,若将一个导电板放在垂直于它的磁场中,当有电流通过它时,在导电板的 A 和 A' 两侧产生一个电势差 $U_{AA'}$,如图 8.15 所示,这种效应称为霍尔效应,产生的电势差称为霍尔电势差. 实验表明在磁场不太强时,霍尔电势差 $U_{AA'}$ 的大小与电流强度 I、磁感应强度 B 成正比,而与导电板的厚度 d 成反比,即

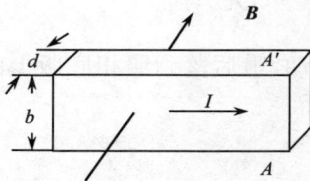

图 8.15 霍尔效应

$$U_{AA'} = k\frac{IB}{d} \tag{8.24}$$

式 (8.24) 中的 k 称作霍尔系数. 霍尔效应可用洛伦兹力来解释,当导电板中通有电流时,其中的载流子在稳恒电场的作用下做定向运动,在磁感应强度为 B 的均匀磁场中受到洛伦兹力 $F_m = qv_d B$,其中 v_d 是载流子定向运动的平均漂移速率. 该力使导电板内的载流子产生偏转,所以在 A、A' 两侧分别积累了正、负电荷,因而形成了电势差. 这时载流子又受到一个与洛伦兹力方向相反的电场力 $F_e = qE_e = qU_{AA'}/b$,其中 E_e 是电场强度,b 是导电板的宽度. 最后达到平衡时有

$$qv_d B = q\frac{U_{AA'}}{b}$$

若载流子的浓度为 n,则 $I = bdnqv_d$,代入上式得

$$U_{AA'} = \frac{1}{nq}\frac{IB}{d} \tag{8.25}$$

比较式(8.24)与式(8.25),即可得到霍尔系数为

$$k = \frac{1}{nq} \tag{8.26}$$

　　式(8.26)说明,霍尔系数 k 与载流子浓度 n 成反比.因而可以通过霍尔系数的测量来确定导电板内的载流子浓度.对半导体而言,其载流子的浓度比金属小得多,所以半导体的霍尔系数比金属大得多.并且,半导体的载流子浓度受杂质、温度及其他因素的影响很大,霍尔效应为半导体载流子浓度变化的研究提供了重要的方法.式(8.26)还表明,霍尔系数 k 的正、负取决于载流子电荷 q 的正、负.同时霍尔电势差的正、负也取决于电荷 q 的正、负.因此由霍尔系数的正、负可判断半导体的导电类型.

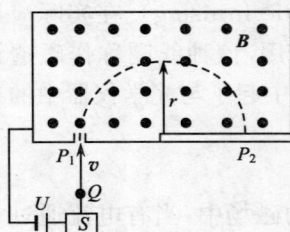

图 8.16　质谱仪

　　例 8.7　质谱仪的工作原理.

　　带电粒子的电荷和质量是粒子的基本属性,质谱仪是用来测量粒子的电荷与质量之比值(荷质比)的重要仪器.图 8.16 是质谱仪的原理示意图.从离子源 S 中出来的带电粒子 Q 经电场加速后进入均匀磁场 B 中,粒子通过加速电势差 U 获得动能为

$$\frac{1}{2}mv^2 = QU$$

粒子从 P_1 点进入磁场后做半径为 r 的半圆形轨道运动,最后落到照相底版上的 P_2 点.粒子在磁场中运动时,洛伦兹力提供向心力

$$QvB = m\frac{v^2}{r}$$

则

$$\frac{Q}{m} = \frac{2U}{B^2r^2}$$

测量 P_1、P_2 两点间的距离 $\overline{P_1P_2} = 2r$,即可求出荷质比.若粒子的电荷已知,就可得出粒子的质量.

　　通常的元素都有若干个质量不同的同位素(isotope),在质谱仪的照相底片上会形成若干条谱线,由谱线的位置可以确定同位素的质量;由谱线的强度可以确定同位素的相对含量.因此利用质谱仪可以分离同位素.

三、带电粒子在非均匀磁场中的运动

　　以上是均匀磁场对带电粒子作用的几个应用实例.实际中许多磁场是非均匀

的,带电粒子在非均匀磁场中的运动也比较复杂.如地磁场的磁感应线在两极聚集起来,而在赤道周围的空间疏张开.若电子在地磁场中运动,当它运动到两极附近磁场较强的区域时,径迹为比较紧的螺旋形.电子越接近强磁场区域,它运动的螺旋圈就变得越小,最后电子像小球被墙弹回一样被反射——返回弱场区.之后电子沿着磁感应线向相反的磁极运动,在这一个磁极,电子再次被反射,这样电子就被俘获在地磁场中,而在两极之间来回运动.在地磁场中被俘获的带电粒子(绝大部分是电子和质子),在离地面几千千米和几万千米的高空形成内、外两个环绕地球的辐射带,称为范·阿仑辐射带,如图8.17所示.

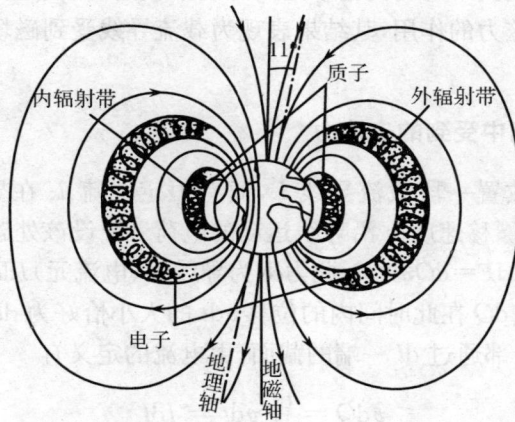

图 8.17 范·阿仑辐射带

带电粒子在非均匀磁场中的运动虽然比较复杂,但应用也很多,如等离子体的磁约束.等离子体是处在高度电离状态的气体,其中正离子和负离子所形成的空间电荷密度大体相等,也称为物质的第四态.等离子体具有很多独特的性质,如它们可以在强磁场的约束下脱离器壁而凝成一团,这在受控热核反应的实验中有着重要的应用.因为在热核反应的高温下,任何固体材料早已熔毁,而且散热的速度

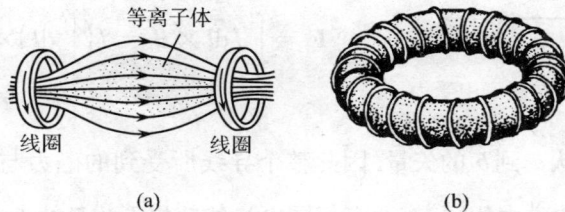

图 8.18 等离子体的磁约束

还会随着温度的升高而急剧增加. 所以利用磁场来约束等离子体, 可使它脱离器壁并限制其导热. 采用图 8.18(a)所示的磁场, 带电粒子就会像光在两面镜子之间来回反射那样, 被限制在一定的范围内, 这种磁场分布称为磁镜. 磁镜的缺点是总有一部分纵向速度较大的粒子会从两端逃掉, 所以采用图 8.18(b)所示的环形磁场结构克服磁镜的缺点. 目前主要的受控热核装置中, 都采用这种闭合环形结构.

8.5　磁场对电流的作用

导线中的电流是其中的自由电子定向运动形成的, 导线处在磁场中时, 自由电子受到磁场的洛伦兹力的作用, 其结果表现为载流导线受到磁场力的作用, 这种力就是安培力.

一、载流导线在磁场中受到的安培力

在磁场中静止放置一段载流导线 L, 通有恒定电流 I. 在导线上任取一线元 $\mathrm{d}l$, 其中含有以平均漂移速度 v 沿导线运动的电荷 $\mathrm{d}Q$. 设该处磁感应强度为 $\boldsymbol{B}$, 则 $\mathrm{d}Q$ 所受到的磁力为 $\mathrm{d}\boldsymbol{F}=\mathrm{d}Q\boldsymbol{v}\times\boldsymbol{B}$, 此力即为导线元(电流元) $I\mathrm{d}l$ 所受的安培力. 考察一微小时间 $\mathrm{d}t$, 使 $\mathrm{d}Q$ 在此时间内的位移 $v\mathrm{d}t$ 的大小恰好为 $\mathrm{d}l$. 在这段时间内, $\mathrm{d}l$ 中的电荷 $\mathrm{d}Q$ 恰好全部通过 $\mathrm{d}l$ 一端的截面, 由电流的定义有

$$\boldsymbol{v}\mathrm{d}Q=\frac{\mathrm{d}Q}{\mathrm{d}t}\boldsymbol{v}\mathrm{d}t=I\mathrm{d}\boldsymbol{l}$$

则导线元 $I\mathrm{d}l$ 所受的安培力

$$\mathrm{d}\boldsymbol{F}=I\mathrm{d}\boldsymbol{l}\times\boldsymbol{B} \tag{8.27}$$

对一段导线 L, 在磁场中受到的安培力为

$$\boldsymbol{F}=\int_L\mathrm{d}\boldsymbol{F}=\int_L I\mathrm{d}\boldsymbol{l}\times\boldsymbol{B} \tag{8.28}$$

如导线处在均匀磁场中如图 8.19 所示, 各电流元所在处的磁感应强度相同, 则导线所受的磁力为

$$\boldsymbol{F}=\int_a^b I\mathrm{d}\boldsymbol{l}\times\boldsymbol{B}=I\left(\int_a^b\mathrm{d}\boldsymbol{l}\right)\times\boldsymbol{B}=I\boldsymbol{l}\times\boldsymbol{B} \tag{8.29}$$

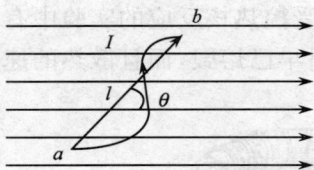

图 8.19　载流导线在磁场中受力

其中, $\boldsymbol{l}=\int_a^b\mathrm{d}\boldsymbol{l}$ 是从 a 到 b 的矢量. 因此整个导线所受到的磁力与连接起点到终点的直导线所受到的磁力相同(在通有相同电流的前提下). $\boldsymbol{F}$ 的大小为

$$F=IlB\sin\theta \tag{8.30}$$

讨论：

（1）直导线平行于均匀磁场放置，$F=0$，导线不受磁场力的作用；

（2）直导线垂直于均匀磁场放置，$F=IlB$，导线受到的磁力最大；

（3）任意闭合载流导线在均匀磁场中放置，即上述 a 点与 b 点重合，$F=0$，表明任意形状闭合载流回路在均匀磁场中不受安培力的作用.

例 8.8 两平行无限长直导线 1 和 2 相距为 d，载流分别为 I_1 和 I_2，如图8.20所示，求这两直导线单位长度上相互作用的安培力.

解 直导线 1 在直导线 2 所在处产生的磁感应强度的大小为

$$B_1 = \frac{\mu_0 I_1}{2\pi d}$$

导线 2 在此磁场中单位长度受到的安培力为

$$F_2 = B_1 I_2 = \frac{\mu_0 I_1 I_2}{2\pi d} \tag{8.31}$$

同理，载流导线 1 单位长度受到的安培力为

$$F_1 = B_2 I_1 = \frac{\mu_0 I_1 I_2}{2\pi d}$$

可见，两导线单位长度上受到的安培力大小相等.从图 8.20 可看出当两导线中通有同向的电流时，两导线互相吸引，否则相斥.

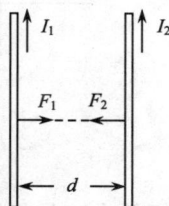

图 8.20　两平行载流直导线之间的作用力

在国际单位制中，电流的单位 A 就是根据式（8.31）规定的.在真空中的两无限长平行直导线相距为 1m，通以大小相同的恒定电流，如果导线每米长度受到的作用力为 2×10^{-7}N，则每根导线中的电流就规定为 1A.

二、载流线圈在磁场中受到的力矩

虽然闭合载流线圈在均匀磁场中受力为零，但一般情况下，线圈会受到一个力偶的作用.例如一矩形平面线圈在均匀磁场中会受到力矩的作用.如图 8.21 所示，矩形线圈边长为 l_1、l_2，通有电流 I，线圈平面与磁场方向夹角 θ.对边 bc 和 ad 上分别受的安培力是

$$F_1 = Il_1 B\sin\theta, \quad F_1' = Il_1 B\sin(\pi-\theta) = Il_1 B\sin\theta$$

这两个力大小相等、方向相反，作用在一条直线上.对边 ab 和 cd 上分别受的安培力是

$$F_2 = F_2' = Il_2 B$$

这两个力大小相等、方向相反，但不作用在一条直线上，因而形成一力偶，使线圈受

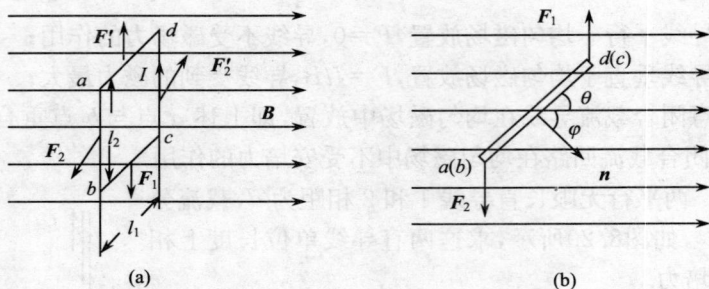

图 8.21　平面载流线圈在均匀磁场中

到磁场的力矩的作用,该力矩的大小为

$$M = F_2 l_1 \cos\theta = I l_1 l_2 B \cos\theta = ISB\cos\theta = mB\sin\varphi$$

其中,$m = IS$ 是线圈的磁矩的大小. 此力矩力图使线圈平面转向与磁场垂直的方向,使其磁矩方向与磁场方向一致. 因此力矩的矢量式表示如下

$$\boldsymbol{M} = \boldsymbol{m} \times \boldsymbol{B} \tag{8.32}$$

讨论:

(1) 线圈磁矩与磁场垂直,$M = ISB$,此时线圈受到的磁力矩最大;

(2) 线圈磁矩与磁场平行,$M = 0$,此时线圈不受磁力矩的作用.

以上结果虽从矩形线圈推出,但可以证明对任意形状的平面线圈都成立.

8.6　磁 介 质

一、磁介质及其磁化

前几节讨论的是真空中磁场的规律,在实际应用中,常需要了解物质中磁场的规律.凡是处在磁场中受磁场影响又反过来影响磁场的物质都称为**磁介质**.因为各种宏观物体都可以对磁场有不同程度的影响,所以它们都可称作磁介质.大多数物质对磁场的影响很小,只有少数物质才具有强磁性.后者通常称作磁性材料.

磁介质受外磁场作用呈现磁性的现象称作磁化,也常常把不显示磁性的物体在磁场中获得磁性的过程称为磁化过程.在电场中的电介质因极化会产生附加电场.类似地,磁场中的磁介质也会因磁化而产生附加磁场.根据磁化过程中所产生的附加磁场的不同,磁介质可分为三类:顺磁质、抗磁质和铁磁质.顺磁质在外磁场中呈现微弱磁性,所产生的附加磁场与外磁场同方向.自然界大多数物质属顺磁质,如氧、铝、铂、铀等.抗磁质在外磁场中呈现微弱磁性,所产生的附加磁场与外磁场方向相反.如氢、铜、铋以及多数化合物,特别是有机化合物大都是抗磁性的.铁磁质处于外磁场中能产生很强的附加磁场,其方向与外磁场同向. 例如,铁、钴、镍等,由于铁磁质对磁场影响很大,在技术中有广泛的应用.

不同物质呈现不同磁化现象,这是由磁介质的微观结构决定的.

二、顺、抗磁质的磁化机制　磁化电流

在分子和原子内,电子有绕核的轨道运动,同时还有自旋. 这些运动形成微小的圆电流,而圆电流就对应一磁矩. 设电子的轨道运动频率为 ν. 其对应的圆电流 $i = e\nu$,磁矩的大小为 $m = iS = e\nu\pi r^2$. 对于绕核的轨道圆运动,其角动量的大小为

$$L = m_e vr = m_e 2\pi\nu r^2$$

因为电子带负电,所以 m 与 L 反向. 写成矢量式有

$$m = -\frac{e}{2m_e}L \tag{8.33}$$

在量子力学中,也得到相同的结果,式(8.33)不但对单个电子的轨道运动成立,而且对一个原子中所有电子的总轨道磁矩和总角动量均成立. 量子力学指出总轨道磁矩和总角动量都是量子化的.

同样,电子的自旋运动对应有自旋磁矩. 原子核也具有一定的磁矩,但比电子的磁矩要小很多,所以原子的磁矩通常只包括原子内电子的轨道磁矩与自旋磁矩的矢量和. 而一个分子的磁矩就是它的所有电子的轨道磁矩与自旋磁矩及核的自旋磁矩的矢量和.

大部分物质的分子磁矩不为零,称为分子的固有磁矩,与这磁矩等效的圆电流,称为分子电流. 没有外磁场时,无规则的热运动会使各分子磁矩取向完全随机,因此宏观上对外不显磁性. 若受外磁场作用,磁力矩会使这些分子磁矩有转向外磁场方向的趋势,因而宏观上呈现出顺磁性,这就是顺磁质. 这种磁化一般明显依赖于温度.

另外一些物质,分子内电子磁矩的矢量和为零,因而分子磁矩为零,它不会有转向磁矩,在宏观上也不显磁性. 但是分子在外磁场中会产生感应磁矩,感应磁矩的方向总与外加磁场的方向相反,因而产生抗磁性. 事实上一切物质都有一定的抗磁性,只是因为抗磁性很弱,易被其他磁性掩蔽而已. 例如,顺磁质分子的固有磁矩,比在通常磁场中所产生的感应磁矩要大到 5 个数量级以上. 所以,研究顺磁质磁化时,可以忽略其分子的感应磁矩.

　＊ 抗磁性的产生

磁物理学的研究表明,抗磁性起源于电子的轨道运动在外磁场作用下的微小变化. 如图 8.22(a)所示,质量为 m_e 的一个电子在半径 r 的圆轨道上以角速度 ω_0 绕原子核(原子序数为 Z)运动时,满足牛顿方程

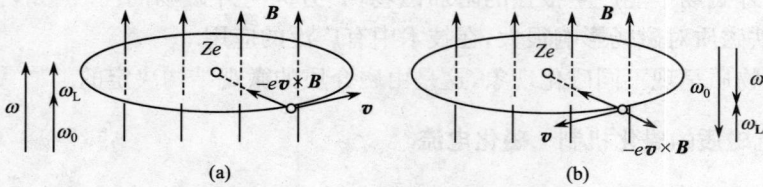

图 8.22　附加角动量的产生

$$m_e \omega_0^2 r = \frac{1}{4\pi\varepsilon_0} \frac{Ze^2}{r^2}$$

因此

$$\omega_0 = \sqrt{\frac{Ze^2}{4\pi\varepsilon_0 m_e r^3}}$$

在垂直于轨道平面方向上加一个磁场,设磁场 B 的方向与电子绕行方向间符合右手法则,那么作用在电子上的向心力将增加一个磁场力 $f = -ev \times B$,其中 v 是电子的速度.设电子轨道半径 r 不变,(由于磁力与静电力相比很小,因此这一假设是合理的.而且,这一假定与量子力学中定态概念相符合)而角速度增加为 ω,这时 ω 满足方程

$$m_e \omega^2 r = \frac{1}{4\pi\varepsilon_0} \frac{Ze^2}{r^2} + e\omega r B$$

只要满足条件(平常所用的磁场总满足该条件)

$$B \ll \sqrt{\frac{m_e Z}{\pi\varepsilon_0 r^3}} = \frac{2m_e \omega_0}{e}$$

上述二次方程的解可表示为

$$\omega = \sqrt{\frac{Ze^2}{4\pi\varepsilon_0 m_e r^3}} + \frac{eB}{2m_e} = \omega_0 + \omega_L$$

其中,$\omega_L = \dfrac{eB}{2m_e}$ 称为拉莫尔角频率,即电子的角频率增加了 ω_L 这样一个量.

若电子绕行方向与磁场 B 方向之间符合左手法则,如图 8.22(b)所示,则向心力将减小,按照上面同样的讨论,电子的角速度将变为 $\omega = \omega_0 - \omega_L$,减小了一个拉莫尔角频率的量.

以上两种情形中,由于加上外磁场引起电子角速度的改变,故对应于电子轨道运动的等效圆电流也发生改变,例如,在第一种情形中有

$$i = e\nu \rightarrow i' = e\nu' = e\frac{\omega_0 + \omega_L}{2\pi} = e\nu + \frac{e\omega_L}{2\pi}$$

即此圆电流改变为

$$\Delta i = \frac{e\omega_L}{2\pi} \tag{8.34}$$

由于两种情况下 ω_L 都与外磁场 B 同向,且电子带负电,所以 Δi 产生的附加磁场必与 B 反向,这就是前面所说的感应磁矩的产生.由此也容易理解这种磁化为什么一般与温度无关这一事实.

磁介质磁化过程中产生的附加磁场,可以看成是某些等效的宏观电流产生的,实验和理论分析表明,这些等效电流分布在磁介质界面和非均匀磁介质中. 由于这种等效电流只是在宏观磁效应上与磁介质中所有分子电流的集体表现相一致,磁介质中的附加磁场实质上仍是分子电流产生的,而分子电流总局限在分子所占据的空间之中,因而这种等效的宏观电流称为束缚电流,也称为磁化电流. 作为对比,传导电流可称作自由电流.

下面通过一个特例,来了解有磁介质时磁场的分析和计算,同时对磁化电流也会有进一步的认识.

三、有磁介质时磁场的分析和计算

磁介质因磁化会出现磁化电流,这时空间磁感应强度 $\boldsymbol{B}$ 的分布应看成自由电流的磁感应强度 $\boldsymbol{B}_0$ 和磁化电流的磁感应强度 $\boldsymbol{B}'$ 的叠加,即

$$\boldsymbol{B} = \boldsymbol{B}_0 + \boldsymbol{B}' \tag{8.35}$$

因为磁化电流和磁介质的磁化程度有关,而磁化程度又取决于总磁感应强度 $\boldsymbol{B}$,所以磁介质与磁场的相互影响显得比较复杂. 这里关于磁化的讨论采用简化的处理方法,即假定所涉及的磁介质均匀而且各向同性. 实验表明,对于均匀各向同性磁介质,磁介质与磁场的相互影响可表示为

$$\boldsymbol{B} = \mu_r \boldsymbol{B}_0 \tag{8.36}$$

其中,μ_r 是磁介质的相对磁导率.

设有一无限长直载流螺线管,其中充满磁介质,如图 8.23 所示. 导线中通有自由电流 I_0,I_0 所激发的磁场记为 $\boldsymbol{B}_0$,磁化电流的磁场记为 $\boldsymbol{B}'$. 对任意闭合路径 L,I_0 及其 $\boldsymbol{B}_0$ 应满足安培环路定理,即

$$\oint_L \boldsymbol{B}_0 \cdot \mathrm{d}\boldsymbol{l} = \mu_0 \sum I_0$$

将式(8.36)代入上式并整理可得

$$\oint_L \frac{\boldsymbol{B}}{\mu_0 \mu_r} \cdot \mathrm{d}\boldsymbol{l} = \sum I_0 \tag{8.37}$$

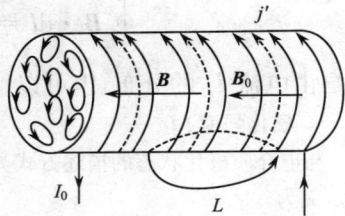

图 8.23 介质中的磁场

式(8.37)给出了有磁介质存在时,总磁场和自由电流的关系. 磁化电流对总磁场的贡献由磁介质的相对磁导率 μ_r 反映出来. 求解磁介质影响下的磁场时,一般自由电流和磁介质的分布是已知的,磁化电流及附加磁场 $\boldsymbol{B}'$ 不在式(8.37)中出现,为这一类磁化问题的计算带来了方便.

四、磁场强度 **H** 及其环路定理

　　由上面的讨论可知,图 8.23 所示的充满均匀各向同性磁介质的螺线管,实际上给出了测定磁介质相对磁导率 μ_r 的一种方法. 式(8.36)隐含着某些假定,即磁介质中各点处 μ_r 的值都是同一常数,而且自由电流与磁化电流共同产生的总磁场 **B** 和自由电流单独存在时激发的磁场 **B**₀ 都是匀强磁场. 一般情况下式(8.36)并不成立,即 **B** 和 **B**₀ 的关系并不是由该场点处的磁介质的 μ_r 唯一确定. 但是,可以证明式(8.37)是关于恒定磁场的一个普遍规律.

　　为使式(8.37)的表达更为简洁. 通常可以引入另一个辅助矢量 **H**,称作**磁场强度**. **H** 的定义为

$$H = \frac{B}{\mu_0 \mu_r} = \frac{B}{\mu} \tag{8.38}$$

其中,$\mu = \mu_0 \mu_r$ 称作磁介质的磁导率,其单位与 μ_0 相同. 在国际单位制中,磁场强度的单位是 $A \cdot m^{-1}$. 现在式(8.37)可以写成

$$\oint_L H \cdot dl = \sum I_0 \tag{8.39}$$

式(8.39)表明,对于恒定磁场,**H** 沿任一闭合路径的线积分,等于该路径所包围的自由电流的代数和. 这是安培环路定理的另一形式,称作 **H** 的环路定理. 它对介质和真空同样适用,对真空 $\mu_r = 1$,即 $\mu = \mu_0$.

　　由于式(8.39)右边与磁化电流无关,用它可简便地求出某些对称情况下介质中的磁场强度 **H**,进而可求得介质中 **B** 的分布. 最后由 **B** 的环路定理,即

$$\oint_L B \cdot dl = \mu_0 \sum I = \mu_0 \left(\sum I_0 + \sum I' \right) \tag{8.40}$$

及自由电流 I_0 的分布,也可以解出磁化电流 I'.

　　* 磁化强度 **M**

　　与电介质极化状态的描述方式类似,可以用磁化强度来描述磁介质的磁化程度. 磁化强度 **M** 定义为

$$M = \frac{\sum m_i}{\Delta V} \tag{8.41}$$

即单位体积内分子磁矩的总和. 其中,m_i 是分子磁矩. 对于非均匀磁化,ΔV 应足够小,使得在小体积内磁化可以看做是均匀的. 国际单位制中,磁化强度的单位是 $A \cdot m^{-1}$.

　　实验证明,在各向同性磁介质中,任一点的磁化强度 **M** 与磁感应强度 **B** 方向平行. 由式(8.38)知 **M** 与磁场强度 **H** 也平行. 对各向同性磁介质,**M** 和 **H** 之间有

$$M = \chi_m H \tag{8.42}$$

式(8.42)中 χ_m 对线性介质来说是与 **H** 的大小无关的常数,均匀磁介质中任一点处的 χ_m 为同一

常数.χ_m 可表示磁介质的属性,称为磁介质的磁化率.因为 M 与 H 有相同的量纲和单位,所以 χ_m 是无量纲的(或说它是纯数).

实验表明,各向同性磁介质的相对磁导率 μ_r 与 χ_m 有关系式

$$\mu_r = 1 + \chi_m \tag{8.43}$$

因此

$$\boldsymbol{B} = \mu\boldsymbol{H} = \mu_0\mu_r\boldsymbol{H} = \mu_0(1+\chi_m)\boldsymbol{H} \tag{8.44}$$

或者

$$\boldsymbol{B} = \mu_0(\boldsymbol{H}+\boldsymbol{M}) \tag{8.45}$$

式(8.45)可推广到非线性,非各向同性磁介质,因而是一普遍式.

8.7 铁 磁 质

以铁、钴、镍及其合金或氧化物为代表的铁磁质,对外磁场有很大影响.有大量实际应用的磁性材料,主要是指铁磁质.

一、铁磁质的基本特点

铁磁质有很多特点,其基本特征归纳如下:

(1) 在外磁场中放入铁磁质一般可使磁场增强 $10^2 \sim 10^4$ 倍,即相对磁导率 μ_r 为 $10^2 \sim 10^4$ 数量级;

(2) μ_r 随磁性强弱发生变化;

(3) 有明显的磁滞效应,磁化了的铁磁质完全撤去外磁场仍能保留部分磁性;

(4) 在一定温度(称为居里温度 T_C)以上时,铁磁性消失而变为正常的顺磁性;

(5) 在不太强的磁场中,就可以磁化到饱和状态.

二、磁化曲线和磁滞回线

铁磁质的磁化规律可用从实验得到的磁滞回线来说明.用实验研究铁磁质时常把铁磁质试样做成圆环,外面密绕 N 匝线圈,线圈中通入强度为 I 的电流后,铁磁质就被磁化.应用磁介质的安培环路定理,求得环中的磁场强度为

$$H = \frac{NI}{2\pi r}$$

其中,r 是环的平均半径.同时可以用其他的方法测出环内的 B,于是可从实验中测得一系列 I 和 B,从而获得许多组 H 和 B.这样作出的 $H\text{-}B$ 曲线,可以表示样品的磁化特点,通常称为磁化曲线.

实验表明,各种铁磁质的磁化曲线都有共同的特征,如图 8.24 所示.设试样处

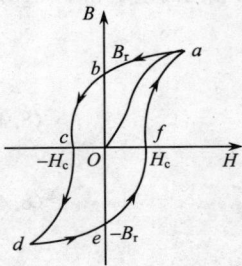

图 8.24　磁滞回线

在 O 点所示状态,即未磁化状态,逐渐增大 I 从而增大 H,可得 Oa 段曲线,叫起始磁化曲线. 由图看出,随着 H 变化,B 在开始增加很快,以后 B 的增大逐渐变慢,最后几乎不再随 H 增大,达到饱和值.

在 B 达到其饱和值之后,如果慢慢减小电流 I 以减小 H,直到 H 为零,B 沿 ab 段曲线达到 B_r,B_r 称为剩磁. 改变电流方向并逐渐增大则磁场强度达到 $-H_c$ 时,剩磁才能消失,H_c 称为矫顽力. 由 b 状态到 c 状态,H 先为零值而 B 后达到零值,这种现象称为磁滞效应. 若使反向电流继续增加,以增大反向 H,磁化可达到反向饱和. 将反向电流逐渐减小到零,B 会达到 $-B_r$(de 段). 再把电流改回原方向并逐渐增大,B-H 曲线取 efa 段,最后形成一个闭合曲线. 这一闭合曲线称为**磁滞回线**.

实验指出,铁磁性材料在交变磁场的作用下反复磁化时将要发热. 因铁磁体反复磁化时,磁体内分子的状态不断改变,因而分子的振动加剧,温度升高. 使分子振动加剧的能量是由产生磁化场的电流的电源提供的,这部分能量转化为热量而散失掉. 这种在反复磁化过程中的能量损失称为磁滞损耗. 理论和实验证明,磁滞回线所围的面积越大,磁滞损耗也越大. 在电器设备中这种损耗是十分有害的,必须尽量减少.

沿用 $\mu = B/H$ 的定义式,为使铁磁质有确定的单值 μ,取起始磁化曲线上各点的 H 与 B 的值给出 μ-H 曲线(图 8.25),如此定义的 μ 仍与铁磁质的磁化状态有关,并不是常数. 图 8.25 中所示 μ_i 和 μ_m,分别称为起始磁导率和最大磁导率.

各种铁磁质有不同的磁滞回线,主要区别在于矫顽力的大小. 如果把矫顽力 H_c 的大小作为对铁磁质分类的主要依据,那么可将铁磁质分为软磁材料和硬磁材料. 纯

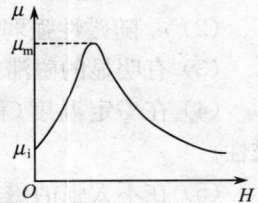

图 8.25　μ-H 曲线

铁、硅钢等材料的 H_c 很小,其磁滞回线比较"瘦",这些软磁材料常用作变压器和电机中的铁芯. 碳钢、钨钢等材料具有较大的矫顽力 H_c,因而磁滞回线显得较"胖",也就是说这些硬磁材料对其磁化状态的保持能力较强,故适合于制成永久磁铁. 有些铁磁体的磁滞回线呈矩形(称矩磁材料),其 H_c 较小,B_r 接近饱和值 B_S. 当它被磁化时,总处在 B_S 或 $-B_S$ 中的一个状态,在计算机和自动控制等技术中常用作"记忆"元件. 图 8.26 给出了上述三种材料的磁滞回线.

三、磁畴和铁磁质的磁化机制

研究表明,铁磁质的磁性主要来源于电子的自旋磁矩,可以用磁畴理论加以解

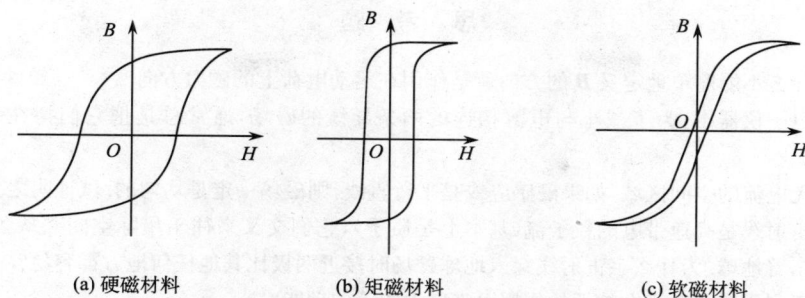

(a) 硬磁材料 　　　 (b) 矩磁材料 　　　 (c) 软磁材料

图 8.26 铁磁质的磁滞回线

释. 在铁磁体内存在着无数个小区域, 其线度约为 10^{-4} m, 大小为 $10^{-12} \sim 10^{-8}$ m³, 含有 $10^{17} \sim 10^{21}$ 个原子, 每个小区域中所有原子磁矩都已排在同一方向, 这样的小区域称为**磁畴**. 磁畴中原子磁矩的排列方向称为磁畴的磁化方向, 或者称为磁畴磁矩方向. 根据海森伯理论, 磁畴是由自发磁化产生的. 在没有外磁场时, 铁磁质中电子的自旋磁矩就可以在近距离内自发地排列起来, 这种自发磁化来源于电子之间的一种正的交换作用, 它使电子在其自旋平行排列时能量最低. 交换作用是一种量子效应, 在经典物理中没有对应的概念. 在未磁化的铁磁质中, 各磁畴的磁化方向是无规则的, 因而在宏观上对外界并没有明显的磁性. 当铁磁质内加上外磁场时, 磁矩取向与外磁场方向成小角度的磁畴, 其磁能小于磁矩取向与外磁方向成大角度的磁畴, 因而处于有利地位. 这时, 在相邻磁畴的界面附近, 磁矩取向成大角度的电子朝小角度的方向改变磁矩的取向, 因此使小角度取向的磁畴体积随外磁场的增强而扩大. 相反, 成大角度取向的磁畴体积则逐渐减小, 形成磁畴壁的移动. 外磁场继续增大直到与外磁场成大角度取向的磁畴全部消失, 而保留下来的磁畴的磁矩开始向外磁场方向旋转, 当所有磁畴的磁矩都沿外磁场方向排列时, 磁化就达到了饱和. 由此可见, 铁磁质的饱和磁化程度是由磁畴的磁化程度决定的. 已经知道, 一般顺磁质在室温下受中等强度磁场 ($B=1 \sim 10$T) 作用时, 所增加的沿外磁场方向排列的分子数目仅占分子总数的 1/100. 而磁畴内原子磁矩都自发地取相同方向, 所以比磁性比较强的顺磁性还要高几个数量级. 磁滞现象可以用磁畴壁很难复原来说明. 在磁滞回线的 b 点和 e 点 (图 8.24), 外磁场完全撤除, 铁磁质将重新分裂为许多磁畴, 但由于受铁磁体内杂质和内应力的阻碍作用, 并不能恢复磁化前的退磁状态, 从而呈现剩余磁性. 利用振动和加热, 也可以像矫顽力一样去除剩磁. 居里温度的存在, 可以用分子热运动加剧导致磁畴瓦解来解释. 以铁、钴、镍为例, 它们的居里点温度分别为 1040K、1388K 和 631K.

思　考　题

8.1　为什么不能简单地定义 B 的方向就是作用在运动电荷上的磁力方向?

8.2　在电子仪器中,为了减小与电源相连的两条导线的磁场,通常总是把它们扭在一起. 为什么?

8.3　在无电流的空间区域,如果磁感应线是平行直线,则磁场一定是均匀的. 试证明之.

8.4　宇宙射线是高速带电的粒子流(基本上是质子),它们交叉来往于星际空间并从各个方向撞击着地球. 为什么宇宙射线穿入地球磁场时接近两极比其他任何地方都容易?

8.5　能否利用磁场对带电粒子的作用力来增大粒子的动能?

8.6　能否利用一磁场来分离具有相同速度的质子和电子、质子和 α 粒子?

8.7　飞机在天空水平向西飞行,哪边的机翼上电子较多?

8.8　若释放磁铁附近的小铁片,它会向磁铁运动,问其动能从何而来?

8.9　B 和 H 有何区别?

8.10　顺磁质和铁磁质的磁导率明显地依赖于温度,而抗磁质的磁导率则几乎与温度无关,为什么?

习　题

8.1　长为 L 的一根导线通有电流 I,在下列情况下求中心点的磁感应强度,

　　(1) 将导线弯成边长为 $L/4$ 的正方形线圈;

　　(2) 将导线弯成周长为 L 的圆线圈,并比较哪一种情况下磁场更强.

8.2　如图,一根无限长直导线,通有电流 I,中部一段变成圆弧形,求图中 P 点的磁感应强度的大小.

8.3　高压输电线在地面上空 25m 处,通过电流为 $1.8×10^3$ A.

　　(1) 在地面上由这电流所产生的磁感应强度多大?

　　(2) 在上述地区,地磁场为 $0.6×10^{-4}$ T,输电线产生的磁场与地磁场差多少?

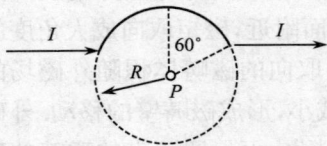

题 8.2 图

8.4　在一半径 $R=1.0$ cm 的无限长半圆柱形金属薄片中,自上而下地有电流 $I=5.0$ A 通过,试求圆柱轴线上任一点的磁感应强度.

8.5　从经典观点来看,氢原子可看做是一个电子绕核高速旋转的体系,已知电子以速度 $2.2×10^6$ m·s^{-1} 在半径 $r=0.53×10^{-10}$ m 的圆轨道上运动. 求电子在轨道中心所产生的磁感应强度和电子的磁矩大小.

8.6　有一很长的载流导体直圆筒,内半径 a,外半径 b,电流为 I,电流沿轴线方向流动,且均

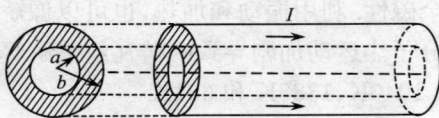

题 8.6 图

匀分布在管壁的横截面上,求空间各点的磁感应强度,并画出 B-r 曲线(r 为场点到轴线的垂直距离).

8.7　矩形截面的螺线环,尺寸如图,共绕有 N 匝线圈,通有电流 I,求:

(1) 环内磁感应强度的分布;

(2) 过螺线环截面(图中阴影区)的磁通量.

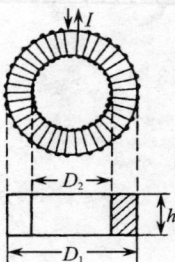

题 8.7 图

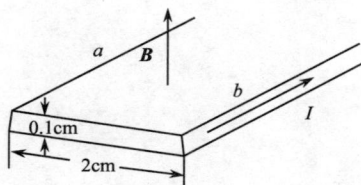

题 8.9 图

8.8　在一汽泡室内,磁场为 20T,一高能质子垂直于磁场飞过时留下的圆弧轨迹的半径为 3.5m,求此质子的动量和动能.

8.9　一 2cm 宽,0.1cm 厚的金属片,载有 20A 电流,处于磁感应强度为 2.0T 的均匀磁场中,如图所示,测得霍尔电势差为 $4.27\mu V$.

(1) 计算金属片中电子的漂移速度.

(2) 求带电电子的浓度.

(3) a 和 b 哪点电势较高?

(4) 如果用 p 型半导体代替该金属片,a 和 b 哪点电势高?

8.10　用绝缘导线紧密排列绕成直径为 1cm 的螺线管,有 100 匝线圈.

(1) 当导线中通 2A 电流时,求螺线管的磁矩;

(2) 再将螺线管放在磁感应强度为 4T 的均匀磁场中,求螺线管能受到的最大力矩.

8.11　一半径 $R=0.1$m 的半圆形闭合线圈,载有电流 $I=10$A,放在均匀外磁场 B 中,磁场方向与线圈平面平行,如图(见下页),已知 $B=0.5$T,求:

(1) 线圈的磁矩 m;

(2) 线圈所受力矩的大小和方向.

8.12　螺线环中心周长 $l=10$cm,环上线圈匝数 $N=200$,线圈中通有电流 $I=100$mA.

(1) 求管内的磁场强度 H 和磁感应强度 B_0;

(2) 若管内充满相对磁导率 $\mu_r=4200$ 的磁介质,则管内的 H 和 B 是多少?

(3) 磁介质内由导线中电流产生的 B_0 和磁化电流产生的 B' 各是多少?

8.13　一无限长圆柱形直导线,外包一层相对磁导率为 μ_r 的圆筒形磁介质,导线半径为 R_1,磁介质外半径为 R_2,导线中的电流 I 均匀分布在横截面上,如图(见下页).求介质内、外的磁场强度和磁感应强度的分布,并画出 H-r 和 B-r 图线.

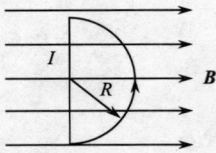

题 8.11 图

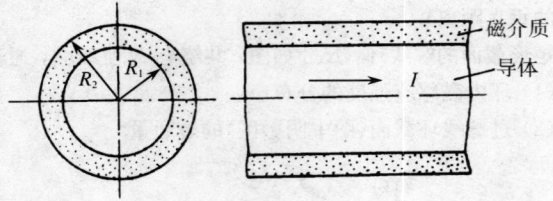

题 8.13 图

第 9 章 电 磁 感 应

前面讨论了静电场和恒定磁场,它们不随时间变化,当电场和磁场随时间变化时,就会出现一些新的现象,如这里要讨论的电磁感应现象. 电磁感应现象为揭示电与磁的相互联系与转化奠定了基础,也成为电磁场理论的基本组成部分之一.

9.1   法拉第电磁感应定律

1820 年奥斯特发现了电流的磁效应,由此人们自然地想到,磁场是否也能产生电流? 许多科学家都开始探讨研究这个问题. 法拉第(M. Faraday,1791~1867)坚信磁一定能产生电,因为各种自然力是统一的. 他在 1822~1831 年对这一问题进行了有目的的实验研究,经过多次失败和挫折,终于发现了电磁感应现象.

一、法拉第电磁感应定律

大家已经熟知:一个导线回路所围曲面的磁感应通量发生变化时,回路中就会有电流产生,这种现象称作**电磁感应**(electromagnetic induction),在回路中所产生的电流称作感应电流. 回路中产生电流意味着回路中有电动势存在,这种由磁通量变化引起的电动势称作感应电动势.

法拉第通过实验得出:当穿过闭合回路的磁通量发生变化时,回路中将产生感应电流或感应电动势. 回路中感应电动势 $\mathscr{E}$ 的大小与穿过导体回路的磁通量的变化率 $\dfrac{\mathrm{d}\Phi}{\mathrm{d}t}$ 成正比,这一结论称为**法拉第电磁感应定律**(Faraday law of electromagnetic induction). 在国际单位制中,其一般数学表达式为

图 9.1 法拉第
(Michael Faraday,
1791~1867)

$$\mathscr{E} = -\frac{\mathrm{d}\Phi}{\mathrm{d}t} \tag{9.1}$$

即感应电动势等于穿过回路的磁通量时间变化率的负值.

实际中用的线圈大多是多匝串联而成,对 N 匝线圈组成的回路,若每匝中穿过的磁通量分别为 $\Phi_1,\Phi_2,\cdots,\Phi_N$,整个回路中的电动势等于各匝线圈电动势之和,即

$$\mathscr{E} = \mathscr{E}_1 + \mathscr{E}_2 + \cdots + \mathscr{E}_N = -\frac{\mathrm{d}}{\mathrm{d}t}(\Phi_1 + \Phi_2 + \cdots + \Phi_N) = -\frac{\mathrm{d}\Psi}{\mathrm{d}t} \qquad (9.2)$$

其中, $\Psi = \Phi_1 + \Phi_2 + \cdots + \Phi_N$ 是穿过各匝线圈的磁通量的总和, 称为穿过线圈的全磁通. 若穿过各匝线圈的磁通量相等, N 匝线圈的全磁通为 $\Psi = N\Phi$ 称作磁通匝链数, 此时

$$\mathscr{E} = -\frac{\mathrm{d}\Psi}{\mathrm{d}t} = -N\frac{\mathrm{d}\Phi}{\mathrm{d}t} \qquad (9.3)$$

　　式(9.1)中的负号反映出感应电动势的方向与磁通量变化的关系. 在判断感应电动势的方向时, 首先应规定回路 L 的正绕向, 并以与正绕向一致的方向为电动势的正方向.

　　当回路中的磁感应线的方向与回路的正绕向成右手螺旋关系时, 磁通量为正值, 如图 9.2(a)、图 9.2(b)所示. 此时若穿过回路的磁通量增大, $\dfrac{\mathrm{d}\Phi}{\mathrm{d}t} > 0$, 则 $\mathscr{E} < 0$, 说明感应电动势的方向与回路的正绕向相反; 若穿过回路的磁通量减小, $\dfrac{\mathrm{d}\Phi}{\mathrm{d}t} < 0$, 则 $\mathscr{E} > 0$, 说明感应电动势的方向与回路的正绕向一致.

　　当回路中的磁感应线的方向与回路的正绕向成左手螺旋关系时, 磁通量为负值, 如图 9.2(c)、图 9.2(d)所示. 此时若穿过回路的磁通量的绝对值增大, $\dfrac{\mathrm{d}|\Phi|}{\mathrm{d}t} > 0$, 则 $\mathscr{E} > 0$, 说明感应电动势的方向与回路的正绕向一致; 若穿过回路的磁通量的绝对值减小, $\dfrac{\mathrm{d}|\Phi|}{\mathrm{d}t} < 0$, 则 $\mathscr{E} < 0$, 说明感应电动势的方向与回路的正绕向相反.

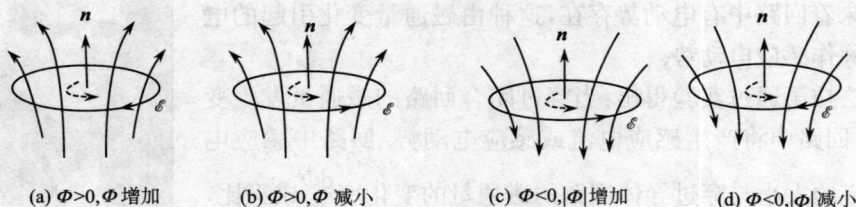

(a) $\Phi > 0$, Φ 增加　　　(b) $\Phi > 0$, Φ 减小　　　(c) $\Phi < 0$, $|\Phi|$ 增加　　　(d) $\Phi < 0$, $|\Phi|$ 减小

图 9.2　感应电动势的方向

　　例 9.1　如图 9.3 所示在铁磁试样做的环上绕两组线圈, 一组线圈匝数 N_1, 与电池相连. 另一组线圈匝数 N_2, 与一个"冲击电流计"相连. 铁环原来没被磁化, 电键合上使 N_1 中的电流从零增大到恒定值 I_1 时, 冲击电流计测出通过它的电量 Q. 求与 I_1 相应的铁环中的磁感应强度 B_1 多大?

　　解　当 N_1 中电流增大时, 它在铁环中产生的磁场也随之增强, 因此在 N_2 中产生感应电动势. 设环的横截面为 S, 环内的磁感应强度 B, 则 N_2 中通过一匝线圈

的磁通量为 $\Phi = BS$，N_2 中产生的感应电动势的大小为

$$\mathscr{E} = \frac{\mathrm{d}\Psi}{\mathrm{d}t} = N_2 \frac{\mathrm{d}\Phi}{\mathrm{d}t} = N_2 S \frac{\mathrm{d}B}{\mathrm{d}t}$$

若 N_2 回路中的总电阻 R，则 N_2 回路中的电流为

$$i = \frac{\mathscr{E}}{R} = \frac{N_2 S}{R} \frac{\mathrm{d}B}{\mathrm{d}t}$$

设 N_1 中的电流经时间 t_0 增大到 I_1，则在这段时间内通过 N_2 中冲击电流计的电量为

$$Q = \int_0^{t_0} i\,\mathrm{d}t = \int_0^{t_0} \frac{N_2 S}{R} \frac{\mathrm{d}B}{\mathrm{d}t}\,\mathrm{d}t = \frac{N_2 S}{R} \int_0^{B_1} \mathrm{d}B = \frac{N_2 S B_1}{R}$$

$$B_1 = \frac{QR}{N_2 S}$$

图 9.3 测铁磁质
中的磁感应强度

这样，根据冲击电流计测出的电量 Q，就可计算出与 I_1 相对应的磁感应强度，这是常用的测量磁介质中的磁感应强度的方法.

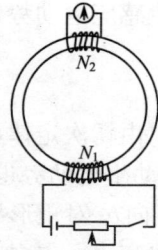

二、楞次定律

楞次(H. F. E. Lenz)从实验中考察了感应电流的方向，于 1834 年提出另一种判断感应电流方向的方法：导体回路中感应电流的方向，总是使感应电流所激发的磁场来阻止引起感应电流的磁通量的变化. 这就是**楞次定律**(Lenz law).

楞次定律是能量守恒定律在电磁感应现象中的具体表现. 在实际中用楞次定律来判断感应电动势的方向是很方便的.

9.2 动生电动势与感生电动势

法拉第定律表明，穿过一个回路的磁通量发生变化时，回路中就有感应电动势产生. 引起磁通量变化的原因通常有两种：一种是回路或其中的一部分在恒定磁场中有相对运动；另一种是回路在磁场中无相对运动，而磁场是在变化的. 一般把前一种原因引起的感应电动势称为**动生电动势**(motional electromotive force)，后一种原因引起的电动势称为**感生电动势**(induced electromotive force).

一、动生电动势

如图 9.4 所示，长为 l 的导体棒 ab 与导轨构成一矩形回路 $abcd$，均匀磁场 $\boldsymbol{B}$ 垂直于导体回路. 当导体棒 ab 以恒定速度 v 沿导轨向右滑动时，某时刻穿过回路所围面积的磁通量为

$$\Phi = BS = Blx$$

当导体棒不断滑动时,回路所围的面积扩大,穿过回路的磁通量发生变化,回路中产生感应电动势,其大小由式(9.1)可得

$$| \mathscr{E} | = \frac{\mathrm{d}\Phi}{\mathrm{d}t} = \frac{\mathrm{d}}{\mathrm{d}t}(Blx) = Bl\frac{\mathrm{d}x}{\mathrm{d}t} = Blv \tag{9.4}$$

由楞次定律可判断感应电动势的方向为逆时针方向. 由于只有导体棒 ab 运动,动生电动势也只在导体棒 ab 上产生,并且导体棒 ab 上的动生电动势的方向由 a 指向 b. 对矩形导体回路来说,导体棒 ab 相当一个电源,所以在导体棒 ab 上,b 点电势高于 a 点电势.

动生电动势是由洛伦兹力引起的,非静电力就是洛伦兹力. 当导体棒 ab 以速度 v 向右运动时,棒内的自由电子也随之一起以速度 v 向右运动. 每个自由电子受到的洛伦兹力为

$$f = ev \times B \tag{9.5}$$

这个作用力即为等效的"非静电场"的作用,对应的非静电场强为

$$E_{\mathrm{k}} = \frac{f}{e} = v \times B \tag{9.6}$$

由电动势的定义

$$\mathscr{E}_{ab} = \int_a^b (v \times B) \cdot \mathrm{d}l$$

可见,导体内是否产生电动势,与导体在磁场中的运动有直接关系. 对图 9.4 的情况,$v \perp B$ 所以 $\mathscr{E} = Bvl$. 若导体沿磁场方向运动,$v /\!/ B$,则 $\mathscr{E} = 0$,无电动势产生. 因此可以形象地说,只有当导线切割磁感应线而运动时,导线中才产生动生电动势.

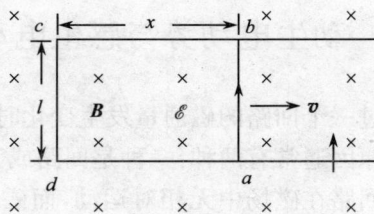

图 9.4　动生电动势

对于一般情况,在任意的恒定磁场中,一个任意形状的导线线圈 L 在运动或发生形变,导线的各线元 $\mathrm{d}l$ 运动速度 v 也不同,这时在线元 $\mathrm{d}l$ 中产生的动生电动势为 $\mathrm{d}\mathscr{E} = (v \times B) \cdot \mathrm{d}l$,其中 B 为该线元所在处的磁场. 整个线圈 L 中产生的动生电动势为各段导线线元中产生的动生电动势之和

$$\mathscr{E} = \int_L (v \times B) \cdot \mathrm{d}l \tag{9.7}$$

既然动生电动势是洛伦兹力作用的结果，洛伦兹力对运动电荷是不做功的，但动生电动势却要做功，那么，做功的能量从哪来的呢？其实我们忽略了一个问题：在运动导体中的自由电子除了具有导体本身的速度 v 外，还具有相对导线的定向运动速度 u，如图 9.5 所示．自由电子所受的洛伦兹力为

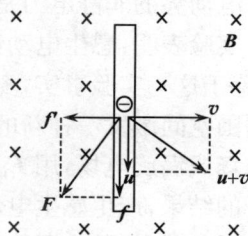

$$F = e(u + v) \times B = f + f'$$

自由电子运动的合速度 $V = v + u$，洛伦兹力合力做功的功率为

$$
\begin{aligned}
F \cdot V &= (f + f') \cdot (v + u) \\
&= f \cdot u + f' \cdot v \\
&= -evBu + euBv = 0
\end{aligned}
$$

图 9.5 洛伦兹力不做功

即总的洛伦兹力不做功．但如果维持导体以速度 v 运动，则需施加外力 f_0．且使 $f_0 = f'$，以克服洛伦兹力的一个分量．由洛伦兹力合力做功和功率表达式有

$$f_0 \cdot v = -f' \cdot v = f \cdot u$$

由此说明洛伦兹力的一个分量 f 对自由电子的定向运动做了正功 $f \cdot u$（宏观上就是感应电动势驱动电流所做的功），与同一时间内外力克服洛伦兹力的另一个分量 f' 所做功 $f \cdot v$（宏观上就是外力拉动导体做的功）是相等的．总的洛伦兹力虽不做功，但起到了能量转化的作用，一方面接受外力的功，同时又驱动电荷运动做功．

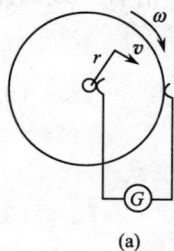

例 9.2 法拉第圆盘．一半径为 L 的金属圆盘，放在均匀磁场 B 中，磁感应强度 B 与圆盘平面垂直，圆盘以恒定角速度 ω 绕中心轴转动，如图 9.6(a) 所示．利用轴上和边缘上的两个滑动触头与外电路连接，回路中就出现电流．试求圆盘中心与边缘之间的动生电动势．

解 盘上沿半径方向产生的感应电动势可视为沿任意半径的一导体棒 ab 在磁场中运动的结果，如图 9.6(b) 所示．

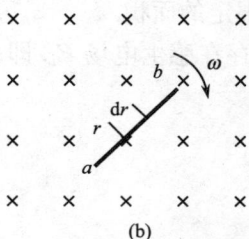

导体棒在均匀磁场中转动，棒上各处的线速度 v 不同．在距中心为 r 处取一线元 dr，其线速度 $v = \omega r$，且，$v \perp dr$，$v \perp B$，由式 (9.7) 可计算导体棒上产生的动生电动势为

图 9.6 法拉第圆盘

$$\mathscr{E} = \int_L (v \times B) \cdot dr = \int_a^b B\omega r\, dr = \frac{1}{2} L^2 \omega B$$

动生电动势的方向从 a 指向 b．

二、感生电动势与感生电场

如前所述,当导体回路不动,而磁场随时间变化时,回路中将产生感生电动势.动生电动势的非静电力是洛伦兹力,那么感生电动势的非静电力又是什么呢?

实验表明:感生电动势与导体的性质及回路的形状无关,而仅取决于磁场的变化. 鉴于这一实验事实,麦克斯韦(J. C. Maxwell)大胆地提出假设:变化的磁场在其周围空间激发一种新的电场,这种电场具有涡旋性,像水的涡旋一样,称其为**感生电场**或**涡旋电场**,用 E_i 表示. 感生电流的产生正是这一电场作用于导体中自由电子的结果,产生感生电动势的非静电场也是这一电场. 麦克斯韦还指出:在磁场变化时,不仅在导体回路中,而且在空间任一点都会产生感生电场. 如果把带电粒子置于变化的磁场中,在感生电场的作用下,带电粒子会被加速而获得能量. 根据这个原理,后来制成了电子感应加速器,使麦克斯韦的假设得到实验证实.

感生电场与静电场的相同点是,它们都是一种客观存在的物质,它们对电荷都有作用力. 与静电场的区别在于感生电场不是由电荷激发的,而是由变化的磁场激发的;其电场线是无头无尾的,即

$$\oint \boldsymbol{E}_i \cdot \mathrm{d}\boldsymbol{l} \neq 0$$

因而感生电场不是保守场,在感生电场中不能引入电势的概念. 沿着导线回路 L 的上述积分就是感应电动势,根据法拉第定律有

$$\mathscr{E} = \oint_L \boldsymbol{E}_i \cdot \mathrm{d}\boldsymbol{l} = -\frac{\mathrm{d}\Phi}{\mathrm{d}t} \tag{9.8}$$

如果用磁感应强度 $\boldsymbol{B}$ 来表示,上式可写成

$$\oint_L \boldsymbol{E}_i \cdot \mathrm{d}\boldsymbol{l} = -\frac{\mathrm{d}}{\mathrm{d}t}\int_S \boldsymbol{B} \cdot \mathrm{d}\boldsymbol{S} = -\int_S \frac{\partial \boldsymbol{B}}{\partial t} \cdot \mathrm{d}\boldsymbol{S} \tag{9.9}$$

其中,$\mathrm{d}\boldsymbol{l}$ 是空间任一静止回路 L 上的位移元 $\boldsymbol{S}$ 是该回路所限定的面积.

对一般的情况,空间既可能存在静电场 $\boldsymbol{E}_0$ 也可能同时存在感生电场 $\boldsymbol{E}_i$. 即总电场 $\boldsymbol{E} = \boldsymbol{E}_0 + \boldsymbol{E}_i$,而

$$\oint \boldsymbol{E}_0 \cdot \mathrm{d}\boldsymbol{l} = 0$$

则

$$\oint_L \boldsymbol{E} \cdot \mathrm{d}\boldsymbol{l} = -\int_S \frac{\partial \boldsymbol{B}}{\partial t} \cdot \mathrm{d}\boldsymbol{S} \tag{9.10}$$

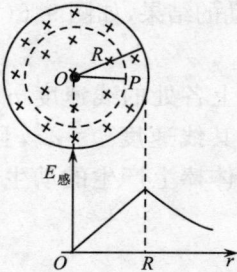

图 9.7　变化磁场的电场

例 9.3　均匀磁场被限制在半径为 R 的圆柱形空间内,其截面如图 9.7 所示. 磁感应强度 $\boldsymbol{B}$ 以恒定速率 $\dfrac{\mathrm{d}B}{\mathrm{d}t}$ 随

时间变化,试求感生电场的分布.

解 磁场随时间变化,在其周围空间激发感生电场.根据磁场分布的轴对称性可知,感生电场的分布也具有轴对称性.由于感生电场的电场线是闭合的,因而可以判断感生电场的电场线一定在垂直于轴线的平面内,且是以轴为圆心的一系列同心圆.

取以 O 为圆心,以 r 为半径的圆形闭合回路,则回路上任一点处感生电场的大小相等,方向沿回路的切向.设回路的正方向为顺时针方向,则由式(9.10)及

$$\oint_L \boldsymbol{E} \cdot \mathrm{d}\boldsymbol{l} = E2\pi r, \quad \int_s \frac{\partial \boldsymbol{B}}{\partial t} \cdot \mathrm{d}\boldsymbol{S} = \frac{\mathrm{d}B}{\mathrm{d}t}\int \mathrm{d}S$$

当 $r < R$ 时,有

$$E2\pi r = -\frac{\mathrm{d}B}{\mathrm{d}t}\pi r^2$$

于是可得

$$E = -\frac{1}{2}\frac{\mathrm{d}B}{\mathrm{d}t}r$$

可见,当 $r < R$ 时,感生电场的场强与 r 成正比,负号表示感生电场所产生的磁场的方向是反抗磁场的变化的.若 $\frac{\mathrm{d}B}{\mathrm{d}t} > 0$,则 $E < 0$,电场线沿逆时针方向;若 $\frac{\mathrm{d}B}{\mathrm{d}t} < 0$,则 $E > 0$,电场线沿顺时针方向.

当 $r > R$ 时,并不是回路所围空间均存在磁场,随着 r 的增加,穿过回路的磁通量不再增加.则

$$\frac{\mathrm{d}\Phi}{\mathrm{d}t} = \frac{\mathrm{d}B}{\mathrm{d}t}\int \mathrm{d}S = \frac{\mathrm{d}B}{\mathrm{d}t}\pi R^2, \quad E2\pi r = -\frac{\mathrm{d}B}{\mathrm{d}t}\pi R^2$$

可得

$$E = -\frac{R^2}{2r}\frac{\mathrm{d}B}{\mathrm{d}t}$$

可见,当 $r > R$ 时,感生电场的场强与 r 成反比,负号代表感生电场的方向.

例 9.4 电子感应加速器(betatron)的基本原理.

解 电子感应加速器是利用感生电场来加速电子的一种设备,一环形真空管道放置在柱形电磁铁的两极间如图 9.8(a)所示,该环形真空管道就作为电子运行的轨道.当电磁铁中通以高频交变电流时,在两极间产生交变的磁场,因而在环形管道内产生很强的感生电场,其电场线为同心圆.用电子枪把电子注入环形管道,它们在感生电场的作用下加速运动,同时在洛伦兹力的作用下沿圆形轨道运动.

因为磁场是交变的,从而导致感生电场的方向也是交变的.如图 9.8(b)所示,为了保证电子在加速期间始终被加速而不脱离轨道,应考虑到磁场的方向及其变

化的单调性. 由于电子带负电, 所以只有当磁场变化是在第一个或第四个 1/4 周期的情况下, 才能产生使电子加速的感生电场; 但在第四个 1/4 周期内电子受到的洛伦兹力是离心的, 因此只有在磁场变化的第一个 1/4 周期, 约 5ms 的时间内, 电子才被加速并沿圆形轨道运动. 实际上, 在比上述时间间隔还短的时间内, 电子已经能够绕轨道回旋数十万圈, 从而获得了很高的能量, 其速度接近光速, 再从出口处引出.

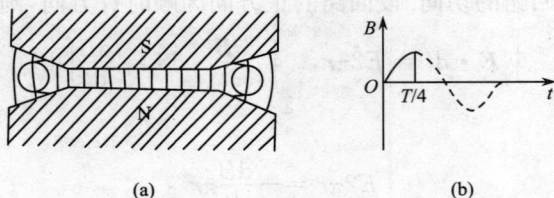

(a)　　　　　　　　　　(b)

图 9.8　电子感应加速器

三、涡电流

块状导体在恒定的磁场中运动时, 导体中出现动生电动势. 由于导体自身构成回路, 若回路中动生电动势总和不为零, 则导体中将出现感应电流, 电流线呈涡旋状, 称**涡电流**或涡流 (eddy current). 把一金属片悬挂在电磁铁的一对磁极之间形成一个摆, 当电磁铁被励磁后, 由于穿过运动导体的磁通量发生变化, 金属片内将产生感应电流. 由楞次定律知, 感应电流的效果总是反抗引起感应电流的原因的, 所以, 金属片的摆动会受到阻力而迅速停止, 这就是电磁阻尼. 电磁仪表的指针的摆动能迅速稳定就是基于这样的原理.

把块状导体放在变化磁场中, 导体处在涡旋电场之中, 也会产生感生电动势, 这时同样会出现涡电流. 如果磁场的时间变化率比较大, 产生的涡电流也很大, 会释放出大量的焦耳热, 可用于冶炼金属, 这就是高频冶炼炉的原理. 这种冶炼方法的优点是温度高且易于控制, 还可以把坩埚放在真空中无接触加热, 因而避免其氧化和玷污. 但有时也需避免涡电流的热效应. 如在变压器等电气设备中, 采用电阻率大的硅钢片叠合制成的铁芯, 就是为了减小涡电流.

9.3　自感和互感

在实际电路中, 磁场的变化常常是由电流的变化引起的, 把感应电动势与产生磁场的电流联系起来具有重要的实际意义. 作为例子, 讨论导体回路中的自感现象和两个导体回路中的互感现象.

一、互感

当一个导体线圈中的电流随时间变化时,将在它周围空间激发变化的磁场,穿过它附近的另一个线圈的磁通量也随之发生改变,从而在后一线圈回路中产生感应电动势.这种现象称为互感现象,相应的电动势称为互感电动势.

显然,一个线圈中的互感电动势不仅与另一个线圈中的电流变化的快慢有关,并且与两个线圈的结构及它们的相对位置有关.如图 9.9 所示,设线圈 1 所激发的磁场通过线圈 2 的全磁通为 Ψ_{21},如周围无铁磁质,它与线圈 1 的电流 I_1 成正比

$$\Psi_{21} = M_{21} I_1$$

图 9.9 互感

同理,设线圈 2 所激发的磁场通过线圈 1 的全磁通为 Ψ_{12},它与线圈 2 的电流 I_2 成正比

$$\Psi_{12} = M_{12} I_2$$

其中,M_{21} 与 M_{12} 是比例系数,称作线圈的互感系数,简称**互感**(mutual induction).它们与两线圈的结构、线圈的匝数和两线圈的相对位置及周围磁介质的分布有关,而与线圈中的电流无关.理论与实践都证明 M_{21} 和 M_{12} 数值相等,用 M 表示,即

$$M_{21} = M_{12} = M \tag{9.11}$$

称为两线圈的互感系数.

在其他条件一定的情况下,当线圈 1 中的电流发生变化时,在线圈 2 中产生的互感电动势为

$$\mathscr{E}_{21} = -\frac{\mathrm{d}\Psi_{21}}{\mathrm{d}t} = -M\frac{\mathrm{d}I_1}{\mathrm{d}t} \tag{9.12}$$

同理,当线圈 2 中的电流发生变化时,在线圈 1 中产生的互感电动势为

$$\mathscr{E}_{12} = -\frac{\mathrm{d}\Psi_{12}}{\mathrm{d}t} = -M\frac{\mathrm{d}I_2}{\mathrm{d}t} \tag{9.13}$$

在国际单位制中,互感的单位是 H. $1\mathrm{H} = 1\mathrm{Wb} \cdot \mathrm{A}^{-1} = 1\mathrm{V} \cdot \mathrm{s} \cdot \mathrm{A}^{-1}$.

另外可以看出,当一个线圈中的电流随时间的变化率一定时,互感系数愈大,则在另一个线圈中产生的互感电动势愈大.所以,互感系数是两个电路耦合程度的量度.

互感系数一般由实验来测定,少数几种简单情形可用计算方法求得.

例 9.5 一长直螺线管,横截面为圆,半径为 r,单位长度上的匝数为 n.另一半径为 R 的圆线圈放在螺线管外,线圈平面与管轴垂直,如图 9.10 所示.求螺线管与圆线圈的互感系数.

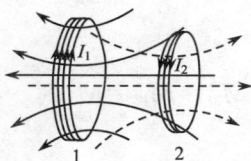

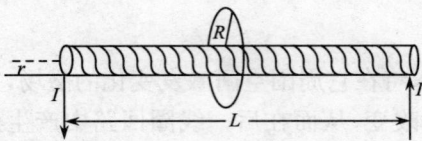

图 9.10　计算螺线管与圆环的互感系数

解　设螺线管内通有电流 I_1，螺线管内的磁场 B_1，则 $B_1 = \mu_0 n I_1$，因 $R > r$ 通过圆线圈的全磁通为

$$\Psi_{21} = B_1 \pi r^2 = \mu_0 n I_1 \pi r^2$$

则

$$M_{21} = \frac{\Psi_{21}}{I_1} = \pi r^2 \mu_0 n$$

因 $M_{21} = M_{12} = M$，则

$$M = \pi r^2 \mu_0 n$$

互感现象在无线电技术和电磁测量中有广泛的应用，通过互感线圈能使能量或信号由一个线圈传到另一个线圈. 各种电源变压器、中周变压器及电压和电流互感器等，都是互感现象的应用. 但有时互感也是有害的，如电路之间由于互感而相互干扰，影响正常工作. 这时必须采取磁屏蔽的方法以减小干扰.

二、自感

当一个导体线圈中的电流随时间变化时，它所激发的磁场穿过线圈自身的磁通量也随之发生改变，从而在线圈自身回路中产生感应电动势，这种现象称为自感现象；相应的电动势称为自感电动势.

若线圈中通有电流 I，导体线圈的大小和形状保持不变，并且周围无铁磁质的情况下，穿过线圈自身的全磁通 Ψ 与电流 I 成正比. 即

$$\Psi = LI \tag{9.14}$$

其中，比例系数 L 称为线圈的自感系数，简称**自感**. L 与线圈中的电流无关，而仅与线圈的结构、线圈的匝数及它周围的磁介质的分布有关. 在国际单位制中自感的单位也是 H.

在 L 一定的条件下，由法拉第定律有

$$\mathscr{E} = -\frac{\mathrm{d}\Psi}{\mathrm{d}t} = -L\frac{\mathrm{d}I}{\mathrm{d}t} \tag{9.15}$$

自感系数一般也由实验来测定，少数几种简单情形可用计算方法求得.

例 9.6　设单层密绕的空气芯长直螺线管的长度为 l，单位长度的匝数为 n，横截面积为 S，求螺线管的自感系数.

解　对长直螺线管，当螺线管中通有电流 I 时，螺线管内的磁感应强度为

$$B = \mu_0 n I$$

因此通过螺线管的全磁通为

$$\Psi = NBS = \mu_0 n^2 S l I$$

则

$$L = \frac{\Psi}{I} = \mu_0 n^2 V$$

其中,$V = Sl$ 是螺线管的体积. 可见,长直螺线管的自感系数正比于其体积和单位长度匝数的平方.

自感现象在生活和技术中的应用也很广泛,如日光灯电路中使用的镇流器就是利用线圈具有阻碍电流变化的特性,可以稳定电路里的电流. 在无线电设备中常利用自感和电容器或电阻的组合构成谐振电路或滤波器. 自感现象在有些情况下也是有害的,如具有大自感的线圈的电路断开时,由于电流变化很快,会在电路中产生较大的感应电动势,以至于击穿线圈的绝缘保护,甚至在电闸上产生强烈的电弧,这时必须采取相应的措施.

例 9.7 *R-L* 电路. 如图 9.11(a)所示,由一自感线圈 L、电阻 R 与电源 $\mathscr{E}$ 组成的电路. 当电键 K 与 1 端相接触时自感线圈与电阻串联而与电源相接,求接通后电流的变化情况. 当电流稳定后,再快速将电键打到 2 端,再求此后的电流变化情况.

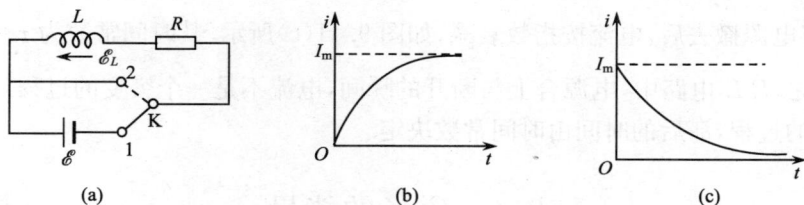

图 9.11 *R-L* 电路

解 当电键 K 与 1 端相接触时,电路中的电流增大,由于自感的作用,在电路中将产生反抗电流增加的自感电动势,有

$$\mathscr{E}_L = -L \frac{\mathrm{d}i}{\mathrm{d}t}$$

若电源的电动势为 $\mathscr{E}$,内阻为零. 则在接通电源的任何瞬时,电路中的总电动势为

$$\mathscr{E} + \mathscr{E}_L = \mathscr{E} - L \frac{\mathrm{d}i}{\mathrm{d}t}$$

由欧姆定律有

$$\mathscr{E} - L \frac{\mathrm{d}i}{\mathrm{d}t} = Ri$$

或

$$L \frac{\mathrm{d}i}{\mathrm{d}t} + Ri = \mathscr{E} \tag{9.16}$$

利用初始条件 $t=0$ 时, $i=0$. 上述方程的解为

$$i = \frac{\mathscr{E}}{R}(1 - \mathrm{e}^{-\frac{R}{L}t}) = I_{\mathrm{m}}(1 - \mathrm{e}^{-t/\tau}) \tag{9.17}$$

可见,接通电源后经足够长的时间,电流 i 呈指数增长并逐渐达到其恒定值 $I_{\mathrm{m}} = \mathscr{E}/R$,如图 9.11(b)所示. 式(9.17)中 $\tau = \frac{L}{R}$,称为 $R\text{-}L$ 电路的**时间常数**. 当 $t=\tau$ 时,

$$i(\tau) = I_{\mathrm{m}}(1 - \mathrm{e}^{-1}) = 0.632 I_{\mathrm{m}}$$

当电键由 1 拨向 2 时,电路中的电流变化,也会产生反抗电流减小的自感电动势,从而使电流延续一段时间. 这时电流应满足的方程为

$$L \frac{\mathrm{d}i}{\mathrm{d}t} + iR = 0 \tag{9.18}$$

其解为

$$i = \frac{\mathscr{E}}{R}\mathrm{e}^{-\frac{R}{L}t} = I_{\mathrm{m}}\mathrm{e}^{-\frac{t}{\tau}} \tag{9.19}$$

可见,将电源撤去后,电流按指数衰减,如图 9.11(c)所示. 其时间常数为 $\tau = \frac{L}{R}$.

总之,$R\text{-}L$ 电路中,电源合上与断开的瞬间,电流不是一个突变的过程,而是有一滞后的过程,滞后的时间由时间常数决定.

9.4　磁场的能量

一个带电体,在其电场中储存一定的能量. 一个载流线圈中同样也在其磁场中储存一定的能量. 这一能量来源于在电流建立过程中电源克服自感电动势所做的功.

在例 9.7 中,当电键 K 合上时,电路中的电流增大,在电路中产生的自感电动势的方向与电流的方向相反,因此自感电动势做负功. 在电流建立的过程中,外电源除了要提供给电路中产生焦耳热的能量外,还须抵抗自感电动势做功 A_L,即

$$A_L = \int_0^t (-\mathscr{E}_L) i \mathrm{d}t = \int_0^t L \frac{\mathrm{d}i}{\mathrm{d}t} i \mathrm{d}t = \int_0^I L i \mathrm{d}i = \frac{1}{2} L I^2$$

电流的建立过程,也就是线圈周围的磁场的建立过程. 在这过程中,外电源抵抗自感电动势做的功 A_L,转化成储存在线圈中的磁场的能量. 所以在电流达到恒定值后,载流线圈中的**磁场能量**为

$$W_{\mathrm{m}} = \frac{1}{2} L I^2 \tag{9.20}$$

当切断电源时,电路中的电流减小,在电路中产生的自感电动势的方向与电流的方向一致,因此自感电动势做正功.在电流从恒定值 I 减小到零的过程中,自感电动势所做的功为

$$A_L = \int \mathscr{E}_L i\,\mathrm{d}t = \int \left(-L\frac{\mathrm{d}i}{\mathrm{d}t}i\right)\mathrm{d}t = -\int_I^0 Li\,\mathrm{d}i = \frac{1}{2}LI^2$$

即切断电源后,线圈中储存的磁场能量,通过自感电动势做功全部释放出来,转变为焦耳热.

与电场类似,对于磁场的能量也可以用描述磁场的量 B、H 来表示,可以引进**磁场能量密度**的概念.以长直螺线管为例,长直螺线管的自感系数 $L = \mu n^2 V$,管内的磁感应强度 $B = \mu n I$,代入式(9.20)中

$$W_\mathrm{m} = \frac{1}{2}\frac{B^2}{\mu}V = \frac{1}{2}\mu H^2 V = \frac{1}{2}BHV$$

在长直螺线管内磁场是均匀分布的,所以磁场能量密度为

$$w_\mathrm{m} = \frac{W_\mathrm{m}}{V} = \frac{1}{2}\frac{B^2}{\mu} = \frac{1}{2}\mu H^2 = \frac{1}{2}BH \tag{9.21}$$

磁场能量密度公式虽是从长直螺线管这一特例推出,可以证明,它对所有磁场均适用.式(9.21)表明磁场中某一点的能量密度,只与该点的磁感应强度及磁介质的性质有关.

在非均匀磁场中,可以利用磁场能量密度公式求出磁场所储存的总能量为

$$W_\mathrm{m} = \int w_\mathrm{m}\mathrm{d}V = \frac{1}{2}\int_V BH\,\mathrm{d}V \tag{9.22}$$

式(9.22)中 V 包括磁场所在的全空间.

例 9.8 一电缆线由半径为 R_1 和 R_2 的圆筒形导体组成,如图 9.12 所示,在两圆筒中间充满磁导率为 μ 的绝缘介质.电缆的内层导体通有电流 I,外层导体作为电流返回的路径.求:

(1) 长为 l 的一段电缆内的磁场中储存的能量;

(2) 该段电缆的自感系数.

解 (1) 由安培环路定理可求出磁场的分布

$$H = 0 \quad (r < R_1,\ r > R_2)$$

$$H = \frac{I}{2\pi r} \quad (R_1 < r < R_2)$$

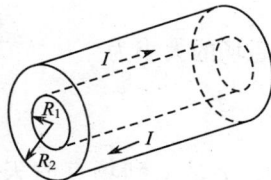

图 9.12 同轴电缆

可见只有在两导体之间才有磁场,其磁场能量密度为

$$w_\mathrm{m} = \frac{1}{2}\mu H^2 = \frac{\mu I^2}{8\pi^2 r^2}$$

取体积元 $\mathrm{d}V = 2\pi r l\,\mathrm{d}r$,此体积元内储存的磁能为

$$dW_m = \frac{\mu I^2 l}{4\pi r}dr$$

则总磁能

$$W_m = \int dW_m = \frac{\mu I^2 l}{4\pi}\int_{R_1}^{R_2}\frac{dr}{r} = \frac{\mu I^2 l}{4\pi}\ln\frac{R_2}{R_1}$$

(2) 由式(9.20)可得该段电缆的自感系数为

$$L = \frac{2W_m}{I^2} = \frac{\mu l}{2\pi}\ln\frac{R_2}{R_1}$$

9.5　匀速运动点电荷的磁场

在 7.8 节中,得到了做匀速直线运动的点电荷的电场. 在某参考系 K 中,以速度 v 做匀速直线运动的点电荷 q,在该参考系中观察到的电场分布为

$$E = \frac{q\left(1 - \dfrac{v^2}{c^2}\right)}{4\pi\varepsilon_0 r^3\left(1 - \dfrac{v^2}{c^2}\sin^2\theta\right)^{\frac{3}{2}}}r \tag{9.23a}$$

上式与(7.68)式一致. 当电荷的运动速度远小于光速时,取 r 为电荷 q 到场点的位矢,有

$$E = \frac{1}{4\pi\varepsilon_0}\frac{q}{r^3}r \tag{9.23b}$$

磁场是电流产生的,而电流是电荷的运动形成的. 上述做匀速直线运动的点电荷 q,在 dt 时间内移动 $dl = vdt$,它相当一电流元 $Idl = qv$. 由毕奥-萨伐尔定律知,该电流元产生的磁场为

$$B = \frac{\mu_0}{4\pi}\frac{qv \times r}{r^3} \tag{9.24}$$

该磁场的大小为

$$B = \frac{\mu_0}{4\pi}\frac{qv\sin\theta}{r^2}$$

其中,r 是 q 到场点的矢径;θ 是矢径 r 与电荷运动速度 v 之间的夹角. 比较式(9.23b)及式(9.24),一运动电荷在空间任一场点所产生的电场与磁场之间的关系为

$$B = \mu_0\varepsilon_0(v \times E) = \frac{1}{c^2}(v \times E) \tag{9.25}$$

其中,$c = \dfrac{1}{\sqrt{\mu_0\varepsilon_0}}$ 是真空中的光速. 可以证明上式在一切速度下都是成立的.

将式(9.23)代入式(9.25),即可得到在 K 参考系中以速度 v 做匀速直线运动的点电荷 q 所产生的磁场为

$$B = \frac{q}{4\pi\varepsilon_0 c^2 r^3} \cdot \frac{\left(1 - \dfrac{v^2}{c^2}\right)}{\left(1 - \dfrac{v^2}{c^2}\sin^2\theta\right)^{3/2}}(v \times r) \qquad (9.26)$$

由式(9.26)可以看出,在运动电荷 q 周围的任一场点 P 处的磁场方向均垂直于由电荷 q 的瞬时位置指向 P 点的矢径与 q 的运动轨迹所组成的平面,磁感应线都是在与电荷运动方向垂直的平面内的同心圆,圆心就在电荷运动的轨迹上,而且磁感应线绕行方向与电荷的运动方向成右手螺旋关系.

当电荷的运动速度远小于光速时,式(9.26)就简化为式(9.24).

思　考　题

9.1　将尺寸完全相同的铜环和木环适当放置,使通过两环中的磁通量的变化率相等.问在两环中是否产生相同的感应电场和感应电流?

9.2　在电子感应加速器中,电子加速所得到的能量是哪里来的?试定性解释之.

9.3　变压器的铁芯总是做成片状的,而且涂上绝缘漆互相隔开,为什么?

9.4　一块金属在均匀磁场中平移或旋转,金属中会产生涡流吗?

9.5　如果电路中通有强电流,当突然打开电闸断电时,就有一大火花跳过电闸,为什么?

9.6　有人说"因为自感系数 $L = \Phi/I$,所以通过线圈中的电流强度愈大,自感系数愈小."这种说法对吗?

9.7　两个相距不太远的线圈,如何放置可使其互感最大?如何放置可使其互感为零?

习　题

9.1　两段导线 $AB = BC = 10\text{cm}$,在 B 处连成 $30°$ 的角,如图所示.若导线在匀强磁场中以速率 $v = 1.5\text{m} \cdot \text{s}^{-1}$ 运动,磁感应强度 $B = 2.5 \times 10^{-2}\text{T}$,问 AC 间的电势差是多少?哪一端电势高?

9.2　长直导线通有电流 $I = 5\text{A}$,在其附近有一导线棒 ab,$l = 20\text{cm}$,离长直导线距离 $d = 10\text{cm}$,如图所示.当它沿平行于直导线的方向以速度 $v = 10\text{m} \cdot \text{s}^{-1}$ 平移时,导线棒中的感应电动势多大?哪端的电势高?

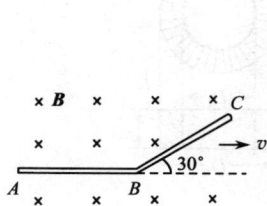
题9.1图

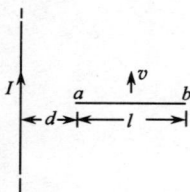
题9.2图

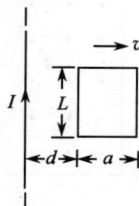
题9.3图

9.3　长直导线中通有电流 $I=5\mathrm{A}$,另一矩形线圈共 1000 匝,宽 $a=10\mathrm{cm}$,长 $L=20\mathrm{cm}$,以 $v=2\mathrm{m\cdot s^{-1}}$ 的速度向右运动,求当 $d=10\mathrm{cm}$ 时线圈中的感应电动势.

9.4　9.3 题中若线圈不动,而长导线中通有交变电流 $I=5\sin100\pi t(\mathrm{A})$,则线圈内的感应电动势将为多大?

9.5　如图所示,一长方形平面金属线框置于均匀磁场中,磁场方向与线框平面法线的夹角为 $\alpha=30°$,磁感应强度 $B=1\mathrm{T}$,可滑动部分 cd 的长度为 $L=0.2\mathrm{m}$,以 $v=1\mathrm{m\cdot s^{-1}}$ 的速度向右运动,求线框中的感应电动势.

9.6　如图所示,闭合线圈共 50 匝,半径 $r=4\mathrm{cm}$,线圈法线正向与磁感应强度之间的夹角 $\alpha=60°$,磁感应强度 $B=(2t^2+8t+5)\times10^{-2}\mathrm{T}$.求 $t=3\mathrm{s}$ 时感应电动势的大小和方向.

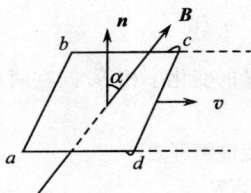

题 9.5 图

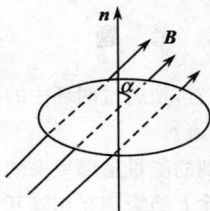

题 9.6 图

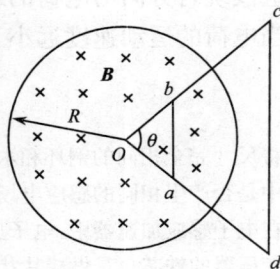

题 9.7 图

9.7　如图所示,一均匀磁场被限制在 $R=1\mathrm{m}$ 的圆柱形空间内,磁场以 $\dfrac{\mathrm{d}B}{\mathrm{d}t}=100\mathrm{T\cdot s^{-1}}$ 的均匀速率增加,已知 $\theta=\pi/3$,$\overline{OA}=\overline{OB}=0.4\mathrm{m}$,求等腰梯形导线框中的感应电动势,并指出其方向.

9.8　如图所示,随时间变化的均匀磁场,磁感应强度 $B=1.5e^{-t/10}\mathrm{T}$,在其中放一固定的 U 形导轨,导轨上有一长为 $L=10\mathrm{cm}$ 的导体杆可无摩擦滑动,设 $t=0$ 时可滑动杆与 ab 重合,并开始以 $v=100\mathrm{cm\cdot s^{-1}}$ 的速度匀速向右运动,求任一瞬时导体杆与导轨构成的回路中的感应电动势.

9.9　矩形截面螺绕环尺寸如图所示,总匝数为 N,求此螺绕环的自感系数.

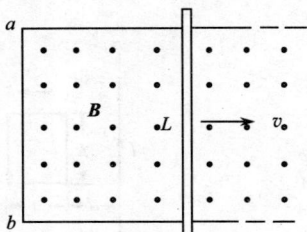

题 9.8 图

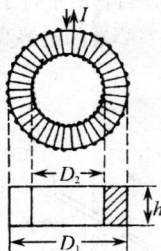

题 9.9 图

9.10　半径为 2.0cm 的螺线管,长 30.0m,上面均匀密绕 1200 匝线圈,线圈内为空气.

　　　(1) 求此螺线管的自感系数.

　　　(2) 当螺线管中电流以 $3.0 \times 10^2 \mathrm{A \cdot s^{-1}}$ 的速率变化时,在线圈中产生的自感电动势多大?

9.11　如图所示,面积为 S_1 的 N_1 匝线圈 1,套在面积为 S_2 长为 l 的有 N_2 匝线圈的螺线管 2 上,螺线管中通有电流 I_2,求:

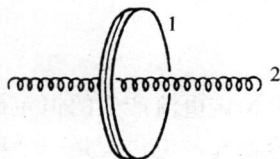

　　　(1) 线圈 1 中的磁通量;

　　　(2) 线圈与螺线管的互感.

9.12　半径为 R 的长直导线通有电流 I.求:

　　　(1) 在 1m 的导线内部包含有多少磁能?

　　　(2) 在导线外部磁场中,与导线内部磁能相等的范围是多大?

题 9.11 图

9.13　中子星表面的磁场估计为 $10^8 \mathrm{T}$,求该处的磁能密度(按质能关系,以 $\mathrm{kg \cdot m^{-3}}$ 表示).

9.14　一同轴电缆由中心导体圆柱和外层导体圆筒组成,二者半径分别为 R_1 和 R_2,筒和圆柱之间充以电介质,电介质和金属的 μ_r 均可取作 1,求此电缆通过电流 I(由中心圆柱流出,由圆筒流回)时,单位长度内储存的磁能,并通过和自感磁能的公式比较求出单位长度电缆的自感系数.

第 10 章   麦克斯韦方程组   电磁场

10.1   位 移 电 流

恒定电流产生的恒定磁场遵从安培环路定理. 对于非恒定的情况又如何呢? 电容器充放电过程是一个典型的非稳恒过程. 下面以此为例来讨论安培环路定理.

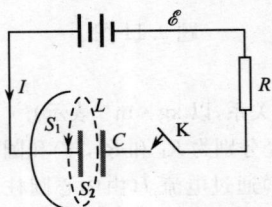

如图 10.1, K 键合上, 电容器开始充电, 回路中有电流 I, 但电容器两极板之间并无电流. 在电容极板附近取一回路 L, 对于恒定磁场, 安培环路定理为

$$\oint_L \boldsymbol{H} \cdot \mathrm{d}\boldsymbol{r} = \sum_i I_i \tag{10.1}$$

即磁场强度沿 L 的线积分, 等于正向穿过以 L 为边界的任意曲面的电流的代数和. 本例中, 若取曲面 S_1, 则 $\sum I = I$; 若取曲面 S_2 (在电容器两极板之间), 则

图 10.1   非稳恒过程

$\sum I = 0$. 显然, 某一确定时刻, 空间各点的磁场强度是确定的, 其对于确定回路的线积分必有唯一确定的值. 矛盾的出现使麦克斯韦认识到, 关键在于有什么物理量被忽略了. 他意识到, 充放电的过程中传导电流虽然在电容器的两极板间中断了, 但是, 其间却存在一个变化的电场, 这个"变化的电场将在周围空间激发磁场", 这就是**麦克斯韦第二基本假设** (9.2 节中的涡旋电场为第一基本假设).

设电容器极板的面积为 S, 某时刻极板上电荷面密度为 σ, 则电位移 $D = \sigma$, 忽略边缘效应, 两极间的电位移通量

$$\Phi_D = \boldsymbol{D} \cdot \boldsymbol{S} = \sigma S = Q$$

在充放电过程中, Φ_D、D、σ、Q 都随时间变化, 变化率

$$\frac{\mathrm{d}\Phi_D}{\mathrm{d}t} = \frac{\mathrm{d}Q}{\mathrm{d}t} \tag{10.2}$$

根据电流的定义, 式(10.2)中右边的正是导线中传导电流

$$I = \frac{\mathrm{d}Q}{\mathrm{d}t}$$

图 10.2   麦克斯韦
(James Clerk Maxwell
1831~1879)

由式(10.2)可见, 穿过 S_2 曲面的物理量 $\dfrac{\mathrm{d}\Phi_D}{\mathrm{d}t}$ 与穿过 S_1 曲面的传导电流 I 等值. 麦克斯韦把 $\dfrac{\mathrm{d}\Phi_D}{\mathrm{d}t}$ 称为位移电流, 用 I_D 表示, 即

$$I_D = \frac{\mathrm{d}\Phi_D}{\mathrm{d}t} \tag{10.3}$$

如果空间电位移分布不均匀,则电位移通量

$$\Phi_D = \oiint_S \boldsymbol{D} \cdot \mathrm{d}\boldsymbol{S}$$

$$I_D = \frac{\mathrm{d}\Phi_D}{\mathrm{d}t} = \frac{\mathrm{d}}{\mathrm{d}t}\left(\oiint \boldsymbol{D} \cdot \mathrm{d}\boldsymbol{S}\right) = \oiint_S \frac{\partial \boldsymbol{D}}{\partial t} \cdot \mathrm{d}\boldsymbol{S}$$

其中,$\frac{\partial \boldsymbol{D}}{\partial t}$ 称为位移电流密度,即 $\boldsymbol{J}_D = \frac{\partial \boldsymbol{D}}{\partial t}$.

10.2　全电流安培环路定理

引入了位移电流的概念以后,在电容器极板处中断了的传导电流 I,可由位移电流 I_D 接上,在整个电路中保持电流连续不断. 把传导电流与位移电流之和称为全电流. 即使在非稳恒的电路中,全电流 $I+I_D$ 也是保持连续的. 于是,麦克斯韦提出安培环路定理应修正为

$$\oint_L \boldsymbol{H} \cdot \mathrm{d}\boldsymbol{r} = I + I_D \tag{10.4}$$

式(10.4)称为**全电流安培环路定理**.

实验证实了定理的正确性:就产生磁场而言,变化的电场(位移电流)与传导电流是等价的. 图 10.3 表明变化的电场在其周围空间所激发的磁场分布,位移电流的引入又一次深刻揭示了电与磁的统一性.

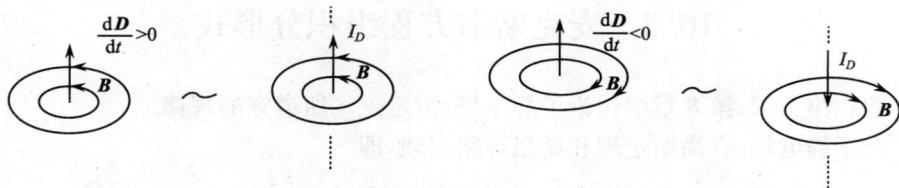

图 10.3　位移电流

应该注意,位移电流与传导电流是两个不同的物理概念,仅仅在产生磁场方面,二者是等效的.

例 10.1　两极板均为半径 $R=0.05\mathrm{m}$ 的导体圆板的平板电容器接入一电路,当充电时,极板间的电场强度以 $\frac{\mathrm{d}E}{\mathrm{d}t} = 10^{13}\,\mathrm{V}\cdot\mathrm{m}^{-1}\cdot\mathrm{s}^{-1}$ 的变化率增加,若两极板间为真空,忽略边缘效应,求:

（1）两极板间的位移电流 I_D；

（2）两极板间磁感应强度分布，并估算极板边缘处的磁感应强度.

解　（1）忽略边缘效应，极板间场强均匀分布，根据式（10.2）

$$I_D = \frac{\mathrm{d}\Phi_D}{\mathrm{d}t} = S\frac{\mathrm{d}D}{\mathrm{d}t} = \pi R^2 \cdot \varepsilon_0 \frac{\mathrm{d}E}{\mathrm{d}t}$$

$$= \pi \times (0.05)^2 \times 8.85 \times 10^{-12} \times 10^{13} = 0.7(\mathrm{A})$$

（2）两极板间的位移电流相当于均匀分布的柱电流，由对称性分析可知，这将产生具有轴对称的有旋磁场，即磁感应线是以二极板中心连线为中心的一系列同心圆. 沿磁感应线取一安培环路，根据全电流安培环路定理

$$\oint_L \boldsymbol{H} \cdot \mathrm{d}\boldsymbol{r} = I_D = \pi r^2 \varepsilon_0 \frac{\mathrm{d}E}{\mathrm{d}t} \qquad (r \leqslant R)$$

因

$$\oint_L \boldsymbol{H} \cdot \mathrm{d}\boldsymbol{r} = \frac{B_r}{\mu_0} \cdot 2\pi r$$

故

$$B_r = \frac{\varepsilon_0 \mu_0}{2} r \frac{\mathrm{d}E}{\mathrm{d}t} = 5.6 \times 10^{-5} r$$

在边缘处 $r = R = 0.05$ m，有

$$B_R = 5.6 \times 10^{-5} \times 0.05 = 2.8 \times 10^{-6} (\mathrm{T})$$

计算结果表明，尽管电场强度随时间的变化率已相当大，但位移电流所激发的磁场强度还是很弱的.

10.3　麦克斯韦方程组积分形式

曾在第 7 章、第 8 章中讨论了静电场、恒定磁场所遵守的规律.

对于静电场，有高斯定理和场强环路定理，即

$$\oiint_S \boldsymbol{D}_0 \cdot \mathrm{d}\boldsymbol{S} = \sum_i \boldsymbol{Q}_i \tag{10.5}$$

$$\oint_L \boldsymbol{E}_0 \cdot \mathrm{d}\boldsymbol{r} = 0 \tag{10.6}$$

式（10.5）表明静电场是有源场；式（10.6）表明静电场是保守场，或者说是无旋场.

对于恒定磁场，有高斯定理和安培环路定理，即

$$\oiint_S \boldsymbol{B}_0 \cdot \mathrm{d}\boldsymbol{S} = 0 \tag{10.7}$$

$$\oint_L \boldsymbol{H}_0 \cdot \mathrm{d}\boldsymbol{r} = \sum_i I_i \tag{10.8}$$

式(10.7)表明恒定磁场是无源场;式(10.8)表明恒定磁场是(事实上任何磁场都是)有旋场.

麦克斯韦根据实验事实提出,变化的磁场将激发涡旋电场,它所遵守的高斯定理和场强环路定理分别为

$$\oint_S \boldsymbol{D}' \cdot \mathrm{d}\boldsymbol{S} = 0 \tag{10.9}$$

$$\oint_L \boldsymbol{E}' \cdot \mathrm{d}\boldsymbol{r} = -\iint_S \frac{\partial \boldsymbol{B}}{\partial t} \cdot \mathrm{d}\boldsymbol{S} \tag{10.10}$$

变化的电场也会激发磁场,它所遵守的高斯定理和环路定理分别为

$$\oint_S \boldsymbol{B}' \cdot \mathrm{d}\boldsymbol{S} = 0 \tag{10.11}$$

$$\oint_L \boldsymbol{H}' \cdot \mathrm{d}\boldsymbol{r} = \iint_S \frac{\partial \boldsymbol{D}}{\partial t} \cdot \mathrm{d}\boldsymbol{S} = I_D \tag{10.12}$$

当两类电场、磁场同时存在时,场量

$$\boldsymbol{D} = \boldsymbol{D}_0 + \boldsymbol{D}', \quad \boldsymbol{E} = \boldsymbol{E}_0 + \boldsymbol{E}', \quad \boldsymbol{B} = \boldsymbol{B}_0 + \boldsymbol{B}', \quad \boldsymbol{H} = \boldsymbol{H}_0 + \boldsymbol{H}'$$

因此,麦克斯韦提出:对一般的电磁场高斯定理和环路定理为

$$(\mathrm{I}) \quad \oint_S \boldsymbol{D} \cdot \mathrm{d}\boldsymbol{S} = \sum_i \boldsymbol{Q}_i \tag{10.13}$$

$$(\mathrm{II}) \quad \oint_L \boldsymbol{E} \cdot \mathrm{d}\boldsymbol{r} = -\iint_S \frac{\partial \boldsymbol{B}}{\partial t} \cdot \mathrm{d}\boldsymbol{S} \tag{10.14}$$

$$(\mathrm{III}) \quad \oint_S \boldsymbol{B} \cdot \mathrm{d}\boldsymbol{S} = 0 \tag{10.15}$$

$$(\mathrm{IV}) \quad \oint_L \boldsymbol{H} \cdot \mathrm{d}\boldsymbol{r} = \sum_i I_i + I_D \tag{10.16}$$

式(10.13)～式(10.16)称为**麦克斯韦方程组**的积分形式.

麦克斯韦方程组的物理意义简述如下:

方程(I)是电场的高斯定理(电场通量定理).它给出电场强度和电荷的关系,其中电场既包括电荷产生的,也包括变化磁场产生的,而后者电场线闭合,对电通量无影响.相对论情形下,运动电荷的电场失去球对称性,但方程(I)仍成立.

方程(II)是法拉第电磁感应定律(电场环流定理),说明变化的磁场产生有旋电场.即使电荷的电场存在,由于其无旋性,所以总电场还是符合这一规律.

方程(III)是磁场的高斯定理(磁场通量定理).它说明自然界中无"磁单极",磁感应线总为闭曲线,因而此方程也称为磁通连续原理.

方程(IV)是全电流安培环路定理(磁场环流定理).它说明电流和变化的电场都能产生磁场.

均匀各向同性电磁介质的影响已经引进方程组中,因为介质(和导体)的电磁

性质方程是

$$D = \varepsilon E, \quad H = \frac{B}{\mu}, \quad j = \sigma E \tag{10.17}$$

麦克斯韦方程组、洛伦兹力公式以及物质方程组(10.17)构成了经典电磁理论的基本框架,若边界条件和初始条件给定,原则上可以唯一确定任一时刻和任意空间点上的电磁场量. 因此,麦克斯韦理论不仅成为研究物质、场和相互作用的范例,而且在许多技术领域中产生了深刻而久远的影响. 最辉煌的成就是关于存在电磁波的预言,1887 年赫兹用实验证实了这一理论预言是完全正确的.

10.4　电　磁　波

19 世纪下半叶,麦克斯韦通过建立完整的电磁场理论,预言了电磁波的存在. 他提出电磁场、电磁信号是以波的形式传播的,并且断言光就是(一定频率范围内的)电磁波. 现在,在麦克斯韦方程组的基础上,对电磁波的产生和传播进行一些讨论.

由麦克斯韦方程组的微分形式

$$\left. \begin{array}{ll} \nabla \cdot D = \rho, & \nabla \cdot B = 0 \\[2mm] \nabla \times E = -\dfrac{\partial B}{\partial t}, & \nabla \times H = j + \dfrac{\partial D}{\partial t} \end{array} \right\} \tag{10.18}$$

存在着 $\dfrac{\partial B}{\partial t}$ 和 $\dfrac{\partial D}{\partial t}$ 项,这意味着随时间变化的磁场必然激发有旋电场,随时间变化的电场必然激发有旋磁场. 在第 8 章介绍过运动的电荷会激发磁场,所以其周围电、磁场并存,但做匀速直线运动的电荷并不辐射电磁波. 其他形式的电荷运动才会辐射电磁波,例如,交变电流、开放振荡电路、原子和原子核辐射、电子的回旋辐射和韧致辐射等. 天线辐射电磁波的问题用经典电磁理论能够完全解决,而原子、分子等量子系统的辐射问题需应用量子理论来解决. 对于电磁波的传播,以平面电磁波为例,讨论空间无电荷($\rho=0$),无传导电流($j=0$),μ、ε 均为常量的情况. 根据物质方程

$$D = \varepsilon E, \quad B = \mu H$$

麦克斯韦方程组可简化为

$$\left. \begin{array}{ll} \nabla \cdot E = 0, & \nabla \times E = -\mu \dfrac{\partial H}{\partial t} \\[3mm] \nabla \cdot H = 0, & \nabla \times H = \varepsilon \dfrac{\partial E}{\partial t} \end{array} \right\} \tag{10.19}$$

不失一般性,设电磁场沿 x 方向传播,x 相同的空间各点的 E、H 都只是时间

的函数,换言之,E、H 都只是 x、t 的函数而与 y、z 无关.

由麦克斯韦方程

$$\nabla \cdot E = \frac{\partial E_x}{\partial x} + \frac{\partial E_y}{\partial y} + \frac{\partial E_z}{\partial z} = 0$$

因为 E 与 y、z 无关,则 E 的任一分量均与 y、z 无关,故有

$$\frac{\partial E_x}{\partial x} = 0, \qquad \frac{\partial E_y}{\partial y} = 0, \qquad \frac{\partial E_z}{\partial z} = 0 \qquad (10.20)$$

同理,由 $\nabla \cdot H = 0$,得

$$\frac{\partial H_x}{\partial x} = 0, \qquad \frac{\partial H_y}{\partial y} = 0, \qquad \frac{\partial H_z}{\partial z} = 0 \qquad (10.21)$$

根据

$$\nabla \times E = -\mu \frac{\partial H}{\partial t}$$

并考虑到 E 的任一分量对 y、对 z 的偏微分均为零,则有

$$-\frac{\partial E_z}{\partial x} j + \frac{\partial E_y}{\partial x} k = -\mu \left(\frac{\partial H_x}{\partial t} i + \frac{\partial H_y}{\partial t} j + \frac{\partial H_z}{\partial t} k \right)$$

很容易看出

$$\frac{\partial H_x}{\partial t} = 0 \qquad (10.22)$$

$$\mu \frac{\partial H_y}{\partial t} = \frac{\partial E_z}{\partial x} \qquad (10.23)$$

$$-\mu \frac{\partial H_z}{\partial t} = \frac{\partial E_y}{\partial x} \qquad (10.24)$$

用同样的方法,根据

$$\nabla \times H = \varepsilon \frac{\partial E}{\partial t}$$

可得

$$\frac{\partial E_x}{\partial t} = 0 \qquad (10.25)$$

$$\varepsilon \frac{\partial E_y}{\partial t} = -\frac{\partial H_z}{\partial x} \qquad (10.26)$$

$$\varepsilon \frac{\partial E_z}{\partial t} = \frac{\partial H_y}{\partial x} \qquad (10.27)$$

下面讨论几个有意义的结果.

(1) 由式(10.20)、式(10.25)可见 E_x 是常量,由式(10.21)、式(10.22)可见

H_x 是常量. 因为不随时空变化的电磁场不会引起电磁波, 不妨可以认为 $E_x=0$, $H_x=0$, 所以 $\boldsymbol{E}$、$\boldsymbol{H}$ 一定在 yz 平面内, 即电磁波为横波.

（2）若选择任意时刻 $\boldsymbol{E}$ 沿 y 轴, 则有 $E_z=0$. 将 $E_z=0$ 分别代入式(10.23)和式(10.27), 得

$$\frac{\partial H_y}{\partial t}=0, \qquad \frac{\partial H_y}{\partial x}=0$$

考虑到

$$\frac{\partial H_y}{\partial y}=0, \qquad \frac{\partial H_y}{\partial z}=0$$

得到 H_y 也是常量, 并且可选定 $H_y=0$. 也就是说, 当 $\boldsymbol{E}$ 沿 y 轴时, $\boldsymbol{H}$ 必沿着 z 轴.

（3）将 $\boldsymbol{E}=E_y$, $\boldsymbol{H}=H_z$ 分别代入式(10.24)、式(10.26), 得

$$-\mu\frac{\partial H}{\partial t}=\frac{\partial E}{\partial x} \tag{10.28}$$

$$\varepsilon\frac{\partial E}{\partial t}=-\frac{\partial H}{\partial x} \tag{10.29}$$

式(10.28)对 x 求一次偏微分得

$$-\mu\frac{\partial^2 H}{\partial t\partial x}=\frac{\partial^2 E}{\partial x^2} \tag{10.30}$$

式(10.29)对 t 求一次偏微分得

$$\varepsilon\frac{\partial^2 E}{\partial t^2}=-\frac{\partial^2 H}{\partial t\partial x} \tag{10.31}$$

比较式(10.30)、式(10.31), 得

$$\frac{\partial^2 E}{\partial x^2}=\mu\varepsilon\frac{\partial^2 E}{\partial t^2} \tag{10.32}$$

同理, 式(10.28)对 t 求一次偏微分, 式(10.29)对 x 求一次偏微分, 比较后可得

$$\frac{\partial^2 H}{\partial x^2}=\varepsilon\mu\frac{\partial^2 H}{\partial t^2} \tag{10.33}$$

比较沿 x 方向传播的机械波的波方程有

$$\frac{\partial^2 \xi}{\partial x^2}=\frac{1}{u^2}\frac{\partial^2 \xi}{\partial t^2}$$

可见电磁波与机械波有数学形式完全相同的波方程. 而且, 电磁波的波速为

$$u=\frac{1}{\sqrt{\mu\varepsilon}} \tag{10.34}$$

　　在真空中电磁波速度

$$u_0 = \frac{1}{\sqrt{\mu_0 \varepsilon_0}} \tag{10.35}$$

与实验测得的真空中的光速 c 吻合得如此之好,以至于麦克斯韦断言光就是电磁波. 实践已证实了他的断言是对的.

(4) 对于沿 x 轴正向传播的平面简谐电磁波,取零时刻原点的初相为零,有

$$E = E_0 \cos\left[\omega\left(t - \frac{x}{u}\right)\right]$$

$$\frac{\partial E}{\partial t} = -E_0 \omega \sin\left[\omega\left(t - \frac{x}{u}\right)\right] = -\frac{1}{\varepsilon}\frac{\partial H}{\partial x}$$

其中,第二个等号是考虑了式(10.29). 由于时空的相对独立,可有

$$H = \varepsilon E_0 \omega \int \sin\left[\omega\left(t - \frac{x}{u}\right)\right] \mathrm{d}x = \sqrt{\frac{\varepsilon}{\mu}} E_0 \cos\left[\omega\left(t - \frac{x}{u}\right)\right] = \sqrt{\frac{\varepsilon}{\mu}} E$$

可见,对这一平面简谐电磁波,E 与 H 不但同频、同相位(或同步),而且在取定的右手坐标系中,当 E 沿 y 轴正向时,H 必沿着 z 轴正向. 平面电磁波波场中任意一点,在任意时刻都有 $E \perp H$. 电磁波传播方向与 $E \times H$ 的方向一致,即 E、H 和波速 u 成右手螺旋关系. 因为一般的平面波,可看成由若干平面简谐波的叠加结果,所以

$$\sqrt{\mu} H = \sqrt{\varepsilon} E \tag{10.36}$$

是普适的. 当然,一般沿任意方向传播的平面电磁波的波方程应改写为

$$\nabla^2 E = \mu\varepsilon \frac{\partial^2 E}{\partial t^2}, \quad \nabla^2 H = \mu\varepsilon \frac{\partial^2 H}{\partial t^2}$$

电磁波与机械波的不同之处在于可在真空中传播,并且相对任意惯性系,其真空中的速度都是常量 c.

10.5 电磁波能量与电磁波谱

前述讨论中所得到的电场能量密度公式和磁场能量密度公式对电磁波也适用. 由此真空中电磁波的能量密度可以写成

$$w = w_e + w_m = \frac{\varepsilon_0}{2}E^2 + \frac{B^2}{2\mu_0} = \frac{\varepsilon_0}{2}E^2 + \frac{\varepsilon_0}{2}(cB)^2$$

可以证明,真空中 $E = cB$,或者说 $w_e = w_m$,所以有

$$w = 2w_e = 2w_m = \varepsilon_0 E^2 = \frac{B^2}{\mu_0} \tag{10.37}$$

利用麦克斯韦方程组从理论上还可以证明,电磁波的能流密度是

$$S = \frac{1}{\mu_0} E \times B = E \times H \qquad (10.38)$$

能流密度的大小为

$$S = \frac{1}{\mu_0} EB = c\varepsilon_0 E^2 = cw \qquad (10.39)$$

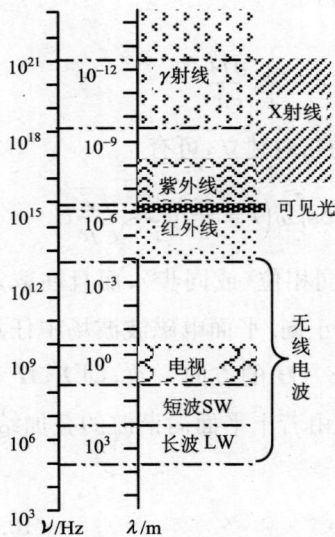

可见,电磁波以速度 c 传播时,其中的能量也随电磁波以同样的速度传播.

麦克斯韦从理论上证明,光是电磁波,赫兹用实验进一步证实了这一论断. 此后还发现 X 射线和 γ 射线都是电磁波. 这些电磁波在本质上完全相同,只是波长或频率有很大的差别. 按照频率 ν(或真空中的波长 λ)的次序,把各种电磁波排列成谱,称为**电磁波谱**(图 10.4). 为了制图的方便,我们用对数刻度标出.

不同波长或频率的电磁波,具有不同的特征和不同的用途. 它们与实物作用的效果有很大差别,技术中实测或产生方法也很不相同.

图 10.4　电磁波谱

10.6　电　磁　势

在 7.1 节中,引入电势给计算电场的分布带来很大的方便。电场与电势都满足叠加原理,都可以通过积分来计算任意带电体的电势或电场。电势的积分是标量积分,比电场的矢量积分容易。所以,通常先求电势,再微分求场强,比先求场强再积分求电势简单多了。其实,在涉及磁场或一般的电磁场时,仍然可以引入像电势一样的量,使计算变得更为方便。电磁学中的这种辅助量就是标势 φ(在静电场中即电势 U)和矢势 A,统称电磁势。

随着物理学的发展,能量与力相比显得更重要。同样,电磁势与电场强度 E、磁感应强度 B 相比(E 和 B 统称电磁场量),变得更为重要。例如,在 AB 效应中,粒子在电磁场量为零的空间中运动时,仍然会受到电磁势的影响。在一般的量子现象中,电磁势和能量-动量一样,会进入粒子相位的表达式之中,从而引起可观测效应。电磁势与电磁场量相比,同相对论的联系更简洁、更直接。电磁学中引入

电磁势的常规方法有几种,本节用一种较为直观的方法引入电磁势。这种方法的基础是电磁势与相对论能量-动量的某种相似性。

一、电磁势的引入

由 6.4 节的式(6.25),运动粒子的能量和动量满足下述关系

$$p^2 - E^2/c^2 = p'^2 - E'^2/c^2 = -m_0^2 c^2 \tag{10.40}$$

式(10.40)中 p、E 和 p'、E' 分别表示粒子在 S 系和 S' 系中的动量、能量,如图 10.5 所示。

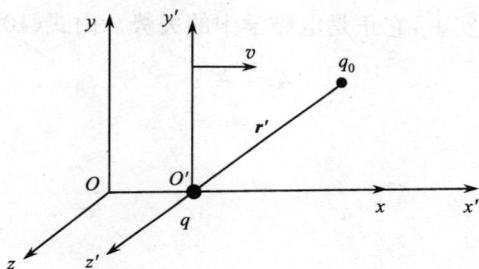

图 10.5　以匀速 v 相对运动的坐标系 S 系和 S' 系

$$E_0 = m_0 c^2 \tag{10.41}$$

是粒子的静止能量。由动量与能量的定义式

$$\boldsymbol{p} = m\boldsymbol{v}, \quad E = mc^2 \quad (m = \frac{m_0}{\sqrt{1 - v^2/c^2}})$$

可知 p 与 E 的关系式为

$$\boldsymbol{p} = \frac{E}{c^2}\boldsymbol{v} \tag{10.42}$$

在坐标系 S 中,设电量为 q 的带电粒子,以匀速 v 运动。在 S' 系中,设此粒子静止于 O' 点,它在周围空间激发的电磁场是静电场。其电势为

$$\varphi' = \frac{q}{4\pi\varepsilon_0 r'} = \frac{q}{4\pi\varepsilon_0(x'^2 + y'^2 + z'^2)^{1/2}} \tag{10.43}$$

注意到电势是空间点的函数,考虑的 r' 处有一检验电荷 q_0,$q_0 U'$ 可以看成某种"储存"在 r' 点的能量

$$W' = q_0 U' = q_0 \varphi' \tag{10.44}$$

对于如图 10.5 所示的体系,考虑式(10.40)中的能量 E 对电势能也应成立,故可进行推广. 当 $W = q_0 \varphi$,有

$$p_q^2 - W^2/c^2 = p_q'^2 - W'^2/c^2 = -W'^2/c^2 \qquad (10.45)$$

在 S' 中,式(10.44)是粒子静电能量,这份能量并不对应动量。而在 S 中,设 p_q 为能量 W 所联系的那份动量,并满足式(10.45)。因此,与式(10.42)类似,p_q 也应满足下述关系

$$\boldsymbol{p}_q = \frac{W}{c^2}\boldsymbol{v} \qquad (10.46)$$

由式(10.45),对 $\boldsymbol{p}_q$ 应有

$$\boldsymbol{p}_q = q_0\boldsymbol{A} \qquad (10.47)$$

式(10.47)中的 $\boldsymbol{A}$ 可视为单位正电荷 q_0 以速度 $\boldsymbol{v}$ 运动时,所带的与电磁相互作用有关的某种动量。事实上,它正是电磁学中的矢势。由式(10.46)和式(10.47),有

$$\boldsymbol{A} = \frac{\varphi}{c^2}\boldsymbol{v} \qquad (10.48)$$

此时,式(10.45)变成

$$A^2 - \frac{\varphi^2}{c^2} = A'^2 - \frac{\varphi'^2}{c^2} = -\frac{\varphi'^2}{c^2} \qquad (10.49)$$

二、四维矢量

由公式

$$x = ct, \ x' = ct' \qquad (10.50a)$$

可有

$$x^2 + y^2 + z^2 - c^2t^2 = 0, \qquad x'^2 + y'^2 + z'^2 - c^2t'^2 = 0 \qquad (10.50b)$$

式(10.50b)可以理解为:在 $t=0$ 时刻,两坐标系相重合,点光源处在它们的原点 O 和 O',发出一光脉冲在空间中传播,形成的波面无论在 K 系还是在 K' 系观测,都是球面波。式(10.50b)正是光速不变原理所要求的,当光脉冲沿 x 轴传播时,式(10.50b)就成为式(10.50a),因而式(10.50b)可以看成式(10.50a)的推广。

注意到洛伦兹变换是由式(10.50a)出发证明的,当然由式(10.50b)也可以证明洛伦兹变换关系。注意到式(10.40)、式(10.49)和式(10.50b)相比,有完全相同的数学结构,对式(10.40)和式(10.49),必有

$$p_x = \frac{p_x' + E'v/c^2}{\sqrt{1 - v^2/c^2}}, \quad p_y = p_y', \quad p_z = p_z' \qquad (10.51a)$$

$$E = \frac{E' + p_x'v}{\sqrt{1 - v^2/c^2}} \qquad (10.51b)$$

式(10.51)就是将洛伦兹变换关系式(6.1)做如下代换得到的:$x \rightarrow p_x$、$y \rightarrow p_y$、$z \rightarrow p_z$、$ct \rightarrow E/c$,带撇的量也做相同的代换。将式(10.51)中的动量和能量换成电磁势也成立,即

$$A_x = \frac{A_x' + \varphi' v/c^2}{\sqrt{1 - v^2/c^2}}, \quad A_y = A_y', \quad A_z = A_z' \tag{10.52a}$$

$$\varphi = \frac{\varphi' + A_x' v}{\sqrt{1 - v^2/c^2}} \tag{10.52b}$$

令

$$x = x_1, \quad y = x_2, \quad z = x_3, \quad ct = x_4 \tag{10.53}$$

则对图 10.4 所示的坐标系,必有

$$x_1 = \frac{x_1' + x_4' v/c}{\sqrt{1 - v^2/c^2}}, \quad x_2 = x_2', \quad x_3 = x_3' \tag{10.54a}$$

$$x_4 = \frac{x_4' + x_1' v/c}{\sqrt{1 - v^2/c^2}} \tag{10.54b}$$

由式(10.53)所引入的新的变量(x_1, x_2, x_3, x_4)有一个好处,就是形式上将空间坐标与时间坐标放在完全平等的地位上。把惯性定律成立的整个空间、时间区域看成一个四维连续区域,对如图 10.5 所示的坐标系,有洛伦兹变换式(10.54)将其中的变量组(x_1, x_2, x_3, x_4)和(x_1', x_2', x_3', x_4')联系起来。这样的 4 维连续区域**称为闵可夫斯基时空**,而这样的变量组(x_1, x_2, x_3, x_4)是闵可夫斯基时空中的时空坐标。

对式(10.54),将其中的(x_1, x_2, x_3, x_4)换成(X_1, X_2, X_3, X_4),(x_1', x_2', x_3', x_4')换成(X_1', X_2', X_3', X_4'),有

$$X_1 = \frac{X_1' + X_4' v/c}{\sqrt{1 - v^2/c^2}}, \quad X_2 = X_2', \quad X_3 = X_3' \tag{10.55a}$$

$$X_4 = \frac{X_4' + X_1' v/c}{\sqrt{1 - v^2/c^2}} \tag{10.55b}$$

具有式(10.55)所表达的变换关系的任意物理量(X_1, X_2, X_3, X_4),称为**四维矢量**。

显然,由能量动量关系式(10.40)和式(10.51),变量组

$$(p_x, p_y, p_z, E/c) = (\boldsymbol{p}, E/c)(\text{这是简化的记号}) \tag{10.56}$$

满足式(10.55)所表达的变换关系,因此称为**四维能量-动量**(或**四维动量**)。由标势和矢势的关系式(10.49)和式(10.52),变量组

$$(A_x, A_y, A_z, \varphi/c) = (\boldsymbol{A}, \varphi/c) \tag{10.57}$$

也满足式(10.55)所表达的变换关系,因此称为**四维电磁势**(或**四维势**)。

读者可以自行验证:(x_1, x_2, x_3, x_4) = ($\boldsymbol{r}$, ct)和($d\boldsymbol{r}$, cdt)是四维矢量,分别表示闵可夫斯基时空中的位置和无穷小位移;而变量组

$$\left(\frac{d\boldsymbol{r}}{d\tau}, c\frac{dt}{d\tau}\right) = \frac{1}{\sqrt{1 - v^2/c^2}}(\boldsymbol{v}, c) \tag{10.58}$$

也是四维矢量，称为**四维速度**。式(10.58)中 $v = \mathrm{d}r/\mathrm{d}t$，是一般的三维空间的速度，而 $\mathrm{d}\tau$ 是"**固有时**"，即在相对静止的坐标系中测量的事件的时间间隔，它与"**坐标时**" $\mathrm{d}t$ 的关系为

$$\mathrm{d}\tau = \mathrm{d}t(1 - v^2/c^2)^{1/2} \tag{10.59}$$

式(10.59)与式(6.6)是一致的。

读者还可以自行验证：电磁学中的电流密度 j 和电荷密度 ρ 组成的变量组

$$(j, c\rho) \tag{10.60}$$

也是四维矢量，称为**四维电流**。

三、矢势的几个典型例子

1. 匀速运动点电荷的矢势

对图(10.5)中的点电荷 q，由于在 K' 系静止，则它的标势为

$$\varphi' = \frac{1}{4\pi\varepsilon_0}\frac{q}{r'} \tag{10.61}$$

而在 K 系中，由式(10.52b)，注意到 $A'_x = 0$，有

$$\varphi = \frac{\varphi'}{\sqrt{1 - v^2/c^2}} = \frac{1}{\sqrt{1 - v^2/c^2}}\frac{1}{4\pi\varepsilon_0}\frac{q}{\sqrt{\left(\dfrac{x - vt}{\sqrt{1 - v^2/c^2}}\right)^2 + y^2 + z^2}} \tag{10.62}$$

这就是在 K 系中，以匀速 v 运动的点电荷 q 的标势(图 10.5)。由式(10.48)，q 的矢势为

$$A = \frac{\varphi}{c^2}v = \frac{1}{\sqrt{1 - v^2/c^2}}\frac{1}{4\pi\varepsilon_0 c^2}\frac{q}{\sqrt{\left(\dfrac{x - vt}{\sqrt{1 - v^2/c^2}}\right)^2 + y^2 + z^2}}v \tag{10.63}$$

在粒子运动速度 $v \ll c$ 的极限情况下，矢势 A 可以写成

$$A = \frac{\mu_0 q}{4\pi r}v \tag{10.64}$$

其中，$r = (x^2 + y^2 + z^2)^{1/2}$ 是电荷 q 到场点的距离，$\mu_0\varepsilon_0 = 1/c^2$，这就是以匀速 v 运动的点电荷 q 的矢势。

2. 无限长直载流导线的矢势

对无限长直载流导线，设形成电流的那部分带电粒子的线密度为 λ，则容易求出这些带电粒子所激发的电势为

$$\varphi = -\frac{\lambda}{2\pi\varepsilon_0}\ln r \tag{10.65}$$

由式(10.48)，有

$$A = \frac{\varphi}{c^2}v = -\frac{\mu_0 \lambda}{2\pi}\ln r\, v = -\frac{\mu_0 I}{2\pi}\ln r\, k \tag{10.66}$$

这就是无限长直载流导线的矢势,式(10.66)中已用到 $\lambda v = I$, k 是沿长直载流导线的单位矢量。

3. 电流元的矢势

对电流元 $I\mathrm{d}l$,其矢势为

$$\mathrm{d}A = \frac{\mu_0}{4\pi}\frac{I}{r}\mathrm{d}l \tag{10.67}$$

其中,$I\mathrm{d}l = \mathrm{d}q\mathrm{d}l/\mathrm{d}t = \mathrm{d}q v$,$\mathrm{d}q$ 是电路线元 $\mathrm{d}l$ 中电荷的电量,$\mathrm{d}A$ 是以 v 运动的电荷 $\mathrm{d}q$ 所产生的矢势。

4. 闭合电流的矢势

设有一任意闭合回路,其中通有电流 I. 由式(10.67),它的矢势为

$$A = \int \mathrm{d}A = \frac{\mu_0 I}{4\pi}\int \frac{\mathrm{d}l}{r} \tag{10.68}$$

思 考 题

10.1　什么是位移电流? 位移电流与传导电流有什么区别?

10.2　位移电流密度 j_D 的方向是否与电位移 D 的方向一致?

10.3　麦克斯韦方程组中各方程的物理意义是什么?

10.4　什么条件下传导电流是连续的? 全电流总是连续的吗?

10.5　电磁波的电场强度 E、磁场强度 H 和传播速度 u 方向间的关系如何?

习 题

10.1　一平板电容器,极板是半径 R 的圆形金属片,两极板与一交变电源相接,极板上的电量随时间的变化规律为 $q = q_0 \sin \omega t$,忽略边缘效应,求:

(1) 两极板之间位移电流密度的大小;

(2) 两极板间,离中心轴线距离为 $(r < R)$ 处磁场强度 H 的大小.

10.2　一平面电磁波的波长为 3.0cm,电场强度的振幅为 30V·m^{-1},求:

(1) 电磁波的频率;

(2) 磁场的振幅.

10.3　真空中沿 z 轴负方向传播的平面电磁波,其磁场强度的波的表达式为

$$H = -iH_0 \cos \omega \left(t + \frac{z}{c}\right).\ 求电场强度的波的表达式.$$

10.4　真空中沿 z 轴负方向传播的平面电磁波,其电场强度为

$$E_x = 300 \cos\left(2\pi \gamma t + \frac{\pi}{3}\right)\text{V·m}^{-1},\ 求磁场强度.$$

第三篇 光 学

人们通过感官而感知外部世界,据统计在人类感官接受到外部世界的总信息量中,有 90% 以上是通过视觉获得的,因此,光是人类生存、发展的最重要的因素. 由于光与人类的生活和生产的这种密切关系,光学成为最早发展起来的学科之一. 在墨经(在公元前四百多年)中,已经有了关于光的直线传播、光的反射和成像等问题的记载. 在约 2400 多年的漫长岁月中,人类积累了丰富的光学知识,而且也创造出一些巧妙的光学仪器. 从 20 世纪 40 年代开始,光学这门古老学科又获得了新生,出现了全息技术、激光、集成光学和非线性光学,这些新兴学科构成了当代学科的前沿学科——现代光学. 光技术的发展已成为一个国家国民经济建设和国防建设中的重要环节,也成为衡量这个国家科技发展先进程度的主要标志之一.

本篇将讲述部分几何光学和波动光学的有关内容,现代光学的许多概念正是以此为基础的. 有关量子光学的内容将在近代物理篇中介绍.

第 11 章　几何光学的基本概念

几何光学是光学中最早发展起来的一个分支,主要是以一些实验定律为基础,用几何的方法研究关于光的传播规律.

第 10 章已经叙述了麦克斯韦的电磁理论,现代科学技术早已证实了光是特定波长范围(390~720nm)的电磁波. 当研究所涉及物、光学元件的线度远远大于光波长时,光波列可视为直线,如图 11.1 所示. 可以说,几何光学是波动光学在波长趋近于零时的极限.

图 11.1　$\lambda \rightarrow 0$ 时光波列可视为直线

11.1　几个重要的基本概念

一、光学长度与光程

媒质中的几何长度与折射率的乘积称为光学长度. 如图 11.2 所示,一般媒质中 A、B 两点间任意一条曲线的**光学长度**可以表示为

$$L' = \int_{M}^{B}_{A} n \ \mathrm{d}l \tag{11.1}$$

其中,$n = \dfrac{c}{v}$ 是媒质的折射率. 对于均匀媒质 n 是常数,即

$$L' = nl$$

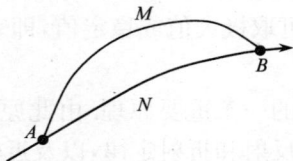

图 11.2　光学长度与光程

任意一条曲线(无论是否光线的轨迹)都有相应的光学长度,但是,只有沿真实光线轨迹的光学长度才称为**光程**. 若 N 是真实光线的轨迹,则 A、B 两点间的光

程为

$$L = \int_{N_A}^{B} n \, \mathrm{d}l \tag{11.2}$$

设光传播 $\mathrm{d}l$ 距离需要 $\mathrm{d}t = \dfrac{\mathrm{d}l}{v}$ 时间,则光从 A 传播到 B 所需要的时间为

$$
\begin{aligned}
T_{AB}(N) &= \int_{N_A}^{B} \mathrm{d}t \\
&= \int_{N_A}^{B} \frac{\mathrm{d}l}{v} \\
&= \frac{1}{c} \int_{N_A}^{B} n \, \mathrm{d}l \\
&= \frac{L}{c}
\end{aligned}
$$

即

$$L = cT_{AB}(N) \tag{11.3}$$

所以光程也可表述为,光在媒质中传播的几何距离所相应的光程,是用相同时间在真空中传播的距离.

二、费马原理

费马原理可以表述为:**空间两点之间,光沿着光学长度最短的路径传播**. 数学式子表示为

$$\int_{N_A}^{B} n \, \mathrm{d}l < \int_{M_A}^{B} n \, \mathrm{d}l \tag{11.4}$$

或者说,在 A、B 两点之间,**光沿需要时间最短的路径传播**. 即

$$T_{AB}(N) < T_{AB}(M) \tag{11.5}$$

费马原理又称最小时间原理或极短光程原理,是法国数学家费马于 1657 年首先提出的. 费马原理指出,光传播的实际路径是一条所需时间 T 为极小值的路径. 实际上 T 除取极小值外,还可取极大值或稳定值,即表述为:**光传播的实际路径是使光程取极值的路径**.

费马原理是几何光学中的一条重要原理. 由此原理可证明光在均匀媒质中传播时,遵从的直线传播定律、反射和折射定律,以及近轴条件下透镜的等光程性等. 光的可逆性原理是几何光学中的一条普遍原理,该原理说,若光线在媒质中沿某一路径传播,当光线反向时,必然沿同一路径逆向传播. 费马原理规定了光线传播的唯一可实现的路径,不论光线正向传播还是逆向传播,必沿同一路径. 因此借助费马原理可说明光传播的可逆性原理的正确性.

三、光在均匀各向同性媒质中传播定律

当所讨论的光强度不至于产生"自聚焦"、"自散焦"等非线性现象,则光在均匀各向同性媒质中传播满足下列定律:

1. 光的直线传播定律

光在均匀媒质中沿直线传播.

2. 光的折射定律和反射定律

光入射到两种媒质的分界面上时,传播方向发生改变,折射光线和反射光线的传播方向如图 11.3 所示.入

图 11.3 光的折射定律
和反射定律

射光线、折射光线、反射光线和界面法线在同一平面内,入射光线和折射光线、入射光线和反射光线分别在法线的两边,并满足

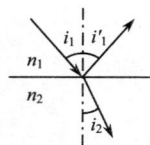

$$i_1 = i_1' \tag{11.6}$$

$$n_1 \sin i_1 = n_2 \sin i_2 \tag{11.7}$$

式(11.6)和式(11.7)分别称为光的反射定律和折射定律,其中,i_1、i_1'、i_2 分别是入射角、反射角和折射角.对于宏观界面,无论是否是平面,每一根光线都将满足折射定律和反射定律.

当光从光密媒质(折射率比较大的媒质)射向光疏媒质(折射率比较小的媒质),由于 $n_1 > n_2$,根据折射定律必有 $i_1 < i_2$.当 $i_2 = 90°$ 时观测不到折射光线,这种现象称为**全反射**.能产生全反射的最小入射角称为全反射临界角,通常用 i_c 表示

$$\sin i_c = \frac{n_2}{n_1} \tag{11.8}$$

例 11.1 光学纤维是利用了全反射规律使光沿着弯曲的路径传播的光学元件(图 11.4).设光纤外媒质折射率为 n_0,中心玻璃纤维的折射率为 n_1,外层材料的折射率为 $n_2(n_1 > n_2)$.问:入射光在光纤端面的入射角为何值方可保证光不从侧面逸出?

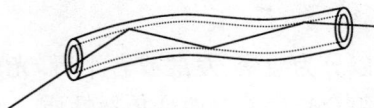

图 11.4 光学纤维

解 如图 11.5 所示,光线 1 在端面入射、折射满足折射定律

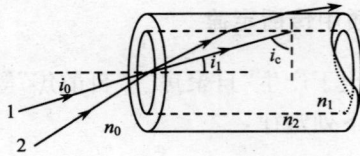

图 11.5

$$n_0 \sin i_0 = n_1 \sin i_1$$

若光线 1 恰好不从侧面逸出，则在两种材料的界面的入射角一定是全反射临界角.

由图 11.5 可见

$$i_1 = \frac{\pi}{2} - i_c$$

所以

$$
\begin{aligned}
n_0 \sin i_0 &= n_1 \sin\left(\frac{\pi}{2} - i_c\right) \\
&= n_1 \cos i_c \\
&= n_1 \sqrt{1 - \sin^2 i_c}
\end{aligned}
$$

考虑式(11.8)，得

$$n_0 \sin i_0 = \sqrt{n_1^2 - n_2^2} \tag{11.9}$$

式(11.9)中的 $n_0 \sin i_0$ 称为光纤的数值孔径，用 A 表示，即

$$A = n_0 \sin i_0 \tag{11.10}$$

从电磁波的角度看，几何光学中光线的偏折都是光程变化的结果. 或者说，必须满足等光程原理，即两个波阵面之间所有光线的光程必须保证相等.

11.2　物　和　像

一束光的传播特性可以分为会聚、发散或者平行. 光束经过光学系统（单个光学元件或多个光学元件的组合），通常会改变传播性质.

在几何光学中，发光物体或者受到光照射的物体，甚至上一级光学系统的像，都可视为"物". 物上的每一点都称为"物点"，每个物点都向各个方向发出光. 不考虑像差（近轴条件下）这束光经过光学系统后，若成为会聚光束并且会聚于一点，则这个点称为实像点，如图 11.6(a)中的 P' 点和图 11.6(c)中的 R' 点；若成为发散光

束,而光束的反向延长线会聚于一点,则这个点称为虚像点,如图 11.6(b)中的 Q'
点.实像可以利用屏幕观察,而虚像不会成像在屏幕上.

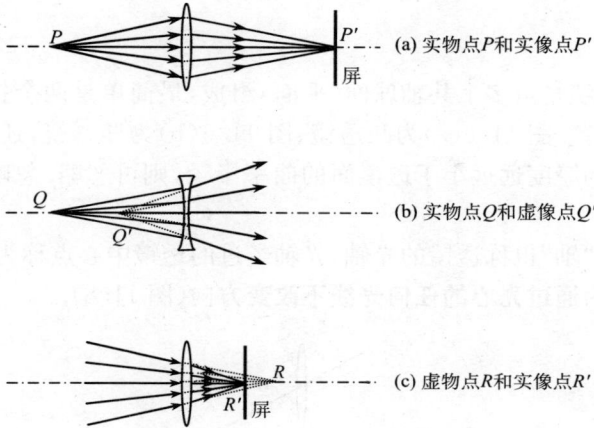

图 11.6 物点与像点

物也分虚实,若是物点发出发散光束,则该点称为实物点,如图 11.6(a)中的
P 点和图 11.6(b)中的 Q 点;若入射光束是会聚光束,则会聚点称为虚物点,如图
11.6(c)中的 R 点.

一般说来,一个物,如图 11.7 中的 PQ,由许多物点组成.由实物点组成的物
称为实物,由虚物点组成的物称为虚物.经过光学系统后每一个物点都有一个相应
的像点,这些像点组成了物 PQ 的像 $P'Q'$.由实像点组成的像称为实像,由虚像点
组成的像称为虚像.

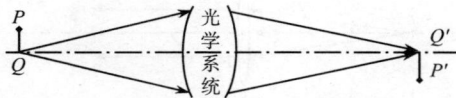

图 11.7 物与像

实际上只有少数非球面光学系统,才可能使物点发出的所有经过光学系统的
光线会聚于一个点.一个物点所成的像往往是一个光斑,而不是点.如果把一束光
的边缘光线和中心光线的夹角限制在一个很小的范围内(满足 $\sin\theta \approx \tan\theta \approx \theta$)则能
基本保证点物成点像.这个条件称作近轴条件.本章只讨论满足近轴条件的成像
规律.

11.3　薄透镜成像

一、薄透镜

实际光学系统是由多个共轴球面(平面)组成,最简单是两个折射面的共轴球面系统组成的透镜.图 11.6(a)为凸透镜、图 11.6(b)为凹透镜,还有平凸镜、平凹镜等.如果透镜的厚度远远小于透镜面的曲率半径,则可忽略.忽略了厚度的透镜称为薄透镜.

共轴系统的"轴"也称透镜的光轴,光轴经过的透镜中心点称为光心.光心是个特殊的位置,因为**通过光心的任何光线不改变方向**(图 11.8).

图 11.8　经过薄透镜光心的光线

二、薄透镜的焦距和焦平面

几何光学中,把物点可能占有的空间称为物空间,把像点可能占有的空间称为像空间.下面以凸透镜为例,讨论透镜的焦距、焦平面.

如图 11.9(a)所示,光轴上一物点,经过薄透镜后成为一束平行光,则该物点称为透镜的物空间焦点(用 F 表示),光心 O 到 F 的距离称为物空间焦距(用 f 表

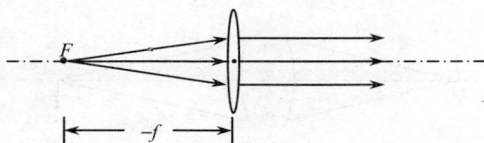

(a) 薄凸透镜物空间焦距

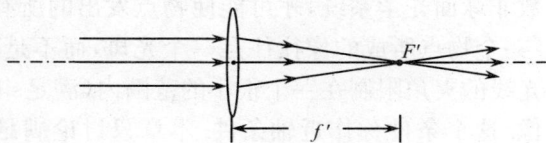

(b) 薄凸透镜像空间焦距

图 11.9　薄透镜的焦距

示). 若一束沿着光轴的平行光,经过薄透镜后成为一束会聚光,则会聚点称为透镜的像空间焦点(用 F' 表示),光心 O 到 F' 的距离称为像空间焦距(用 f' 表示).

根据几何光学的约定,从光心到焦点如果沿着光传播方向,焦距为正值;逆着光传播方向,焦距为负值. 凸透镜的 f 为负值,f' 为正值;凹透镜的 f 为正值,f' 为负值.

当平行光斜入射,经过透镜后会聚在轴外一点,这个点可以称为平行光的像. 像的位置取决于平行光与光轴的夹角. **所有方向的平行光的像点组成的面,称为透镜的像空间焦平面**(图 11.10). 读者试着自己定义**物空间焦平面**.

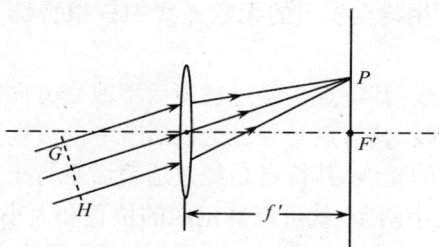

图 11.10 薄透镜的焦平面

根据电磁波理论,可以判断出图 11.10 中 GH 是入射光的波阵面. 根据等光程原理,从 GH 开始到 P 点,所有光线的光程相等.

三、薄透镜的成像位置

1. 公式法

已知薄透镜物空间和像空间的折射率分别为 n、n',物空间的焦距为 f,像空间的焦距为 f'. 从光心 O 到轴上一物点 P 的距离为 s(因为逆光传播方向,故 s 是负值),光心到像点的距离为 s'(图 11.11),则它们满足

$$\frac{f'}{s'} + \frac{f}{s} = 1 \tag{11.11}$$

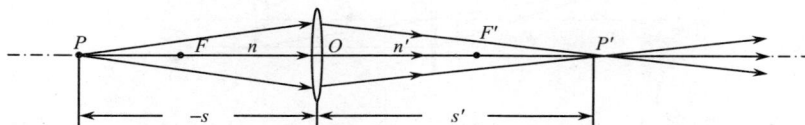

图 11.11 薄透镜成像

式(11.11)即薄透镜的成像公式,也称为**高斯公式**.

当薄透镜物空间和像空间的折射率相等(这种情况很普遍,比如透镜放在空气中),则有

$$f = -f'$$

式(11.11)所示的高斯公式可以表示为

$$\frac{1}{s'} - \frac{1}{s} = \frac{1}{f'} \tag{11.12}$$

2. 作图法

作图法的依据是利用物点发出的无数光线中三根特殊光线来确定像.这三条特殊光线是:

(1) 经过光心的光线.其特点是经过透镜后不改变方向.

(2) 平行光轴的光线.其特点是经过透镜后唯一的方向是像空间焦点.

(3) 过物空间焦点的光线.其特点是经过透镜后平行于光轴.

利用以上三条光线中两条,就可以确定像的位置和大小.下面通过例子说明.

例 11.2　凸透镜 L 的焦点如图 11.12 所示,用作图法求物 P_1、P_2 的像.

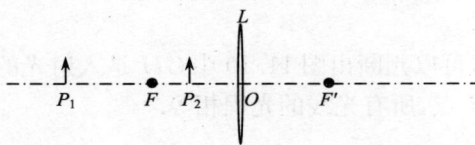

图 11.12

解　(1) 求 P_1 的像

光线 1 从 P_1 顶端发出经过光心 O 不改变方向.光线 2 从 P_1 顶端发出经过物空间焦点 F,则经过 L 后是与光轴平行的光线.光线 1 和光线 2 的交点是像 P_1' 的顶点.作图如下

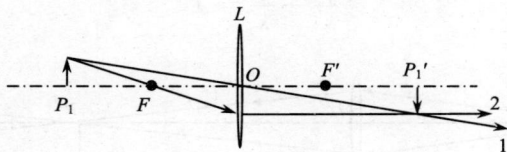

(2) 求 P_2 的像

光线 1 是从 P_2 顶端发出的平行于光轴的光线,经过 L 后必经过像空间焦点 F'.光线 2 是从 P_2 顶端发出的、反向延长线经过 F 的光线,经过 L 后的光线与光轴平行.光线 1 的反向延长线与光线 2 的反向延长线的交点是像 P_2' 的顶点.作图

如下可见凸透镜焦点以外的物，成一倒实像；焦点以内的物，成一正虚像. 放大镜就是凸透镜，读者可以自行验证.

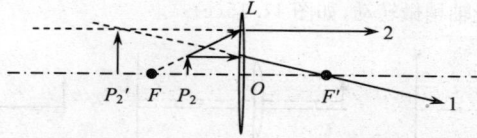

例 **11.3** 凹透镜 L 的物空间焦点 F、像空间焦点 F' 如图 11.13 所示，用作图法求像.

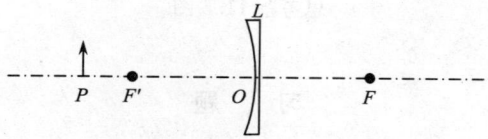

图 11.13

解 光线 1 从 P 顶端发出经过光心 O 不改变方向. 光线 2 是从 P 顶端发出的平行于光轴的光线，经过 L 后必经过 F'. 显然光线 2 无法直接经过 F'，只能是延长线经过 F'. 光线 1 和光线 2 的反向延长线交点是像 P' 的顶点. 作图如下

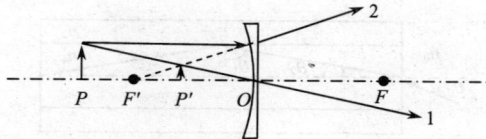

思 考 题

11.1 怎样理解光线的概念？光线和电场线、磁感应线有什么区别？

11.2 你能否举出费马原理"**光传播的实际路径是使光程取极值的路径.**"所指取极大值、取稳定值的实际例子？

11.3 为什么透过茂密树叶的缝隙投影到地面的阳光形成圆形光斑？你能设想在日偏食的情况下这种光斑的形状会有变化么？

11.4 有人设想用如图 11.14 所示的反射圆锥腔使光束的能量集中到极小的面积上. 因为出口可以做得任意小，从而射出的光束的能流密度可以任意大，这种想法可以实现吗？

思考题 11.4 图

11.5　如图所示,一凸透镜将近轴小物清晰成像于屏上. 保持物和屏不动,在下列情况下,讨论屏上像的位置、大小、清晰度的变化.

(1) 将凸透镜向上作微小平移,如图 11.15(b);

(2) 将凸透镜的光轴稍微转动,如图 11.15(c).

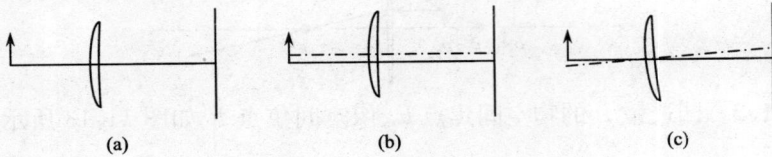

思考题 11.5 图

习　　题

11.1　空气中橙红色光的波长是 632.8nm,求其频率和在折射率为 1.5 的玻璃中的波长.

11.2　已知放大镜的焦距为 $f'=3cm$,眼睛靠近放大镜的观察物体,看到物体成像在 25cm 处,求物体与放大镜之间的距离.

11.3　如图所示,设光导纤维玻璃芯和外套的折射率分别为 n_1 和 n_2($n_1 > n_2$). 垂直端面外侧的介质折射率为 n_0. 试证明能使光线在纤维内发生全反射的入射光束的最大孔径角 θ_0 满足公式 $n_0 \sin\theta_0 = \sqrt{n_1^2 - n_2^2}$

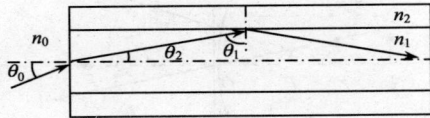

题 11.3 图

11.4　用作图法求薄透镜 L 的焦点

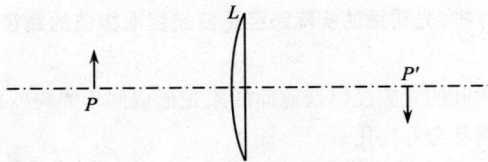

题 11.4 图

11.5　凸透镜 L 的焦距如图所示,用作图法分别求物 P_1、P_2、P_3 的像.

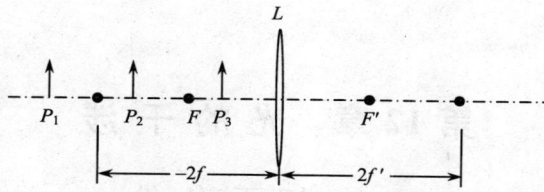

题 11.5 图

11.6　凹透镜 L 的焦距如图所示,用作图法分别求物位于 P_1、P_2 的像.

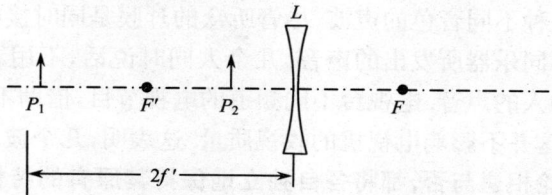

题 11.6 图

第 12 章 光 的 干 涉

12.1 相 干 条 件

在日常生活中,会遇到许多体现波的叠加原理的例子. 当一支乐队在合奏时,空间同时传播着各种不同音色的声波,尽管听众的耳膜是同时接收到这些声波的,但仍然能分辨出不同乐器所发出的声音. 几个人同时说话,不用看,你就可以从中分辨出你所熟悉的人的声音. 电视台不同频道的电视节目,借助不同频率的电磁波同时在空间传播,这并不影响电视机的收视质量. 这表明,**几个波源产生的波,在同一空间传播时,无论相遇与否,都将各自独立地保持其原有的特性**(频率、波长、振动方向和传播方向等). 这就是波的**独立性原理**. 只要稍加留意,这样的例子还有很多. 例如,平静的水面由于投入两粒石子而激起两列向外扩展的圆形水波,它们并不因为在传播途中遇到对方而变形、减弱或扩展速度减慢,而是"阵脚不乱"、互相"贯穿"、互不扰乱、各行其是. 又如,两束光在空间相遇时,不会像两束喷射的水流那样相互撞击,而是仿佛对方并不存在那样各自传播.

波的独立性原理提示我们,当两列(或几列)波在空间相遇时,每列波所引起的空间某一点的振动(对弹性波是位移、声压等物理量的振动,对电磁波是 E、B 的振动)并不会因为其他波列的存在而有所变化. 换句话说,**相遇区域中任意一点的振动,是每一列波各自单独存在时所引起该点振动的合成**. 这就是波的叠加原理,它强调几列波相遇时所引起的综合效应.

可以看出,波的独立传播原理和波的叠加原理密切相关,前者侧重说明多列波传播时不会因为相互交叠而受影响,后者则指出了交叠区的振动情况.

需要说明的是,只有当波的强度较小时波动方程是线性方程,满足波动方程的波函数都可以线性叠加时,叠加原理才成立. 对于大强度的波,如强烈爆炸引起的声波、聚焦超声波、强光传播等,波动方程不是线性方程,叠加原理不再适用. 本章只讨论小振幅波的线性叠加.

叠加是波不同于粒子的一个显著特点. 两个实物粒子不能同占一空间,一旦相遇则发生碰撞,二者运动状态都将发生变化. 而两列波却可以同时处于同一空间,叠加形成合成波,当相互穿过后,仍各自保持原有的波动特征. 光是特定频率范围的电磁波,所以上述特点对于光也不例外,本章主要讨论光波的干涉.

一、光矢量与光强

第 10 章已经说明,可见光是特定频率范围($3.84 \times 10^{14} \sim 7.69 \times 10^{14}$ Hz)的电磁波,相应真空中波长 380～780nm.

根据电磁波特性,空间确定点的 $\boldsymbol{E}$ 和 $\boldsymbol{H}$ 是相关的,为了便于表述,**规定 $\boldsymbol{E}$ 为光矢量**. 电磁波能流密度的时间平均值,称为该点的光强. 即

$$I = |\overline{\boldsymbol{S}}|$$

根据

$$\boldsymbol{S} = \boldsymbol{E} \times \boldsymbol{H}, \quad \sqrt{\varepsilon_0} E = \sqrt{\mu_0} H$$

可得

$$I = c\varepsilon_0 \overline{\boldsymbol{E}^2}$$

由于在干涉、衍射中讨论的往往是相对光强,故常数可以不计,即

$$I = \overline{\boldsymbol{E}^2} \tag{12.1}$$

对于单色光

$$\boldsymbol{E} = \boldsymbol{E}_0 \cos\omega t$$

而

$$\overline{\cos^2 \omega t} = \frac{1}{\pi} \int_0^\pi \cos^2 \omega t \, \mathrm{d}t = \frac{1}{2}$$

所以有

$$I = \frac{1}{2} \boldsymbol{E}_0^2 \tag{12.2}$$

二、相干条件

讨论 S_1、S_2 两个单色光源到 P 点相遇时相干情况.

如图 12.1 所示,设两光源光矢量函数分别为

$$\boldsymbol{E}_{S1} = \boldsymbol{E}_{10} \cos(\omega_1 t + \varphi_{10})$$

$$\boldsymbol{E}_{S2} = \boldsymbol{E}_{20} \cos(\omega_2 t + \varphi_{20})$$

则两列光波的波函数分别为

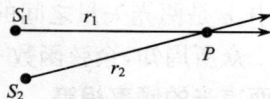

图 12.1　两束光相遇

$$\boldsymbol{E}_1 = \boldsymbol{E}_{10} \cos\left[\omega_1 \left(t - \frac{r_1}{v_1}\right) + \varphi_{10}\right] = \boldsymbol{E}_{10} \cos(\omega_1 t + \varphi_1)$$

$$\boldsymbol{E}_2 = \boldsymbol{E}_{20} \cos\left[\omega_2 \left(t - \frac{r_2}{v_2}\right) + \varphi_{20}\right] = \boldsymbol{E}_{20} \cos(\omega_2 t + \varphi_2) \tag{12.3}$$

其中

$$\varphi_1 \equiv -\frac{\omega_1 r_1}{v_1} + \varphi_{10}$$

$$= -\frac{2\pi L_1}{\lambda_{10}} + \varphi_{10} \tag{12.4}$$

$$\varphi_2 \equiv -\frac{\omega_2 r_2}{v_2} + \varphi_{20}$$

$$= -\frac{2\pi L_2}{\lambda_{20}} + \varphi_{20} \tag{12.5}$$

λ_{10}、λ_{20} 分别为两束光在真空中的波长，φ_{10}、φ_{20} 分别为两光源的初相位.

P 点的光矢量为

$$\boldsymbol{E} = \boldsymbol{E}_1 + \boldsymbol{E}_2$$

P 点的光强为

$$I_P = \overline{\boldsymbol{E}^2} = \overline{(\boldsymbol{E}_1 + \boldsymbol{E}_2)^2}$$

$$= \overline{\boldsymbol{E}_1^2} + \overline{\boldsymbol{E}_2^2} + 2\,\overline{\boldsymbol{E}_1 \cdot \boldsymbol{E}_2}$$

$$I_P = I_1 + I_2 + I_{12} \tag{12.6}$$

其中，I_{12} 称为干涉项. 若 I_{12} 在空间处处为零，则表明这两束光不相干. 两束非相干光的叠加——非相干叠加只是光强叠加. 即

$$I_P = I_1 + I_2 \tag{12.7}$$

下面讨论 I_{12} 不处处为零的条件——**相干条件**.

$$\overline{\boldsymbol{E}_1 \cdot \boldsymbol{E}_2} = \frac{1}{T}\int_0^T \boldsymbol{E}_{10} \cdot \boldsymbol{E}_{20} \cos(\omega_1 t + \varphi_1)\cos(\omega_2 t + \varphi_2)\mathrm{d}t$$

略去无论如何都为零的项 $\cos[(\omega_1 + \omega_2)t + (\varphi_1 + \varphi_2)]$，得

$$\overline{\boldsymbol{E}_1 \cdot \boldsymbol{E}_2} = \frac{1}{2T}E_{10}E_{20}\int_0^T \cos\alpha\cos[(\omega_1 - \omega_2)t + (\varphi_1 - \varphi_2)]\mathrm{d}t \tag{12.8}$$

其中，α 是两光矢量之间的夹角.

众所周知，余弦函数一周期的平均值为零，所以相干的第一个条件：$\omega_1 = \omega_2$. 即**两束光的频率相等**.

满足了第一条，式(12.8)化为

$$\overline{\boldsymbol{E}_1 \cdot \boldsymbol{E}_2} = \frac{1}{2T}E_{10}E_{20}\int_0^T \cos\alpha\cos(\varphi_1 - \varphi_2)\mathrm{d}t \tag{12.9}$$

根据式(12.4)和式(12.5)有

$$\varphi_1 - \varphi_2 = \frac{2\pi\delta}{\lambda_0} + (\varphi_{10} - \varphi_{20}) = \Delta\varphi + \Delta\varphi_0$$

其中,$\delta \equiv L_2 - L_1$ 称为两束光的光程差.

显然,只有 $\varphi_1 - \varphi_2$ 不随时间变化,积分才不恒为零. 因为 $\Delta\varphi$ 不含时间因子,所以相干的第二个条件:

$\Delta\varphi_0$ 不随时间变化——**两束光的初相位差恒定**.

假定第二条也满足(并简单设 $\Delta\varphi_0 = 0$),则式(12.9)化为

$$\overline{\boldsymbol{E}_1 \cdot \boldsymbol{E}_2} = \frac{1}{2T}E_{10}E_{20}\int_0^T \cos\Delta\varphi\cos\alpha\mathrm{d}t \qquad (12.10)$$

若式(12.10)中的 $\alpha = \dfrac{\pi}{2}$,则被积函数为零——I_{12} 为零;若 $\alpha \neq \dfrac{\pi}{2}$ 但是随机变化,则 $\cos\alpha$ 的时间平均值也为零. 所以相干的第三个条件:

两束光的光矢量相对取向恒定,并且不相互垂直.

一般实验室的干涉实验(双缝干涉、薄膜干涉等)满足了前两条,这一条自然满足,并且有 $\cos\alpha \approx 1$. 但是读者会在关于偏振光的干涉的论述中,看到满足了前两条而不满足第三条的情况.

如果满足了相干条件,则干涉项

$$I_{12} = 2\overline{\boldsymbol{E}_1 \cdot \boldsymbol{E}_2} = E_{10}E_{20}\cos\Delta\varphi$$

考虑式(12.2),有

$$E_{10}E_{20} = 2\sqrt{I_1 I_2}$$

P 点的光强为

$$I = I_1 + I_2 + 2\sqrt{I_1 I_2}\cos\Delta\varphi \qquad (12.11)$$

其中,I_1、I_2 分别是 S_1、S_2 单独在 P 点产生的光强. $\Delta\varphi$ 是两束光到 P 点的相位差. 在两束光的交叠区,光强有明暗相间的稳定分布,这种现象称为光的干涉现象.

若相位差满足

$$\Delta\varphi = \pm 2k\pi \quad (k = 0, 1, 2, \cdots) \qquad (12.12)$$

则这些点光强具有极大值(称干涉相长)

$$I_{\mathrm{M}} = I_1 + I_2 + 2\sqrt{I_1 I_2}$$

若相位差满足

$$\Delta\varphi = \pm(2k' - 1)\pi \quad (k' = 1, 2, \cdots) \qquad (12.13)$$

则这些点光强有极小值(称干涉相消)

$$I_{\mathrm{m}} = I_1 + I_2 - 2\sqrt{I_1 I_2}$$

考虑相位差和光程差的关系

$$\Delta\varphi = \frac{2\pi\delta}{\lambda_0}$$

相长和相消的条件还可以写成

$$\delta = \pm k\lambda_0 \quad (k = 0,1,2,\cdots) \ \text{干涉相长} \tag{12.14}$$

$$\delta = \pm (2k'-1)\frac{\lambda_0}{2} \quad (k'=1,2,\cdots) \ \text{干涉相消} \tag{12.15}$$

12.2　杨氏双缝干涉

原子发光具有间断性、独立性和随机性. 一个原子一次发光所持续的时间约 10^{-8} s, 也就是说, 一个原子一次只能发出一列有限长的、具有确定频率、确定振动方向的波列. 实际光源是由大量原子组成, 每一个原子每一次发光都是完全独立的、随机的. 尽管在某些条件下(用单色光源、偏振片)可以实现频率相同、振动方向相同, 但是相位差恒定却很难实现, 它在 1s 内要变化 10^8 次. 因此在激光问世之前, 要得到相干光源, 必须采取特殊的方法.

图 12.2　托马斯·杨
(Thomax Young, 1773～1829 年)

1801 年, 英国物理学家托马斯·杨首先做了杨氏双缝实验. 其原理如图 12.3 所示, 被单色光照亮的狭缝 S 可看作一个线光源, 它发出一系列柱面波, 平行双缝 S_1、S_2 正好在同一个波阵面上, 因此, 无论 S 发出的波列的特性如何随时间变化, 作为次级波源的 S_1、S_2 是频率、相位、振动方向均相同的相干光源. **这种从波阵面上分割出两部分作为次级光源, 来实现相干的方法称为分波面法.**

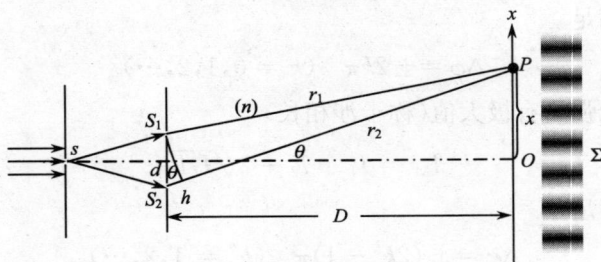

图 12.3　杨氏双缝实验

S_1、S_2 分别发出柱面波, 在两束光的交叠区每一点的合振幅都由叠加原理给出. 但实际上我们更关心的是光强的分布, 因为目前所有光的接收器, 只是对光的强度产生响应. 因此, 我们只讨论 P 点的光强.

　　P 点的光强取决于两光波在该点的光程差（相位差）. 由于 S_1、S_2 在同一波阵面上，且缝宽相同所以

$$\varphi_{10} = \varphi_{20}, \quad I_1 = I_2 \equiv I_0$$

根据式（12.14）、式（12.15），当光程差

$$\delta = \pm k\lambda_0 \quad (k = 0, 1, 2, \cdots)$$

光强为极大

$$I_M = I_1 + I_2 + 2\sqrt{I_1 I_2} = 4I_0$$

当光程差

$$\delta = \pm (2k' - 1)\frac{\lambda_0}{2} \quad (k' = 1, 2, 3, \cdots)$$

光强为极小

$$I_m = I_1 + I_2 - 2\sqrt{I_1 I_2} = 0$$

　　其他地方，光强在 $0 \sim 4I_0$，即光强由最大（明纹中心）渐变至最小（暗纹中心），如图 12.3 所示.

　　如果按图 12.3 设置，观察屏到双缝的距离为 D, S_1、S_2 中心间距为 d, 实验要求 $D \gg d$，在 O 点附近（$x \ll D$）处可观察到明暗相间的干涉条纹.

　　计算条纹的中心位置. 以 P 点为中心，以 r_1 为半径作弧，截 r_2 于 h. S_1、S_2 到 P 点的光程差

$$\delta = nd\sin\theta$$

　　因为

$$d \ll D, \quad x \ll D$$

故

$$\sin\theta \approx \tan\theta \approx \frac{x}{D}$$

则

$$\delta = \frac{xnd}{D} \tag{12.16}$$

根据式（12.14）～式（12.16）得

$$\delta = nd\frac{x}{D} = \begin{cases} \pm k\lambda_0, & (k = 0, 1, 2, \cdots) \quad \text{明} \\ \pm (2k' - 1)\dfrac{\lambda_0}{2}, & (k' = 1, 2, \cdots) \quad \text{暗} \end{cases} \tag{12.17}$$

第 k 级明条纹中心位置

$$x_k = \pm k\frac{D\lambda_0}{nd} \tag{12.18}$$

第 k' 级暗条纹中心位置

$$x_{k'} = \pm (2k' - 1) \frac{D\lambda_0}{2nd} \qquad (12.19)$$

其中, n 是观察屏与双缝间媒质的折射率, λ_0 是光在真空中的波长.

假如称相邻两个暗纹的中心间隔为明条纹的宽度, 相邻两个明纹的中心间隔为暗条纹的宽度, 则条纹宽度

$$\Delta x = x_{k+1} - x_k = \frac{D\lambda_0}{nd} \qquad (12.20)$$

由式(12.20)可见杨氏双缝实验的干涉条纹是等宽度的. 历史上托马斯·杨曾利用此实验测定光的波长.

例 12.1 用单色光做杨氏双缝实验中测得双缝中心间距 $d = 0.2$ mm, 双缝到观察屏的距离 $D = 4$ m, 折射率 $n = 1.0$

(1) 若同侧的第 1 级明纹中心到第 4 级明纹中心的距离为 3.0 cm, 求单色光的波长.

(2) 光源波长 $\lambda_0 = 560$ nm, 求干涉条纹的宽度.

解　(1) 同侧第 1 到第 4 明纹中心为三个暗条纹宽度, 根据式(12.20)和已知条件得

$$3\Delta x = \frac{3D\lambda_0}{nd} = 3.0 \times 10^{-2} \text{ m}$$

$$\lambda_0 = \frac{nd}{D} \times 10^{-2} = 5.0 \times 10^{-7} \text{ m}$$

(2) 当 $\lambda_0 = 560$ nm, 则条纹宽度

$$\Delta x = \frac{D\lambda_0}{nd} = \frac{4 \times 0.56 \times 10^{-6}}{0.2 \times 10^{-3} \times 1} = 1.12 \times 10^{-2} \text{ m}$$

其他采用分波阵面法实现干涉的实验, 还有菲涅耳双棱镜、菲涅耳双面镜和洛埃镜实验等. 作为例题, 我们来介绍洛埃镜实验, 其他就不一一叙述了.

例 12.2　图 12.4 为洛埃镜实验原理图, 线光源 S 垂直纸面, M 为平面镜, S 到 M 的垂直距离为 $\frac{d}{2}$. S 到观察屏 $\sum$ 的距离为 D, 试讨论 $\sum$ 上干涉条纹分布情况.

解　分析: 从 S 发出的光波一部分直接射到 $\sum$ 上, 一部分经 M 反射到 $\sum$ 上. 反射光可以看做是由虚光源 S' 发出. 由于是同一束光分出的, 所以满足相干条件, 在屏上两束光交叠区将有类似杨氏双缝实验的干涉条纹. 相邻两条明条纹(或暗条纹)的中心间距

$$\Delta x = \frac{D\lambda_0}{nd}$$

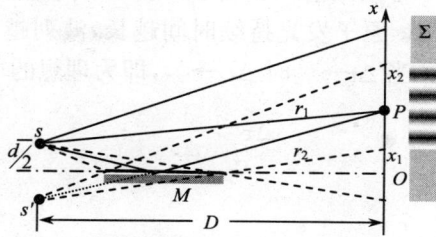

图 12.4 洛埃镜实验原理图

与杨氏双缝实验的干涉条纹分布相比,区别为:

(1) 由于反射光只在 x_1 到 x_2 之间存在,所以干涉条纹只分布在此范围内;

(2) 由于光在镜面上反射时,是从光疏媒质射向光密媒质,因此反射光会出现半波损失现象,所以两光波到达 P 点的光程差应为

$$\delta = n(r_2 - r_1) + \frac{\lambda_0}{2}$$

因此有

$$n(r_2 - r_1) = \begin{cases} \pm (2k-1)\dfrac{\lambda_0}{2}, & \text{明} \\[2mm] \pm k'\lambda_0, & \text{暗} \end{cases}$$

其中,k, k' 是一系列整数. 至于是哪些整数,需要计算重叠区的范围. 由于半波损失的原因,洛埃镜实验的明暗条纹中心位置与杨氏实验相反.

12.3 时空相干性

从实验可发现,杨氏干涉条纹仅在 O 点附近清晰,高级次的条纹就模糊了. 下面,结合杨氏实验的特例,简单介绍时间相干性和空间相干性,以及它们对干涉条纹清晰度的影响.

一、时间相干性

设原子发光持续时间为 $\Delta \tau$,则一个原子一次发出的光波列长度为

$$\Delta L = c \Delta \tau$$

实际光源不是一个孤立的原子,而是大量原子的集合,频繁的运动和原子之间的相互作用会大大缩短发光时间 $\Delta \tau$. 可以证明,一列有限长的波列可以看做"一系列"无限长单色正弦波的叠加,"傅里叶级数展开"正是描述这一物理图像的数学语

言. 而这"一系列"的多少可以用谱线宽度 $\Delta\nu$(或 $\Delta\lambda$)描述, 只有在 $\Delta\nu$(或 $\Delta\lambda$)范围内的单色光才有显著贡献. 原子发光持续时间越长, 波列越长, 单色性越好. 即 $\Delta\tau$ 越大, $\Delta\nu$ 越小($\Delta\lambda$ 越小). 当 $\Delta\tau\to\infty$ 时 $\Delta L\to\infty$, 即为理想的单色光. 可以证明,

$$\Delta\tau = \frac{1}{\Delta\nu}$$

即

$$\Delta L = \frac{c}{\Delta\nu}$$

根据

$$\nu\lambda = c$$
$$\nu\Delta\lambda + \lambda\Delta\nu = 0$$
$$\Delta\nu = -\frac{\Delta\lambda}{\lambda}\nu$$

得

$$|\Delta L| = \frac{\lambda^2}{\Delta\lambda} \tag{12.21}$$

可以通过实验测量光源的谱线宽度, 如图 12.5(a)所示, 通常把光强降到最大值一半所对应的波长范围称为谱线宽度. 一个光源的光谱包括很多谱线, 每一个谱线都有一定的宽度. 如太阳光, 通过红色滤光片后透射光的波长范围 $\Delta\lambda$ 约为 200nm, ΔL 约为 $2\mu m$; 日光灯(汞蒸汽)光谱很丰富, 其中波长为 546nm 的谱线, $\Delta\lambda$ 约为 0.02nm, ΔL 约为 1.5cm; 单色性很好的激光波列长可达 $10^3 \sim 10^4 m$, 谱线就很窄. 众多的光谱, 会影响干涉条纹的清晰度, 由于不同频率的光互不相干, 所以观察屏上的光强, 应该是各组干涉光强的叠加, 如图 12.5(b)所示, 这是很复杂的.

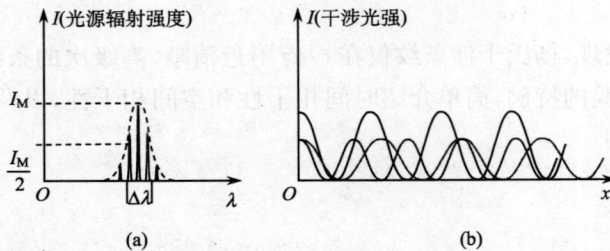

图 12.5　光源的谱线和干涉光强

下面就两种简单的情况——单色光和等光强复色光的杨氏双缝实验作为比较.

1) 理想的单色光

光谱如图 12.6(a)所示. 观察屏上光强分布如图 12.6(b)所示, 这是前面讨论过的情况.

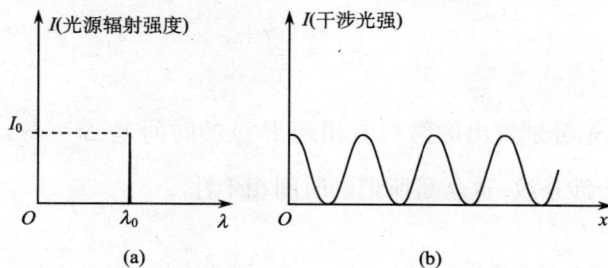

图 12.6 光源的谱线和干涉光强

2) 等光强复色光

光谱如图 12.7(a)所示. 假设谱线中最短波长为 λ_m 最长波长为 λ_M.

$$\lambda_M = \lambda_m + \Delta\lambda$$

当最长波长的第 k 级条纹, 与最短波长的第 $k+1$ 级条纹重合, 可以认为更高级次的条纹完全消失了, 如图 12.7(b)所示.

根据式(12.17)得

$$k = \frac{\lambda_m}{\lambda_M - \lambda_m} = \frac{\lambda_m}{\Delta\lambda}$$

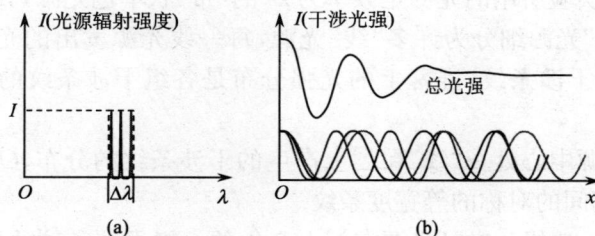

图 12.7 光源的谱线和干涉光强

因此能看到条纹的级次范围为

$$k < \frac{\lambda_m}{\Delta\lambda}$$

即满足光程差

$$\delta = k\lambda_m < \frac{\lambda_m^2}{\Delta\lambda} = \Delta L$$

其右边的等号是根据式(12.21)而得. 所以波列长度 ΔL 也称为**相干长度**.

又因为

$$\Delta\tau = \frac{\Delta L}{c}$$

因而从 S_1、S_2 分别发出的两列波相遇 P 点的时间差 $\Delta t = \dfrac{\delta}{c}$，只有满足 $\Delta t <$ $\Delta\tau$ 才能观测到干涉条纹. 这就是所谓的时间相干性.

二、空间相干性

影响杨氏双缝干涉实验条纹清晰度的另一个原因,是光源上不同部位发出的光波,在屏上产生的各组干涉条纹相互抵消而造成了模糊. 这种模糊与由单色性引起的模糊不同,它与光程差大小无关,而与光源的大小有关.

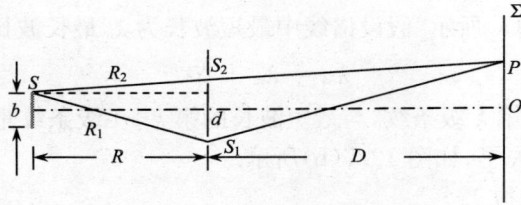

图 12.8　光源大小对干涉条纹清晰度的影响

设杨氏双缝实验所用的光源是频率为 λ_0 的"带"状单色光源,其宽度为 b,如图 12.8 所示. 将"带"光源细分为许多"线"光源,每一线光源发出的光波都将在观察屏 Σ 上产生一组干涉条纹. 屏幕上的光强分布是各组干涉条纹的非相干叠加的结果.

已经知道光源中心处一"线"在 Σ 上产生的干涉条纹的分布,O 点是零级明条纹中心,呈明暗相间的对称的等宽度条纹.

现在考察最上边缘一"线"光源在 Σ 上产生的一组干涉条纹的情况. 由于不对称,S_1、S_2 不在同一波阵面上. 下面计算线光源到达两个狭缝的光程差. 由图可见

$$R_1^2 = R^2 + \left(\frac{d}{2} + \frac{b}{2}\right)^2 \quad R_2^2 = R^2 + \left(\frac{d}{2} - \frac{b}{2}\right)^2$$

$$R_1^2 - R_2^2 = bd$$

$$(R_1 - R_2)(R_1 + R_2) = bd$$

光程差

$$\Delta = R_1 - R_2 = \frac{bd}{R_1 + R_2} \approx \frac{bd}{2R} \qquad (12.22)$$

定义 $\Delta\theta \equiv \dfrac{d}{R}$ 称为相干孔径角,则

$$\Delta = \frac{b}{2}\Delta\theta \qquad (12.23)$$

对于观察屏上任意一点 P 点,都得附加此光程差. 这一光程差不影响条纹的宽度,却影响条纹中心位置.

当 $\Delta = \dfrac{\lambda}{2}$ 时,很容易算出 O 点是一级暗条纹中心. 亦即这组干涉条纹与光源中心处产生的那组条纹正好互补. 不仅这一对线光源在屏上光强互补,而且上一半光源各"线"产生的干涉条纹恰好与下一半光源对应各"线"产生的干涉条纹——互补,屏上形成一片均匀照明.

定义光源的临界宽度 b_0 满足

$$\Delta_0 = \frac{b_0}{2}\Delta\theta = \frac{\lambda_0}{2}$$

$$b_0 = \frac{\lambda_0}{\Delta\theta} \qquad (12.24)$$

当 R、d 确定以后,干涉条纹的清晰程度由光源宽度 b 决定. 当 $b < b_0$ 时,可以观察到干涉条纹. b 越小,条纹的清晰程度越高. 这就是光源的空间相干性.

实际实验中,时间相干性、空间相干性的问题往往同时存在,但是影响程度不同. 在观察屏中心处的条纹,几乎不受时间相干性的影响,其清晰程度主要由光源的空间相干性决定;离中心越远,时间相干性的影响越严重. 所以,如果采用单色性稍差的线光源,则可在中心附近观察到较清晰的干涉条纹;如果采用面积较大的光源,即使单色性好,整个屏上的条纹都是模糊不清的.

12.4 分振幅干涉

一、薄膜干涉

由于空间相干性的影响,要想获得清晰的干涉条纹,光源的宽度要受到限制,因而分波阵面干涉条纹的亮度和清晰度是一对无法调解的矛盾. 如果利用一列光波在两种透明媒质的界面上分为反射光与折射光,经过不同的途径使两者再相遇而发生干涉,则可解决上述矛盾. 根据能量守恒定律,界面上的光强为

$$I_{人射} = I_{反射} + I_{折射}$$

考虑到光强与光矢量振幅的平方成正比,故称这种获得相干光的方法为**分振幅法**,其典型的例子就是薄膜干涉.

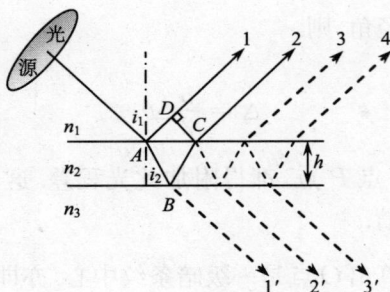

图 12.9　薄膜干涉

如图 12.9 所示,光源上一点发出一列光波,射到折射率为 n_2 的薄膜上,然后形成一组反射光 1,2,3,…当薄膜的厚度比光源的相干长度小得多时,这些光线互为相干光,它们在空间相遇时会产生干涉现象.同样的道理也适合于透射光 $1', 2', 3', …$

由于光在薄膜上、下表面反射时,能量通常主要集中在前两条光线,也为了简单,就以光线 1、2 为例讨论光程差和干涉情况.

如图 12.9 所示,1、2 两束光的光程差为

$$\delta = 2\,\overline{AB}n_2 - \overline{AD}n_1$$

$$= 2\,\frac{hn_2}{\cos i_2} - 2hn_1\tan i_2\sin i_1$$

$$= 2\,\frac{hn_2}{\cos i_2} - 2hn_2\tan i_2\sin i_2$$

整理得

$$\delta = 2hn_2\cos i_2 \qquad\qquad (12.25)$$

式(12.25)只适合上下表面的反射光都有、或都无半波损失的情况,即 $n_1 > n_2 > n_3$ 或者 $n_1 < n_2 < n_3$.当 $n_1 > n_2 < n_3$ 或者 $n_1 < n_2 > n_3$ 时,要考虑半波损失,则光程差为

$$\delta = 2hn_2\cos i_2 + \frac{\lambda_0}{2} \qquad\qquad (12.26)$$

干涉的结果,由光程差决定,即

$$\delta = \begin{cases} k\lambda_0, & 明 \\ (2k'+1)\,\dfrac{\lambda_0}{2}, & 暗 \end{cases} \qquad (k,k' \text{为一系列整数}) \qquad (12.27)$$

设薄膜的折射率 n_2 均匀,分别讨论两种情况:

(1) h 不变、i_2 变化,即厚度均匀的薄膜在光源不同角度照射下的干涉条纹. 这种条纹的明暗情况与折射角 i_2,或者说与入射角 i_1 相关. 只要倾角相同,干涉的结果一定相同. 故称为**等倾干涉**.

(2) i_2 不变、h 变化,就是平行光以确定入射角入射厚度不等的薄膜而产生的干涉条纹,显然这些条纹是等厚度的轨迹,故称为**等厚干涉**.

二、等倾干涉

考虑到折射定律 $n_1\sin i_1 = n_2\sin i_2$,式(12.25)、式(12.26)合写为

$$\delta = 2h\sqrt{n_2^2 - n_1^2\sin^2 i_1} + \frac{\lambda_0}{2} \qquad (12.28)$$

由式(12.28)可见,光程差只取决于入射角,因此只要入射角相同,无论是光源哪个部位发出的光,干涉光强都一样,聚焦位置都一样,如图 12.10 所示. 这种叠加作用,使光源的扩展只会造成干涉图像对比度增加,条纹更清晰. 若遮去一部分光源,或者挡住一部分薄膜,透镜焦平面上的干涉图样形状并不改变,只是对比度降低了.

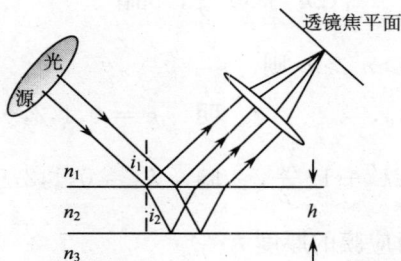

图 12.10 等倾干涉

对于复色光源,由于其中一种波长为 λ_1 的光满足相干加强,形成明条纹的入射角 i_1;另一波长为 λ_2 的光不一定相干加强,也就是说,不同波长的光,同一级明条纹对应不同的入射角、反射角,于是形成彩色条纹. 我们曾见过雨后潮湿的地面上有一些彩色的图案,这就是阳光照射浮在水面上的油膜,形成的等倾干涉现象.

例 12.3 已知平行薄膜 $h = 0.34\mu m$,$n_2 = 1.33$ 放在空气中,用白光照射. 问:当视线与膜面法线成 $60°$ 时,看到膜呈什么颜色?$30°$ 时呢?

解 与 $60°$ 倾角方向上相干加强的波长的光相应人的视觉效应,即为本题所求. 根据式(12.26)、式(12.27)有

$$\delta = 2h\sqrt{n_2^2 - n_1^2\sin^2 i_1} + \frac{\lambda_0}{2} = k\lambda_0, \quad k = 1,2,\cdots$$

由题意

$$n_2 = 1.33, \quad n_1 = 1, \quad i_1 = 60°$$

解得

$$\lambda_0 = \frac{686.4 \times 2}{2k - 1}$$

只有 $k=2$ 时，波长在可见光范围，得

$$\lambda_0 = 457.6\text{nm}, \quad \text{呈蓝紫色}$$

同理可求得当视角为 30° 时，干涉加强的波长为

$$\lambda_0 = 558.7\text{nm}, \quad \text{呈绿色}$$

三、等厚干涉

讨论一种较简单的情况，波长为 λ_0 单色光垂直膜表面入射，且薄膜的劈尖角很小，于是

$$\delta = 2hn_2 \left(+ \frac{\lambda_0}{2} \right) = \begin{cases} k\lambda_0, & \text{明} \\ (2k'+1)\dfrac{\lambda_0}{2}, & \text{暗} \end{cases} \quad (k, k' \text{为一系列整数})$$

当 $n_1 < n_2 < n_3$，或 $n_1 > n_2 > n_3$ 则

$$2hn_2 = \begin{cases} k\lambda_0, & \text{明} \quad k = 0,1,2,\cdots \\ (2k'+1)\dfrac{\lambda_0}{2}, & \text{暗} \quad k' = 0,1,2,\cdots \end{cases}$$

第 k 级明条纹中心对应膜的厚度为

$$h_k = \frac{k\lambda_0}{2n_2} \tag{12.29}$$

第 k' 级暗条纹对应膜的厚度为

$$h_{k'} = \frac{k'\lambda_0}{2n_2} + \frac{\lambda_0}{4n_2}$$

相邻两个明条纹（或暗条纹）的中心所对应膜的厚度差为

$$\Delta h = \frac{\lambda_0}{2n_2} \tag{12.30}$$

如果是楔形薄膜如图 12.11 所示，则干涉条纹是一些等间隔的直纹. 相邻两条纹中心间距为

$$\Delta l = \frac{\Delta h}{\sin\theta} \approx \frac{\lambda_0}{2n_2\theta} \tag{12.31}$$

薄膜干涉应用很广，下面通过几个例子略作一些介绍.

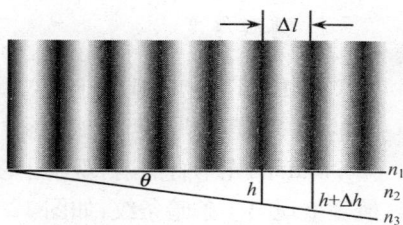

图 12.11 等厚干涉

1. 增透膜与增反膜

例 12.4 已知玻璃的折射率为 1.52，在上面镀一层氟化镁（MgF_2）薄膜（$n=1.38$），放在空气中，白光垂直射到膜的表面. 欲使反射光中波长为 550nm 的成分相消，求膜的最小厚度.

解 由题意知 $n_1=1<n_2=1.38<n_3=1.52$，则膜上下表面反射光程之差为 $2hn_2=(2k'+1)\dfrac{\lambda_0}{2}$ 时干涉相消. 因此满足条件的膜的最小厚度

$$h_{\min} = \frac{\lambda_0}{4n_2} = 99.64\text{nm}$$

物理量 hn 称作膜的光学厚度，$hn=\lambda_0/4$ 的薄膜称为相应波长为 λ_0 的单色光的 1/4 波长膜.

由此可见，当 $n_1<n_2<n_3$ 时，1/4 波长膜有很好的增透效果. 因此，这样的膜又称为增透膜. 通过计算还可以发现，当 $n_1<n_2>n_3$ 时，1/4 波长膜对相应波长的反射光是干涉相长，所以就称为增反膜.

一般光学玻璃表面的反射率约 4%，这种反射，即使对于单镜片的照相机，也会在底片上产生不希望有的灰雾或"鬼影". 若是有十几个、几十个镜头的复杂光学系统，能量损失，像质变坏的程度就更严重了. 所以，增透膜的应用也是目前光学薄膜最量大面广的一个项目.

可以计算，当 $n_2=\sqrt{n_1n_3}$ 时增透（或增反）效果最好. 也就是说，对于折射率为 1.52 的光学玻璃基底，镀一层折射率为 1.23 左右的材料可达到最佳效果. 不过目前还没找到一种折射率如此低的镀膜材料. 现在应用较广的 MgF_2 材料的耐摩擦、耐腐蚀性比玻璃还好，而且工艺简单、操作方便，只是还有大于 1% 的反射，所以如果在要求更高的场合，只能采取用两种不同折射率的材料相间地镀多层膜的方法.

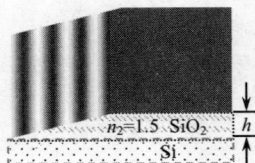

图 12.12

2. 薄膜厚度

例 12.5　在硅基底上镀二氧化硅（SiO_2）薄膜. 为了测量所镀膜的厚度,把边缘处理成劈尖形,用 $\lambda_0 = 589.3nm$ 的光垂直照射,观察干涉条纹,发现尖端为亮纹,最多呈现第 4 条暗条纹,如图 12.12 所示. 求膜的厚度 h.

解　由尖端 $h = 0$ 处是明条纹可断定 $n_1 < n_2 < n_3$ 故光程差不必考虑半波损失. 第 4 条暗条纹处对应膜厚. 由暗纹条件

$$2h_{k'}n_2 = (2k' - 1)\frac{\lambda_0}{2} \quad (k' = 1, 2, 3, \cdots)$$

第 4 条暗条纹中心对应 $k' = 4$,代入得膜厚度

$$h_4 = \frac{7\lambda_0}{4n_2} = 687.5nm$$

利用等厚干涉,还可检查光学平面的缺陷. 图 12.13 中 A 为标准光学平面,B 为待检测的光学面. 若 B 是光滑平整的,当光垂直照射,则 A、B 间的空气劈尖上、下两表面的反射光形成的干涉条纹是平直、等间隔的. 若条纹弯向空气劈尖的厚处,说明 B 上有凸起缺陷,如图 12.13 所示;如条纹弯向膜薄处,说明 B 上有凹坑缺陷.

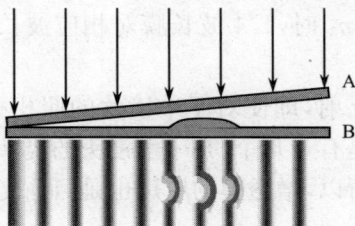

图 12.13　检查光学平面的缺陷

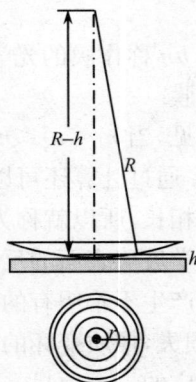

图 12.14　牛顿环

3. 牛顿环

例 12.6　如图 12.14 所示,凸透镜放在平板玻璃上,中间形成空气间隙. 以波长为 λ_0 的单色光垂直照射,反射光（或透射光）形成明暗相间的同心环状干涉条纹,称为牛顿环. 试讨论反射光形成的牛顿环半径 r 与透镜曲率半径 R 的关系.

解　空气劈尖,$n_2 = 1$,显然 $n_1 > n_2 < n_3$,必须考虑半波损失.

$$\delta = 2h + \frac{\lambda_0}{2} = \begin{cases} k\lambda_0, & \text{明} \quad (k = 0,1,2,\cdots) \\ (2k'+1)\frac{\lambda_0}{2}, & \text{暗} \quad (k' = 0,1,2,\cdots) \end{cases}$$

$$2h = \begin{cases} (2k-1)\frac{\lambda_0}{2}, & \text{明} \quad (k = 1,2,\cdots) \\ k'\lambda_0, & \text{暗} \quad (k' = 0,1,2,\cdots) \end{cases}$$

中心处接触点 $h=0$，可确认为 0 级暗纹. 若第 k' 级暗环的半径为 $r_{k'}$，其所对应的膜厚

$$h_{k'} = k'\frac{\lambda_0}{2}$$

设凸透镜曲率半径为 R，由图 12.14 中的几何关系可得

$$R^2 = (R - h_{k'})^2 + r_{k'}^2$$

$$R^2 = R^2 - 2Rh_{k'} + h_{k'}^2 + r_{k'}^2$$

比起 R^2 和 $r_{k'}^2$，$h_{k'}^2$ 是高阶小量，故

$$2Rh_{k'} \approx r_{k'}^2 \tag{12.32}$$

$$R = \frac{r_{k'}^2}{2h_{k'}} = \frac{r_{k'}^2}{k'\lambda_0} \tag{12.33}$$

用测量牛顿环半径的方法，可以计算出凸透镜的曲率半径 R.

牛顿环在光学冷加工中有很重要的应用. 图 12.15 中，A 为标准件，被研磨的透镜放在标准件下，二者间隙可在光照下产生牛顿环. 轻轻加压，若牛顿环扩大，如图 12.15(a) 所示，则透镜需要继续研磨中央部分；反之在压力下各级牛顿环缩小，如图 12.15(b) 所示，则透镜需要研磨边缘部分. 想一想，为什么？

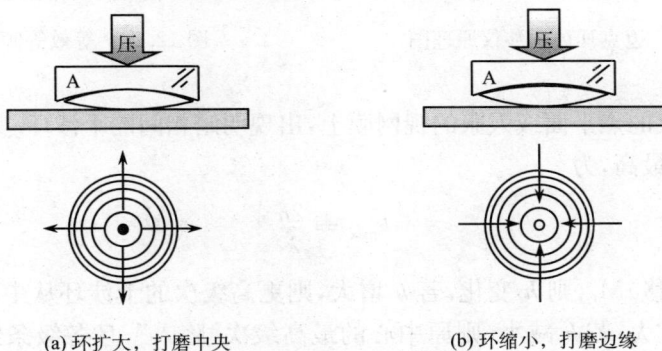

(a) 环扩大，打磨中央　　　　　　　　(b) 环缩小，打磨边缘

图 12.15　牛顿环的应用

12.5　迈克耳孙干涉仪

图 12.16　迈克耳孙
(Albert Abrahan Michelson,
1852～1931)

利用光的干涉效应进行测量的仪器称作干涉仪,以迈克耳孙的名字命名的干涉仪是一种设计简单、历史悠久的干涉仪.其原理如图 12.17 所示,M_1、M_2 为两个平面反射镜,G_1 是半反射镜,射入 G_1 的光一半透射为光线 1,一半反射为光线 2,G_2 是补偿板,除了没有半反射膜,其他与 G_1 一样.当光线 1、光线 2 分别被 M_1、M_2 反射后在 G_1 的作用下相遇时,会发生干涉,用检测仪可测得干涉光强的分布.

当 $M_1 \perp M_2$ 时,M_1 经 G_1 所成的像 M_1' 与 M_2 平行.则干涉等效于厚度 $h = |l_2 - l_1|$,折射率 $n_1 = n_2 = n_3 = 1$ 的薄膜等倾干涉,如图 12.18 所示.光程差

$$2h\cos i_1 = \begin{cases} k\lambda, & \text{明} \quad (k = 0,1,2,\cdots) \\ (2k'-1)\dfrac{\lambda}{2}, & \text{暗} \quad (k' = 1,2,3,\cdots) \end{cases}$$

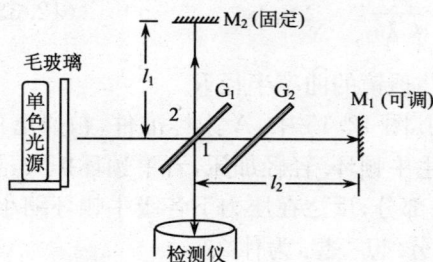

图 12.17　迈克耳孙干涉仪原理图

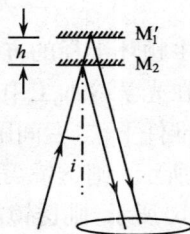

图 12.18　等效等倾干涉

在检测仪的焦平面或人眼的视网膜上,出现明暗相间的干涉环.其特点内疏外密,中心级次最高,为

$$k_{\max} = \frac{2h}{\lambda} \tag{12.34}$$

调节(平移)M_1,则 h 变化,若 h 增大,则更高级次的干涉环从中心"涌出",且所有的环都扩大;若 h 减小,则原中心的最高级次"陷入",且各级条纹都缩小.由式(12.34)可知 h 每增加(或减少)$\lambda/2$,中心"涌出"(或"陷入")一环,条纹集体移动一根.若测得视场中某一点,在调节 M_1 的过程中有 ΔN 根条纹通过,则

$$\Delta h = \frac{\lambda}{2}\Delta N \qquad\qquad\qquad (12.35)$$

由式(12.35)知,通过测量 ΔN 和 Δh 可计算出光源的波长;或者利用已知波长的光源可测出放入迈克耳孙干涉仪一臂光路中的薄膜的光学厚度. 想一想,如何测?

当 M_1 调到一定程度时,视场中会出现一片均匀照明(干涉条纹消失)的现象,产生这种现象的原因有两个:

(1) 连续调节使 M_1' 与 M_2 重合了,即图 12.18 中的 $h=0$;

(2) $2h\geqslant\Delta L$,即两束光的光程差超过了相干长度.

实验中还可以调节 M_1 的倾角,利用 M_1 与 M_2 不严格垂直,实现等厚干涉.

思　考　题

12.1 双缝实验中通常两缝的宽度是相等的,如果两缝的宽度略有差异,屏幕上的条纹有何变化?

12.2 杨氏双缝实验中,明条纹中心的光强为 $4I_0$,其中 I_0 是单独一缝透光时该处的光强,问:这是否违反能量守恒定律? 为什么?

12.3 用迈克耳孙干涉仪作等倾干涉实验,看上去干涉条纹与牛顿环相似,说明实际上有什么不同之处.

12.4 如图所示,通过两片玻璃形成的空气劈尖作等厚干涉实验. 如果上面的玻璃向上平移,会观察到条纹如何变化? 如果上面的玻璃以左棱为轴转动,增大劈尖角,条纹又如何变化?

思考题 12.4 图

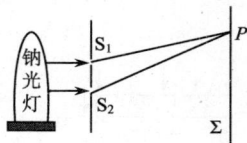

12.5 白光下为什么一片玻璃上看不到等倾干涉现象,而两片玻璃叠在一起就可看到等倾干涉?

12.6 如图所示,能否在屏幕Σ上看到干涉条纹?

思考题 12.6 图

12.7 两个独立的光源发的光是否一定不相干?

习　题

12.1 杨氏双缝实验,已知 $\lambda_0=546$nm, $d=0.1$mm, $D=20$cm,求同侧第 5 级明条纹中心与第 7 级明条纹中心的间距.

12.2 杨氏双缝实验,已知 $d=0.3$mm, $D=1.2$m,测得两个第 5 级暗条纹的间隔为 22.78mm,求入射单色光的波长,并说明其颜色.

12.3 洛埃镜长 5cm,观察屏与镜边相距 $l_1=3.0$cm;线光源 S 离镜面高度为 $h=0.5$mm,到镜另一边的水平距离 $l_2=2.0$cm(图 12.21),光波长 $\lambda_0=589.3$nm.

(1)求屏上干涉条纹的间距;

(2)问屏上能出现几个明条纹?

题 12.3 图

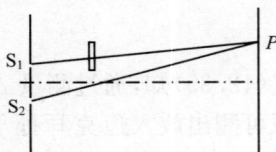

题 12.4 图

12.4 如图所示,P 点是杨氏双缝实验中第 5 级明条纹的位置.现将一玻璃片插入其中一光路中,则 P 点成为 0 级明条纹.若光波长 $\lambda_0 = 600\text{nm}$,求玻璃片厚度.

12.5 空气中一 600nm 厚的油膜,折射率为 1.5,用白光垂直照射,问:哪些波长的反射光最强?

12.6 折射率为 1.5 的玻璃片上,镀一层折射率为 1.38 的薄膜,为了使波长为 520nm 的光反射减到最小,求膜的最小厚度.

12.7 一厚度为 340nm、折射率为 1.33 的薄膜,放在白光下,则在视线与膜的法线成 60° 的方向观察反射光,该处膜呈什么颜色?

12.8 如图,瑞利干涉仪可以用来测量气体的折射率.单色线光源($\lambda_0 = 589.3\text{nm}$)置于透镜 L_1 的焦点处,在透镜 L_2 的焦平面上观察干涉现象.T_1、T_2 是一对完全相同的长度为 l 的玻璃管,T_2 充有气体,T_1 真空.实验开始,慢慢往 T_1 充同样的气体并观察 O 点的明暗变化,当 T_1、T_2 压强相同时 O 点明亮反复出现了 98 次.计算气体的折射率.

12.9 牛顿环装置由不同折射率的材料组成,如图所示,已知 $n_1 = 1.52$、$n_2 = 1.62$、$n_3 = 1.75$.

(1) 试分析反射光干涉图样;

(2) 设透镜的曲率半径 $R = 0.6\text{m}$,用波长为 589.3nm 的单色光照射时,求 3 级明条纹的半径.

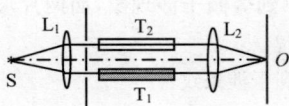

题 12.8 图

题 12.9 图

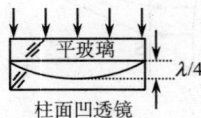

题 12.11 图

12.10 波长为 $\lambda_0 = 600\text{nm}$ 的单色光,垂直入射到放在空气中的平行薄膜上,已知膜的折射率 $n_1 = 1.54$,求:

(1) 反射光最强时膜的最小厚度;

(2) 透射光最强时膜的最小厚度.

12.11 用平行单色光垂直照射图中所示的装置,观察柱面凹透镜和平玻璃之间的空气薄膜上的等厚干涉条纹.试画出相应的干涉暗条纹(表示条纹的形状、数目和疏密分布).

第13章 光的衍射

衍射又称绕射,是一切波所具有的共同特征. 衍射现象是指波遇到障碍物时,传播方向发生偏转——绕过障碍物前进. 日常生活中,只要注意观察,就会发现很多衍射现象. 在水面上放一块开有小孔的障碍物,平行前进的水波通过障碍物后形成以小孔为中心的圆形水波;声波可绕过建筑物;无线电波能翻山越岭,小孔、针眼甚至眼睫毛上的小水珠都会使光产生衍射现象. 现在,作一个光波的衍射实验,如图 13.1 所示,光源发射出的单色光照射到宽度可调节的狭缝上,当狭缝较宽时,在屏上出现与缝的形状相似且明亮程度均匀的光斑. 若减小狭缝宽度,按光的直线传播,屏上的光斑应随之变窄. 实验发现,当缝宽缩小到约为 0.1mm 后,随着缝宽继续减小,光斑宽度反而增大,而且边缘逐渐模糊,并出现明暗相间的条纹分布,这表明光通过很窄的缝时不再沿直线传播,这就是光的衍射现象. 用小圆孔来代替狭缝时,当圆孔直径小到一定程度,在屏上会出现一系列同心的、明暗相间的圆环状衍射条纹. 如果在单色光源和屏之间放一个细小障碍物,如小圆屏、毛发、细铁丝等,在屏上也出现明暗相间的衍射条纹.

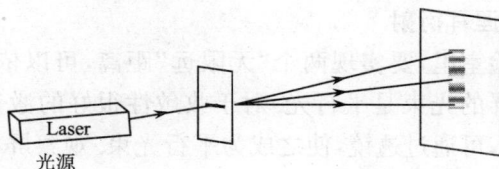

图 13.1 单缝衍射现象

事实上,只要当孔和障碍物的线度与光波长在数量级上相近或差不多时,就能观察到衍射现象. 在一般条件下,物体线度总是比光波长大很多数量级,衍射现象很不明显,这时可认为光沿直线传播.

13.1 惠更斯-菲涅耳原理

在 5.4 节中,已经介绍了惠更斯原理. 利用惠更斯原理,可以解释光的折射、反射、在均匀媒质中的直线传播、在晶体中的双折射以及遇到障碍物能绕着传播等现象,但是,不能解释衍射光强明暗相间的分布条纹.

1818 年,菲涅耳对惠更斯原理作了补充,建立了惠更斯-菲涅耳原理. 其表述

图 13.2　菲涅耳

(Augustin-Jean Fesnel

1788~1827)

如下：光波的波阵面上每一个小面元 $d\sigma$，都可以看做发射球面波的子波源，其前方空间任意一点的光振动，是所有子波在该点引起振动的相干叠加.

菲涅耳原理还指出，对于确定的波阵面 $\sum$ 上 Q 点处的面元 $d\sigma$，在空间 P 点引起的光矢量 $dE(P)$，与 $d\sigma$ 和 Q 处光矢量 $E(Q)$ 的乘积成正比. 即

$$dE(P) \propto E(Q)d\sigma$$

P 点总的光矢量为

$$E(P) = \iint_{\sum} dE(P) \tag{13.1}$$

P 点的光强为

$$I(P) = \overline{E^2(P)} \tag{13.2}$$

13.2　单缝夫琅禾费衍射

观察光的衍射现象，需要光源、衍射屏和观察屏. 通常根据三者之间距离远近的特点，将衍射分为两类. 设光源到衍射屏间的距离为 R、衍射屏到观察屏之间的距离为 r，当 $R \to \infty$、$r \to \infty$ 同时满足，则称其为**夫琅禾费衍射**；若至少有一个距离为有限时，则称其为**菲涅耳衍射**.

在有限大的实验室里，要实现两个"无限远"距离，可以依靠透镜. 光源"无限远"，表示射向衍射屏的光束是平行光. 对于收敛性很好的激光，可直接射向衍射屏，对于一般的光源，可通过透镜，使之成为平行光束. 观察屏在"无限远"处，即观察离开衍射屏的各组平行光相遇时叠加的情况. 这可以在衍射屏后放一透镜，使观察屏与透镜焦平面重合，屏上显示的衍射图像就是夫琅禾费衍射图样，如图 13.3 所示.

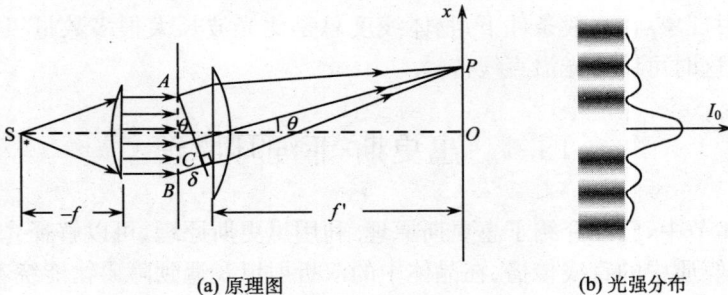

(a) 原理图　　　　　　　　　　　(b) 光强分布

图 13.3　单缝夫琅禾费衍射

设真空中波长为 λ_0 的单色平行光,垂直射向衍射屏,通过屏上宽度为 a 的狭缝,在透镜焦平面处的观察屏上形成夫琅禾费衍射.现在,运用菲涅耳半波带法来讨论与缝面法线成 θ 角的一组平行光,经透镜会聚在焦平面上 P 点的光强 $I(P)$.

由图 13.3 可见,狭缝在同一波阵面上,所以其上各处光矢量状态相同.根据等光程原理,衍射光波阵面 AC 上各点到达 P 点的光程相同,发自狭缝上边缘 A 点的光与发自下边缘 B 点的光到达 P 点的光程差为

$$\delta = a\sin\theta \qquad (13.3)$$

沿狭缝走向,将缝处波阵面分成一个个带状区域,要求每条带状区域上下边对应点(图 13.4 中的 a_1、a_2)到达 P 点的光程差为 $\dfrac{\lambda_0}{2}$,这种带状区域称为半波带.很容易理解相邻两个半波带的对应点,如图 13.4 中的 b_1 与 b_2、c_1 与 c_2,沿衍射角 θ 方向到达 P 点的光程差也是 $\dfrac{\lambda_0}{2}$.因此,这一对对子波在 P 点的相干叠加是相消的.于是相邻两条半波带上所有的相应点,在 P 点都是干涉相消,或者说相邻两条半波带在 P 点的作用完全抵消.

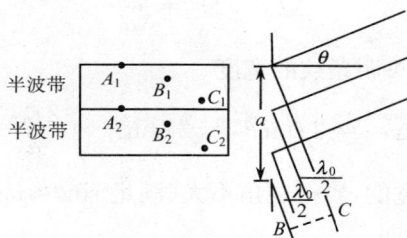

图 13.4 半波带

由此可见,当图 13.4 中的 BC 是半波长的偶数倍时,亦即对应于某给定衍射角 θ,单缝可分为偶数个半波带时,所有半波带在 P 点的作用成对地相互抵消.即在 P 点处将出现暗条纹的条件是

$$N = \frac{a\sin\theta}{\dfrac{\lambda_0}{2}} = \pm 2k \quad (k = 1, 2, 3\cdots)$$

换句话说,暗纹中心的衍射角满足

$$a\sin\theta_k = \pm k\lambda_0 \quad (k = 1, 2, \cdots) \qquad (13.4)$$

$k = 1, 2, \cdots$ 分别对应第 1 级、第 2 级……暗纹中心.

如果 N 不是偶数,多余部分将对 P 点的光强有贡献.当满足

$$a\sin\theta_k' \approx \pm (2k+1)\frac{\lambda_0}{2} \quad (k = 1, 2, \cdots) \qquad (13.5)$$

正好多余一个半波带,可以认为沿 θ' 向光强有极大值——第 k 级明条纹.

式(13.5)用近似号不用等号的原因,是通过解超越方程得到精确解与之略有差别,如第 1、第 2、第 3 级明条纹中心对应的衍射角分别满足

$$a\sin\theta_1' = \pm 1.43\lambda_0$$

$$a\sin\theta_2' = \pm 2.46\lambda_0$$

$$a\sin\theta_3' = \pm 3.47\lambda_0$$

严格的推导可以得到沿任意衍射角 θ 方向的光强

$$I(P) = I_0 \left(\frac{\sin\beta}{\beta}\right)^2 \tag{13.6}$$

其中, $\beta \equiv \frac{\pi}{\lambda_0} a\sin\theta$, I_0 是中央明条纹中心处的光强.

习惯上把两个暗条纹中心所夹宽度,称为明条纹的宽度;把两个明条纹中心所夹宽度,称为暗条纹的宽度.两个 1 级暗条纹之间的区域,称为中央明纹(即零级明纹),中央明纹对透镜中心的张角——角宽度,用 $\Delta\theta_0$ 表示为

$$\Delta\theta_0 = 2\theta_1 = \frac{2\lambda_0}{a} \tag{13.7}$$

若透镜的焦距为 f,则中央明条纹的宽度

$$\Delta x_0 = 2f\tan\theta_1 \approx 2f\sin\theta_1 = \frac{2f\lambda_0}{a} \tag{13.8}$$

衍射图样的条纹不是等宽的,当衍射角不大(满足 $\sin\theta \approx \tan\theta$)时,中央明纹的宽度是其他各级条纹的 2 倍.即

$$\Delta x_k \approx \frac{\lambda_0}{a} f \tag{13.9}$$

当衍射角较大时,要根据

$$\Delta x_k = f(\tan\theta_{k+1} - \tan\theta_k) \tag{13.10}$$

及式(13.4)计算.当 $a \leqslant \lambda_0$,中央明纹将铺满整个屏幕.

从暗纹条件式(13.4)可以看出,对一定宽度的单缝, $\sin\theta$ 与 λ_0 成正比.因此,不同波长的单色光的同一级衍射条纹在屏上的位置不同.如果用白光照射单缝,除中央明条纹的中部是白色外,中央明条纹的边缘及两侧的明纹将是按波长顺序排列,呈现出彩带状,这种彩带称为单缝衍射光谱.

对给定波长的单色光,缝宽 a 越小,与各级条纹相应的衍射角 θ 越大,即衍射作用越显著.反之, a 越大,则与各级条纹相应的 θ 角越小,这些条纹将越向中央明纹靠近,逐渐分辨不清,衍射作用越不显著.当 $a \gg \lambda_0$ 时,得到符合光的直线传播定律的结果.可见,通常所说的光的直线传播,只在光的波长远远小于障碍物的线度,

衍射现象很不显著时才成立.

例 13.1 如图 13.5 所示,用波长为 λ_0 的平行单色光进行单缝夫琅禾费衍射实验,已知缝宽 $a = 5\lambda_0$,会聚透镜的焦距 $f = 400\text{mm}$,分别求出中央明条纹和第 2 级明条纹的宽度.

解 (1) 中央明条纹的角宽度 $\Delta\theta_0 = 2\theta_1$,根据式(13.4)

$$a\sin\theta_1 = \lambda_0$$

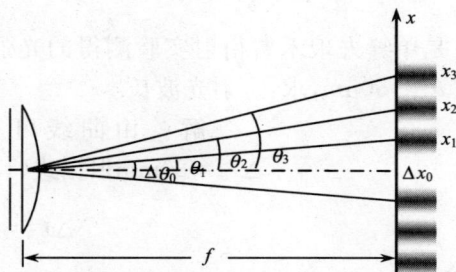

图 13.5 例 13.1 图

$$\sin\theta_1 = \frac{\lambda_0}{a} = 0.2$$

中央明条纹的宽度

$$\Delta x_0 = 2x_1 = 2f\tan\theta_1 \approx 2f\sin\theta_1 = 160\text{mm}$$

(2) 第 2 级明条纹宽度,即 2 级暗条纹中心与 3 级暗条纹中心的间距.

$$\Delta x_{2\text{明}} = x_{3\text{暗}} - x_{2\text{暗}} = f(\tan\theta_3 - \tan\theta_2)$$

由于衍射角较大,不能用 $\tan\theta_2 \approx \sin\theta_2$,$\tan\theta_3 \approx \sin\theta_3$ 由已知条件

$$\sin\theta_2 = \frac{2\lambda_0}{a} = 0.4$$

$$\sin\theta_3 = \frac{3\lambda_0}{a} = 0.6$$

算得

$$\tan\theta_2 = 0.436$$

$$\tan\theta_3 = 0.75$$

$$\Delta x_2 = f(0.75 - 0.436) = 125.6\text{mm}$$

例 13.2 单缝夫琅禾费衍射实验,若想将 3 级暗纹处变为 1 级明纹,不改变实验装置部件和入射光波长,只调狭缝宽度,问:调后缝宽与原来缝宽之比值为多少?

解 设原来缝宽为 a，3 级暗纹衍射角 θ_3 满足

$$a\sin\theta_3 = 3\lambda_0$$

调后缝宽为 a'，1 级明纹衍射角 θ_1' 满足下式

$$a'\sin\theta_1' = 1.43\lambda_0$$

根据题之要求 $\theta_1' = \theta_3$，所以有

$$\frac{a'}{a} = \frac{1.43}{3} = 0.477$$

例 13.3 图 13.6 是单缝夫琅禾费衍射实验测得的光强分布曲线. 已知透镜焦距 $f = 3\text{m}$，狭缝宽度 $a = 150\mu\text{m}$，求：入射光波长.

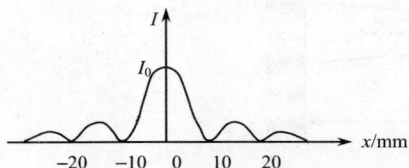

解 由曲线可见中央明纹的宽度 $\Delta x_0 = 20\text{mm}$ 根据式（13.8）

$$\Delta x_0 = \frac{2f\lambda_0}{a}$$

得

$$\lambda_0 = \frac{\Delta x_0 a}{2f} = \frac{20 \times 0.150}{2 \times 3000}$$

$$= 5 \times 10^{-4}\text{mm} = 500\text{nm}$$

图 13.6

13.3 圆孔衍射 光学仪器的分辨本领

在夫琅禾费单缝衍射的实验装置中，若把狭缝换成直径为 D 的圆孔，则在观察屏上将看到圆孔衍射的图像（如图 13.7），其中心是一亮斑——艾里斑，周围是一些明暗相间的同心的圆环. 通过圆孔的能量大约 84% 集中在艾里斑.

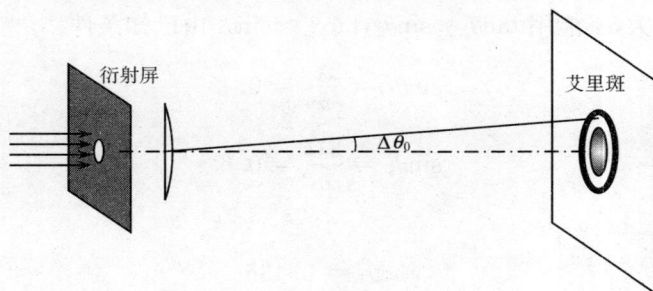

图 13.7 夫琅禾费圆孔衍射

利用菲涅耳原理和讨论单缝衍射同样的方法（只是数学上难度大一些），可以计算出各级暗环相对透镜中心的角半径 θ 所满足的关系式为

$$\sin\theta_k = 1.22k\frac{\lambda_0}{D} \quad (k=1,2,\cdots) \tag{13.11}$$

规定 1 级暗环所围面积为中央亮斑——艾里斑,即 1 级暗环的角半径就是艾里斑角半径

$$\Delta\theta_0 = \theta_1 = 1.22\frac{\lambda_0}{D} \tag{13.12}$$

一般的光学仪器都有圆形边框,即使单独一片透镜也有边缘,都会产生圆孔衍射.因此,几何光学中所谓的"像",实际上是物体上每一个点光源所发出的光,经过光学仪器在像平面上形成的衍射光斑的集合,也就是说,"像"是由一系列艾里斑所组成的.

两个艾里斑中心对透镜中心(严格说,应该是光学系统出瞳中心)的张角用 $\delta\theta$ 表示.如果两个物点离得较远,则经过光学仪器后形成的艾里斑也分得较远,两个艾里斑中心的角半径大于艾里斑的角半径,即 $\delta\theta > \Delta\theta_0$,因此很容易将它们区分开,如图 13.8(a)所示.

如果两个物点靠得很近,以至于像面上两个艾里斑重叠部分很多,两个艾里斑中心的角半径小于艾里斑的角半径,即 $\delta\theta < \Delta\theta_0$,这种情况下很难分清是一个点还是两个点,如图 13.8(b)所示.

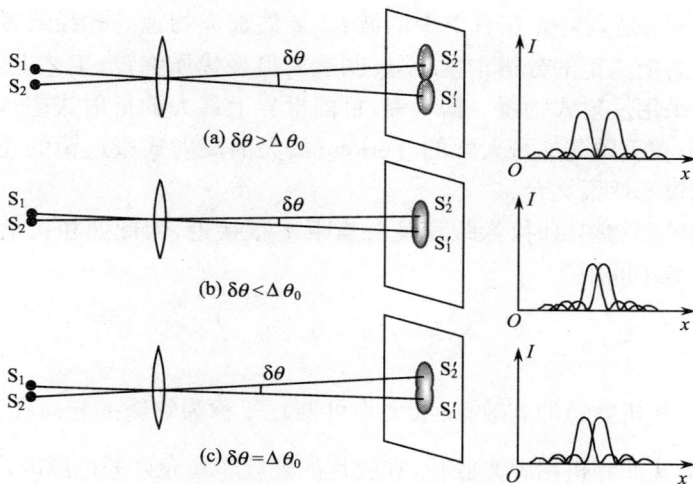

图 13.8 艾里斑与瑞利判据

为了建立一个客观的分辨标准,瑞利提出:两个光强相等的像,当其中一个衍射极大的中心与另一个 1 级极小重合时,亦即两个艾里斑中心张角正好等于艾里斑角半径 $\delta\theta = \Delta\theta_0$ 时,光学仪器对两个点恰好能分辨开,如图 13.8(c)所示.这个标准称为**瑞利判据**.由于来自不同物点的光是不相干的,所以在两个艾里斑重叠区的

图 13.9　瑞利
(Third Baron Rayleigh
1842~1919)

光是非相干叠加——光强叠加. 根据计算可知, 在瑞利判据条件下, 叠加起来的衍射图像中间的光强, 约为艾里斑中心处光强的 75%.

事实上, 两个像点再靠近一些, 也是可以分辨的, 尤其是用仪器记录时更可以了. 不过, 习惯上还是用瑞利判据评价一个光学仪器的分辨能力. 光学仪器对像的最小可分辨角为

$$\delta\theta = \Delta\theta_0 = 1.22\frac{\lambda_0}{D} \tag{13.13}$$

由此定义仪器的分辨本领

$$A = \frac{1}{\delta\theta} = \frac{D}{1.22\lambda_0} \tag{13.14}$$

可见仪器的孔径越大, 光的波长越短, 分辨本领就越高.

在一般光强下, 人眼瞳孔的直径 D_e 为 2~3mm, 以最敏感的 550nm 波长的黄绿光为例, 最小可分辨角是 69.2″~46.1″.

当望远镜的放大倍数足够大, 或者是用分辨率足够高的仪器记录时, 系统(人眼＋望远镜或记录仪＋望远镜)的分辨本领仍由式(13.14)决定, 其中 D 是望远镜物镜的直径, λ_0 是入射光在真空中的波长. 显然加大物镜的孔径或者减小入射光波长都可提高望远镜的分辨本领. 不过制造大口径优质物镜, 工艺上困难很大, 解决的办法是采用反射式物镜. 据考察, 目前世界上最大的折射式望远镜物镜的直径为 1.01m, 在美国芝加哥大学的 Yerkes; 最大的反射式望远镜的孔径为 6.0m, 属前苏联克里米亚天文台.

用照相机对物拍摄时, 像距和镜头焦距 f 很接近, 因此照相机恰好能分辨的两个像点的最小间距为

$$\delta y = f\delta\theta = 1.22\lambda_0\frac{f}{D} \tag{13.15}$$

其中, D 是照相机物镜的有效孔径(大小可调). $\frac{D}{f}$ 称为物镜的相对孔径, 其倒数 $\frac{f}{D}$ 称为光圈. 老式照相机用感光胶片, 在胶片的乳胶颗粒允许的范围内, 光圈越小, 最小可分辨距离越小, 即分辨本领越高, 拍摄的照片越清晰.

显微镜由于入射光不是平行光, 情况较复杂, 不在这里推导. 但是, 仍要向读者介绍, 显微镜对两个物点的最小可分辨距离为

$$\delta y = \frac{0.61\lambda_0}{n\sin u} \tag{13.16}$$

其中, n 是物空间折射率, u 是显微镜物镜半径对物点的张角, 二者乘积称作显微

镜的数值孔径,用 N. A. 表示,即 N. A. $=n\sin u$. 通常 N. A. <1,故 $\delta y \approx \lambda_0$,可见显微镜能分辨相距约一个波长的两物点. 若采用油浸物镜,将观察物置于油中,则增大了折射率 n,N. A. 可以提高到约 1.5 倍,δy 可减小到半个波长. 若再改用短波长的光照明,则分辨本领更高. 电子显微镜就是利用波长极短($\lambda_0 = 0.1$nm)的电子束代替可见光,与普通的光学显微镜相比,分辨本领可提高 1000 倍以上.

13.4 光 栅 衍 射

进行单缝衍射实验时,要想衍射效果显著,缝必须很窄,这样通过狭缝的能量少了,光强很弱,对比度也很低;若加宽狭缝,衍射效果就差了. 当用复色光进行实验时,波长相近的衍射图像重叠甚多,难以分辨. 利用衍射光栅,可以解决这一矛盾.

广义地说,任何能等宽度、等间隔地分割波阵面的装置都是衍射光栅. 最简单的光栅可以是具有一组平行、等宽、等间隔狭缝的衍射屏. 当平行光照射到光栅面上,每一条狭缝都可产生同样的夫琅禾费单缝衍射. 由于各缝处波阵面作为子波源是相干的,因此在焦平面处的观察屏上,是每个单缝衍射光场的相干叠加,其结果形成明锐清晰的干涉条纹.

光栅可以分为反射式和透射式,利用反射光观察衍射图像的,称为反射光栅;利用透射光观察衍射图像的,称为透射光栅. 两者的原理相同,故本书仅以透射光栅为例,讨论其衍射特点.

光栅的制作,可以在透明的玻璃或有机玻璃上等距离地刻画出一些平行细槽,制成原刻光栅;也可以在原刻光栅上涂上特殊的胶,干后揭下夹在平行玻璃片之间,这叫复制光栅;还可以用对干涉条纹照相复制而成. 用于可见光波段的光栅,通常刻痕为每毫米几百或上千条,在 3~5cm 宽的光栅面上,刻痕可多达数万条,甚至更多.

假设光栅的每一透光缝宽为 a,不透光部分宽为 b,则 $d = a + b$ 称为光栅常数.

下面讨论光栅衍射光强分布的特点. 对于一片光栅常数为 d,透光缝宽为 a,总刻痕数为 N 的光栅,以波长为 λ_0 的单色平行光垂直光栅面入射. 设想若此光栅只留一条缝透光,其余的缝都被挡住,则图 13.10 中 P 点的光强由本章式(13.6)决定. 当 N 条狭缝都透光时,观察屏上的光场是 N 个完全相同的单缝夫琅禾费衍射光场的相干叠加,因此 P 点的光强是单缝衍射光强乘上 N 个狭缝的缝间干涉因子,即

$$I_P = I_{\text{单}P} \left(\frac{\sin N\alpha}{\sin \alpha} \right)^2 = I_0 \left(\frac{\sin \beta}{\beta} \right)^2 \left(\frac{\sin N\alpha}{\sin \alpha} \right)^2 \tag{13.17}$$

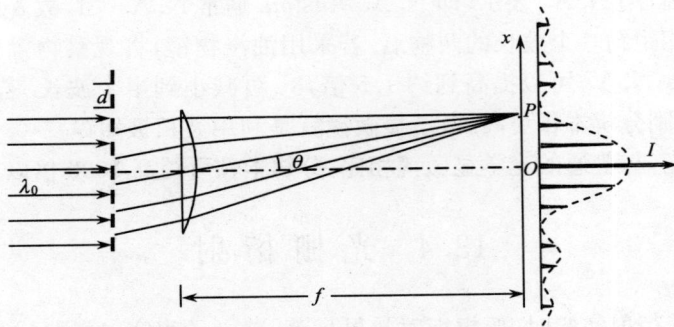

图 13.10   光栅衍射

其中，$\beta \equiv \dfrac{\pi}{\lambda_0}a\sin\theta, \alpha \equiv \dfrac{\pi}{\lambda_0}d\sin\theta; \left(\dfrac{\sin\beta}{\beta}\right)^2$ 称为单缝衍射因数，$\left(\dfrac{\sin N\alpha}{\sin\alpha}\right)^2$ 称为缝间干涉因数.

一、主极大 ——缝间干涉因数为极大的位置

当 $\alpha = \pm m\pi$， $(m = 0,1,2,\cdots)$缝间干涉因数

$$\left(\frac{\sin N\alpha}{\sin\alpha}\right)^2 = \frac{0}{0}$$

是不定式，利用数学中的洛毕达法则，可求得

$$\lim_{\alpha \to m\pi}\frac{\sin N\alpha}{\sin\alpha} = \pm N$$

如果 P 点正好是主极大位置，则其光强为

$$I_P = I_{单P}N^2 = I_0\left(\frac{\sin\beta}{\beta}\right)^2 N^2 \tag{13.18}$$

式(13.18)显示光栅主极大处的光强，是同样条件下单缝衍射光强的 N^2 倍，如图 13.11 所示. 由于 N 通常是个很大的数，所以只要 $\dfrac{\sin\beta}{\beta} \neq 0$，这些位置的光强很大.

从主极大的条件 $\alpha = \pm m\pi$，可得出主极大位置对应的衍射角 θ 满足

$$\frac{\pi}{\lambda_0}d\sin\theta = \pm m\pi$$

即

$$d\sin\theta = \pm m\lambda_0 \quad (m = 0,1,2,\cdots) \tag{13.19}$$

式(13.19)称为光栅方程. 它表明，主极大的位置与光栅总刻痕数 N 无关. 当

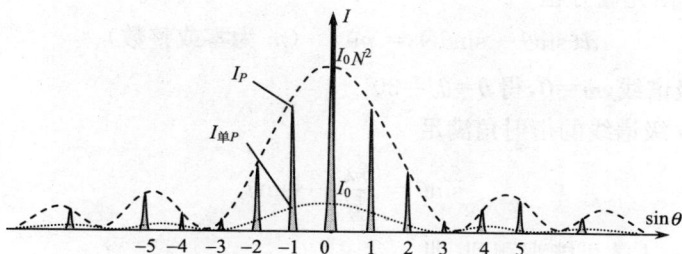

图 13.11 光栅衍射图

入射光波长一定时,光栅常数 d 越小,同一级主极大对应的衍射角就越大,即亮纹分得越开.

图 13.10 中的 O 点,对应衍射角 $\theta=0$,根据光栅方程,这是 0 级主极大的位置.

当入射的平行光不是垂直光栅面入射,而是与光栅面法线的夹角为 θ_0 时,光栅方程改为

$$d(\sin\theta - \sin\theta_0) = m\lambda_0. \quad (m \text{ 为零或整数})\qquad(13.20)$$

0 级主极大移到了衍射角为 θ_0 的位置,而各级条纹之间的间距并不改变.

二、极小 ——缝间干涉因数为 0 的位置

当 $\alpha = \pm\dfrac{k}{N}\pi \quad \begin{pmatrix} k=1,2,\cdots \\ k \neq 0, N, 2N\cdots, mN, \cdots \end{pmatrix}$ 时,有

$$\sin N\alpha = \sin k\pi = 0, \quad \sin\alpha \neq 0$$

即

$$\frac{\sin N\alpha}{\sin\alpha} = 0$$

由式(13.17)得

$$I_P = 0$$

这是极小值. 很容易发现,相邻两个主极大之间有 $N-1$ 个极小,有 $N-2$ 个次级大,N 很大,所以这些次极大又多又弱,形成一片均匀暗淡的背景. 实际上,光栅衍射图像是在均匀背景上的一些又细又亮的条纹,这些条纹称作光栅衍射谱线.

例 13.4 已知 $\lambda_0 = 500\text{nm}$ 的单色平行光沿着 $\theta_0 = 30°$ 的方向入射到光栅常数 $d = 0.01\text{mm}$ 的光栅上,求:

(1) 0 级谱线的衍射角;

(2) 两侧可观测到的谱线的最高级次和谱线的总数.

解　（1）由光栅方程

$$d(\sin\theta - \sin\theta_0) = m\lambda_0 \quad (m \text{ 为零或整数})$$

对于 0 级谱线, $m = 0$, 得 $\theta = \theta_0 = 30°$

（2）第 m 级谱线的衍射角满足

$$\sin\theta = \frac{m\lambda_0}{d} + \sin\theta_0$$

注意到 $|\sin\theta| < 1$ 才可能观测到, 即

$$\left| \frac{m\lambda_0}{d} + \sin30° \right| < 1$$

解不等式 $\begin{cases} \dfrac{m\lambda_0}{d} + 0.5 < 1, \text{得} \quad m_+ < 10 \\ \dfrac{m\lambda_0}{d} + 0.5 > -1, \text{得} \quad m_- > -30 \end{cases}$

两侧可观测到的最高级次分别为 $m_+ = 9, m_- = -29$, 谱线总数为 39 条.

三、d、a 对谱线的影响

当缝间干涉因数为极大

$$G^2 = \left(\frac{\sin N\alpha}{\sin\alpha} \right)^2 = N^2$$

而单缝衍射因子 $\left(\dfrac{\sin\beta}{\beta} \right)^2 = 0$ 时, 由式（13.17）可见 $I_P = 0$. 换句话说, 当衍射角 θ 同时满足式（13.19）和式（13.4）, 即

$$d\sin\theta = m\lambda_0$$
$$a\sin\theta = k\lambda_0$$

则本应出现的主级大的衍射方向, 有的不出现了, 这种现象为**缺级**. 两式相除, 得

$$\frac{d}{a} = \frac{m}{k}$$

因为 m、k 都是整数, 所以可以说, 当 d 与 a 成整数比时, 出现缺级现象. 缺少的极次为

$$m = \frac{d}{a}k \quad (k \text{ 满足 } m \text{ 为整数}) \tag{13.21}$$

另外, 知道单缝衍射时 80% 的光能量集中在中央明纹区内, 所以在 $\sin\theta < \dfrac{\lambda_0}{a}$ 的范围内的光栅谱线（单缝衍射中央包络区内的谱线）明显地比其他谱线亮. 这些亮谱线的级次 m 满足

$$|m| < \frac{d}{a} \qquad (13.22)$$

图 13.12(b)是单色光通过确定光栅后的谱线光强曲线.

保持 a 不变,增大 d. 由于 a 只影响包络线而与光栅方程无关系,所以包络线形状不变,d 的增大使谱线间距变密集,于是中央包络区内的谱线增多了——比较图 13.12(a)与图 13.12(b).

保持 d 不变,减小 a. 则谱线间距不变,则中央包络区展宽,中央包络区范围内的谱线增多;而且,由于光通量减小,包络线高度下降——所有的谱线亮度都下降. 比较图 13.12(c)与图 13.12(b).

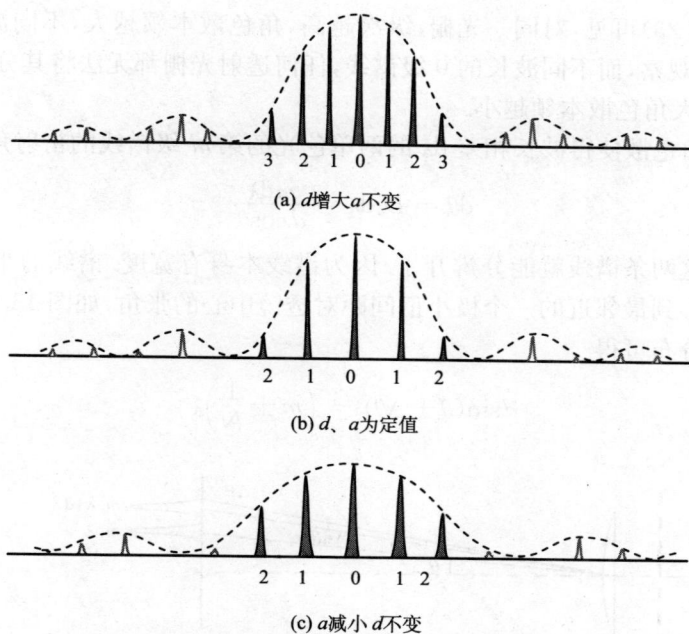

(a) d 增大 a 不变

(b) d、a 为定值

(c) a 减小 d 不变

图 13.12 d、a 对谱线的影响

四、光栅的角色散本领和分辨本领

角色散本领和分辨本领是描述光栅主要特性的两个重要参数.

当复色光入射光栅,对于同一级谱线,不同波长的光衍射角不同. 定义:单位波长间隔的两单色光,同一级次谱线衍射角之差为光栅的**角色散本领**. 即

$$D_\theta = \frac{\mathrm{d}\theta}{\mathrm{d}\lambda} \quad (\mathrm{rad} \cdot \mu\mathrm{m}^{-1})$$

由

$$d\sin\theta = m\lambda$$

$$d\cos\theta \cdot \mathrm{d}\theta = m\mathrm{d}\lambda$$

得

$$D_\theta = \frac{\mathrm{d}\theta}{\mathrm{d}\lambda} = \frac{m}{d\cos\theta}$$

$$= \frac{m}{d\sqrt{1-\sin^2\theta}}$$

$$= \frac{m}{\sqrt{d^2 - m^2\lambda^2}} \tag{13.23}$$

从式(13.23)可见,对同一光栅,级次越高,角色散本领越大,不同波长的谱线分得开,便于观察,而不同波长的 0 级谱线,任何透射光栅都无法将其分开. 不同的光栅,d 值越大角色散本领越小.

光栅的角色散使得波长相差 $\mathrm{d}\lambda$ 的两单色光的第 m 级谱线的衍射角相差

$$\mathrm{d}\theta = D_\theta \mathrm{d}\lambda = \frac{m\mathrm{d}\lambda}{d\cos\theta} \tag{13.24}$$

这并不是说这两条谱线就能分辨开了. 因为谱线本身有宽度. 谱线的半角宽度 $\Delta\theta$ 是指谱线中心到最邻近的一个极小值间距对透镜中心的张角,如图 13.13 所示. 根据极小位置分布可得

$$d\sin(\theta \pm \Delta\theta) = \left(m \pm \frac{1}{N}\right)\lambda$$

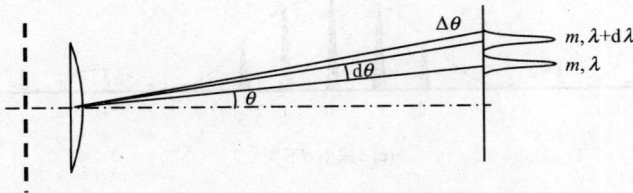

图 13.13 光栅的角色散与谱线半角宽度

其中,m 是谱线的级次,N 是光栅的总刻痕数. 根据光栅公式算得

$$\Delta\theta = \frac{\lambda}{Nd\cos\theta} \tag{13.25}$$

式(13.25)表明 N 越大、波长越短则谱线越细锐.

根据瑞利判据可知,当两光谱强度相近时,$\mathrm{d}\theta = \Delta\theta$ 是两谱线恰好可分辨的标准. 据式(13.24)、式(13.25)有

$$m\mathrm{d}\lambda = \frac{\lambda}{N}$$

定义光栅的**分辨本领**

$$R = \frac{\lambda}{\mathrm{d}\lambda} = mN \tag{13.26}$$

光栅的总刻痕数越多,分辨本领越大,能分辨波长差很小的两条谱线;而同一光栅,对高级次的谱线分辨本领较大.

例 13.5　透射光栅宽 5cm,每毫米 100 刻线,钠光照射(双线波长分别为 589.0nm、589.6nm).问光栅对一级谱级能否分辨?

解　光栅总刻痕数

$$N = 5000$$

对 1 级谱线分辨本领

$$R_1 = N = 5000$$

由 $R = \dfrac{\lambda}{\mathrm{d}\lambda}$ 得

$$\mathrm{d}\lambda = \frac{\lambda}{5000}$$

即在波长 589.6nm 附近的光,此光栅最小可分辨波长差为

$$\mathrm{d}\lambda = \frac{589.6}{5000} = 0.12\mathrm{nm}$$

钠双线波长差 $\Delta\lambda = 0.6\mathrm{nm} > \mathrm{d}\lambda$,所以可以分辨.

13.5　伦琴射线的衍射

1895 年德国物理学家伦琴发现,当高速电子撞击金属板时,会产生一种穿透力极强的射线. 它能使包装完好的照相底片感光,能使许多物质产生荧光. 由于当时对这种射线的本质知之甚少,伦琴在论文中称其为 X 射线,所以伦琴射线又称 X 射线,多年后才以伦琴的名字正式命名. 1901 年伦琴因发现 X 射线而获得首届诺贝尔物理学奖.

进一步的研究发现,伦琴射线通过横向电磁场时并不发生偏转,于是断定不是带电粒子流. 伦琴推断,这是波长为 $10^{-3} \sim 10^{-1}$ nm 的电磁波. 验证这一推断,最好的方法是通过光栅衍射. 但是,伦琴射线波长如此之短,

图 13.14　伦琴
(Wilhelm Conrad Roentgen
1845～1923)

制造相应的光栅(需要 d 与 λ 同一数量级)这在当时几乎无法实现.

1912 年,劳厄提出了验证方法,他认为晶体内原子是有规则排列的,晶格常数 d 与伦琴射线数量级相同. 可以以晶体的晶格点阵作为光栅,来实现伦琴射线衍射实验. 当 X 射线通过准直铅屏,射到晶体上被晶格点阵作用后射到感光底片上,底片显影显示出具有对称分布的衍射斑点,如图 13.15 所示,这些斑点称**劳厄斑**.

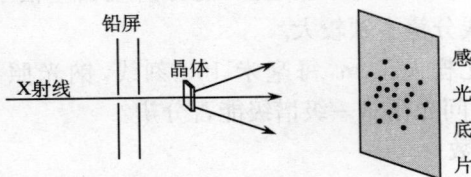

图 13.15　X 射线衍射与劳厄斑

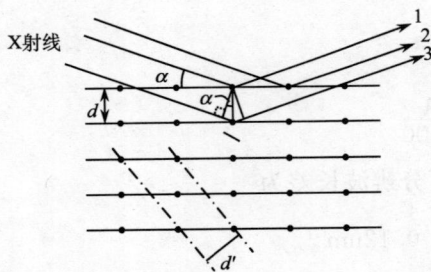

图 13.16　布拉格衍射

1913 年,布拉格父子提出用晶体反射光验证 X 射线的理论与实验方法. 他们指出,晶体是由一系列平行的原子层构成,当一束 X 射线射到晶体上,点阵上每一个原子都受迫振动发出电磁波. 由同一射线引起不同原子的振动是相关的,所发出的子波也是相干的. 在反射光的光路上放上感光板,可测得相长干涉的方位角. 考虑到射线管到晶体的距离远大于原子间距,可将 X 射线看做平行光. 对波列 1 和波列 2,是受同一层晶格散射,且是相当于"反射"方向,由图 13.16 可见两者光程相同,必然干涉相长. 波列 3 与波列 1 光程差 $\delta = 2d\sin\alpha$(α 为掠射角).

由前面的知识,很容易得出结论:

当满足

$$2d\sin\alpha = k\lambda \quad (k = 1, 2, 3, \cdots) \tag{13.27}$$

波列 3 与波列 1 干涉相长. 而且所有各层之间的反射光都将干涉相长.

式(13.27)称为**布拉格公式**或**布拉格定律**. 满足布拉格公式的 α 方向,感光最强. 实验结果证实了布拉格的思想. 在现代科学研究中,布拉格公式具有很重要的地位.

晶体中的晶格层面不是唯一划分的,如图 13.16 所示,划分方向不同,晶格常数 d 也不同. 用已知波长的 X 射线,沿不同的晶面掠射,通过测量感光最强的掠射角,由布拉格公式可确定各个晶格常数. 用这种方法进行晶体结构分析.

若是利用已知结构、晶格常数的晶体,通过布拉格衍射实验确定某 X 射线的波长,这称为伦琴射线波谱学.

思 考 题

13.1　为什么声波、无线电波能绕过山峦和建筑物,而光波却不能?

13.2　人眼紧贴着狭缝观看远处的线光源,所见到的图样属菲涅耳衍射还是夫琅禾费衍射?

13.3　用半波带法定性说明单缝夫琅禾费衍射明条纹中心的光强随条纹级次的增大而单调下降.

13.4　如图所示,单缝夫琅禾费衍射实验中,若作如下操作,衍射图样将如何变化?

　　（1）狭缝宽度 a 变窄;

　　（2）单色光波长 λ 变大;

　　（3）狭缝 S′ 上下做微小移动;

　　（4）线光源 S 上下做微小移动;

　　（5）透镜 L_1 上下做微小移动;

　　（6）透镜 L_2 上下做微小移动.

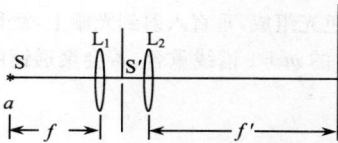

思考题 13.4 图

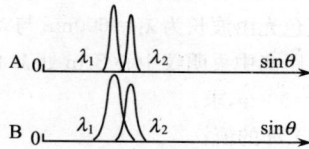

思考题 13.8 图

13.5　N 条刻痕的光栅与同样缝宽的单缝衍射比,入射光的能流增大 N 倍,但各级主极大却是同样衍射方向单缝衍射光强的 N^2 倍,这违反能量守恒定律吗?

13.6　为什么要用光栅替代单缝作衍射实验? 光栅的总刻痕数 N 对衍射光谱起什么作用? 光栅常数 d 对谱线又有什么影响?

13.7　为了提高光栅的角色散本领和分辨本领,既要求光栅常数 d 足够小,又要求总刻痕数 N 足够大.如何理解增大 N 不能提高光栅的角色散本领;减小 d 虽然扩大了谱线的角距离,却不能提高分辨本领?

13.8　用含有波长 λ_1、λ_2 的复色光作光栅衍射实验,先后两次实验用了 A、B 两块光栅常数相同、总刻痕数不同的光栅,测得两组一级光谱,如图所示问光栅刻痕数 N_A 与 N_B 哪个大? 波长 λ_1 与 λ_2 哪个大?

13.9　解释:①布拉格公式 $2d\sin\alpha=k\lambda$ 的含义;②光栅公式 $d\sin\theta=k\lambda$ 的含义;③单缝衍射公式 $a\sin\theta=k\lambda$ 的含义.说明①②中的 α、θ 以及两式中的 d 有什么不同;说明①中的"2"的来源.

习 题

13.1　单缝夫琅禾费衍射第 1 级暗纹的衍射角 $\theta_1=20°$,入射光波长 $\lambda_0=500\text{nm}$,求缝宽.

13.2　$\lambda_0=560\text{nm}$ 的平行单色光束,射到宽度 $a=0.4\text{mm}$ 的狭缝上,缝后透镜的焦距 $f=40\text{cm}$,

观测屏放在透镜的焦平面处,求中央明条纹的宽度.

13.3　单缝夫琅禾费衍射图样中两个 1 级暗纹中心的间距为 0.35mm,缝后透镜的焦距 $f=$ 40cm,求缝宽.

13.4　已知双缝中心间距 $d=0.10$mm,缝宽 $a=0.02$ mm,入射单色光 $\lambda_0=480$nm,缝后透镜的焦距 $f=50$cm,观测屏放在透镜的焦平面处,求:

(1) 双缝干涉条纹宽度;

(2) 单缝衍射中央明纹宽度;

(3) 实际可测得单缝衍射中央明纹包络区内有多少谱线?

13.5　一星体发出 $\lambda_0=550$nm 的单色光,人眼的瞳孔直径约 7.0mm,夜间人看到星体是一个小亮斑. 设瞳孔到视网膜的距离为 23mm,问:

(1) 视网膜上的像斑直径是多少?

(2) 一般视网膜上的感光柱状细胞为 1.5×10^5 个/mm²,像斑能覆盖多少个细胞?

13.6　天文台的反射式望远镜的通光孔径为 2.5m,设星体发射 $\lambda_0=550$nm 的准单色光,求望远镜所能分辨的双星的最小夹角.

13.7　波长为 500nm 的单色光以 30° 的倾角入射到光栅上,已知光栅常数 $d=2.10\mu$m、透光缝宽 $a=0.7\mu$m,求:所有能看到的谱线级次.

13.8　复色光由波长为 $\lambda_1=600$nm 与 $\lambda_2=400$nm 的单色光组成,垂直入射到光栅上,测得屏幕上距离中央明纹中心 5cm 处 λ_1 的 m 级谱线与 λ_2 的 $m+1$ 谱线重合,若会聚透镜的焦距 $f=50$cm,求:

(1) m 的值;

(2) 光栅常数 d.

13.9　由紫光 $\lambda_1=400$nm 与红光 $\lambda_2=700$nm 的单色光组成的复色光垂直入射到光栅上,用焦距 $f=2$m 透镜聚焦在屏幕上,设光栅常数 $d=10\mu$m,求同一侧红色的 1 级谱线与紫色的 2 级谱线的间距.

13.10　一块光栅,每毫米有 400 条刻痕,用白光(设波长范围为 400～750nm)垂直照射,则可以测到多少级不重叠的完整光谱?

13.11　$\lambda_0=0.11$nm 的 X 射线射向岩盐晶面,测得第 1 级亮纹的掠射角为 11.5°,求:

(1) 岩盐晶体这一方向上的晶格常数 d;

(2) 当换另一束 X 射线时,测得第 1 级亮纹出现在掠射角为 17.5°的方向上,求该射线的波长.

13.12　用晶格常数 $d=0.275$nm 的晶体,做 X 射线衍射实验,若射线是 0.095～0.130nm 的连续光谱,问:

(1) 当掠射角 $\alpha=15°$,是否可测得衍射极大?

(2) $\alpha=45°$ 呢?

如果可测得请算出相应级次和 X 射线的波长.

第 14 章 光 的 偏 振

光的干涉、衍射现象表明光是以波的形式在空中传播,但是还不足以说明光到底是横波还是纵波.本章即将要讨论的偏振现象,揭示了光具有横波的特性.

14.1 光的偏振状态

光是特定频率范围的电磁波,在远离电磁波发射源的辐射区,电磁波的 E、H 矢量与传播方向组成右手正交关系.

在光波场中各点光矢量随时间变化,从垂直于光传播方向的平面上测量发现光矢量变化遵从不同的规律,根据这些规律,把光分为不同的偏振状态.

一、偏振光

在垂直于光传播方向的平面上,光矢量的端点随时间变化如果是有规律的,则称其为偏振光.光矢量端点的轨迹是一直线的,称为**线偏振光**;光矢量端点的轨迹是一椭圆的,称为**椭圆偏振光**;光矢量端点的轨迹是一圆的,称为**圆偏振光**.

光矢量与光的传播方向构成的面称为振动面.对线偏振光而言,振动面是平面,所以也称为**平面偏振光**.图 14.1(a)中的符号表示光矢量平行于纸面的线偏振光;图 14.1(b)中的符号则表示光矢量垂直纸面振动的线偏振光.

图 14.1 线偏振光

圆偏振光、椭圆偏振光的振动面是扭曲面.迎着光看,在垂直光传播方向的平面上,光矢量的轨迹顺时针旋转,则称右旋椭圆(圆)偏振光;逆时针旋转,则称左旋椭圆(圆)偏振光.

两列传播方向一致、相位差恒定、光矢量相互垂直的线偏振光合成后,一般是椭圆偏振光.当两者的相位差

$$\Delta\varphi = k\pi \quad (k = 0,1,2,\cdots)$$

合成结果仍然是线偏振光,不过振动面变了.当两者的相位差

$$\Delta\varphi = (2k+1)\frac{\pi}{2} \quad (k = 0, 1, 2, \cdots)$$

合成结果是正椭圆偏振光,椭圆的两个轴分别沿原来线偏振光光矢量的方向.特别地,当两者的振幅相等,结果则为圆偏振光.

二、自然光

　　普通光源直接发出的光是自然光.一般的测量技术,无法测出普通光源发出的光的偏振性.这是由普通光源的发光特点——间歇性、随机性造成的.原子、分子一次发光的持续时间不会超过 10^{-8}s,虽然每个原子、分子每次发射出的光波都是线偏振光,各自有确定的振动方向,但是,普通光源中含有大量的原子、分子,这些原子、分子每一次发射的光波的振动方向、初相位都是随机的,因而这些光波是不相干的.在相当长的时间内(10^{-4}s 已足够),从统计规律来说,空间任意一点的光矢量的振动方向在垂直于光传播方向的平面上具有分布均匀性,或者说概率均等,如图 14.2(a)所示.自然光可用图 14.2(b)的符号来表示.值得注意的是对于自然光,沿不同方向振动的各光矢量的振幅和相位都是随机的、互不相关的.所以自然光可以等效成两个振幅相等、振动方向相互垂直、互不相关的两个线偏振光.设自然光的光强为 I_0,两个正交线偏振光的光强分别为 I_x、I_y.因为是非相干叠加,所以

$$I_0 = I_x + I_y$$

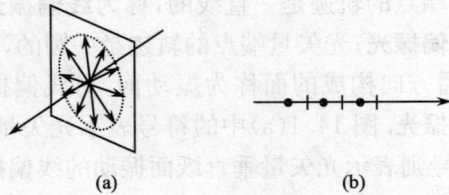

图 14.2　自然光

由于振幅相等,所以

$$I_x = I_y = \frac{I_0}{2} \tag{14.1}$$

即两束线偏振光的光强均为自然光光强的一半.

三、部分偏振光

　　自然界的光除了自然光、偏振光以外,还有部分偏振光.实际上我们避开阳光直射所测得的来自天空的光,就是部分偏振光.还有,水面或其他反射面的反射光大都是部分偏振光.可以认为部分偏振光是由自然光和偏振光叠加而成的.若光强

I 的部分偏振光是由光强为 I_{n} 的自然光与光强为 I_{p} 的偏振光叠加而成,即

$$I = I_{\mathrm{n}} + I_{\mathrm{p}} \tag{14.2}$$

定义偏振度

$$P = \frac{I_{\mathrm{p}}}{I} = \frac{I_{\mathrm{p}}}{I_{\mathrm{n}} + I_{\mathrm{p}}} \tag{14.3}$$

当 $I_{\mathrm{n}} = 0$ 时 $P = 1$ 是偏振光;当 $I_{\mathrm{p}} = 0$ 时 $P = 0$ 是自然光;$0 < P < 1$ 时是部分偏振光.部分线偏振光用图 14.3 的符号表示.

图 14.3 部分线偏振光

14.2 起偏与检偏

一、偏振片的起偏与检偏

偏振片是一种能使自然光通过后成为线偏振光的光学薄膜.把聚乙烯醇薄膜加热后沿一个方向拉伸,使其中的有机物分子沿拉伸方向有序地排成链状,然后浸入碘溶液中,可以得到这样的偏振膜.其机理是,碘分子附着在有机物的分子链上,形成一条条"碘链".碘原子中的自由电子可以沿着"碘链"自由运动,这样薄膜上就有了一条条平行的"导线".当电磁波通过时,沿"导线"方向振动的光矢量驱使电子定向运动而形成电流带走与之相应的能量,我们称其"被吸收了".垂直"导线"方向振动的光矢量不会遭到这样的待遇,可以毫无阻挡地通过.偏振片允许通过的光矢量方向称为该偏振片的**偏振化方向**,或者称为**透光方向**.图 14.4 中的双向箭头方向表示偏振片 P 的偏振化方向.一束光强为 I_0 的自然光通过偏振片后,就成为光强为 $I_0/2$、光矢量沿着偏振片偏振化方向的线偏振光(图 14.4).

当偏振片被用来获取偏振光时,称其为起偏器;当其被用来检验光的偏振状态时,称其为检偏器.

二、马吕斯定律

一束光强为 I_0 的线偏振光通过偏振片后光强 I 是多少?

马吕斯定律指出

$$I = I_0 \cos^2 \theta \tag{14.4}$$

其中,θ 是入射线偏振光的振动方向与偏振片透光方向的夹角(图 14.5).如果以光传播方向为轴旋转偏振片 P,可测得出射光强在 $0 \sim I_{\mathrm{M}}$ 变化.

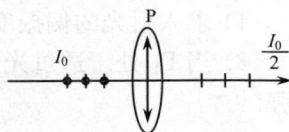

图 14.4 偏振片起偏

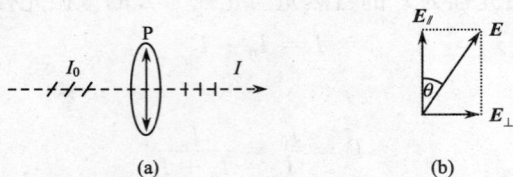

图 14.5　马吕斯定律

如果入射光是自然光或圆偏振光,旋转偏振片 P,出射光强不变;如果入射光是部分线偏振光或椭圆偏振光,旋转偏振片 P,出射光强在最小值 I_m 和最大值 I_M 之间变化.

例 14.1　如图 14.6 所示,P_1、P_2、P_3 是三片平行放置的偏振片,已知,P_1 与 P_3 偏振化方向相互垂直,P_1 与 P_2 的偏振化方向夹角为 $30°$,求光强为 I_0 的自然光通过偏振片组后出射光强 I.

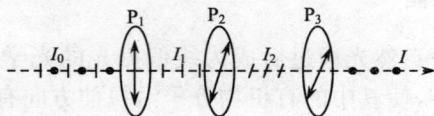

图 14.6

解　自然光通过 P_1 光强减半,振动方向沿着 P_1 的偏振化方向

$$I_1 = \frac{I_0}{2}$$

通过 P_2 后振动方向沿着 P_2 的偏振化方向,光强根据马吕斯定律计算

$$I_2 = I_1 \cos^2 30° = \frac{3I_0}{8}$$

同样道理,通过 P_3 后振动方向沿着 P_3 的偏振化方向,光强根据马吕斯定律计算

$$I_3 = I_2 \cos^2 60° = \frac{3I_0}{32}$$

例 14.2　如图 14.7 所示,光强为 I_0 的部分线偏振光垂直通过两个平行放置的偏振片 P_1、P_2,转动 P_1,测得通过 P_1 的最大光强与最小光强之比 $I_M : I_m = 3$.

(1)求入射光的偏振度;

(2)当 P_1 处于透过光强最大的位置,P_2 与 P_1 透光方向夹角为 $60°$时,求透射光强.

解　(1)设入射光中自然光光强为 I_n,偏振光光强为 I_p,则有

$$I_0 = I_n + I_p$$

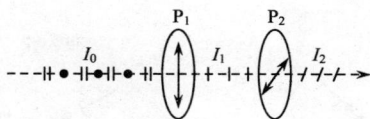

图 14.7

通过 P_1 后最大光强

$$I_M = \frac{I_n}{2} + I_p$$

最小光强

$$I_m = \frac{I_n}{2}$$

由已知

$$\frac{I_M}{I_m} = \frac{I_n/2 + I_p}{I_n/2} = 3$$

解得

$$I_p = I_n = I_0/2$$

根据定义,偏振度

$$P = \frac{I_p}{I_n + I_p} = 50\%$$

(2)根据马吕斯定律

$$I_2 = I_M \cos^2 60° = \frac{I_M}{4} = \frac{3I_0}{16}$$

三、反射和折射时光的偏振

自然光在两种各向同性媒质的界面上反射和折射时,不仅传播方向发生变化,而且偏振状态也要改变. 一般情况下,反射光和折射光都将是部分偏振光,通常反射光中垂直入射面振动的分量比较多.

理论和实验都可证明,反射光和折射光的偏振度都和入射角有关. 当入射角为某一特定值时,反射光成为垂直入射面振动的线偏振光. 这个特定的角度称为布儒斯特角,也可称为起偏角. 实验还发现,当光以布儒斯特角入射时,反射光和折射光的传播方向相互垂直[图 14.8(b)],即有

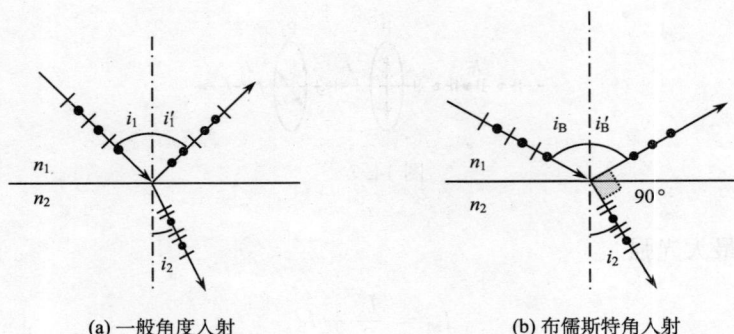

(a) 一般角度入射　　　　　　　　(b) 布儒斯特角入射

图 14.8　反射光折射光的偏振

$$i_B + i_2 = 90°\qquad(14.5)$$

根据折射定律,有

$$n_1 \sin i_B = n_2 \sin i_2 = n_2 \sin(90° - i_B) = n_2 \cos i_B$$

整理得

$$\tan i_B = \frac{n_2}{n_1} = n_{21}\qquad(14.6)$$

式(14.6)称为布儒斯特定律,其中,n_{21}是媒质 2 相对媒质 1 的相对折射率.

　　空气的折射率近似为 1,水和玻璃的折射率分别为 1.33 和 1.5 . 可以算出从空气到水的布儒斯特角为 53.1°,从水到空气的布儒斯特角为 36.9°,从空气到玻璃的布儒斯特角为 56.3°,从玻璃到空气的布儒斯特角为 33.7°. 很容易发现,一片平行平面玻璃放在空气中,如果上表面的入射角是布儒斯特角,则折射光在下表面的入射角也一定是布儒斯特角. 进一步的证明留给读者自己去做.

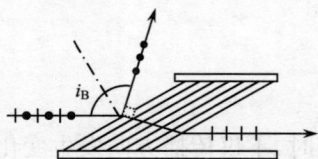

图 14.9　玻璃片堆

　　由于通常两种媒质界面的反射率远小于 50%(如空气与玻璃的界面反射率约 7%),所以这时折射光是部分偏振光. 对于单个界面反射光偏振度高,但是光强太弱;而对于折射光光强虽强,偏振度却太低. 为了得到光强足够强的完全偏振光,可以采用诸多的平行玻璃片摞成玻璃片堆,如图 14.9 所示. 自然光以布儒斯特角入射(注意到每个界面的入射角都满足是布儒斯特角),经过多个界面的反射,折射光成了平行于入射面振动的线偏振光,而反射光的强度也可有相当的提高.

14.3 光的双折射

一、双折射现象

一束光通过各向同性的媒质出射光仍然是一束,但是通过各向异性的媒质,出射光就有可能成为两束,如图 14.10(a)所示,这就是双折射现象. 普通玻璃是各向同性的,它覆盖在图片上,视觉上感到图案仍旧是一个,只是位置有所移动(这是由折射造成的). 如果换成方解石覆盖,则发现图案变成了两个,如图 14.10(b)所示,这是因为方解石晶体是各向异性媒质,光在这里产生了双折射.

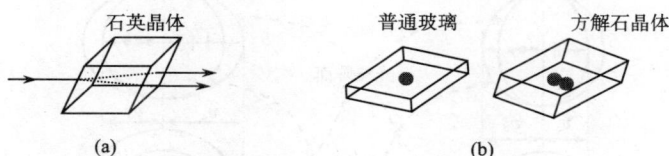

石英晶体　　　　普通玻璃　　　方解石晶体

(a)　　　　　　　　　(b)

图 14.10　双折射现象

实验发现,光进入各向异性晶体,产生双折射时,其中一束光遵守折射定律

$$n_1 \sin i_1 = n_2 \sin i_2$$

晶体中的这束光称作寻常光,简称 o 光;晶体中另一束光不遵守折射定律,这束光甚至不在入射面内,称为非常光,简称 e 光. 可以检验 o 光、e 光都是线偏振光.

造成双折射的原因是在双折射晶体中,o 光传播的速度是各向同性的,而 e 光沿不同方向传播速度不同.

二、光轴与主平面

在双折射晶体中存在一些特殊的方向,沿这些方向 o 光、e 光传播的速度相同,即不发生双折射. 这样的方向就称为晶体的光轴. 只有一个这种方向的晶体称为单光轴晶体,如方解石、石英、红宝石都是单轴晶体;有两个这种方向的晶体称为双轴晶体,如云母、黄玉、蓝宝石都是双光轴晶体. 本书只限于讨论单轴晶体. **晶体表面的法线与光轴决定的平面,称为晶体的主截面.**

光在晶体中传播,由**光线与光轴所决定的平面称为该光线的主平面**. o 光、e 光各自有各自的主平面. o 光的光矢量垂直于自己的主平面;e 光的光矢量平行于自己的主平面. 换句话说,光矢量垂直主平面的光,无论沿什么方向传播速度都相同;光矢量平行主平面的光,沿不同方向传播的速度不同. 一般情况下两者的主平面并不重合,所以 o 光、e 光的光矢量也不是相互垂直的. 当入射光在晶体的主截面内时,亦即入射面与主截面重合时,o 光、e 光的主平面都与晶体的主截面重合,这时 o 光、e 光的光矢量方向相互垂直.

设想将一点光源放在各向同性媒质中,其发出的光波的波阵面是一组以光源为中心的同心球面. 如果把点光源放在各向异性媒质中,其波阵面有两组,一组是球面(相应于 o 光);另一组是椭球面(相应于 e 光),如图 14.11 所示. 由于沿着光轴方向,o 光、e 光的速度相等,所以,两组波阵面在光轴处相切. 在垂直于光轴方向 o 光、e 光的速度相差最大,若沿这个方向 e 光的速度用 v_e 表示,则 $v_e < v_o$ 的晶体称为正晶体(石英、冰是正晶体),$v_e > v_o$ 的晶体称为负晶体(方解石是负晶体).

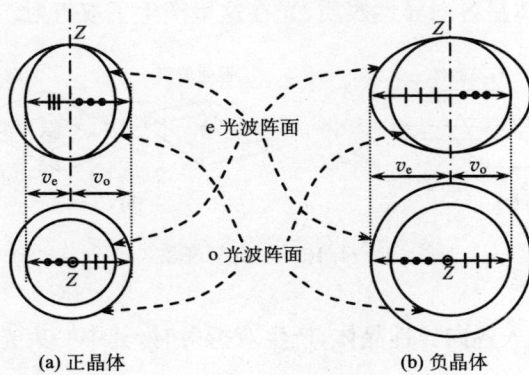

图 14.11   各向异性媒质中的光线面

图中的 Z 表示光轴方向. 根据折射率的定义 $n = \dfrac{c}{v}$(c 为真空中光速),有在各向异性晶体中沿垂直光轴方向 e 光的折射率

$$n_e = \frac{c}{v_e} \tag{14.7}$$

o 光的折射率

$$n_o = \frac{c}{v_o} \tag{14.8}$$

n_o、n_e 是晶体的两个重要参数,正晶体 $n_o < n_e$,负晶体 $n_o > n_e$. 方解石,$n_o = 1.658$,$n_e = 1.486$;石英,$n_o = 1.544$,$n_e = 1.553$.

三、惠更斯作图法

现在,根据惠更斯原理和 o 光、e 光波面的特点,举例说明用作图法如何来定性地判断一束光进入双折射晶体后的传播方向.

当光轴在入射面内并与晶体表面有一倾角时,如图 14.12 所示,主截面、入射面、o 光、e 光的主平面都与纸面重合. 一束平行光以 i 入射角射到晶体表面,注意到 AB 是空气中这束光的波阵面,当 A 点到达界面时,B 点还没到;Δt 时间后 B 点的状态传到界面处 B' 点,这段时间内 A 点的状态已经分别传到以 $v_o \Delta t$ 为半径的半球面处(光矢量垂直主平面的 o 光)和以 $v_o \Delta t$ 为半长轴、$v_e \Delta t$ 为半短轴半椭球面处(光矢量平行主平面的 e 光). 因为是正晶体,所以椭球面的长轴与光轴一致,并在光轴处与 o 光的波阵面相切. 读者可以想象,在 Δt 时间内 A 与 B 之间波阵面上各点的状态都依次到达界面 AB' 之间,并以入射点为中心发出两套子波波阵面,从 A 到 B' 一个比一个小. 根据惠更斯原理,这些子波波阵面的包迹就是这一时刻的波阵面. 于是我们可以过 B' 点分别作球面、椭球面的切线,从 A 点指向两个切点的方向就是 o 光、e 光在晶体中的折射方向. 由图可发现 e 光的光线方向与波阵面不垂直.

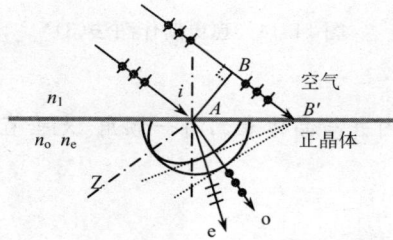

图 14.12 惠更斯作图法(1)

下面再举几个典型的例子:

1. 光轴垂直入射面并平行晶体表面

如图 14.13 所示,现在图中的子波面是两个半球面,半径分别为 $v_o \Delta t$、$v_e \Delta t$,其他过程作图与图 14.12 一样.

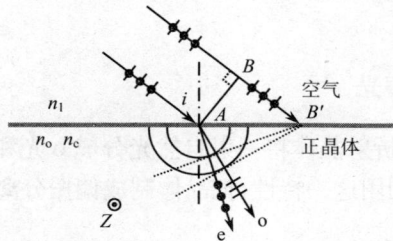

图 14.13 惠更斯作图法(2)

2. 光轴平行入射面并平行晶体表面、光垂直界面入射

如图 14.14 所示,这种情况下用眼睛看不到一束光分成两束的现象,但是不等于没有双折射了.实际上,尽管 o 光、e 光的光线方向没有区别,但是它们之间已经有了相位差.我们将在后面介绍如何利用这种相位差来改变偏振光的偏振状态.

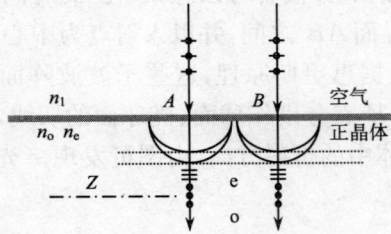

图 14.14　惠更斯作图法(3)

3. 当光轴在入射面内并与晶体表面有一倾角,光垂直界面入射

如图 14.15 所示.

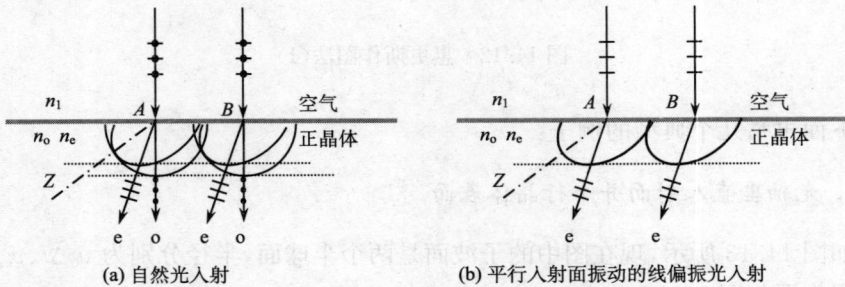

(a) 自然光入射　　　　　　　　　　(b) 平行入射面振动的线偏振光入射

图 14.15　惠更斯作图法(4)

四、利用双折射获得偏振光

如图 14.16 所示,双折射晶体将一束自然光分成 o 光和 e 光两部分,这两部分都是线偏振光.因此,可以利用这一特性,把晶体制成偏振分离器、起偏器(检偏器).

1. 格兰-汤姆孙棱镜

如图 14.17 所示,这是两个直角三角形棱镜组,前一半是折射率为 1.655 的玻璃,是各向同性媒质,后一半由方解石磨制成,光轴方向垂直于入射面.自然光垂直端面射入玻璃,再从玻璃进入方解石.在方解石中光分解为 o 光和 e 光,传播方向都垂直于光轴,所以折射率分别为 n_o 和 n_e. 由于 e 光的折射率比玻璃的折射率小,有可能发生全反射,计算得全反射临界角为 63.9°.

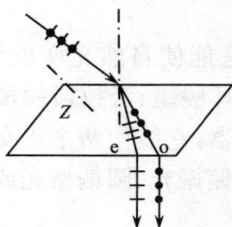

图 14.16 双折射获得偏振光

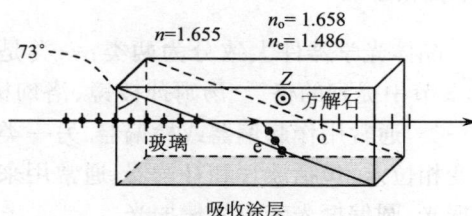

图 14.17 格兰-汤姆孙棱镜

棱镜的制作就是要使 e 光全反射后被涂于底面的吸收层吸收.而 o 光的折射率与玻璃的折射率很相近,所以 o 光几乎不改变方向,直接通过棱镜——获得一束线偏振光.

2. 洛匈棱镜

洛匈棱镜是由两块方解石磨制成直角棱镜黏合而成(图 14.18),光垂直端面入射,在前一半棱镜中沿着光轴传播,在后一半棱镜中垂直光轴传播.从图 14.19 (a)可见,当入射光是光矢量平行于入射面的线偏振光,则在前一半棱镜中是 e 光,沿着光轴传播 e 光的折射率也是 n_o;到后一半棱镜成为 o 光,折射率还是 n_o,所以不改变方向.从图 14.19(b)可见,当入射光是光矢量垂直于入射面的线偏振光,则在前一半棱镜中是 o 光,沿着光轴传播,折射率是 n_o;到后一半棱镜成为 e 光,因垂直光轴传播,所以折射率是 n_e.方解石 $n_o > n_e$,所以 $i_2 > i_1$,光线发生偏折,在出射界面处再一次向上偏折.如果入射的是光矢量与纸面有一夹角的线偏振光或自然光,则经过洛匈棱镜后分解成两束线偏振光,如图 14.19(c)所示.

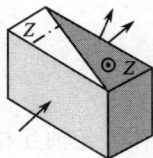

图 14.18 洛匈棱镜(1)

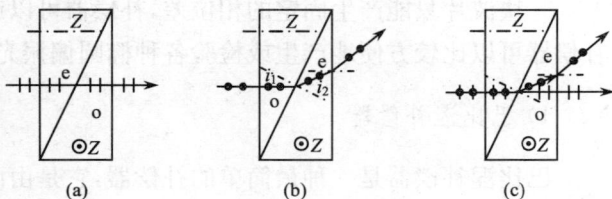

图 14.19 洛匈棱镜(2)

其他类似的棱镜还有尼科耳棱镜、沃拉斯顿棱镜等,此处不赘述了.

14.4　椭圆偏振光　圆偏振光

一、变相差器

晶体光学器件大致分为两类:一类是偏振器,它能使自然光变成线偏振光,14.3 节中提到的格兰-汤姆孙棱镜、洛匈棱镜、尼科耳棱镜、沃拉斯顿棱镜都属于这一类,通常用作起偏器或检偏器.另一类是变相差器,它能使两个正交的光矢量改变相位差,包括波片和补偿器,通常用来获得椭圆偏振光、圆偏振光或者把椭圆偏振光、圆偏振光变成线偏振光.

1. 波片

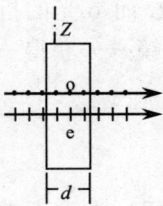

图 14.20　波片

对双折射晶体切割时,需光轴平行于晶体表面(图 14.20).当光垂直入射,则在晶体内 o 光、e 光的传播方向相同,而速度分别为 v_o、v_e. 因此,对应厚度为 d 的晶片,o 光、e 光的光程分别为 $n_o d$、$n_e d$,波片使两者附加的光程差为

$$\delta = d(n_o - n_e)$$

若两光波在前表面是同相位的,则到达后表面时相位差为

$$\Delta\varphi = \delta \frac{2\pi}{\lambda_0} = \frac{2\pi d}{\lambda_0}(n_o - n_e)$$

对于 $\Delta\varphi = \pm\pi$,即 $d|n_o - n_e| = \lambda_0/2$ 的晶片,称为**半波片**;对于 $\Delta\varphi = \pm\pi/2$,即 $d|n_o - n_e| = \lambda_0/4$ 的晶片,称为 **1/4 波片**. 其中,λ_0 是入射光在真空中的波长.半波片、1/4 波片都是相对确定波长的光而言的,对应某一波长的光,波晶片是 1/4 波片,对应其他波长的光就不是了.

2. 补偿器

一块波片只能产生固定的相位差,补偿器可以产生连续改变的相位差. 所以用补偿器可以比较方便地产生或检验各种椭圆偏振光.

1) 巴比涅补偿器

巴比涅补偿器是一种最简单的补偿器,它是由两个材料相同、光轴互相垂直的楔形晶体构成,如图 14.21 所示,光从上往下通过补偿器. 在上楔中的 o 光,到了下楔中成为 e 光;而在上楔中的 e 光,到了下楔中成为 o 光. 光线只有通过两楔厚度相同的部位,两相互垂直振动的线偏振光之间不附加任何相位差. 光线通过其他部位,由于 $d_1 \neq d_2$ 所以两相互垂直振动的线偏振光之间将附加相位差

$$\Delta\varphi = \frac{2\pi}{\lambda_0}\big[(n_o d_1 + n_e d_2) - (n_e d_1 + n_o d_2)\big]$$

整理得

$$\Delta\varphi = \frac{2\pi}{\lambda_0}(n_o - n_e)(d_1 - d_2) \tag{14.9}$$

光程差

$$\delta = (n_o - n_e)(d_1 - d_2) \tag{14.10}$$

对于不同波长的准单色光, 只要从 $(n_o - n_e)(d_1 - d_2) = \lambda_0/4$ 的部位入射, 就相当于一片 1/4 波片.

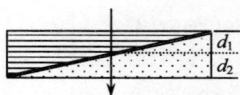

图 14.21 巴比涅补偿器　　　　图 14.22 索列尔补偿器

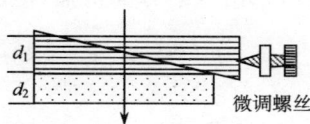

2）索列尔补偿器

索列尔补偿器用同一种晶体制成两个光轴平行的楔形和一个厚度为 d_2, 光轴与楔块垂直的薄片组合而成, 其构造如图 14.22 所示. 对于垂直入射的振动方向相互垂直的线偏振光, 所附加的相位差、光程差同样由式(14.9)、式(14.10)确定. 由于它的 d_2 是确定的只需要用微调螺丝调节 d_1, 而且它对光束的粗细没有要求, 所以比巴比涅补偿器易于操作.

二、椭圆偏振光　圆偏振光

考虑一束线偏振光（光矢量 E 与波片光轴 Z 的夹角为 θ）垂直入射波片, 讨论经过波片以后, 光的偏振状态发生了什么变化.

设入射的线偏振光光矢量振幅为 A, 则在晶体中 o 光、e 光光矢量的振幅分别为

$$A_o = A\sin\theta$$

$$A_e = A\cos\theta$$

如图 14.23 所示, 在晶片前表面处, 光矢量 E 分解成垂直于光轴的 E_o 光和平行于光轴振动的 E_e 光, 分别表示为

$$E_\perp(t) = A_\perp \cos 2\pi\nu t$$

$$E_{/\!/}(t) = A_{/\!/} \cos 2\pi\nu t$$

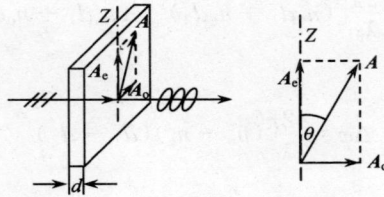

图 14.23　椭圆偏振光

由于垂直入射(既垂直于晶片表面,又垂直于光轴),所以在晶体内 o 光、e 光并不分开,都沿入射方向传播,但两者的速度不同,到达晶片后表面,光矢量分别为

$$\left.\begin{aligned}
E_{\perp}'(t) &= A_{\perp}\cos 2\pi v\left(t-\frac{d}{v_{o}}\right) = A_{\perp}\cos(2\pi\nu t+\varphi_{o}) \\
E_{/\!/}'(t) &= A_{/\!/}\cos 2\pi v\left(t-\frac{d}{v_{e}}\right) = A_{/\!/}\cos(2\pi\nu t+\varphi_{e})
\end{aligned}\right\} \tag{14.11}$$

其中

$$\left.\begin{aligned}
\varphi_{o} &= -\frac{2\pi\nu d}{v_{o}} = -\frac{2\pi n_{o}d}{\lambda_{0}} \\
\varphi_{e} &= -\frac{2\pi\nu d}{v_{e}} = -\frac{2\pi n_{e}d}{\lambda_{0}}
\end{aligned}\right\} \tag{14.12}$$

这两个相互垂直振动的光矢量的相位差为

$$\Delta\varphi = \varphi_{e}-\varphi_{o} = \frac{2\pi d}{\lambda_{0}}(n_{o}-n_{e}) \tag{14.13}$$

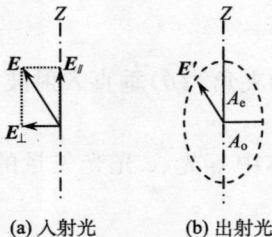

(a) 入射光　　　(b) 出射光

图 14.24　线偏振光→椭圆偏振光

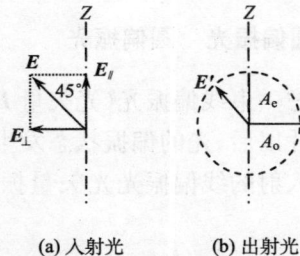

(a) 入射光　　　(b) 出射光

图 14.25　线偏振光→圆偏振光

由 4.6 节讨论过的相互垂直的二维振动的合成可知,当 $\Delta\varphi=\pm\dfrac{\pi}{2}$ 时,有

$$d\,|\,n_{o}-n_{e}\,| = \frac{\lambda_{0}}{4}$$

合振动矢量的端点在垂直传播方向的平面上,轨迹为一正椭圆——椭圆偏振光. 由此看来,一束线偏振光通过一片 1/4 波片后,就变成了一束椭圆偏振光(图 14.24). 特别地,当 $\theta = 45°$ 时,有 $A_o = A_e$,则出射光为圆偏振光(图 14.25).

同样道理,当一束椭圆偏振光垂直入射到 1/4 波片上(椭圆的长轴或短轴与波片的光轴一致)时,出射光为线偏振光.

因此,当一束线偏振光连续通过两块 1/4 波片,亦即通过一块半波片后,出射光仍然是线偏振光.

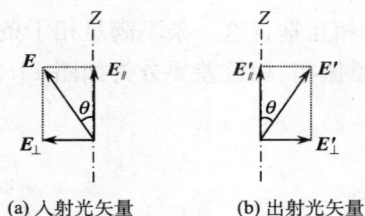

(a) 入射光矢量   (b) 出射光矢量

图 14.26 $\frac{1}{2}$ 波片使线偏振光振动面改变

至于光矢量振动方向的变化,可作如下讨论:

如图 14.26(a)所示,设波片光轴沿 Z 轴方向,入射光矢量 E 与光轴夹角为 θ,在前表面 o 光、e 光同相位. 经过半波片后,两者相位差为 $\Delta\varphi = \pm\pi$,则出射时光矢量 E' 与光轴的夹角如图 14.26(b)所示. 可见,出射光光矢量 E' 相对于入射光光矢量 E,越过光轴转动了 2θ 角度. 特别地,当 $\theta = 45°$ 则有 $E' \perp E$,即出射光相对于入射光振动面转过了 90°.

14.5 偏振光的干涉

图 14.27 是实现偏振光干涉的实验装置. P_1、P_2 是两块偏振片,两者偏振化方向夹角为 α,C 是一块厚度为 d、光轴平行于表面的波晶片,P_1 的偏振化方向与 Z 方向的夹角为 θ.

光强为 I_0 的自然光经 P_1 后成为光强为 $I_0/2$、光矢量振幅为 A 的线偏振光. 经过晶片 C,成为光矢量相互垂直的 o 光和 e 光,光矢量大小分别为

$$A_o = A\sin\theta, \quad A_e = A\cos\theta$$

相位差

$$\Delta\varphi = \frac{2\pi}{\lambda_0}d(n_o - n_e)$$

这束混在一起沿同方向传播的光具有以下特点:①频率相同;②相位差恒定;③光

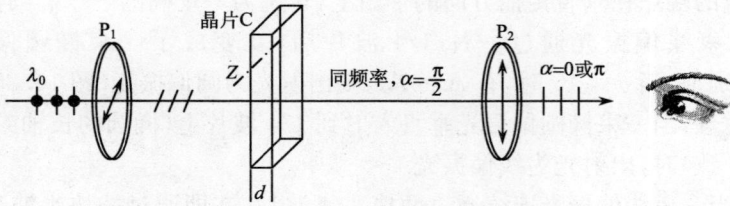

图 14.27　偏振光的干涉装置

矢量相互垂直振动. 显然,相互垂直这一条不满足相干条件.

再经过 P_2 后的光矢量振幅、相位差要分为如图 14.28(a)、图 14.28(b)两种情况讨论.

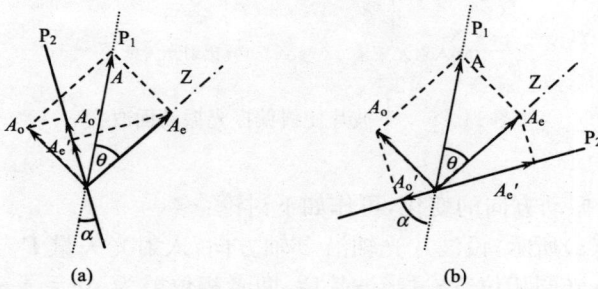

图 14.28　偏振光干涉原理

在图 14.28(a)中,有

$$\left.\begin{array}{l} A_o' = A_o \sin(\alpha + \theta) = A\sin\theta\sin(\alpha + \theta) \\ A_e' = A_e \cos(\alpha + \theta) = A\cos\theta\cos(\alpha + \theta) \end{array}\right\} \tag{14.14}$$

在图 14.28(b)中,有

$$\left.\begin{array}{l} A_o' = A_o \sin(\alpha - \theta) = A\sin\theta\sin(\alpha - \theta) \\ A_e' = A_e \cos(\alpha - \theta) = A\cos\theta\cos(\alpha - \theta) \end{array}\right\} \tag{14.15}$$

这是相干光,由式(12.11)知道光强为

$$I = I_o' + I_e' + 2\sqrt{I_o'I_e'}\cos\Delta\varphi \tag{14.16}$$

其中,$I_o' = \dfrac{1}{2}A_o'^2$,$I_e' = \dfrac{1}{2}A_e'^2$. 注意到图 14.28(b)中两光矢量通过 P_2 后又附加了 π 的相位差. 所以对于图 14.28(b)

$$\Delta\varphi = \frac{2\pi}{\lambda_0}d(n_o - n_e) + \pi$$

对于图 14.28(a)仍有

$$\Delta\varphi = \frac{2\pi}{\lambda_0}d(n_o - n_e)$$

将式(14.14)、式(14.15)分别代入式(14.16),整理可得光强

$$\left.\begin{array}{ll}(a) & I = \dfrac{I_0}{2}\left[\cos^2\alpha - \sin2\theta\sin2(\alpha+\theta)\sin^2\dfrac{\Delta\varphi}{2}\right] \\ (b) & I = \dfrac{I_0}{2}\left[\cos^2\alpha + \sin2\theta\sin2(\alpha-\theta)\cos^2\dfrac{\Delta\varphi}{2}\right]\end{array}\right\} \quad (14.17)$$

由式(14.17)可见,相干光强 I 是 α、θ、$\Delta\varphi$ 的函数,它们之中任何一个发生变化,都可能导致光强变化. 当晶片 C 的厚度均匀时,视场中光强也均匀;当晶片 C 的厚度不均匀时,可观察到干涉条纹.

例 14.3 如图 14.29 所示,楔形石英晶片 C 的主折射率为 $n_o = 1.544$, $n_e = 1.553$,顶角 $\beta = 0.5°$,光轴与棱边平行,偏振片 P_1、P_2 的偏振化方向相互垂直,且都与 C 的光轴成 45°. 单色光波长 $\lambda_0 = 404.7$nm,问:

(1) 干涉条纹的形状如何? 相邻两暗条纹的间距为多少?

(2) P_2 旋转 90°,图样如何变化?

(3) 保持 $P_1 \perp P_2$,C 以光束为轴旋转 45°,图样如何变化?

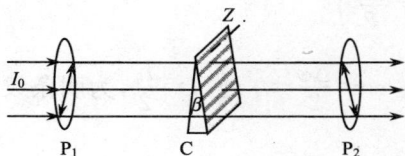

图 14.29

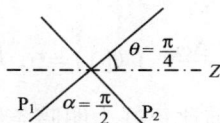

图 14.30

解 (1) 由题知这种 $\alpha = \dfrac{\pi}{2}$、$\theta = \dfrac{\pi}{4}$ 对于图 14.28 中的(a)和(b)都可以. 则

$$\cos\alpha = 0, \quad \sin2\theta = 1, \quad \sin2(\alpha+\theta) = -1$$

代入式(14.17)得

$$I = \frac{I_0}{2}\sin^2\frac{\Delta\varphi}{2}$$

由式 (14.13)可知 d 相同 $\Delta\varphi$ 就相同,因此光强 I 相同. 所以干涉条纹是沿棱边走向的,明暗相间的直条纹(图 14.29). 在 $\sin^2\dfrac{\Delta\varphi}{2} = 1$ 处,$I = \dfrac{I_0}{2}$,为明条纹中心;在 $\sin^2\dfrac{\Delta\varphi}{2} = 0$ 处,$I = 0$,为暗条纹中心. 即暗纹条件为

$$\Delta\varphi = 2m\pi \quad (m = 0,1,2,\cdots)$$

根据

$$\Delta\varphi = \frac{2\pi}{\lambda_0} d(n_o - n_e)$$

得第 m 级暗纹对应楔片厚度为

$$d_m = \frac{m\lambda_0}{(n_o - n_e)}$$

相邻两暗条纹对应的厚度差为

$$\Delta d = d_{m+1} - d_m = \frac{\lambda_0}{(n_o - n_e)}$$

相邻两条暗纹间距为

$$\Delta l = \frac{\Delta d}{\beta} = \frac{\lambda_0}{\beta(n_o - n_e)} = 5.153\text{mm}$$

（2）P_2 旋转 90°，从图 14.30 可见 $\alpha = 0$，则

$$\cos\alpha = 1, \quad \sin2\theta = 1, \quad \sin2(\alpha + \theta) = 1$$

代入式（14.17）得

$$I = \frac{I_0}{2}\left(1 - \sin^2\frac{\Delta\varphi}{2}\right)$$

在 $\sin^2\dfrac{\Delta\varphi}{2} = 1$ 处，$I = 0$，为暗条纹中心；在 $\sin^2\dfrac{\Delta\varphi}{2} = 0$ 处，$I = \dfrac{I_0}{2}$，为明条纹中心．与旋转前比正好为明暗条纹互换位置.

（3）保持 $P_1 \perp P_2$，将 C 旋转 45°，则

$$\alpha = 90° \quad \theta = 0°$$

于是

$$\cos\alpha = 0, \quad \sin2\theta = 0, \quad \sin2(\alpha + \theta) = 0$$

无论 d 等于多少，光强都为零，即视场一片黑暗.

在偏振光干涉实验中，如果用白光入射，则某些波长成分的光满足干涉相消，某些波长成分的光满足干涉相长，于是透射光的成分变了，观察到的不再是白光（若红色干涉相消，透射光就偏蓝），这种现象称色偏振，所观察到的颜色称为干涉色.

偏振光的干涉，在工程上有着广泛的应用. 例如，塑料、玻璃和一些有机材料属非晶体物质. 一般情况下，它们对于光是各向同性的. 但是，在机械力的作用下，受到拉伸或压缩时，会产生类似单轴晶体的各向异性的性质，在光的照射下产生应力双折射现象. 因此用这些材料制作各种工程部件模型，模拟部件受力的情况，并观

察分析偏振光通过部件模型产生的干涉条纹,可判断部件内部的应力分布,最后以此为根据来决定工程材料的选用、加固等. 这种方法也称为光测弹性方法.

14.6 旋 光 效 应

一、旋光现象

当线偏振光通过某些物质时,随着传播振动面会以光线为轴逐渐旋转,这种现象称为旋光现象. 物质的这种特性,称为旋光性. 具有旋光性的物质称为旋光物质.

测量晶体的旋光性能的强弱,可将晶体放在两个正交的偏振片之间,让光沿着光轴(可避开双折射的干扰)传播,如图 14.31 所示,一般情况下,P_2 后面的出射光强不为零. 然后,以光线为轴转动 P_2,直到出射光强为零. P_2 所转过的角度 ψ,正是光在旋光晶体中传播 l 距离振动面转动的角度.

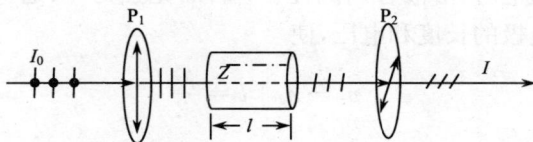

图 14.31 旋光现象

定义晶体的旋光率

$$\alpha = \frac{\psi}{l} \tag{14.18}$$

它与物质的性质、温度、入射光的波长等因素有关. 同一旋光物质,在相同的温度下,旋光率随入射光的波长而改变的现象,称为旋光色散. 例如,1mm 厚的石英片,对红光、黄光、紫光的旋转角分别为 $15°$、$21.7°$、$51°$,对 $\lambda_0 = 217.7$nm 的紫外线的旋转角为 $236°$.

有些溶液也具有旋光性,如糖溶液. 溶液的旋光率表示为

$$\alpha = \frac{\psi}{lc} \tag{14.19}$$

其中,c 是溶液的浓度.

不同的物质对线偏振光的振动面的旋转是有方向性的. 迎着光看,如果随着光在空间传播,振动面顺时针旋转,则称为右旋;振动面逆时针旋转,则称为左旋. 葡萄糖溶液是右旋旋光物质,果糖溶液是左旋旋光物质,石英、氯霉素既有右旋,又有左旋.

二、人为各向异性

有些各向同性的物质在人为的条件下,如加力、加电场、加磁场等,可呈现出各向异性的特点——产生双折射现象.这就称为人为各向异性.

1. 克尔效应

1875 年,克尔发现原本各向同性的物质,在强电场的作用下会成为单光轴物质,光轴就沿着电场方向.主折射率

$$|n_o - n_e| = KE^2 \tag{14.20}$$

其中,K 是克尔常量.克尔效应与电场强度的平方成正比,所以也称二次电光效应.

图 14.32 是克尔效应的实验装置.P_1、P_2 是两个正交的偏振片,克尔盒里装的是硝基苯溶液.不通电时,溶液各向同性,P_2 后面光强为零;通电后克尔盒相当于一块波晶片,控制电极的长度和电压,使

$$|n_o - n_e| \, l = \frac{\lambda_0}{2}$$

即

$$KE^2 l = \frac{\lambda_0}{2} \tag{14.21}$$

这时克尔盒相当于一个 1/2 波片.

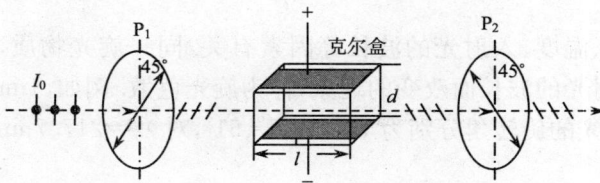

图 14.32　克尔效应

由于偏振片 P_1、P_2 的偏振化方向与电场(光轴)方向的夹角都是 $45°$,通过 P_1 的线偏振光,再经过克尔盒,振动方向转过 $90°$,正好与 P_2 的偏振化方向一致,P_2 后面光强为 $I_0/2$.

克尔效应最重要的特点是弛豫时间极短(约 10^{-9} s),多年来一直用作高速开关、光调制器,在高速摄影、光速测定、激光通信方面有广泛的应用.

克尔盒的缺点是硝基苯溶液有毒,而且对硝基苯纯度要求很高,纯度下降会导致克尔常数下降,造成弛豫时间延长.

2. 泡克耳斯效应

1893 年泡克耳斯发现有些晶体加了电场以后,会由单轴晶体变为双轴晶体. 最典型的是磷酸二氢钾晶体,它在自由状态下是单轴晶体,在电场中会成为双轴晶体——原来的光轴不再是光轴方向,因此附加了双折射效应. 如图 14.33 所示, $P_1 \perp P_2$,晶体光轴沿光传播方向.不通电时 P_2 后无光;通电后 P_2 后有光. 由于晶体折射率的变化与所加电场强度呈线性关系,所以也称线性电光效应.泡克耳斯盒的作用与克尔盒一样,但是没有克尔盒的缺点,而且所需的电压也低得多 .

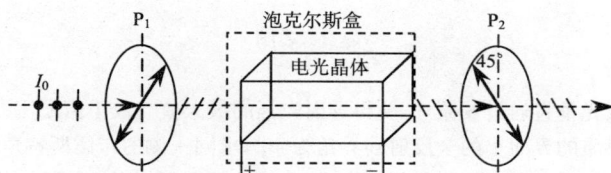

图 14.33　泡克耳斯效应

人为各向异性的现象很多,除了电光效应、还有磁光效应、光弹效应读者有兴趣可以选读其他有关资料.

思　考　题

14.1　什么是偏振光? 为什么自然光是非偏振的? 随着科学技术的发展自然光也成为偏振光的可能性是否存在?

14.2　自然光的光矢量在空间的分布如图 14.2(a)所示,合矢量的平均值为零,为什么光强却不为零?

14.3　自然光和圆偏振光都可以看作由两个振幅相等、振动方向正交的线偏振光合成,它们的主要区别是什么?

14.4　怎样利用偏振片和波片确定一束光的偏振状态?

14.5　什么叫圆偏振光? 用什么方法能把一束自然光变成圆偏振光?

14.6　什么是寻常光? 什么是非常光? 它们的振动方向一定相互垂直吗?

14.7　如图所示,自然光沿着晶体光轴方向入射,是否会发生双折射? 为什么?

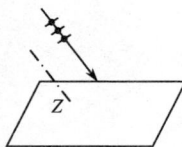

思考题 14.7 图

14.8　有人说,他做了一个实验,让一束太阳光通过一片偏振片,得到线偏振光,然后再通过一片 1/4 波片,得到了圆偏振光.请判断是否可能,为什么?

习　题

14.1　平行放置的偏振片 P_1、P_2 的偏振化方向相互垂直,中间插入另一偏振片 P_3,光强为 I_0 的

自然光从 P_1 入射这组偏振片,分别求:当 P_3、P_1 的偏振化方向夹角为 30°、45°时,出射光强.

14.2　偏振片 P_1、P_2、P_3 如图放置,光强为 I_0 的自然光从 P_1 入射.

(1)如果测得出射 P_2 的光强为 $I_0/8$,求 P_1 与 P_3 偏振化方向之间的夹角;

(2)保持 P_1、P_2 不动,欲使出射光强为零,P_3 应如何放置? 能否为 P_3 找到一个合适的方位,使出射光强为 $I_0/2$?

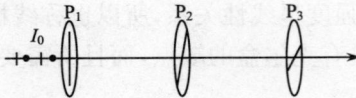

题 14.2 图

14.3　部分线偏振光垂直通过偏振片,测得透射光强的最大值与最小值之比为 5,求偏振度.

14.4　光在两种媒质的界面上的全反射临界角为 45°,求同一侧的布儒斯特角.

14.5　自然光以布儒斯特角从空气入射到水中,又从水中的玻璃表面反射,若这反射光是线偏振光,求玻璃表面与水平面的夹角.($n_\text{水}=1.333,n_\text{玻璃}=1.51$)

14.6　水的折射率为 1.33,太阳射在一池静水上,测得反射光的线偏振光,求太阳的仰角.

14.7　一束线偏振光垂直入射到方解石晶体上,如果光矢量的方向与晶体的主截面成 30°角,求晶体中 o 光、e 光的光强比值. 如果是自然光入射呢?

14.8　光强为 I_0 的圆偏振光垂直通过 1/4 波片后又经过一块透光方向与波片光轴夹角为 15°的偏振片,不考虑吸收,求最后的透射光强.

14.9　如图所示,P_1、P_2 是两个平行放置的正交偏振片 C 是相对入射的 1/4 波片,其光轴与 P_1 的透光方向的夹角为 60°,光强为 I_0 的自然光从 P_1 入射. 求:

(1)讨论各区域光的偏振状态,用符号在图中表示;

(2)计算各区域的光强;

(3)绕光线旋转 P_1,讨论②区的偏振状态变化.

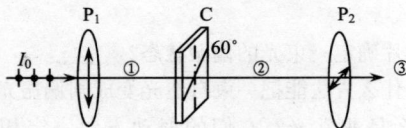

题 14.9 图

第 15 章 光与物质相互作用

光通过物质时,由于和物质相互作用,传播情况会发生变化.这种变化主要表现在两个方面:第一,随着光束深入物质,光强越来越弱,这是因为光的一部分能量被物质吸收,一部分光向各个方向散射所造成的;第二,光在物质中传播的速度小于真空中的光速,而且与频率有关,这就是光的色散现象.光的散射、吸收和色散是光在媒质中传播时的普遍现象,并且是相互联系的.

研究光和物质的相互作用,不仅可以对各种光学现象和光的性质有进一步的理解,而且可以通过对光现象的分析,了解物质的原子、分子结构、测定分子常数等.

15.1 分子光学的基本概念

光是电磁波,物质由分子原子组成,光和物质的相互作用,就是电磁波与原子分子的作用的宏观效应,或者说是原子分子中的带电粒子,在电磁波的作用下做受迫振动,形成振荡电偶极子的集体效应.

设光波的频率为 ω,作用在原子分子中的带电粒子上的有效电场强度为

$$E = E_0 \cos\omega t$$

对于各向同性的媒质,带电粒子所受的电场力为

$$F_1 = qE_0 \cos\omega t = F_0 \cos\omega t \tag{15.1}$$

此外,每一个带电粒子还受其他电荷的作用,当带电粒子在平衡位置附近做微小振动时,这个力可以等效为准弹性力

$$F_2 = -kr \tag{15.2}$$

其中,r 是振移,k 称弹性系数.电偶极子在振荡时,会不断向外辐射电磁波,这种能量损失可以等效为辐射阻尼力的作用

$$F_3 = -\gamma \frac{\mathrm{d}r}{\mathrm{d}t} \tag{15.3}$$

根据牛顿定律,带电粒子的运动方程为

$$F_1 + F_2 + F_3 = m \frac{\mathrm{d}^2 r}{\mathrm{d}t^2} \tag{15.4}$$

将式(15.1)～式(15.3)代入式(15.4),整理得

$$\frac{\mathrm{d}^2 r}{\mathrm{d}t^2} + \beta \frac{\mathrm{d}r}{\mathrm{d}t} + \omega_0^2 r = f_0 \cos \omega t \tag{15.5}$$

其中，$\beta = \dfrac{r}{m}$ 称阻尼系数，$\omega_0 = \sqrt{\dfrac{k}{m}}$ 是偶极子的固有频率，$f_0 = \dfrac{F_0}{m} = \dfrac{qE_0}{m}$. 在第 4 章中已经知道，带电粒子在频率为 ω 的简谐策动力的作用下做受迫振动，到达稳态时，粒子也以 ω（不是其固有频率 ω_0）的圆频率做简谐振动，其表达式为

$$r = A\cos(\omega t + \varphi) \tag{15.6}$$

其中

$$\left. \begin{array}{l} A = \dfrac{f_0}{\sqrt{(\omega_0^2 - \omega^2)^2 + (2\beta\omega)^2}} \\[4mm] \tan\varphi = \dfrac{2\beta\omega}{\omega_0^2 - \omega^2} \end{array} \right\} \tag{15.7}$$

在电场作用下，带电粒子的感生偶极矩

$$\boldsymbol{p} = q\boldsymbol{r} = \frac{q^2 \boldsymbol{E}_0}{m\sqrt{(\omega_0^2 - \omega^2)^2 + (2\beta\omega)^2}} \cos(\omega t + \varphi) \tag{15.8}$$

一般感生电偶极矩与策动电场的关系可写成

$$p = \alpha\varepsilon_0 E = \alpha\varepsilon_0 E_0 \cos\omega t \tag{15.9}$$

其中，α 是分子极化率.

比较式（15.8）与式（15.9）发现分子的感生电偶极矩与光波的策动电场间存在相位差. 当 $\omega \gg \omega_0$ 或 $\omega \ll \omega_0$ 时，偶极子的振幅很小；当 $\omega = \omega_0$ 时振幅最大，而且 $\varphi = \dfrac{\pi}{2}$.

原子分子中的带电粒子大致可分为两类：一类是质量相对很小的电子；另一类是质量大得多的原子核或正负离子.

普通的光波，电磁场强度一般不大（地球表面附近的太阳光的电场强度的振幅约为 $10\,\mathrm{V \cdot m^{-1}}$），但频率很高（紫外光为 $10^{15} \sim 10^{16}\,\mathrm{Hz}$，可见光为 $10^{14} \sim 10^{15}\,\mathrm{Hz}$，红外光为 $10^{12} \sim 10^{14}\,\mathrm{Hz}$），因此，当紫外光和可见光照射时，只有惯性小的电子振子才能跟得上，而惯性很大的重振子（原子核与离子）只有在频率较低的红外光中才振动起来.

一个偶极振子在复色光作用下所产生的振动，是组成复色光的单色成分对其作用所引起受迫振动的叠加.

若分子感生偶极矩与策动电场方向平行，分子极化率的大小与电场方向无关，则称为各向同性分子，各种原子、离子，以及具有高度对称性的分子都是各向同性分子；若分子感生偶极矩不与电场方向平行，分子的极化率的大小与外电场方向有关，则称为各向异性分子. 当媒质中的分子无序分布时，无论是由各向同性分子还

是各向异性分子组成,分子极化率沿各方向的平均值都相等,整个媒质呈各向同性.

在入射光作用下形成的偶极子是次级辐射源. 在各向同性的媒质中,次波源辐射出球面波. 由于物质中的原子分子间的平均距离比光的波长小得多,在数量级为 λ^3 的体积内,含有不低于几百万的原子分子. 例如,1 个大气压下的气体,每立方厘米体积中有约 10^{19} 个分子,在 λ^3 体积内约有 10^6 个分子,在液体、固体中就更多了. 这意味着,在物质中有大量的靠得很近的原子分子,被同一列入射光激发,这样形成的偶极子振动所辐射的诸次波是相干的,次波与入射波也是相干的.

15.2 光 的 散 射

当光束通过光学性质不均匀的物质时,从侧面可以看到光,这个现象称作光的散射. 研究散射光的强度、偏振状态、光谱成分,为深入理解物质的性质、原子分子结构提供了非常丰富的知识.

光通过媒质时,媒质中的带电粒子在入射光的作用下做受迫振动,成为辐射次级波的波源. 以光的波长(10^{-7}m 的数量级)衡量,只要媒质是均匀的,由于次波之间、次波与入射波之间的干涉,结果除了遵从几何光学规律的光线,其余的都将干涉相消,即不产生散射. 要产生散射必须破坏介质的均匀结构.

一、纯净媒质的分子散射

1. 非相干散射

纯净媒质是指不含任何杂质的媒质. 这种媒质对光产生微弱的散射——由分子产生,称分子散射.

光射到稀薄气体上产生的散射光通常是不相干的,这一类散射的理论是瑞利于 1881 年首先提出的,所以也称为瑞利散射. 瑞利认为,由于气体分子的无规热运动,次级波源的分布杂乱无序,因此破坏了各波相位的相关性,产生了散射. 散射光是非相干的,散射光的总光强是各分子散射光的光强叠加. 由于稀薄气体单位体积中作为次级波源的分子数很少,互相间几乎没有影响,作用在分子上的就是光波的电场

$$E = E_0 e^{-i\omega t}$$

分子的感生电偶极矩

$$p = \alpha \varepsilon_0 E_0 e^{-i\omega t} \tag{15.10}$$

沿某一方向传播的散射光,总可以把入射光分解成平行于由入射光和散射光决定的平面的分量 $E_{\parallel}$ 和垂直与该平面的分量 $E_{\perp}$. 感生偶极矩也可分为 $p_{\parallel}$ 和 $p_{\perp}$

分量,则分子散射光强

$$i_{/\!/} = \frac{\omega^4 \alpha^2 \sin^2\theta}{16\pi^2 c^4 r^2} I_{0/\!/} \tag{15.11}$$

$$i_\perp = \frac{\omega^4 \alpha^2}{16\pi^2 c^4 r^2} I_{0\perp} \tag{15.12}$$

其中,$I_{0/\!/}$、$I_{0\perp}$ 分别指入射光平行分量的光强和垂直分量的光强. 从式(15.11)、式(15.12) 可见,沿不同方向的散射光平行分量的强度是不同的,而垂直分量与方向无关.

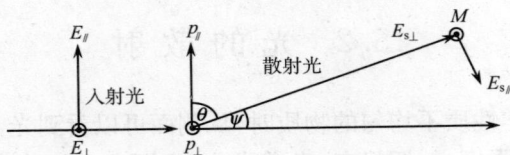

图 15.1　电矩与散射光

当入射光是自然光,则 $I_{0/\!/} = I_{0\perp} = \dfrac{I_0}{2}$,从图 15.1 可知 $\sin^2\theta = \cos^2\psi$,所以一个分子在 M 点产生的散射光强度为

$$i = i_{/\!/} + i_\perp = \frac{\omega^4 \alpha^2 I_0}{32\pi^2 c^4 r^2}(1 + \cos^2\psi) \tag{15.13}$$

如果媒质受照射的体积中共有 N 个分子,则在 M 点的散射光强度为

$$I = Ni \tag{15.14}$$

很容易看出散射光的强度与入射光的频率 ω 的 4 次方成正比,或者说与波长 λ 的 4 次方成反比,即

$$I \propto \frac{1}{\lambda^4} \tag{15.15}$$

太阳光通过大气层时,空气中分子对短波部分散射特别强烈,因此,天空呈蔚蓝色. 清晨和傍晚,阳光通过大气层的距离较中午长,短波被充分散射掉后,人们见到的是一个红彤彤的太阳.

例 15.1　设强度相同、波长分别为 630nm 和 546nm 的两束自然光沿同一方向入射到同一媒质中,求瑞利散射光强之比.

解　自然光的瑞利散射光强与入射光波长的 4 次方成反比,故

$$\frac{I_{s2}}{I_{s1}} = \frac{\lambda_1^4}{\lambda_2^4} = \frac{630^4}{546^4} = 1.77$$

2. 相干散射

一般气体、液体和固体中分子数密度很大,在远远小于入射光波长线度的小体积 ΔV 内有许多分子,这些分子以同一相位振动,因此可以用一个等效的偶极子表示. 由于体积元的有序性,散射光总是相干的. 如果媒质是严格均匀的,即每一个小体积中的分子数相同,干涉的结果是不产生散射光. 然而,热运动破坏了媒质的均匀性,使每个小体积元中的分子数不再相同,形成振幅不等的相干辐射源,结果在形成干涉极小方向也不能完全消光,于是产生了散射光,这称为相干散射. 相干散射的直接原因是媒质的不均匀性,密度的不均匀性、分子各向异性的不均匀性等影响了干涉消光.

相干散射与非相干散射产生同样的效果,散射光强也与瑞利散射光强式 (15.11)～式(15.14)相同.

3. 散射光的偏振状态

如图 15.2 所示,当光矢量 E 沿 x 方向的线偏振光沿 z 轴方向射到由各向同性的分子组成的媒质内,则分子感生电偶极矩的方向也沿 x 方向,M 点的散射光只有平行分量,由式(15.11)可知散射光强与 $\sin^2\theta$ 成正比. 如果入射光是沿 y 方向振动的线偏振光,则在图中 M 点观察到的是垂直分量,由式(15.12)知,这时散射光强度与 θ 角无关.

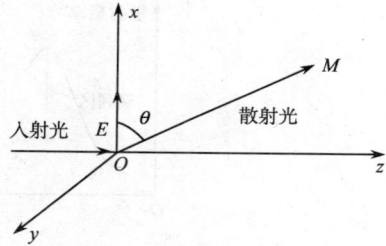

如果入射光是自然光,由于它可分解成

图 15.2　散射光的偏振态

两束强度相等、光矢量相互垂直的独立的线偏振光,所以散射光中也含有相应的两独立线偏振光的分量,散射光的光强则是两独立分量的非相干叠加——光强叠加. 很容易想象,随着 θ 角的变化,光强的水平分量也变化,而垂直分量却保持不变. 在一般位置处,通常散射光是部分线偏振光. 特别的,当 $\theta = \dfrac{\pi}{2}$ 时,水平分量达到最大值——与垂直分量相等,这时的散射光是自然光;当 $\theta = 0$ 或 π 时,水平分量为 0,这时的散射光是垂直于入射光散射光决定的平面的线偏振光.

对于各向异性媒质,情况还要复杂一些,因为一般感生电偶极矩与入射光光矢量的方向不一致. 而且,当用线偏振光照射这类物质时,侧向的散射光往往是部分偏振光,这种现象称为退偏振. 定义退偏振度

$$\Delta = 1 - P \tag{15.16}$$

其中,P 是散射光的偏振度. 液体的退偏振度比气体大,如 C_6H_6 的退偏振度为

44%,CS_2 的退偏振度为 68%. 测量物质的退偏振度 Δ 可以帮助研究分子结构.

需要指出,散射和衍射都是由于媒质的不均匀性所引起的,但是二者具有明显的区别. 衍射是由个别的不均匀区域(个别的孔、缝或微小障碍物等)影响光的传播而造成的,这些不均匀区域的起主要衍射作用的线度,一般可与光的波长相比拟;而散射是由大量的排列不规则的不均匀小区域集体影响光的传播所造成的,这些小区域的线度比光的波长小,尽管每一个小区域也会产生衍射,但由于排列的不规则,各小区域的衍射光强之间的非相干叠加,就整体而言,观察不到衍射现象.

二、浑浊媒质的散射

在均匀的气体或液体中,如果散布着一些稍大的液体或固体质元,形成胶体、乳浊液、悬浊液、烟、雾等混合体. 这些质元的线度与光的波长有相同的数量级,或者更大一些,折射率与周围的均匀媒质不相同. 人们从视觉上感到这种混合物体的透光度不好,故称其为浑浊媒质. 媒质的这种浑浊性正是由大颗粒质元的非选择性散射造成的.

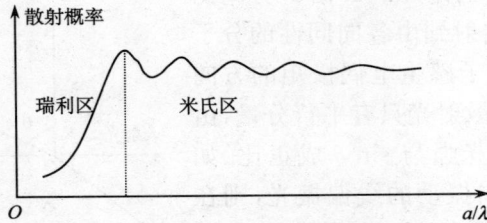

图 15.3　散射媒质颗粒大小与散射规律

在浑浊媒质中的大颗粒散射质元的范围内,入射光波的场强不能再视为均匀,因此感生的电矩,除了偶极矩以外,还有更高级的电矩. 米氏和德拜分别于 1908 年和 1909 年把散射质元看做半径为 a 的球形,提出电磁波散射的理论.

如图 15.3 所示,图中的纵坐标是散射概率,在入射光相同的条件下,散射概率越大,散射光的强度也越大;横坐标是散射球半径与入射光波长之比. 由图可见,当这个比值很小时,瑞利的 λ^4 反比律适用,当这个比值接近 1 或大于 1 时散射光的强度对波长的依赖关系就不明显了. 云层是由大量的半径与可见光波长相近的水滴组成,当太阳光照射在上面时,云对所有波长的光都一视同仁地散射,所以看到的云是白色的.

三、拉曼散射

如图 15.4(a)所示,用强准单色光源照射某些气体、液体或透明晶体,在垂直于入射光的方向,用光谱仪拍摄散射光的光谱. 发现在散射光的光谱图中除了与入射光频率 ν 相同的谱线以外,在 ν 的两侧对称地出现一系列谱线,如图 15.4(b)所示. 频率低于 ν 的谱线称为红伴线(也称斯托克斯线),频率高于 ν 的谱线称为紫伴线(也称反斯托克斯线). 拉曼散射现象是印度物理学家拉曼于 1928 年发现的.

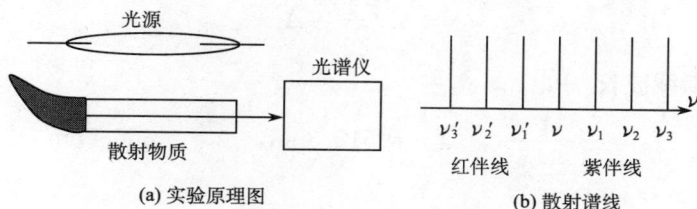

图 15.4 拉曼散射

对于拉曼散射既可以用经典理论解释,也可以用量子理论解释. 本节只给出经典解释.

如果无光照射时,散射媒质的分子是静止的,则在入射光波的电场

$$E = E_0 \cos\omega t$$

的作用下,感生的分子电偶极矩

$$p = \alpha\varepsilon_0 E_0 \cos\omega t$$

但是,实际上无光照射时,媒质的分子有其电矩,并以 ν_0 的固有频率振动着,这种振动将影响极化率,注意到 $2\pi\nu_0 = \omega_0$,则极化率

图 15.5 拉曼
(Sir Chandrasekhara Venkata
Raman 1888~1970)

$$\alpha = \alpha_0 + \alpha_1 \cos\omega_0 t \tag{15.17}$$

所以

$$
\begin{aligned}
p &= \alpha\varepsilon_0 E_0 \cos\omega t \\
&= \alpha_0\varepsilon_0 E_0 \cos\omega t + \alpha_1\varepsilon_0 E_0 \cos\omega t \cos\omega_0 t \\
&= \alpha_0\varepsilon_0 E_0 \cos\omega t + \frac{1}{2}\alpha_1\varepsilon_0 E_0 [\cos(\omega-\omega_0)t + \cos(\omega+\omega_0)t]
\end{aligned}
$$

可见感生的分子电矩的振动频率有 ν 和 $\nu\pm\nu_0$,其辐射的次波(散射光)的频率也具有这三种频率. 其中 $\nu_1' = \nu - \nu_0$ 对应红伴线,$\nu_1 = \nu + \nu_0$ 对应紫伴线.

由于分子的固有频率不止一个,因此还有 ν_2'、ν_3'、ν_2、ν_3 等.

例 15.2 以氩离子激光($\lambda = 488.0$nm)入射进行拉曼散射实验,测得拉曼谱线与入射光的波数 $\left(\dfrac{1}{\lambda}\right)$ 差为 992、1586. 计算各斯托克斯线与反斯托克斯线的波长.

解　由已知条件,波数差

$$\Delta = \pm \left(\frac{1}{\lambda_0} - \frac{1}{\lambda_S} \right) \begin{cases} \text{"—" 表示紫伴线} \\ \text{"+" 表示红伴线} \end{cases}$$

$$\lambda_S = \frac{1}{\dfrac{1}{\lambda_0} \mp \Delta}$$

解得斯托克斯线波长

$$\lambda_S = \frac{1}{\dfrac{1}{\lambda_0} \mp 992}, \quad \lambda_{S1} = 512.8\,\text{nm}, \quad \lambda_{S1}' = 465.5\,\text{nm}$$

同理得

$$\lambda_{S2} = 528.9\,\text{nm}, \quad \lambda_{S2}' = 452.9\,\text{nm}$$

用经典理论对拉曼散射是不完善的,特别是无法说明实验所观察到的紫伴线比红伴线弱得多的事实.

15.3　光　的　吸　收

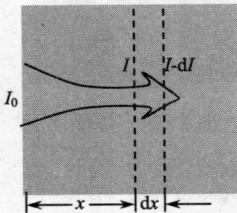

图 15.6　光的吸收

光的强度随着透入媒质的深度的增加而减弱的现象,是由媒质对光能的吸收和向各个方向散射而造成的.任何媒质或多或少对光都有所吸收,因此 100% 的透明媒质只是一种理想模型.

如图 15.6 所示,一束光在均匀媒质中传播 $\text{d}x$ 距离,光强由 I 减弱为 $I - \text{d}I$,光能量增量

$$-\text{d}I \propto I\text{d}x$$

负号表示实际是减弱,选择比例系数 β,则

$$\text{d}I = -\beta I \text{d}x$$

$$\beta = -\frac{\text{d}I}{I\text{d}x} \tag{15.18}$$

其中,β 称为吸收系数,即单位长度上媒质对光的吸收率.

在入射表面处光强为 I_0,在媒质中传播了 x 距离后光强减弱为 I,则有

$$\int_0^x \beta \text{d}x = \int_{I_0}^I -\frac{\text{d}I}{I}$$

$$\beta x = -\ln \frac{I}{I_0}$$

$$I = I_0 e^{-\beta x} \tag{15.19}$$

1760年朗伯特就从实验得到式(15.18)的结果,所以也称为朗伯特定律.

光在传播过程中强度减弱的原因有两个:其一,能量真的被媒质吸收而转化为媒质的内能,这称为真吸收;其二,光被媒质中的颗粒散射而分散了能量.以 β_a 和 β_s 表示与真吸收和散射所对应的吸收系数,则

$$\beta = \beta_a + \beta_s \tag{15.20}$$

$$I = I_0 e^{-(\beta_a + \beta_s)x} \tag{15.21}$$

对于均匀媒质,如常温下的液体和固体,由于散射光的干涉相消,散射衰减的光能量可以忽略不计,光强衰减主要来自真吸收.对于非均匀媒质和稀薄气体,衰减光能量起主要作用的是散射.

如果媒质对各种波长的光的吸收程度相同,即吸收系数 β 与 λ 无关,则称为普遍吸收.普遍吸收只改变光的强度,不改变光的颜色.空气、纯净水、不含金属的玻璃在可见光范围内都是普遍吸收.

如果媒质对不同波长的光的吸收程度不同,即吸收系数 β 是 λ 的函数,则称为选择吸收.选择吸收不但改变光的强度,而且改变复色光的颜色.例如,在玻璃中掺入一些金属,形成选择吸收,就可以制成彩色的玻璃.红色的玻璃能把白光中除了红色以外的光都吸收掉.太阳光是白色的,可是在阳光照耀下,却能看到一个五彩缤纷的世界,这多半是选择吸收的结果.

在整个电磁波谱范围内,不存在普遍吸收的媒质.例如,大气层对波长为300～700nm 的电磁波是透明的,但是对于波长小于 300nm 的紫外线和波长大于 700nm 的红外线却并不完全透明,大气中的臭氧对紫外线有强烈的吸收作用,而红外线将被大气中的水蒸气大量吸收.

对于一般强度的光,吸收系数 β 与吸收层的厚度 x 和入射光的强度 I_0 无关,对于强光(如激光), β 与光强有很复杂的关系,这属于强光光学(非线性光学)的范畴.

15.4 光 的 色 散

媒质的折射率随光的波长而变化的现象称为色散,早在11世纪,我国已有关于天然晶体色散现象的记载,北宋初年杨亿著的《杨文公谈苑》一书中说:"嘉州峨眉山有菩萨石,人多收之,色莹白如玉……日射之有五色……"

一、正常色散

1672年,牛顿用三棱镜把太阳光分解为从红色到紫色的彩色光带,后来他又利用正交棱镜法,得到了色散的实验曲线.如图15.7所示,P_1、P_2 是棱边彼此垂直的一对三棱镜,平行白光入射.若只有 P_1 没有 P_2,则会聚透镜 L 的焦平面上是一

条由紫到红的平直彩带；当 P_1、P_2 同时存在,会聚透镜 L 的焦平面上是一条由紫到红的斜彩带,若 P_1、P_2 是同一种材料制成,则斜彩带是直的,若 P_1、P_2 由不同材料所制,则斜彩带是弯曲的.

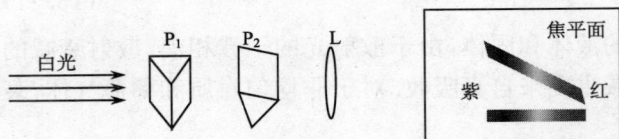

图 15.7　光的色散

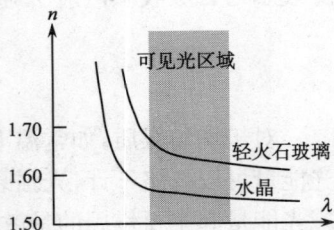

图 15.8　正常色散曲线

实验结果表明,凡是在可见光范围透明(即对可见光吸收很小)的物质,都具有相似的色散曲线. 图 15.8 是水晶和轻火石玻璃的色散曲线,具有 n 随着 λ 的增加而单调下降的特点的色散称为正常色散. 1836 年柯西根据实验结果,得到一个描述正常色散的经验公式

$$n = A + \frac{B}{\lambda^2} + \frac{C}{\lambda^4} \tag{15.22}$$

此式称为柯西公式,其中,A、B、C 是由材料确定的常数. 当 λ 的变化范围不大时,柯西公式可简化为

$$n = A + \frac{B}{\lambda^2} \tag{15.23}$$

二、反常色散

如果把对色散的测定延伸到紫外和红外波段,则发现在可见光波段为透明的物质的色散曲线呈现反常现象. 图 15.9 是石英的色散曲线,在可见光区域符合柯西公式,从 A 点开始接近吸收带时折射率下降陡然加快,色散曲线与柯西公式显著偏离. 在吸收带内,因光强极弱,很难测定折射率. 过了吸收带,到长波一侧,折射率突然增到很大的值. 由于 AB 区间的色散曲线不符合柯西公式,所以称为反常色散. 事实上,任何物质的色散曲线,在其吸收带附近都有图 15.10 中 AB 段的形状,这是一种普遍规律,反常色散并不反常.

吸收和反常色散有着密切的关系,图 15.10(a)是某一媒质在某一波段的色散曲线,λ_0 是分子固有频率所对应的波长；图 15.10(b)是相应的吸收曲线,$\Delta\lambda$ 是吸收带宽. 如果入射光的频率在分子固有频率附近,将发生强烈的吸收,而吸收也总是发生在反常色散区.

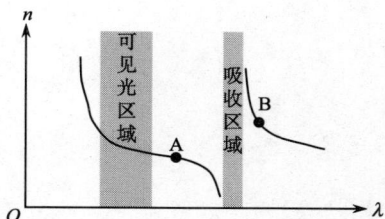

图 15.9　石英的色散曲线

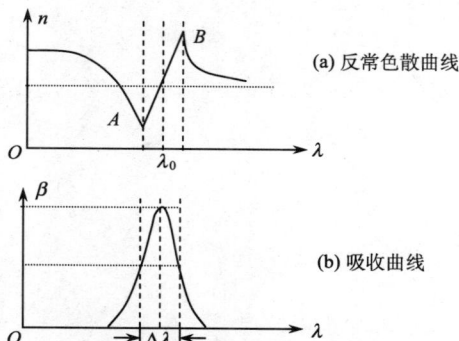

图 15.10　反常色散与吸收

思 考 题

15.1　为什么说瑞利散射理论只适用于稀薄气体?

15.2　为什么从点燃的香烟上冒出的烟是淡蓝色的,而吸烟者呼出的烟却是白色的?

15.3　在没有大气层的太空看到的天空是什么颜色的? 为什么?

15.4　试从原子分子的角度说明,任何媒质的吸收都具有选择性.

习 题

15.1　设强度相同、波长分别为 253.6nm 和 546.1nm 的两束光沿同一方向入射到同一媒质中,求:瑞利散射光强之比.

15.2　太阳光从一小孔射入暗室,室内的人分别在垂直于光传播方向和与光传播方向成 45°方向处测量散射光强,问:假如散射是瑞利散射,两次测量值的比值是多少?

15.3　一束光通过媒质,用偏振片和光强计进行测量.迎着光测量,偏振片的起偏方向竖直时光强最大,偏振片的起偏方向水平时光强为 0.再从侧面测量散射光,偏振片的起偏方向竖直时的光强与偏振片的起偏方向水平时的光强的比值为 20:1.试计算散射光的退偏振度.

15.4　苯(C_6H_6)的拉曼散射中测得一组谱线与入射光的波数$\left(\dfrac{1}{\lambda}\right)$差为 607、1178 .若入射光是氩离子激光($\lambda = 488.0$nm),计算各斯托克斯线与反斯托克斯线的波长.

15.5　一玻璃管长 3.50m,内储标准大气压下的某种气体.若在此条件下气体的吸收系数 $\beta = 0.1650 \text{m}^{-1}$,求透射光强与入射光强之比.

15.6　媒质的对某种准单色光的真吸收系数 $\beta_a = 0.32 \text{cm}^{-1}$,两次测得透射光强分别是入射光强的 10%、50%,求相应媒质的厚度.

15.7　一个长为 30cm 的管子中有含烟气体时能透过 60% 的光,将烟除净后能透过 92% 的光.假设烟粒对光只散射不吸收,求烟的散射系数和气体的吸收系数.

第四篇　热　　学

　　热学研究的是物体的冷热性质及其变化规律的学科. 冷热是人们对自然界的一种最普通的感觉. 在对物体冷热的客观性质以及有关现象的研究过程中,人们建立了温度的概念,并用它来表示物体的冷热程度. 当物体的温度发生变化时,物体的许多性质也将发生变化. 与温度有关的物理性质的变化,统称为热现象. 由观察和实验总结出来的热现象规律,构成热现象的宏观理论,叫热力学. 从物质的微观结构出发,即从分子、原子的热运动和它们之间的相互作用出发,去研究热现象的规律的理论称作统计物理学. 专门研究气体的热现象规律的统计物理学理论称为气体动理论. 热力学和气体动理论,在对热现象的研究上,起到了相辅相成的作用. 热力学对热现象给出普遍而可靠的结果,可以验证微观理论的正确性;气体动理论则可深入到热现象的本质,使热力学的理论获得更深刻的意义.

　　历史上,热学的发展曾有力地推动过产业革命,18 世纪初的欧洲,由于航海和海外贸易的巨大发展,钢铁和各种工业品的需要大大增加,出现了蒸汽机. 蒸汽机在工业上的广泛应用,促进了工业的迅速发展,并促使人们对于水和蒸汽,以及其他物质的热的性质作深入的研究,因而推动了热学实验的发展. 热机、制冷机的发展,化学、化工、冶金工业、气象学的研究,以及核反应堆的设计等,都与热学理论有着极其密切的关系. 热学所包含的基本概念、基本定律和基本理论,不仅是物理学各分支学科的理论基础,而且也越来越成为化学、生物、工程技术科学甚至社会科学的理论基础,而且随着科学技术的发展,人类对物质世界的研究又深入到高温、高压、高真空和超低温等极端条件下的各个领域. 在本篇中,我们将介绍统计物理的基本概念和气体动理论的基本内容以及热力学的基本定律.

第 16 章　气体动理论

16.1　物质的聚集态

一、聚集态及其物理特性

当大量分子、原子或其他粒子,在一定条件(温度和压强)下聚集为一种稳定的结构时,称为物质的聚集态. 我们已经知道,组成物质的分子、原子或其他粒子都在做无规热运动,而且它们之间还存在着相互作用. 它们之间的吸引作用使它们相互聚集在一起,而热运动又使它们相互分离. 正是这两种相互矛盾的作用,使物质在不同外界条件下,处于不同的物质状态. 在一般情况下,任何一种物质在不同温度、压强和外场作用下,将呈现出不同的状态. 例如,水是分子 H_2O 的集合体,在不同条件,可以成为气(水蒸气)、液(水)和固(冰)三种状态,即通常所谓的物质的三态.

物质处在不同的聚集态时,具有不同的物理特性. 从宏观特征来看,在一定条件下,固态具有固定的形状和体积;液态具有流动性,没有一定的形状,但体积固定不变;气态也具有流动性,没有一定的形状和体积,它总是充满整个容器,因而它的形态和体积随容器而定. 从物质的微观结构来说,固体可分成晶态与非晶态. 晶态物质也称晶体,其内部分子或原子呈规则(对称和周期性)排列,因此具有许多对称的性质;而非晶态固体,简称非晶体,其内部分子的排列没有明显的规则性. 这种固体,如玻璃、沥青、塑料等,在常温常压下,虽然也具有固定的体积和外形,也不具有明显的流动性,但其内部结构与液体相似,所以称这种物质状态为玻璃态.

若将气态物质加热,使其温度升高至几万,甚至几十万摄氏度时,由于在这样的高温下,原子或分子的运动十分剧烈,它们之间的碰撞使原子中的电子脱离原子核的束缚而电离出来,成为自由电子,而原子也因失去电子成为带正电的离子. 这时整个物质成为带正电的离子和带负电的电子组成的集合体,而且在任何宏观体积内所包含的正负电荷的量相等. 这种由两种等电量的离子组成的聚集态称作等离子态. 等离子态具有不同于固体、液体和气体的特殊性质,称为物质的第四态.

二、热学系统的描述方法

宏观物体如气体、液体、固体和等离子体都是由大量微观粒子(分子、原子、离子、电子等)组成的,这些微观粒子以各自的方式相互作用,并处于不停顿的无规则的运动之中. 对这种大量微观粒子的无规则热运动的描述通常采用两种方法:宏观的方法和微观的方法.

　　热学研究的宏观方法采用少数几个能直接感受的和可观测的量,如体积、压强、温度和浓度等,用它们来描述和确定系统所处的状态.这些可以感受和观测的量称为宏观量或者宏观的状态参量.人们从生活实践的大量观察中发现,宏观状态参量之间是有联系的,它们的变化是互相制约的,必须遵循几个基本的热学规律,如热力学的第零定律、第一定律、第二定律和第三定律.正是这些热力学的基本定律构成了热学研究的宏观方法的基本出发点和依据.因此,宏观描述是一种大尺度、粗线条、感性的描述.用这种方法研究热现象的学科有热力学、不可逆过程的热力学等.它们属于宏观理论或者唯象理论的范畴.

　　用微观方法研究物质热运动性质的学科有分子动力论、统计物理学等.这些学科基于物质结构的原子分子学说,认为系统是由大量微观粒子(统称为分子)所组成的.从经典力学的观点看,分子的运动状态可以用坐标 q_i 和动量 $p_i (i=1, 2, \cdots, N)$ 来确定,N 是系统包含的总分子数目.整个系统所处的状态可以用 $2N$ 个微观量 $(q_1, \cdots, q_N; p_1, \cdots, p_N)$ 来确定.微观坐标及与之相联系的力学量如分子的动量、动能、角动量等称为微观量或者微观状态参量.微观量不能直接感受并加以测量,故用微观描述讨论物质热运动性质的通常做法是:假设物质分子结构的一定的微观模型,从理论上讨论物质热运动必须遵循的规律,把理论研究得到的结论与实验相比较,加以验证.因此,人们常常把用这种方法研究物质热运动性质的学科称为唯理的学科或者微观理论.

　　热学研究的宏观方法和微观方法,初看起来,出发点很不相同,不可能有什么联系;但进一步的研究表明两者实际上联系紧密,因为描述系统宏观态的状态参量是系统的相应的微观量的统计平均值.譬如,气体压强这个宏观可观测的状态参量,就是气体分子碰撞容器器壁过程中,单位时间内作用于器壁单位面积的冲量的统计平均值.事实上,尽管气体分子的运动状态千变万化,如在标准状态下,$1cm^3$ 的气体中约有 3×10^{19} 个气体分子;每个分子在每秒钟里大约经受几十亿次与其他分子的碰撞.在每平方厘米的容器壁上每秒钟约经受 10^{24} 次气体分子的碰撞.但是,经验告诉我们,一定状态下气体的压强仍维持完全确定的数值.这种系统的个别微观运动状态的偶然性和它在宏观上表现出来的确定的规律性,是大量分子组成的物质的热运动形式区别于其他物质运动形式的一个基本特点,称为统计规律性.因此,尽管组成物质的微观粒子的运动规律可以由经典的牛顿力学加以确定,服从力学规律性,但对于解决热学的问题,求解 N 个粒子的运动方程来说,是既不可能又非必要的,因为物质热运动的规律已经不遵从力学规律性,而遵从统计规律性.把热学的统计规律性等同于力学规律性或者还原为力学规律性都是不恰当的.

　　除了统计规律性这一基本特点之外,热学研究还有一个基本特点,就是一切热现象和物质热运动的性质都与表示物体冷热程度的物理量——温度有关.

综上所述,研究物质热运动形式的两种方法是互相区别又互相联系的. 建立于实验观测基础上的热力学方法得到的结论,具有相当的普遍性,但它不如统计物理学方法得到的结果具体和深刻;反之,统计物理学方法往往从特定的微观模型出发讨论问题,故得到的结果不如热力学方法更具普遍的意义. 热学研究往往是这两种方法的结合,相辅相成,使问题迎刃而解.

16.2 温 度

一、温度与热力学第零定律

热学中用来描述系统状态的一个独特的宏观状态参量是温度,它是和热平衡概念直接相联系的. 设两个系统 A、B 被一刚性板隔开,如图 16.1 所示. 为了便于理性分析,设想有两类刚性板. 一类称为"隔热板",它能隔绝两系统间的能量传递,被它隔开的两个系统的状态可以各自独立地改变而互不影响. 厚的石棉板、水泥板或聚苯乙烯板等可近似地当作隔热板. 另一类称作"导热板",被它隔开的两个系统可以通过它传递能量,因而发生相互影响,其中一个系统状态的改变会引起另一系统的状态也发生改变. 金属板就是一种导热板.

被导热板隔开的两个系统不可能任意地各自达到自己的任一平衡态,二者的平衡态总是联系在一起的. 由导热板隔开(或直接接触)的两个系统达到一个共同的平衡态(即二者的状态同时都不再改变)时,可以说这两个系统处于平衡态,或者说,它们达到了热平衡.

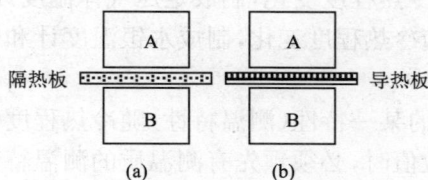

图 16.1 隔热与导热

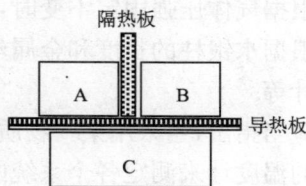

图16.2 热力学第零定律说明

关于热平衡有一个很重要的实验定律(参看图 16.2)是:如果系统 A 和系统 B 分别与系统 C 的同一状态处于热平衡,那么当 A 和 B 接触时,它们也必定处于热平衡. 这一规律称为热力学第零定律. 由热力学第零定律可知,对互为热平衡的系统,可以用一个共同的宏观物理量来标记. 这个决定一个系统是否与其他系统处于热平衡的宏观量称为温度. 由此定义一切互为热平衡的系统的温度必定相等.

以上引入的温度概念与人们日常对温度(表示物体的冷热程度)的认识是一致

的. 根据日常感觉, 当两个冷热程度不同的物体热接触时, 冷的变热, 热的变冷, 最后两物体的冷热程度达到相同. 也就是说, 当两个处在不同平衡态(温度不同)的物体热接触时, 经过足够长的时间后, 两者达到热平衡(即二者的温度相等).

对于温度的概念, 还须注意如下两点: 第一, 温度是描述系统宏观特性的物理量, 是组成宏观系统的大量微观粒子热运动的集体表现, 因而谈论一个粒子或很少几个粒子的'温度'是没有意义的; 第二, 温度表征宏观系统处于热平衡时的性质, 对于处在非平衡态的系统, 温度的概念失去意义, 最多只能有保留地使用. 例如, 在电离气体中存在着大量的质量很小的电子和质量较大的离子, 经过碰撞, 它们分别达到各自的"平衡分布", 可以说具有各自的温度, 即电子温度和离子温度. 由于电子和离子的质量相差悬殊, 它们相互碰撞时几乎不能交换能量, 致使电子和离子在观察的时间内达不到平衡, 整个电离气体处于非平衡态, 因而不存在统一的温度. 以上所讲的温度的概念是它的宏观定义, 温度的微观本质, 即它和分子运动论的关系将在 16.3 节中介绍.

二、实用温标

热力学第零定律不仅建立了温度概念的实验基础, 而且还指明了比较温度的方法. 由于互为热平衡的物体的温度相等, 所以在比较两物体的温度时, 不必将这两个物体直接热接触, 只需用一个"标准"物体分别与这两个物体进行热接触就可以了. 这个作为标准的物体称为温度计. 一般说来, 任何物质的任何特性, 只要它们随冷热程度发生显著的单调变化, 都可以被用来计量温度, 制成各种温度计. 例如, 可以根据气体体积固定不变时, 其压强随冷热程度变化, 制成定体气体温度计; 也可以根据气体压强固定不变时, 其体积随冷热程度变化, 制成定压气体温度计; 还可以根据水银柱的长度和金属丝的电阻随冷热程度变化, 制成水银温度计和电阻温度计等.

应当指出, 当采用某一物质(测温质)的某一特性(测温特性)随冷热程度变化制成的温度计来测定各个系统的温度的数值时, 必须预先有测温质的测温特性本身对温度的定量依赖关系, 这只能依靠人为的规定. 人们通常规定自然界中某一确定的状态(如水的三相点)的温度值, 并令测温质的测温特性与温度呈最简单的线性关系. 作了这样的规定之后, 我们就说确定了一个温标.

很明显, 在上述关于温标的人为规定下, 必然会出现这样的局面: 处在一个确定状态下的宏观系统, 用不同的温度计进行测量时, 所得的温度值也不同, 即选择不同的测温质或不同的测温特性而确定的温标(称经验温标)并不互相一致. 因而在经验温标之下, 无法对热力学问题进行严密的理论探讨. 为了解决这个问题, 人们曾建立了以理想气体作为测温质的理想气体温标, 它跟个别气体的性质无关, 只跟气体的通性有关, 这就大大地减少了温标对测温质和测温特性的人为依赖性. 后来,人们在热力学第二定律的基础上建立了与测温质无关的绝对热力学温标,才完满地解决了这个"人为性"问题.还可以证明:在理想气体温标有意义的情况下,绝对热力学温标与理想气体温标是一致的.下面介绍理想气体温标.

对一定质量的理想气体,在一定温度下,其压强 p 和体积 V 的乘积为常数.即

$$pV = 常数 \tag{16.1}$$

温度不同,这常数值也不同.所以可以定义一个温标,称作理想气体温标,这一温标指示的温度值与该温度下一定质量的理想气体的 pV 乘积成正比,以 T 表示理想气体温标指示的温度值,则上述定义可写成

$$pV \propto T \tag{16.2}$$

为了给出任意温度的确定数值,只要规定某一个特定温度的数值就可以了. 1954 年国际计量大会规定的标准温度定点为水、冰和水汽共存而达到平衡态时的温度.这个温度称为水的三相点温度,以 T_3 表示,其数值规定为

$$T_3 = 273.16\text{K} \tag{16.3}$$

以 p_3、V_3 表示一定质量的理想气体在水的三相点温度下的压强和体积,以 p、V 表示该气体在任意温度 T 时的压强和体积,由式(16.2)和式(16.3)得 T 的数值为

$$T = T_3 \frac{pV}{p_3V_3} = 273.16 \frac{pV}{p_3V_3} \tag{16.4}$$

这样,只要测定了某状态的压强和体积的值,就可以确定该状态相应的温度值.

实际上测定温度时,总是保持一定质量的气体的体积(或压强)不变而测它的压强(或体积),这样的温度计称作定体(或定压)温度计.图 16.3 为定体气体温度计的示意图.A 为测温泡,内盛有一定质量的气体,经毛细管 M 与水银压强计的左侧 B 连接.测温时,将测温泡与被测系统相接触,上下移动压强计的右侧 B′. B 中的水银面在各种温度下始终固定在同一位置 O,以保持气体的体积不变.当待测系统的温度不同时,气体的压强也不同,这个压强可由压强计两侧水银面的高度差 h 和 B′上面的大气压计算出来.于是,就可以根据压强随温度的变化来测定温度.如以 p 表示测得的气体压强,则据式(16.4)可求出待测温度数值为

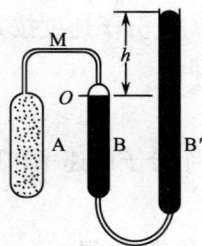

图 16.3 定体气体温度计

$$T = \frac{p}{p_3} \times 273.16\text{K} \tag{16.5}$$

还有一种常用的温标是摄氏温标.以 t 表示摄氏温度(单位记作℃),它的定

义是

$$t = T - 273.15 \tag{16.6}$$

由式(16.6)可知,热力学温度 $T = 273.15\text{K}$ 为摄氏温度的零点($t = 0\,℃$);

至此,我们定义了温度的概念,而且知道了在实验中如何测定温度. 另外,也可以把温度这个宏观量作为系统的一个态参量.

16.3　理想气体

一、理想气体的压强

气体对器壁的压强是由于气体分子碰撞而产生的. 为简单起见,这里讨论理想气体的压强. 对理想气体的分子模型,做如下假定:

(1) 气体分子的线度与气体分子之间的距离比较,可以忽略不计. 气体分子可看做是不计大小的小球,运动时遵守牛顿运动定律.

(2) 除碰撞的瞬间外,分子之间和分子与器壁之间的相互作用可略去不计.

(3) 每个分子可视为完全弹性的小球,分子间的碰撞或分子与器壁的碰撞均是完全弹性碰撞,遵守能量和动量守恒定律.

再考虑统计假定,气体处在平衡状态时:

(1) 分子按位置的分布是均匀的. 在容器中任一位置,单位体积内的分子数均相同,即分子数密度 n 处处相同,并且有

$$n = \frac{\mathrm{d}N}{\mathrm{d}V} = \frac{N}{V} \tag{16.7}$$

(2) 分子速度按方向的分布是均匀的. 分子沿任一方向的运动的概率是一样的,即

$$\overline{v_x^2} = \overline{v_y^2} = \overline{v_z^2} \tag{16.8}$$

而每个分子的速率和速度分量的关系为

$$v^2 = v_x^2 + v_y^2 + v_z^2$$

取平均值,可得

$$\overline{v^2} = \overline{v_x^2} + \overline{v_y^2} + \overline{v_z^2} \tag{16.9}$$

比较式(16.8)和式(16.9)可得

$$\overline{v_x^2} = \overline{v_y^2} = \overline{v_z^2} = \frac{1}{3}\,\overline{v^2} \tag{16.10}$$

由上述假设,可以定量地推导理想气体的压强公式. 单个气体分子撞击器壁时就给器壁一个冲量,但它并不是宏观上测量的气体的压强. 考虑面积为 $\mathrm{d}A$ 的那部分器壁,如图 16.4 所示. 在 $\mathrm{d}t$ 时间内有大量的气体分子撞击到这部分器壁,设这

些分子给器壁的总冲量是 $\mathrm{d}I$,气体对器壁的平均
作用力就是 $\mathrm{d}I/\mathrm{d}t$,器壁单位面积上所受的平均
力,就是宏观上测量的气体的压强

$$p = \frac{\mathrm{d}F}{\mathrm{d}A} = \frac{\mathrm{d}I}{\mathrm{d}A\mathrm{d}t} \qquad (16.11)$$

设器壁是光滑的. 在碰撞前后,每个分子的 y、
z 方向的速度分量不变,只有 x 方向的速度变化.
考虑速度为 v_{ix} 的分子,与器壁碰撞前后的动量由
mv_{ix} 变为 $-mv_{ix}$,则该分子所受的冲量为
$-2mv_{ix}$,即每个分子对器壁的冲量应是 $2mv_{ix}$,方
向与器壁 $\mathrm{d}A$ 垂直.

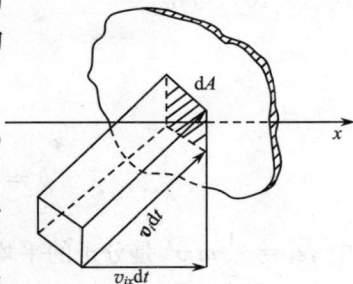

图 16.4 理想气体压强公式的推导

考虑在 $\mathrm{d}t$ 时间内速度在 $\boldsymbol{v}_i$ 附近的分子有多少能够碰到 $\mathrm{d}A$ 面积上? 凡是在底
面积为 $\mathrm{d}A$,斜高为 $v_i\mathrm{d}t$ (高为 $v_{ix}\mathrm{d}t$)的斜形柱体内的分子在 $\mathrm{d}t$ 时间内都能与 $\mathrm{d}A$
相碰. 该斜柱体的体积为 $v_{ix}\mathrm{d}t\mathrm{d}A$,设速度在 $\boldsymbol{v}_i$ 附近的分子数密度为 n_i,则柱体内
这类分子数为

$$n_i v_{ix}\mathrm{d}A\mathrm{d}t$$

这些分子在 $\mathrm{d}t$ 时间内对 $\mathrm{d}A$ 的总冲量为

$$n_i v_{ix}\mathrm{d}A\mathrm{d}t(2mv_{ix})$$

考虑各种速度的分子与器壁 $\mathrm{d}A$ 相碰撞. 只要把上式对所有 $v_{ix} > 0$ 的分子求和(因
为 $v_{ix} < 0$ 的分子不会撞向器壁 $\mathrm{d}A$),可得 $\mathrm{d}t$ 时间内具有各种速度的分子对 $\mathrm{d}A$ 的
总冲量为

$$\mathrm{d}I = \sum_{(v_{ix}>0)} 2mn_i v_{ix}^2 \mathrm{d}A\mathrm{d}t$$

考虑分子运动的无规则性,撞向器壁 $\mathrm{d}A$ 和背离器壁 $\mathrm{d}A$ 的分子数应该各占总分子
数的一半. 所以对全部分子求和,则有

$$\mathrm{d}I = \frac{1}{2}\Big[\sum 2mn_i v_{ix}^2 \mathrm{d}A\mathrm{d}t\Big] = \sum mn_i v_{ix}^2 \mathrm{d}A\mathrm{d}t$$

由式(16.11),可得

$$p = \frac{\mathrm{d}F}{\mathrm{d}A} = \frac{\mathrm{d}I}{\mathrm{d}t\mathrm{d}A} = \sum mn_i v_{ix}^2 = m\sum n_i v_{ix}^2$$

其中

$$\sum n_i v_{ix}^2 = n\,\overline{v_x^2}$$

n 为总分子数密度,所以

$$p = nm\,\overline{v_x^2}$$

由式(16.10),可得

$$p = \frac{1}{3}nm\overline{v^2} \tag{16.12}$$

又可写为

$$p = \frac{2}{3}n\left(\frac{1}{2}m\overline{v^2}\right) = \frac{2}{3}n\,\overline{\varepsilon}_t \tag{16.13}$$

其中,$\overline{\varepsilon}_t = \frac{1}{2}m\overline{v^2}$ 是分子的平均平动动能.

式(16.12)和式(16.13)就是气体动理论的**理想气体的压强**公式. 它把宏观量 p 和微观量$\overline{v^2}$ 及 $\overline{\varepsilon}_t$ 联系起来,给出了它们的定量的关系.

(1) 从压强公式的推导过程看出,气体在宏观上施于器壁的压强,等于所有分子单位时间内施于单位面积器壁的冲量,这就是压强的微观本质;

(2) 压强 p 与分子数密度 n 和气体分子的平均平动动能$\overline{\varepsilon}_t$ 成正比;

(3) 在推导压强公式时,不但使用了力学定律,也使用了统计的方法. 因此,压强公式反映的不仅是单纯的力学规律,也是一个统计规律.

二、温度的微观意义

从理想气体的微观模型导出了压强公式. 另外,根据理想气体物态方程,也可得到压强公式. 理想气体的物态方程为

$$pV = \frac{M}{\mu}RT$$

因为 $M = Nm$, $\mu = N_0 m$(这里 m 是一个分子的质量,μ 是摩尔质量),则

$$p = \frac{N}{V}\frac{R}{N_0}T$$

其中,$\dfrac{N}{V} = n$ 是分子数密度.

$$\frac{R}{N_0} = k = \frac{8.31}{6.022 \times 10^{23}} = 1.38 \times 10^{-23}(\text{J} \cdot \text{K}^{-1})$$

称为玻尔兹曼常量,则

$$p = nkT \tag{16.14}$$

比较式(16.13)和式(16.14),可得

$$\frac{2}{3}n\,\overline{\varepsilon}_t = nkT$$

或

$$\overline{\varepsilon}_t = \frac{3}{2}kT \tag{16.15}$$

这说明,各种理想气体的分子平均平动动能只和温度有关,与热力学温度成正比,与分子的种类无关.式(16.15)也说明了宏观量温度的微观意义,即热力学温度是分子平均平动动能的量度.温度反映了物体内部分子无规则运动的剧烈程度.

由式(16.15)可看出:

(1) 温度是描述热力学系统平衡态的一个物理量.如果两种气体相接触,当它们之间没有宏观的能量传递时,则两种气体处于同一热平衡状态.由此推知,一切互为热平衡的系统都具有相同的温度.

(2) 温度是一个统计概念.宏观量的温度 T 是由微观量 $\frac{1}{2}mv^2$ 的统计平均值决定的,所以温度是大量分子热运动的集体表现,温度是含有统计意义的物理量.对于个别分子或少数分子,说它具有多高温度是完全没有意义的.

由式(16.15)可直接求出理想气体分子的方均根速率为

$$\sqrt{\overline{v^2}} = \sqrt{\frac{3kT}{m}} = \sqrt{\frac{3RT}{\mu}} \tag{16.16}$$

容易看出,对于不同种类的理想气体,温度相同时,具有相同的平均平动动能,但方均根速率却不同.

16.4　能量均分定理

一、自由度

确定一个物体在空间的位置所需要的独立坐标的数目,称作该物体的**自由度**.

单原子分子可当做质点.确定一个自由质点的位置需要 3 个坐标,如 x、y、z,因此单原子分子的自由度是 3,这 3 个自由度叫平动自由度,以 t 表示,则 $t=3$.

对刚性双原子分子,其质心的位置需要 3 个坐标(相应于 3 个平动自由度),两个原子的连线的方位还需要 2 个独立的坐标,如图 16.5 所示.这 2 个独立的坐标实际上给出了分子的转动状态,和它们相应的自由度叫转动自由度,用 r 表示.对刚性双原子分子 $t=3$,$r=2$.

对刚性多原子分子,它相当于一个刚体,如图 16.6 所示.刚体的质心位置需要 3 个坐标 x、y、z,确定通过质心的任意轴的方位需要 2 个坐标 θ,φ,还需要 1 个确定分子绕该轴转动的角度 ψ.ψ 是第 3 个转动自由度.所以,对刚性多原子分子,$t=3$,$r=3$.几种气体分子的自由度如表 16.1 所示.

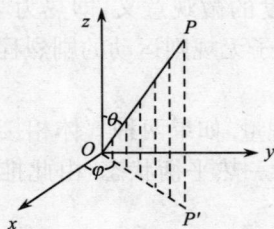

图 16.5　刚性双原子分子的自由度　　　　　图 16.6　刚性多原子分子的自由度

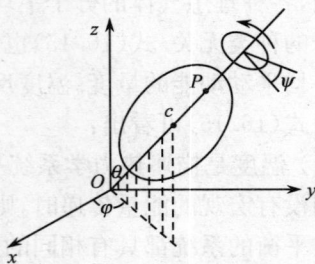

表 16.1　气体分子的自由度

分子种类	平动自由度 t	转动自由度 r	总自由度 $i(i=t+r)$
单原子分子	3	0	3
刚性双原子分子	3	2	5
刚性多原子分子	3	3	6

顺便指出,对于非刚性双原子分子和多原子分子,还必须考虑振动自由度. 但对分子振动的能量,用经典物理不能准确给出,须用量子力学. 并且在常温下对分子的刚性的假定也与实验有基本相同的结果,所以,在本书中,对分子的处理是认为它们是刚性的.

二、能量均分定理

式(16.15)可写成

$$\bar{\varepsilon}_t = \frac{1}{2}m\overline{v^2} = \frac{1}{2}m\overline{v_x^2} + \frac{1}{2}m\overline{v_y^2} + \frac{1}{2}m\overline{v_z^2} = 3 \cdot \frac{1}{2}kT$$

因为 $\overline{v_x^2} = \overline{v_y^2} = \overline{v_z^2} = \frac{1}{3}\overline{v^2}$,则

$$\frac{1}{2}m\overline{v_x^2} = \frac{1}{2}m\overline{v_y^2} = \frac{1}{2}m\overline{v_z^2} = \frac{1}{3}\left(\frac{1}{2}m\overline{v^2}\right) = \frac{1}{2}kT \tag{16.17}$$

式(16.17)表明,气体分子每个平动自由度的平均动能都等于 $\frac{1}{2}kT$.

当气体处于平衡状态时,气体分子的任何一种运动都不会比另一种运动占优势. 每一运动的自由度,都具有相等的平均动能. 经典统计物理可以严格地证明:在温度为 T 的平衡态下,气体分子每个自由度的平均动能均相同,而且都等于 $\frac{1}{2}kT$. 这一结论称为**能量均分定理**.

由能量均分定理,如果一个气体分子的总自由度数是 i,则它的平均动能为

$$\bar{\varepsilon}_k = \frac{i}{2}kT$$

查看表 16.1 的 i 值,可得几种分子的平均动能为

单原子分子　　　　　　　　　　　　$\bar{\varepsilon}_k = \frac{3}{2}kT$

刚性双原子分子　　　　　　　　　　$\bar{\varepsilon}_k = \frac{5}{2}kT$

刚性多原子分子　　　　　　　　　　$\bar{\varepsilon}_k = 3kT$

三、理想气体的内能

实验表明,对于实际气体来说,分子与分子之间存在着一定的相互作用力,气体分子间具有一定的势能.气体分子的动能以及分子与分子之间相互作用势能的总和,称为气体的内能.但对理想气体来说,由于不考虑分子与分子之间的相互作用力,所以分子之间无势能,因而理想气体的内能只是所有气体分子的动能的总和.

设气体的质量为 M,有 N 个分子,处于平衡状态时的温度为 T,则理想气体的内能

$$E = N\bar{\varepsilon}_k = N\frac{i}{2}kT$$

由于 $k = R/N_A$,$N/N_A = \nu$,这里 ν 为气体的摩尔数,则理想气体的内能为

$$E = \frac{i}{2}\nu RT \tag{16.18}$$

几种理想气体的内能:

单原子分子气体　　　　　　　　　　$E = \frac{3}{2}\nu RT$

刚性双原子分子　　　　　　　　　　$E = \frac{5}{2}\nu RT$

刚性多原子分子　　　　　　　　　　$E = 3\nu RT$

由此可知,一定质量的理想气体的内能只取决于分子的自由度 i 和温度 T,与气体的体积和压强无关.这个经典统计物理的结果和在室温内的实验结果近似地符合.

例 16.1　一容器内储有氧气,其压强 $p = 1\text{atm}$[①],温度为 $t = 27℃$.求:

(1) 单位体积内的分子数;

———————————

① 1atm $= 1.013 \times 10^5$ Pa,下同.

（2）氧气的密度；

（3）氧分子的质量；

（4）分子间的平均距离；

（5）氧分子的平均平动动能和平均转动动能；

（6）若氧分子是刚性双原子分子，单位体积内氧气的内能是多少？

解　（1）根据公式 $p=nkT$ 得单位体积内的分子数

$$n=\frac{p}{kT}=\frac{1.013\times10^5}{1.38\times10^{-23}\times(273.15+27)}=2.45\times10^{25}(\text{个}\cdot\text{m}^{-3})$$

（2）根据密度的定义 $\rho=\dfrac{M}{V}$ 和理想气体物态方程 $pV=\dfrac{M}{\mu}RT$ 得

$$\rho=\frac{\mu p}{RT}=\frac{32\times10^{-3}\times1.013\times10^5}{8.31\times(273.15+27)}=1.30(\text{kg}\cdot\text{m}^{-3})$$

（3）氧分子的质量

$$m=\frac{\mu}{N_0}=\frac{32\times10^{-3}}{6.02\times10^{23}}=5.31\times10^{-26}(\text{kg})$$

（4）设分子间的平均距离为 l，因为平均来说每个分子占据的自由活动空间大小为 $\dfrac{V}{N}$，这一空间相当于边长为 l 的正方体，即 $Nl^3=V$，所以

$$l=\left(\frac{V}{N}\right)^{1/3}=\left(\frac{1}{n}\right)^{\frac{1}{3}}=(2.45\times10^{25})^{-\frac{1}{3}}=3.45\times10^{-9}(\text{m})$$

（5）分子的平均平动动能和平均转动动能分别为

$$\bar{\varepsilon}_t=\frac{3}{2}kT=\frac{3}{2}\times1.38\times10^{-23}\times(273.15+27)=6.21\times10^{-21}(\text{J})$$

$$\bar{\varepsilon}_r=\frac{2}{2}kT=1.38\times10^{-23}\times(273.15+27)=4.14\times10^{-21}(\text{J})$$

（6）单位体积内氧气的内能

$$E=n(\bar{\varepsilon}_t+\bar{\varepsilon}_r)=2.45\times10^{25}\times(6.21\times10^{-21}+4.14\times10^{-21})$$
$$=2.54\times10^5(\text{J})$$

16.5　两种分布律

一、麦克斯韦速率分布律

1. 分布函数

气体处于平衡态时，分子会以各种速率运动. 由于碰撞，在任何时刻每个分子

的速度的方向和大小都在不断地改变. 因此,对个别分子来说预知它的运动情况是不可能的. 但从整体上统计地说,气体分子的速率分布是有规律的. 在平衡态下,理想气体的分子按速度的分布是有确定的规律的,这就是麦克斯韦速度分布律. 如果不管分子运动速度的方向如何,只考虑分子按速度的大小即速率的分布,则相应的规律称为麦克斯韦速率分布律.

设 N 为气体的总分子数,ΔN 为速率在 $v \sim v+\Delta v$ 内的分子数. 则 $\dfrac{\Delta N}{N}$ 就是在这一速率区间内的分子数占总分子数的百分比或气体中任一分子具有的速率恰好在 $v \sim v+\Delta v$ 的概率. 而 $\dfrac{\Delta N}{N \Delta v}$ 就是在 v 附近单位速率区间内的分子数占总分子数的百分比或气体分子中任一分子具有的速率恰好在 v 附近单位速率区间的概率.

麦克斯韦根据统计理论指出:在平衡态下,气体分子速率在 $v \sim v+\Delta v$ 的分子数占总分子数的百分比 $\dfrac{\Delta N}{N}$,当 Δv 很小时可表示为

$$\frac{\Delta N}{N} = 4\pi \left(\frac{m}{2\pi kT}\right)^{3/2} v^2 \mathrm{e}^{-\frac{mv^2}{2kT}} \Delta v = f(v)\Delta v \qquad (16.19)$$

这里函数 $f(v)$ 称为**麦克斯韦速率分布函数**,为

$$f(v) = 4\pi \left(\frac{m}{2\pi kT}\right)^{3/2} v^2 \mathrm{e}^{-\frac{mv^2}{2kT}} \qquad (16.20)$$

其中,T 是气体的热力学温度;m 是一个分子的质量;k 是玻尔兹曼常量. 由式(16.20)可知,对一给定的气体(m 一定)来说,麦克斯韦速率分布函数只和温度有关. 以 v 为横轴,以 $f(v)$ 为纵轴,画出的图线称作速率分布曲线(图 16.7),它能形象地表示出气体分子按速率分布的情况. 由式(16.19),可得 $\dfrac{\Delta N}{N \Delta v} = f(v)$,即分子速率在 v 附近单位速率区间内的分子数占总分子数的百分比就是麦克斯韦速率分布函数.

几点说明:

(1) 如图 16.8 所示,在任一区间 $v \sim v+\mathrm{d}v$ 上,取以分布函数 $f(v) = \dfrac{\mathrm{d}N}{N\mathrm{d}v}$ 的量值为高,以速率间隔 $\mathrm{d}v$ 为宽的窄条面积(图中画斜线的小长方形)为

$$\frac{\mathrm{d}N}{N\mathrm{d}v}\mathrm{d}v = \frac{\mathrm{d}N}{N}$$

就是分布在该区间内的分子数占总分子数的百分比,或任一分子的速率恰在该区间的概率. 而积分

$$\int_{v_1}^{v_2} f(v)\,\mathrm{d}v = \frac{\Delta N}{N}$$

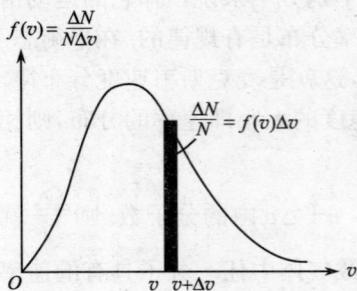

图 16.7　麦克斯韦速率分布函数曲线　　　　图 16.8　分布函数 $f(v)$ 的说明

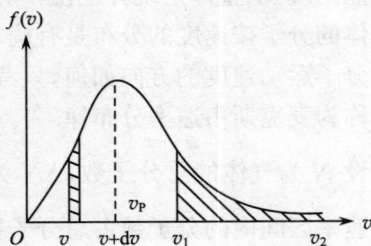

表示速率分布在 $v_1 \sim v_2$ 内的分子数占总分子数的百分比,或任一分子的速率恰在 $v_1 \sim v_2$ 内的概率.

(2) 速率分布曲线下的总面积,表示各个速率区间内分子数占总分子数百分比的总和,应该等于 1,即

$$\sum_{全部} \frac{\Delta N}{N} = 1 \quad 或 \quad \int_0^\infty f(v)\mathrm{d}v = 1 \tag{16.21}$$

称为分布函数的归一化条件. 可见,函数 $f(v)$ 应该是单值、连续、有界和归一的.

(3) 在速率 v_P 处,$f(v)$ 有极大值,该 v_P 被称为最概然速率. 如图 16.8 所示. 它的物理意义是:在一定温度下,对相同的速率间隔来说,分布在 v_P 所在速率区间内的分子数占总分子数百分比最大,即在速率 v_P 附近、单位速率区间内的分子数最多. 由图 16.8 可看出,具有很大速率和很小速率的分子占总分子数的百分比都很小.

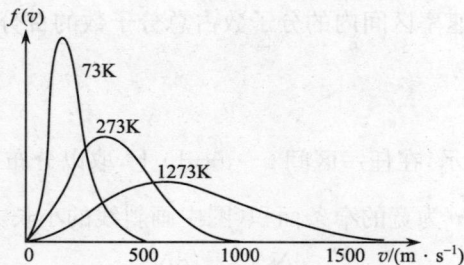

图 16.9　某种气体不同温度下分子速率分布曲线

(4) 如图 16.9 给出某种气体在不同温度下的速率分布函数. 可看出温度越高,最概然速率越大,即速率较大的分子数越多. 这就是常说的温度越高,分子运动越剧烈的真正含义.

(5) 麦克斯韦分子速率分布律是一个统计规律,它只适用于大量分子组成的且处于平衡状态下的气体.当气体处于非平衡态或分子数很少时,分子速率的分布不满足麦克斯韦速率分布律.

2. 求解三种描写气体分子平均运动的速率

(1) 最概然速率 v_P

速率分布函数取极大值时所对应的速率就是 v_P.

由　　$\dfrac{\mathrm{d}f(v)}{\mathrm{d}v}\bigg|_{v_P}=0$　　可得

$$v_P=\sqrt{\frac{2kT}{m}}=\sqrt{\frac{2RT}{\mu}}\approx 1.41\sqrt{\frac{RT}{\mu}} \tag{16.22}$$

其中, $\mu=N_A m$,即摩尔质量.

(2) 平均速率 $\overline{v}$

平均速率就是各种速率的统计平均值,其定义为

$$\overline{v}=\int_0^\infty \frac{v\mathrm{d}N}{N}=\int_0^\infty vf(v)\mathrm{d}v$$

把麦克斯韦速率分布函数式(16.20)代入后,可求得平衡态下理想气体分子的平均速率为

$$\overline{v}=\sqrt{\frac{8kT}{\pi m}}=\sqrt{\frac{8RT}{\pi\mu}}\approx 1.60\sqrt{\frac{RT}{\mu}} \tag{16.23}$$

(3) 方均根速率 $\sqrt{\overline{v^2}}$

先计算速率的平方的统计平均值 $\overline{v^2}$,其平方根就是方均根速率为

$$\overline{v^2}=\int_0^\infty v^2\frac{\mathrm{d}N}{N}=\int_0^\infty v^2 f(v)\mathrm{d}v$$

代入 $f(v)$ 后可得

$$\overline{v^2}=\frac{3kT}{m}$$

对其开平方,则方均根速率为

$$\sqrt{\overline{v^2}}=\sqrt{\frac{3kT}{m}}=\sqrt{\frac{3RT}{\mu}}\approx 1.73\sqrt{\frac{RT}{\mu}} \tag{16.24}$$

此结果与式(16.16)相同.

比较上面的结果可以看出,气体分子的三种速率 v_P 、 $\overline{v}$ 和 $\sqrt{\overline{v^2}}$ 都和 $\sqrt{T}$ 成正比,

和 $\sqrt{m}$ 成反比,其数值不同,数量级相同,常温下一般在 $10^2 \sim 10^3$ m·s⁻¹. 它们有不同的用途,在讨论速率分布时,要用到最概然速率;在求分子平均距离时,要用到平均速率;在计算分子的平均动能时,要用到方均根速率.

例 16.2　求 27℃时氢分子、氧分子的最概然速率、平均速率和方均根速率.

解

$$T = 273.15 + 27 = 300.15 (\text{K})$$

氢气的摩尔质量

$$\mu_1 = 2.02 \times 10^{-3} (\text{kg} \cdot \text{mol}^{-1})$$

氧气的摩尔质量

$$\mu_2 = 32 \times 10^{-3} (\text{kg} \cdot \text{mol}^{-1})$$

氢分子:

$$v_P = 1.414\sqrt{\frac{RT}{\mu}} = 1.414 \times \sqrt{\frac{8.31 \times 300.15}{2.02 \times 10^{-3}}} = 1.57 \times 10^3 (\text{m} \cdot \text{s}^{-1})$$

$$\bar{v} = 1.60\sqrt{\frac{RT}{\mu}} = 1.78 \times 10^3 (\text{m} \cdot \text{s}^{-1}),$$

$$\sqrt{\bar{v^2}} = 1.73\sqrt{\frac{RT}{\mu}} = 1.92 \times 10^3 (\text{m} \cdot \text{s}^{-1})$$

氧分子:

$$v_P = 1.414\sqrt{\frac{RT}{\mu}} = 1.414 \times \sqrt{\frac{8.31 \times 300.15}{32 \times 10^{-3}}} = 3.95 \times 10^2 (\text{m} \cdot \text{s}^{-1})$$

$$\bar{v} = 1.60\sqrt{\frac{RT}{\mu}} = 4.46 \times 10^2 (\text{m} \cdot \text{s}^{-1})$$

$$\sqrt{\bar{v^2}} = 1.73\sqrt{\frac{RT}{\mu}} = 4.83 \times 10^2 (\text{m} \cdot \text{s}^{-1})$$

可见常温下,常见气体的三种速率数量级为 $10^2 \sim 10^3$ (m·s⁻¹).

3. 实验验证

由于技术条件(如真空技术)的限制,麦克斯韦当时不能用实验证明速率分布律. 20 世纪 20 年代以后曾做了许多的成功的实验证实了麦克斯韦速率分布律. 下面介绍 1959 年马修斯(P. M. Marsuse)和麦克菲(J. H. Macfee)做的比较精密地验证麦克斯韦速率分布律的实验. 图 16.10 (a) 是实验装置的示意图. 把钾置于蒸气炉中,当炉温升到 157℃时,钾气化为蒸气充满炉中,压强为 0.1Pa. 钾原子蒸气从炉中小孔射出,经准直狭缝形成定向的原子射束,入射到被抽成真空(真空度为 6.7×10^{-5} Pa)的射束室内. 射束室内有两个共轴圆盘 D 和 D',盘上各开有沟槽,槽上略为错一小角度 $\theta(2° \sim 4°)$,DD' 间的距离为 l. 由于不同速率的分子通过沟槽

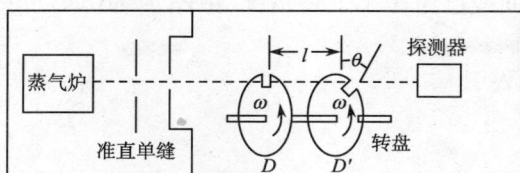

(a) 分子束实验装置

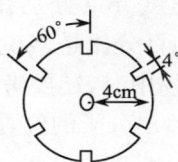

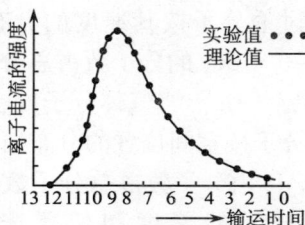

(b) 速度选择盘　　　(c) 钾原子射线的速率分布

图 16.10　麦克斯韦速率分布律的实验验证

的时间不同,对于给定的转盘角速度 ω 来说,只有那些速率 v 满足下面关系式的分子才能通过两沟槽而射到探测器上.

$$\Delta t = \frac{l}{v} = \frac{\theta}{\omega} \quad \text{或} \quad v = \frac{\omega}{\theta}l$$

所以两盘实际上是速率选择器.改变 ω 可使不同速率的分子通过.由于 DD' 上的沟槽有一定宽度,所以当 ω 一定时,能够射到探测器上的分子的速率并不严格相同,而是分布在 $v\sim v+\mathrm{d}v$ 内.

　　探测器的中心是一根通电加热的钨丝,外面是一加有负电压的金属圆筒,当原子射线通过沟槽打到热钨丝上时,钾原子被电离,正离子被负电极(金属筒)所接收.探测器测得的离子电流的强度就反映出原子射线的强度.需要指出:

　　(1) 炉孔直径必须足够小,使原子从小孔逸出不致明显改变炉内蒸汽的平衡态,这时分子通过小孔的逸出称为泻流.如果小孔直径较大,则原子逸出时受到碰撞影响,这时的分子流类似于水通过水池中小孔的流动,则射出气流的运动将遵守液体动力学,而不能用气体动理论来处理.

　　(2) 分子束中分子的速率并不相等,分子速率越大,逸出的概率越大.定量地说,设炉孔的截面为 ΔS,则在 Δt 时间内,任一方向上从小孔逸出的、速率在 $v\sim v+\mathrm{d}v$ 的原子数正比于

$$(\mathrm{d}N)_v v\Delta t\Delta S$$

而 $(\mathrm{d}N)_v$ 又正比于 $f(v)\mathrm{d}v$. 所以在射束室内分子的速率分布是

$$f(v)_{\text{束流}} \propto vf(v)_{\text{麦}} \propto v^3\mathrm{e}^{-mv^2/(2kT)}$$

图 16.10(c)中的理论曲线已考虑了上述情况. 由图 16.10(c)可见,理论曲线与实测值是精确吻合的.

二、玻尔兹曼分布律

1. 玻尔兹曼因子

麦克斯韦速率分布律讨论理想气体在平衡状态下分子按速率的分布. 当考虑速度方向时,可以讨论分子按其速度的分布,即速度分量分别在 $v_x \sim v_x + \mathrm{d}v_x$, $v_y \sim v_y + \mathrm{d}v_y$, $v_z \sim v_z + \mathrm{d}v_z$ 的分子数占总分子数的百分比是多少. 这里 $\mathrm{d}v_x \mathrm{d}v_y \mathrm{d}v_z$ 称为速度空间体积元. 另外,当气体分子处在外力场中时,还要考虑气体分子的位置,即要讨论气体分子按空间位置的分布情况. 要给出分子的位置处在 $x \sim x + \mathrm{d}x$, $y \sim y + \mathrm{d}y$, $z \sim z + \mathrm{d}z$ 内分子数占总分子数的百分比. 这里 $\mathrm{d}x\mathrm{d}y\mathrm{d}z$ 称为位置空间体积元. 所以以分子的速度和位置来描述分子的状态时,要知道处在 $\mathrm{d}x\mathrm{d}y\mathrm{d}z\mathrm{d}v_x\mathrm{d}v_y\mathrm{d}v_z$ 状态区间的分子有多少或占总分子数的百分比是多少. 分子的这种一般的分布规律称为**玻尔兹曼分布律**.

玻尔兹曼认为,在温度为 T 的平衡态下,任何系统的微观粒子按状态的分布,即在某一状态区间的粒子数与该状态区间的一个粒子的能量 E 有关,而且与 $\mathrm{e}^{-E/kT}$ 成正比,这就是玻尔兹曼分布律. 它是统计物理中的一个基本定律,适用于任何系统,这里 $\mathrm{e}^{-E/kT}$ 称为玻尔兹曼因子. 由此定律,可知在某个状态区间能量 E 越大,则该区间的粒子数越少,而且随着能量的增大,相同的状态区间其粒子数按指数规律迅速地减小. 也就是说,按统计规律看,分子总是优先占据低能量的状态.

2. 重力场中的粒子数分布

地面上的空气,由于重力的作用,处于平衡态时分子数密度并不是均匀的. 离地面越高的地方,分子数密度越小. 在重力场中,分子在状态区间 $\mathrm{d}v_x\mathrm{d}v_y\,\mathrm{d}v_z\mathrm{d}x\mathrm{d}y\mathrm{d}z$ 的总能量为

$$E = E_\mathrm{k} + E_\mathrm{p} = \frac{1}{2}mv^2 + mgz$$

由玻尔兹曼分布律可给出在此区间内的分子数为

$$\mathrm{d}N = C\mathrm{e}^{-(E_\mathrm{k}+E_\mathrm{p})/kT}\mathrm{d}v_x\mathrm{d}v_y\mathrm{d}v_z\mathrm{d}x\mathrm{d}y\mathrm{d}z \tag{16.25}$$

这里只关心分子数按空间位置的分布,而不用考虑分子的速度的分布,所以式(16.25)对速度全空间求积分,可得分子在 $\mathrm{d}x\mathrm{d}y\mathrm{d}z$ 位置空间内的分子数为

$$\mathrm{d}N' = C\left[\int_{-\infty}^{\infty} \mathrm{e}^{-m(v_x^2+v_y^2+v_z^2)/2kT}\mathrm{d}v_x\mathrm{d}v_y\mathrm{d}v_z\right]\mathrm{e}^{-E_\mathrm{p}/kT}\mathrm{d}x\mathrm{d}y\mathrm{d}z = C'\,\mathrm{e}^{-E_\mathrm{p}/kT}\mathrm{d}x\mathrm{d}y\mathrm{d}z$$

括号内积分的结果是一个与位置坐标无关的常数,与 C 合并成 C'. 两边同除以

dxdydz,可得分子数密度为

$$n = \frac{\mathrm{d}N'}{\mathrm{d}x\mathrm{d}y\mathrm{d}z} = C' \mathrm{e}^{-E_\mathrm{p}/kT}$$

以 n_0 表示 $E_\mathrm{p}=0$ 处的分子数密度,把 $E_\mathrm{p}=mgh$(此处以 h 代替位置坐标 z)代入,可得

$$n = n_0 \mathrm{e}^{-mgh/kT} \tag{16.26}$$

因为

$$\frac{m}{k} = \frac{N_A m}{N_A k} = \frac{\mu}{R}$$

其中,μ 是气体的摩尔质量,R 是气体的普适常量.式(16.26)可改写为

$$n = n_0 \mathrm{e}^{-\mu gh/RT} \tag{16.27}$$

式(16.26)和式(16.27)就是玻尔兹曼给出的在重力场中的粒子按高度分布的规律.可看出,离地面越高的地方,分子数密度就越小,即粒子数密度随高度呈指数衰减.

从式(16.14),$p=nkT$ 可以看出,离地面越高的地方,由于分子数密度越小,所以压强也越小.式(16.27)两边乘以 kT 后,可得

$$p = p_0 \mathrm{e}^{-\mu gh/RT} \tag{16.28}$$

其中,p_0 是 $h=0$ 处的压强,式(16.28)说明在重力场中理想气体的压强随高度按指数规律减少.式(16.28)是对平衡气体才成立的,所以把它称为恒温气压公式,由它给出每升高 10cm ,大气压强约降低 133Pa. 这就是一种高度计的原理.

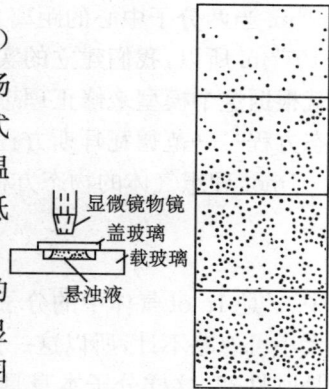

显微镜物镜
盖玻璃
载玻璃
悬浊液

图 16.11 佩林实验

1909 年佩林(M. F. Perrin)观察了悬浮在水中的藤黄微粒,他把这种微粒看成质量很大的分子,在显微镜下数了不同高度内悬浮的粒子的数目(图16.11),得到的结果直接证实了粒子的分布遵守玻尔兹曼分布,并求出阿伏伽德罗常数 N_A. 该实验结果在物理学史上最后确立了分子存在的真实性.

16.6 范德瓦耳斯方程

对理想气体,我们作为一种近似,认为理想气体分子可看作质点,即分子本身的体积忽略不计. 另外,把理想气体中的分子,看成是除碰撞外没有别的相互作用. 但实际的气体分子却不是这样的,不仅本身有体积,而且它们除了相互碰撞外,实

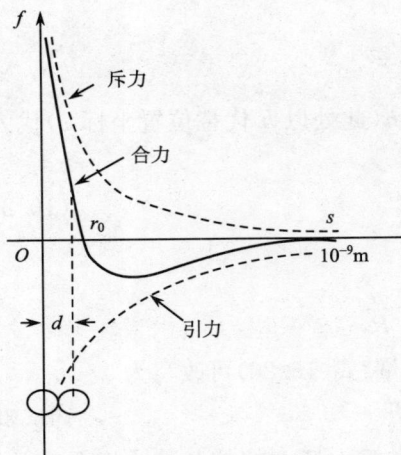

图 16.12　分子力示意图

际上总是存在着相互作用力. 因为分子是由电子和带正电的原子核组成的,这些带电粒子总是有着相互作用. 范德瓦耳斯就是从这两方面对理想气体物态方程进行修正,得到了实际气体近似遵守的物态方程——范德瓦耳斯方程.

在实际气体中,分子间相互作用力 f 随分子间距 r 的变化如图 16.12 所示. 当 $r=r_0 \approx 10^{-10}\mathrm{m}$ 时,相互作用力 $f=0$,这里 r_0 称为平衡间距. 当 $r>r_0$ 时,f 是引力,当 r 超过 $10^{-9}\mathrm{m}$ 时,引力几乎等于零. 当 $r<r_0$ 时,f 是斥力,它随 r 的减小而急剧增大,这强大的斥力将阻止两分子相互靠近,好像分子是个有一定大小的球体一样,这时两分子中心的距离设为 d. 可认为,当两个分子的中心距离为 d 时,斥力变为无穷大,因而两个分子的中心的最小距离就为 d. 作为一种近似,可把分子视为直径为 d 的刚性小球,d 就是分子的有效直径. 实验表明,分子的有效直径的数量级为 $10^{-10}\mathrm{m}$. 当两分子中心的距离 $r>d$ 时,两分子相互吸引,引力的有效作用距离 s 约为 $10^{-9}\mathrm{m}$. 所以,我们建立的实际气体的分子模型即为有吸引力的刚性球模型. 下面就根据这个模型来修正理想气体物态方程,从而近似地得到实际气体所遵守的物态方程——范德瓦耳斯方程.

1mol 理想气体的物态方程为

$$p' = \frac{RT}{v'} \tag{16.29}$$

其中,v' 是 1mol 气体中的分子可自由活动的空间体积. 对理想气体,由于分子本身的大小可忽略不计,所以这一体积就等于容器的体积 v. 但对实际气体,把分子看做是刚性球,这样分子本身具有一定的体积,这时分子可自由活动的空间为 $v'=v-b$,这里 b 是反映气体分子本身体积的修正项. 因此,考虑分子本身的体积,则物态方程(16.29)应修正为

$$p = \frac{RT}{v-b} \tag{16.30}$$

理论指出,b 约等于 1mol 气体分子本身体积总和的 4 倍.

再来考虑分子引力的修正. 气体动理论认为:气体对器壁的压强是由于大量气体分子碰撞器壁而产生的. 对理想气体,分子之间无相互作用力,分子会不受牵扯地撞向器壁. 但对实际气体,由于分子间有引力的作用,对器壁的压强就会有影响. 下面讨论这种影响.

在容器中,以分子为球心、引力有效作用距离 s 为半径画的球称为分子作用球.别的分子,只有当其质心位于作用球内时才对球心分子有引力作用.如图 16.13 所示,位于容器内部的 α 分子,其作用球全部在容器内.当气体处在平衡态时,气体分子分布均匀,在 α 分子作用球内的其他分子,对 α 分子来说分布是球对称的,它们对 α 分子的引力平均来说相互抵消,可

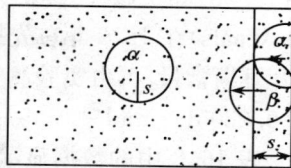

图 16.13　气体内压强的产生

认为此处 α 分子不受引力作用.当分子处在与器壁相距为 s 的那部分空间(称为表面层)时,情况就有所不同,如图中的 β 分子.位于 β 分子作用球内的分子,对 β 的分布并非球对称,平均来说 β 受到一个指向气体内部的合力.气体分子和器壁碰撞过程中,当它飞越表面层时,这个指向内部的合力将减小分子撞击器壁的动量,从而减小它对器壁的冲力.这表面层分子受到的指向气体内部的力所产生的总效果相当于一个指向内部的压强,称为内压强 p_i.

所以考虑分子间的引力后,气体分子实际作用于器壁的压强 p 应为式 (16.30) 中的压强减去内压强 p_i,即

$$p = \frac{RT}{v-b} - p_i \tag{16.31}$$

其中,内压强 p_i 是单位面积表面层内的气体分子受到的来自气体内部分子的引力的总和,其大小和表面层内受力分子的分子数密度 n 成正比,又和气体内部施力分子的分子数密度 n 成正比.而这两个 n 值是一样的.所以有

$$p_i \propto n^2 \propto \frac{1}{v^2}$$

写成等式

$$p_i = \frac{a}{v^2} \tag{16.32}$$

其中,a 是反映分子间引力的一个常数.将式 (16.32) 代入式 (16.31),可得物态方程

$$\left(p + \frac{a}{v^2}\right)(v - b) = RT \tag{16.33}$$

式 (16.33) 即为把气体分子视为刚性球时得到的气体的物态方程.这个式子只适用于 1mol 的气体.对质量为 m 的气体,其体积为 $V = \frac{m}{\mu}v$,即 $v = \frac{\mu}{m}V$.将其代入式 (16.33) 可得适用于质量为 m 的气体的物态方程为

$$\left(p + \frac{m^2}{\mu^2}\frac{a}{V^2}\right)\left(V - \frac{m}{\mu}b\right) = \frac{m}{\mu}RT \tag{16.34}$$

式(16.33)和式(16.34)就称为**范德瓦耳斯**方程,是荷兰物理学家范德瓦耳斯(van der Waals)在 1873 年首先提出的. 其中 a、b 是两个因气体种类而异的常数,称为范德瓦耳斯常量,可由实验测得. 例如常温下的氮气,其 $a = 8.4 \times 10^4 \, \text{Pa} \cdot \text{L}^2 \cdot \text{mol}^{-2}$, $b = 0.0305 \text{L} \cdot \text{mol}^{-1}$.

表 16.2 中的数据显示,对实际气体,范德瓦耳斯方程比理想气体物态方程更接近实际,但它也只是一种近似. 理论上把完全遵守范德瓦耳斯方程的气体称为范德瓦耳斯气体.

表 16.2　1mol 氮气在 0℃ 时的数据

实　验　值		计　算　值	
p/atm	V_m/L	$pV_m/(\text{atm} \cdot \text{L})$	$\left(p + \dfrac{a}{V_m^2}\right)/(V_m - b)/(\text{atm} \cdot \text{L})$
1	22.41	22.41	22.41
100	0.222 4	22.24	22.40
500	0.062 35	31.17	22.67
700	0.053 25	37.27	22.65
900	0.048 25	43.40	22.4
1000	0.046 4	46.4	22.0

16.7　气体分子平均自由程

气体中的分子在不断地运动. 一个分子在其运动过程中会和其他分子碰撞,单位时间内的碰撞次数称作碰撞频率,用 z 表示. 在同一段时间内,各个分子的碰撞频率是不同的,只能讨论碰撞频率的平均值,即**平均碰撞频率** $\bar{z}$. 分子在接连两次碰撞之间经过的路程称作自由程. 同样,分子在任意连续两次碰撞之间所经过的路程也是不同的,所以也只能讨论自由程的平均值,即**平均自由程**,用 $\bar{\lambda}$ 表示. 若分子运动的平均速率为 $\bar{v}$,则平均碰撞频率 $\bar{z}$ 和平均自由程 $\bar{\lambda}$ 的关系为

$$\bar{\lambda} = \frac{\bar{v}}{\bar{z}} \tag{16.35}$$

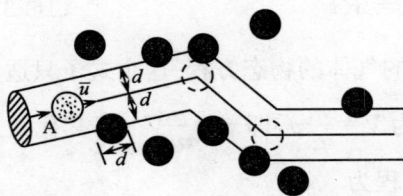

图 16.14　分子碰撞频率的计算

为了计算 $\bar{z}$,可设想"跟踪"一个分子,如分子 A(图 16.14),计算该分子在 Δt 时间内与多少分子相碰撞. 对碰撞来说,主要是考虑分子间的相对运动,所以为讨论方便,先假设其他分子都静止不动,只有分子 A 在这些分子之间以相对平均速率 $\bar{u}$ 运动. 气体分子,正

如 16.6 节讨论的,可看做是有效直径为 d 的刚性小球. 那么,在分子 A 运动过程中,只有中心与 A 的中心间距小于或等于分子有效直径 d 的那些分子才有可能与 A 相碰撞. 因此,Δt 时间内,能够与 A 分子相碰撞的那些分子一定处在如图 16.13 中的曲折的圆柱体内,该圆柱体即是:以 A 的中心的运动轨迹为轴线,以分子有效直径 d 为半径做的一曲折圆柱体,该圆柱体的截面积为 πd^2,称作分子的**碰撞截面**.

在 Δt 时间内,A 分子走过的路程为 $\bar{u}\Delta t$,相应的圆柱体的体积为 $\pi d^2 \bar{u}\Delta t$,设气体分子数密度为 n,则此圆柱体内的总分子数,即 A 与其他分子碰撞次数为 $n\pi d^2 \bar{u}\Delta t$,因此分子的平均碰撞频率为

$$\bar{z} = \frac{n\pi d^2 \bar{u}\Delta t}{\Delta t} = n\pi d^2 \bar{u} \tag{16.36}$$

严格的理论可以证明,气体分子的平均相对速率 $\bar{u}$ 与平均速率 $\bar{v}$ 之间的关系是

$$\bar{u} = \sqrt{2}\,\bar{v} \tag{16.37}$$

将式(16.37)代入式(16.36)可得

$$\bar{z} = \sqrt{2}\pi d^2 \bar{v} n \tag{16.38}$$

将式(16.38)代入式(16.35),可得平均自由程为

$$\bar{\lambda} = \frac{1}{\sqrt{2}\pi d^2 n} \tag{16.39}$$

可见,平均自由程是和分子的有效直径的平方以及分子数密度成反比,而与平均速率无关. 对于理想气体,有 $p=nkT$,则式(16.39)又可写为

$$\bar{\lambda} = \frac{kT}{\sqrt{2}\pi d^2 p} \tag{16.40}$$

可看出,当温度一定时,平均自由程和压强成反比.

例 16.3 标准状态下,氢气中一个分子的平均碰撞频率是多少?平均自由程是多少?已知氢分子的有效直径为 2×10^{-10} m.

解 先计算标准状态下的分子数密度 n 和分子的平均速率 $\bar{v}$.

$$n = \frac{p}{kT} = \frac{1.013\times 10^5}{1.38\times 10^{-23}\times 273} = 2.69\times 10^{25}\,(\text{m}^{-3})$$

$$\bar{v} = \sqrt{\frac{8RT}{\pi\mu}} = \sqrt{\frac{8\times 8.31\times 273}{3.14\times 2\times 10^{-3}}} = 1.70\times 10^3\,(\text{m}\cdot\text{s}^{-1})$$

代入式(16.38),可得

$$\bar{z} = \sqrt{2}\times 3.14\times (2\times 10^{-10})^2\times 2.69\times 10^{25}\times 1.70\times 10^3 = 7.95\times 10^9\,(\text{s}^{-1})$$

即每秒内氢分子平均碰撞约 7.9×10^9 次. 代入式(16.40),可得

$$\bar{\lambda} = 2.14 \times 10^{-7} \text{m}$$

分子的平均自由程约为分子线度的 200 倍.

　　在 0℃不同压强下空气分子的平均自由程的计算结果如表 16.3 所示. 由此看出,压强低于 1.33×10^{-2} Pa(即 10^{-4} mmHg,相当于普通白炽灯泡内的空气压强)时,空气分子的平均自由程已大于一般气体容器的线度(1m 左右),在这种情况下,空气分子在容器内相互间很少发生碰撞,只是不断地来回碰撞器壁,如入"无人之境". 因此气体分子的平均自由程就应该是容器的线度. 但请注意,即使在 1.33×10^{-2} Pa的压强下,1cm³ 空气内还有 3.5×10^{10} 个分子.

表 16.3　0℃不同压强下空气分子的平均自由程(计算结果)

p/Pa	$\bar{\lambda}$/m
1.01×10^5	6.9×10^{-8}
1.33×10^2	5.2×10^{-5}
1.33	5.2×10^{-3}
1.33×10^{-2}	5.2×10^{-1}
1.33×10^{-4}	52

思　考　题

16.1　对热力学系统的宏观描述和微观描述的方法有何不同? 有何联系?

16.2　什么是热力学系统的平衡态? 气体在平衡状态时有何特征? 当气体处于平衡态时还有分子热运动吗?

16.3　什么是热平衡? 怎样根据热平衡来引进温度的概念? 对于非平衡态能否用温度概念?

16.4　用温度计测量温度是根据什么原理?

16.5　理想气体温标是利用气体的什么性质建立的?

16.6　试用气体动理论说明,一定体积的氢和氧的混合气体的总压强等于氢气和氧气单独存在于该体积内时所产生的压强之和.

16.7　对一定量的气体来说,当温度不变时,气体的压强随体积的减小而增大;当体积不变时,压强随温度的升高而增大. 从宏观来看,这两种变化同样使压强增大,从微观来看它们有何区别?

16.8　分子的平均平动动能 $\bar{\varepsilon}_t = \dfrac{3}{2}kT$,这是对气体中大量分子而言的,只对其中某一个分子而言可以吗? 但如容器中就只有几个、几十个或几百个分子,分子的平均平动动能对其中某一个分子而言还有什么意义吗? 对这些分子全体而言分子的平均平动动能还会有什么意义吗? 能对少数分子说什么温度的高或低吗?

16.9　试指出下列各式所表示的物理意义(其中 ν 为摩尔数):

(1)$\dfrac{1}{2}kT$;　　(2)$\dfrac{i}{2}RT$;　　(3)$\dfrac{i}{2}\nu RT$;　　(4)$\dfrac{3}{2}kT$.

16.10　He、N₂ 和 H₂ 三种气体,如果质量相同,温度相同,分子平均平动动能是否相同,内能是否相同? 如果上述三种气体的压力和分子密度都相同时,分子平均平动动能和内能是否相同?

16.11　如果盛有气体的容器相对某坐标系做匀速运动,容器内的分子速度相对这坐标系也增大了,温度也因此升高吗?

16.12　在相同温度下氢气和氧气分子的速率分布是否一样? 试在同一个图中定性地画出两种气体各自的麦克斯韦速率分布曲线.

16.13　最概然速率和平均速率的物理意义各是什么? 有人认为最概然速率就是速率分布中的最大速率,对不对?

16.14　已知 $f(v)$ 是速率分布函数,说明以下各式的物理意义:

(1) $f(v)\mathrm{d}v$;　　　(2) $nf(v)\mathrm{d}v$,其中 n 是分子数密度;　　　(3) $\int_{v_1}^{v_2} vf(v)\mathrm{d}v$;

(4) $\int_0^{v_P} f(v)\mathrm{d}v$,其中 v_P 为最概然速率;　　　(5) $\int_{v_P}^{\infty} v^2 f(v)\mathrm{d}v$.

16.15　容器内储有一定量的气体,若保持容器体积不变,使气体温度升高,问分子的平均碰撞次数和平均自由程有何变化? 若理想气体等压膨胀,分子的平均自由程和平均碰撞次数与温度的关系如何?

16.16　恒压下,加热理想气体,则气体分子的平均自由程和平均碰撞次数将如何随温度的变化而变化?

16.17　在一定温度和体积下,由理想气体物态方程和范德瓦耳斯方程算出的压强 p 值哪个大?

习　题

16.1　定体气体温度计的测温气泡放入水的三相点管的槽内时,气体的压强为 6.65×10^3 Pa.

(1) 用此温度计测量 373.15K 的温度时,气体的压强是多大?

(2) 当气体压强为 2.20×10^3 Pa 时, 待测温度是多少开? 多少摄氏度?

16.2　一个大热气球的容积为 $2.1\times10^4\,\mathrm{m}^3$,气球本身和负载质量共 $4.5\times10^3\,\mathrm{kg}$,若其外部空气温度为 20℃,要想使气球上升,其内部空气最低要加热到多少度?

16.3　某柴油机的气缸充满空气,压缩前其中空气的温度为 47℃,压强为 8.61×10^4 Pa. 当活塞急剧上升时,可把空气压缩到原体积的 1/17,其时压强增大到 4.25×10^6 Pa,求这时空气的温度(分别以 K 和℃表示).

16.4　一次化学实验中,在压强为 8.0×10^4 Pa,温度为 27℃时,收集到氧气 $1\times10^{-3}\,\mathrm{m}^3$. 问在标准状态下这些氧气占有多大体积?

16.5　温度为 27℃时,1mol 氮气、氢气和氧气各有多少内能? 1g 的气体各有多少内能?

16.6　一篮球充气后,其中有氮气 8.5g,温度为 17℃,在空中以 65km • h⁻¹ 高速飞行. 求:

(1) 一个氮分子(设为刚性分子)的热运动平均平动动能、平均转动动能和平均总动能;

(2) 球内氮气的内能;

(3) 球内氮气的宏观动能.

16.7　在一个具有活塞的容器中盛有一定量的气体,如果压缩气体并对它加热,使它的温度由 27℃升到 127℃,体积减小一半,问:

(1) 气体压强变化多少?

(2) 这时气体分子的平均平动动能变化多少?

(3) 分子的方均根速率变化多少?

16.8　储有氧气的容器以速率 $v=100\text{m}\cdot\text{s}^{-1}$ 运动.假设该容器突然停止,全部定向运动的动能都变为气体分子热运动的动能,问容器中氧气的温度将会上升多少?

16.9　(1) 气体分子速率与最概然速率之差不超过 1‰的分子占全部分子的百分之几?

(2) 设氢气的温度为 300K,求速率在 3000~3010m·s^{-1} 的分子数 n_1 与速率在 1500~1510m·s^{-1} 的分子数 n_2 之比.

16.10　有 N 个粒子,其速率分布函数为

$$f(v) = \frac{\mathrm{d}N}{N\mathrm{d}v} = c \quad (0 \leqslant v \leqslant v_0)$$

$$f(v) = 0 \quad (v > v_0)$$

(1) 作速率分布曲线;

(2) 由 N 及 v_0 求常数 c;

(3) 求粒子平均速率.

16.11　有 N 个粒子,其速率分布函数为

$$f(v) = av/v_0 \quad (0 \leqslant v \leqslant v_0)$$

$$f(v) = a \quad (v_0 \leqslant v \leqslant 2v_0)$$

$$f(v) = 0 \quad (v > 2v_0)$$

(1) 作速率分布曲线并求常数 a;

(2) 分别求速率大于 v_0 和小于 v_0 的粒子数;

(3) 求粒子的平均速率.

16.12　在 300K 时,空气中速率在(1)v_P 附近;(2) $10v_P$ 附近,单位速率区间($\Delta v=1\text{m}\cdot\text{s}^{-1}$)的分子数占总分子数的百分比各是多少? 平均来讲,10^5mol 的空气中这区间的分子数又各是多少? 空气的摩尔质量按 $29\text{g}\cdot\text{mol}^{-1}$ 计.

16.13　设地球大气是等温的,温度 $t=5℃$.海平面上的气压 $p_0=1.0\times10^5\text{Pa}$. 今测得某山顶的气压为 $p=0.78\times10^5\text{Pa}$,求山高.空气的摩尔质量按 $29\text{g}\cdot\text{mol}^{-1}$ 计.

16.14　容器容积为 20L,其中装有 1.1kg 的 CO_2 气体,温度为 13℃,试用范德瓦耳斯方程求气体的压强并与理想气体物态方程求出的结果作比较. 这时 CO_2 气体的内压强多大? (取 $a=3.64\times10^5\ \text{Pa}\cdot\text{L}^2\cdot\text{mol}^{-2}$, $b=0.04271\ \text{L}\cdot\text{mol}^{-1}$)

16.15　氮分子的有效直径为 $3.8\times10^{-10}\text{m}$. 求它在标准状态下的平均自由程和连续两次碰撞间的平均时间间隔.

16.16　真空管的线度为 10^{-2}m,其中真空度为 $1.33\times10^{-3}\text{Pa}$,设空气分子的有效直径为 $3\times10^{-10}\text{m}$,求 27℃时单位体积内的空气分子数、平均自由程和平均碰撞频率.

16.17　在气体放电管中,电子不断与气体分子碰撞.因电子的速率远大于气体分子的平均速率,所以气体分子可以认为是不动的.设电子的"有效直径"比起气体分子的有效直径 d 来可以忽略不计.求:

(1) 电子与气体分子的碰撞截面;

（2）电子与气体分子的平均自由程（以 n 表示气体分子数密度）．

16.18　一氢分子（直径为 1.0×10^{-10} m）以方均根速率从炉中（$T=4000$K）逸出而进入冷的氩气室中．室内氩气密度为 4.0×10^{25} /m³（氩原子直径为 3×10^{-10} m），试问：

（1）氢分子的速率为多大？

（2）把氩分子与氢分子都看成球体，则在相互碰撞时它们中心之间靠得最近的距离为多少？

（3）最初阶段，氢分子每秒内受到的碰撞次数为多少？

第 17 章　热力学第一定律

17.1　准静态过程

在热力学中,通常把所研究的对象称为热力学系统或简称为系统.系统以外的物体统称为外界.例如,当研究气缸内气体的体积变化时,气缸内的气体就是系统,而包括气缸壁、活塞、发动机以及大气等所有物体都是外界.

图 17.1　气体受到急剧压缩

热力学主要研究系统从一个平衡状态到另一个平衡状态的转变过程,这种转变过程称为热力学过程或简称为过程.

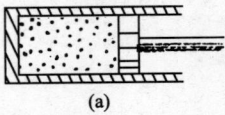

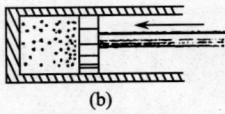

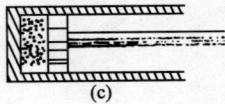

实际的热力学过程分非准静态过程和准静态过程.非准静态过程中气体各部分的压强、温度往往不相同.例如,急速推进活塞压缩气缸内的气体时,气体的体积、温度和压强都发生变化,靠近活塞的气体的压强要大些,温度也要高些.这就是一个典型的非准静态过程,如图 17.1 所示.

在热力学中,为了能利用系统处于平衡状态时的性质或有关参量来研究过程的规律,引入准静态过程的概念.若过程中任何时刻系统的状态都无限接近平衡状态,则这样的过程就是准静态过程.准静态过程的重要特征,是过程中的任何一个中间状态都可以当成平衡状态处理.所以,准静态过程又是一连串依次变化的平衡状态所组成的过程.

准静态过程是一种理想的过程.当实际过程进行得无限缓慢时,各时刻系统的状态就无限接近平衡状态,过程就是准静态过程,这里所说的“无限”是相对意义上的概念.系统由某一非平衡状态过渡到平衡状态所需要的时间称为弛豫时间.在一个实际过程中,如果系统的状态发生一个可以被测知的微小变化的时间比弛豫时间长得多,那么任何时刻观察时,系统都有充分时间达到平衡,此过程就可以认为进行得无限缓慢,就可以看成是准静态过程.例如,气缸内处于平衡状态的气体受到压缩后再达到平衡状态所需的时间,即弛豫时间,大约是 10^{-3} s.如果在实验中压缩一次所需的时间是 1s,是弛豫时间的 1000 倍,气体所经历的压缩过程就可以认为是无限缓慢的过程,即准静态过程.

对于一定质量的理想气体,三个状态参量 p、V、T 中,只有两个是独立的.任意给定两个参量的量值,气体的状态就唯一地确定了.如果以 p 和 V 作为两个独立变量,p-V 图上,每一个点都表示一个平衡状态,而准静态过程就可以用一条曲线表示,如图 17.2 所示.

非平衡状态,不能用一定的状态参量描述,在 p-V 图上也不能用一点表示,所以,非准静态过程不能用 p-V 图上的一条曲线表示.

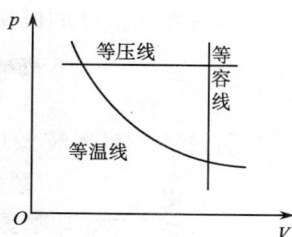

图 17.2 用 p-V 图上的曲线表示准静态过程

17.2 热力学第一定律与能量守恒

一、内能

内能是系统在一定状态下所具有的能量.从微观结构来看,内能应包括所有分子无规则热运动的动能(平动、转动及振动动能)、分子间相互作用的势能、分子原子内的能量、原子核内的能量等.此外,当有电磁场与系统相互作用时,还应包括相应的电磁能量,但是,在一般热力学状态转变过程中,分子结构、原子结构和核结构并不发生变化,所以,一般并不涉及分子、原子和原子核内能量的改变.此外,也不涉及电磁能量等.因此,这里所说的系统的内能,是指所有分子的动能 E_k 和分子间相互作用的势能 E_p 的总和,即 $E = E_k + E_p$. 已经知道,分子的动能是温度的单值函数,而分子间的势能应取决于分子间的距离,即取决于系统的体积.这就是说,系统的内能应是系统温度和体积的函数,即 $E = E(T, V)$. 而体积 V 和温度 T 都是状态参量,是和一个确定的平衡态相对应的.因此,系统的内能是状态的单值函数.在物理学中,任一物理量只要是状态参量的单值函数,则把这一物理量称为态函数.所以,内能是态函数,它的数值完全由系统所处的某一状态的温度和体积所决定.态函数的增量与系统状态变化所经历的过程无关,只与始末状态有关.只要始末状态一定,态函数的增量就完全确定.例如,当系统从某一个状态出发经不同的状态变化过程到达另一个相同的状态时,内能的增量应该是相等的,与中间所经历的过程无关.

对于理想气体,由于忽略了气体分子之间的相互作用,因而不存在分子间的势能.所以,理想气体的内能就是系统内所有分子的总动能,是只和温度有关的单值函数.

内能与前面介绍过的机械能有本质的区别.从物质运动形态来看,每一种运动形态都有与之相对应的能量.与机械运动相对应的是机械能,内能则是与热运动有关的能量,二者不能混为一谈.例如,静止于地球上的物体,其整体的机械能可以为零,但是物体内部分子总有热运动存在,所以其内能永远不能为零.在热力学中,一般不考虑系统整体的机械能.

二、功

通过外界对系统做功可以改变系统的状态,或改变系统的内能.通常所说的"摩擦生热"就是典型的例子.这里的"摩擦"是指外力克服摩擦力做功,"生热"是使物体的温度升高或内能增加,也就是改变了系统的状态,图 17.3 给出了实验室内定量研究"摩擦生热"规律时用的实验装置.在一个用绝热板做壁的容器内装有一定量的水,容器壁上装有几块固定的翼板.容器内有一轴通到容器外面,轴上装有几块可随轴转动的翼板.轴的上部绕有细绳,通过滑轮连到两个重物上.容器内的水和翼板作为研究对象.当两个重物下落时,可动翼板就在水中搅动,因此重物下落就是克服翼板和水之间的摩擦力做功.当重物下落一段距离时,显示系统的温度会升高一些,即内能增加,状态在发生变化.在重物下落的过程中,忽略滑轮处的摩擦,外界对系统做功的量值等于重物下落的距离与它们的重量的乘积.这就是著名的焦耳实验.

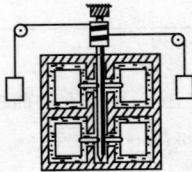

图 17.3　机械功改变系统的状态

如图 17.4 所示,这是另一个外界做功改变系统状态的例子.在用绝热板做壁的容器内装有一定量的水,水中有一电阻丝,它和外电源相连.把水和电阻丝作为系统,当合上电键后,电流通过电阻丝做功.经过一段时间后,水和电阻丝的温度上升.显示系统状态的变化或内能的增加.

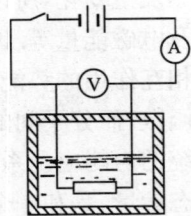

综上所述,做功可以改变系统的状态,增加系统的内能.做功是宏观运动,而内能增加是系统分子热运动的加剧,所以做功改变系统的内能,是有规则的宏观运动转变成无规则的微观热运动.如同在力学中,功是能量变化的一种量度一样,在热力学中,功是系统内能变化的一种量度.

图 17.4　做电功改变系统的状态

在热力学中讨论的是准静态过程,功的量值可以通过系统的状态参量的变化来计算.如图 17.5(a)所示,气缸里封闭一定质量的气体,活塞可无摩擦地向右运动.若活塞的面积为 S,气体施于活塞的压强为 p,当活塞在气体压力 pS 作用下向右移动 $\mathrm{d}l$ 时,气体对外界做的元功为 $\mathrm{d}A = pS\mathrm{d}l$,由于 $S\mathrm{d}l = \mathrm{d}V$ 是气体体积的增量,则

$$\mathrm{d}A = p\mathrm{d}V \tag{17.1}$$

其中,$\mathrm{d}A$ 是系统在无限小的平衡过程中对外界做的功.当系统膨胀时,$\mathrm{d}V > 0$,$\mathrm{d}A > 0$,系统对外界做功;系统压缩时,$\mathrm{d}V < 0$,$\mathrm{d}A < 0$,系统对外界做负功,即外界对系统做功.当气体系统的体积由 V_1 变化到 V_2 时,系统对外界做的总功为

$$A = \int_{V_1}^{V_2} p dV \qquad (17.2)$$

任何一个准静态过程,可用 p-V 图上的一条曲线表示. 如图 17.5(b) 所示,实线下阴影的矩形窄条面积为 $dA = p dV$,而曲线下的总面积等于系统在全部过程中对外界所做的总功. 如果过程是从状态 I 沿另一虚线表示的过程变化到状态 II,则和前一沿实曲线的过程所做的功完全不同. 很明显,只给定初状态和终状态,并不能确定功的量值,即做功的量值与过程有关. 因此,不能说:"系统的功是多少"或"处于某一状态的系统有多少功". 这是功和状态的单值函数内能的根本区别.

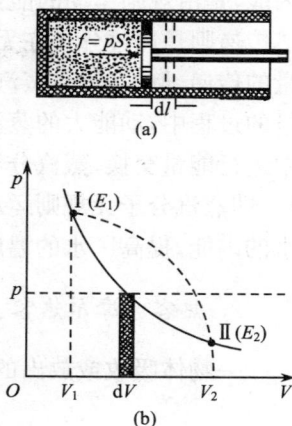

图 17.5 气体作准静态膨胀时做功

三、热量 气体的摩尔热容

1. 热量

热力学的过程与机械运动的过程是不同的. 在热力学中使系统状态或内能发生变化,做功并不是唯一的方法. 可以通过向系统传递热量的方法,使系统的状态或内能发生变化. 例如,可以把一杯水放在电炉上加热,使之升高一定的温度,从而使内能增加一定的量值. 在此过程中,热量源源不断地由电炉传入水中,转变成水的内能. 那么,传递的热量其本质是什么? 在 18 世纪,人们把"热"看成是一种物质,称为热质,认为:每个物体内部都存在一定量的热质,其中较热的物体含有较多热质,较冷的物体含有较少的热质,热质不能产生,也不会消失,当冷热不同的两个物体相接触时,热质就从较热的物体流入较冷的物体. 而"热量"就是热质的数量. 用电炉加热水时,电炉中的热质就不断地流入水中,使水中的热质增加,从而提高了水的温度,增加了水的内能. 热质说能很好地解释热传导现象,但却解释不了摩擦生热这一类问题. 1802 年戴维证明,当两块冰相互摩擦时能够得到热而使冰融成水,热质从何而来,以后的大量实验事实都否定了热质说. 人们认识到热不是一种物质,而是一种运动. 热量不是热质的多少,而是温度不同的两个物体间传递的热运动能量. 这就是说热量和功一样,都是和过程相联系的过程量,都是能量变化的一种量度.

值得指出的是,做功和热传递虽然有等效的一面,都能改变系统的状态或内能,但它们的本质是不同的,做功是通过物体的宏观位移来实现的,它改变系统的内能,是由规则运动的能量转化为无规则运动的能量.焦耳实验就是突出的例子.热传递则是通过分子在无规则运动过程中的相互碰撞来完成的,是无规则运动能量的传递.例如,过热蒸汽通入水容器,水温会很快升高(内能增加),在这个传递热量的过程中,动能大的蒸汽分子和动能小的水分子,在无规则运动的相互碰撞过程中进行能量交换,蒸汽分子把一部分动能传递给了水分子,使水分子的平均动能增加.即蒸汽分子无规则运动的能量转变为水分子的无规则运动的能量,从而增加了水的内能,提高了水的温度.

2. 热容　摩尔热容

一物体吸收或放出的热量可由下式计算

$$Q = Mc(T_2 - T_1) \tag{17.3}$$

其中,M 是物体的质量,c 是物体的比热容,T_1、T_2 是物体吸热或放热前后的温度 Mc 通常称为物体的热容量,它表示质量为 M 的物体温度升高或降低 1K 时吸收或放出的热量.

1mol 的气体,经历一无限小的状态变化过程,吸收热量 $(\mathrm{d}Q)_x$,温度升高 $\mathrm{d}T$. 则定义

$$c_x = \frac{(\mathrm{d}Q)_x}{\mathrm{d}T} \tag{17.4}$$

由于热量是过程量,摩尔热容量也是过程量,所以 1mol 的同一种物体,特别是气体,其摩尔热容量直接受过程的影响.在不同的状态变化过程中,其摩尔热容量是不同的.

若体积保持不变,则定义

$$c_V = \frac{(\mathrm{d}Q)_V}{\mathrm{d}T} \tag{17.5}$$

为气体定容摩尔热容量;若压强保持不变,则定义

$$c_p = \frac{(\mathrm{d}Q)_p}{\mathrm{d}T} \tag{17.6}$$

为气体定压摩尔热容量;若温度保持不变,则定义

$$c_T = \frac{(\mathrm{d}Q)_T}{\mathrm{d}T} = \infty \tag{17.7}$$

为等温过程的摩尔热容量;若整个过程系统与外界没有热量交换,则定义

$$c_Q = \frac{(\mathrm{d}Q)_Q}{\mathrm{d}T} = 0 \tag{17.8}$$

为绝热摩尔热容量.

四、热力学第一定律的表述

前已述及,热力学系统的状态变化,可以通过外界对系统做功来完成,也可以通过单纯地传递热量来实现,通常情况下,两种过程同时存在.设系统由状态Ⅰ变化到状态Ⅱ,外界对系统做功为 A',对系统传递热量为 Q. 如前所述, A' 与 Q 都与过程的性质有关,但实验证明, $A'+Q$ 则与过程的性质无关,而仅由始末状态决定.由此可以断定,任一热力学系统在平衡状态时,必有一个态函数,这个态函数就是前面讨论过的内能.大量实验证明,对于任何热力学系统,当由状态Ⅰ变化到状态Ⅱ的任一过程中,外界对它所做的功 A' 和向它传递热量 Q 的总和是一定的,且等于系统的内能增加量 E_2-E_1. 这个由实验确定的普遍规律称为热力学第一定律,是包括热现象在内的能量守恒和转换定律,其数学表达式为

$$A'+Q = E_2-E_1 \tag{17.9}$$

如果用 A 表示系统对外界做的功,则 $A=-A'$,热力学第一定律又可写成更常用的形式

$$Q = (E_2-E_1)+A \tag{17.10}$$

即外界向热力学系统传递的热量 Q,一部分用来增加系统的内能 E_2-E_1,一部分用于系统对外界做的功 A.

在式 $Q=(E_2-E_1)+A$ 中, Q、(E_2-E_1) 和 A 三个量的值都可正可负. $Q>0$,表示系统从外界吸收热量, $Q<0$,表示系统向外放热; $E_2-E_1>0$,表示系统内能增加, $E_2-E_1<0$,表示系统的内能减少; $A>0$,表示系统对外界做正功, $A<0$,表示外界对系统做正功.

式(17.10)适用于有限过程.若初、终两状态相差很小,则称为无限小过程,这时热力学第一定律的数学表达式为

$$\mathrm{d}Q = \mathrm{d}E + \mathrm{d}A \tag{17.11}$$

因为内能是态函数,所以 $\mathrm{d}E$ 表示无限接近的初、终两态内能值的微量差,是全微分; $\mathrm{d}Q$ 和 $\mathrm{d}A$ 都与过程有关,它们只表示无限小的变化过程中的无限小量,不能用全微分表示.

热力学第一定律是自然界的一条普遍定律,不论是气体、液体或固体系统,都成立.在具体应用时,只要求初、终两态是平衡状态,至于由初态到终态所经历的过程,无论是平衡态或准静态过程与否,它总是成立的.

在人类历史上,有很多人企图研究和制造一种机器,它不需要任何动力或燃料,却能不断地对外做功.这种机器称为第一类永动机.由于这种机器是违反热力

学第一定律的,所以是根本不可能制造成功的. 这样,热力学第一定律又可以表述为:第一类永动机是不可能制造的.

对于理想气体来说　$dE = \nu \frac{i}{2} R dT, dA = p dV$,所以

$$dQ = \nu \frac{i}{2} R dT + p dV \tag{17.12}$$

对应一有限过程

$$E_2 - E_1 = \nu \frac{i}{2} R (T_2 - T_1), \quad A = \int_{V_1}^{V_2} p dV$$

$$Q = \nu \frac{i}{2} R (T_2 - T_1) + \int_{V_1}^{V_2} p dV \tag{17.13}$$

例 17.1　在 1atm 下,1mol 的水在 100℃ 变成水蒸气,它的内能增加多少? 已知在此温度和压强下,水和水蒸气的摩尔体积分别为 $V_1 = 8.8 \times 10^{-6} \, \text{m}^3 \cdot \text{mol}^{-1}$ 和 $V_2 = 3.01 \times 10^{-2} \, \text{m}^3 \cdot \text{mol}^{-1}$,而水的汽化热为 $L = 4.06 \times 10^4 \, \text{J} \cdot \text{mol}^{-1}$.

解　水的汽化是等温等压过程,这一过程可设想:气缸内装有 100℃ 的水,气缸底部导热,置于温度比 100℃ 高一无穷小值的炉子上,气缸上部为一质量可以忽略而与缸壁无摩擦的封闭活塞. 活塞外面为一大气压(1atm). 这样,水就从炉子(热源)吸热汽化,而水蒸气缓缓推动活塞向上对外界做功,如图 17.6 所示. 在 $\nu = 1$mol 的水变为同温水蒸气的过程中,水从热源吸收的热量为

$$Q = \nu L = 1 \times 4.06 \times 10^4 = 4.06 \times 10^4 (\text{J})$$

外界对系统做功

$$A = -P(V_2 - V_1) = -1.103 \times 10^5$$
$$\times (3.01 \times 10^4 - 8.8) \times 10^{-6}$$
$$= -3.05 \times 10^3 (\text{J})$$

根据热力学第一定律,水变成水蒸气时内能的增量为

$$\Delta E = Q + A = 4.06 \times 10^4 - 3.05 \times 10^3 = 3.75 \times 10^4 (\text{J})$$

例 17.2　如图 17.7 所示,一定质量的气体由状态 1 沿曲线 a 到达状态 2(即 1a2 过程),它对外界做功为 1.5×10^4J,从外界吸收热量为 8.5×10^4J. 求这气体从状态 2 经 b 回到状态 1(即 2b1 过程)的过程中,系统从外界吸收了多少热量?

解　在 1a2 过程中,系统对外界做功为 $A_a = 1.5 \times 10^4$J,而气体从外界吸收的

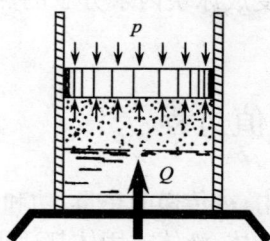

图 17.6　100℃ 的
水变成水蒸气

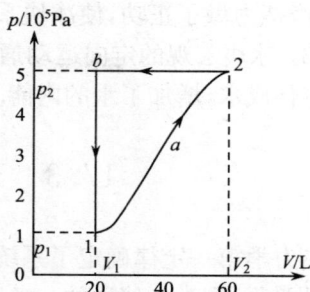

图 17.7　气体状
态的变化

热量为 $Q_a = 8.5 \times 10^4$J，由热力学第一定律得状态 2 和状态 1 的内能增量为

$$E_2 - E_1 = Q_a - A_a = 8.5 \times 10^4 - 1.5 \times 10^4 = 7.0 \times 10^4 \text{(J)}$$

在 $2b1$ 过程中，从 2 到 b，气体经历等压过程，外界对气体做的功

$$A_b = -p_2(V_1 - V_2) = -5 \times 10^5 \times (20 - 60) \times 10^{-3} = 2.0 \times 10^4 \text{(J)}$$

从 b 到 1，气体经历等容过程，由于气体体积不变，外界对气体不做功. 所以，A_b 就是 $2b1$ 过程中，外界对系统做的功. 若气体从外界吸收的热量为 Q_b，由热力学第一定律得

$$E_1 - E_2 = Q_b + A_b$$

$$Q_b = E_1 - E_2 - A_b = -7.0 \times 10^4 - 2.0 \times 10^4 = -9.0 \times 10^4 \text{(J)}$$

$Q_b < 0$，这表示在 $2b1$ 的过程中，气体向外界放出了 9.0×10^4（J）的热量.

例 17.3　一质量为 50kg，0℃ 的冰块，以 $5.38 \text{m} \cdot \text{s}^{-1}$ 的速度沿水平表面滑动. 由于冰块与水平表面之间摩擦的结果，使冰块滑了一段路程之后停了下来. 已知冰的熔解热为 $334.5 \times 10^3 \text{J} \cdot \text{kg}^{-1}$，假定没有其他热交换，问冰块熔了多少？

解　冰块的动能为

$$E_k = \frac{1}{2}mv^2 = \frac{1}{2} \times 50 \times (5.38)^2 = 723.6 \text{(J)}$$

若冰块熔解的质量为 Δm，熔解热用 L 表示，按题意，冰块熔化时吸收的热量等于冰块动能的变化，则

$$\Delta m = \frac{E_k}{L} = \frac{723.6}{334.5 \times 10^3} = 2.16 \times 10^{-3} \text{(kg)}$$

提问　本题有三种说法，你认为哪一种说法正确？

(1) 摩擦力做负功，产生了热量，热量进入冰块，使冰块熔解一部分.

(2) 摩擦力对机械运动来说做了负功，消耗了冰块的机械能（动能）；对热运动

来说,摩擦力做了正功,使冰块系统热能增加,冰块多了热能,就熔化了一部分.

（3）冰块宏观的定向运动通过摩擦力做功转变成冰块内水分子的热运动,使冰块熔化成水,增加了水的内能.

17.3　理想气体的等值过程

热力学第一定律确定了系统在状态变化过程中,被传递的热量、功和内能之间的定量关系.作为自然界的一条普遍定律,不论是气体、液体或固体都适用.本节通过对理想气体的四个典型的准静态过程,即等容过程、等压过程、等温过程和绝热过程的分析,阐明热力学第一定律对理想气体的应用,并为循环过程中的热、功转换规律打下必要的基础.

一、等容过程

理想气体在保持体积不变（即 $V=$ 常量）的情况下的状态变化过程,称为等容过程.

设气缸中储有一定量的理想气体,并将活塞固定,以保证气体的体积不变.现从气缸的底部缓慢而不断地给气体加热,就可以得到体积不变的准静态过程,如图 17.8(a)所示.在 p-V 图上,可用一条垂直横轴的线段来表示等容过程,如图 17.8(b)所示.若理想气体由状态 I 等容地变化到状态 II,根据理想气体状态方程得等容过程方程为

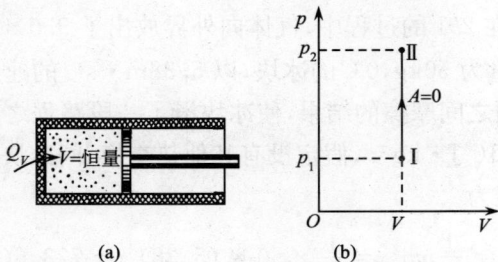

图 17.8　理想气体的等容过程

$$\frac{p}{T} = 常量, \qquad \frac{p_1}{T_1} = \frac{p_2}{T_2} \tag{17.14}$$

若系统由具有内能 E_1 的状态 I(p_1, V, T_1)变化到具有内能 E_2 的状态 II(p_2, V, T_2)对于理想气体其内能的增量为

$$\mathrm{d}E = \frac{M}{\mu}\frac{i}{2}R\mathrm{d}T$$

$$\tag{17.15}$$

$$E_2 - E_1 = \frac{M}{\mu}\frac{i}{2}R(T_2 - T_1)$$

由于系统体积不变 $\mathrm{d}V = 0$，$\mathrm{d}A = 0$，系统不做功，系统从热源吸取的热量完全用来增加系统的内能. 所以等容过程的热力学第一定律为

$$\mathrm{d}Q_V = \mathrm{d}E = \frac{M}{\mu}\frac{i}{2}R\mathrm{d}T \tag{17.16}$$

$$Q_V = \frac{M}{\mu}\frac{i}{2}R(T_2 - T_1) = \frac{i}{2}V(p_2 - p_1) \tag{17.17}$$

根据式(17.5)得理想气体等容摩尔热容量为

$$c_V = \frac{\mathrm{d}Q_V}{\mathrm{d}T} = \frac{\mathrm{d}E}{\mathrm{d}T}$$

对于 1mol 理想气体来说 $\mathrm{d}E = \frac{i}{2}R\mathrm{d}T$，则

$$c_V = \frac{i}{2}R \tag{17.18}$$

式(17.18)表明，理想气体定容摩尔热量只取决于气体分子的自由度.

对于单原子分子气体，$i = 3$，$c_V = 12.5\mathrm{J \cdot mol^{-1} \cdot K^{-1}}$；

对于刚性双原子分子气体，$i = 5$，$c_V = 20.8\mathrm{J \cdot mol^{-1} \cdot K^{-1}}$；

对于刚性多原子分子气体，$i = 6$，$c_V = 24.9\mathrm{J \cdot mol^{-1} \cdot K^{-1}}$.

高温情况下，实际测得的值与上述数值有偏离，尤其是多原子分子，偏离较大，这是因为高温下原子已不再是"刚性".

引入等容摩尔热容量 c_V 之后，等容过程的内能增量可表示为

$$\mathrm{d}E = \frac{M}{\mu}c_V\mathrm{d}T, \qquad E_2 - E_1 = \frac{M}{\mu}c_V(T_2 - T_1) \tag{17.19}$$

二、等压过程

保持压强不变即 $p =$ 常量的变化过程，称为等压过程.

设气缸中储有一定量的理想气体，并保持气缸活塞上所加的外力不变. 现从气缸底部缓慢而不断地给气体加热，就可以得到压强不变的准静态过程，在 p-V 图上，可用一条与横轴平行的线段来表示等压过程. 如图 17.9(b)所示. 若理想气体等压线由 I 状态到 II 状态，根据理想气体状态方程得等压过程方程为

$$\frac{V}{T} = 常量 \qquad 或 \qquad \frac{V_1}{T_1} = \frac{V_2}{T_2} \tag{17.20}$$

在等压过程中，当气体由具有内能 E_1 的状态 I(p, V_1, T_1) 变化到具有内能

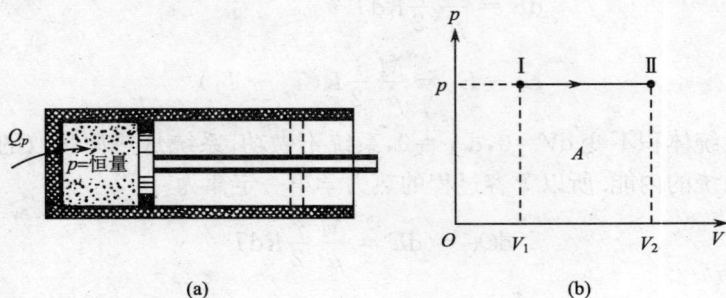

图 17.9　理想气体的等压过程

E_2 的状态 Ⅱ (p, V_2, T_2) 时,系统的内能增量

$$E_2 - E_1 = \frac{M}{\mu} c_V (T_2 - T_1)$$

系统对外做功为

$$A = \int_{V_1}^{V_2} p \mathrm{d}V = p(V_2 - V_1)$$

或

$$A = \frac{M}{\mu} R(T_2 - T_1)$$

若等压过程中系统吸收的热量为 Q_p,则有

$$Q_p = \frac{M}{\mu} R(T_2 - T_1) + \frac{M}{\mu} c_V (T_2 - T_1)$$

即

$$Q_p = \frac{M}{\mu} (R + c_V)(T_2 - T_1)$$

根据定压摩尔热容量定义 $c_p = \dfrac{\mathrm{d}Q_p}{\mathrm{d}T}$,对于 1mol 理想气体来说 $\mathrm{d}Q_p = (R + c_V)\mathrm{d}T$,则

$$c_p = c_V + R \tag{17.21}$$

式(17.21)称为迈耶公式,它表明理想气体的定压摩尔热容量比定容摩尔热容量要大一个恒量 R,即在等压过程中,1mol 理想气体的温度升高 1K 时,要比在等容过程中多吸收 8.31J 的热量,多吸收的这部分热量用于转换为气体膨胀时对外界做功. 因此,普适气体恒量 R 就等于 1mol 理想气体在等压过程中当温度升高 1K 时,气体对外界所做的功.

因为 $c_V=\dfrac{i}{2}R$,代入式(17.21)即得

$$c_p = \frac{i}{2}R+R = \left(\frac{i+2}{2}\right)R \qquad (17.22)$$

对于单原子分子气体,$i=3$,$c_p=20.8\text{J}\cdot\text{mol}^{-1}\cdot\text{K}^{-1}$;

对于刚性双原子分子气体,$i=5$,$c_p=29.1\text{J}\cdot\text{mol}^{-1}\cdot\text{K}^{-1}$;

对于刚性多原子分子气体,$i=6$,$c_p=33.2\text{J}\cdot\text{mol}^{-1}\cdot\text{K}^{-1}$.

在实际应用中,常用到 c_p 与 c_V 的比值,通常用 γ 表示,称作比热容比,也叫泊松比,可以写作

$$\gamma = \frac{c_p}{c_V} = \frac{i+2}{i} \qquad (17.23)$$

式(17.23)表明,气体的比热容比也都只与气体分子的自由度有关,而与气体的温度无关.

由理论上得到的等容与等压摩尔热容量的计算公式(17.18)和式(17.22),是建立在能量按自由度均分的概念基础上的.此外,c_p 与 c_V 也可以直接由实验测得,这就使我们有可能通过 c_p、c_V 的实验值和理论值的比值,来验证能量按自由度均分这一概念是否正确.

表 17.1 列出了一些气体摩尔热容量的实验值,从表中可以看出,各种气体的两种摩尔热容量之差(c_p-c_V)都接近于 R,并且各单原子分子气体和双原子分子气体的 c_p、c_V、γ 值和理论值都很接近.这说明,能量按自由度均分的概念基本上反映了客观实际.表中也反映出多原子气体的实验值和理论值出入较大.但只能说明,我们在考虑气体分子的运动方式,即考虑分子运动的自由度时不够准确,而不能否定能量按自由度均分的概念.更能说明这个问题的是热容量和温度的关系,由理论上得到的 $c_V=\dfrac{i}{2}R$,只取决于分子的自由度而与气体的温度无关,但图 17.10 给出的氢的 c_V 为 $\dfrac{3}{2}R$,在常温下约为 $\dfrac{5}{2}R$,而在高温时接近 $\dfrac{7}{2}R$.这说明氢

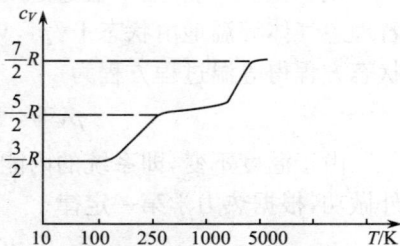

图 17.10 氢的 c_V 随温度的变化

原子分子在低温时只有平动 $\left(i=3,c_V=\dfrac{3}{2}R\right)$,在常温下开始有转动 $\left(i=5,c_V=\dfrac{5}{2}R\right)$,在高温下,除了考虑平动和转动外,还必须考虑分子内原子间的振动 $\left(i=7,c_V=\dfrac{7}{2}R\right)$.

表 17.1　一些气体的摩尔热容量的实验值

原子数	气体种类	$c_p/$ $(\mathrm{J\cdot mol^{-1}\cdot K^{-1}})$	$c_V/$ $(\mathrm{J\cdot mol^{-1}\cdot K^{-1}})$	$c_p - c_V/$ $(\mathrm{J\cdot mol^{-1}\cdot K^{-1}})$	$\gamma = \dfrac{c_p}{c_V}$
单原子	氦	20.9	12.5	8.4	1.67
	氩	21.2	12.5	8.7	1.65
双原子	氢	28.8	20.4	8.4	1.41
	氮	28.6	20.4	8.2	1.41
	一氧化碳	28.3	21.2	8.1	1.40
	氧	28.9	21.0	7.9	1.40
多原子	水蒸气	36.2	27.8	8.4	1.31
	甲烷	35.2	27.2	8.4	1.30
	氯仿	72.0	63.7	8.3	1.13
	乙醇	87.5	79.2	8.2	1.11

　　造成上述理论与实验不符的根本原因在于,能量按自由度均分原理是以经典概念能量的连续性为基础的,而实际上原子、分子等微观粒子的运动遵从量子力学规律,经典概念只能在一定限度内适用,只有量子理论才能对气体的热容量作出较圆满的解释.

三、等温过程

　　温度保持不变(T＝常量)的状态变化过程,称为等温过程. 设气缸中储有一定量的气体,其缸壁是绝热的,只有气缸底部与一恒温热源接触并吸取热量,使活塞上的外界压力缓慢地减少,气体膨胀就可以实现等温的准静态过程. 如图 17.11 (a)所示,在 p-V 图上,等温过程可用一条等轴双曲线来表示,如图 17.11(b)所示. 若理想气体等温地由状态 Ⅰ(p_1,V_1,T)变化到状态 Ⅱ(p_2,V_2,T),根据理想气体状态方程得等温过程方程为

$$pV = 常量,\quad 或\quad p_1V_1 = p_2V_2 \tag{17.24}$$

　　由于温度不变,即系统的内能不变,所以,系统从外界吸收的热量完全用来对外做功,根据热力学第一定律

$$\mathrm{d}Q_T = \mathrm{d}A = p\mathrm{d}V \tag{17.25}$$

由理想状态方程得

$$p = \frac{M}{\mu}RT\,\frac{1}{V}$$

则有

$$\mathrm{d}Q_T = \frac{M}{\mu}RT\,\frac{\mathrm{d}V}{V} \tag{17.26}$$

若系统从状态 Ⅰ(p_1,V_1,T)经一准静态过程变化到状态 Ⅱ(p_2,V_2,T),则有

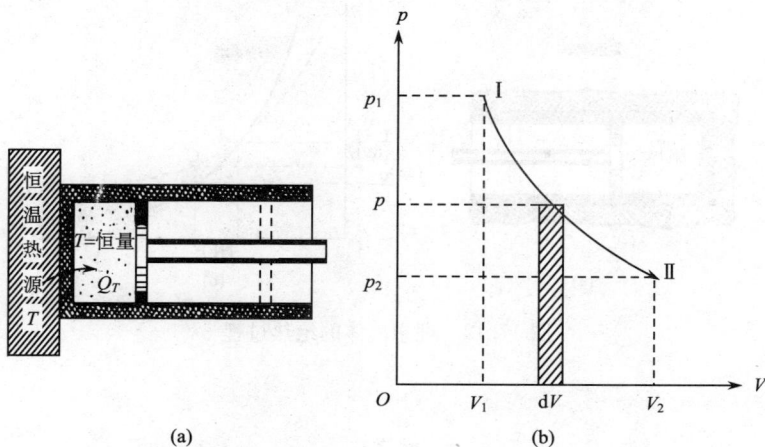

图 17.11　理想气体的等温过程

$$Q_T = A = \frac{M}{\mu}RT\int_{V_1}^{V_2} \frac{\mathrm{d}V}{V} = \frac{M}{\mu}RT\ln\frac{V_2}{V_1} = \frac{M}{\mu}RT\ln\frac{p_1}{p_2} \qquad (17.27)$$

四、绝热过程

系统在不与外界交换热量情况下的状态变化过程,称为绝热过程.

要实现绝热的准静态过程,气缸的壁必须是绝对的不导热,且过程进行得无限缓慢,如图 17.12(a)所示. 但实际上既没有绝对不导热的物质,也不能使过程进行得很缓慢,因此,理想的绝热过程是不存在的,实际上进行的过程都是近似的绝热过程. 例如,用绝热材料把系统包围起来,其中进行的过程可以认为是绝热过程;如果过程进行得相当快,以至于系统来不及与外界进行显著的热交换,也可以近似地看成是绝热过程;蒸汽机或内燃机气缸内的气体所经历的急速压缩和膨胀,空气中声波传播时引起的局部膨胀或压缩过程等都可以近似地当成绝热过程处理. 如图 17.12(b)所示. 在 p-V 图上,绝热线斜率的绝对值比等温线斜率的绝对值大.

对理想气体状态方程两端取微分得

$$p\mathrm{d}V + V\mathrm{d}p = \frac{M}{\mu}R\mathrm{d}T \qquad (\text{a})$$

由于绝热过程不吸收热量,系统必以消耗自身的内能为代价对外做功,即

$$p\mathrm{d}V = -\frac{M}{\mu}c_V\mathrm{d}T \qquad (\text{b})$$

从式(b)中解出 $\mathrm{d}T$ 代入式(a)得

$$c_V(p\mathrm{d}V + V\mathrm{d}p) = -Rp\mathrm{d}V$$

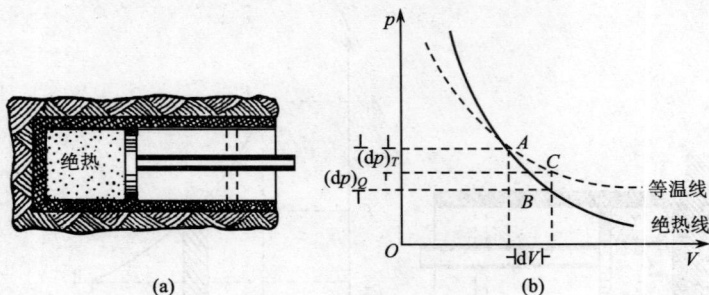

图 17.12　理想气体的绝热过程

因为

$$R = c_p - c_V$$

则

$$c_V(p\mathrm{d}V + V\mathrm{d}p) = (c_V - c_p)p\mathrm{d}V, \qquad c_V V\mathrm{d}p + c_p p\mathrm{d}V = 0$$

或

$$\frac{\mathrm{d}p}{p} + \gamma\frac{\mathrm{d}V}{V} = 0 \tag{c}$$

其中，$\gamma = \dfrac{c_p}{c_V}$，将式(c)积分得

$$\ln p + \gamma\ln V = \ln(pV^\gamma) = 恒量$$

即

$$pV^\gamma = 恒量 \tag{17.28}$$

这就是绝热过程中 p 与 V 的关系式，应用 $pV = \dfrac{M}{\mu}RT$ 和式(17.28)消去 p 或 V，则分别得

$$V^{\gamma-1}T = 恒量 \tag{17.29}$$

$$p^{\gamma-1}T^{-\gamma} = 恒量 \tag{17.30}$$

式(17.28)～式(17.30)即为绝热过程方程.

质量为 M，摩尔质量为 μ 的理想气体的内能，当温度变化 $\mathrm{d}T$ 时，其内能的增量为 $\mathrm{d}E = \dfrac{M}{\mu}c_V\mathrm{d}T$，而绝热过程中体积发生微小膨胀时 $\mathrm{d}A = p\mathrm{d}V$，则绝热过程的热力学第一定律为

$$p\mathrm{d}V = -\frac{M}{\mu}c_V\mathrm{d}T \quad 或 A = -\frac{M}{\mu}c_V(T_2 - T_1) \tag{17.31}$$

利用绝热方程 pV^γ＝恒量,还可以导出绝热过程中功的另一计算公式.因为

$$pV^\gamma = p_1 V_1^\gamma = p_2 V_2^\gamma = 恒量$$

所以

$$p = \frac{p_1 V_1^\gamma}{V^\gamma}$$

当气体的体积由 V_1 变到 V_2 时,气体对外所做的功为

$$A_Q = \int_{V_1}^{V_2} p\mathrm{d}V = \int_{V_1}^{V_2} \frac{p_1 V_1^\gamma}{V^\gamma}\mathrm{d}V = p_1 V_1^\gamma \left(\frac{V_2^{1-\gamma} - V_1^{1-\gamma}}{1-\gamma}\right)$$

$$= \frac{p_1 V_1^\gamma (V_1^{1-\gamma} - V_2^{1-\gamma})}{\gamma - 1} = \frac{p_1 V_1 - p_2 V_2}{\gamma - 1} \tag{17.32}$$

利用绝热过程方程 pV^γ＝恒量,可以在 p-V 图上作出绝热过程曲线,即前述图 17.12(b)中实线所示的绝热线,虚线表示同一气体的等温线,比较这两条曲线可以看出:绝热线比等温线要陡一些,即绝热线斜率的绝对值比等温线斜率的绝对值要大.下面对此加以说明.

若绝热线与等温线相交于 A 点,由绝热方程 pV^γ＝恒量,可求出绝热线在 A 点的斜率为

$$\left(\frac{\mathrm{d}p}{\mathrm{d}V}\right)_Q = -\gamma \frac{p_A}{V_A}$$

而由等温方程 pV＝恒量,可以求出等温线在 A 点的斜率为

$$\left(\frac{\mathrm{d}p}{\mathrm{d}V}\right)_T = -\frac{P_A}{V_A}$$

由于 $\gamma > 1$,所以 $\left|\left(\frac{\mathrm{d}p}{\mathrm{d}V}\right)_Q\right| > \left|\left(\frac{\mathrm{d}p}{\mathrm{d}V}\right)_T\right|$. 即在两线的交点 A 处,绝热线斜率的绝对值要大于等温线斜率的绝对值,因此,绝热线比等温线要陡一些.这表明同一气体从同一初状态做同样的体积膨胀时,压强降低在绝热过程中比在等温过程中要多.也可以从物理意义上来解释这一结论.假设从 A 点起,气体的体积增加了 $\mathrm{d}V$,那么不论过程是等温的或绝热的,气体的压强总要降低.但两者降低的原因不完全相同,由 $pV = nkT$ 可知,单位体积中分子数的减少和温度的降低都可以使压强降低.等温过程,温度不变,压强降低的原因是由于气体体积的膨胀而引起 n 的减少;绝热过程,压强的降低不仅由于体积的膨胀而引起 n 的减少,而且还由于温度的下降.这两方面原因加在一起就使得膨胀同样体积,在绝热过程中压强的减少量 $(\mathrm{d}p)_Q$ 要比等温过程中压强的减少量 $(\mathrm{d}p)_T$ 大.所以,绝热线在 A 点的斜率的绝对值较等温线的斜率的绝对值要大.

至此,用热力学第一定律分析了理想气体在四种过程中的热、功和内能的增量.下面将这四种过程的特征列入表 17.2 中,以便对比和理解.

表 17.2　理想气体各过程中的公式

过程	特征	过程方程	吸收热量	对外做功	内能增量	摩尔热容
等容	V=恒量	$\dfrac{p}{T}$=恒量	$\nu c_V(T_2-T_1)$	0	$\nu c_V(T_2-T_1)$	c_V
等压	p=恒量	$\dfrac{V}{T}$=恒量	$\nu c_p(T_2-T_1)$	$p(V_2-V_1)$ 或 $\nu R(T_2-T_1)$	$\nu c_V(T_2-T_1)$	c_p
等温	T=恒量	pV=恒量	$\nu RT\ln\dfrac{V_2}{V_1}$ 或 $\nu RT\ln\dfrac{p_1}{p_2}$	$\nu RT\ln\dfrac{V_2}{V_1}$ 或 $\nu RT\ln\dfrac{p_1}{p_2}$	0	∞
绝热	$dQ=0$	pV^γ=恒量 $V^{\gamma-1}T$=恒量 $p^{\gamma-1}T^{-\gamma}$=恒量	0	$-\nu c_V(T_2-T_1)$ 或 $\dfrac{p_1V_1-p_2V_2}{\gamma-1}$	$\nu c_V(T_2-T_1)$	0

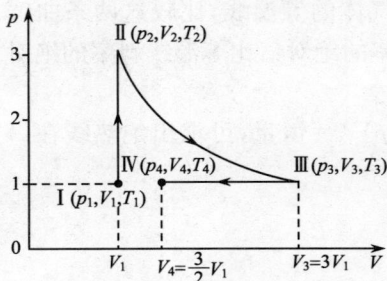

图 17.13　全过程的内能变化

例 17.4　如图 17.13 所示,质量为 $2.8\times10^{-3}\,\text{kg}$,压强为 $1.013\times10^5\,\text{Pa}$,温度为 27℃的氮气,先在体积不变的情况下,使其压强增至 $3.039\times10^5\,\text{Pa}$,再经等温膨胀使压强降至 $1.013\times10^5\,\text{Pa}$,然后又在等压($1.013\times10^5\,\text{Pa}$)情况下将其体积压缩一半,求氮在全部过程中的内能变化,它所做的功和吸收的热量.

解　按题意,Ⅰ→Ⅱ为等容过程,Ⅱ→Ⅲ为等温过程,Ⅲ→Ⅳ为等压过程,(p_1,V_1,T_1)、(p_2,V_2,T_2)、(p_3,V_3,T_3)、(p_4,V_4,T_4)分别为三个过程首末状态的状态参量. 先求各状态的状态参量.

对于状态Ⅰ $p_1=1.013\times10^5\,\text{Pa}$,　$T_1=273+27=300\text{K}$

应用理想气体状态方程 $pV=\nu RT$,得

$$V_1=\frac{M}{\mu}\frac{RT_1}{p_1}=\frac{2.8\times10^{-3}\times8.31\times300}{28\times10^{-3}\times1.013\times10^5}=2.46\times10^3\,(\text{m})$$

对于状态Ⅱ

$$p_2=3.039\times10^5\,\text{Pa},V_2=V_1=2.46\times10^{-3}\,(\text{m}^3)$$

在等容过程中,$\dfrac{p}{T}$=恒量,所以 $\dfrac{p_1}{T_1}=\dfrac{p_2}{T_2}$,则

$$T_2=\frac{p_2}{p_1}T_1=\frac{3}{1}\times300=900(\text{K})$$

对于状态Ⅲ

$$p_3=1.013\times10^5\,\text{Pa},T_3=T_2=900\text{K}$$

在等温过程中，$pV=$ 恒量，所以 $p_2V_2=p_3V_3$，则

$$V_3 = \frac{p_2}{p_3}V_2 = \frac{3}{1} \times 2.46 \times 10^{-3} = 7.38 \times 10^{-3} (\text{m}^3)$$

对于状态 IV

$$p_4 = 1.013 \times 10^5 \text{Pa}, V_4 = \frac{1}{2}V_3 = \frac{1}{2} \times 7.38 \times 10^{-3} = 3.69 \times 10^{-3} (\text{m}^3)$$

在等压过程中，$\frac{V}{T}=$ 恒量，所以 $\frac{V_3}{T_3}=\frac{V_4}{T_4}$，则

$$T_4 = \frac{V_4}{V_3}T_3 = \frac{1}{2} \times 900 = 450 (\text{K})$$

再求 I → II → III → IV 过程中内能变化

$$\Delta E = E_4 - E_1 = \frac{M}{\mu}\frac{i}{2}R(T_4 - T_1)$$

$$= \frac{2.8 \times 10^{-3}}{28 \times 10^{-3}} \times \frac{5}{2} \times 8.31 \times (450 - 300) = 312 (\text{J})$$

最后求 I → II → III → IV 过程中，氮气做的功和吸收的热量，由于功和热量都是过程量，所以要计算出整个过程的功和热量，必须计算出每一分钟过程的功和热量.

I → II 是等容过程，所以

$$A_{\text{I}\rightarrow\text{II}} = 0$$

$$Q_{\text{I}\rightarrow\text{II}} = \frac{M}{\mu}c_V(T_2 - T_1)$$

$$= \frac{2.8 \times 10^{-3}}{28 \times 10^{-3}} \times \frac{5}{2} \times 8.31 \times (900 - 300) = 1248 (\text{J})$$

II → III 是等温膨胀过程，所以

$$A_{\text{II}\rightarrow\text{III}} = \frac{M}{\mu}RT_2\ln\frac{V_3}{V_2}$$

$$= \frac{2.8 \times 10^{-3}}{28 \times 10^{-3}} \times 8.31 \times 900\ln\left(\frac{7.38 \times 10^{-3}}{2.46 \times 10^{-3}}\right) = 823 (\text{J})$$

III → IV 是等压过程，所以

$$A_{\text{III}\rightarrow\text{IV}} = P_3(V_4 - V_3)$$

$$= 1.013 \times 10^5 \times (3.69 \times 10^{-3} - 7.38 \times 10^{-3}) = -374 (\text{J})$$

$$Q_{\text{III}\rightarrow\text{IV}} = \frac{M}{\mu}c_p(T_4 - T_3) = \frac{2.8 \times 10^{-3}}{28 \times 10^{-3}} \times \frac{5+2}{2} \times 8.31 \times (450 - 900)$$

$$= -1310 (\text{J})$$

Ⅰ→Ⅱ→Ⅲ→Ⅳ过程中,氮气所做的功和吸收的热量分别为

$$A = A_{Ⅰ→Ⅱ} + A_{Ⅱ→Ⅲ} + A_{Ⅲ→Ⅳ} = 0 + 823 - 374 = 449(J)$$

$$Q = Q_{Ⅰ→Ⅱ} + Q_{Ⅱ→Ⅲ} + Q_{Ⅲ→Ⅳ} = 1248 + 823 - 1310 = 761(J)$$

对整个过程应用热力学第一定律也可以求出整个过程的热量,即

$$Q = (E_4 - E_1) + A = 312 + 449 = 761(J)$$

例 17.5　分别通过:等温过程、等压过程、绝热过程,把标准状态下的$1.4×10^{-2}$kg氮气压缩为原体积的一半,试求出在这些过程中气体内能的改变,传递的热量和气体对外所做的功. 视氮气为理想气体,在 p-V 图上画出这些过程的过程曲线.

解　过程曲线如图 17.14 所示,本题所给条件为

$$M = 1.4×10^{-2}kg$$

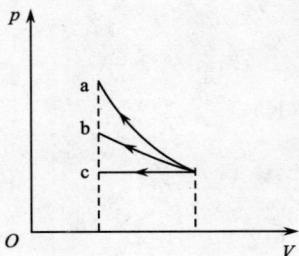

图 17.14　气体经历三个过程

$$\mu = 2.8×10^{-2}kg, \quad V_2 = \frac{1}{2}V_1$$

$$T_1 = 273K, \quad p_1 = 1.013×10^5Pa, \quad c_V = \frac{5}{2}R$$

$$c_p = \frac{7}{2}R, \quad R = 8.31J·mol^{-1}·K^{-1}, \quad \gamma = 1.40$$

(1) 在等温过程中,温度不变,dT=0,所以 ΔE=0,气体对外所做的功为

$$A = \frac{M}{\mu}RT_1\ln\frac{V_2}{V_1} = \frac{1.4×10^{-2}}{2.8×10^{-2}}×8.31×273×\ln\frac{1}{2} = -786(J)$$

负号表明,外界对系统做功 786J. 根据热力学第一定律,系统所传递的热量为

$$Q = \Delta E + A = -786(J)$$

负号表明,系统向外界放出热量.

(2) 在等压过程中,先由过程方程求出系统在终态的温度 T_2

$$\frac{V_1}{T_1} = \frac{V_2}{T_2}, T_2 = \frac{V_2}{V_1}T_1 = \frac{1}{2}T_1$$

系统的内能变化为

$$\Delta E = \frac{M}{\mu}c_V(T_2 - T_1) = -\frac{M}{2\mu}c_VT_1 = -1418(J)$$

系统所传递的热量为

$$Q = \frac{M}{\mu}c_p(T_2 - T_1) = -\frac{M}{2\mu}c_pT_1 = -1985(J)$$

系统所做的功为

$$A = p_1(V_2 - V_1) = -\frac{1}{2}p_1 V_1 = -\frac{M}{2\mu}RT_1 = -567(\text{J})$$

（3）在绝热过程中，$dQ=0$，故系统传递的热量为 $Q=0$

由绝热方程 $V_1^{\gamma-1}T_1 = V_2^{\gamma-1}T_2$，求出终态的温度

$$T_2 = \left(\frac{V_1}{V_2}\right)^{\gamma-1}T_1 = 2^{0.4}T_1$$

系统的内能变化为

$$\Delta E = \frac{M}{\mu}c_V(T_2 - T_1) = \frac{1.4 \times 10^{-2}}{2.8 \times 10^{-2}} \times \frac{5}{2} \times 8.31 \times (2^{0.4} - 1) \times 273$$

$$= \frac{5}{4} \times 8.31 \times (1.32 - 1) \times 273 = 907(\text{J})$$

系统所做的功为

$$A = -\Delta E = -907\text{J}$$

例 17.6 一容器中盛有 8×10^{-3} kg 氧气，体积为 0.41×10^{-3} m^3，温度为 300K，如氧气做绝热膨胀，膨胀后的体积为 4.1×10^{-3} m^3，问气体做功多少？ 如氧气做等温膨胀，膨胀后的体积也是 4.1×10^{-3} m^3，则气体做功又是多少？（氧气可视为理想气体）

解 氧气做绝热膨胀时，$Q=0$，$A=-\Delta E$，即

$$A = -\frac{M}{\mu}c_V(T_2 - T_1) = \frac{M}{\mu}c_V(T_1 - T_2)$$

利用绝热方程 $T_1 V_1^{\gamma-1} = T_2 V_2^{\gamma-1}$，得

$$T_2 = T_1\left(\frac{V_1}{V_2}\right)^{\gamma-1}$$

将其代入，可得氧气做功为

$$A = \frac{M}{\mu}c_V T_1\left[1 - \left(\frac{V_1}{V_2}\right)^{\gamma-1}\right]$$

$$= \frac{8 \times 10^{-3}}{32 \times 10^{-3}} \times \frac{5}{2} \times 8.31 \times 300 \times \left[1 - \left(\frac{0.41 \times 10^{-3}}{4.1 \times 10^{-3}}\right)^{1.4-1}\right]$$

$$= \frac{1}{4} \times 20.8 \times 300 \times \left[1 - \left(\frac{1}{10}\right)^{0.4}\right] = 941(\text{J})$$

当氧气做等温膨胀时，得

$$A = \frac{M}{\mu}RT_1 \ln\frac{V_2}{V_1} = \frac{1}{4} \times 8.31 \times 300 \times \ln 10 = 1435(\text{J})$$

从比较中可以看出，在题给条件下，等温膨胀时对外做的功比绝热膨胀时做的功多.

17.4　卡 诺 循 环

一、循环过程　效率和制冷系数

　　热力学系统从某一初始状态出发,经过一系列的状态变化过程之后,仍返回到

原初始状态. 这种周而复始的状态变化过程,称为循环过程,简称循环. 循环所包括的每个过程,称为分过程. 这时的热力学系统称为工作物质,简称工质. 如果组成循环的每个分过程都是准静态过程,则该循环过程可在 p-V 图上用一闭合曲线表示. 如图 17.15 所示. 由于工作物质的内能是状态的单值函数,当系统经历一个循环,回到初始状态时,内能不发生变化. 所以,循环过程的重要特征是

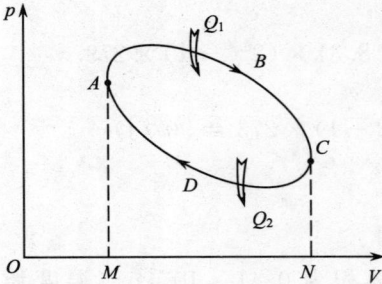

图 17.15　正循环过程的 p-V 图

$$dE = 0 \qquad (17.33)$$

　　若在 p-V 图上所示的循环过程是顺时针的,即 $ABCDA$,称为正循环,反之称为逆循环. 正循环也称为热机循环,由 p-V 图看出,在膨胀过程 ABC 中系统对外做正功,其量值等于闭合线 $ABCNMA$ 所包围的面积,且用 A_1 表示;在压缩过程 CDA 中,外界对系统做功,其量值等于闭合线 $CNMADC$ 所包围的面积,用 A_2 表示. 因此,在一个正循环过程中,系统对外界所做的净功 $A = A_1 - |A_2| > 0$,即闭合曲线 $ABCDA$ 所包围的面积. 若工作物质在膨胀过程中从外界吸收的热量为 Q_1,在压缩过程中向外界放出的热量为 Q_2,且 A、C 两状态工作物质的内能分别为 E_A 和 E_C,则由热力学第一定律得

$$Q_1 = (E_C - E_A) + A_1, \quad -Q_2 = (E_A - E_C) - A_2$$

其左右两端分别相加得

$$Q_1 - Q_2 = A_1 - A_2 = A \qquad (17.34)$$

由式(17.34)看出,在一个循环过程中,系统从外界吸收的总热量 Q_1 总是大于系统向外界放出的总热量 Q_2,而两者量值之差为循环过程中系统对外界做的净功. 换句话说,系统在一个循环过程中把它从高温热源所吸收的热量的一部分用来对外做功,另一部分则传递给低温热源,最后系统返回初始状态. 这就是热机循环所实现的热、功转换的基本规律.

　　热机效率是衡量热机性能的重要标志,即工作物质从外界吸收的总热量 Q_1 中,有多少转换成有用的功. 它定义为:系统在循环过程中对外所做的净功 A 与吸

收热量总和 Q_1 的比值. 若用 η 表示效率, 则

$$\eta = \frac{A}{Q_1} = \frac{Q_1 - Q_2}{Q_1} = 1 - \frac{Q_2}{Q_1} \qquad (17.35)$$

反时针方向进行的循环过程, 称为逆循环, 如图 17.16 所示. 逆循环过程反映了制冷机工作的原理. 它是依靠外界对系统做功, 使系统从低温热源吸取热量, 并将两者全部以热的形式传递给高温热源. 这样, 逆循环不停地工作, 就可不断地降低低温热源的温度, 以达到制冷的目的.

在逆循环过程中, ADC 是膨胀过程, 系统从低温热源吸取热量 Q_2, 对外做功 A_2, A_2 的量值等于 $ADCNMA$ 所围成的面积; CBA

图 17.16 逆循环过程的 p-V 图

是压缩过程, 外界对系统做功 A_1, 向高温热源放出热量 Q_1, A_1 的量值等于 $CBAMNC$ 围成的面积. 由热力学第一定律有

$$Q_2 = (E_C - E_A) + A_2, \quad -Q_1 = (E_A - E_C) - A_1$$

两式两端分别相加得

$$-Q_1 + Q_2 = -A_1 + A_2 = -A$$
$$Q_2 + A = Q_1 \qquad (17.36)$$

其中, $A = A_1 - A_2$ 是外界对系统所做的净功, 其量值等于闭合曲 $ABCDA$ 的面积.

制冷机的性能, 常用从低温热源中吸取的热量 Q_2 和外界对系统所做净功的比值来衡量, 这个比值称为制冷机的或逆循环的制冷系数. 若制冷系数用 ω 表示, 则

$$\omega = \frac{Q_2}{A} = \frac{Q_2}{Q_1 - Q_2} \qquad (17.37)$$

式(17.37)表明, 外界对系统做的功越少, 而从低温热源吸取热量越多, 制冷机的性能越高, 反之亦然.

冰箱是最常用的制冷机, 其构造及工作原理如图 17.17 所示. 工作物质是容易液化的氨或氟利昂. 氨在压缩机内被急速压缩, 压强增大, 温度升高, 进入冷凝器(高温热源)后, 由于向冷却水或周围空气放热而凝成液氨, 液态氨经节流阀的小口通道, 经降压、降温并进入蒸发器

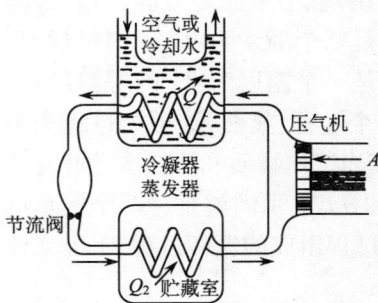

图 17.17 冰箱的工作原理示意图

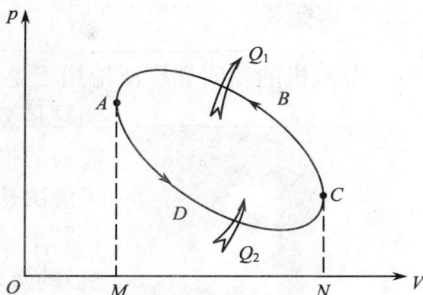

后,液态氨将从蒸发器即低温热源中吸收热量蒸发成汽态氨,使低温热源即冰箱的储藏室的温度下降.氨蒸气进入下一个循环后,制冷机不断工作,冰箱储藏室的温度越来越低,这样就可以达到制冷的目的.

二、卡诺循环

蒸汽机的发明和广泛地用于生产,推动了 18 世纪的工业革命,但突出的一个问题是蒸汽机的效率太低,一般只有 3%～5%.在生产需要的推动下,人们开始从理论上研究热机的效率.为了解决热机的最大可能效率问题,1824 年法国青年工程师卡诺(Carnot)研究了一种理想热机(称为卡诺热机)的效率,在这种理想热机中,工作物质只与两个恒温热源(一个高温热源,一个低温热源)交换热量,而没有散热、漏气、摩擦等因素存在,并且都是准静态过程,这种循环称为卡诺循环.由于卡诺循环是一种理想的循环,因此,这种循环的效率最高,显然在实际上是不可能达到的,但它却为怎样提高热机的效率指明了方向,我们总可以设法克服各种不利因素,而使实际热机的效率尽可能接近卡诺热机的效率.同时,卡诺循环也为热力学第二定律的建立起了奠基作用.

图 17.18　卡诺
(Nicolas Leonard Sadi Carnot
1796～1832)

卡诺热机在一个循环过程中的能量转换关系可用图 17.19(a)表示.设高温热源的温度为 T_1,低温热源的温度为 T_2,图中圆圈阴影部分表示卡诺热机的工作物质.工作物质在一个循环中由高温热源吸热 Q_1,一部分用来对外做功 A,一部分热量 Q_2 在低温热源处放出.

若工作物质为理想气体,由准静态过程组成的卡诺循环,如图 17.19(b)所示.由于是准静态过程,所以在工作物质与高温热源接触的过程中,基本上没有温度差,即两者的温度应该是无限接近,否则,热传导很快,就不可能是准静态过程,因此,工作物质与高温热源接触而吸热的过程可看做是一个温度为 T_1 的等温过程.同理,工作物质与低温热源接触放热的过程可看做是一个温度为 T_2 的等温过程.图 17.19(b)中的两条等温线 T_1、T_2 分别表示这两个过程.显然,这两个过程构不成一个循环.由于系统只和两个热源交换热量,所以当工作物质和两热源分开时的过程必然是绝热过程.图 17.19(b)中的绝热线 bc 和 da 表示的就是这两个绝热过程,这就是说,卡诺循环必须是两个等温、两个绝热过程组成的循环过程.下面来计算这种循环的热机效率.

图 17.19(b)所示的卡诺循环 $a \rightarrow b \rightarrow c \rightarrow d \rightarrow a$ 是一个正循环.据前所述,在这个循环过程中系统对外做正的净功,其量值等于循环曲线 $abcda$ 所包围的面积,并

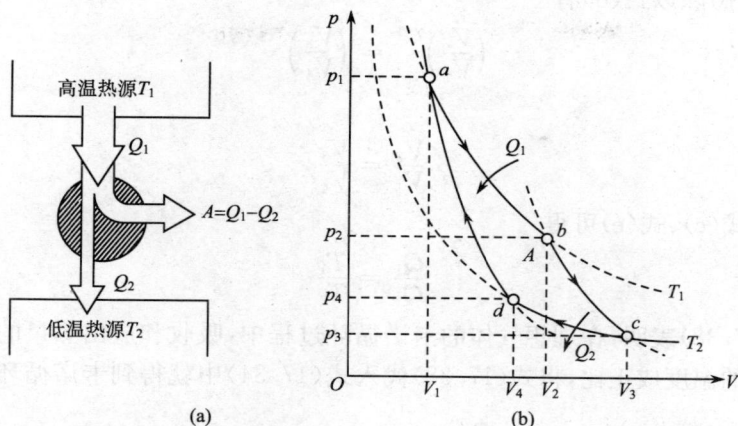

图 17.19 卡诺循环的工作示意及 p-V 图

且从高温热源吸收的热量 Q_1，大于向低温热源放出的热量 Q_2，多出的部分热量就转换为系统对外做的功 A. 下面对每个过程进行具体分析.

$a \rightarrow b$ 过程为等温膨胀（$V_2 > V_1$）过程，系统吸热同时对外做功，由式（17.27），系统在此过程中吸热为

$$Q_1 = \nu R T_1 \ln \frac{V_2}{V_1} \tag{a}$$

其中，ν 是气体的摩尔数，V_1、V_2 分别是 a 状态和 b 状态时气体的体积.

$b \rightarrow c$ 为绝热膨胀（$V_3 > V_2$）过程，工作物质与高温热源分开，系统与外界没有交换热量（$Q = 0$），内能减少，温度降低到 T_2，同时对外做功. 由绝热过程方程 $TV^{\gamma-1} =$ 恒量，有

$$T_1 V_2^{\gamma-1} = T_2 V_3^{\gamma-1} \tag{b}$$

其中，V_3 是状态 c 时的体积.

$c \rightarrow d$ 为等温压缩（$V_4 < V_3$）过程，系统内能不变，外界对系统做功，同时系统向低温热源放热，由式（17.27），系统在此过程中放出的热量为

$$Q_2 = -\nu R T_2 \ln \frac{V_4}{V_3} \tag{c}$$

其中，V_4 是状态 d 时气体的体积.

$d \rightarrow a$ 为绝热压缩（$V_1 < V_4$）过程，工作物质与低温热源分开，系统和外界无热量交换（$Q = 0$），外界对系统做功，系统内能增加，温度升高到 T_1，由绝热过程方程 $TV^{\gamma-1} =$ 恒量，有

$$T_2 V_4^{\gamma-1} = T_1 V_1^{\gamma-1} \tag{d}$$

　　将式(b)除以式(d)有

$$\left(\frac{V_2}{V_1}\right)^{\gamma-1} = \left(\frac{V_3}{V_4}\right)^{\gamma-1}$$

得

$$\frac{V_2}{V_1} = \frac{V_3}{V_4} \tag{e}$$

由式(a)、式(c)、式(e)可得

$$\frac{Q_1}{Q_2} = \frac{T_1}{T_2} \tag{17.38}$$

　　式(17.38)表明,在理想气体的卡诺循环过程中,吸收和放出热量的量值与这两个热源的温度成正比,将式(17.38)代入式(17.34)中就得到卡诺循环的热机效率为

$$\eta_C = 1 - \frac{T_2}{T_1} \tag{17.39}$$

从以上的讨论可以看出:

　　(1) 要完成一次卡诺循环,必须有高温和低温两个热源(有时分别称为热源和冷源);

　　(2) 卡诺循环的效率与工作物质无关,只与两个热源的温度有关,高温热源的温度越高,低温热源的温度越低,卡诺循环的效率就越高. 这一结论对提高热机效率具有指导意义. 由于低温热源总是和周围环境联系着的,因此要降低低温热源的温度很不经济. 为了提高热机效率,只有提高高温热源的温度. 例如,现代热电厂利用的水蒸气温度可达 580℃,冷凝水的温度约 30℃,若按卡诺循环计算,其效率应为

$$\eta_C = 1 - \frac{303}{853} = 64.5\%$$

　　实际的蒸气循环的效率只有 25% 左右,这是因为实际的循环和卡诺循环相差很多. 例如,热源并不是恒温的,工作物质可以随时和外界交换热量,而且进行的过程也不是准静态的. 尽管如此,还是可以从式(17.39)得到启发:热电厂要尽量提高水蒸气的温度,降低冷凝水的温度,但是要把冷凝水的温度降低到室温以下,实际上很困难,而且不必要. 容易看出,实际卡诺循环的热效率总是小于 1 的. 从能量角度看,就是在一个卡诺循环过程中,不可能把由高温热源吸取的热量全部用来对外做功,必须有一部分热量向低温热源放出. 这就为热力学第二定律的建立打下了基础.

　　如果卡诺循环是按 $a \to d \to c \to b \to a$ 的逆时针方向进行的,如图 17.20(a)所示,那么,这种循环就是卡诺逆循环. 在这种循环过程中,$a \to d$、$c \to b$ 为绝热过程,系统不与外界交换热量;$d \to c$、$b \to a$ 为等温过程,系统在这两个过程中和两个恒温

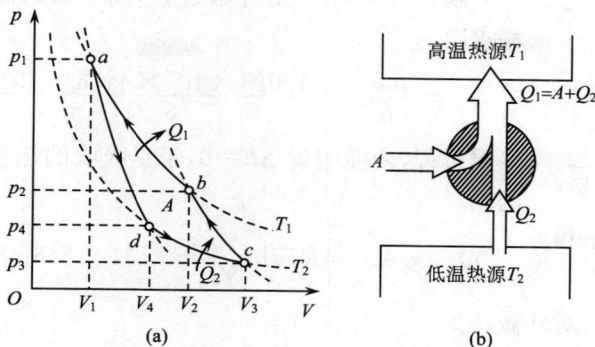

图 17.20 卡诺逆循环的 p-V 图及工作示意图

热源交换热量,其中在 $d \to c$ 的等温膨胀过程中从低温热源吸热

$$Q_2 = \nu R T_2 \ln \frac{V_3}{V_2}$$

在 $b \to a$ 的等温压缩过程中,向高温热源放热

$$Q_1 = \nu R T_1 \ln \frac{V_1}{V_4}$$

在整个循环过程中,外界对系统做的正净功 A,数值上等于闭合曲线 $adcba$ 所包围的面积. 这个功转换为热量与 Q_2 一起向高温热源传递,即向高温热源传递的热量 $Q_1 = A + Q_2$,其能量转换关系如图 17.20(b)所示.

在卡诺逆循环中,吸收和放出的热量也是与两个热源的温度成正比,即

$$\frac{Q_1}{T_1} = \frac{Q_2}{T_2}$$

将其代入式(17.37),得到理想气体卡诺逆循环过程的制冷系数为

$$\omega_C = \frac{T_2}{T_1 - T_2} \tag{17.40}$$

式(17.40)表明,理想气体的卡诺逆循环的制冷系数仅取决于高低温热源的温度. 高温热源的温度越高,低温热源的温度越低,制冷系数就越小,从低温热源吸收一定量的热量而把它传递给高温热源,外界对系统做的功就越多.

例 17.7 如图 17.21 所示,1mol 的某种双原子理想气体经过如下的循环过程,其中 $a \to b$ 为等温过程;$b \to c$ 为等压过程;$c \to a$ 为等容过程. 已知 $p_c = 1.013 \times 10^5 \text{Pa}, V_b = 44.8 \times 10^{-3} \text{m}^3, V_c = 22.4 \times 10^{-3} \text{m}^3$,求:

(1)气体在三个过程中吸收的热量和对外做的净功;

(2)此循环过程的效率.

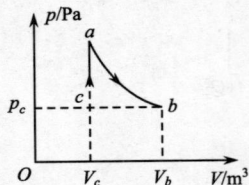

图 17.21　三过程构
成的循环

解　(1) $a \rightarrow b$ 是等温过程,而 b 点的温度可由状态方程求出

$$T_b = \frac{p_b V_b}{R} = \frac{1.013 \times 10^5 \times 44.8 \times 10^{-3}}{8.31} = 546(\text{K})$$

等温过程,内能增量 $\Delta E = 0$,于是吸收的热量等于对外所做的功

$$Q_{ab} = A_{ab} = R T_b \ln \frac{V_b}{V_a} = 8.31 \times 546 \ln 2 = 3145(\text{J})$$

$b \rightarrow c$ 为等压过程,对外做功为

$$A_{bc} = p_c(V_c - V_b)$$

$$= 1.013 \times 10^5 (22.4 - 44.8) \times 10^{-3} = -2.269 \times 10^3 (\text{J})$$

内能的增量为

$$\Delta E_{bc} = c_V(T_c - T_b) = \frac{5}{2} R \left[\frac{p_c(V_c - V_b)}{R} \right]$$

$$= \frac{5}{2} \times (-2.269 \times 10^3) = -5.673 \times 10^3 (\text{J})$$

吸收热量

$$Q_{bc} = \Delta E_{bc} + A_{bc} = [(-5.673) + (-2.269)] \times 10^3 = -7962(\text{J})$$

$c \rightarrow a$ 为等容过程,做功 $A_{ca} = 0$,于是内能的增量等于吸收的热量,即

$$Q_{ca} = \Delta E_{ca} = c_V(T_a - T_c) = \frac{5}{2} R \left(T_a - \frac{p_c V_c}{R} \right)$$

$$= \frac{5}{2} \times 8.31 \times \left(546 - \frac{1.013 \times 10^5 \times 22.4 \times 10^{-3}}{8.31} \right)$$

$$= 5671.58(\text{J})$$

整个循环过程气体吸收的热量为

$$Q_1 = Q_{ab} + Q_{ca} = 3145 + 5671.58 = 8816.58(\text{J})$$

整个循环过程中气体对外所做的净功为

$$A = A_{ab} + A_{bc} = 3145 + (-2269) = 876(\text{J})$$

此循环过程中的效率为

$$\eta = \frac{A}{Q_1} = \frac{876}{8816.58} \approx 10\%$$

例 17.8　有一卡诺热机,其低温热源为 $27℃$,高温热源温度为 $327℃$,若每分钟做 60 次循环,每一次循环吸热 5000J,求该热机的输出功率. 若把该热机的正循环改为逆循环,即把卡诺热机改为卡诺制冷机,该制冷机的输入功率为上述正循环

时的输出功率,问每分钟从低温热源吸取多少热量?

解 卡诺热机效率为

$$\eta_c = 1 - \frac{T_2}{T_1} = 1 - \frac{273 + 27}{273 + 327} = 1 - \frac{300}{600} = 50\%$$

因为 $\eta_c = \dfrac{A}{Q_1}$,循环一次系统对外做功为

$$A = Q_1 \cdot \eta_c = 5000 \times \frac{50}{100} = 2500 \text{(J)}$$

所以,该卡诺热机的输出功率为

$$p = \frac{2500 \times 60}{60} = 2500 (\text{J} \cdot \text{s}^{-1})$$

卡诺制冷机的制冷系数为

$$\omega = \frac{T_2}{T_1 - T_2} = \frac{300}{600 - 300} = 1$$

因为 $\omega = \dfrac{Q_2}{A}$,所以,每分钟从低温热源吸取的热量为

$$Q_2 = \omega \cdot A = \omega p \Delta t = 1 \times 2500 \times 60 = 1.5 \times 10^5 (\text{J})$$

例 17.9 一可逆循环的热机,其 T-V 图如图 17.22(a)所示. 其工作物质是理想气体,若 c_V、T_1、T_2、V_1、V_2 均为已知,求热机效率.

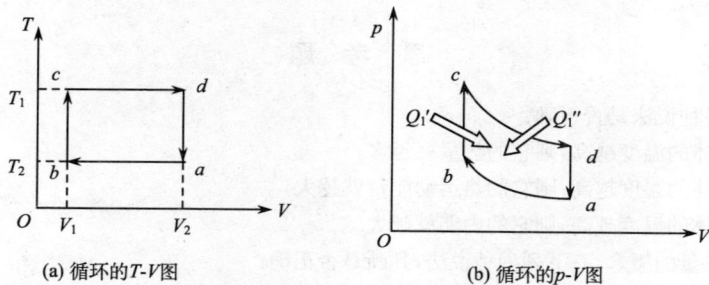

(a) 循环的 T-V图   (b) 循环的 p-V图

图 17.22　由循环的 T-V 图变成 p-V 图

解 由 Q_1 和 A 求热机效率

$b \rightarrow c$ 等容过程吸热

$$Q'_1 = \frac{M}{\mu} c_V (T_2 - T_1)$$

$c \rightarrow d$ 等温膨胀过程吸热并对外做功

$$Q''_1 = \frac{M}{\mu}RT_2\ln\frac{V_2}{V_1}$$

$$A_1 = \frac{M}{\mu}RT_2\ln\frac{V_2}{V_1}$$

$a \rightarrow b$ 等温压缩过程,外界对系统做功

$$A_2 = -\frac{M}{\mu}RT_1\ln\frac{V_2}{V_1}$$

一个循环过程中系统吸收的总热量及对外做的净功为

$$Q_1 = Q'_1 + Q''_1 = \frac{M}{\mu}c_V(T_2 - T_1) + \frac{M}{\mu}RT_1\ln\frac{V_2}{V_1}$$

$$A = A_1 + A_2 = \frac{M}{\mu}RT_2\ln\frac{V_2}{V_1} - \frac{M}{\mu}RT_1\ln\frac{V_2}{V_1}$$

由效率的定义得

$$\eta = \frac{A}{Q_1} = \frac{\dfrac{M}{\mu}R(T_2 - T_1)\ln\dfrac{V_2}{V_1}}{\dfrac{M}{\mu}c_V(T_2 - T_1) + \dfrac{M}{\mu}RT_1\ln\dfrac{V_2}{V_1}}$$

$$= \frac{R(T_2 - T_1)\ln\dfrac{V_2}{V_1}}{c_V(T_2 - T_1) + RT_1\ln\dfrac{V_2}{V_1}}$$

思　考　题

17.1　下面各种说法是否正确:

(1)物体的温度越高,则它的热量就越多;

(2)物体的温度越高,则它的热运动能量就越大;

(3)物体的温度越高,则它的内能就越大.

17.2　关于热量的概念,有下列种种说法,判断是否正确:

(1) 热量是一种物质;

(2) 热量是表征物质系统固有属性的物理量;

(3) 热是能量的一种形式;

(4) 传递热量是传递能量的一种形式;

(5) 热量是因温度差而引起的被传递能量的多少.

17.3　回答下列问题:

(1) 传热和做功对增加系统的内能来说是等效的,但又有本质上的不同,如何理解?

(2) 能否说"系统含有多少热量"? "系统含有多少功"?

(3) 在 p-V 图上,一条曲线表示的过程是否一定是准静态过程?

17.4　(1) 一物体对外做了功,同时还放出热量,是否可能? 举例说明之.

(2) 使一系统在一定压强下膨胀而保持其温度不变,是否可能? 举例说明之.

(3) 使系统与外界没有热量传递而升高系统温度,是否可能? 举例说明之.

(4) 为什么只有在传给气体一定热量时,才可能发生气体的等温膨胀?

17.5　气缸内有单原子理想气体,若绝热压缩使体积减半,问气体分子的平均速率变为原来速率的几倍? 若为双原子理想气体,又为几倍?

17.6　一定量的理想气体对外做了 500J 的功.

(1) 如果过程是等温的,气体吸了多少热?

(2) 如果过程是绝热的,气体的内能改变了多少?

17.7　讨论理想气体在下述过程中 ΔE、ΔT、A 和 Q 的正负:

(1) 图(a)中的 $a \rightarrow b \rightarrow c$ 过程;

(2) 图(b)中的 $a \rightarrow b \rightarrow c$ 和 $a \rightarrow b' \rightarrow c$ 过程.

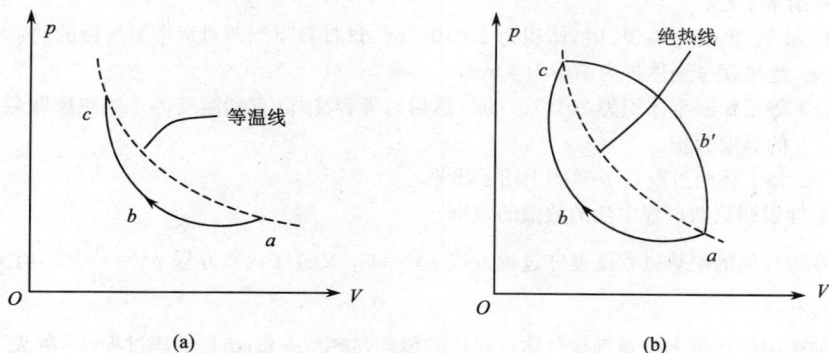

思考题 17.7 图

17.8　什么称作第一类永动机? 第一类永动机是不可能造成的,为什么?

17.9　某理想气体按 $pV^2 =$ 恒量的规律膨胀,问此理想气体的温度是升高了,还是降低了?

17.10　有两个卡诺机分别使用同一个低温热源,但高温热源的温度不同. 在 p-V 图上,它们的循环曲线所包围的面积相等,它们对外所做的净功是否相同? 热循环效率是否相同?

17.11　在一个房间里,有一台电冰箱正工作着. 如果打开冰箱的门,会不会使房间降温? 会使房间升温吗? 用一台热泵为什么能使房间降温?

习　题

17.1　一系统由图中的 a 态沿 abc 到达 c 态时,吸收了 350J 的热量,同时对外做 126J 的功.

(1) 如果沿 adc 进行,则系统做功为 42J,问这时系统吸收了多少热量?

(2) 当系统由 c 态沿曲线 ca 返回 a 态时,如果是外界对系统做功 84J,问这时系统是吸热还是放热? 热量传递是多少?

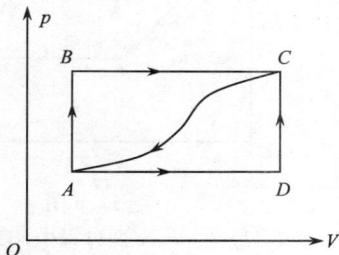

题 17.1 图

17.2 将 400J 的热量传给标准状态下的 2mol 氢气,

(1) 若温度不变,氢的压强、体积各变为多少?

(2) 若压强不变,氢的温度、体积各变为多少?

(3) 若体积不变,氢的温度、压强各变为多少?

哪一过程中做功最多? 为什么? 哪一过程中内能增加最多? 为什么?

17.3 有 1mol 氢气,在压强 $1.013×10^5$ Pa,温度 20℃时,其体积为 V_0,今使其经以下两种过程达同一状态:

(1) 先保持体积不变,加热,使其温度升高到 80℃,然后令其做等温膨胀,体积变为原体积的 2 倍;

(2) 先使其等温膨胀至原体积的 2 倍,然后保持体积不变,加热到 80℃.

试分别计算上述两种过程中气体吸收的热量、气体对外所做的功和气体内能的增量,并作出 p-V 图.

17.4 1mol 氧,温度为 300K 时,体积为 $2×10^{-3}$ m³.试计算下列两过程中氧所做的功:

(1) 绝热膨胀至体积为 $20×10^{-3}$ m³;

(2) 等温膨胀至体积为 $20×10^{-3}$ m³,然后再等容冷却,直到温度等于绝热膨胀后所达到的温度为止;

(3) 将上述两过程在 p-V 图上图示出来.

怎样说明这两过程中功的数值的差别?

17.5 理想气体的绝热过程既遵守过程方程 $pV^γ=C$,又遵守状态方程 $pV=\frac{M}{μ}RT$,有无矛盾? 为什么?

17.6 如图中所示是一定量理想气体所经历的循环,其中 ab 和 cd 是等压过程,bc 和 da 为绝热过程.已知 b 点和 c 点的温度分别为 T_2 和 T_3,求循环效率. 这循环是卡诺循环吗?

17.7 如图所示是一定量理想气体的一个循环过程,由它的 T-V 图给出. 其中 ca 为绝热过程,状态 $a(T_1,V_1)$、状态 $b(T_1,V_2)$ 为已知.

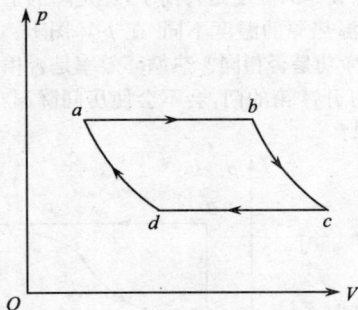
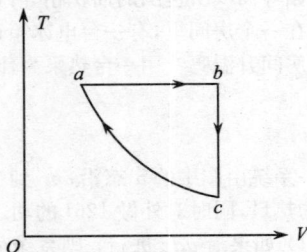

题 17.6 图   题 17.7 图

(1) 在 ab、bc 两过程中,工作物质是吸热还是放热?

(2) 求状态 c 的 p、V、T 量值. (设气体的 $γ$ 和摩尔数已知.)

(3) 这个循环是不是卡诺循环? 在 T-V 图上卡诺循环应如何表示?

(4) 求这个循环的效率.

17.8　以理想气体为工作物的某热机,它的循环过程如下:从初状态 1 经等容加热到状态 2,由状态 2 经绝热膨胀到状态 3,由状态 3 经等压压缩返回初状态,试证其效率为

$$\eta = 1 - \gamma \frac{\dfrac{V_3}{V_1} - 1}{\left(\dfrac{V_3}{V_1}\right)^{\gamma} - 1}$$

其中,V_3、V_1 分别是气体在状态 3、1 的体积,γ 是气体定压摩尔热容与定容摩尔热容之比.

17.9　(1) 气体比热的数值可以有无穷多个,为什么? 在什么情况下,气体的比热是零? 什么情况下气体的比热是无穷大? 什么情况下是正值,什么情况下是负值?

　　　(2) 气缸中储有 10mol 的单原子理想气体,在压缩过程中,外力做功 209J,气体温度升高 1K,试计算气体内能的增量和所吸收的热量. 在这过程中,气体的摩尔热容是多少?

17.10　(1) 用一卡诺循环的制冷机从 7℃的热源中提取 1000J 的热传向 27℃的热源,需要做多少功? 从 −173℃向 27℃呢? 从 −223℃向 27℃呢?

　　　(2) 一可逆的卡诺机,作热机使用时,如果工作的两热源的温度差越大,则对于做功就越有利. 当作制冷机使用时,如果两热源的温度差越大,对于制冷是否也越有利? 为什么?

第18章 热力学第二定律

18.1 自然界演化过程的方向性

由热力学第一定律可知,能量既不能创生,也不能消灭,而只能传递、转移,从一种形式变成另一种形式. 但是,对能量传递、转移的方向性,热力学第一定律却没有作任何说明.

实际上,符合热力学第一定律的过程,并不是都能自然发生的. 自然界一些过程中具有明显的方向性. 例如,把冰块放到温水中,可以看到冰块融化,水温降低——热量从温度较高的水传向温度较低的冰. 而在冰水共同体中,冰越结越大而水温不断升高的"怪事"却从未发生过. 这就是说,热量不会自动的从低温的冰块传给高温的水,而这样的过程并不违反热力学第一定律.

行驶的车一制动,轮胎与地面摩擦,车的动能转化为热运动能量,轮胎、地面发热,车停止运动. 但是,靠加热车轮绝不可能使静止的车运动. 把盛有不同气体的两个容器联通时,两种气体会自动的扩散混合,但已混合的气体却不会自动分开;容器中的气体会自动的从开口处向外散开,但不会自动缩回容器中去……

以上不同事例有一个共同的特点——都有一定的方向性,不能自发地反向进行. 通常这称作自然过程的不可逆性. 显然,"不可逆"需要一个更为精确的定义. 我们的确可以把自由膨胀的气体压缩回去,也可以把冷冻室里的物品进一步变冷;生锈的金属可以还原回去……分析表明,这里的原过程可以自发地产生;而逆过程却需要外界付出代价,如做功、耗电或消耗某种化学原料. 外界付出代价,又总是伴随着某些不能自动复原的变化. 也就是说,系统的逆过程对外界产生了不能消除的影响.

特别地,自然界各种不可逆过程是相互依存的,彼此之间具有深刻的联系. 例如,它们都可以和单热源热机问题联系起来. 假设扩散可以自动反向进行(收缩),就可以制成单热源热机. 因为前面讲过,气缸中的气体等温膨胀时,就可把吸取的热量全部转化为功($\Delta E=0$,$Q=A$). 如果膨胀的气体能自动收缩,然后再让它等温膨胀做功,这样就成了单热源的热机. 同样,如果热量能自动的从低温热源传向高温热源,也就可以使低温热源把每次循环从热机获得的热量 Q_2 自动地送回高温热源. 这样,低温热源实际上就只起着转送 Q_2 的媒介作用,因而就形成一个单热源热机了,如图 18.1 所示.

　　反之,也可以证明,如果单热源热机可以制成,那么热量就可以自动的从低温物体传向高温物体.例如,把这单热源热机所做的功用来开动一个制冷机,就可把热量从低温热源不断的传向高温热源,而周围的环境,包括热机本身,经过一个循环没发生任何变化,热机和制冷机只是起一个传热的中间媒介作用,实际上不用消耗任何功,这相当于热量从低温热源自动传给了高温热源,如图 18.2 所示.

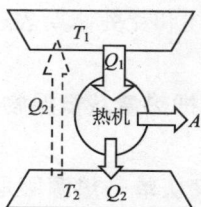

图 18.1　单热源机

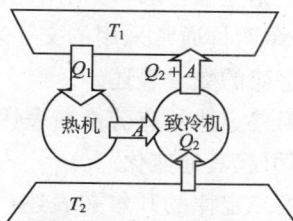

图 18.2　利用单热源机使热量自动从低向高传递

　　研究自然过程的不可逆本性,起源于提高热机效率的迫切需求.18 世纪,英国人瓦特发明了蒸汽机,人们找到了把热能转换成机械能的具体方法.但是,蒸汽机的效率极低,通常只有 5%,甚至 1%.改进蒸汽机,提高热机效率,一时成为当时许多科学家和工程师追求的目标.在这些科学家中,卡诺是最杰出的一位代表.卡诺认为,靠实验的方法逐步摸索着改进蒸汽机,盲目性很大,只有从理论上找出改进的依据才能切实提高热机效率.他首先提出两个问题:①热机效率是否存在极限?②热机效率与工作物质有无关系? 针对上述问题,他对蒸汽机的工作过程进行了抽象处理,以理想化的热机代替实际热机.这种后来被命名为卡诺机的最简单的热机,其循环是由两个等温过程和两个绝热过程组成的,如图 18.3 所示.

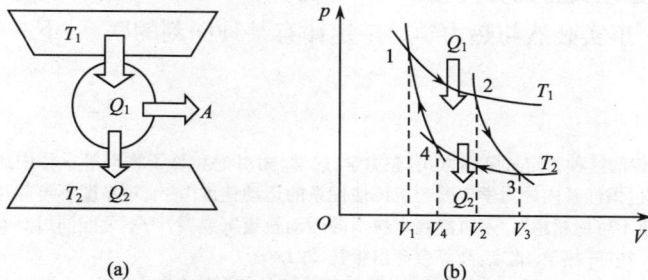

(a)　　　　　　　　(b)

图 18.3　卡诺热机与卡诺循环

18.2　热力学第二定律的表述

从上面的分析可以看出:一切涉及热现象的实际过程都有一定的方向性,沿某一方向可以自发地进行,而沿相反方向的过程就不可能自然地产生. 这一具有普遍意义的结论就是热力学第二定律的实质,至于它的表述,则因为各种实际自然过程的不可逆性是相互依存的,可采用任何一个不可逆过程的方向性来说明热力学第二定律. 先介绍两种通常采用的文字表述——开尔文表述和克劳修斯表述,以后还要介绍这一定律的数学表述.

热力学第二定律的克劳修斯表述(1850 年):**不可能把热量从低温物体传向高温物体,而不引起其他变化.**

热力学第二定律的开尔文表述(1851 年):**不可能只从单一热源吸取热量,使之完全变为有用功而不产生其他影响.**

以上两种表述,涉及功热转换的不可逆性和热传导的不可逆性. 对气体扩散的不可逆性也已有所论述. 其实还可以列举出很多不可逆过程,进而证明这些不可逆过程是相互依存的,证明的思路与方式和上面的讨论完全一致.

热力学第二定律的提出,与单热源热机的研究密切相关. 单热源热机也称作第二类永动机. 它遵从热力学第一定律,却违背了热力学第二定律. 不需要能量输入就能持续做功的机器,叫第一类永动机. 因此,热力学第一定律和第二定律也可以分别表述为:

第一类永动机不可能

和

第二类永动机不可能[1]

总之,热力学第一定律给出了热功转换的数量关系,而热力学第二定律则指明了热功转换所必须具备的方向性条件[2]. 众所周知,实际的宏观系统都是由大量分子组成的,这一事实必然与热力学第二定律有某种深刻的联系. 下一节对此进行专门的讨论.

---

[1]　对基本定律的这种否定式陈述方式,在力学、热学、相对论和量子物理等学科中还有其他重要的例子,如"不可能只通过惯性系内的力学实验判定该惯性系的运动速度","绝对零度不可能达到"(热力学第三定律),"真空中光速不可能超越","不可能判定粒子的运动轨道"(或"粒子不可能同时具有确定的位置和动量"). 参考:秦允豪. 1999. 热学. 北京:高等教育出版社,224.

[2]　传统的观点认为能是宇宙的主宰,而熵只是她的随从. 随着时间的推移,人们对"能"与"熵"的关系改变了看法. 一个有代表性的观点是:"在自然过程的庞大工厂里,熵原理起着经理的作用,因为它规定整个企业经营的方式和方法,而能原理仅仅充当簿记,平衡借贷双方."参考:赵凯华等. 1998. 热学. 北京:高等教育出版社,1.

18.3 热力学概率

对任意一个宏观态,总有许多微观状态与之对应.系统内包含的分子数越多,宏观态所对应的微观状态数就越多.实际上一般气体系统所包含的分子数具有量级 10^{23},因此一个宏观态对应的微观状态数是非常大的.

设想把一个方盒平分成左右两半,将 1mol 某种理想气体封闭在这一方盒中,并设气体分子在方盒中可以自由运动.问达到热平衡时,气体分子的数目怎样在盒子中分配,才是概率最大的呢?

分析表明,每一种宏观态(如左边盒子中的分子总数 N 给定)对应的微观状态数(如左边盒子中的 N 个分子所有可能的组成方式数 Ω)是不同的.例如,N_A 个分子完全集中在左边(是一种宏观态),只有一种分配方式(即只有一种微观态);如果 N_A-1 个分子在左边,则共有 N_A 个可能的分配方案,即任选 1 个分子放在右边的盒子里共有 N_A 种方式.进一步分析表明,左侧有 N 个分子的宏观态所对应的微观态数 Ω 就是组合数 $C_{N_A}^N$.显然,左右两侧分子数相等($N_A/2$)、或差不多相等的宏观态,所对应的微观状态数最多(记为 Ω_m).在分子总数少的情况下,Ω_m 在微观状态总数(即 $\sum_{N=0}^{N_A} C_{N_A}^N$)中所占比例并不大.如果分子总数增多,则 Ω_m 占微观状态总数的比例大大增加.对宏观系统来说,这一比例几乎是(或实际上是)百分之百,如图 18.4 所示.其中横轴表示容器左半部中的分子数 N,纵轴表示相应的微观状态数 Ω.Ω 在两侧分子数相等处有非常尖锐的极大值.

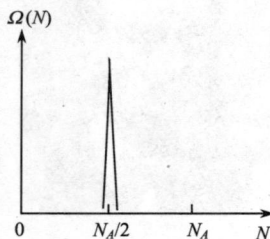

图 18.4 一侧分子数 N 及 $\Omega(N)$

对宏观系统而言,一定的宏观态总是对应大量可能的微观态,那么,哪一种宏观态实际上被观察到呢?从微观上说明这一规律时要用到统计理论的一个基本假设:**对于孤立体系,各个微观状态出现的概率是相同的.**因此,实际上最可能观察到的宏观态,就是在一定宏观条件下出现概率最大的状态,也就是对应微观状态数最多的宏观态.对上面的例子,就是左右两侧分子数接近的那些宏观态.这种概率最大的宏观态,就是系统在给定宏观条件下的平衡态.气体的自由膨胀过程是由非平衡态向平衡态转化的过程,即系统由对应微观状态数目少的宏观状态向对应微观状态数目多的宏观状态进行.相反的过程,在外界不发生任何影响的条件下是不可能实现的.这就是气体自由膨胀过程不可逆性的本质.

为了说明宏观态和微观态的定量关系,定义:任意宏观态所对应的微观状态数,称为该宏观态的**热力学概率**,并用 Ω 表示.这样,对应系统的宏观态,根据基本

统计假设,可以得出下述结论:

(1) 对孤立系,在一定条件下的平衡态就是这样一种宏观态,它所对应的微观态数最多,即它的热力学概率 Ω 最大.对一切宏观系统,Ω 的最大值实际上就等于该系统在给定条件下的所有可能微观状态数.

(2) 若系统初始宏观态对应的微观状态数 Ω 不是最大值,则此宏观态是非平衡态.系统将向 Ω 增大的宏观态演化,最后达到 Ω 为最大值的平衡态.以上讨论从微观上定量地说明了自然过程的方向性.

18.4　玻尔兹曼熵公式与熵增加原理

一、玻尔兹曼熵公式

可以想见,热力学概率 Ω 是非常巨大的.为了便于分析和处理,1877 年玻尔兹曼引入下述定义

$$S \propto \ln\Omega \tag{18.1}$$

1900 年,普朗克引进了比例系数 k,将其写为

$$S = k\ln\Omega \tag{18.2}$$

其中,k 是玻尔兹曼常量.此式称为**玻尔兹曼熵公式**,其中的 S 称为**玻尔兹曼熵**.(由于定义与微观态的数目有关,也称微观熵)对于系统的某一宏观状态,有一个 Ω 与之对应,因而也就有一个 S 与之对应,可见,由式(18.2)定义的熵是系统的状态函数.和热力学概率 Ω 一样,熵的微观意义是系统内分子热运动的无序性的一种量度.

由式(18.2)可知,熵的量纲与 k 的量纲相同,它的 SI 单位是 $J \cdot K^{-1}$.

图 18.5　玻尔兹曼
(Ludwig Boltzmann
1844~1906)

二、玻尔兹曼熵的可加性

下面简要分析玻尔兹曼熵的可加性.为了分析问题方便,设给定条件下(如给定温度或给定能量)的系统分成两部分,其热力学概率分别用 Ω_1 和 Ω_2 表示,则在同一条件下系统的热力学概率为 Ω.根据概率法则,有 $\Omega = \Omega_1\Omega_2$,代入式(18.2)有

$$S = k\ln\Omega = k\ln\Omega_1 + k\ln\Omega_2 = S_1 + S_2$$

因此,当任一系统由两个子系统组成时,该系统的熵 S 等于两个子系统的熵 S_1 与 S_2 之和,即

$$S = S_1 + S_2 \tag{18.3}$$

式(18.3)表明,熵与内能等热力学状态参量一样,具有可加性.这样的状态量称为

广延量. 温度与压强等热力学参量不具有这种可加性, 称为强度量.

三、玻尔兹曼熵增加原理

有了熵概念之后, 热力学第二定律就可以表述如下: 在孤立系中所进行的自然过程总是沿着熵增大的方向进行, 它是不可逆的. 平衡态相应于熵最大的状态. 热力学第二定律的这种表述称为**熵增加原理**, 其数学表达式为

$$\Delta S > 0 \text{（孤立系统，自然过程）} \tag{18.4}$$

现在进一步讨论热力学第二定律不可逆性的统计意义. 由熵增加原理, 孤立系统内的自发过程总是从热力学概率小的宏观状态向热力学概率大的状态演化. 但是, 这是一种概率性规律而非确定性规律. 由于每个微观状态出现的概率都相同, 故存在向那些热力学概率小的宏观态变化的可能性. 然而, 其他非平衡宏观态所对应的微观状态数目相比之下太小了, 宏观平衡态对应的微观状态数却极其巨大. 当孤立系处于非平衡状态时, 它向平衡态过渡的可能性将具有绝对优势. 这就是不可逆性的统计意义. 孤立系熵减小的过程, 并不是原则上不可能, 只是概率非常小. 实际上, 在平衡态时, 系统的热力学概率（或熵）总是不停地进行着相对于极大值的某种偏离. 这种或大或小的偏离称作**涨落**[①]. 对于分子数比较少的系统, 涨落较容易观察到. 而对于由大量分子构成的热力学系统, 这种涨落相对很小, 往往不易观测出来.

18.5 可逆过程 卡诺定理

从热力学第二定律, 已知道一切热机的效率都必然小于 1. 下面以卡诺机（即按理想的卡诺循环运动的热机）为模型做进一步的探讨.

一、可逆过程与不可逆过程

物理学中关于不可逆的定义如下: 一个系统由某一状态出发, 经过某过程达到另一状态, 如果存在另一过程, 它能使系统和外界完全复原（即系统回到原来的状态, 同时消除了原过程中系统对外界的一切影响）, 则原来的过程称为**可逆过程**; 反之, 如果用任何方法都不可能使系统和外界完全复原, 则称原来的过程为**不可逆过程**.

开尔文在叙述热力学第二定律时, 指出了热功转换过程的不可逆性; 克劳修斯则指出了热传导过程的不可逆性. 自然界的无数自发变化过程, 如气体自由膨胀、

[①] 涨落对自然界的影响举足轻重, 天空的蓝色与涨落有关（参见: 倪光炯. 1998. 改变世界的物理学. 上海: 复旦大学出版社, 143）; 而宇宙中物质与反物质的不对称据研究也与涨落有关（参见宇宙学专著）.

铁生锈、电流通过电阻器发热等等都不是可逆的. 要想使过程逆向进行, 回到原来状态, 必须借助于外来因素而引起外界的变化.

关于前面讨论的准静态过程, 如果控制外界条件, 使气体的变化过程进行的足够缓慢, 则过程中的每一个中间状态, 都可以看做是近似平衡状态. 气体可以足够缓慢地顺着相反的顺序再经过原来那些中间状态回到原始状态, 对外界不引起任何变化. 所以准静态过程是可逆过程, 但准静态过程是理想的, 实际过程不可能进行的无限缓慢, 中间状态不可能都是平衡状态, 所以逆过程也不可能逐一经过原来的一切中间状态. 因此实际过程都是不可逆的. 但是事实上, 可以实现的是和可逆过程非常接近的过程. 因此, 利用可逆过程的概念得到的结论, 是一种极限的情况, 对现实具有指导意义. 卡诺机就是理想化的、最简单的热机模型.

二、卡诺定理

从热力学第二定律可以推导出一个对提高热机效率有指导意义的卡诺定理, 其内容是:

(1) 利用相同的高温热源和低温热源来工作的所有卡诺机, 不论用什么工作物质, 其效率均相等.

(2) 利用相同的高温热源和低温热源来工作的热机, 其效率不可能高于卡诺机的效率.

证明:设在高温热源(T_1)和低温热源(T_2)之间有甲、乙两部做循环动作的卡诺机. 甲机做一次循环时, 自高温热源吸收热量 Q_1, 对外做功 A, 向低温热源放热 Q_2. 当它做一次逆循环时, 外界对系统做功 A, 从低温热源吸热 Q_2, 向高温热源放出热量 Q_1. 乙机在一次循环中, 从高温热源吸热 Q_1' 向低温热源放热 Q_2', 对外做功 A'. 设两部卡诺机, 工作物质不同, 它们的效率分别为 $\eta_甲$ 和 $\eta_乙$. 现设计乙机做正循环, 其所做的功 A' 输送给甲机做逆循环, 并使 $A = A'$ 如图 18.6 所示. 如果

$$\eta_乙 > \eta_甲$$

则

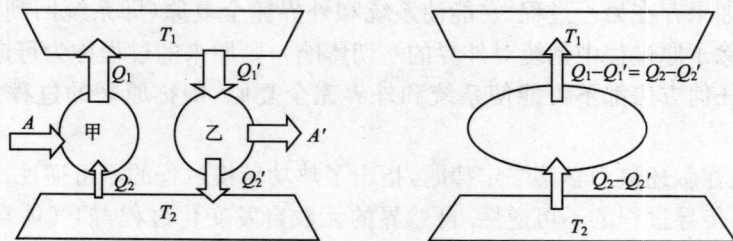

图 18.6　单热源热机工作示意图

$$\frac{Q'_1 - Q'_2}{Q'_1} > \frac{Q_1 - Q_2}{Q_1} \tag{18.5}$$

由所设条件 $A=A'$,即

$$Q'_1 - Q'_2 = Q_1 - Q_2 \tag{18.6}$$

考虑式(18.5)和式(18.6),有

$$Q_1 > Q'_1, \quad Q_2 > Q'_2 \tag{18.7}$$

由式(18.6)可得

$$Q_1 - Q'_1 = Q_2 - Q'_2 \tag{18.8}$$

两机联合做一次循环,所有的工作物质都恢复原状,外界也无任何变化,唯有热量 $Q_2 - Q_2'$ 从低温热源传递到高温热源,这一结果显然违背热力学第二定律. 为避免这一不合理的结果,只能有结论:讨论的前提 $\eta_乙 > \eta_甲$ 是不正确的. 即 $\eta_乙$ 不能高于 $\eta_甲$

$$\eta_乙 \leqslant \eta_甲 \tag{18.9}$$

反过来,使甲机做正循环,乙机做逆循环,可以推证 $\eta_甲$ 不能高于 $\eta_乙$,即

$$\eta_甲 \leqslant \eta_乙 \tag{18.10}$$

所以,断定

$$\eta_乙 = \eta_甲 \tag{18.11}$$

由此可见,工作在温度为 T_1 和 T_2 两个热源间的所有卡诺机,不论是什么工作物质,其效率都相等.

下面来证明卡诺定理的第二部分. 如果乙机不是卡诺机,而是不可逆热机,因此只能证明式(18.9)成立,不能证明式(18.10)成立. 也就是说,利用相同的高温热源和低温热源来工作的一般热机的效率不可能高于卡诺机的效率.

卡诺定理指出了热转变为功的极限. 不可能设计出一部效率高于卡诺机的热机. 实际上的热机都不是卡诺机. 但是,它具有最有效的循环,可以为提高实际热机的效率提供技术路线:一方面,应当使工程上的实际循环尽量接近卡诺循环;另一方面为提高热机的效率,应尽量提高高温热源的温度,降低低温热源的温度,如改进蒸汽机的锅炉,使用过热蒸汽,排出废气的装置用水冷却等. 此外,在计算卡诺循环的效率时,只考虑有一部分热量传递给低温热源,实际的热机除此之外,还有一部分能量损耗,如热扩散、摩擦等.

18.6 克劳修斯熵公式

一、卡诺定理与克劳修斯熵

由热力学第二定律得到了卡诺定理,根据这一定理,实际热机效率只说小于1

还不够，进一步的限制是 $\eta \leqslant \eta_卡$，即实际热机的效率不大于卡诺机的效率. 卡诺机（作卡诺循环，但不一定可逆，比如存在耗散）与可逆卡诺机比较，有

$$\frac{Q_1 + Q_2}{Q_1} \leqslant \frac{T_1 - T_2}{T_1} \tag{18.12}$$

其中，Q_2 是卡诺机与低温热源交换的热量，按常规吸热为正，放热为负. 其中等号表示可逆机.

由式(18.12)可得

$$\frac{Q_2}{Q_1} \leqslant -\frac{T_2}{T_1} \tag{18.13}$$

即

$$\frac{Q_1}{T_1} + \frac{Q_2}{T_2} \leqslant 0 \tag{18.14}$$

式(18.14)的物理意义是：工作在两个恒温热源之间的热机，它与每一热源所交换的热量与该热源的温度之比的代数和，必不大于零，对于可逆机等于零. 实际上，这可看做卡诺定理的另一表述.

推而广之，如果某一循环 $abcdefghija$ 如图 18.7 所示，它由几个等温和绝热过程组成. 添上两条绝热线 bh 和 cg 之后，可等效地看成三个卡诺循环. 最后，对整个循环应有 $\sum Q/T \leqslant 0$.

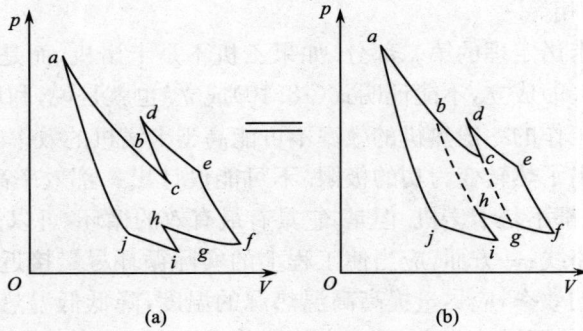

图 18.7　卡诺循环的组合

实际上，对于任何循环过程，一般都近似地看成由许多卡诺循环所组成. 而且所取的卡诺循环越多，就越接近于原循环过程，如图 18.8 所示. 取循环数目趋于无穷多，因而 $\sum Q/T$ 变为积分. 因此，对任一循环就有

$$\oint \frac{\mathrm{d}Q}{T} \leqslant 0 \tag{18.15}$$

其中,积分沿整个循环过程进行,$\mathrm{d}Q$ 是在各无限短的等温过程中所吸取的热量. 式(18.15)中等号对可逆循环成立,即

$$\oint \frac{\mathrm{d}Q}{T} = 0 \tag{18.16}$$

式(18.15)称为**克劳修斯不等式**,它表明循环过程中,只要有任一部分是不可逆的,则此回路积分必小于零.

式(18.16)表明 $\mathrm{d}Q/T$ 在可逆循环过程中的"环路积分为零",如图 18.8 所示,它说明系统存在着一个状态函数,这一函数与系统的具体变化过程无关,而只与变化的始末状态有关. 这使我们立即想到引入势能和内能的情形. 与那时的情况完全类似,可定义一态函数为熵,仍用 S 表示. 这里熵是由宏观热力学引入的,故可称**克劳修斯熵**或宏观熵. 可以证明,克劳修斯熵与玻尔兹曼熵是一致的[①].

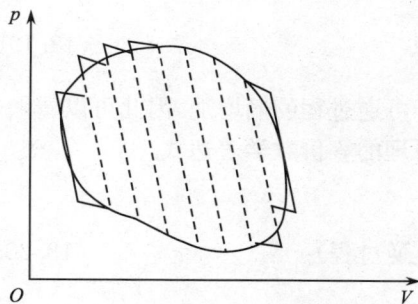

图 18.8 等效的卡诺循环的分解

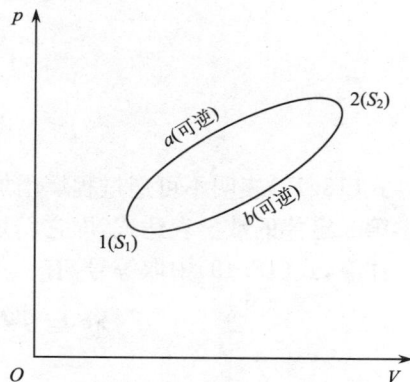

图 18.9 熵的引入

如果以 S_1 和 S_2 分别表示系统在状态 1 与 2 的熵(图 18.9),那么系统在可逆过程中由 1 到 2 的熵增量为

$$S_1 - S_2 = \int_1^2 \frac{\mathrm{d}Q}{T} \tag{18.17a}$$

对无限小可逆过程,式(18.17a)写成微分形式

$$\mathrm{d}S = \frac{\mathrm{d}Q}{T} \tag{18.17b}$$

对不可逆循环,为讨论简单起见,设整个循环由可逆的和不可逆的两部分组成,如图 18.10 所示. 此时,式(18.15)中取小于号,即

---

① 赵凯华等.1998.热学.北京:高等教育出版社,203.

$$\oint \frac{\mathrm{d}Q}{T} = \int_{1a2} \frac{\mathrm{d}Q}{T} + \int_{2b1} \frac{\mathrm{d}Q}{T} = \int_{1a2} \frac{\mathrm{d}Q}{T} - \int_{1b2} \frac{\mathrm{d}Q}{T} < 0$$

或

$$\int_{1a2} \frac{\mathrm{d}Q}{T} < \int_{1b2} \frac{\mathrm{d}Q}{T} = S_2 - S_1 \qquad (18.18)$$

其左端是不可逆过程的积分,与路径有关,不等于状态 1 和 2 间的熵变. 其物理意义是:系统从状态 1 过渡到状态 2,其间一切不可逆过程的积分 $\int \dfrac{\mathrm{d}Q}{T}$ 必小于这两个状态间的熵变 $S_2 - S_1$.

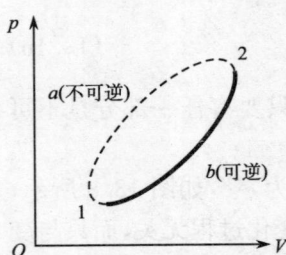

图 18.10　不可逆过程的宏观熵

综上,有

$$S_2 - S_1 \geqslant \int_1^2 \frac{\mathrm{d}Q}{T} \qquad (18.19a)$$

或

$$\mathrm{d}S \geqslant \frac{\mathrm{d}Q}{\mathrm{d}T} \qquad (18.19b)$$

式(18.19)表明不可逆过程熵增加恒大于可逆过程的熵增加. 因此可以看做热力学第二定律的数学表达式,即它们是熵增原理的等价数学表达式.

注意,式(18.19)中取等号,有

$$\mathrm{d}S = \frac{\mathrm{d}Q}{T} \qquad \text{(可逆过程)} \qquad (18.20a)$$

及

$$S_2 - S_1 = \int_1^2 \frac{\mathrm{d}Q}{T} \qquad \text{(可逆过程)} \qquad (18.20b)$$

式(18.20)称作克劳修斯熵公式,据此原则上可以计算任意过程的熵变(参考图 18.10,若过程不可逆,怎样计算?)

二、熵的意义与能量的退降

无论微观的玻尔兹曼熵还是宏观的克劳修斯熵,它们都正比于宏观态热力学概率的对数,自然界各种过程的自发倾向,都是从概率小的宏观态向概率大的宏观态过渡. 那么,熵的直观意义是什么呢? 我们说:熵高,或者说宏观态的概率大,意味着"混乱"和"分散";熵低,或者说宏观态的概率小,意味着"有序"和"集中". 例如,固体熔化为液体是熵增加的过程,固体的结晶态要比液态整齐有序;液体蒸发为气体是熵增加得更多的过程,因为气态比液态混乱和分散得多. 再比如,把一碗沙子搀到一碗米里,和两种气体相互扩散是一样的,可以认为"熵"增加了. 这意味着事情被搞得一塌糊涂,乱糟糟的难以收拾. 另外,两种气体合成为一种气体,熵因摩尔数减少而减少,这意味着集中;反过来,一种气体分解为两种气体,熵因摩尔数增加而增加,这意味着分散. 自由膨胀从集中到分散,做功变热从有序到无序,都是熵增加的过程. 那么,热量从高温物体到低温物体,熵增加又意味着什么? 能量分散和退降! 卡诺定理和热力学第二定律告诉我们,存在温度差(这意味着能量比较集中)才可能得到有用功. 温度均衡了,能量的数量虽然没变,但单一热源不能做有用功. 这就是"能量退降"(即能量退化贬值)的含义.

思　考　题

18.1　设想一个过程来说明:如果功热转换的不可逆性消失了,则理想气体自由膨胀的不可逆性也随之消失.

18.2　可逆过程一定是准静态过程吗? 准静态过程是否一定可逆?

18.3　请判断下面的说法是否正确:"凡进行热接触并有热传导,则有关的过程必不可逆. "

18.4　对一可逆卡诺热机,如果两热库温差大则效率就会提高. 若当做制冷机使用,温差大会有什么影响呢?

18.5　气体绝热自由膨胀,即$dQ=0$,那么,$dS=0$. 对吗? 为什么?

18.6　处于非平衡态下的系统能进行可逆过程吗?

18.7　试论证:电流通过电阻生热的过程是不可逆的.

18.8　地球每天吸收一定的阳光,同时向太空排放一定的热量,平均说来地球热量的收支平衡(你能说出理由吗?)这是可逆过程吗? 你认为地球的熵在这两个过程中是增加还是减少? 请在理论上加以解释.

18.9　有一可逆卡诺机,将它做热机使用时,如果两个热源的温度差越大,则其效率越高,如果将它作为制冷机使用时,如果两热源的温差越大,对于制冷机是否也越有利? 为什么?

18.10　试根据热力学第二定律讨论下列叙述是否正确.

(1) 功可以全部转化为热量,但热量不能全部转化为功.

(2) 热量能够从高温物体传到低温物体,但不能从低温物体传到高温物体.

18.11　试举一、二个实例说明自然界的过程都是不可逆的.

18.12　理想气体作等温膨胀时,所吸收的热量完全转化为功,是否违反了热力学第二定律?

习　题

18.1　用热力学第二定律证明两条绝热线不能相交.

18.2　ν mol 的理想气体经绝热自由膨胀后体积从 V 变至 $2V$,求其熵变.

18.3　把 1kg,20℃的水放到 500℃的炉子上加热,最后达到 100℃,水的比热容是 4.18×10^3 J · kg^{-1} · K^{-1}. 分别求水和炉子的熵变 ΔS_1,ΔS_2.

18.4　1 mol 理想气体由初态(T_1, V_1)经某一过程到达末态(T_2, V_2),求熵变. 设气体的定体摩尔热容量为常量.

18.5　已知核电厂生产 540MW 的电能,核反应堆释放 1590MW 的热量,使水蒸气达到 556K

的温度推动透平机做功,然后进入温度 313K 的冷凝器放热,冷凝器用河水冷却,河水通过水泵以 $q_m = 2.27 \times 10^4 \, \text{kg} \cdot \text{s}^{-1}$ 的流量流过冷凝器,试计算:

(1) 电厂的理想效率;

(2) 电厂的实际效率;

(3) 在此过程中冷却用河水温度升高多少?

18.6　设一容器体积为 V_2,用隔板分为 A、B 两部分,A 室装有 ν mol 理想气体,初温为 T,体积为 V_1,B 室为真空.迅速抽去隔板,使气体向真空自由膨胀,计算气体的熵变.

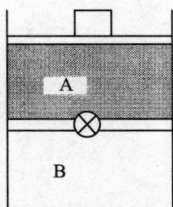

题 18.7 图

18.7　设有 A,B 两室,容积相同,外壁绝热,两室中间隔一导热板,板上有一阀门,初时关闭,A 室装有单原子理想气体,温度为 T_1,压力与上方自由放置的活塞相平衡;B 室为真空.若将 A,B 间阀门微微打开,则气体逐渐进入 B 室,A 室活塞随之下降,最后达到一平衡态,计算气体在这一过程中的熵变.

18.8　求 1mol 理想气体从初态 (p_0, V_0, T_0) 变化到任一末态 (p, V, T) 时的熵变.

18.9　设一卡诺机工作于高低温热源(温度分别为 T_1 和 T_2)之间.求每次循环中,两热源和机器工作物质这个总系统的熵变.

18.10　一绝热密闭容器用隔板分成相等的两部分,左边盛有一定量的理想气体,热容比为 γ,压强为 p_0,右边为真空.将隔板抽去,气体作自由膨胀,求达到平衡时气体的压强.

18.11　用下列三种方法将 1 双原子理想气体的体积 V_0 压缩到体积为 $V_0/2$,分别计算以下三种过程中熵的变化:

(1) 等压压缩;

(2) 绝热压缩;

(3) 等温压缩.

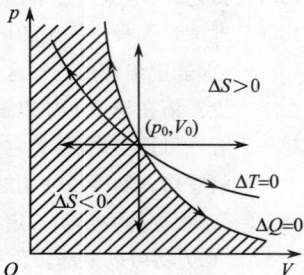

题 18.11 图

18.12　一容器被一铜片分成两部分,一边是 80℃的水,另一边是 20℃的水,经过一段时间后,从热的一边向冷的一边传递了 4196J 的热量.问在这个过程中熵变是多少?假定水足够多,传递热量后的温度没有明显变化.

18.13　绝热容器中用一不漏气的导热隔板将其分为 A、B 两部分,隔板可在容器内做无摩擦移动. A、B 中各盛有的氦气和氧气. 开始时,氦气温度 $T_1 = 300K$,氧气温度 $T_2 = 600K$,氦气和氧气压强均为 $p = 1\text{atm}$. 整个系统达到平衡时,求:

(1) 终态温度 T' 和压强 p';

(2) 氦气和氧气各自的熵变.

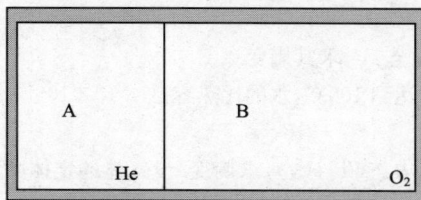

题 18.13 图

第五篇　量子物理学基础

如果说 20 世纪的标志是核能利用、计算机和激光的发明,人们 20 世纪末已经进入信息社会和知识经济时代,那么,这一切的基础和前提,就是量子物理学.

20 世纪自始至终都伴随着量子物理学的进步和革命. 1900 年,普朗克黑体辐射规律的发现,吹响了进军量子世界的号角;爱因斯坦、玻尔等人对量子概念的成功应用,打开了建立新理论的大门;海森伯、薛定谔、狄拉克和玻恩所发现的量子物理学规律,就像一棵常青树,其理论通过费恩曼等不断更新,其应用则日益向各个学科扩张,取得累累硕果;从 1955 年杨振宁提出规范场理论,到 20 世纪末的 1999 年特霍夫特等荣获诺贝尔物理学奖;整个 20 世纪,其辉煌的成就,是以量子物理学的成功为标记的!

在 21 世纪里,量子物理与所有自然学科的耦合,将为科技工作者带来无垠的用武之地. 量子化学、量子生物学、材料科学和能源科学,以及环境保护和可持续发展等世界性主题,都将不可避免地与量子物理学发生联系! 未来的工程科学家与工程师,学好量子物理学,几乎是你们成为最富创造性人才的必由之路.

本篇包括量子物理学的实验基础与原理、薛定谔方程及量子物理学的基本应用.

第 19 章　实验基础与基本原理

本章从普朗克研究黑体辐射所提出的"能量子"概念入手，到爱因斯坦和玻尔等对这一概念的成功应用，再到康普顿对光散射的美妙解释；从德布罗意引进实物粒子的波动性，到薛定谔提出波函数所满足的新方程，本章将对量子物理学的实验基础与基本原理作一简要的介绍．

19.1　量子物理学的早期证据

1925 年，海森伯建立了矩阵力学，不久，薛定谔建立了波动力学；进而，玻恩提出薛定谔所引入的"波函数"是概率波；1927 年，狄拉克又成功地推进了量子理论的发展．至此，量子力学的基本理论框架已经建立起来了．1925 年之前的量子物理学内容一般称为"量子论"．下面，讨论量子论的主要实验依据．

一、黑体辐射

19 世纪物理学家对光学、电磁学和热学的深入研究，以及工业与社会的发展，引导人们把目光集中在热辐射问题上．当人们靠近烧热水的锅炉时，不用眼睛观察就会知道这锅炉正在工作之中，也常会感到一股热浪袭来．这种热的感觉主要是由锅炉所发出的电磁辐射引起的．任何实际物体都是由大量原子、分子等微观粒子组成的，这些粒子每时每刻都在做着热运动．物体总是不停地向外发出电磁辐射，同时它也吸收环境中的辐射．这种由于物体中的分子、原子受到热激发而发射电磁波的现象称为**热辐射**．

如果物体和辐射处于温度一定的热平衡状态，这时的热辐射就称为**平衡热辐射**．下面只讨论平衡热辐射．

为了定量地研究物体热辐射规律，引入**单色辐射出射度**和**单色吸收比**的概念．前者简称单色辐出度，用 M_ν 表示，后者用 $a(\nu)$ 表示．M_ν 是指单位时间内从物体单位表面积发出的电磁波在 ν 附近单位频率区间内的能量．它的 SI 单位是 $W \cdot m^{-2} \cdot Hz^{-1}$．$a(\nu)$ 表示频率在 $\nu \sim \nu + d\nu$ 内，温度为 T 的物体表面吸收的辐射能量，与全部入射到该频率区间内的辐射能量的比值．实验表明，物体的辐射本领越大，吸收本领也越大．研究表明，热平衡时各种材料的 M_ν 和 $a(\nu)$ 可以有很大的差别，但在同一温度下其比值却与材料无关，是一个确定的常数．即

$$\frac{M_{\nu A}(T)}{a_A(\nu, T)} = \frac{M_{\nu B}(T)}{a_B(\nu, T)}$$

其中,脚标 A 和 B 用来表示任意两种不同的物体. 这一定律称为**基尔霍夫定律**.

如果某种物体能吸收照射到它上面的所有电磁辐射,则称为**黑体**. 显然,黑体是一个理想模型,它的单色吸收比 $a(\nu) = 1$,而它的单色辐射出射度 M_ν 就是基尔霍夫定律中的常数. 实际物体一般都不是黑体. 煤烟灰是很黑的,但也只能吸收照射到它上面的光能的 99%. 在平衡状态下物体吸收本领越大,辐射出的能量也越多,如果辐射的能量在可见光频谱区,则看到的将不是黑色的黑体,换句话说,黑体不一定是黑色的.

综上所述,研究黑体的单色辐射出射度是十分有意义的. 一方面,它只是频率 ν(或波长 λ)、T 的函数,与材料的种类无关,是基尔霍夫定律中的重要常数;另一方面,它像热力学的基本定律一样,反映着自然界某种普适定律. 正是当时的物理学大师基尔霍夫首先认识到了这一点,并推动了德国同行在这一领域中的研究.

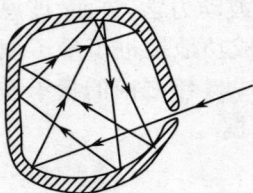

出于实验研究的需要,人们自然会关心:什么物体才能接近黑体呢? 照着镜子可以看到自己黑色的瞳孔;楼房敞开的窗户也显得很黑. 于是人们想到用某种材料制成一个空腔,并在腔壁上开一个小孔(图 19.1),则由小孔进入的光就很难再从小孔出来. 加热这个空腔,就成了不同温度下的黑体. 实验表明,选择制作空腔的材料只是为了方便地安排实验,确实如理论所预期的,不

图 19.1　黑体模型

同的材料并不影响实验结果. 如果在空腔内表面涂上适当的黑色敷料,即使空腔做得比较小也很接近黑体.

19 世纪末,在生产和研究的推动下,德国的许多物理学家仔细地研究了黑体辐射的规律. 对有关实验曲线进行理论解释便成了理论家所关注的课题. 解决这一问题的难度出乎预料,一度竟成了经典物理学上空漂浮的"一片乌云". 1896 年,维恩(W. Wien)从经典热力学和麦克斯韦分布律出发,找到了一个关于黑体辐射的公式,即**维恩公式**

$$M_\nu = \alpha \nu^3 e^{-\beta \nu / T} \tag{19.1}$$

其中,α 和 β 是常量. 这一理论结果在高频范围内与实验符合得很好,但在低频范围内与实验结果有明显的偏差,这是在 1900 年初由柏林的物理技术研究所的两个实验组所发现的. 第一组首先测量了波长区 $12 \sim 18 \mu m$(和 $T = 300 \sim 1650K$),第二组进行到更远的红外区,波长为 $30 \sim 60 \mu m$(和 $T = 200 \sim 1500K$)(图

图 19.2　维恩
(Wilhelm Wien 1864~1928)

19.4).

1900 年 6 月,瑞利(Rayleigh,原名 J. W. Strutt)发表了关于黑体辐射的理论结果,后来由金斯略作修改,即瑞利-金斯公式

$$M_\nu = \frac{2\pi\nu^2}{c^2}kT \qquad (19.2)$$

注意到

$$M_\nu \mathrm{d}\nu = -M_\lambda \mathrm{d}\lambda \qquad (19.3)$$

即单位时间内从物体表面单位面积上所发射的辐射能,既可以用一定的频率间隔 $\mathrm{d}\nu$ 来描述,也可以用与相应的波长间隔 $\mathrm{d}\lambda$ 来描述. 其中的负号表示 $\mathrm{d}\nu$ 增加时,$\mathrm{d}\lambda$ 会减少. 利用真空中光速、波长和频率的关系 $c=\lambda\nu$,有

$$\mathrm{d}\nu = -\frac{c}{\lambda^2}\mathrm{d}\lambda \qquad (19.4)$$

由式(19.2)、式(19.3)和式(19.4)可得

$$M_\lambda = \frac{2\pi c}{\lambda^4}kT \qquad (19.5)$$

其中,k 是玻尔兹曼常量,c 是光速. 式(19.2)在低频范围内与实验结果还能符合,但在高频波段与实验偏离很远,并随频率的增大呈抛物线型发散,趋向无限大值(图 19.4).1900 年前后,一般认为经典电磁学和能量均分定理是经典物理学大厦的基石,而式(19.2)的理论基础正是能量均分定理和电磁学. 因此,黑体辐射的实验定律直接向经典物理学提出了挑战. 难怪有人惊呼经典物理在黑体辐射问题上的失效是一场"紫外灾难".

1900 年 12 月 14 日普朗克(Max Plank)[①]发表了关于黑体辐射的公式,即**普朗克公式**

$$M_\nu = \frac{2\pi h}{c^2}\frac{\nu^3}{\mathrm{e}^{h\nu/kT}-1} \qquad (19.6a)$$

写成等价的另一形式

图 19.3 普朗克
(Max Karl Ernst Ludwig
Plank 1858~1947)

---

① 1859 年,德国物理学家基尔霍夫首先提出了理想黑体的概念,并论证了空腔辐射等效于黑体辐射. 他提出的挑战是"当前最重要的任务是去寻找黑体辐射的函数 M_ν,有理由希望这个函数有一种简单的形式,像所有已经熟悉的、不依赖于个别物体性质的那些函数一样."普朗克有幸继承了基尔霍夫在柏林的理论物理教授职位,他的新位置使他能够接近上述实验的发展. 在 1900 年 10 月的一个傍晚,同一研究所的实验物理学家鲁本斯告诉他新近红外测量的结果,在长波波段 M_ν 正比于物体的绝对温度,如式(19.2).当晚,他就发现了自己这一划时代的新公式.

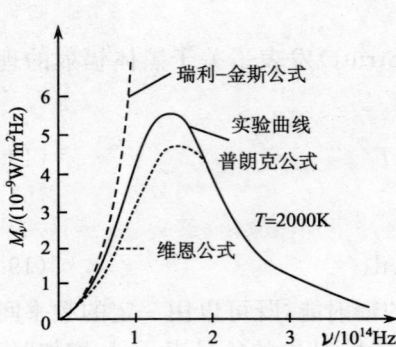

图 19.4　黑体辐射公式与实验曲线

$$M_\lambda = \frac{2\pi hc^2}{\lambda^5} \frac{1}{e^{hc/\lambda kT} - 1} \qquad (19.6\text{b})$$

其中,h 称作普朗克常量.这一公式在全部频率范围内与实验完全符合(图 19.4).容易验证,当 $h\nu \ll kT$ 时,式(19.6)变为式(19.2);当 $h\nu \gg kT$ 时,式(19.6)变为式(19.1).实际上,式(19.6)是普朗克用内插法去逼近实验曲线而得到的,或者说是"猜"到的.

在经典物理学中,由一定量的原子、分子组成的空腔腔壁,其自由度是有限的.而由电磁理论知道,封闭在这种空腔里的辐射的自由度是无限的;连续分布的电磁场如同连续的弹性介质一样,自由度都是无限的.那么,按照能量均分定理,空腔壁有限的能量不可能填满腔内辐射那无限自由度的深坑.在经典物理学的理论框架下,空腔壁与辐射场之间不可能建立热力学平衡.这种情形表明,经典物理学在黑体辐射上碰到的不是某种技术细节上的问题,难以通过修修补补来解决困境.

1900 年 10 月,为了给得到的新公式一个理论解释,普朗克首先通过热力学方法,从式(19.6)反推出一个关于平均能量的公式

$$\overline{E} = \frac{h\nu}{\exp(h\nu/kT) - 1} \qquad (19.7)$$

其中,$\overline{E}$ 是某些谐振子的平均能量,这些谐振子代表了腔壁分子的运动.因为实验与理论研究都表明,黑体辐射与腔壁材料无关,所以总可以用谐振子这一最简单的模型来代替实际的腔壁分子.这一平均能量代替了经典物理学中的平均能量公式 $\overline{E} = kT$.同年的 12 月,普朗克又假设,代表腔壁分子的振子的能量不是连续分布的,而只能采取某种能量子 ε 的整数倍.因此,腔内辐射与振子交换能量时必受到某种限制.在直观的理解上,如同山道上的栏杆可以阻止游人坠入山坳一样,这种谐振子与辐射场交换能量的限制,阻止了紫外发散这样的"灾难".普朗克从这一假设出发,用概率统计的方法重新导出了式(19.6).他还得到能量子 ε 与谐振子频率 ν 成正比的关系式

$$\varepsilon = h\nu$$

其中,普朗克常量 h 的值为

$$h = 6.626\ 068\ 76(52) \times 10^{-34}\,\text{J} \cdot \text{s}$$

它是标志量子效应的一个重要尺度.正是普朗克第一次在物理学中引入物理量新的不连续性,拉开了量子物理学研究的序幕.

此外,当时已被证实的两条实验定律,也可以从普朗克公式得到证明.一条是

斯特藩-玻尔兹曼定律

$$M = \int_0^\infty M_\nu \mathrm{d}\nu = \sigma T^4$$

其中，M 是（总）**辐射出射度**，σ 是**斯特藩-玻尔兹曼常量**，其值为

$$\sigma = 5.670\,400(40) \times 10^{-8}\,\mathrm{W} \cdot \mathrm{m}^{-2} \cdot \mathrm{K}^{-4}$$

斯特藩-玻尔兹曼定律说明，物体的温度越高，单位面积电磁辐射的总功率越大。

另一条是**维恩位移定律**

$$\lambda_\mathrm{M} T = b$$

其中

$$b = 2.898 \times 10^{-3}\,\mathrm{m} \cdot \mathrm{K}$$

它说明，在温度为 T 的黑体辐射中，单色辐射出射度最大的光的波长 λ_M 与 T 的乘积，恒等于常数 b。也就是说，当黑体温度升高时，辐射能量最大的电磁波波长 λ_M 将是波长更短一些的。加热铁块时，其颜色由暗红变成明亮的橙色，最后成为黄白色。生活中这类颜色随温度而改变的现象与维恩位移定律是一致的。

二、固体比热

1906 年之前，固体比热问题也是经典热物理学所不能解决的。爱因斯坦第一次将经典物理学中一个振动自由度上的能量平均值 kT，换成单一频率的普朗克振子平均能量公式(19.7)，这样求出的热容量自然就与系统的温度有关[①]。爱因斯坦的初步结果，定性地解释了为什么固体比热在高温下是常数，而在低温下会逐渐变小。他还预言当绝对温度趋于零时，固体比热一定会趋于零。1910 年，他的这个预言被能斯特的实验所验证。1912 年，德拜改进了爱因斯坦的比热理论，与低温下的固体比热的实验曲线完全一致。普朗克的黑体辐射理论与爱因斯坦的光电效应理论都是为了解释已知的实验事实提出来的，而固体比热随绝对温度趋于零的理论预言却是先于实验观测的，因而可以认为爱因斯坦的固体理论是量子论诞生之后的第一个重要佐证。

三、光电效应

光电效应是光（这里一般是指包括可见光的电磁辐射）照到金属表面上，使金属中的电子从表面逸出的现象。这些电子称为光电子。光电效应的实验装置如图 19.5 所示。图中 GD 为光电管，管内抽真空。当光从石英窗射到阴极 K 时，就有光电子脱离金属表面逸出。A、K 两极间的电压 U 用于加速光电子，调整 U 的大小，以控制两极间的电流。常称这种电流为光电流。

---

① 参考本书第四篇式(16.2)、(17.4)和式(17.12)等内容。

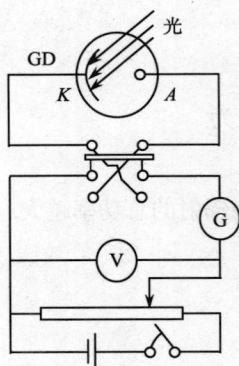

图 19.5　光电效应的
实验装置

如图 19.6 所示,当入射光频率及光强一定时,光电流 i 和加速电压 U 之间的关系曲线是一增函数,光电流随加速电压的增加而增加.但 U 达到某一值时 i 便不再增加,这一饱和电流记为 i_m. 实验还显示,饱和电流 i_m 与光强 I 成正比.图 19.6 中的实验曲线还表明,加速电压为零时,光电流并不为零;使光电流为零的反向电压 U_c 称为遏止电压.

实验发现,遏止电压与入射光的光强无关,只与频率有关,对不同的阴极材料可以得到不同的实验曲线,如图 19.7 所示.这种线性关系可表示为

$$U_c = K\nu - U_0 \tag{19.8}$$

其中,K 是直线的斜率,与做阴极的金属材料无关.由能量守恒定律,对遏止电压应有

$$eU_c = \frac{1}{2}mv_M^2$$

其中,e 和 m 分别是电子的电量和质量,v_M 是光电子逸出金属表面时的最大速度.将上式代入式(19.8),有

$$\frac{1}{2}mv_M^2 = eK\nu - eU_0 \tag{19.9}$$

图 19.7 中的直线与横轴的交点用 ν_0 表示,它的物理意义是:当入射光的频率大于 ν_0 时,有光电子逸出;而当入射光的频率小于 ν_0 时,则不会有光电子从金属表面逸出.因此,这频率 ν_0 称为光电效应的**红限频率**,相应的波长称为红限波长.由式(19.8),红限频率应为

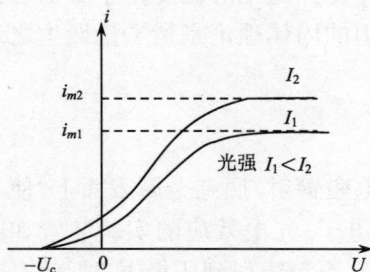

图 19.6　光电流和电压的关系

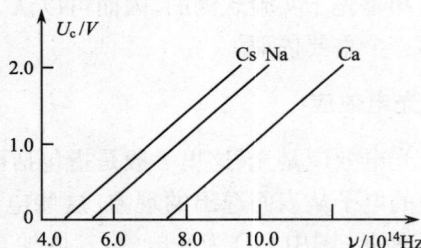

图 19.7　遏止电压与入射光频率

$$\nu_0 = \frac{U_0}{K}$$

由于 K 是与材料无关的普适常量,对不同材料只要测得 U_0,就可以得到红限频率.表 19.1 是几种金属的红限频率.

表 19.1 几种金属的逸出功和红限频率

金属	钨	铀	钙	钠	钾	铷	铯
红限频率 $\nu_0/10^{14}\,\mathrm{Hz}$	10.95	8.75	7.73	5.53	5.44	5.15	4.69
逸出功 A/eV	4.54	3.63	3.20	2.29	2.25	2.13	1.94

光电效应的最早发现可追溯到赫兹关于电磁波的实验.他在实验中发现,用于接收电磁波的金属天线在光照下更容易发出火花,第一次发现了光辐射与金属表面发射电子之间的联系.1900 年前后,人们对光电效应进行了系统的研究,总结出下述实验规律:

(1) 用紫外光照射某些金属表面时,几乎同时产生光电子的发射;

(2) 金属表面发射的电子的能量,仅与照射光的频率有关.当频率确定时,光的强度只决定饱和光电流的大小;

(3) 当光的频率小于某一个阈值时,无论光强有多大,都不会引起光电子的发射.

用人们当时所了解的经典物理学无法解释这些实验现象.当时在大多数物理学家的观念中,电磁波的能量在空间中分布是连续的,在原子所占据的狭小空间内,要积累足以发射电子的能量要经过一定的时间.这一观念与实验事实(1)相矛盾.在经典电磁理论中,波的能量与其强度 I 有关,与波的振幅的平方成正比.这与实验现象(2)相矛盾.另外,即使光的频率小,但只要在光场的作用下形成受迫振动和共振,经足够长的时间后也可能发射光电子;在那时的观念中,加大光强总应弥补频率小造成的不利于光电子发射的因素.因此,实验现象(3)也是当时所不能理解的.

1905 年,爱因斯坦对黑体辐射现象进行了深入分析,他认为:既然黑体空腔内的辐射场与腔壁振子交换能量时是一份份进行的,振子的能量是能量子 $h\nu$ 的整数倍,那么,为什么不可以把辐射场的能量看成是一份一份的呢? 爱因斯坦首先提出:光,或者一般说来,电磁辐射本身就是由大小为 $h\nu$ 的"能量子"所组成.他借用了普朗克能量子的概念,把它推广到电磁辐射中,提出了"光量子"的概念.根据这一简明的前提条件,爱因斯坦提出

$$h\nu = E_k + A = \frac{1}{2}mv_{\mathrm{M}}^2 + A \tag{19.10}$$

式(19.10)称作**光电效应方程**.其中,A 是电子从金属表面逸出时克服阻力所做的功,称作**逸出功**.它表明,光电子的最大动能与电磁辐射频率成线性关系,这一结论

在 1916 年为密立根的实验所证实. 两人都因此而获得诺贝尔物理学奖.

　　比较式(19.9)和式(19.10)可得

$$h = eK \tag{19.11}$$

及

$$A = eU_0 \tag{19.12}$$

密立根利用实验证实了式(19.8),依据光电效应的实验数据,从斜率 K 计算出普朗克常量为 $h = 6.56 \times 10^{-34}$ J·s.

　　由式(19.10)可得

$$\nu_0 = \frac{A}{eK} = \frac{A}{h} \tag{19.13}$$

可见逸出功与红限频率有一简单关系,由此可以方便地计算金属的逸出功(表 19.1).

　　因为"光的能量在空间中不是连续分布的",而是表现为"个数有限的、局限在空间各点的能量子"(以上引号中为爱因斯坦语),它携带着能量可由物质发出,又和物质相互作用,那么,它也应带有动量. 1916 年,爱因斯坦又提出,光量子的动量为

$$p = h\nu/c = h/\lambda \tag{19.14}$$

其中,c 是光速,λ 是相应光波的波长. 式(19.14)可由相对论得出(见思考题19.5). 显然,光量子的概念使黑体辐射问题的物理图像更加清晰. 而 1923 年康普顿对光子与电子的散射实验(康普顿散射)研究表明,爱因斯坦的假设式(19.14)是完全正确的. 因此,频率一定的光量子,可看成具有一定能量、一定动量的粒子. 后来,人们把这种新认识到的粒子称为**光子**.

四、玻尔的原子理论

图 19.8　卢瑟福
(Ernest Rutherford 1871～1937)

　　1833 年,法拉第通过电解实验发现了电荷的基本单位 e. 1897 年,汤姆孙测定了阴极射线的荷质比 e/m,发现了电子. 电解、电离等现象表明电子是原子的组成单元,因此,呈电中性的原子中必定有带正电的成分. 可见,原子结构问题,就是研究正电荷怎样分布,以及电子处于什么状态.

　　德国科学家勒纳德曾经在实验中发现,高能电子对物质有很强的穿透性,说明原子内部是"空虚"的. 1911 年之前,物理学的原子模型是汤姆孙的"布丁"(或西瓜)模型,认为电子就像西瓜籽一样"镶嵌"在带正电的原子中. 卢瑟福(E. Rutherford)用 α 粒子轰击金箔,如图 19.9 所示. 对这一散射实验,卢瑟福预期就像炮弹轰击纸张,α 粒子应该很容易穿过;他猜测即使是小角度的偏离,发生的概率也会很小,因为那是 α 粒子被多个电子连续朝一个方向散射的结果. 但实验表明,α 粒子碰撞金箔后散射角的最大值接近 $150°$,发生大角度散射的概率为 $1/8000$. 上述实验事实迫使卢瑟福提出原子的核式模型:

(1) 原子的正电荷和绝大部分质量集中于原子核,其半径的量级为 $10^{-14}\,\mathrm{m}$;

(2) 原子核外的电场是库仑场.

可见,这是一个类似于太阳系的原子模型.

在经典物理中,这一原子的"太阳系"模型遇到了极大的困难:

(1) 它是不稳定的. 因为电子受核的库仑力而绕核运动,经典电磁学表明,加速运动的电子将产生随时间变化的电磁场,因为电磁感应,这一变化的场又会激发新的电磁场,这样电子因辐射电磁波而损失能量,最终会在 $10^{-10}\,\mathrm{s}$ 内落入原子核.

(2) 它所辐射的电磁波的波谱是连续谱. 以氢原子为例,由核外电子的运动方程

$$m\frac{v^2}{a} = \frac{e^2}{4\pi\varepsilon_0 a^2} \propto \frac{e^2}{a^2}$$

有电子的"轨道"速度

$$v \propto e/\sqrt{ma}$$

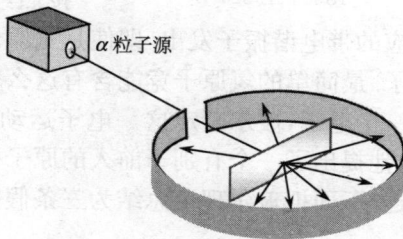

图 19.9 卢瑟福散射实验

其中,e 是电子电荷,m 是电子质量,a 是电子轨道半径. 在核外电子的圆轨道半径逐步变小的过程中(在 $10^{-10}\,\mathrm{s}$ 内,核外电子仍会旋转上万亿次),电子运动的角频率为

$$\omega = \frac{2\pi}{T} = 2\pi\frac{v}{2\pi a} = \frac{v}{a}$$

故有

$$\omega \propto \frac{e}{\sqrt{ma^3}}$$

由电磁学可知,做圆周运动的电子所辐射电磁波的角频率,在量值上就是电子的角速度,即上式中的 ω. 在以上经典物理的图像中,原子坍缩时电子轨道半径 a 连续变小,所辐射电磁波的频率则连续增大.

然而,孤立原子是稳定的,原子辐射的波谱是分立的. 这表明经典物理学碰到了致命的困难! 玻尔(Niels H. D. Bohr)在卢瑟福的帮助下,于 1913 年发表了题为《论原子和分子结构》的长篇论文,他在这篇著作中创造性地把普朗克、爱因斯坦和卢瑟福的思想结合起来,很好地利用了光谱学已有的重要结论,提出了原子分立

能级的假说,成功地解释了氢原子和类氢原子的结构和性质.

19 世纪末,已经观察到氢原子发出的许多条谱线,并测得了这些谱线的频率. 1908 年,里兹终于把这些谱线整理成一系列谱系,并用一个统一的经验公式

$$\nu = Rc \left(\frac{1}{n^2} - \frac{1}{m^2} \right) \tag{19.15}$$

来表示这些谱系. 其中,n 与 m 都是正整数,且 $m > n$;c 是光速常数;系数 R 称为里德伯常量. 当 n 相同而 m 不同时,各不同的 m 所对应的谱线就构成了一个谱系,用 n 值可以区分不同的谱系.

图 19.10　玻尔
(Niels Henrik David Bohr
1885~1962)

按照经典电磁理论,一定频率的电磁辐射,应当由相应的带电谐振子发出. 即使是氢原子,能发出多少谱线,它内部也应包含多少谐振子. 最简单的氢原子竟能含有这么多谐振子,这太不可思议了. 氢原子的核外只有一个电子,玻尔断定这一电子运动状态的变化引起了谱线的发射. 在这一基础上,他提出了一个有别于前人的原子模型,其核心概念是原子中核外电子的定态与跃迁. 下面把玻尔理论总结为三条假定:

1) 定态

定态是指满足一定条件的原子状态,此时原子中的电子在一些特定的"轨道"上运动,其能量是稳定的. 处于定态轨道上的电子虽然在做加速运动,但并不发射电磁辐射. 各定态轨道所对应的稳定能量值 E_n,就像一组阶梯一样,通常称为**能级**.

2) 量子化条件

电子的定态轨道所满足的特定条件称为量子化条件(后经索末菲改进)

$$\oint p \mathrm{d}q = nh \tag{19.16}$$

其中,q 是电子在原子中运动时的某种坐标,如空间位置坐标或表示空间方向的角坐标,p 是相应的动量或角动量. 式(19.16)中的积分回路对应于由广义动量 p 和广义坐标 q 构成的相空间中的轨道环路. 在电子轨道为圆时,有

$$\int_0^{2\pi} p r \mathrm{d}\theta = p r 2\pi = nh$$

其中,r 是圆形轨道的半径. 因此电子的角动量为

$$L = m_e v r = p r = n \frac{h}{2\pi} = n\hbar \tag{19.17}$$

此式正是玻尔最初提出的量子化条件. 玻尔假定满足式(19.16)的电子"轨道"才是稳定的.

3) 频率条件

当原子从高能量的定态跃迁到低能量的定态,即核外电子从高能量的轨道跃迁到低能量的轨道时,要发射频率为 ν 的光子,此频率满足所谓频率条件

$$\nu = (E_m - E_n)/h \tag{19.18}$$

其中,E_m 和 E_n 是用 m 和 n 标志的能级. 初态能量高时原子发出电磁辐射,反之则吸收电磁辐射.

玻尔提出的新理论,可以看做普朗克和爱因斯坦工作的自然延伸. 普朗克黑体辐射理论的核心是:谐振子的能量是不连续的,其等于能量子 $h\nu$ 的整数倍. 而玻尔的定态则表明,核外电子的能量状态是离散的,具有不能连续变化的量值;频率条件表明,若两能级间允许电子的跃迁,则必存在相应的一个频率值 ν,使得式(19.18)成立. 玻尔的定态概念,相当于把对谐振子能量分布的限制推广到原子. 应该注意到,普朗克黑体辐射中的谐振子模型本身就是实际腔壁原子或分子的代表;但随着时代的推移,科学家思想中的观念和所采用的物理模型却是发展变化的. 在普朗克时代,原子模型还是汤姆孙的"布丁"模型,因此,黑体辐射所讨论的谐振子可代表原子中振动的电子. 而玻尔时代人们采用了卢瑟福的行星原子模型,此时谐振子则可代表正在"跃迁"的电子. 另外,在爱因斯坦的观念中,电磁辐射本身是由大小为 $h\nu$ 的"能量子"所组成的;而且,在光的产生与吸收过程中,这种量子性仍然保持. 例如,光量子与金属中的电子相互作用时,要么被完全吸收,要么完全不吸收,二者必居其一. 玻尔的跃迁概念,相当于把前两个理论中光量子作用的对象,由谐振子和金属中的自由电子换成了被原子核的库仑场所束缚的电子.

19.2　康普顿效应

1923 年,康普顿(A. H. Compton)研究了 X 射线通过物质时的散射现象. 在实验中发现,向各方向散射的 X 射线中,不但有和入射光相同的波长成分,还有一种新的波长成分,其波长总是比入射光波长长. 这种散射光波长改变的现象称为**康普顿散射**(或称康普顿效应).

康普顿散射的实验装置如图 19.12 所示,经过光阑射出的一束单色 X 射线穿过某种物质,其散射线的波长用单色仪测量,强度用检测器来测量. 实验结果如图 19.13 所示.

康普顿效应无法用经典物理学解释,却可以在光子理论基础上得到很好的理解,成为人们广泛接受光子概念的重要实验依据. 这个发现"在当时的物理学家中

图 19.11　康普顿
（Arthur Hotty Compton
1892～1962）

引起轰动"，有评论说："这可能是当前物理学现状中能够作出的最重大的发现."（索末菲语）

根据光子理论，X 射线的散射可以看成是单个光子与单个电子之间的弹性碰撞，并遵从能量守恒和动量守恒定律. 为了具体列出相应的守恒律表达式，首先分析一下光子与电子的能量和动量. 在各种金属以及石墨等固体中，有许多电子可以看做自由电子，它们与原子核的联系较弱. 存在这些自由运动的电子正是这类固体成为导体的原因. 将这些电子看做封闭在固体中的电子气，并不停地做热运动. 其热运动平均动能的量级大约是 10^{-2} eV，而入射的 X 光的光子的能量却有 $10^4 \sim 10^5$ eV，相比之下，电子的热运动平均动能可以略去，因而可看做是静止的. 碰撞之前，电子的能量为 $m_0 c^2$，动量为零；光子的能量为 $h\nu_0$，动量为 $\dfrac{h}{\lambda_0} \boldsymbol{e}_0$. 经弹性碰撞后，电子的能量变为 mc^2，动量变为 $m\boldsymbol{v}$；光子的能量变为 $h\nu$，动量变为 $\dfrac{h}{\lambda} \boldsymbol{e}$. 这里 ν_0、λ_0 与 ν、λ 分别表示入射光与散射光的频率与波长. 写出能量和动量守恒的表达式

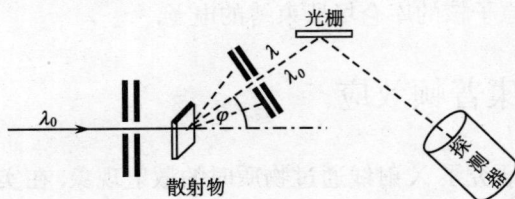

图 19.12　康普顿散射实验装置　　　　图 19.13　康普顿散射与角度的关系

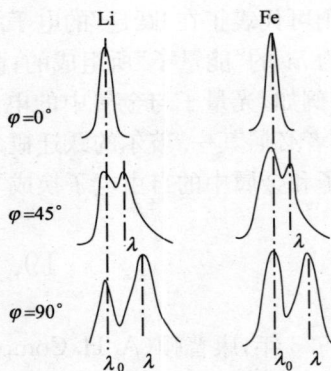

$$h\nu_0 + m_0 c^2 = h\nu + mc^2 \tag{19.19}$$

及

$$\frac{h}{\lambda_0} \boldsymbol{e}_0 = \frac{h}{\lambda} \boldsymbol{e} + m\boldsymbol{v} \tag{19.20}$$

其中，$\boldsymbol{e}_0$ 和 $\boldsymbol{e}$ 分别是碰撞前后光子动量的方向（图 19.14）.

由式(19.20)可得

$$mv = \frac{h}{\lambda_0}e_0 - \frac{h}{\lambda}e$$

两边平方有

$$m^2 v^2 = \left(\frac{h}{\lambda_0}\right)^2 + \left(\frac{h}{\lambda}\right)^2 - 2\frac{h^2}{\lambda_0 \lambda}e_0 \cdot e$$

由图 19.14 可知 $e_0 \cdot e = \cos\varphi$，将其代入上式得

$$m^2 v^2 = \left(\frac{h}{\lambda_0}\right)^2 + \left(\frac{h}{\lambda}\right)^2 - 2\frac{h^2}{\lambda_0 \lambda}\cos\varphi \qquad (19.21)$$

将式(19.19)写成

$$mc^2 = h(\nu_0 - \nu) + m_0 c^2$$

此式两边平方,减去式(19.21),并注意到碰撞后的电子速度可能很大,考虑到相对论效应,式中取

$$m = m_0/\sqrt{1 - v^2/c^2}$$

图 19.14 光子与静止的自由电子碰撞

化简可得

$$\Delta\lambda = \lambda - \lambda_0 = \frac{h}{m_0 c}(1 - \cos\varphi) = \lambda_C(1 - \cos\varphi) \qquad (19.22a)$$

即

$$\Delta\lambda = 2\lambda_c \sin^2\frac{\varphi}{2} \qquad (19.22b)$$

上面的公式称为**康普顿公式**. 其中,λ_C 具有长度的量纲,称为**康普顿波长**. 由电子的质量与两个基本常数 h 和 c,算出

$$\lambda_C = 2.43 \times 10^{-3}\,\mathrm{nm}$$

它与短波 X 射线的波长有同样的量级.

式(19.22)表明,$\Delta\lambda$ 与散射物质和入射光波长 λ_0 都无关,它随 φ 的增大而增大. 这一理论结果与实验完全符合. 以上的讨论中假定电子是完全自由的,实际情况也不尽然. 特别是重原子中内层电子被束缚得较紧,与光子碰撞时,相当于整个原子与光子发生了碰撞. 由于原子的质量远大于光子的质量,因而在弹性碰撞中光子的能量与动量的大小都不变,只改变动量的方向. 这正是在散射光中总存在原波长 λ_0 这条谱线的缘故. 在图 19.12 所示的装置中,放置不同的散射物质,由 Li、C 等原子量较轻的物质逐渐换成 Fe、Cu 等较重的物质,实验发现:散射光中的原波长成分变强,康普顿波长成分的强度却随原子序数增大而减少. 此实验结果与我们的讨论在物理图像上是完全一致的.

在光与物质发生相互作用而散射时,那种波长不变的散射称为**瑞利散射**,这种

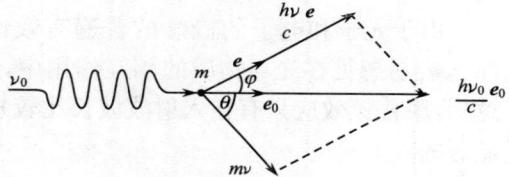

散射用本章的光量子理论能够解释,用经典的电磁理论也能解释.正是康普顿效应进一步揭示了经典物理学所遇到的困难,表明在光与物质的相互作用的有关现象中,必须引入全新的基本原理和全新的物理学.应该注意到,康普顿效应不但证实了光具有粒子性,而且确凿地证明在单个的微观事件的全过程中,如光子与电子的相互作用中,动量守恒定律与能量守恒定律也是严格成立的.在 20 世纪的前半叶,在单个的微观事件中,动量守恒与能量守恒是否成立这一问题,曾几次被认真地提出来.即使是成就卓著的物理学家,也曾对这两个守恒定律是否可以推广到微观世界表示深深的疑虑.但是,相信这两个基本守恒定律应该普遍成立的人,如爱因斯坦、康普顿和泡利等[1],却在观念和现象的观测上都引导了那一个时代的进步.

由于光子和电子的概念的普遍有效性,以及能量动量守恒定律的普遍有效性[2],容易想见在光与物质的相互作用中,康普顿效应是普遍存在的.但是应该注意到,康普顿效应只有在入射波波长比较短、与康普顿波长有相同的量级时,才是显著的.

例 19.1　康普顿散射实验,入射光为 $\lambda_0 = 0.0712\text{nm}$ 的 X 射线,散射物为石墨,问:

(1) 入射光子的能量有多大?

(2) 在与入射方向成 180° 的方向上观察时,与散射光相应的波长以及光子的能量有多大?

(3) 此时电子的反冲能量有多大?

解　(1) 入射光光子的能量为

$$E_0 = \frac{hc}{\lambda_0} = \frac{6.63 \times 10^{-34} \times 3 \times 10^8}{7.12 \times 10^{-11}} = 2.79 \times 10^{-15}(\text{J}) = 1.75 \times 10^4(\text{eV})$$

(2) 由康普顿公式

$$\Delta\lambda = \frac{2h}{m_0 c}\sin^2\frac{\varphi}{2} = \frac{2 \times 6.63 \times 10^{-34}}{9.1 \times 10^{-31} \times 3 \times 10^8} = 4.86 \times 10^{-3}(\text{nm})$$

散射光的波长为

$$\lambda = \lambda_0 + \Delta\lambda = 0.0761\text{nm}$$

散射光子的能量为

---

① 爱因斯坦利用能量守恒建立了光电效应方程,康普顿效应用到了能量动量守恒定律,而泡利坚持能量守恒发现了中微子.

② 康普顿效应回答了这样一个问题,即光与物质的相互作用中能量动量守恒定律不但统计上成立,而且在单个光子与电子的相互作用的**全过程**中也成立.已经知道,康普顿散射可以看成是电子先吸收光子又放出、或者是先放出光子又吸收的两个分过程.在这两个分过程中的任何一个,能量可以不守恒.其实,一个微观的相互作用过程存在的时间越短,其偏离能量守恒的程度可以越大(见不确定度关系).

$$E = \frac{hc}{\lambda} = \frac{6.63 \times 10^{-34} \times 3 \times 10^{8}}{7.61 \times 10^{-11}} = 2.61 \times 10^{-15}(\text{J}) = 1.63 \times 10^{4}(\text{eV})$$

（3）电子的反冲能量为

$$E_e = E_0 - E = 1.2 \times 10^3 \text{eV}$$

19.3 微观粒子的波动性

由现代物理学，所有已经发现的 60 种微观粒子都具有"波动性"和"粒子性"．这里所说的波动性和粒子性在一定程度上借用了经典物理学的语言．在经典物理学的基本物理图像中，有两类物理体系：一类是实物粒子；另一类是相互作用场（波）．相互作用场的最重要的变化形式和产生影响的途径就是波动．可以说，在经典物理学中，传播能量或其他影响的方式几乎可以完全归结为实物粒子在空间的运动，以及某种场（如机械波和电磁波）在空间中的传播．

一、经典粒子与经典波

对于经典粒子，可以用坐标和动量来描述它们的运动状态，其运动遵从经典力学规律（从中可以解出粒子运动的轨道）；粒子的能量、动量完全集中在粒子所占据的空间小区域内，即能量动量的空间分布是不连续的；与其他物理体系的相互作用只发生在粒子所在的那个空间区域内，一个粒子所在的空间中不能容纳其他粒子，表现出一种空间的独占性或排他性．因此，**"定域"（集中）性与排他性是粒子性运动的特征**．

对于经典波动，可以用振幅、相位、波长或频率、能量及动量密度等场量来描述其运动状态，其运动遵从经典波动方程（从中可以解出描述波的场量的分布）；波的能量、动量分布于波所传播的整个空间而不是集中在某一区域内，而且这种分布一般是连续的；波与其他物理体系的相互作用可发生在波所传播的整个空间中，一个波场所在的空间中可以同时存在其他波场，满足独立传播与叠加原理，表现出一种空间的共存或相容性．因此，**"非定域"（广延）性与可叠加性是波动性的特征**．

显然，在经典物理学中，粒子与波描述两种现象、两个层次上的不同运动形态，可以说具有粒子性的运动物质不具有波动性，具有波动性运动物质不具有粒子性．例如，干涉和衍射就是波所特有的现象，是区分波与粒子的根本标志．此外，在经典物理学中，不管是粒子还是波，其能量、动量（或能量、动量密度）都可以随时间连续变化，也不存在交换能量、动量方面的限制．而且，描述粒子或波的物理量在同一时空点都可以同时测定，没有物理概念的定义或物理量测量方面的限制性条件．

二、微观粒子与德布罗意波

在量子物理学的基本物理图像中,同一微观客体可以表现出"粒子性",也可以表现出"波动性". 但是,这种粒子性与波动性同经典粒子、经典波有着本质的区别. 微观粒子的粒子性仍具有定域性特点,如现有实验证明夸克与轻子的半径都小于 10^{-20} m,而核子的半径约为 10^{-15} m;但轨道的概念对微观粒子却完全失效,而且,某一坐标与其相应的动量等所谓"共轭物理量"不可能同时具有精确值,要受不确定度关系的限制. 微观粒子的波动性仍具有非定域性,具有干涉和衍射的特征;但物理量空间分布的连续性却常常受到限制,如辐射场的能量子、光子的动量等等. 总之,人们在宏观世界里生活所建立起来的经验和概念体系,推广到微观世界时要受到极大的限制. 微观粒子不同于经典粒子,也不同于经典波. 因此,费恩曼曾说过"波粒二不象性"比"波粒二象性"更为准确.

光子既然具有某种粒子性,那么实物粒子是否在某些情况下也会显示某种波动性呢? 历史表明,提出这个问题比回答它更不容易! 对于光子,先发现它的波动性再发现它的粒子性,是由科学实践过程的特性决定的. 人们观察光的波动性的实验,在通常条件下容易实现,而观察光的粒子性的实验,想到已是不容易的,做起来就更难些. 电子有质量,在早期的电子实验中,包括汤姆孙测量电子荷质比的实验、密立根测量电荷的油滴实验,电子可看做自由粒子,其动力学性质与经典力学是完全一致的,人们容易想到它是粒子. 然而,对于束缚电子,如原子、分子中的电子,或晶体中限制在一定空间里的电子,描述其状态必须引入全新的方法;至于束缚电子的能量只能取某些不连续的确定值,经典物理学则完全不能解释. 在发现光子的粒子性之后,由于观念上已经形成的思维定式,直到康普顿效应发现时也没有人去思考电子的波动性.

图 19.15　德布罗意
(Louis Victorduede Boglie
1892~1987)

实物是否具有波动性,一个粒子是否具有某种波动性? 这个问题直到 1923 年才由德布罗意提出. 他在回忆录中写道:看来光的本性具有奇怪的两重性. 如果说,在整整几个世纪的长时间里,在谈论光的理论时,人们过分地倾向于用波的概念而忽视"微粒"的概念,那么在谈论物质的理论时,人们是否又犯了与此相反的错误呢? 物理学家是否有权力只考虑微粒的概念而忽视波的概念呢? 他认为:"任何物体都有波伴随,而且不可能将物体的运动与波的传播分开."1924 年,德布罗意完成了他的题为"量子理论的研究"的博士论文,首次提出实物粒子的波的概念. 他借用描述光子的有关公式,认为一个粒子的能量 E 和动量 p 也可以描述一个与这粒

子相联系的波,并与这波的频率和波长有下述关系

$$E = h\nu \tag{19.23}$$

$$p = \frac{h}{\lambda} \tag{19.24}$$

用于实物粒子的这些公式称为**德布罗意公式**,这种与粒子相联系的波称为得布罗意波,式(19.24)中的波长称为**德布罗意波长**.

爱因斯坦在知道了德布罗意假设之后,曾给予有力的支持. 他评论道:"我相信这一假设的意义远远超出了单纯的类比."不久,德布罗意假设就得到了实验证实,并推动了量子力学的建立.

例 19.2 (1) 质量为 100g 的子弹,以 100m·s^{-1} 的速度运动,按德布罗意公式计算其波长;

(2) 一个电子经 1000V 电压加速后,求它的德布罗意波长;

(3) 若加速电压 $U_1 = 100$V、$U_2 = 10000$V,则德布罗意波长 λ_1 和 λ_2 又是多少?

解 (1) 应用非相对论公式

$$\lambda = \frac{h}{mv} = \frac{6.63 \times 10^{-34}}{0.1 \times 100} = 6.63 \times 10^{-35} (\text{m})$$

可见,对于宏观物体来说普朗克常量极其微小,其德布罗意"波长"在实验中难以测量.

(2) 容易验证,此时电子的速度仍远远小于光速,应用非相对论公式

$$\lambda = \frac{h}{\sqrt{2mE_k}} = \frac{6.63 \times 10^{-34}}{\sqrt{2 \times 9.11 \times 10^{-31} \times 1000 \times 1.60 \times 10^{-19}}} = 0.0388(\text{nm})$$

(3) 代入数据可得 $\lambda_1 = 0.123$nm 和 $\lambda_2 = 0.0123$nm[①]. 可见,一般实验中电子波的波长是很短的,比可见光的波长要小几个数量级,和 X 射线的波长范围相当. 这正是观察电子衍射时要用晶体的缘故.

例 19.3 讨论物质波的相速度 u 与相应粒子运动速度 v 之间的关系.

解 波的相速度 $u = \nu\lambda$,由德布罗意公式可得

$$\lambda = \frac{h}{mv}, \quad \nu = \frac{mc^2}{h}$$

所以

$$u = \nu\lambda = \frac{c^2}{v}$$

可见物质波的相速度不等于相应粒子的运动速度[②].

---

① 此时电子速度约为 $0.2c$,由相对论算出的结果是 $\lambda_2 = 0.0127$nm.

② 德布罗意曾证明,粒子的运动速度就是相应物质波的群速度,粒子的能量和质量都是以群速度传播的. 因此,相速度大于光速并不与相对论矛盾.

三、德布罗意波的验证

1927 年，戴维孙和革末做了电子束在晶体表面上散射的实验，观察到了与 X 射线衍射类似的电子衍射图像，从而证实了电子的波动性.

由关于波动的理论，为要通过干涉、衍射来观察波长，则仪器的有关线度应与波长比较接近. 根据德布罗意公式，应选择质量最小的实物粒子即电子做实验. 前例已经给出，能量为 1000eV 的电子，其德布罗意波长为 $\lambda = 0.39 \times 10^{-10}$m，这与原子半径以及晶格常数有相同的数量级. 这正是他们两人完成这一著名实验时的基本思想. 实验的示意图见图 19.16(a). 实验中发现，当入射电子的能量为 54eV 时，在 $\varphi = 65°$的方向上散射的电子束强度最大. 由波在晶体上衍射的布拉格方程，一级衍射极大的方向应满足条件

$$2d\sin\varphi = \lambda$$

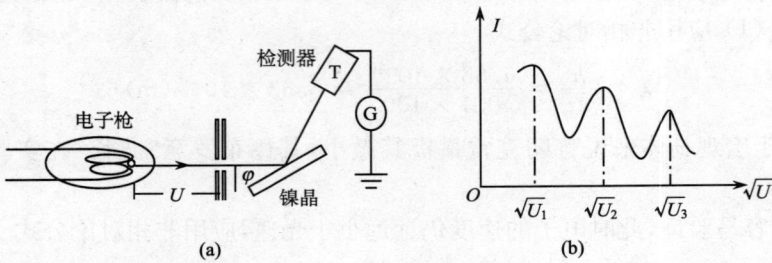

图 19.16　戴维孙-革末实验

已知镍的晶面间距为 $d = 0.91 \times 10^{-10}$m，代入上式得到这电子波的波长为

$$\lambda = 2d\sin\varphi = 2 \times 0.91 \times 10^{-10} \times \sin65° = 1.65 \times 10^{-10}(\text{m})$$

由德布罗意假设，这一电子波的理论值为

$$\lambda = \frac{h}{\sqrt{2mE_k}} = \frac{6.63 \times 10^{-34}}{\sqrt{2 \times 9.1 \times 10^{-31} \times 54 \times 1.6 \times 10^{-19}}} = 1.67 \times 10^{-10}(\text{m})$$

理论值与实验结果符合得很好. 图 19.16(b) 表明，d 和 φ 相同时，不同加速电压 U 对应电子束强度的不同极大值.（可有 U_2 为 216V，U_3 为 486V.）

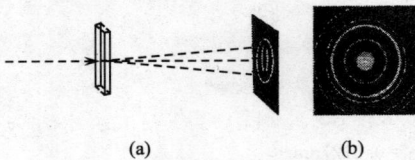

图 19.17　电子衍射图样

同年，汤姆孙（G. P. Thomson）利用能量更高的电子束来做散射实验，通过一片多晶金属箔，在金属箔后用照相底片接受电子，得到由同心圆构成的衍射图样，如图 19.17（这是后来拍摄的）. X 射线通过多晶薄膜后产生的衍射图样与电子的衍射图样

十分类似.

实验表明,中子和质子也具有波动性. 中子质子的质量比电子大 3 个数量级,所以其能量比电子衍射实验中的能量小 3 个数量级时才有相同的波长. 实验是用慢中子和慢质子做的. 例如,慢化后的热中子的能量为 0.025eV,其波长为 0.18nm,这与 X 射线相近. 大多数物质的对中子的折射率与对 X 射线的折射率也相近,所以得到了完全类似的衍射图像.

1929 年,实验证明氦原子与氢分子也有波动性. 现代物理学的研究表明,电子是一种最为简单的粒子(其他还有 5"味"轻子和 6"味"夸克),而原子、分子却是由简单粒子组成的. 一直到 20 世纪 90 年代,仍有关于实物的波动性的实验发现,这一切都无一例外地证明了实物整体上就具有波动性,不管它是轻子、夸克、强子,还是原子、分子甚至更大的粒子.

微观粒子的波动性已有很多的重要应用. 电子显微镜利用了电子的波动性,20世纪 80 年代发明的扫描隧道显微镜也利用了电子的波动性. 利用低能电子的穿透深度较小,可用来分析固体表面的性质. 而中子易被氢原子散射,所以中子就常被用来分析含氢的晶体.

19.4 概率波与概率幅

一、单个粒子的波动性

现代物理学的研究表明,不管是规范场粒子还是实物粒子,即使是单个粒子也具有波动性. 光子是最重要的一种规范场粒子,电子是最重要的一种实物粒子.

首先,讨论光子的粒子性与波动性. 前述讨论的黑体辐射、光电效应和康普顿效应等实验,都涉及大量光子. 即这些实验或者与大量光子组成的热平衡辐射场有关,或者是由一束光来做实验的. 当然,在讨论光电效应与康普顿散射时,已经假定单个光子与单个电子相互作用而产生相应的实验现象. 人们自然要问,如果实验只涉及极弱的光束,以至于只能有一个光子与实验仪器相作用,那么光子是否可以被进一步分割,是否仍有波动性? 研究结论是:可以合理地建立单光子概念,它在发射与吸收时,不能进一步被分割;这确立了光子的粒子性. 但是即使单个光子也具有波动性,不能把波动性理解成大量光子因彼此的相互作用而引起的一种运动形态.

这方面的实验有:1909 年,泰勒(G. I. Taylor)先用一束较强的光照射缝衣针,拍下光束通过针孔后的衍射图像,再把光源减弱,以至于每次只有单个光子通过针孔,延长曝光时间达 2000 多小时,即 3 个多月的时间,结果得到了与强光源相同的衍射图.

1960 年激光的发明使得人们要问,用这种相干性极好的新光源,光的本性是否会有新的显露呢? 回答是肯定的. 1963 年门德尔(Mandel)和 1971 年拉德罗夫

(Radloff)用两支独立的激光束作光源实现了它们之间的干涉.而且,即使这两支激光束减弱到这样一种程度,当接收器探测到光束 1 中的一个光子时,光束 2 中不会有光子到达,也会有干涉现象.如果停掉其中一个激光器,干涉现象就消失了.所有这些实验表明,单个光子具有波动性,但要观察到经典的波动图像,却必须累积大量光子.也就是说,或者一次通过大量光子,或者一次通过少量光子,但需延长测量时间.

其次,电子的粒子性与波动性与光子完全类似.即电子在发射与吸收时,的确具有不可分性.电子的质量、能量和动量、电量,都是和整个电子相联系的,它们要么被完整地探测到,要么完全不与探测器相作用.大量实验有力地证实了电子的粒子性.

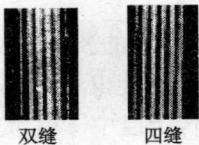

图 19.18　电子狭缝衍射图像

证实电子的波动性的最典型的实验就是电子的狭缝干涉衍射实验.在光学实验中已经知道,狭缝实验的结果只与下述因素有关:光源的波长、狭缝的大小以及光源、狭缝、观察屏之间的距离.由于得到很小的狭缝十分不容易,直到 1961 年约恩孙(C. Jönsson)才第一次实现电子的狭缝衍射实验.他在薄金属片上制备 5 条狭缝,缝长 $50\mu m$,宽 $0.3\mu m$,缝间隔 $1\mu m$.用 50kV 加速电子,其德布罗意波长为 0.005nm.调节电子束流的线度,使其分别通过薄片上的单缝、双缝……观察屏距狭缝 35cm,得到相应的衍射图样与光的相似,见图 19.18.

1976 年,有人在电子显微镜系统中直接加入一个电子双棱镜,并直接用像增强器观看放大的干涉图像,结果如图 19.19 所示.随着电子流的密度逐渐增强,开始只能看到随机分布的几个亮点,然后隐约可以见到干涉条纹,最后可以看到明显的、有规律的干涉条纹.显然,电子的波动不是经典的波动,而是一种概率波.

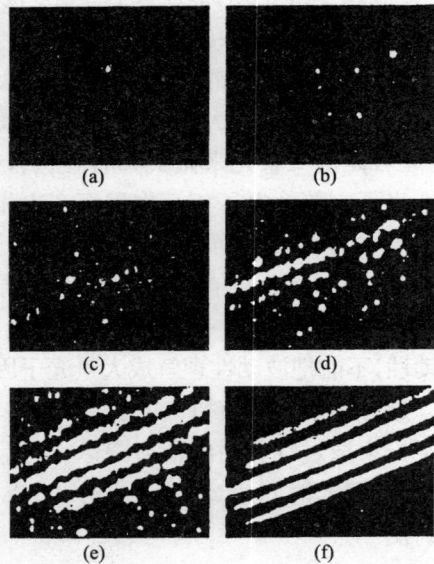

(a)　　　　　(b)
(c)　　　　　(d)
(e)　　　　　(f)

图 19.19　电子的干涉图像

二、波函数与概率幅

我国经典著作《老子》开宗明义的两句话是:"道,可道.非常道.名,可名.非常名."物理学家汤川秀树对这两句话有一种新的解释:"自然的规律和秩序是可以讲述清楚的,但它们不是通常意义的规律和秩序. 科学的术语和概念是可以给予称呼的, 但它们不是通常意义的术语和概念. "也就是说, 微观世界的规律是可以讲清楚的, 但那不是通常的宏观世界的规律. 量子物理的概念是可以弄明白的, 但那不是人们习用的经典物理的概念. 在量子物理中, 波函数是最具代表性的新概念. 那么, 什么是波函数呢?

首先, 波函数可定义为一个复函数 $\psi(x, y, z, t)$, 即在给定的时间、空间范围内, 一组给定的时空坐标 (x, y, z, t) 总对应一个复数值. 而这一复函数 ψ 模的平方, 代表 ψ 所描写的粒子在 t 时刻出现于点 (x, y, z) 的概率密度.

其次, 波函数满足叠加原理, 即

$$\psi = \psi_1 + \psi_2$$

成立, 也就是描述粒子的两个波函数求和之后, 仍旧是描述该粒子的波函数. 波函数的这一概率解释, 是由玻恩于 1926 年提出的.

这初看起来很平凡的叠加原理, 却使得人们能够用波函数来描述微观世界的奇妙现象. 波函数是描述微观世界统计性规律的关键. 这里举例说明计算概率的方法, 对宏观与微观世界是多么的不同.

假设某人要预计本年度 5 月由大连去泰山旅游 (图 19.21) 的人数, 他可以根据以往若干年的资料得到有关的统计概率. 设想他关心以下两种概率: 一是离开大连先到烟台再赴泰山; 二是离开大连先到济南再转至泰山. 为计算包括这两种情况大连人赴泰山旅游的概率, 他可以使用式 (19.25) 计算:

$$P_{大—泰} = P_{大—烟} P_{烟—泰} + P_{大—济} P_{济—泰} \tag{19.25}$$

图 19.20 玻恩
(Max Born 1882~1970)

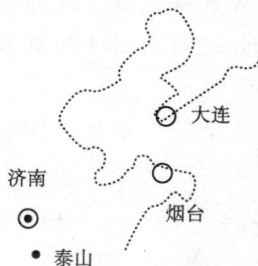

其中, $P_{大—烟}$ 与 $P_{大—济}$ 分别是大连人由大连到烟台和由大连到济南的概率, $P_{烟—泰}$ 是已到烟台的大连人转赴泰山的概率, $P_{济—泰}$ 是已到济南的大连人转赴泰山的概率, 而 $P_{大—泰}$ 则是大连人经由烟台和济南赴泰山旅游的总概率. 可见, 大连人经由两条路线赴泰山旅游的总概率, 只是相应的两种概率的简单求和.

下面, 考虑电子的双缝衍射实验. 如图 19.22 所示, 由左边源 A 发射的单能量电子束, 穿过开了两条平行狭缝 1 和 2 的挡板, 最后落到右边的荧光屏上. 假

图 19.21 泰山旅游示意图

若将电子束的强度调低到足以分开每一个事件, 发现电子是逐个到达屏 B 上的, 每个事件只观察到荧光屏上出现一个小的亮斑. 而大量事件将呈现出统计性规律, 其结果是一种衍射图像.

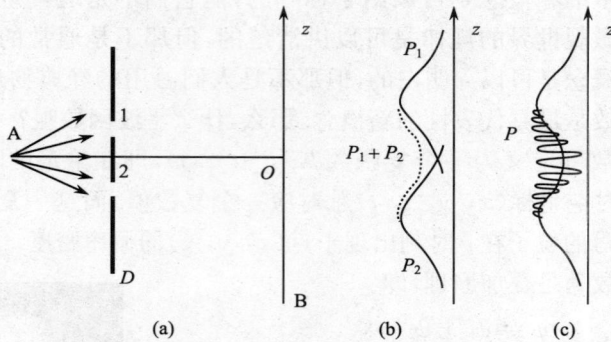

图 19.22　电子双缝衍射示意图

　　首先,当封闭缝 2,只开放缝 1,每一事件的亮斑位置是不确定的,而大量事件的衍射图如图 19.22(b)中的 P_1 所示. 如果只开缝 2,关闭缝 1,则可得如 P_2 所示的衍射图. 其次,当我们同时打开两缝时,发现单个事件亮斑的位置更不确定,散布的范围更广. 而大量事件的积累,显示出图 19.22(c)用曲线 P 表示的分布. 曲线 P 沿着坐标 z 表现出强烈的起伏,这就是双缝衍射条纹.

　　微观现象最令人感到意外的是,两条狭缝都打开时,电子到达的概率 $P(z)$ 并不等于单开一个缝时的概率曲线 $P_1(z)$ 和 $P_2(z)$ 的和. 即不满足通常的概率叠加规则. 深入地研究表明,要得到电子的双缝衍射计算概率的正确方法,需要引入概率幅的概念. 设

$$P_1 = |\psi_{AB}^{(1)}|^2, \quad P_2 = |\psi_{AB}^{(2)}|^2$$

其中,P_1 和 P_2 分别是单缝实验中电子从 A 穿过缝 1 或缝 2 到屏 B 的两种概率曲线,新引进的复数 $\psi_{AB}^{(1)}$ 和 $\psi_{AB}^{(2)}$ 因与概率有关,分别称为电子从 A 穿过缝 1 或缝 2 到屏 B 的概率幅. 而在双缝衍射实验中,两条路径都是可能的. 这时由出现的概率曲线 $P(z)$,也可以定义 $P(z)$ 的概率幅

$$P(z) = |\psi_{AB}|^2 \tag{19.26}$$

其中量子物理的叠加原理表现为

$$\psi_{AB} = \psi_{AB}^{(1)} + \psi_{AB}^{(2)} = \psi_1(z) + \psi_2(z) \tag{19.27}$$

将式(19.27)代入式(19.26),得到

$$P = P_1 + P_2 + 2\mathrm{Re}[\psi_{AB}^{(1)*} \psi_{AB}^{(2)}] \tag{19.28a}$$

　　式(19.28a)的最后一项表明,电子双缝衍射概率分布的结果,比普通统计学增加了一项干涉项,它造成了图 19.22(c)中总概率 $P(z)$ 的强烈起伏.

　　为了明显看出干涉项的效果,把式(19.28a)中由复数表达的概率幅,都写成模乘以相位因子的形式

$$\psi_1(z) = \sqrt{P_1(z)}\exp[i\theta_1(z)], \quad \psi_2(z) = \sqrt{P_2(z)}\exp[i\theta_2(z)]$$

$$P(z) = P_1(z) + P_2(z) + 2\sqrt{P_1(z)P_2(z)}\cos[\theta_2(z) - \theta_1(z)] \quad (19.28b)$$

在式(19.28b)的最后一项里,概率幅相位差所导致的周期性变化机制表现了出来.

由上面的讨论可以看到,对于微观现象概率的定义并没有变,需要改变的仅仅是计算概率的方法.由于 ψ_{AB} 就是从 A 发出的电子在屏上 B 点出现的电子的波函数,因此可以说概率幅是波函数的同义语.量子物理的发展表明,概率幅的含义更深刻,这里不再深入讨论.总之,概率幅或波函数的引入,在描述微观现象的规律时是至关重要的.

以上的例子中,两条路线中的游客与两条路径中的电子有什么异同呢? 它们的相同之处是它们的"粒子性":泰山公园的门岗是按人计数的,观察屏上的电子是一粒一粒出现的.它们的不同之处在于:旅游是宏观现象,一条路线上的游客对另一条路线上的游客不产生影响,两条路线上的游客是独立事件,因此满足经典的概率计算规则.由于双缝的间距与电子的德布罗意波长有相近的数量级,所以电子的概率幅可"同时"穿过双缝,是典型的微观现象.两条路径上电子的概率波互相影响,不是独立事件,不满足经典的概率计算规则,而必须用量子规则式(19.28)计算概率.

那么,宏观与微观现象的重大区别是否有更深刻的根源呢? 一种观点认为,这种根源在于物理真空的性质.现在已经知道,真空只是各种量子场的基态,而并不是空空如也、一无所有.例如,正负电子对总是在真空中不断地产生并很快湮没.有理由把真空看做极为复杂的物理介质,它对电子的双缝衍射有不可忽略的影响.而真空对游客的影响却可以忽略.真空中从没有物质与反物质"游客对"自发地产生!宏观的游客与微观的电子,表现出极为不同的物理现象和属性,计算概率的法则相去甚远,完全不必奇怪;至少,人们不能因为日常生活中主要涉及宏观世界的物理现象,就拒绝接受研究微观世界才发现的新物理规则.

三、不确定关系

由前面的讨论,微观粒子具有所谓"波粒二象性"这样一种本性.凡有粒子性的对象或客体,都可以谈论它的位置和动量.由散射实验等实验中获得的数据,可以确认电子、中微子等轻子的大小不会超过 10^{-20} m;夸克的线度大约也在这个数量级.对这样小的客体引入位置的概念对其进行描述,应当是十分合理的;对于运动着的局域性的物质系统,也可以讨论它的动量.但是,由于微观粒子与牛顿所假定的经典粒子有着根本的不同,对微观粒子轨道描述不再适用,而必须用概率波进行描述.由于这种波动性,只能给出粒子在各处出现的概率,即粒子在任意时刻不具有确定的位置. 同样由于这种波动性,在任意时刻粒子的动量也不具有确定的值,而只有取某一动量的概率. 但是,位置与动量的不确定性满足简单的关系. 例如,在 x 方向上粒子位置的不确定量 Δx,和在该方向上的动量的不确定量 Δp_x 满足

$$\Delta x \Delta p_x \geqslant \frac{\hbar}{2} \tag{19.29}$$

类似地,在 y 和 z 方向上有

$$\Delta y \Delta p_y \geqslant \frac{\hbar}{2} \tag{19.30}$$

$$\Delta z \Delta p_z \geqslant \frac{\hbar}{2} \tag{19.31}$$

式(19.29),式(19.30)和式(19.31)就是位置与同方向上动量的不确定关系,也称为海森伯不确定(度)关系. 它表明,在表达或测量粒子的位置与动量的时候,存在着限制性的约束:当粒子位置坐标不确定量越小,则同方向上的动量不确定量越大;同样,粒子在某一方向上的动量不确定量越小,该方向上的位置不确定量也越大. 为了进一步理解不确定关系,下面就一维问题给出简略的说明.

由高等数学可知,任一周期函数都可以展开为傅里叶级数[①],而非周期函数 $\psi(x)$ 可以作傅里叶变换

图 19.23   海森伯
(Wearnear Karl Heisenberg
1901~1976)

$$\psi(x) = \frac{1}{\sqrt{2\pi}} \int_{-\infty}^{\infty} C(k) e^{ikx} dk \tag{19.32}$$

其中,傅里叶变换系数可表达为

$$C(k) = \frac{1}{\sqrt{2\pi}} \int_{-\infty}^{\infty} \psi(x) e^{-ikx} dx \tag{19.33}$$

由德布罗意关系

$$p = \frac{h}{\lambda} = \hbar k$$

可变为

$$\psi(x) = \frac{1}{\sqrt{2\pi \hbar}} \int_{-\infty}^{\infty} C(p) e^{ipx/\hbar} dp \tag{19.34}$$

$$C(p) = \frac{1}{\sqrt{2\pi \hbar}} \int_{-\infty}^{\infty} \psi(x) e^{-ipx/\hbar} dx \tag{19.35}$$

① 同济大学数学教研室. 1996. 高等数学. 北京:高等教育出版社,314.

式(19.34)可理解为函数 $\psi(x)$ 是由一系列简谐波 $e^{ipx/\hbar}$ 叠加而成的；而式(19.35)说明，给定函数 $\psi(x)$，叠加系数 $C(p)$ 就唯一确定. 其实，由于 $\psi(x)$ 和 $C(p)$ 一一对应，其数学表达式(19.34)与式(19.35)完全对称，量子物理学中不再区分谁是波函数，谁是叠加系数，而是把 $\psi(x)$ 和 $C(p)$ 分别称作坐标"表象"和动量"表象"中的波函数. 关于量子力学中的表象理论，这里不展开讨论.

在经典波动图像中也可以对式(19.34)作出说明. 为了得到空间范围比较小的波包，就必须用很多波长不同的简谐波去进行叠加. 也就是说，Δx 越小，$\Delta\lambda$ 就越大. 反之，只有对一简谐波，λ 才唯一确定($\Delta\lambda\to 0$)，而简谐波却必须在空间中无始无终($\Delta x\to\infty$). 在上面的讨论中，把 $\Delta\lambda$ 换成 Δp_x 也成立. 因为德波罗意关系 $\lambda = h/p$，它意味着 $\Delta\lambda = h\Delta p_x/p_x^2$. 这里的讨论表明

$$\Delta p_x \propto \frac{1}{\Delta x}$$

为了讨论方便，可以取 $\psi(x)$ 为

$$\psi(x) = Ae^{-ax^2/2}e^{ipx/\hbar} \tag{19.36}$$

取 $\psi(x)$ 的实部 $\mathrm{Re}\psi(x)$ 有

$$\mathrm{Re}\psi(x) = Ae^{-ax^2/2}\cos\frac{px}{\hbar} \tag{19.37}$$

形如 Ae^{-ax^2} 的函数定义为高斯函数. 式(19.37)相当于一个余弦波受到高斯型函数 $e^{-ax^2/2}$ 的调制，如图 19.24 所示，这样的波包叫做高斯波包. 式中 A 是一常数，为了方便可取为 $A=(\pi/a)^{-1/4}$，它可使 $|\psi(x)|^2$ 在整个 x 轴上的积分等于 1，因而叫做归一化因子(见习题 19.14). 可以得到(见习题 19.15)

$$\Delta x = \sqrt{\overline{x^2}} = \sqrt{\frac{1}{2a}} \tag{19.38}$$

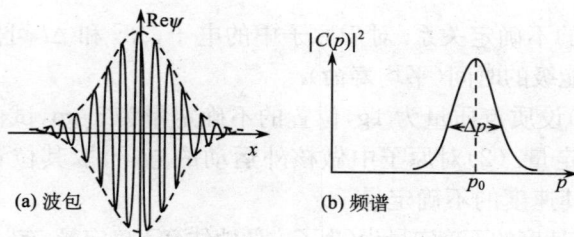

图 19.24 高斯波包及其傅里叶谱

及(见第 20 章)

$$\Delta p = \sqrt{\overline{(p-p_0)^2}} = \hbar\sqrt{\frac{a}{2}} \tag{19.39}$$

可得

$$\Delta x \Delta p \geqslant \frac{\hbar}{2} \tag{19.40}$$

由以上讨论可知,不确定关系的实质是粒子的波粒二象性. 对式(19.30)和式(19.31),可以用完全相同的方式进行讨论. 在量子力学中,对不确定关系有严格的证明.

回想在光学中讨论衍射问题时,曾得到结论:狭缝越窄,衍射现象越明显. 例如,对一级暗条纹有 $x = \lambda D/a$. 当 a 越小时,则 x 越大. 这时,a 变小,相当于入射光子在 x 坐标方向上的不确定度 Δx 变小;而 x 变大,则相当于入射光子 x 方向上的动量分量有了更大的不确定度 Δp_x. 可见,单缝衍射现象与不确定关系是一致的. 在本篇第 20 章中可以看到,不确定关系与一维定态问题密切相关.

除了坐标和动量的不确定关系外,还常常用到能量与时间的不确定关系. 下面由相对论的能量动量关系导出这一重要的关系式. 由粒子的能量动量关系

$$p^2 c^2 = E^2 - {m_0}^2 c^4$$

可有粒子动量的不确定量为

$$\Delta p = \Delta \left(\frac{1}{c} \sqrt{E^2 - {m_0}^2 c^4} \right) = \frac{E}{c^2 p} \Delta E$$

考虑在 Δt 时间内,粒子的位移为 $v \Delta t = p \Delta t / m$,这就是粒子坐标的不确定量 Δx. 因而得到

$$\Delta x \Delta p = \frac{E}{mc^2} \Delta E \Delta t \geqslant \frac{\hbar}{2}$$

由于 $E = mc^2$,得

$$\Delta E \Delta t \geqslant \frac{\hbar}{2} \tag{19.41}$$

此即能量和时间的不确定关系. 对于原子中的电子,ΔE 和 Δt 可以理解为能级宽度和电子处于该能级的时间(平均寿命).

例 19.4　(1)设质点质量为 1g,位置的不确定量为 $1 \mu m$,试由不确定关系估算其速度的不确定量. (2)对原子中做核外运动的电子,取其位置的不确定量为 $\Delta x = 10^{-10} m$,求其速度的不确定量.

解　(1) 质点速度的不确定量为(为了方便地估算不确定量,有时取 $\hbar/2$ 为 h)

$$\Delta v_x \approx \frac{h}{m \Delta x} = \frac{6.63 \times 10^{-34}}{10^{-3} \times 10^{-6}} = 6.63 \times 10^{-25} (\text{m} \cdot \text{s}^{-1})$$

(2) 电子速度的不确定量为

$$\Delta v_x \approx \frac{h}{m \Delta x} = \frac{6.63 \times 10^{-34}}{9 \times 10^{-31} \times 10^{-10}} = 7 \times 10^6 (\text{m} \cdot \text{s}^{-1})$$

可见,不确定关系对一般的宏观物体不会有可以观测到的影响,而对微观粒子却是十分重要的. 上述结果表明,不能再认为原子中某处的电子同时具有确定的位置和速度,适用于宏观现象的轨道运动概念必须被放弃.

例 19.5 求线性谐振子的最小可能能量(即零点能).

解 线性谐振子在平衡位置附近运动,位置与动量的变化都受到限制,因而可以用坐标-动量不确定关系来计算可能的最小能量.

设沿 x 方向线性谐振子的能量为

$$E = \frac{1}{2}mv^2 + \frac{1}{2}kx^2 = \frac{p^2}{2m} + \frac{1}{2}m\omega^2 x^2$$

在平衡位置附近,粒子的坐标与动量的不确定度可分别取为

$$\Delta x \approx x, \ \Delta p \approx p$$

用这些不确定量表示能量,有

$$E = \frac{(\Delta p)^2}{2m} + \frac{1}{2}m\omega^2(\Delta x)^2$$

利用不确定关系并取等号,得

$$E = \frac{\hbar^2}{8m(\Delta x)^2} + \frac{1}{2}m\omega^2(\Delta x)^2 \tag{19.42}$$

为了找出能使能量 E 取最小值的坐标不确定量 Δx,取

$$\frac{\mathrm{d}E}{\mathrm{d}(\Delta x)} = -\frac{\hbar^2}{4m(\Delta x)^3} + m\omega^2(\Delta x) = 0$$

得

$$(\Delta x)^2 = \frac{\hbar}{2m\omega}$$

代入式(19.42),得

$$E_{\min} = \frac{1}{2}\hbar\omega = \frac{1}{2}h\nu$$

这就是所求的线性谐振子最小的可能能量(可参考 20.3 节,三、谐振子).

19.5 量子物理学的基本原理

有人把量子力学称作量子物理学的数学理论. 可以把量子力学看成量子物理学的一部分,它注重量子物理这门学科的基本假定、基本逻辑和数学结构;它比较注重演绎的科学方法. 注重从实验现象的分析中找出量子物理的规律,推进观念和概念的发展,多用归纳法的那类研究内容,则构成了量子物理学的另一部分. 作为量子物理的初学者,归纳法与演绎法都不应偏废. 下面侧重于量子物理的逻辑结

构,也作为本章的小结,将概括地给出量子物理学的基本原理. 随着讨论的深入,对这些原理会有进一步的了解.

一、基本概念

任何理论都要有初始的基本概念,在这个基础上,理论体系才能得以展开. 有时把这样的基本概念称作范畴. 量子力学的基本概念有三个,即粒子、动力学变量和量子态.

1. 粒子

量子力学研究由微观粒子组成的物理系统,这样的系统称为"量子系统". 粒子(particle),在经典力学中与"质点"可看做同义语. 不过粒子与质点还是有一定区别的;粒子比较强调对象的实体性,而质点则是一个理想模型. 经典物理中的粒子,一般用质量、电荷、能量、动量、角动量以及运动轨道等描写. 描述量子力学中的粒子(为了与经典物理学中的粒子相区别,常常叫"微观粒子"),仍然沿用经典物理学中建立起来的许多概念,如质量、电荷、能量、动量、角动量等. 但是经典物理学中一些概念不能照搬到量子力学中来,如粒子运动轨道的概念在量子力学中一般是不能使用的. 而且,量子力学中的粒子还获得了一些全新的属性,如德布罗意波长、概率幅(也称波函数),以及自旋、同位旋和宇称等. 微观粒子在有些条件下表现得像经典粒子,在有些条件下表现得像经典波,但微观粒子的一些基本属性,使得微观粒子既不能归结为经典粒子,也不能归结为经典波.

2. 动力学变量

动力学变量(dynamical variable)常常被译为"力学量". 粗略地说,它就是通常所说的"物理量". 但并不是所有经典物理中的物理量都是动力学变量. 例如,时间在经典物理学中是物理量,但在量子力学中却不是动力学变量,而只是一个参量(其具体意义见本节二、1. 中的讨论).

3. 量子态

量子态是量子力学中全新的概念,它在经典物理学中没有相应的对应物. 要确定一个量子系统的量子态,需要用到动力学变量的一个集合,常称为"力学量的完全集". 用力学量的一些特定值(即后面要说明的本征值,在线性代数中称为特征值),可以唯一地标定一个给定的量子态. 但是,怎样的一个力学量的集合才是完全集,并没有一个简明的原则以资判定,而是要靠经验和理论的积累才能确定. 力学量完全集也是一个随研究的深入而发展的概念,在研究的某一阶段认为是完全集的一组力学量,随着研究的发展,可能会被发现并不能完全标定量子系统的量子态,而要补充新的力学量到这个所谓的"完全集"中去(如微观粒子的自旋、夸克的色自由度等).

量子态是用概率幅(或称量子态函数、波函数)描述的,它是复数,其模方表达概率密度,因而概率幅的模是可以测量的.但量子态与概率幅之间不是一一对应的.如果 ψ 描述某一量子态,那么,$\psi' = e^{i\alpha}\psi$ 也描述同一量子态,式中的相位 α 是一任给的常数,它与坐标和时间无关,并且不能靠测量决定.然而,概率幅的相位差具有可测量的物理效应[见式(19.28b),或 AB 效应等].

以上所讨论的物理量(或动力学变量)和状态量的关系,可见表 19.2 物理量与状态参量的比较.

表 19.2　物理量与状态参量的比较

	力 学	热 学	量子力学
物理量举例	t, x, p, E	场强 B,功 A,熵 S	x, p, E
状态量举例	x, p	T, p, V; S; x_i, p_i	ψ
特　征	状态量也是物理量 都是可测量的量	状态量也是物理量 微观态 x_i, p_i 不可测	ψ 与 t 不是物理量 量子态不完全可测

二、基本原理

1. 每一动力学变量对应于一个线性算符

例如,坐标、动量和能量等都对应于相应的算符;时间不是动力学变量,等价地可以理解为它没有所对应的算符(operator 数学称为算子).量子力学的算符是定义在波函数上的,也就是说一个算符作用在波函数上,仍旧得到一个描述该量子系统的波函数.例如,对波函数乘以某一因子(称乘子算符),或对波函数进行微分、积分,这些对波函数的运算(或者说"操作")就是算符.有如下性质的算符(记做 $\hat{A}$)称为线性的

$$\hat{A}(c\psi) = c\hat{A}\psi, \quad \hat{A}(\psi_1 + \psi_2) = \hat{A}\psi_1 + \hat{A}\psi_2$$

其中,c 是某一复数,ψ, ψ_1, ψ_2 等都是波函数.显然,乘子算符、微分和积分都是线性算符.

量子力学中的算符常常用矩阵表示.

2. 线性算符的本征值(谱),就是相应动力学变量测量的可能值(谱)

也就是说,每次测量一个动力学变量所得到的结果,只能是相应算符的本征值之一.应该注意,这里的线性算符应进一步限定为厄米(也称自伴)算符[1].

---

[1]　厄米算符应满足 $\int (\hat{A}\psi)^* \psi dV = \int \psi^* \hat{A}\psi dV$.

3. 动力学变量 $\hat{A}$ 的测量值的平均值 $\overline{A}$,等于 $\hat{A}$ 在量子态 ψ 上的平均值

$$\overline{A} = \int \psi^* \hat{A} \psi \mathrm{d}V \tag{19.43}$$

式(19.43)常常记为下面的简写符号

$$\overline{A} = \langle \psi \mid \hat{A} \mid \psi \rangle = (\psi, \hat{A}\psi) \tag{19.44}$$

当算符 $\hat{A} = \hat{I}$,$\hat{I}$ 为恒等算符,则有

$$\langle \psi \mid \hat{I} \mid \psi \rangle = \langle \psi \mid \psi \rangle = (\psi, \psi) = 1$$

4. 波函数(概率幅)随时间的演化,遵从薛定谔方程

$$\mathrm{i}\hbar \frac{\partial}{\partial t}\psi = \hat{H}\psi \tag{19.45}$$

其中,$\hat{H}$ 是系统的哈密顿算符,有

$$\hat{H} = \frac{\hat{p}^2}{2m} + U \tag{19.46}$$

其中,$\hat{p}$ 是粒子的动量算符(可参见 20.1 节)

$$\hat{p} = -\mathrm{i}\hbar \nabla \tag{19.47}$$

在许多情况下,$\hat{H}$ 就是经典物理学中的哈密顿量(见力学篇中的相空间一节与 20.1 节)在量子物理学中的对应物.式(19.47)中的 ∇,其意义见 10.4 节.

三、关于量子物理学的几个问题

以上粗略地给出了量子力学的基本概念与原理,随着后面讨论的逐步深入,一定会加深对它们的理解.这里对初学者容易碰到的困惑再略加讨论.人们会说,我们知道什么是物理量,可是为什么要把熟悉的物理量换成陌生的算符呢? 这样一个性质奇特的概率幅,为什么是量子物理学的核心概念呢? 薛定谔是怎样想到他的方程的呢,这个方程在物理学中的地位如何?

1. 关于概率幅

迄今为止,了解到的概率幅的奇特属性,可以说都是起源于微观粒子的波粒二象性.由于微观粒子本身就是波,任意波可以看成是简谐波的叠加,而简谐波既可以用三角函数来描写,也可以用下式给出的复函数来描写

$$\psi(x, y, z, t) = \psi_0 \mathrm{e}^{\mathrm{i}(\boldsymbol{k} \cdot \boldsymbol{r} - \omega t)}$$

在经典波动理论中,复数的引进只是锦上添花(描述交流电、电磁波时,使用复数给计算带来了很大的方便),而量子物理学的发展表明,用复数描述量子态是不

可避免的,描述粒子的波函数的模方与概率密度联系起来.例如,由式(19.43),在 x 方向上做一维运动的微观粒子坐标的平均值为

$$\bar{x} = \int \psi^* x\psi \mathrm{d}V = \int x\psi^* \psi \mathrm{d}V$$

其中,$\psi^* \psi \mathrm{d}V$ 是在小体积 $\mathrm{d}V$ 中发现粒子的概率,这与通常求平均值的方法没什么区别,比如,计算一个班的平均成绩和这里的方法完全一样.然而,细心的读者会注意到,是波函数的模方,而不是波函数本身与概率密度相联系.

物理学的发展表明,经典物理学可以看做量子物理学在宏观条件下的一种极限;量子物理学的基本假定不能由经典物理学逻辑地推出,而只能在物理学家创造性的研究中、在理论预言与实验数据的比较中创造出来!量子物理学基本概念与原理的正确性,最终只能由科学实验来判决,即它的理论描述应当与已经发现的实验事实相一致,而且,它应当预言新的实验现象,并为严格的实验所证实.当然,一个科学理论内在的自洽性,也是它正确性的必要条件.

2. 关于概率幅和算符的关系

至于算符与力学量的联系,可以说波函数描述量子态与算符描述力学量是同一事物的两个侧面,如果一定要问它们之间哪一个更根本些,回答是波函数更为基本.有人做过一个很好的比喻:这二者的关系有点像蛋与鸡、舞台与演员的关系.从 DNA 的角度来说,蛋早于鸡;从广义的舞台来说,没有演员,舞台也存在,但若没有舞台,就不会有演员.从这个意义上讲,波函数就是量子物理学的舞台,而算符就是这舞台上的演员.

关于基本原理中的平均值假定,以及和薛定谔方程有关的内容,在下一章再详细讨论.

思 考 题

19.1 人体也向外发出热辐射,为什么在黑暗中还是看不见人呢?

19.2 为什么几乎没有黑色的花?

19.3 若一物体的温度值增加一倍,其总辐射出射度增加多少?

19.4 太阳表面发射的光可看作温度为 6000K 的黑体的电磁辐射,问红色脉冲星表面的温度是比太阳的高还是低?

19.5 根据相对论的能量-动量关系,及 $E=h\nu$,求关系式 $p=h/\lambda$.

19.6 光电效应和康普顿效应在对光子的粒子性的认识方面,有何不同的意义吗?

19.7 为什么对光电效应只考虑光子的能量的转化,而对康普顿效应则还要考虑光子动量的转化?

19.8 若一个电子和一个质子具有同样的动能,哪个粒子的德布罗意波长较大?

19.9 为什么用可见光不能观察到康普顿效应?

19.10　在氢原子的玻尔理论中,势能为负值,但其绝对值比动能大,它的意义是什么?

19.11　如果一粒子的速度增大了它的波长是增大还是减小呢? 请说明之.

19.12　如果普朗克常量增大 20 个数量级,对物理现象会有什么影响?

19.13　一个微观粒子是否能够处于绝对静止的状态,为什么?

习　　题

19.1　假定太阳表面可视为黑体,现测得太阳光谱的 $\lambda_m = 510nm$,求太阳表面的温度和单位面积上的辐射功率.

19.2　加热黑体,其最大单色辐射出射度所对应的波长由 $0.69\mu m$ 变化到 $0.50\mu m$. 总辐射出射度增加了几倍?

19.3　银的光电效应红限为 1.145×10^{15} Hz,求银的逸出功. 如果用 200nm 的光照射,其遏止电压是多少?

19.4　人眼对波长为 589.3nm 的黄光至少要给予视网膜以 1.71×10^{18} W 的功率才能察视,试问这种黄光每秒有多少个光子到达视网膜上?

19.5　银河系宇宙空间内星光的能量密度为 10^{-15} J · m^{-3},相应的光子数密度多大? 假定光子平均波长为 500nm.

19.6　康普顿散射中,入射光子波长为 0.003nm,测得反冲电子的速度为 $0.6c$,求散射光子的方向及波长.

19.7　光子与处于静止状态的自由电子碰撞,碰撞后电子获得的最大动能为 60keV,求入射光子的波长.

19.8　一束带电粒子经 200V 的电势差加速后,测得其德布罗意波长为 0.002nm,已知这种粒子的电荷与电子电荷相等,求这粒子的质量.

19.9　反应堆中的热中子动能约为 6.12×10^{12} eV,计算这种热中子的德布罗意波长.

19.10　电视机显像管中电子的加速电压为 9kV,电子枪枪口直径取 0.50mm,枪口离荧光屏的距离为 0.30m. 求荧光屏上一个电子亮斑形成的直径. 这样大小的亮斑影响电视的清晰度吗?

19.11　铀核的线度为 7.2×10^{-15} m,求其中一个质子的动量和速度的不确定量.

19.12　由普朗克公式推证斯特藩-玻尔兹曼定律. $\left[已知: \int_0^\infty x^3/(e^x - 1)dx = 6.494 \right]$

19.13　试由普朗克公式证明维恩位移定律. (已知方程 $5e^x - xe^x - 5 = 0$ 的解为 $x = 4.965$)

19.14　按归一化条件 $\int_{-\infty}^{\infty} \psi^*(x)\psi(x)dx = 1$,求出式(19.36)中的高斯型函数的归一化因子 $A = (a/\pi)^{1/4}$.

19.15　将式(19.36)代入下式:

$$\overline{x^2} = \int_{-\infty}^{\infty} \psi^*(x)x^2\psi(x)dx$$

证明 $\overline{x^2} = 1/(2a)$. 已知高斯积分 $\int_{-\infty}^{\infty} e^{-\alpha x^2}dx = \sqrt{\pi/a}$.

第 20 章　薛定谔方程

薛定谔方程是量子力学的基本动力学方程. 本章先简要地介绍了薛定谔建立他的方程的思路及方程的性质,然后将薛定谔方程用于双态系统和几种定态问题. 本章重点介绍了量子化结论与波函数的标准条件的密切关系,以及量子物理最为突出的几个特点,诸如隧道效应和零点能.

20.1　定态薛定谔方程

一、薛定谔方程的建立

当德拜和薛定谔在瑞士苏黎世工作的时候,德布罗意提出物质波的概念. 在思想观念上,德布罗意认为物质波是引导粒子运动的"导波",在现代科技术语中可以找到一个类比,即德布罗意的导波与粒子的关系,有点类似于导航的雷达波与飞机的关系. 他还认为物质波是非物质的和虚拟的,但并没有正面论述物质波的本质. 在具体理论上,德布罗意给出关于电子双缝干涉的理论预言,并自然地导出了玻尔的量子化条件. 在德拜的建议下,曾是他学生的薛定谔作了一个关于物质波的报告,对德布罗意的理论作了清晰的介绍. 报告之后,德拜作了一个评注:"有了波,就应该有一个描述波的方程". 德布罗意确实没有告诉我们粒子在势场中的波函数,也没有说明波函数怎样随时间变化. 不久,薛定谔果然提出了一个波方程. 有趣的是,包括薛定谔本人在内,当时无人知道这个波动方程所描述的波到底是什么. 为了摆脱这种窘境,薛定谔曾表达了如下的观点:电子的德布罗意波描述了电量在

图 20.1　薛定谔
(Erwin Schrödinger
1887～1961)

空间的连续分布. 为了和电子是粒子这一实验观测相一致,他认为电子是许多波叠加而成的波包. 当时,物理学家的主流意见很快就否定了薛定谔的观点,因为按波动学,波包总是要因发散而解体的,这与电子的寿命相当长、是一种稳定粒子这一事实不符. 另外,原子在散射时,其内部的电子仍是稳定的,这一实验事实也难以用波包来解释. 到了 20 世纪后期,尽管孤立波理论有了很大的发展,使得波动理论大为丰富,但物理学界不再有人试图像薛定谔那样,将粒子还原为波.

　　薛定谔提出这个方程时，没人想到这个方程会变得如此重要，以至于成了量子力学的一个基本的出发点，就像牛顿定律在经典力学中的地位一样．下面比较一下薛定谔方程与力学中牛顿方程的异同．牛顿方程并非从其他更基本的理论推导得来，提出它的依据首先是对大量实验现象的观察，其次才是建立在观测基础上的理性思考．因此它是一条经验定律．使它大获成功、最终被广为接受的原因仍然来自实验检验（如对海王星轨道的精确预言与实验观测），以及在极为广大领域里广泛而成功的应用．同样，提出薛定谔方程也不是根据理论的推演，也不具有理论或逻辑上的必然性；然而与牛顿定律不同的是，薛定谔方程不是经验定律，在它提出的时候，仅仅是一个科学假设，并没有稳固的观测基础．事实上，薛定谔方程在其后的科技发展中硕果累累，使量子物理发展成为一个极为成功的理论．

二、薛定谔方程的性质

　　薛定谔方程的提出，是物理学发展史上一次重大的进步，因而学习时多下些功夫是必要的．作为学习过程中培养创造性的一种尝试，不妨假定德拜向你要一个波动方程，那么，你认为这方程必须满足的条件是什么呢？下面就是关于薛定谔方程性质的一个小结．

　　（1）它应当是线性的．即如果 ψ_1 与 ψ_2 是方程的解，那么，$\psi = c_1\psi_1 + c_2\psi_2$ 也一定是方程的解．其中，c_1 与 c_2 是两个复数．显然，这是波函数的叠加原理所要求的．

　　（2）它应当与能量-动量关系一致．量子态的波方程原则上应与相对论能量—动量关系 $E^2 = E_0^2 + p^2 c^2$ 没有矛盾[①]，在非相对论情形下有粒子的动能 $E_k = \dfrac{p^2}{2m}$，以及总能量．

$$E = \frac{p^2}{2m} + U$$

　　（3）它应当与能量守恒不相矛盾．例如，对自由粒子应有 $E = \dfrac{p^2}{2m} = $ 常量，当粒子不发生能量跃迁时，其能量应满足

$$E = \frac{p^2}{2m} + U = 常量 \tag{20.1}$$

　　（4）它应当对波函数的特殊形式——平面波

$$\psi_p(x, y, z, t) = \psi_0 \exp(\boldsymbol{k} \cdot \boldsymbol{r} - \omega t) \tag{20.2}$$

成立．

　　（5）在一定条件下，它应当与波动方程的一般形式相一致．例如，在一维情形下，波动方程的一般形式为

---

　　①　正是这一理论观点，引导薛定谔、克莱因和戈尔登找到了克莱因-戈尔登方程，使狄拉克找到了狄拉克方程，这两个方程是相对论量子力学的基础．

$$\frac{\partial^2 \psi}{\partial x^2} = \frac{1}{u^2}\frac{\partial^2 \psi}{\partial t^2} \tag{20.3}$$

由经典波动学,知道任意机械波和电磁波都满足上述波动方程. 量子物理中的平面波[见式(20.2)]在形式上与经典平面波没有区别,也应满足方程式(20.3). 自然要问,薛定谔方程在何种条件下与经典波动方程式是一致的.

(6) 它应当与粒子数守恒一致. 这意味着粒子的动能要小于其静止能量 $m_0 c^2$,因而不能产生新的同种粒子.

(7) 它应当包含普朗克常量 h. 并且当 h 与系统的特征量相比可以忽略不计时,它应当给出经典物理中相应的规律.

简单的验算表明,第 19 章中给出的薛定谔方程式(19.45)满足条件(1). 下面检验薛定谔方程是否满足其他条件. 平面波的一般形式为式(20.2),考虑到德布罗意关系,对量子力学中的平面波有

$$\psi_p(x, y, z, t) = \psi_0 \exp\frac{\mathrm{i}}{\hbar}(\boldsymbol{p}\cdot\boldsymbol{r} - Et) \tag{20.4a}$$

取能量的非相对论式(20.1)并与平面波函数式(20.4a)相乘,有

$$E\psi_p(x, y, z, t) = \frac{p^2}{2m}\psi_p(x, y, z, t) + U\psi_p(x, y, z, t) \tag{20.4b}$$

考虑到

$$E\psi_p(x, y, z, t) = \mathrm{i}\hbar\frac{\partial}{\partial t}\psi_p(x, y, z, t) \tag{20.4c}$$

$$\boldsymbol{p}\psi_p(x, y, z, t) = -\mathrm{i}\hbar\nabla\psi_p(x, y, z, t) \tag{20.4d}$$

可有

$$\mathrm{i}\hbar\frac{\partial}{\partial t}\psi_p(x, y, z, t) = -\frac{\hbar^2\nabla^2}{2m}\psi_p(x, y, z, t) + U\psi_p(x, y, z, t) \tag{20.5}$$

注意到平面波对应自由粒子,而自由粒子不受力的作用,其 U 可取为零. 将平面波波函数式(20.4a)代入薛定谔方程式(19.45),就是式(20.5). 这给出了薛定谔方程满足上面条件(2)、(3)和(4)的说明.

三、定态薛定谔方程

下面讨论第(5)个条件. 薛定谔注意到德布罗意波的相速度与群速度的区别,群速度与真实运动速度相等,而对相速度可有

$$u = \nu\lambda = \frac{h}{p}\nu = \frac{E}{\sqrt{2m(E-U)}} \tag{20.6}$$

其中,E 是粒子的总能量,U 是粒子在给定势场中的势能,m 是粒子的质量.

薛定谔假设粒子的波函数可以写成

$$\Psi(x, y, z, t) = \psi(x, y, z)\exp\left(-i\frac{E}{\hbar}t\right) \tag{20.7}$$

将式(20.6)、式(20.7)代入式(20.3),得

$$-\frac{\hbar^2}{2m}\frac{\partial^2\psi}{\partial x^2} + U\psi = E\psi \tag{20.8}$$

其中,$\hbar = h/2\pi$. 根据式(20.7)可算出粒子的概率密度为

$$|\Psi|^2 = \Psi\Psi^* = \psi(x)\psi^*(x) = |\psi(x)|^2$$

由于这一概率密度不随时间变化,所以式(20.7)中的 $\psi(x)$ 称为粒子定态波函数,相应的式(20.8)就是**定态薛定谔方程**,它是研究原子系统的基本方程之一. 其他具有稳定能量值的系统也会用到定态薛定谔方程.

　　在系统能量发生变化时,例如,原子从一个定态到另一个定态的变化(在讨论原子发光时这种原子定态的变化常常由核外电子能量的变化所致),就不能再用定态薛定谔方程进行讨论. 薛定谔猜测在量子力学的基本方程中不应含有能量 E,于是他把式(20.8)中的 $\psi(x)$ 作了代换

$$\psi(x, y, z) = \Psi(x, y, z, t)\exp\left(i\frac{E}{\hbar}t\right)$$

得

$$-\frac{\hbar^2}{2m}\frac{\partial^2\Psi}{\partial x^2} + U\Psi = E\Psi$$

由式(20.7)可得(注意当能量随时间变化时下式不成立)

$$E\Psi = i\hbar\frac{\partial\Psi}{\partial t} \tag{20.9}$$

最后得到

$$-\frac{\hbar^2}{2m}\frac{\partial^2\Psi}{\partial x^2} + U\Psi = i\hbar\frac{\partial\Psi}{\partial t} \tag{20.10}$$

注意到一维情况下哈密顿算符 $\hat{H} = -\frac{\hbar^2}{2m}\frac{\partial^2}{\partial x^2} + U$,所以式(20.10)就是

$$i\hbar\frac{\partial}{\partial t}\psi = \hat{H}\psi$$

这正是薛定谔方程式(19.45).

　　以上的讨论说明,如果系统处于定态,即系统的能量不随时间变化、存在与时间无关的定态波函数 $\psi(x)$、系统的总波函数由式(20.7)表达,此时一般的薛定谔方程变为定态薛定谔方程,并且与经典波动方程是等价的[通过式(20.6),但这种

等价看来是形式的]. 以上的讨论还表明,在一般的情况下,薛定谔方程与经典波动方程是不同的,它不可能是经典波方程的推论. 但是,为了帮助理解和记忆薛定谔方程,一个具有启发意义的思路是:第一步,根据德布罗意关系式和经典力学中动能的表达式,由经典波动方程"推导"出定态薛定谔方程;第二步,将定态薛定谔方程推广到一般的薛定谔方程,如上面由式(20.9)到式(20.10)那样.

至于薛定谔方程的其他性质,有兴趣的读者可以作为练习来讨论,也可以参考其他量子力学书籍.

20.2 双 态 系 统

双态系统是最简单的量子系统. 实际的量子系统一般不会只有两个量子态,但往往会有两个能级靠得很近的量子态,其能级远离其他量子态的能级,因此一般不会向其他量子态跃迁. 在特定问题中把这种系统简化成双态系统是可行的.

一、氨分子概率幅的振荡与能级分裂

1. 氨分子的构型及其薛定谔方程

氨分子的结构如图 20.2 所示,在四面体的顶点上,排列着三个氢原子和一个氮原子. 相对于氢原子构成的平面,氨分子有两个等价的可能位置,这两种状态分别记做 ψ_1、ψ_2. 由氨分子结构的对称性,它们应当具有相同的能量,记为 E_0. 那么,用定态薛定谔方程来描述这一氨分子系统有

$$\hat{H}\psi_i = E_0\psi_i, \qquad i = 1, 2 \qquad (20.11a)$$

或者用狄拉克发明的符号简记为(本书中可以认为 $|i\rangle$ 是 ψ_i 的简化记号)

$$\hat{H}|i\rangle = E_0|i\rangle \qquad (20.11b)$$

2. 离散能级下薛定谔方程的矩阵表示

由态叠加原理,氨分子的可能态的叠加,也是其可能的量子态. 真实氨分子可能处于下述叠加态

$$\psi = C_1\psi_1 + C_2\psi_2 \qquad (20.12a)$$

即

$$|\psi\rangle = C_1|1\rangle + C_2|2\rangle \qquad (20.12b)$$

其中,叠加系数 C_i 是复数. 注意到氨分子完全处于 $|1\rangle$ 态时(等价地说氨分子处于纯 $|1\rangle$ 态)就不处于 $|2\rangle$

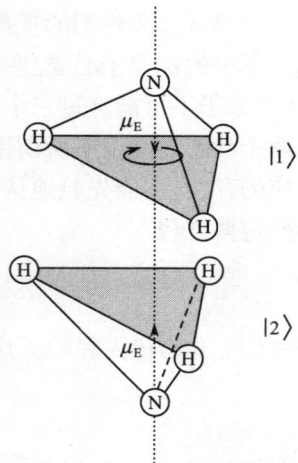

图 20.2　两种等价的
氨分子构型

态,用量子力学的术语来表述,就说 $|1\rangle$ 和 $|2\rangle$ 是"正交归一"的. 借用直角坐标系的观念,对基矢有 $\boldsymbol{i} \cdot \boldsymbol{j}=0$ 及 $\boldsymbol{i} \cdot \boldsymbol{i}=\boldsymbol{j} \cdot \boldsymbol{j}=1$,这表明基矢是正交归一的. 考虑取式 (19.43)中 $\hat{A}$ 为 $\hat{I}$,对两个正交归一的量子态有

$$\langle 1|2\rangle=0, \quad \langle 1|1\rangle=\langle 2|2\rangle=1$$

请注意,这里的情况比直角坐标系中基矢的点乘积要复杂些,在那里只有一套基矢 $(\boldsymbol{i}, \boldsymbol{j}, \boldsymbol{k})$,而这里要有两套基,即 $|i\rangle$ 与 $\langle i|$. 因为量子态的描述要涉及复数和矩阵,复数有复共轭运算,而矩阵有转置运算,所以量子力学中可定义这两套基由复共轭运算和矩阵转置运算联系起来(可以认为 $\langle i|=|i\rangle^{*\mathrm{T}}$,其中 $*$ 表示求复共轭,T 表示求转置. 显然,如果 $|i\rangle$ 是由列矩阵表达的,那么 $\langle i|$ 就是行矩阵). 称 $|i\rangle$ 为右矢, $\langle i|$ 为左矢.

因此,有

$$\langle 1|\psi\rangle=\langle 1|C_1\psi_1+C_2\psi_2=C_1\langle 1|1\rangle$$

故

$$C_i=\langle i|\psi\rangle, \qquad i=1, 2 \tag{20.13}$$

代入式(20.12b)右端,得

$$|\psi\rangle=\langle 1|\psi\rangle|1\rangle+\langle 2|\psi\rangle|2\rangle$$

注意到 $\langle i|\psi\rangle$ 是普通的复数,在上式中的位置可以前后调换;对比两个矩阵的乘积,矩阵乘法不满足交换律. 这里有

$$|\psi\rangle=|1\rangle\langle 1|\psi\rangle+|2\rangle\langle 2|\psi\rangle=\sum_{j=1}^{2}|j\rangle\langle j|\psi\rangle \tag{20.12c}$$

如果从经典物理的观点来看,则图 20.2 中的两状态彼此不会互相变化. 因为氨分子中的氮原子必受到一平衡力的作用,才稳定在平衡位置附近. 在经典物理中,氮原子不可能穿过三个氢原子构成的平面到另一侧去. 可是在量子物理学中,这两个状态之间由于所谓量子隧穿效应(见 20.3 节),会互相转化. 由于这种隧道效应的存在,不能先验地认为氨分子的能量与此隧穿效应无关. 此时应当用一般的薛定谔方程

$$\hat{H}|\psi\rangle=\mathrm{i}\hbar\frac{\partial}{\partial t}|\psi\rangle \tag{20.14}$$

将式(20.12c)代入式(20.14),有

$$\mathrm{i}\hbar\frac{\partial}{\partial t}|\psi\rangle=\sum_{j}\hat{H}|j\rangle\langle j|\psi\rangle \tag{20.15a}$$

以左矢与式(20.15a)相乘,得

$$\mathrm{i}\hbar\frac{\partial}{\partial t}\langle i|\psi\rangle=\sum_{j}\langle i|\hat{H}|j\rangle\langle j|\psi\rangle \tag{20.15b}$$

考虑到式(20.13),有

$$i\hbar \frac{\partial C_i}{\partial t} = \sum_j H_{ij} C_j \qquad (20.16a)$$

其中

$$H_{ij} = \langle i | \hat{H} | j \rangle \qquad (20.17)$$

式(20.16a)就是薛定谔方程在能级不连续时的形式. 把式(20.16a)写成

$$i\hbar \frac{\partial}{\partial t} \begin{pmatrix} C_1 \\ C_2 \end{pmatrix} = \begin{pmatrix} H_{11} & H_{12} \\ H_{21} & H_{22} \end{pmatrix} \begin{pmatrix} C_1 \\ C_2 \end{pmatrix} \qquad (20.16b)$$

这就是薛定谔方程的矩阵形式,很容易就可以把它推广到能级更多的情况. 由式(20.16b),可有

$$i\hbar \frac{\partial}{\partial t} C_1 = H_{11} C_1 + H_{12} C_2 \qquad (20.16c)$$

及

$$i\hbar \frac{\partial}{\partial t} C_2 = H_{21} C_1 + H_{22} C_2 \qquad (20.16d)$$

式(20.16c)和式(20.16d)中,H_{12} 与 H_{21} 的作用是使氨分子的量子态在 $|1\rangle$ 和 $|2\rangle$ 间转换,这正是量子隧道效应对我们的要求. 本节至此的讨论内容并不限于氨分子,实际上它对任何双能级系统都是成立的.[①]

3. 氨分子概率幅的振荡与能级的分裂

对于氨分子的这两个态,彼此间的转换不应该有任何特殊的方向性,比如更容易从某一态转换到另一态. 因此,H_{12} 应与 H_{21} 相等. 我们可以试探性地假定 $H_{12} = H_{21} = -A$ ($A > 0$),因而有

$$i\hbar \frac{\partial}{\partial t} \begin{pmatrix} C_1 \\ C_2 \end{pmatrix} = \begin{pmatrix} E_0 & -A \\ -A & E_0 \end{pmatrix} \begin{pmatrix} C_1 \\ C_2 \end{pmatrix} \qquad (20.18)$$

其分量形式为

$$i\hbar \frac{\partial}{\partial t} C_1 = E_0 C_1 - A C_2 \qquad (20.18a)$$

----

① 关于式(20.16)的说明:在一般的薛定谔方程中,既有关于时间 t 的导数,也有关于空间变量 x 的导数;而在式(20.16)中,只留下了关于时间 t 的导数,哈密顿算符中关于空间变量的导数,已经隐含在相关的矩阵中了. 这就使得求解一般薛定谔方程时要处理的求解偏微分方程问题,转化成为求解代数方程问题(至少在空间变量上是这样),从而大大简化了求解过程. 请与 20.3 节相比较;20.3 节处理一维定态问题,没有关于时间的导数,只留下了关于空间的导数. 费曼与赵凯华看重双态系统,究其原因或许在此.

$$i\hbar \frac{\partial}{\partial t}C_2 = -AC_1 + E_0 C_2 \qquad (20.18b)$$

现在可以很容易求解这两个方程,把它们相加相减,得

$$i\hbar \frac{\partial}{\partial t}(C_1 \pm C_2) = (E_0 \mp A)(C_1 \pm C_2) \qquad (20.19)$$

令

$$C_\pm = \frac{1}{\sqrt{2}}(C_1 \pm C_2) \qquad (20.20)$$

则

$$i\hbar \frac{\partial}{\partial t}C_\pm = (E_0 \mp A)C_\pm \qquad (20.19a)$$

即

$$i\hbar \frac{\partial}{\partial t}\begin{bmatrix} C_+ \\ C_- \end{bmatrix} = \begin{bmatrix} E_0 - A & 0 \\ 0 & E_0 + A \end{bmatrix}\begin{bmatrix} C_+ \\ C_- \end{bmatrix} \qquad (20.19b)$$

可见,做式(20.19)和式(20.20)所表达的代换,正是为了使式(20.18)变为式(20.19b),这正是线性代数中常用解法之一. 由式(20.13),式(20.20)可变为

$$\langle \pm | \psi \rangle = \frac{1}{\sqrt{2}}(\langle 1 | \psi \rangle \pm \langle 2 | \psi \rangle) \qquad (20.20a)$$

任意右矢可以略去,并注意到对左矢成立的等式对右矢恒成立,有

$$| \pm \rangle = \frac{1}{\sqrt{2}}(| 1 \rangle \pm | 2 \rangle) \qquad (20.20b)$$

容易验证

$$\langle + | + \rangle = \langle - | - \rangle = 1, \quad \langle + | - \rangle = 0 \qquad (20.21)$$

可见,由量子态$| 1 \rangle$和$| 2 \rangle$叠加而成的量子态$| + \rangle$和$| - \rangle$也是正交归一的,看成新的基矢是方便的. 任意态$| \psi \rangle$可在这一组新基矢上分解,容易验证式(20.20)中的$C_\pm$满足式(20.22a):

$$| \psi \rangle = C_+ | + \rangle + C_- | - \rangle \qquad (20.22a)$$

其中,$C_\pm$分别是任意态$| \psi \rangle$处于量子态$| + \rangle$或$| - \rangle$的概率幅(可见,概率幅比波函数更具一般性). 也可以用$C_\pm$把C_1和C_2表达出来,由式(20.20)可得

$$C_1 = \frac{1}{\sqrt{2}}(C_+ + C_-), \quad C_2 = \frac{1}{\sqrt{2}}(C_+ - C_-) \qquad (20.22b)$$

解式(20.19a),得

$$C_\pm(t) = C_\pm(0)\exp(-i(E_0 \mp A)t/\hbar) \tag{20.23}$$

代入式(20.22),有

$$C_1(t) = \frac{1}{\sqrt{2}}[C_+(0)e^{-i(E_0-A)t/\hbar} + C_-(0)e^{-i(E_0+A)t/\hbar}] \tag{20.24}$$

$$C_2(t) = \frac{1}{\sqrt{2}}[C_+(0)e^{-i(E_0-A)t/\hbar} - C_-(0)e^{-i(E_0+A)t/\hbar}] \tag{20.25}$$

由式(20.23), $|C_\pm(t)|^2 = |C_\pm(0)|^2$,即 $C_\pm$ 是定态概率幅,它不随时间变化,而 C_1 和 C_2 则不是. 当系统处于纯态 C_1 时,取 t 为零. 即

$$C_1(0) = \frac{1}{\sqrt{2}}[C_+(0) + C_-(0)] = 1 \tag{20.26}$$

$$C_2(0) = \frac{1}{\sqrt{2}}[C_+(0) - C_-(0)] = 0 \tag{20.27}$$

由式(20.26)和式(20.27)可解得

$$C_+(0) = C_-(0) = 1/\sqrt{2}$$

代入式(20.24)可得

$$C_1(t) = e^{-iE_0t/\hbar}\cos\frac{At}{\hbar} \tag{20.28}$$

$$C_2(t) = ie^{-iE_0t/\hbar}\sin\frac{At}{\hbar} \tag{20.29}$$

由此得到系统处于态 $|1\rangle$ 或 $|2\rangle$ 的概率分别

$$P_1(t) = |C_1(t)|^2 = \cos^2\frac{At}{\hbar} \tag{20.30}$$

$$P_2(t) = |C_2(t)|^2 = \sin^2\frac{At}{\hbar} \tag{20.31}$$

图20.3给出了这两个概率随时间变化的曲线,其周期为 h/A .

现在进一步看看哈密顿矩阵非对角元 A 的意义. 首先,观察式(20.30)和式(20.31),取其中的 t 为短时间,保留一级近似,有

$$P_1(t) \approx 1 - \left(\frac{At}{\hbar}\right)^2, \quad P_2(t) \approx \left(\frac{At}{\hbar}\right)^2 \tag{20.32}$$

由此可以看出, $(At/\hbar)^2$ 是氨分子从量子态 $|1\rangle$ 转出的概率,也是转入量子态 $|2\rangle$ 的概率;换句话说, $(At/\hbar)$ 是该系统在两个等价的量子态之间转移的概率,而 $(A/\hbar)$ 则是单位时间内量子跃迁的概率. 可见,当 $t = A/(4\hbar)$ 时, $At/\hbar = \frac{\pi}{2}$,有 $P_1 = 0$, $P_2 = 1$,即氨分子从 $|1\rangle$ 完全转入 $|2\rangle$. 这是非对角元 A 的第一个物理意义.

其次,由式(20.19)可以看出当氨分子处于量子态 $|+\rangle$ 时,其定态能量为 $E_0 -$

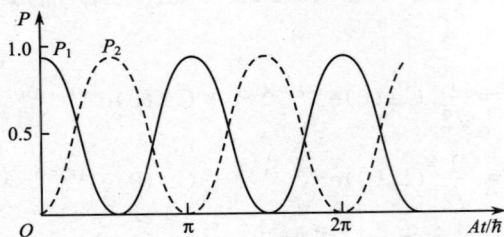

图 20.3　概率转移的振荡曲线

A,处于量子态 $|-\rangle$ 时,其能量为 E_0+A. 也就是说,由于存在两个等价的翻转态 $|1\rangle$ 和 $|2\rangle$,统一的能级分裂为两个能级,一是原来的能量降低了 A,一是原来的能量升高了 A,这使得分裂后的能级有能量间隔 $2A$. 这便是 A 的第二个物理意义.

另外,有两点要加以说明:第一,所谓原来的能级 E_0 并不一定专指氨分子某一个特定能级,而是许多转动能级中的任一个;转动能级的间隔一般比翻转能级间隔 $2A$ 要大得多,这也正是把氨分子看成二能级系统的前提条件. 第二,这里的讨论并没有给出 A 的具体数值,通过实验数据,可以反推出它的大小(见下一小节).

最后,讨论能级分裂的物理图像,以便对这一量子物理独有的特征有一个直观了解. 由量子态 $|+\rangle$ 所描述的能量定态中,由于叠加态中的两个电偶矩 μ_E 彼此总是反向,所以能量降低了. 而在量子态 $|-\rangle$ 中,叠加态中的两个电偶矩 μ_E 总是同向,所以能量升高了,这构成了能量的另一个定态. 经典物理中有一种复合振荡系统,称为耦合摆. 如果把两个相同的摆挂在一根横线上,就构成了一个耦合摆. 氨分子概率在两个等价态之间的振荡,可以同耦合摆的能量在两摆间的传递相类比,两个能量定态与耦合摆的两个振动模式也有某种相似性. 定态 $|\pm\rangle$ 可与耦合摆反相位和同相位振动类比,但能级分裂现象却是量子物理中所特有的.

其实能级分裂的这一物理图像,还可用于晶体能带的直观理解(见 P459).

4. 氨分子频标

如果氨分子处于外电场中,其能级的分裂间隔和振荡概率都会受到外电场的影响. 若外场是静电场,且氨分子的电偶矩与场强的积满足 $\mu_E E \ll A$,可以证明其能级会进一步分裂,能级间隔由原来的 $2A$ 变为

$$2A+\mu_E E/A \qquad (20.33)$$

如果外场是微波场,则 $|\pm\rangle$ 不再是能量定态,从翻转态的高能级到低能级的跃迁概率为

$$P \propto \mu_E^2 t I(\omega_0) \qquad (20.34)$$

其中, ω_0 是微波场的频率. 如果要增大这一概率,则应延长相互作用时间 t 以及加强微波的电场强度,因为辐射场强 I 正比于电场强度的平方.

时间是基本的物理量之一. 计时方法与标准的稳定准确与科学技术的进步有着极为密切的关系. 传统的计时方法是以天体的运行周期为标准的,其准确度在 $10^{-9} \sim 10^{-8}$ 数量级,不能满足现代科学技术发展的需要. 量子频标是在 20 世纪 40 年代末到 50 年代产生的,它的应运而生揭开了计时标准由宏观到微观的转变. 科技史上这一重大进步,就是由氨分子频标开始的.

实验表明,微观量子态之间的跃迁所产生的信号有着高度稳定的频率. 在这一基础上建立的频率标准称为**量子频标**. 氨分子激射振荡器利用的是 $^{14}NH_3$ 分子基态振动能级的翻转分裂,此时的能级间隔 $2A$ 相当于 $2.4 \times 10^4 MHz$(波长为 $1.25cm$)波段. 氨分子飞越谐振腔的时间在 $10^{-4}s$ 数量级,由能量-时间的不确定关系,则频率的不确定度 $\Delta\nu$ 的数量级为 $10kHz$,与上述氨分子的共振中心的频率相比,有相对带宽为 $\Delta\nu/\nu \approx 10^{-7}$. 但在采取了稳频措施之后,装置的最后输出带宽为 $10^{-3}Hz$ 量级,因而相对带宽减小到 10^{-13} 量级. 这比传统频标的准确度提高了约 5 个量级.

氨分子激射器是汤斯(C. H. Towns)于 1954 年研制成功的,是第一个量子频标. 汤斯本人在 1964 年获得了诺贝尔物理奖.

二、等价双态系统举例

在量子力学中,很容易找到类似氨分子翻转双态的例子. 在图 20.4 中举了两个例子.

实际上原子、分子的尺度很小,其中的电子波动性十分显著,因此很难说它在正六边形的苯环的某一个边而不在其对边上,也很难说它在 H_2^+ 离子中的一个核附近,而不是在另一个核附近. 可以想见,对于量子系统,如果具有左右对称(如 H_2^+ 离子)或反演对称(如苯环)的等价态系统,就必然构成等价双态. 前面关于氨分子的翻转双态的讨论,并未用到它的任何特殊性质,所以等价双态的存在,必造成系统的能级分裂和基态能量降低[见式(20.19)],以及系统在双态之间的概率振荡[见式(20.26)].

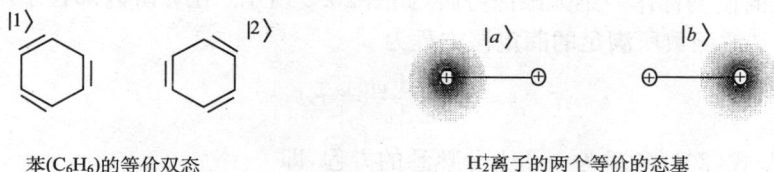

苯(C_6H_6)的等价双态　　　　　　H_2^+离子的两个等价的态基

图 20.4　双态系统举例

　　其实,电子、质子和中子的自旋量子数都为 1/2,在任意方向上的投影总取两个值,而且这些粒子都有与"自旋角动量"相联系的磁矩(见 20.4 节关于电子自旋的内容). 这些磁矩的耦合(即相互作用)与小磁针的相互影响有某些相似之处,也会造成等价双态或多态. 这也将导致能级的分裂与基态能量的降低. 例如,电子的轨道磁矩与自旋磁矩耦合会导致光谱线的精细结构,其能级间隔有数量级 $10^{-1}\sim 10^{-4}\,\mathrm{eV}$;而核磁矩与电子自旋磁矩的相互作用会导致光谱线的超精细结构,其能级间隔有数量级 $10^{-4}\sim 10^{-7}\,\mathrm{eV}$.

　　以上列举的等价双态系统,以及微观粒子磁矩耦合造成的等价态,在外场(如电磁场)的作用下其能级还可能进一步分裂,这些性质在高科技中用途非常广泛. 例如,核磁共振成像技术已广泛用于医学诊断;基于量子频标技术的铷钟、铯钟和氢钟,已经成为全球定位系统中每颗卫星的心脏;而氢原子基态的超精细结构所对应的波长为 21cm 的微波,已经成为射电天文学家的专用波段,是研究星际物质的有力武器.

20.3　一维定态问题

　　有了量子力学的基本方程,对于实际问题,只要知道粒子所在空间的势场,以及系统的边界条件,就可以求解量子力学问题. 我们将看到,边界条件往往会直接导致量子化的结果. 本节我们讨论几种最简单的情况,即一维无限深势阱、势垒穿透和一维谐振子.

一、一维无限深势阱

　　如果粒子受到某种作用的限制,因而在空间某一区域内发现该粒子的概率远大于其他区域,则此区域常常可以看作一个势阱. 如电子在金属固体中运动,质子、中子被束缚在原子核中. 为简化问题的讨论,往往假定粒子在外力场中的势函数为

$$\begin{cases} U = 0 & (0 < x < a) \\ U = \infty & (x \leqslant 0,\ x \geqslant a) \end{cases} \tag{20.35}$$

这理想化的模型称作一维无限深势阱,如图 20.5 所示. 在势阱内部粒子不受外力的作用. 其波函数所满足的薛定谔方程为

$$-\frac{\hbar^2}{2m}\frac{\mathrm{d}^2\psi}{\mathrm{d}x^2} = E\psi \tag{20.36}$$

稍加整理,式(20.36)成为一个十分熟悉的方程,即

$$\frac{\mathrm{d}^2\psi}{\mathrm{d}x^2} + k^2\psi = 0 \tag{20.37}$$

式(20.37)中的常数有

$$k^2 = \frac{2mE}{\hbar^2} \qquad (20.38)$$

注意到波函数的**标准条件**是:单值、有限、连续. 物理上要求粒子在任何地方出现的概率只能有一个,由波函数的意义可知它必须单值;这个概率不可能无限大,故波函数必须处处有限;概率不可能在某处发生突变,因此,波函数必须处处连续. 下面将给出应用这一组标准条件的示例. 考虑到势阱外粒子出现的概率应为零,故那里的波函数也应为零. 波函数的连续性要求 $\psi(0)=0$,所以波函数为正弦函数

图 20.5 一维无限势阱

$$\psi(x) = A\sin kx \qquad (20.39)$$

另一边界处有 $\psi(a)=0$,代入式(20.39)即得量子化条件

$$ka = \frac{\sqrt{2mE}a}{\hbar} = n\pi \quad (n=1,2,\cdots) \qquad (20.40)$$

于是式(20.39)和式(20.38)分别为

$$\psi_n(x) = A\sin\frac{n\pi x}{a} \qquad (20.41)$$

$$E_n = \frac{\pi^2\hbar^2}{2ma^2}n^2 \qquad (20.42)$$

现在把上面的讨论归纳一下:在阱外,由于 $U(x)=\infty$,波函数只能为零,否则薛定谔方程就会失去意义. 在阱内,$U(x)=0$,则薛定谔方程化为式(20.37),此方程在数学形式上与简谐振子的方程完全相同,故其解为正弦或余弦函数. 由于 $\psi(0)=0$,不可能是余弦函数,而 $\psi(a)=0$ 引出了量子化条件. 以上讨论表明,量子化条件与边界条件密切相关.

下面来确定式(20.39)中的待定系数 A. 因为粒子在整个空间出现的概率必定是1,所以有波函数的归一化条件

$$\int_{-\infty}^{+\infty} |\psi|^2 \mathrm{d}x = \int_0^a A^2\sin^2\frac{n\pi x}{a}\mathrm{d}x = 1 \qquad (20.43)$$

积分得

$$A = \sqrt{2/a}$$

代入式(20.39),便得到归一化波函数

$$\psi_n(x) = \sqrt{\frac{2}{a}}\sin\frac{n\pi x}{a} \qquad (20.44)$$

图 20.6 分别给出了 $n=1,2,3$ 时的波函数,以及概率密度在势阱中的分布.

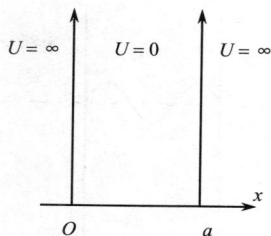

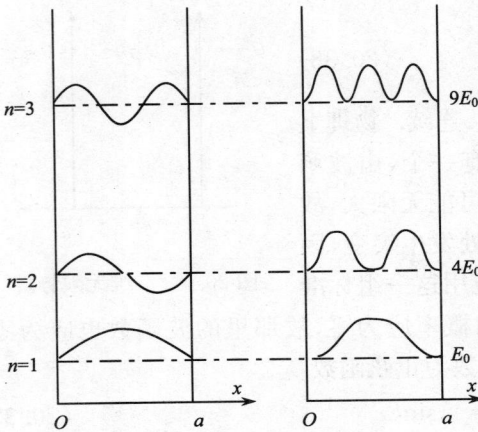

图 20.6　粒子在一维无限势阱中的
波函数及概率

由此图可以看出,粒子出现的概率是不均匀的,当 $n=1$ 时,概率的极大值出现在势阱的中心位置;而当 $n=2$ 时,势阱中心处的概率为零,其两旁各有一个极大. 那么,自然会提出一个问题:一个粒子到底出现在中心的哪一侧;而一旦在中心某一侧出现后,它又怎样到达中心的另一侧呢? 用经典物理学的语言是不能回答这个问题的. 在量子理论中,只能说粒子既在这里,又在那里.

另一个与经典物理学有本质区别的是粒子的能量. 由式(20.42),n 只能取整数值,这表示对束缚在势阱中的粒子,其能量只能取离散值,每一能量值对应一个**能级**. 这些能量值称为**能量本征值**,而 n 称为**量子数**. 能量最低的能级所对应量子态称为**基态**,其他的态称为**激发态**. 取 $n=1$ 就得到了粒子基态的能量

$$E_1 = \frac{\pi^2 \hbar^2}{2ma^2} \tag{20.45}$$

而能级间隔为

$$\Delta E_n = E_{n+1} - E_n = (2n+1) \frac{\pi^2 \hbar^2}{2ma^2} \tag{20.46}$$

式(20.45)和式(20.46)说明,能级越高,能级间隔越大,而且这一间隔与 a 有关. 当 a 增大时,各能级间隔均变小. 当 a 为宏观距离时,能级间隔就趋于零,这相当于过渡到经典物理学中连续能量的情况. 另外,粒子的最低能量不为零,这一点与不确定关系是一致的. 因为粒子在有限空间中运动,其速度不可能为零. 量子力学中的这种情况与经典物理学不同,经典粒子可能处于能量为零的最低能态.

以上的讨论表明,量子现象显著地表现在空间范围很小的微观现象中,此时,若量子系统的能量较低,则量子性更加明显.

由式(20.42)还可以得到粒子的动量

$$p_n = \pm\sqrt{2mE_n} = \pm n \frac{\pi\hbar}{a} = \pm k\hbar \tag{20.47}$$

也可以得到粒子的德布罗意波长

$$\lambda_n = \frac{h}{p_n} = \frac{2a}{n} = \frac{2\pi}{k}$$

可见,波长也是量子化的,它只能是势阱宽度的 2 倍除以一个整数. 注意到定态波函数只是粒子完整波函数的一部分,有

$$\Psi(x, t) = \phi_n(x) e^{-iE_n t/\hbar} = \sqrt{\frac{2}{a}} \sin \frac{n\pi x}{a} e^{-iE_n t/\hbar} \tag{20.48}$$

取式(20.48)的实部,立即看出这与两端固定的弦中产生的驻波完全类似. 因此,无限深势阱中粒子的能量本征态对应于一个德布罗意驻波,并有相应的特定波长 λ_n.

一维无限深势阱有许多实际的应用,如可以定性解释染料的颜色. 有机染料分子(多烯烃)是线性分子,电子在整个分子中运动是自由的,但在通常条件下不能跑到分子之外,因而可简化为一维无限深势阱中电子的运动. 将染料分子看成线度为 a 的一维无限深势阱,则可解释有机染料不同颜色的根源. 例如,靛蓝 a 大,能级差小,跃迁频率小,即吸收波长大的光,反射波长小的光,呈蓝紫色. 刚果红染料分子的线度 a 小,能级差大,跃迁频率大,即吸收波长小的光,反射波长大的光,呈红色.

例 20.1 设无限深势阱中粒子的一个量子态是基态和第一基发态的叠加态,而且粒子处于基态的概率为 1/4,第一基发态的概率为 3/4. 求这一叠加态的概率分布.

解 基态和第一基发态的波函数是

$$\Psi_1(x, t) = \sqrt{\frac{2}{a}} \sin \frac{\pi x}{a} e^{-iE_1 t/\hbar}, \quad \Psi_2(x, t) = \sqrt{\frac{2}{a}} \sin \frac{2\pi x}{a} e^{-iE_2 t/\hbar}$$

注意到粒子处于基态和第一激发态的概率幅,故有叠加态的波函数为

$$\Psi(x, t) = \frac{1}{2} \sqrt{\frac{2}{a}} \sin \frac{\pi x}{a} e^{-iE_1 t/\hbar} + \frac{\sqrt{3}}{2} \sqrt{\frac{2}{a}} \sin \frac{2\pi x}{a} e^{-iE_2 t/\hbar}$$

此叠加态的概率分布为

$$P = |\Psi|^2 = \frac{1}{2a} \sin^2 \frac{\pi x}{a} + \frac{3}{2a} \sin^2 \frac{2\pi x}{a}$$

$$+ \frac{\sqrt{3}}{a} \sin \frac{\pi x}{a} \sin \frac{2\pi x}{a} \cos[(E_2 - E_1)t/\hbar]$$

应该注意到,所求概率分布中的前两项与时间无关,第三项是一振动项,其振动频率为 $\omega = (E_2 - E_1)/\hbar$. 显然,这不是定态,而这一振动项可以给出发射电磁波的解释. 两个定态的叠加可表示粒子从一个态跃迁到另一态. 如果粒子带电,上述振动项就意味着一个振动的电荷分布,这将导致电磁辐射,辐射频率为 $\nu = (E_2 - E_1)/h$,相应光子的能量为 $h\nu = \hbar\omega = (E_2 - E_1)$. 这正是玻尔在 1913 年提出的原子光谱的频率条件,此条件是玻尔理论的外加的一个条件,在量子力学中它却是理论

的逻辑推论. 而且,量子力学给出的跃迁概率还可以解释电磁辐射的强度,这是玻尔理论所不能做到的.

二、势垒穿透

现在采取更为实际的一个模型,即有限深势阱内粒子的运动. 设势函数在势阱内仍为零,在势阱外不是无穷大,而是某一有限值 U_a. 由式(20.37)知,阱内的波函数仍属正弦函数那一类. 在阱外,描述体系的薛定谔方程是

$$\frac{\mathrm{d}^2\psi}{\mathrm{d}x^2} = \frac{2m(U_a - E)}{\hbar^2}\psi = C^2\psi \tag{20.49}$$

这个方程的解为

$$\psi(x) = \begin{cases} Ae^{Cx}, & x < 0 \\ Be^{-Cx}, & x > 0 \end{cases} \tag{20.50}$$

其中,A、B、C 均是常数. 这个结果显示了微观粒子与经典粒子的一个根本差异. 当 $E < U_a$ 时,按经典物理观点,粒子绝不可能到达阱外面去. 但在量子力学中,粒子有一定的概率出现在阱外. 当 $E > U_a$ 时,粒子的动能在势阱边界上将发生变化,这一结论对经典的和量子的观点都是一样的. 但按量子力学的观点,动能的变化还相当于波长的变化,波的变化说明粒子在势阱的边界上既有反射又有透射. 这好像隔着出租车的挡风玻璃观察,司机看到观察者即看到了透射光波,而观察者在玻璃上也看到了自己的影子,那正是反射光波. 波函数在边界上分为入射波和反射波,表明粒子以一定概率在边界上反弹回去. 按经典物理观点,粒子绝不可能在低于自己总能量的势垒上反弹,见图 20.7.

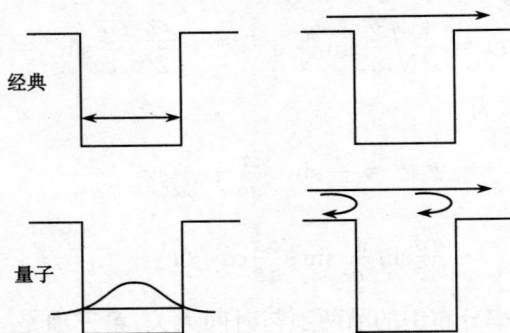

图 20.7　有限深势阱与粒子运动的经典和量子图像

现在我们考虑方势垒的穿透问题. 方势垒如图 20.8 所示,其势函数为

$$U(x) = 0, \quad x < x_1, x > x_2$$
$$U(x) = U_0, \quad x_1 < x < x_2 \tag{20.51}$$

当入射粒子能量低于U_0时,经典力学认为粒子不能进入势垒,将完全被弹回. 由刚才的讨论,已经能够预期量子力学有不同的结论. 由一维定态薛定谔方程

$$\frac{\mathrm{d}^2\psi}{\mathrm{d}x^2} = \frac{2m}{\hbar^2}[U(x) - E]\psi$$

分别在三个区域中求解.

在区域 I ($x < x_1$),$U = 0$,此方程为

$$\frac{\mathrm{d}^2\psi}{\mathrm{d}x^2} = -\frac{2mE}{\hbar^2}\psi \equiv -k_1^2\psi$$

图 20.8 方势垒穿透

其解可以写成正弦波

$$\psi_{\mathrm{I}} = A_1\sin(k_1 x + \varphi_1) \tag{20.52}$$

在区域 II ($x_1 < x < x_2$),$U = U_0$,方程为

$$\frac{\mathrm{d}^2\psi}{\mathrm{d}x^2} = \frac{2m}{\hbar^2}[U_0 - E]\psi \equiv k_2^2\psi$$

方程有解

$$\psi_{\mathrm{II}} = A_2\exp(-k_2 x) \tag{20.53}$$

在区域 III ($x > x_2$),$U = 0$,此时方程的解与 I 区类同,也可以写成正弦波

$$\psi_{\mathrm{III}} = A_3\sin(k_3 x + \varphi_3) \tag{20.54}$$

以上各式中的 A、k 及 φ 皆为待定常数,由问题的边界条件和归一化条件决定. 由此可见,区域 III 中的波函数并不为零,本来在区域 I 中的粒子具有穿透势垒进入区域 III 的概率. 这种现象称为量子隧穿效应. 可以证明,这一穿透概率为

$$P = D\exp\left(-\frac{2}{\hbar}\sqrt{2m(U_0 - E)}\,a\right) \tag{20.55}$$

其中,D 是有关的比例系数;a 是区域 II 的宽度. 可见,a 越小,粒子通过此势垒的概率越大. 粒子的能量越大,则穿透概率也越大. 注意到这两者都呈指数关系,对穿透概率十分敏感. 式(20.55)解释了原子核发生 α 衰变的事实,开创了量子力学用于核物理的先例. 近年来,扫描隧道显微镜有广泛的应用,其物理学基础就是量子隧穿效应.

三、谐振子

在经典物理学中,简谐振子是重要和简单的物理学模型之一. 其实,在量子物理学中,谐振子模型的重要性更为显著. 无论在经典物理学还是在量子物理学中,谐振子的基本动力学特征都可以用它的势能加以描述,即 $U(x) = kx^2/2 = m\omega^2 x^2/2$.

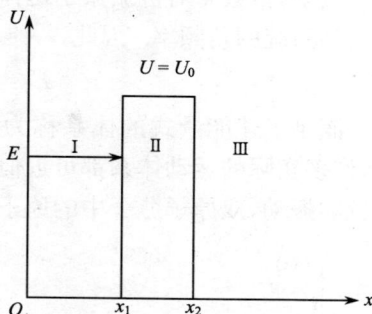

其中,常数 k 对机械振子是弹簧的劲度系数, m 是质点或粒子的质量; $\omega = 2\pi\nu$ 是振动系统的角频率. 因此,一维谐振动的能量为

$$E = p^2/2m + m\omega^2 x^2/2 \tag{20.56}$$

满足上述能量式的体系称为一维线性谐振子. 这是最为重要的一类一维运动,许多实际的运动体系都可近似为线性谐振子. 例如,晶体中原子核在平衡位置附近的振动,双原子分子中的原子振动等等. 以双原子为例,因为它是稳定的并存在着平衡点附近的振动,由这一事实可以立刻推知:两原子间的势能曲线必有如图 20.9 所示的形式. 因为当两原子靠近时,必受到越来越大的斥力,而当两原子彼此远离时,必受到吸引力. 在 $x=a$ 点处有一势能的最小值, a 点称为稳定平衡点. 在 a 点附近可以将势能 $U(x)$ 展开为 $x-a$ 的幂级数,由于 a 为极值点,有

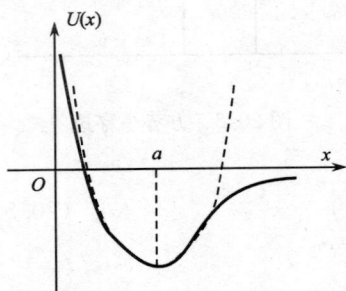

图 20.9　双原子分子中两原子间势能曲线

$$\frac{\mathrm{d}U}{\mathrm{d}x}\bigg|_{x=a} = 0$$

略去二次以上的高阶项,则有

$$U(x) = U(a) + \frac{1}{2}\frac{\mathrm{d}^2 U}{\mathrm{d}x^2}(x-a)^2 = U_0 + \frac{1}{2}k(x-a)^2 \tag{20.57}$$

这正是线性谐振子的势能. 一般说来,任何体系在稳定平衡点附近都可近似用线性谐振子来表示.

在量子力学中,线性谐振子所对应的薛定谔方程为

$$-\frac{\hbar^2}{2m}\frac{\mathrm{d}^2\psi(x)}{\mathrm{d}x^2} + \frac{1}{2}m\omega^2 x^2 \psi(x) = E\psi(x)$$

与前面的例子不同,这是系数为非常数的微分方程. 稍加整理,得

$$\frac{\mathrm{d}^2\psi(x)}{\mathrm{d}x^2} + (\lambda - \alpha^2 x^2)\psi(x) = 0 \tag{20.58}$$

其中, $\alpha = m\omega/\hbar$, $\lambda = 2mE/\hbar^2$. 这个方程解起来比较复杂[①],这里不作具体计算,只给出重要结果. 可以证明,只有下式成立时

$$\frac{\lambda}{\alpha} = 2n+1 \qquad (n=0,1,2,\cdots)$$

式(20.58)中的波函数才能满足单值、有限和连续的条件. 代入两常数的值,有

$$E_n = \left(n+\frac{1}{2}\right)\hbar\omega \qquad (n=0,1,2,\cdots) \tag{20.59}$$

---

① 参考:关洪 . 1999. 量子力学基础 . 北京:高等教育出版社,51.

取 $n=0$,有

$$E_0 = \hbar\omega/2$$

此即谐振子的零点能. 由例 19.5 可知,这一零点能也可以看成海森伯不确定关系的必然推论. 其实,零点能概念在量子场理论中非常重要

而方程(20.58)的解为

$$\psi_n(x) = N_n \exp(-\alpha^2 x^2/2) H_n(\alpha x) \tag{20.60}$$

其中,N_n 为归一化常数

$$N_n = \sqrt{\frac{\alpha}{\sqrt{\pi} 2^n \cdot n!}} \tag{20.61}$$

式(20.60)中的 $H_n(\alpha x)$ 是满足一定条件的多项式,称为厄米多项式. 以下写出前几个厄米多项式

$$H_0 = 1, \quad H_1 = 2\xi$$
$$H_2 = 4\xi^2 - 2, \quad H_3 = 8\xi^3 - 12\xi \tag{20.62}$$

其中,$\xi=\alpha x$. 图 20.10 画出了几个 ψ_n 的图形.

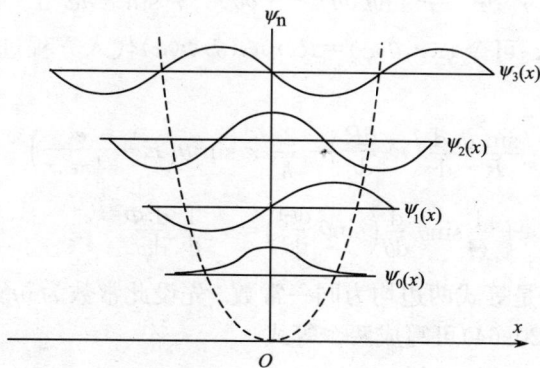

图 20.10 谐振子的几个定态波函数

还可证明,能级之间的跃迁满足 $\Delta n=1$ 的规则,这称为跃迁的选择定则. 注意到线性谐振子的能量间隔都相等,可知,它的任一能级间的跃迁都发出频率相同的辐射.

20.4 原子中的电子

由第 19 章中有关理论的介绍,知道氢原子光谱的研究是解开原子之谜的钥匙. 玻尔提出量子论的基本思想是从研究氢原子入手的,德布罗意提出物质波的

概念也是首先在氢原子问题的研究上得到验证. 这一节先介绍量子论对氢原子问题的研究,再介绍多电子原子的有关问题.

一、氢原子

氢原子是一个多粒子的三维系统,其薛定谔方程的求解与一维定态问题是不同的. 但是,量子系统的能量是离散的,基态能量不为零,与前面所讨论的问题仍然是一致的. 由于原子核是一个质子(氘核和氚核中还含有中子),其质量远大于电子的质量,因此可以将氢原子的运动加以简化,看成电子在库仑场中运动那样一个理想模型. 当系统的总能量小于零时,这是一个单粒子的束缚态,根据薛定谔方程可以求出其定态波函数,以及能量本征值. 系统的势能为 $U = -e^2/4\pi\varepsilon_0 r$,因而其定态薛定谔方程为

$$-\frac{\hbar^2}{2m}\nabla^2\psi - \frac{e^2}{4\pi\varepsilon_0 r}\psi = E\psi \tag{20.63}$$

采用球坐标,因 $x = r\sin\theta\cos\varphi, y = r\sin\theta\sin\varphi, z = r\cos\theta$,上式可化为

$$-\frac{\hbar^2}{2m}\left[\frac{\partial^2\psi}{\partial r^2} + \frac{2}{r}\frac{\partial\psi}{\partial r} + \frac{1}{r^2\sin\theta}\frac{\partial}{\partial\theta}\left(\sin\theta\frac{\partial\psi}{\partial\theta}\right) + \frac{1}{r^2\sin^2\theta}\frac{\partial^2\psi}{\partial\varphi^2}\right] - \frac{e^2}{4\pi\varepsilon_0 r}\psi = E\psi$$

其中,$\psi = \psi(r,\theta,\varphi)$. 可令 $\psi(r,\theta,\varphi) = R(r)\Theta(\theta)\Phi(\varphi)$ 代入方程进行试探求解,经简化可有

$$\frac{\sin^2\theta}{R}\frac{d}{dr}\left(r^2\frac{dR}{dr}\right) + \frac{2m}{\hbar^2}r^2\sin^2\theta\left(E + \frac{e^2}{4\pi\varepsilon_0 r}\right)$$
$$+ \frac{1}{\Theta}\sin\theta\frac{d}{d\theta}\left(\sin\theta\frac{d\Theta}{d\theta}\right) = -\frac{1}{\Phi}\frac{d^2\Phi}{d\varphi^2} \tag{20.64}$$

这方程成立的条件是等式两边均为同一常数. 先设此常数为 m_l^2,以后再讨论其物理意义. 至此,式(20.64)可写成两个等式

$$\frac{\sin^2\theta}{R}\frac{d}{dr}\left(r^2\frac{dR}{dr}\right) + \frac{2m}{\hbar^2}r^2\sin^2\theta\left(E + \frac{e^2}{4\pi\varepsilon_0 r}\right)$$
$$+ \frac{1}{\Theta}\sin\theta\frac{d}{d\theta}\left(\sin\theta\frac{d\Theta}{d\theta}\right) = m_l^2 \tag{20.64a}$$

和

$$-\frac{1}{\Phi}\frac{d^2\Phi}{d\varphi^2} = m_l^2 \tag{20.64b}$$

将这一分离变量的过程进行到底,即把式(20.64a)再进一步分成只含变量 r 和 θ 的方程,这样可分别写成

$$\frac{1}{R}\frac{d}{dr}\left(r^2\frac{dR}{dr}\right) + \frac{2m}{\hbar^2}r^2\left(E + \frac{e^2}{4\pi\varepsilon_0 r}\right) = l(l+1) \tag{20.65a}$$

$$\frac{m_l^2}{\sin^2\theta} - \frac{1}{\Theta\sin\theta}\frac{\mathrm{d}}{\mathrm{d}\theta}\left(\sin\theta\frac{\mathrm{d}\Theta}{\mathrm{d}\theta}\right) = l(l+1) \tag{20.65b}$$

可见,氢原子的定态薛定谔方程现在变成了三个变量分离的方程,即每个方程只含径向变量 r,角变量 θ 或另一个角变量 φ. 我们称这道方程是可分离变量的. 由于求解的过程和波函数的具体形式比较复杂,下面只给出几个主要结论.

1. 三个量子数

对于处在束缚态的电子的定态问题,波函数的标准条件自然给出了量子化的结论,这一点与前面一维定态问题是相似的. 氢原子中的电子的量子态是离散的,可用若干量子数来标志一个态. 这里先介绍氢原子中电子态的三个量子数(另一个量子数在电子的自旋中介绍),它们的可能取值如表 20.1 所示.

表 20.1 氢原子的量子数

名　　称	符　号	可能取值
主量子数	n	$1,2,3,3,4,5,\cdots$
轨道量子数	l	$0,1,2,3,\cdots,n-1$
磁量子数	m_l	$-l,-(l-1),\cdots,0,1,2,\cdots,l$

1) 能量量子化和主量子数

主量子数 n 与波函数的径向部分 $R(r)$ 有关,它决定电子的能量(曾称为能量量子数). 只有能量值为

$$E_n = -\frac{m_e e^4}{2(4\pi\varepsilon_0)^2\hbar^2}\frac{1}{n^2} \quad (n=1,2,3,\cdots) \tag{20.66}$$

才有满足标准条件的解. 其中,m_e 是电子的质量. 这表明氢原子的能量只能是离散值,这样又一次看到标准条件导致束缚态中运动粒子的能量量子化. 式(20.66)也可以写成

$$E_n = -\frac{e^2}{2(4\pi\varepsilon_0)a_0}\frac{1}{n^2} \tag{20.67}$$

式(20.67)在形式上与库仑势相类似,取 $n=1$,则基态能量为

$$E_1 = -\frac{e^2}{2(4\pi\varepsilon_0)a_0} = -\frac{m_e e^4}{2(4\pi\varepsilon_0)^2\hbar^2} \tag{20.68}$$

将各常数代入,有 $E_1 = -13.6\mathrm{eV}$. 氢原子的这一基态能量值正是它的电离能,即将氢原子电离所必需的最小能量. 式(20.67)、式(20.68)中的常数 a_0 有长度的量纲,称为玻尔半径,有

$$a_0 = \frac{4\pi\varepsilon_0 \hbar^2}{m_e e^2} \qquad\qquad (20.69)$$

代入各常数计算有

$$a_0 = 0.529 \times 10^{-10}\,\mathrm{m} = 0.0529\,\mathrm{nm}$$

由式(20.68),a_0 可理解为氢原子基态"轨道"的半径,它是粒子物理学中的一个自然尺度,许多具有长度量纲的微观物理量可用它来量度.

2) 角动量量子化和轨道量子数

轨道量子数 l 由波函数的 $\Theta(\theta)$ 部分有关,它标志电子轨道角动量的大小,电子在核周围运动的轨道角动量有下述取值

$$L = \sqrt{l(l+1)}\,\hbar \quad (l = 0,1,2,\cdots,n-1) \qquad (20.70)$$

可见,轨道角动量的取值也是量子化的. 这里应当注意,量子力学与玻尔理论在角动量量子化上的区别. 玻尔氢原子理论中,轨道角动量也是量子化的,而其值却为 $L = n\hbar$. 可见,两者的差别在于,量子力学得到的角动量最小值为零,而玻尔理论的最小角动量却是 $\hbar$. 实验表明量子力学是正确的. 另外当 n 和 l 足够大时,玻尔理论与量子力学给出的轨道角动量是一致的.

3) 空间量子化和磁量子数

电子波函数中的 $\Phi(\varphi)$ 部分,容易证明可取式(20.71)形式

$$\Phi(\varphi) = \frac{1}{\sqrt{2\pi}} e^{im_l \varphi} \qquad\qquad (20.71)$$

其中,m_l 是磁量子数,它决定了电子轨道角动量 L 在空间某一方向上的投影. 通常情况下原子所处的空间可看作无磁场分布的自由空间,则磁量子数的作用不能表现出来. 如果把原子放到外磁场中,则磁场方向就形成了空间的一特定方向,自由空间的各向同性就被破坏了. 取磁场方向为 z 方向,m_l 就决定了电子轨道角动量在磁场方向上的投影(这是取名磁量子数的一个缘由). 这一投影的可能取值为

$$L_z = m_l \hbar \quad (m_l = 0, \pm 1, \cdots \pm l) \qquad (20.72)$$

式(20.72)说明电子的轨道角动量的指向是量子化的,即 L 的空间取向受到某种条件的约束,它在某空间方向上的投影不能任意取值,必受到式(20.72)所给定的条件的限制. 因此,这种量子化称为空间量子化.

空间量子化的含义可以用一个矢量模型加以形象的说明. 图 20.11 中的 z 轴方向为外磁场方向,图中给出了 $l=1,m_l=0,\pm 1$ 的情形.

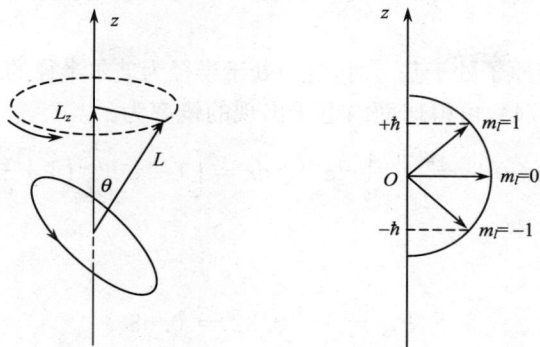

图 20.11 空间量子化

2. 波函数与概率密度

给定量子数 n、l、m_l，相应量子态的波函数记做 ψ_{nlm_l}，有

$$\psi_{n,l,m_l} = R_{n,l}(r)\Theta_{l,m_l}(\theta)\Phi_{m_l}(\varphi)$$

作为例子，给出最低能级的波函数. 对于基态，$n=1$，$l=0$，$m_l=0$，其波函数为

$$\psi_{1,0,0} = \frac{1}{\sqrt{\pi}a_0^{3/2}}\mathrm{e}^{-r/a_0} \tag{20.73}$$

可得基态下的电子概率密度分布

$$|\psi_{1,0,0}|^2 = \frac{1}{\pi a_0^3}\mathrm{e}^{-2r/a_0} \tag{20.74}$$

显然，这一分布只与 r 有关，是一球对称分布.

由于基态概率密度分布的这种球对称性，有可能考虑所谓径向概率密度 $P(r)$，它可以提供氢原子基态的直观图像，因而是十分有用的. 它的定义是：在半径为 r 和 $r+\mathrm{d}r$ 之间的两球面内的电子出现的概率为

$$P_{1,0,0}(r)\mathrm{d}r = |\psi_{1,0,0}|^2 \cdot 4\pi r^2 \mathrm{d}r, \quad P_{1,0,0}(r)\mathrm{d}r = \frac{4}{a_0^3}r^2\mathrm{e}^{-2r/a_0}\mathrm{d}r$$

此函数如图 20.12 所示. 可以求得：在 $r=a_0$ 处，$P_{1,0}(r)$ 有最大值. 从离原子核的远近程度来说，电子出现在 a_0 附近的概率最大. 在玻尔的氢原子理论中也出现了 a_0，但应当注意两种理论中的物理图像是不同的. 注意到径向波函数也具有球对称性，由式(20.65a)可以看出，径向概率密度

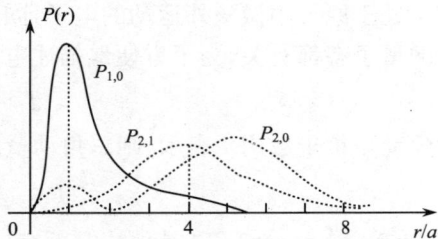

图 20.12 氢原子几个态的径向概率密度

的定义可推广为 $P(r)=|R(r)|^2r^2$. 图 20.12 中还给出了径向概率 $P_{2,0}(r)$ 和 $P_{2,1}(r)$ 的曲线.

例 20.2　求氢原子处于基态时,电子处于半径为玻尔半径的球面内外的概率.

解　由式(20.74),可得球面内电子出现的概率为

$$p_{\text{int}} = \int_0^{a_0} p_{1,0,0}(r)\mathrm{d}r = \int_0^{a_0} \frac{4}{a_0^3} r^2 e^{-2r/a_0}\,\mathrm{d}r = \left[1 - e^{-2r/a_0}\left(1 + \frac{2r}{a_0} + \frac{2r^2}{a_0^2}\right)\right]_{r=a_0}$$

$$= 1 - 5e^{-2} = 0.32$$

球面外的概率为

$$P_{\text{ex}} = 1 - 0.32 = 0.68$$

二、多电子原子中的电子分布

1. 自旋角动量

大量的实验表明,微观粒子具有一种根本不同于经典物理的属性,即它们都有自旋角动量. 例如,氢原子中的电子,可以有所谓"轨道角动量"**L**,同时也具有"自旋角动量"**S**. 这和地球有某些相似之处,因为地球既有轨道角动量,也有自转角动量. 但是,就像电子的轨道角动量与地球的轨道角动量有着根本不同的性质一样,其自旋角动量与地球的自转角动量相比,也有着本质上的差别. 微观粒子的自旋角动量是其本身固有的性质,故常称作"内禀属性". 因其具有角动量的一切特征,并参与角动量守恒(想一想,它是相当不可思议的),与宏观物体的自转相类比,故定名为自旋角动量.

实验表明,电子的自旋角动量也是量子化的. 它所对应的量子数记为 s,且只能取 $1/2$. 它的大小为

$$S = \sqrt{s(s+1)}\hbar = \sqrt{3/4}\,\hbar \tag{20.75}$$

在某一方向上电子自旋角动量的投影为

$$S_z = m_s\hbar \tag{20.76}$$

其中,m_s 称作电子自旋磁量子数,它的取值只能是 $1/2$ 和 $-1/2$ 这两个值.

处于原子中做核外运动的电子,同时有轨道角动量和自旋角动量,这两者与电子的量子态都有关,为了方便地描述电子的量子状态,可定义总角动量 **J**

$$\boldsymbol{J} = \boldsymbol{L} + \boldsymbol{S} \tag{20.77}$$

总角动量量子数用 j 表示,则总角动量的大小为

$$J = \sqrt{j(j+1)}\hbar \tag{20.78a}$$

当 $l=0$ 时,$j=s=1/2$. 其他情况下有 $j=l\pm s=l\pm 1/2$. 对于式中的正号,称为自旋角动量与轨道角动量平行,而负号则称为自旋角动量与轨道角动量反平行.

容易想象,电子的"轨道"运动与"自旋"运动都会产生等效的"圆电流",在电磁学中这相当于一个等效的磁偶极子,并具有磁矩. 它在外磁场中必然会受到磁的相互作用,而且来源于轨道运动与自旋运动的磁矩彼此还会影响,造成能级与谱线的分裂. 这称作自旋与轨道的耦合,相应的能量称为自旋轨道耦合能.

研究表明,电子的自旋磁矩 $\boldsymbol{\mu}_s$ 与自旋角动量 $\boldsymbol{S}$ 有以下关系

$$\boldsymbol{\mu}_s = -\frac{e}{m_e}\boldsymbol{S}$$

在 z 方向上的投影为

$$\mu_{s,z} = -\frac{e}{m_e}S_z = -\frac{e}{m_e}m_s\hbar = \mp\frac{e\hbar}{2m_e} = \mp\mu_B \tag{20.78b}$$

式(20.78b)中已经考虑到自旋磁量子数 m_s 只可以取值 $\pm 1/2$,而 μ_B 称作玻尔磁子,它的量值为 $\mu_B = 9.27 \times 10^{-24}$ J/T. 其中,正负号的意义是:当 S_z 为正时,自旋角动量在 z 轴上的投影为负.

根据电磁学,磁场中磁矩的能量 E_s 为

$$E_s = -\boldsymbol{\mu}_s \cdot \boldsymbol{B} = -\mu_{sz}B = \mp\mu_B B \tag{20.79}$$

其中,当 μ_z 取正值时,能量 E_s 为负. 对不受外磁场作用的孤立原子来说,电子的能量状态由下式给定

$$E_{nls} = E_{nl} + E_s = E_{nl} \pm \mu_B B$$

其中,B 是电子的自旋磁矩 μ_s 所感受到的磁感应强度,它是原子内部运动所产生的. 这样原来的一个能级,由于轨道运动与自旋运动的耦合,就分裂成两个能级,并进而造成光谱的分裂. 这正是著名的钠黄光双线

$$\lambda_{D1} = 589.592\text{nm}, \qquad \lambda_{D2} = 588.995\text{nm}$$

的成因. 这样形成的光谱线,组合成光谱的精细结构.

关于发现自旋的历史,以及自旋概念的提出等问题,还可参看有关斯特恩-盖拉赫实验的介绍[①]. 1988 年发现了巨磁电阻效应,自旋概念更加重要.

2. 微观粒子的不可分辨性 泡利不相容原理

理论与实验研究表明,任何一种微观粒子都是全同的,彼此不可分辨.

泡利不相容原理:在一个原子中,不可能有两个或两个以上的电子具有完全相同的量子态. 即任何两个电子不可能有完全相同的一组量子数——(n, l, m_l, m_s).

3. 原子中的核外电子排布举例

如果原子有两个以上的电子,电子间的相互作用也要影响电子的运动状态.

---

① 卢德馨. 2003. 大学物理学. 北京:高等教育出版社,414.

原子中的电子由于能级和量子数的不同,其排列是分层次的,这种层次称为电子壳层. 对应主量子数 $n=1,2,3,\cdots$. 电子壳层分别称作 K,L,M,N 等. 在每一壳层之中,对应于 $l=0,1,2,3,\cdots$ 又可分成 s,p,d,f,$\cdots$ 分壳层.

　　原子中核外电子排布所依据的规则:一是泡利不相容原理;另一是能量最小原理. 在原子系统中,每个电子都有占据最低能级的趋势. 当原子中电子的能量最小时,原子的能量就最小,这时原子处于基态,最为稳定. 此即能量最小原理.

　　下面举几个典型的例子说明电子排布的规律性.

　　氢(H,$Z=1$) 它的一个电子在 K 壳层内,自旋磁子数 m_s 为 1/2 或 $-1/2$.

图 20.13　泡利
(Wolfgang Pauli
1900~1958)

　　氦(He,$Z=2$) 它的两个电子都在 K 壳层内,m_s 分别是 1/2 和 $-1/2$. K 壳层已被填满.

　　钠(Na,$Z=11$) 电子的排布为 $1s^2 2s^2 2p^6 3s^1$. 由于 3 个内壳层都是闭合的,而最外层的价电子离核较远,所受的束缚较弱,所以这个电子很容易失去. 这是钠原子化学活性很强的原因.

　　铁(Fe,$Z=26$) 电子的排布是 $1s^2 2s^2 2p^6 3s^2 3p^6 3d^6 4s^2$,直到 $3p^6$ 的 18 个电子的排布都是"正常"的. d 次壳层可容纳 10 个电子,但只排到 6 个电子就有两个电子进入了 4s 次壳层. 这是前述能量最小原理所导致的. $3d^8$ 没有出现是因为能量还不够低的缘故. 顺便指出,铁的铁磁性和这两个 4s 次壳层电子密切相关.

思　考　题

20.1　什么是波函数必须满足的标准条件?

20.2　为什么要对波函数归一化?

20.3　薛定谔方程怎样保证波函数服从叠加原理?

20.4　为什么原子内电子的状态用轨道来描述是错误的?

20.5　增减一维无限深势阱的宽度时,其能级会变化吗,怎样变?

20.6　一维谐振子的零点能是多少,它与不确定关系有联系吗?

20.7　一维无限深势阱是否可以取作某种实际问题的理想模型,请举例.

20.8　你能否设想,在怎样的场合会有光子的隧穿效应,并如何利用它扫描成像?

20.9　光子也服从泡利不相容原理吗?

20.10　请你画几张图表示氢原子基态的概率密度分布.

习　题

20.1　设一维运动粒子的波函数为

$$\psi(x) = \begin{cases} Ax\mathrm{e}^{-ax}, & \text{当 } x \geqslant 0 \\ 0, & \text{当 } x < 0 \end{cases}$$

其中，a 是大于零的常数. 求：

(1)归一化因子 A；

(2)粒子坐标的平均值.

20.2　有一粒子沿 x 轴方向运动，其波函数为

$$\psi(x) = \frac{A}{1+\mathrm{i}x}$$

(1)将此波函数归一化；

(2)求粒子按坐标的概率分布函数；

(3)问在何处找到粒子的概率最大？

20.3　一个电子被束缚在宽为 $a = 10^{-10}\,\mathrm{m}$ 的一维无限方势阱中，试计算 $n = 1, 3, 100$ 的各能态电子的能量.

20.4　一个细胞的线度为 $10^{-5}\,\mathrm{m}$，其中一粒子质量为 $10^{-14}\,\mathrm{g}$. 按一维无限深势阱计算，求这个粒子量子数为 $n_1 = 100$ 和 $n_2 = 101$ 的两个能级，并计算能级差.

20.5　一维无限深势阱中运动粒子处于基态. 从势阱一端到离此端 1/4 阱宽处，求此区域内粒子出现的概率.

20.6　一粒子处于正立方盒子中，盒边长为 a. 试利用驻波概念导出粒子的能量：

$$E = \frac{\pi^2 \hbar^2}{2ma^2}(n_x^2 + n_y^2 + n_z^2)$$

其中，n_x、n_y、n_z 是相互独立的正整数.

20.7　谐振子的基态波函数为 $\psi = A\mathrm{e}^{-ax^2}$，其中，$A$ 和 a 是常量. 将此式代入谐振子的薛定谔方程，要求此方程在 x 为任何值时均成立，由此导出谐振子的零点能：$E_0 = \dfrac{h\nu}{2}$.

20.8　氦离子 He^+ 和氢原子相似，核外只有一个电子，求它的能级和光谱线的频率公式.

20.9　处于基态的氢原子吸收了具有能量 15eV 的光子，试通过计算说明此电子将如何运动？

第 21 章　量子物理的应用

21.1　多粒子系统与量子统计

一、多粒子系统的描述

1. 多粒子系统

在第 20 章中,对多电子在原子中的量子态已经作了介绍. 因而可以说,世界之所以成为今天这个样子,与泡利不相容原理是密切相关的. 这个原理要求电子的排布规则是,每个量子态上至多只有一个电子. 设想,如果许多电子可以跑到同一量子态上去,元素的性质就不会呈周期性变化. 我们的世界就会面目全非,包括人类也不复存在. 我们能够在周末举行音乐舞会,还要感谢电子的这种"孤僻"性格. 另外,如果微观粒子都像电子这样"不合群",那世界也绝非现在这个样子. 使大自然色彩斑斓的光,所对应的微观粒子就是光子,它的一个突出特性就是不受泡利不相容原理的限制. 我们将看到,如果光子没有这种合群性格,那么,激光就不会发明出来.

现已发现的 60 种基本粒子,以及和这些粒子相关的更多的复合粒子,都可以分成两类:一类像电子一样,不合群、遵守泡利不相容原理;一类像光子一样,合群、不遵守泡利不相容原理. 例如,质子与中子是由 3 个夸克组成的,π 介子由两个夸克组成. 第一类粒子的自旋量子数 s 为半整数,如电子、质子和中子的自旋量子数都是 1/2. 第二类有整数自旋量子数 s,如光子、π 介子等. 电子所属的那一大类粒子统称费米子(fermion),另一类粒子统称玻色子(boson)(表 21.1). 本节将讨论费米子与玻色子所遵从的统计规律,即费米-狄拉克统计和玻色-爱因斯坦统计,以及这两种统计的极限情况,麦克斯韦-玻尔兹曼(MB)统计.

表 21.1　玻色子和费米子

	玻色子				费米子				
	光子	介子	胶子	$W^{\pm}, Z^0$	电子	质子	中子	中微子	夸克
自旋	1	0,1	1	1	1/2	1/2	1/2	1/2	1/2

2. 能级的简并度

在第 20 章,已经建立了能级的概念,在此基础上,讨论能级的简并度. 量子力学的最基本概念之一是量子态,每个量子态由一组"完备"的量子数来标记. 如原子中的电子,其量子态由 (n, l, m_l, s) 这一组数来表征,它们分别是主量子数、轨道角动量量子数(简称角量子数)、磁量子数和自旋量子数. 对氢原子,能量完全由 n 决定. 对应任一给定的 n,l 可取 0 到 $n-1$ 共 n 个值,m_l 可取 $-l, \cdots, 0, 1, \cdots, l-1$,$l$ 共 $2l+1$ 个值,而 s 恒可取两个值. 可见,对应给定的 n,也就是给定的能级 E_n[见式(20.66)],角量子数与磁量子数共有 n^2 个可能的取值. 即[①]

$$\sum_{l=0}^{n-1} (2l+1) = n^2 \tag{21.1}$$

再考虑到自旋量子数的两个可能取值,每一能级所对应的量子态总数为 $2n^2$. 像这样一个能级对应 g ($g > 1$) 个量子态的情况,称该能级是简并的,g 称为**简并度**. 如果一个能级只对应一个量子态,则称此能级是非简并的.

为了形象的理解能级与简并度的概念,有人作了一个很好的比喻[②]:有座楼房,各层有一定数目的房间,房价随楼层的增高逐层增加. 每层相当于一个能级,每间房相当于一个量子态,各层的房间数相当于简并度,住进各层的费用相当于该能级的能量.

注意到自然结构的构造法则是"经济"的,稳定平衡常对应着系统的最小能量状态. 在第 20 章中,电子的壳层问题得以解决,所依据的一个基本原理就是能量最低原理. 另外,就像自然界的资源总是有限的一样,一个能级所对应的量子态数目,也常常为有限值. 再加上泡利不相容原理这样的自然法则的约束,可以想见,涉及能量、结构和物性等问题,能级及其简并度会成为十分重要的角色.

二、量子统计

1. 麦克斯韦-玻尔兹曼分布

1) 经典理论中的 MB 分布

在第 20 章中,当气体处于热平衡时,其速率分布函数由式(21.2)给出

$$f(v) = \left(\frac{m}{2\pi kT} \right)^{3/2} e^{-\frac{mv^2}{2kT}} \tag{21.2}$$

还得到了重力场中处于热平衡时的气体分布函数,即玻尔兹曼分布律

$$n = n_0 e^{-mgz/kT} \tag{21.3a}$$

取地面处的坐标 $z=0$,有气体分子的数密度 $n=n_0$,当离地面越高时,z 越大,则 n 与 n_0 相比越小. 也就是说,在重力势场中势能 mgz 越大的地方,气体分子的数密

---

① 已用等差级数求和公式:级数和=(首项+末项)×项数/2.
② 赵凯华等. 1998. 新概念物理教程——热学. 北京:高等教育出版社,89.

度越小. 换句话说,随着势能的增大,n 按 $\exp(-mgz/kT)$ 的规律衰减. 研究表明,式(21.3a)中的重力势能可以换成其他的势能函数 $U(r)$,而式(21.3a)依然成立,即

$$n(r) = n_0 \exp\left(-\frac{U(r)}{kT}\right) \tag{21.3b}$$

比如,对一个以角速度 ω 绕对称轴匀速旋转的柱型容器,有惯性力势

$$U(r) = -\int_0^r f_{惯离} \mathrm{d}r = -\int_0^r mr\omega^2 \mathrm{d}r = -\frac{1}{2} m\omega^2 r^2$$

代入式(21.3b)得到粒子数的径向分布

$$n(r) = n_0 \exp\left(\frac{m\omega^2 r^2}{2kT}\right)$$

上式可用于分离大分子或微粒的超速离心机,其转速可高达每秒 10^3 转,产生的离心加速度可达重力加速度的上百万倍. 这种离心机在核工业等领域中用途十分广泛.

　　注意到麦克斯韦分布描述分子在速度空间的分布,而玻尔兹曼分布描绘分子在普通空间(为了与速度空间相区别,称为位形空间)中的密度分布;这两种分布是相互独立的,因而可以彼此相乘

$$f_{MB}(\boldsymbol{r},\ \boldsymbol{v}) = n_B(\boldsymbol{r}) f_M(\boldsymbol{v}) = n_0 \left(\frac{m}{2\pi kT}\right)^{3/2} e^{-\varepsilon/kT} \tag{21.4}$$

其中,$\varepsilon = mv^2/2 + U(r)$,是分子的总能量. $f_{MB}(\boldsymbol{r},\ \boldsymbol{v})$ 称为麦克斯韦-玻尔兹曼分布律,简称 MB 分布. MB 分布描述分子在相空间中的分布,它的物理意义是:对处于热平衡状态的气体,随着气体分子能量的增大,其相空间的概率密度按 $\exp(-\varepsilon/kT)$ 的规律衰减.

　　对大量分子组成的处于热平衡态的系统,其分布规律总是和因子 $\exp(-\varepsilon/kT)$ 相联系,故这一因子称为玻尔兹曼因子.

　　2) 量子理论中的 MB 分布

　　下面讨论量子理论中的 MB 分布. 现考虑由 N 个无相互作用粒子组成的系统,并设这些粒子是全同的. 设各能级 $a, b, c, \cdots$ 的能量 $\varepsilon_a, \varepsilon_b, \varepsilon_c, \cdots$ 和简并度 $g_a, g_b, g_c, \cdots$ 已知,问在这种能级与量子态给定的情况下,各能级上的粒子数怎样分布? 也就是求系统处于热平衡时各能级的粒子数 $N_a, N_b, N_c, \cdots$

　　楼房盖好了,怎样分给大家住? 略加思考,你会说答案是不唯一的. 你是对的. 如果在总人数给定的情况下,进一步要求总房费确定,那么情况得到改善,可能的分配方案数大为减少;但一般说来还会有很多可能的分配方案. 我们的问题因为有了热平衡这一约束条件,其答案是简洁优美的!

在前一章的讨论中,已经知道能级离散是量子理论的一个基本特征. 但在一定条件下,量子体系的离散能级可以过渡到能量连续分布的情形. 例如,一维无限深势阱的宽度趋于足够大时,粒子的能级趋于连续分布;氢原子的主量子数趋于足够大时,其能级趋于连续分布;谐振子的能级差恒等于 $h\nu$,当量子数趋于足够大时,其能级差与能量之比趋于零,可看做能量连续分布. 可见,能量是否连续分布,并无严格的分水岭和本质的区别.

有理由预期,在能级离散时,处于热平衡态的体系仍有类似于连续能级情况下的经典 MB 分布. 事实正是如此,量子体系的 MB 分布为

$$n_a = Ce^{-\varepsilon_a/kT} = e^{(\mu-\varepsilon_a)/kT} \tag{21.5}$$

其中,n_a 是能级 ε_a 上的关于量子态的平均粒子数,即 N_a/g_a;$C=e^{\mu/kT}$ 相当于式 (21.3a) 中的归一化因子 n_0(式中的 μ 不是任意写的,它相当于热力学中的化学势). 式 (21.5) 就是 MB 分布的离散能级版本.

3) 关于量子体系 MB 分布的说明

首先,这里所讨论的问题是"N 个无相互作用粒子组成的系统",举例来说理想气体是这样的系统. 理想气体是真实气体在压力不太高,温度不太低时的理想模型(其状态方程为 $pV=nkT$). 理想气体的分子数密度 n 比较小,除了碰撞时分子间没有相互作用. 另外,在半导体理论中量子体系 MB 分布也有重要的应用,半导体中掺入的杂质原子彼此距离较大,可视为无相互作用系统.

其次,量子体系 MB 分布是与一个朴素的假设相一致的,即当一个粒子跃迁到一个新的能级 ε_a 上时,它到其上每个量子态的概率都一样,与这个量子态上原来是否有粒子无关. 因而它跃迁概率正比于简并度 g_a,与 N_a 无关.

2. 玻色-爱因斯坦和费米-狄拉克分布

然而微观世界是量子力学统治的王国,与宏观世界有很大的不同. 这里所有同类粒子都是完全不可分辨的,即通常所说微观粒子的全同性. 在宏观世界里,树叶没有两片相同,河流不能两次踏入. 这与宏观世界的所谓连续性不无关系. 量子世界物理量取值具有离散性,保证了微观粒子的全同性. 另一方面,量子态与概率幅的必然联系,使得粒子不再有轨道,靠近的粒子变得不可区分.

量子力学告诉我们,当玻色子跃迁到能级 ε_a 上时,其概率正比于 $1+N_{ai}$. 这里 N_{ai} 是能级 ε_a 所属量子态 i 上原有的粒子数. 其规则是:"假如在某个特定的量子态中已经有了 n 个光子,原子再发射一个光子到此状态的概率,比没有光子时大了 $n+1$ 倍".

而费米子的这一概率正比于 $1-N_{ai}$. 费米子服从泡利不相容原理,所以当一个量子态已被占据时,它跃迁到这个量子态的概率为零;第二个费米子总是被拒之

门外.

　　总之,玻色子跃迁到一个量子态时,总是多多益善;费米子跃迁到一个量子态时,其苛刻的条件却是"至多只有一个". 这与 MB 分布情况下的概率相比较是有启发意义的.

　　设无相互作用的粒子系统中,有一对粒子分别从能级 ε_a 和 ε_b 到能级 $\varepsilon_{a'}$ 和 $\varepsilon_{b'}$,并保证系统的总能量不变. 这概率将正比于 $N_a N_b g_{a'} g_{b'}$,即能级 ε_a 上的粒子数 N_a 越多,能级 $\varepsilon_{a'}$ 上的简并度 $g_{a'}$ 越大,这概率越大;对另一粒子从 ε_b 到 $\varepsilon_{b'}$ 的跃迁也是一样. 注意到

$$N_a N_b g_{a'} g_{b'} = g_a\, g_b\, g_{a'} g_{b'} n_a n_b \propto n_a n_b \tag{21.6}$$

热平衡分布是不随时间变化的分布,各能级上的粒子数不变要求

$$n_a n_b = n_{a'} n_{b'} \tag{21.7}$$

即每种碰撞的正、逆过程相平衡. 因而有

$$\ln n_a + \ln n_b = \ln n_{a'} + \ln n_{b'} \tag{21.8}$$

考虑到碰撞过程必须满足能量守恒

$$\varepsilon_a + \varepsilon_b = \varepsilon_{a'} + \varepsilon_{b'}$$

与式(21.8)比较,有

$$\ln n_a = \alpha - \beta \varepsilon_a = \beta(\mu - \varepsilon_a) \tag{21.9}$$

这正是式(21.5).

　　当粒子系统不是无相互作用的极限情况时,它必为玻色系统或费米系统,其分布因而与 MB 分布极为不同. 因此对这两类粒子构成的量子体系有新的分布

$$\begin{cases} n_a = \dfrac{1}{e^{\beta(\varepsilon_a - \mu)} - 1} & \text{(玻色子)} \\[3mm] n_a = \dfrac{1}{e^{\beta(\varepsilon_a - \mu)} + 1} & \text{(费米子)} \end{cases} \tag{21.10}$$

式(21.10)分别称为玻色-爱因斯坦分布和费米-狄拉克分布,简称 BE 分布和 FD 分布.仔细比较式(21.5)与式(21.10)可知,当 ε_a 足够大时,BE 分布和 FD 分布都变成了 MB 分布,这与谐振子集系统在高能级趋于经典系统是一致的.

　　BE 分布和 FD 分布在现代物理与技术中非常有用.

21.2　激　　光

　　激光与 20.2 节中叙述的微波激射有着密切的渊源. 正是发明微波激射器的电子技术专家首先想到了激光.自 1960 年梅曼的一台红宝石激光器问世以后,激光技术迅速成为全球影响广泛的新兴技术.近半个世纪来,它不但引起了技术层面的

重大变革,还为物理学与其他学科的发展提供了新的方法和动力.本节简要介绍激光产生的原理及特性.

一、光与原子相互作用

讨论原子系统两个能量分别为 E_1、$E_2(E_1 < E_2)$ 的能级的吸收和辐射的情况.

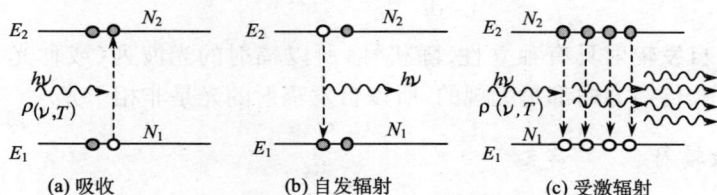

图 21.1 光与原子相互作用

1. 吸收

如图 21.1(a)所示,辐射场的能量密度为 $\rho(\nu,T)$,频率 ν 满足

$$\nu = \frac{E_2 - E_1}{h} \tag{21.11}$$

则系统单位时间吸收概率

$$w_{12} \propto \rho(\nu,T)$$

选择合适的比例系数

$$w_{12} = B_{12}\rho(\nu,T)$$

其中,B_{12} 称为吸收系数.

若原子系统上能级粒子数为 N_2,下能级粒子数为 N_1,单位时间原子吸收了辐射场的光子从下能级跃迁到上能级的概率为

$$\left[\frac{\mathrm{d}N_{12}}{\mathrm{d}t}\right]_{吸收} = B_{12}\rho(\nu,T)N_1 \tag{21.12}$$

2. 自发辐射

如图 21.1(b)所示,原子从高能级跃迁到低能级,辐射频率为 ν 的光子,同样满足

$$\nu = \frac{E_2 - E_1}{h}$$

普通光源(如电灯、火焰、太阳)发光,是由于系统中原子吸收了外来的能量,其中的电子跃迁到更高的能级,这时也称原子处于激发态.激发态是短暂的,寿命为

$10^{-9}\sim10^{-8}$ s,在没有任何外界作用下,电子会回到低能级——原子回到基态.

系统单位时间自发辐射跃迁概率用 A_{21} 表示,即

$$w_{自21} = A_{21}$$

单位时间跃迁概率为

$$\left[\frac{dN_{21}}{dt}\right]_自 = A_{21}N_2 \tag{21.13}$$

各原子自发辐射具有独立性、随机性,所以辐射的光波列(或称光子)的初相位、偏振状态、传播方向都是无规的,所以自发辐射的光是非相干光.

3. 受激辐射

如图 21.1(c)所示,原子系统在能量密度为 $\rho(\nu,T)$ 辐射场照射下,高能级的原子受光子的刺激跃迁到下能级,同时发射一个全同光子.这些光子继续作用于高能级原子,使光子数迅速增加,形成受激辐射光放大——激光.频率 ν 和能级差仍满足

$$\nu = \frac{E_2 - E_1}{h}$$

系统单位受激跃迁的概率记为

$$w_{21} = B_{21}\rho(\nu,T)$$

其中,B_{21} 称为受激辐射系数.

单位时间原子受激跃迁的概率为

$$\left[\frac{dN_{21}}{dt}\right]_{受激} = B_{21}\rho(\nu,T)N_2 \tag{21.14}$$

B_{12}、A_{21}、B_{21} 统称爱因斯坦系数.

通常一个多原子系统,在受激辐射时吸收和自发辐射也同时存在.当辐射场与系统处于热平衡时,单位时间往上能级跃迁的原子数与往下能级跃迁的原子数一样多.即

$$N_2(B_{21}\rho + A_{21}) = N_1 B_{12}\rho$$

受激辐射的概念是爱因斯坦于 1917 年在推导普朗克的黑体辐射公式时首先提出的,他得出热平衡时有 $B_{21}=B_{12}$,$w_{21}=w_{12}$ 的结论,并从理论上预言了原子产生受激辐射的可能性,提出要产生激光必须

$$N_2 w_{21} > N_1 w_{12}$$

即需要

$$N_2 > N_1 \tag{21.15}$$

式(21.5)显示热平衡时,不同能级的原子数密度服从麦克斯韦-玻尔兹曼分布,如不考虑化学势,则有

$$\frac{N_2}{N_1} = e^{-\frac{E_2 - E_1}{kT}} < 1$$

所以热平衡时不会产生激光.

例如,氢原子基态能量 $E_1 = -13.6\text{eV}$,第一激发态的能量 $E_2 = -3.4\text{eV}$,在 20℃的室温下,$kT \approx 0.0253\text{ eV}$,算得

$$\frac{N_2}{N_1} = e^{-403} \approx 0$$

可见在室温下,氢原子几乎都处于基态. 其他原子也相差无几.

一个多原子系统,若某一高能级的粒子数比一个或几个稍低能级的粒子数多,即 $N_2 > N_1$,则称为非平衡态原子布局,亦称**粒子数反转**.

二、激活物质能级结构

1. 亚稳态能级

由20.4 节得知,原子中每一个电子的状态可以用一组量子数 n, l, m_l, m_s 描述. 进一步的量子理论证明,并不是任意两个能级之间都可以产生辐射跃迁. 电子从高能态往低能态跃迁必须遵守选择定则,即跃迁只能发生在 l 量子数相差 ± 1 的能级之间. 于是,某些原子可能存在这样的能级,一旦电子被激发到这种能级,由于选择定则的限制,电子这种状态的滞留时间特别长,一般 $10^{-4} \sim 10^{-3}\text{s}$. 这种能级就称为**亚稳态能级**.

能实现粒子数反转的物质称为激活物质,激活物质必须存在亚稳态能级.

2. 三能级系统

如图 21.2 所示,激励能源为基态粒子提供足够的能量,粒子被抽运到 E_3 能级. E_3 能级上的电子很快通过自发辐射跃迁到 E_2 能级. E_2 是亚稳态能级,粒子数 N_2 超过了基态能级的粒子数——实现了粒子数反转. 这时,只要用频率满足

$$\nu = \frac{E_2 - E_1}{h} \tag{21.16}$$

的光激发一下,就有可能获得这种频率的激光.

红宝石激光器中的工作物质是掺在三氧化二铝晶体中的铬离子,就属于这种三能级系统. 红宝石激光的波长为 694.3nm,利用氙灯的脉冲光源可以进行激发.

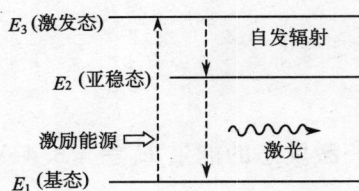

图 21.2　三能级系统　　　　　　　　图 21.3　四能级系统

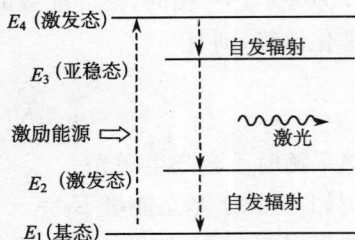

3. 四能级系统

如图 21.3 所示,基态粒子被抽运到 E_4 能级,通过自发辐射到亚稳态能级 E_3. 由于最初 E_2 能级几乎是空的,所以 E_3 和 E_2 能级之间很容易就实现粒子数反转. 受激辐射后,处于 E_2 能级的粒子会在很短的时间内自发辐射跃迁回基态,保证 E_3 和 E_2 能级之间保持粒子数反转. 因此四能级系统比三能级系统有更多的优势.

钛玻璃激光器、氦氖激光器都属于四能级系统.

三、激光器的基本组成部分

产生激光必要条件:①实现粒子数反转;②使原子被激发;③实现光放大. 因此相应的激光器的基本组成部分为:①工作物质;②激励能源;③光学谐振腔. 如图 21.4 所示.

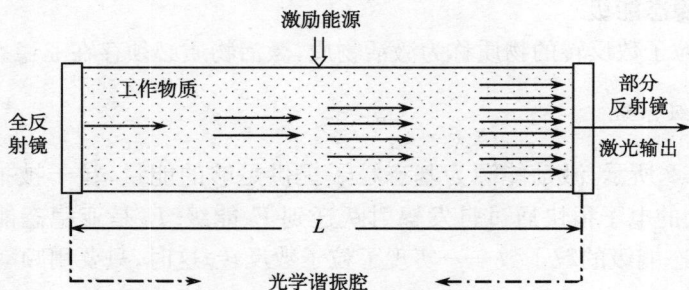

图 21.4　激光器的基本组成

这里对光学谐振腔加以说明. 有了合适的工作物质和激励能源后,可以实现粒子数反转,就可以产生激光了. 如果要得到足够强的激光,必须让受激辐射延续足够长的距离,这样需要把激光器做的十分巨大. 于是,研究者想到了利用反射镜. 如图 21.4 所示,一片全反射镜和一片部分反射镜组成光学谐振腔. 激光从部分反射镜输出,剩余部分被反射回去继续诱发受激辐射.

光学谐振腔还有两个作用:①能把传播方向略有偏离的光排除掉,保持激光束具有极好的方向性;②选模,使激光的单色性更好.

四、激光的纵模与横模

工作物质上能级的寿命有限,激光波列长度仍是有限长的.相应的准单色光谱线如图 21.5 所示,中心频率满足

$$\nu_0 = \frac{E_2 - E_1}{h}$$

频宽 $\Delta\nu$ 与上能级寿命成反比,即

$$\Delta\nu \propto \frac{1}{\Delta t} \tag{21.17}$$

仅这样,激光的单色性并不很好.还可以通过谐振腔提高激光的单色性.

因为只有在谐振腔内形成驻波的模式才能维持振荡,形成激光.

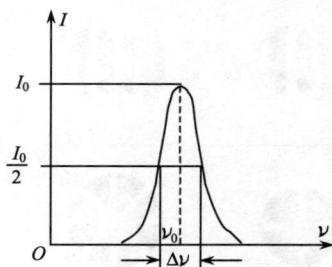

图 21.5 激光频谱自然展宽

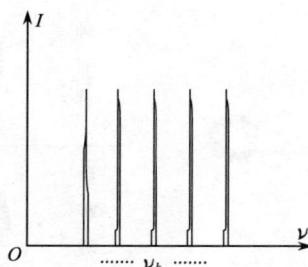

图 21.6 谐振腔选模

5.5 节驻波的机理告诉我们,只有满足半波长的整数倍与腔长相等的波,才能形成驻波.类似的,若谐振腔长度为 L,则只有波长满足下式的模式才能长期稳定振荡形成激光.

$$L = k\frac{\lambda_k}{2} \quad (k = 1, 2, 3, \cdots) \tag{21.18}$$

或者

$$\nu_k = k\frac{c}{2L} \tag{21.19}$$

图 21.6 为可能在谐振腔内稳定振荡的频率.相邻两个频率间隔为

$$\Delta\nu_k = \frac{c}{2L} \tag{21.20}$$

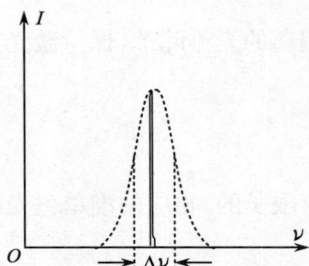

图 21.7　只剩一个纵模

综上所述,只有频率在$(\nu_0 - \Delta\nu, \nu_0 + \Delta\nu)$范围内,并满足式(21. 19)的光才能形成激光. 每一个形成激光频率称为一个**纵模**. 不考虑其他因素,激光器输出纵模数为

$$N = \frac{\Delta\nu}{\Delta\nu_k} \qquad (21. 21)$$

可以通过调整谐振腔的长度 L,得到单纵模输出,提高激光的单色性,如图 21.7 所示.

输出的激光束横截面上光强呈一定分布,一种分布称为一个**横模**. 表 21.2 列出激光的几种横模. 显然,基模的方向性更好,能量更集中通过谐振腔的调制可以实现基模.

表 21. 2　激光的几种横模

基模		高阶横模		
	轴对称			
	旋转对称			

五、激光器的种类

对激光器有不同的分类方法,一般按工作物质的不同来分类,则可分为固体激光器、气体激光器、液体激光器和半导体激光器. 另外,根据激光输出方式的不同又可分为连续激光器和脉冲激光器,其中脉冲激光的峰值功率可以非常大. 还可按发光的频率和发光功率大小来分类.

1. 固体激光器

固体激光器具有器件小、坚固、使用方便、输出功率大等特点,它的工作介质一般是均匀掺入少量激活离子的晶体或玻璃. 除了前面介绍的红宝石激光器之处,常用的还有用钇铝石榴石(YAG)晶体中掺入三价钕离子的激光器,它发射1060nm 的近红外激光. 固体激光器一般连续功率可达 100W 以上,脉冲峰值功率

可高达 10^9 W. 前面提到的钕玻璃激光器,就是一种大功率激光系统. 这种激光器工作介质的制备较复杂,因而价格较贵.

2. 气体激光器

气体激光器具有结构简单、造价低、操作方便、工作介质均匀、光束质量好,以及能长时间稳定连续工作的优点. 这也是目前品种最多、应用广泛的一类激光器.

He-Ne 激光器是其中最常用的一种. 激光管外壳用玻璃制成. 它的工作物质是氦和氖的混合气体,比例为 5∶1～10∶1,压强 250～400Pa. 管两端的反射镜组成谐振腔. 激光器用气体放电激励,中间有一毛细管是放电管,为使气体放电,两极间加几千伏高压. 混合气体中产生受激辐射的是氖原子,而氦原子是起传递能量的作用,因为气体放电使氦激发比使氖激发容易得多,所以先激发氦原子到某亚稳态,此亚稳态正好同氖原子中某激发态非常接近,氦原子可以通过碰撞把能量转移给氖原子,使氖原子激发. 氖原子产生激光的基本过程属四能级系统,这里不再深入讨论. 常用的 He-Ne 激光器的激光的波长是 632.8nm 的红光. 另外,还有波长为 $3.39\mu m$ 和 $1.15\mu m$ 的红外光输出. 最小的 He-Ne 激光管现已做到长 14.6cm、直径 2.5cm、质量 70g,功率为 0.5mW.

其他气体激光器,常用的有:二氧化碳分子激光器,可发射 $9.6\mu m$ 和 $10.6\mu m$ 的红外光. 其特点是输出功率大,且输出的波长正好是处于"大气窗口",即大气对这种波长的吸收较小. 因此,自 1964 年出现以来,很受重视,发展迅速. 连续输出功率已超过 10^4 W,脉冲输出功率已达 10^{10} W,应用广泛. 其次,氩离子激光器,辐射波长为 488nm 和 514.5nm 的蓝绿色可见光.

3. 半导体激光器

半导体激光器是以半导体材料作为工作介质的. 目前较成熟的是砷化镓激光器,发射 840nm 的激光. 另有掺铝砷化镓、硫化镉、硫化锌等激光器. 激励光方式有光泵浦、电激励等. 这种激光器体积小、质量轻、寿命长、结构简单而坚固,特别适合在车辆、飞机和宇宙飞船上使用. 在 20 世纪 70 年代末期,由于光纤通信和光盘技术的发展大大推动了半导体激光器的发展.

4. 液体激光器

常用的是染料激光器,采用有机染料作为工作物质. 大多数情况,是把有机染料溶于溶剂(乙醇、丙酮、水等)中使用,也有以蒸气状态工作的. 利用不同染料可获得不同波长激光(在可见光范围). 染料激光器一般使用激光作泵浦源,如常用的有氩离子激光器等.

液体激光器工作原理比其他类型激光要复杂得多,输出波长连续可调,且覆盖面宽是它的突出优点,使它也得到广泛应用.

除了上面四类外,还有利用化学反应建立粒子数反转的化学激光器;使高能电子穿过随空间变化的交变磁场,从而发生受激辐射的自由电子激光器,以及正在研制中的 X 射线激光器. X 射线激光器所发射的激光是波长小于 1nm 的 X 射线.它的波长非常短,可用来研究生物大分子、人体活细胞、拍摄活的生物组织、生物细胞、生物分子的三维立体图像,对生命科学的研究非常有用.

六、激光的主要特性

根据受激辐射的特点,以及从激光的形成过程,可知激光有以下主要特性.

1. 方向性好

激光可以说几乎在一条直线上传播. 不像普通光源是向四面八方传播的. 因为激光的形成是通过光在谐振腔内的来回反射,若光束偏离轴线,则多次反射后,终将逸出腔外. 因此,从部分反射镜中出射的激光的准直性非常好,发散角(即激光束偏离轴线的角)仅为几个毫弧度.

2. 亮度高

单位面积光源向某一方向单位立体角内所发射的光的功率被定义为光源在这一方向上的亮度,单位是 $W \cdot m^{-2} \cdot rad^{-1}$. 因此,即使普通光源与激光光源的辐射功率相同,由于激光束的方向性好,光功率在空间高度集中,以致激光的亮度将是普通光源的上百万倍. 再与太阳光比,一支功率仅为 1mW 的氦氖激光器的亮度要比太阳光强 100 倍;而一台巨型脉冲固体激光器的亮度可比太阳亮度高 100 亿(10^{10})倍,这是何等惊人的数字. 所以,激光是现代亮度最高的光源.

3. 单色性好

光的颜色取决于波长,通常将颜色分为七种,即红、橙、黄、绿、青、蓝、紫. 如果只有某一个波长的光波,则就是纯的单色光. 实际光的波长总有一定范围,波长范围越小,则此光的单色性越好. 大家所熟悉的霓虹灯、钠光灯等都可看做是单色光源,波长范围小于零点几纳米,如钠灯的光包含 589.0nm 和 589.6nm 两条波长很近的黄线. 但是激光的单色性要好得多,如 He-Ne 激光器所输出的红色激光(632.8nm)的波长范围(又称线宽)只有 10^{-8}nm. 可见激光是颜色最纯、色彩最鲜的光.

4. 相干性好

在第 3 章中已经指出过,当两列光波频率完全相同、振动方向相同、位相差一定时将发生干涉. 单色性、方向性越好的光,它的相干性必定越好. 激光器中受激辐射所输出的是频率、偏振和传播方向都相同的全同光子. 当激光束经过分束装置分为两束,则此两束光就有很好的相干性,所产生的干涉条纹非常清晰.

21.3 半 导 体

1947 年,三位美国科学家巴丁、肖克利和布拉坦发明了晶体管. 当时,他们都在新泽西州的贝尔电话实验室工作,所制造的三极管利用了半导体材料锗. 这一贡献具有划时代的意义,引起了现代电子学的革命. 因此,他们获得了 1956 年诺贝尔物理学奖. 1958 年制成了半导体硅集成电路,宣告了微电子技术的诞生,为当今的电子计算机和信息产业打下了基础.

一、晶体的能带

按原子分子的排列模式,固态分为晶态和非晶态. 常用的半导体和金属是晶体,而玻璃等材料是非晶体. 控制电子在半导体晶格中的运动,是 20 世纪最重要的科技成果. 由于晶体的重要性,本节先研究晶体的性质.

1. 电子共有化与单体近似

单个原子中处于束缚态的电子能量是量子化的,只有在它脱离原子核的束缚而成为自由电子时,其能量才是连续的. 在单个原子中,某一电子只受原子核与原子内其他电子的作用. 对于大量原子所组成的晶体,原子大小与原子间的距离都具有 10^{-10} m 的数量级. 因此,一个原子中的电子还将受到周围原子的作用. 对于原子最外层的价电子,自己原子核的作用比内层电子所受到的小,周围原子的共同作用比内层电子所受的大,因而不再属于某个原子. 电子"轨道"将发生不同程度的重叠,最外面价电子所处的"轨道"重叠较多,将更明显地表现出晶体的共性,如图 21.8 所示. 这称为电子的共有化.

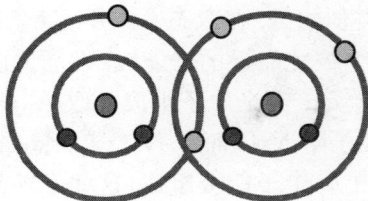

图 21.8 电子共有化

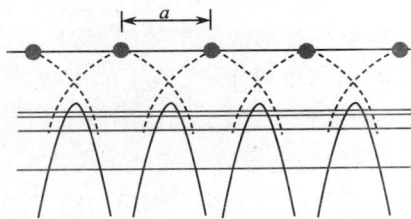

图 21.9 晶体中的周期势

在晶体中,原子的内层电子受原子核强烈束缚,对核电荷有屏蔽作用.因此,常把晶体看成由"离子"和共有化的价电子所组成的系统,其中"离子"就是原子核加内层电子.当进一步讨论晶体的物理性质时,常常用"独立电子模型"进行近似处理,即把价电子看成相互独立的.其他价电子对所讨论的那个价电子的作用,被视为一种平均的背景,从而把一个复杂的问题简化成为单体问题.这种近似方法,常称为单体近似.对某一个价电子,作周期性点阵排列的离子,提供了周期性的势场,如图 21.9 所示.将这一势场代入薛定谔方程,就可以讨论价电子的定态解.

2. 能带

量子物理的研究表明,孤立原子中的一系列分立能级,在晶体中对应着电子相应的能带.对 N 个原子构成的晶体,可以设想它们是由 N 个远离的原子逐渐靠近形成的.当原子孤立时,其能级的量子数是 n 和 l,记为 E_{nl}.一个能级在原子靠近时形成能带,这个能带仍由 n 和 l 标记,如 1s 能带、2p 能带等,如图 21.10 所示.

能带的特点如下:

(1) 高能级能带宽度 ΔE 大,即同一能带中最高能级与最低能级的能量差大.

(2) 晶体点阵间距 a 越小,ΔE 越大.

(3) ΔE 大小由晶体性质决定,与晶体所包含的原子数 N 无关.N 增加时,能带中能级的密集程度随之增加.

单原子能级与能级之间的间隔,在晶体中演变成为较高能带的底与相邻较低能带的顶之间的间隔,称作带隙.在理想的晶格中,带隙里没有能级,电子的能量不能取带隙所对应的能量,所以带隙也称**禁带**,禁带的宽度 E_g 称**能隙**.

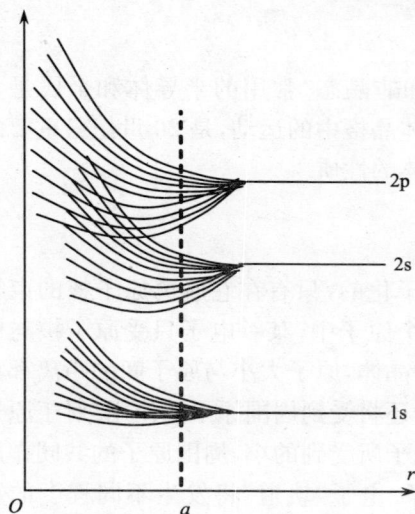

图 21.10　能带的形成

能级分裂形成能带的原因,与双态系统有类似之处.在双态系统中,只要有两个可能的等价量子态,原来的能级就分裂成两个彼此靠近的子能级.设晶体由 N(N 一般非常大,因为晶体中原子的密度约为 $10^{22}\,\mathrm{cm}^{-3}$)个原子组成并取单电子近似,所讨论的电子有可能处于晶体中任意一个离子附近,因而有 N 个等价态,这个电子的能级就会分裂成相应的能带,每个能带由 N 个子能级组成.这些子能级彼此靠近,能量差值十分微小(数量级约为 $10^{-22}\,\mathrm{eV}$).

3. 能带中电子的排布

电子在能带中排布的原则有:服从泡利不相容原理和能量最小原理.泡利不相容原理要求一个量子态上最多只有一个电子,这导致由量子数 n 和 l 标记的能带,最多能容纳 $2N(2l+1)$ 个电子;这是因为能级 E_{nl} 对应着 $2(2l+1)$ 个量子态.例如,1s 能带中可填充 $2N$ 个电子,2p 能带中可填充 $6N$ 个电子.能量最小原理要求无外界提供能量时,或者当晶体处于基态能量时,电子总是先填充能量较低的能带或能级.完全被电子填满的能带,称为**满带**.一个电子也没有的能带,称为**空带**.

4. 导体、绝缘体和半导体

晶体按导电性能的高低分为导体、半导体和绝缘体.它们的导电性能不同,是因为它们的能带结构不同,如图 21.11 所示.

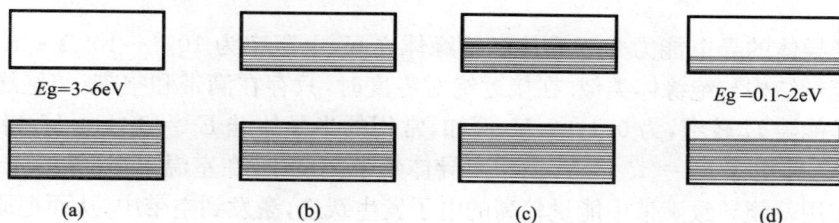

图 21.11　晶体能带示意图

(a)绝缘体(较低能带全填满,较高能带全空,禁带宽度大,电子不易跃迁到空带);
(b)金属(存在未满的能带);
(c)半金属(存在能带交叠,有交叠的两个能带一个几乎填满,一个几乎是空的);
(d)半导体(较低能带全填满,较高能带全空,禁带宽度小,常温下电子易热激发跃迁到空带)

1) 导体

易于传导电流的物质称为导体.常见的导体有金属、电解质水溶液、电离气体等.金属电阻率很小,为 $10^{-8} \sim 10^{-6} \, \Omega \cdot m$. 对金属来说,原子内层电子能量较低,充满能带,一般不参与导电.碱金属大多是一价的,其他金属价电子也较少,故价电子不能填满相应的能带.在外电场的作用下,这种不满的能带中的电子可从外电场吸收能量,跃迁到同一能带中未被占满的能量较高的能级上,形成电流.导体中这种被电子部分填充的能带,因对形成电流有贡献,故称为导带.形成电流的带电粒子称为载流子.金属的载流子就是其晶体中发生了共有化的那些价电子,这些电子的数密度很大,约为 10^{22} 个/cm³.

2）绝缘体

绝缘体的电阻率很大，为 $10^8 \sim 10^{20}$ Ω·m. 绝缘体在形态上可分为固态、液态和气态. 固态绝缘体又分为非晶态和晶态，非晶态如塑料、橡胶和玻璃等；晶态如云母、金刚石等.

晶态绝缘体的能带结构特点是：在常温以下，电子恰好填满能量较低的能带，其他的能带都是空的，也就是绝缘体中只有满带和空带. 绝缘体的基本特征就是能隙 E_g 较大，为 3～6eV. 在热激发或通常的外电场作用下，绝缘体中的电子很难获得足够的能量由满带跃入空带. 例如，金刚石中两碳原子相距 15nm 时，$E_g = 5.33eV$，满带中的电子很难获得这么大的能量而进入上面的空带，因此金刚石是一种很好的绝缘体. 当外电场足够大时，满带中的电子有可能跃入上面的空带中，此时绝缘体常被击穿，也就不再是绝缘体了.

3）半导体

半导体的导电能力介于导体和绝缘体之间，电阻率为 $10^{-5} \sim 10^7$ Ω·m，半导体的能带结构与绝缘体类似. 在接近绝对零度时，只存在满带和空带. 与绝缘体不同的是能隙 E_g 较窄，为 0.1～2eV. 例如，常用的半导体硅 $E_g = 1.114eV$，锗 $E_g = 0.67eV$，砷化镓 $E_g = 1.43eV$. 由于半导体禁带宽度小，在室温下，外界的光、热和电的作用就能导致满带中能量较高的电子发生跃迁，激发到空带中，从而把原来对导电无贡献的空带变为起导电作用的能带. 因此，在半导体中，一系列空带最下面的一个，常称为导带；而一系列满带最上面的一个，常称为价带.

为了讨论问题方便，对于导体和半导体导带中的电子，常常作进一步简化，称为"自由"电子.

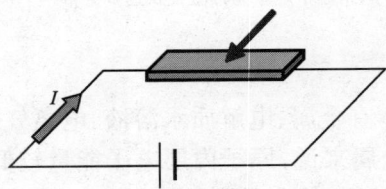

例 21.1　半导体材料砷化镓的能隙为 1.43eV，用光激发其导电，如图 21.12 所示. 求光波的最大波长.

解

$$h\nu = \frac{hc}{\lambda} \geqslant E_g$$

$$\lambda \leqslant \frac{hc}{E_g}$$

图 21.12

$$\lambda_{max} = \frac{hc}{E_g} = \frac{6.63 \times 10^{-34} \times 3 \times 10^8}{1.43 \times 1.6 \times 10^{-19}} = 870(nm)$$

例 21.1 表明，常用的半导体材料在光照下容易激发，其导电性易于提高. 综上，对于不同的晶体材料，电子跃迁到高能级至少需要的能量为：导体 10^{-22} eV，半导体 0.1～2eV,绝缘体 3～6eV.

二、本征半导体和杂质半导体

半导体分为两类,一类是本征半导体,另一类是杂质半导体.

1. 本征半导体

纯净而无杂质的半导体称为本征半导体(或内禀半导体).电子从价带到导带的跃迁,在价带中留下了未填充的能级,这些空能级称为空穴.在半导体中,导带中的电子和价带中的空穴对电流的形成都有贡献,但是其导电机制不同.导带中的电子受外电场的作用,因定向运动而形成电流.

满带中的空穴,总会有其他能态的电子来填充,从而在那个能态中又产生了新的空穴,电子填补空穴的运动,可以看成带单位正电荷 e 的准粒子的运动.在外电场的作用下,这种准粒子的运动也是定向的,因而也形成电流.只是带正电的准粒子的运动与填充电子的运动方向相反;当外界向半导体提供能量时,比如,在外电场的作用下,空穴会由价带中由上向下运动.为了与"自由"电子导电相区别,人们称此为空穴导电.

在纯净的半导体中,自由电子的数密度为 $10^{12}\sim10^{19}$ 个/cm³,价带中的空穴与导带中的电子数目相等.可见,金属与半导体导电机制的差别在于:可认为前者只有自由电子导电,而后者同时有满带中的空穴和导带中的电子参与导电.与金属中电子载流子的数密度相比,半导体中电子载流子的数密度要小 3～10 个数量级,因此对半导体,外部电子作用较易于控制其中电子的运动.

温度升高会导致更多的电子被热激发,使空穴与自由电子的数目急剧增加,其导电性能会大大提高.因此,半导体的电阻率一般会随温度明显地变化.利用这种效应可以制成热敏电阻和温度传感器.

2. 杂质半导体

含杂质原子的半导体称为杂质半导体.考虑到半导体的能带结构和导电机理,容易推想半导体对杂质是极为敏感的.即使极微量的杂质,也能对半导体的物理和化学性质产生极其明显的影响.例如,在硅(Si)中按原子数量掺入十万分之一的硼(B),其导电性能将提高数千倍;而在锗(Ge)中掺入百万分之一的砷(As),其导电率会提高数万倍.在半导体的某一区域掺入不同数量或不同种类的杂质,就可产生各种类型的半导体.

半导体硅和锗都是共价键结构.硅和锗都是四价元素,有四个价电子.它们形成晶体后,每个共价键中有两个价电子.在纯净的硅晶体中,当一个四价原子被一个五价原子(如磷、砷)替代后,除了四个电子与近邻形成共价键外,多出的那个电子就会吸附在已成为带正电的杂质离子周围,如图 21.13 所示. 这种提供电子的杂质称为施主(donor)杂质.

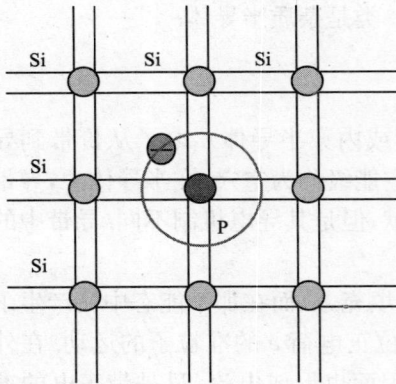

图 21.13　n 型半导体　　　　　　　　图 21.14　p 型半导体

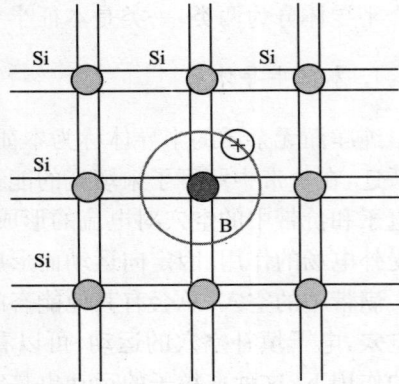

另一种情况是,在纯净的硅晶体中,当一个四价原子被一个三价原子(如硼、镓)替代后,需要再接受一个电子,才能与四个近邻形成共价键. 这等价于该杂质原子提供了一下空穴. 这个空穴吸附在已经成为带负电的杂质离子周围,如图 21.14 所示. 这种提供空穴的杂质称为受主(acceptor)杂质.

量子物理的理论研究和实验观测表明,杂质产生的束缚能级不在能带之内,而在其上下边缘附近,处在禁带之中. 施主杂质的能级 E_d 位于导带下面的禁带中,E_d 到导带底的能量差一般在 0.04eV 左右,在室温下 E_d 上的电子就易于激发到上面的导带中,形成负载流子,如图 21.15(a)所示. 受主杂质的能级 E_a 位于满带上面的

(a) 施主　　　(b) 受主

图 21.15　杂质能级

禁带中,E_a 到满带顶的能量差一般也很小,对于常用的受主杂质,硼的能量差约为 0.045eV,镓的能量差约为 0.067eV,铟的能量差约为 0.16eV. 在室温下,满带上的电子就易于激发到上面的 E_a 中,从而在满带中形成空穴,成为正载流子,如图 21.15(b)所示.

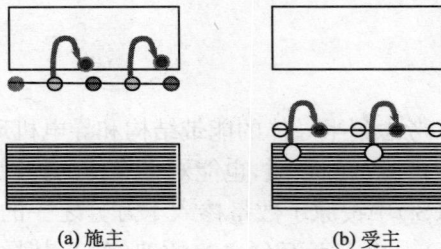

显然,前一种杂质半导体中,自由电子将多于空穴,电流的形成主要靠带负电的粒子,因而称作 n 型半导体. 后一种杂质半导体中空穴多于自由电子,以空穴导电为主,称作 p 型半导体,半导体所用的材料主要有硅和砷化镓. 估计世界上 95% 以上的半导体器件用硅制成,硅约占地壳总量的 27%,硅半导体制作成本低廉. 另外,硅禁带较宽,其半导体器件与其他

材料的器件相比受温度的影响较小,器件的性能比较稳定.而且硅的结晶性能好,提炼单晶的技术较成熟,可以拉出大尺寸单晶,直径可达 30cm 以上,机械强度也比较高.采用高温下的还原反应可得到纯度为 98% 的硅.经过提纯,使硅的含量达 99.999%(常称五个九)以上才可制作器件.而制作大规模集成电路则要八个九以上.砷化镓是目前较常用的另一种半导体材料.砷化镓制成的集成电路与硅集成电路相比,响应速度快,耐高温、抗辐射性能好.但是,砷化镓器件制作难度大、价格贵,限制了它的发展.

三、半导体应用简介

1. pn 结

在一块硅片上,用不同的方法掺杂使其一边形成 n 型半导体,另一边形成 p 型半导体,在其交界面两侧形成空间电荷层,并建有层内自建电场.这样的交界面称为 pn 结.当不存在外加电压时,pn 结两边载流子浓度差会引起扩散电流,自建电场会引起漂移电流,当这两个反向电流相等时,pn 结处于电平衡状态,见图 21.16.

当外界对 pn 结有正向电压偏置时,外界电场和自建电场的互相抑制作用使载流子的扩散电流增加引起了正向电流.当外界对 pn 结有反向电压偏置时,外界电场和自建电场方向一致并相互加强,在一定反向电压范围内形成与反向偏置电压大小无关的反向饱和电流 I_0.当外

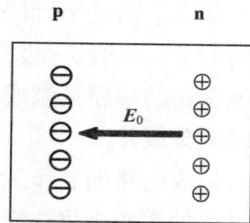

图 21.16 pn 结

加的反向电压高到一定程度时,pn 结空间电荷层中的电场强度达到临界值,会产生载流子的倍增过程,此时有大量电子空穴对产生,反向击穿电流的数值很大,称为二极管击穿现象.

pn 结的主要性质是所谓单向导电性,它是制作各种半导体的基础.平常使用的半导体管就是由 pn 结连上引线封在管壳内构成的.

2. 晶体管

晶体二极管就是一个 pn 结,在电路中二极管的符号如图 21.17 所示.二极管种类有很多,按材料分,有锗二极管(Ge 管)和硅二极管(Si 管).按用途分,有整流二极管、稳压二极管、开关二极管、发光二极管等.按照管芯结构,又可分为点接触型二极管、面接触型二极管及平面型二极管.点接触型二极管是用一根很细的金属丝压在光洁的半导体晶片表面,通以脉冲电流,使触丝一端与晶片牢固地烧结在一起,形成一个 pn 结.由于是点接触,只允许通过较小的电流(不超过几十毫安),适用于高

图 21.17 二极管符号

频小电流电路,如收音机的检波等. 面接触型二极管的"pn 结"面积较大,允许通过较大的电流(几安到几十安),主要用于把交流电变换成直流电的"整流"电路中. 平面型二极管是一种特制的硅二极管,它不仅能通过较大的电流,而且性能稳定可靠,多用于开关、脉冲及高频电路中.

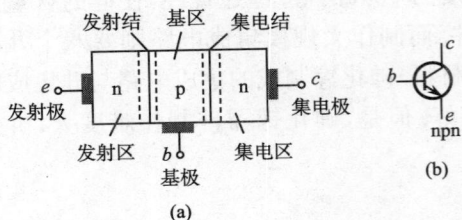

图 21.18　npn 型三极管示意图

晶体三极管则由两个背向的 pn 结组成,分 npn 型与 pnp 型. 由图 21.18 可见,它有三个区,称作发射区、基区和集电区. 三极管的重要特性是放大作用. 各种二极管和三极管正是集成电路的主要元件.

3. 集成电路

集成电路是 20 世纪 50 年代末诞生的一种半导体器件,它由一块半导体芯片上的若干二极管、三极管等晶体管,以及电阻、电容等元件组成,其连线一般用铝或其他金属的薄膜条制成. 将这样有一定功能的电路封装成多脚的器件,通常称作集成块或集成片.

集成电路的制作工艺比较复杂,一般有氧化、刻蚀和扩散掺杂等过程. 这一制作过程的实质是将选定的杂质从指定的表面向体内渗透,形成各种所需的晶体管、电阻和电容等元件. 氧化工艺中在硅片表面形成一薄层二氧化硅,作为阻挡层和绝缘层. 光刻工艺和照相类似,在二氧化硅表面按设计刻出窗口,使硅晶体裸露出来. 掺杂是通过这一窗口进行的,利用扩散法或离子注入法将选定的杂质原子掺入晶体. 二氧化硅阻挡层帮助实现了选择掺杂. 反复利用上述过程,在芯片中就能制作出各种元件. 最后在硅片上涂上一层铝或铜膜,仍用光刻技术除去无用的薄膜,剩下的薄膜当作元件间的连线或当作整个器件的引出线.

上述集成电路工艺有两个特点:一是在制造过程中 pn 结都有由氧化膜保护着,不受污染和损伤,电路性能良好可靠. 二是各种元件的形状及元件间的隔离区都取决于精密的刻蚀技术,所以,通过刻蚀线宽的不断缩小,元件尺寸也不断缩小,芯片上的集成度就越来越高. 利用激光进行光刻,线宽的极限约为 $0.2\mu m$. 利用同步辐射的短波长的 X 射线进行光刻,可以得到 $0.1\mu m$ 的线宽.

2007 年,最新的酷睿 2 双核处理器,采用了 45 纳米制造工艺,它的面积仅有 $107mm^2$,大小约 $1\times1cm^2$,但是却拥有 4.1 亿个晶体管. 当着线宽继续变窄,电子的波动性将会显现出来,隧道穿透效应将不可避免,这种对线宽的限制叫做物理极限. 物理极限的存在,导致量子计算的研究方兴未艾.

21.4 核 物 理

20 世纪初,卢瑟福散射实验证实了原子核的存在,经过约 100 年的发展,核物理已成为物理学研究的一个重要领域. 核能必然是未来能源发展的主要方向,核物理的基础知识将是人们工作和生活必备的常识. 这里主要介绍核的描述、核子的相互作用,以及核的变化规律.

一、原子核

在卢瑟福散射实验中,金原子是 α 粒子散射的靶,实验表明其核半径 R 约为 10^{-14} m. 他在实验中使用的 α 粒子,入射动能为 5.30MeV,最大散射角约 150°. 这种通过散射获取核信息的方法常被称为"卢瑟福影子". 在散射实验中常用德布罗意波长小的粒子束,如能量为 200MeV 的高能电子等粒子束,这些探测的粒子束称为核探针.

1. 核的组成

组成原子核的质子和中子,有自旋 $s = 1/2$,都是费米子,常称作核子. 核的表达式为

$$_Z^A X_N$$

式中 X 是元素符号,Z 是原子序数,N 是中子数,$A = Z + N$ 是质量数. A 为偶数的核是玻色子,为奇数的核是费米子. 如果两个核 Z 相同而 A 不同,则称其为该元素的同位素. 只要 Z 和 N 有一个不同,则称为不同的核素.

核一般呈接近球形的椭球形或球形,核的密度均匀,单位体积中的核子数是常数,即

$$\frac{A}{4\pi R^3/3} = C.$$

2. 核磁矩

核子的磁矩单位是核磁子

$$\mu_N = \frac{e\hbar}{2m_p c}$$

其中,m_p 是质子质量. 核子的磁矩为

$$\mu_p = +2.793\mu_N, \quad \mu_n = -1.913\mu_N \tag{21.22}$$

3. 结合能

将若干个核子结合成原子核放出的能量称为结合能(或将原子核的核子全部

分散开所需的能量称为结合能），常记为 $B(Z,A)$. 原子的结合能就是其电离能，其数量级是 eV，核结合能的数量级是 MeV，可见原子核更不容易打碎. 核平均结合能如图 21.19 所示.

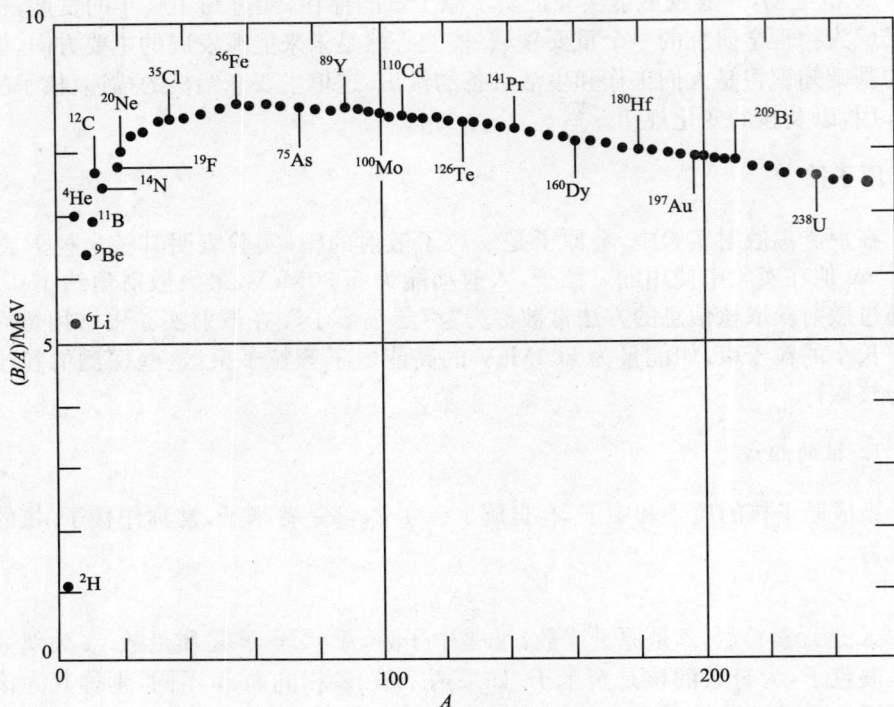

图 21.19　原子平均结合能曲线

二、核力与核模型

1. 核力

核力的基本性质是

核力是短程强作用力　核力克服库仑力使核子形成核，一般是吸引力. 当核子间距≤0.4fm 时（核物理常用单位 1fm＝10^{-15} m），核力是排斥力，在核外核力迅速趋于零，其力程一般小于 3fm.

核力具有饱和性　从图 21.19 中的平均结合能曲线可知，除了几个轻核，平均结合能近似为常数，即

$$\frac{B(Z,A)}{A} \approx 8.5\text{MeV} \tag{21.23}$$

由此可见，如果核力的力程较长，其结合能就会像库仑相互作用. 库仑作用在较大

的核中显得重要,而核力是有限的,可认为只发生在相邻的核子之间.

核力与核子电荷无关 由核子的碰撞实验,核力对 np、nn 和 pp 基本一样,可视为一种研究核力的重要对称性.

例 21.2 汤川核力的交换模型,见图21.20. 汤川于 1935 年推测核中的质子和中子之间的强作用力可以用 π^+ 介子描述,介子的质量估计为

图 21.20 交换模型

$$m_\pi c^2 \approx \frac{\hbar}{\Delta t} \approx \frac{\hbar c}{\text{fm}} \approx 200\text{MeV} \quad (21.24)$$

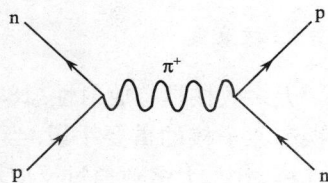

1947 年发现了质量为 $140\text{MeV} \cdot c^{-2}$ 的 π 介子,显示了汤川理论的预言能力.

2. 核模型

1) 液滴模型

液滴模型的基础是,核力的饱和性与液体分子间的力相似,而核密度又近似为常数,与液体密度为常量也相似. 核子间的作用,就像液滴中水分子相互作用一样. 液滴模型用到核反应的例子是

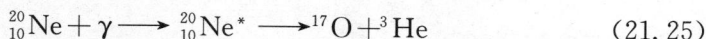

$$^{20}_{10}\text{Ne} + \gamma \longrightarrow \, ^{20}_{10}\text{Ne}^* \longrightarrow ^{17}\text{O} + ^3\text{He} \qquad (21.25)$$

其中,Ne^* 是复合核,一般寿命很短. 由于统计涨落,在复合核中的一个核子或一部分核子将获得足够能量离开核.

2) 壳层模型

按照壳层模型,核中的核子就像原子中具有壳层结构的电子,其特性如下:
核子在一个势场中运动,这个势场由所有其他核子共同决定;
核子的量子态由一组量子数定义;
核子遵守泡利不相容原理;
核子几乎不碰撞.
在这个模型中,可以给出一些特定的数——核幻数(magic nucleon number),这些幻数是

$$2,\ 8,\ 20,\ 28,\ 50,\ 82,\ 126$$

实验表明,当质子数 Z 或中子数 N 是这些特殊的数时,核的稳定性就会特别高. 例如,^4He 的质子数 Z 为 2,中子数 N 为 2;^{208}Pb 的 Z 为 82,N 为 126. 这非常类似于原子结构中的电子幻数

$$2,\ 10,\ 18,\ 36,\ 54,\ 86$$

三、衰变与核反应

1. 核衰变

大多数核具有放射性. 1896 年贝可勒尔首次发现天然放射性,放射性的研究是探测原子核的重要手段. 当 $Z \geqslant 83$ 时,不存在稳定核素. 在已知的 1700 多种放射性核素中,大多数通过反应堆或加速器生成. 核的**半衰期** $t_{1/2}$ 从数十秒到十亿年. 例如

$$^{262}_{105}\mathrm{Db} \qquad\qquad t_{1/2} = 0.7\mathrm{min}$$

$$^{14}\mathrm{C} \qquad\qquad t_{1/2} = 5.57 \times 10^3 \mathrm{a}$$

衰变事件是统计性的,可以从概率出发来讨论. 衰变事件数(即发生衰变的核数) $-\mathrm{d}N$ 应大致和时间间隔成比例,即

$$-\frac{\mathrm{d}N}{\mathrm{d}t} = \lambda N \tag{21.26}$$

式中,比例常数 λ 是衰变常量. $R = -\mathrm{d}N/\mathrm{d}t$ 称作衰变率或活度. 它的 SI 单位是 Bq (贝可),

$$1\mathrm{Bq} = 1\mathrm{s}^{-1}$$

由式(21.26)积分可得

$$N = N_0 \mathrm{e}^{-\lambda t} \tag{21.27}$$

衰变率 R 也满足指数律

$$R = \lambda N = \lambda N_0 \mathrm{e}^{-\lambda t}$$

$$\equiv R_0 \mathrm{e}^{-\lambda t} \tag{21.28}$$

R 可由实验测定.

半衰期 $t_{1/2}$ 是这样定义的:当 $t = t_{1/2}$ 时,$N = N_0/2$. 代入这一条件到式(21.27)得到

$$t_{1/2} = \frac{\ln 2}{\lambda} \tag{21.29}$$

利用此表达式,可以把衰变率写为

$$R = R_0 \left(\frac{1}{2}\right)^{\frac{t}{t_{1/2}}} \tag{21.30}$$

经常用到平均寿命 $\bar{t}$,定义为

$$\bar{t} = \frac{\int t(-\mathrm{d}N)}{\int -\mathrm{d}N} = \frac{1}{N_0}\int t\,\lambda N \mathrm{d}t$$

$$= \frac{1}{\lambda} \tag{21.31}$$

对不同半衰期的核衰变,寿命的计算有所不同. 对短寿命衰变,测量衰变率 R 随时间的减小,然后通过式(21.32)计算:

$$t_{1/2} = \frac{\ln 2}{\ln[R_0/R(t)]} t \tag{21.32}$$

对于长寿命衰变,衰变率的变小需要很长时间,可能长达数十亿年,此时直接测量衰变率是不可能的. 可以利用衰变率以及核数变化小的特点,通过下式计算:

$$\lambda = \frac{-\dfrac{dN}{dt}}{N} = \frac{R}{N} \tag{21.33}$$

已知某放射性核的半衰期,则可用做年代测定. ^{14}C 就是一个很好的例子. 已知 ^{14}C 的半衰期是 $t_{1/2} = 5.57 \times 10^3$ a. 活的植物从大气吸收 CO_2,其中一小部分碳原子是 ^{14}C. 植物枯死, ^{14}C 的呼吸停止, ^{14}C 只进行衰变,其活度就会小于活的植物. 如果一件木制品中 ^{14}C 同位素的活度是新伐木料的 $1/2$,则可得到其年代:

$$t = \frac{\ln[R_0/R(t)]}{\ln 2} t_{1/2} = 5.57 \times 10^3$$
$$= 5.57 \times 10^3 \text{(a)}$$

1) α 衰变

自发 α 衰变的半衰期为 4.47×10^9 a,典型的反应是

$$^{238}U \longrightarrow {}^{234}Th + {}^4He + 4.26 \text{MeV} \tag{21.34}$$

α 粒子有非常确定的能量. 可以估计 α 粒子的静止能量:

$$m_\alpha c^2 \approx 4 \times 931 \text{MeV} \gg 4.26 \text{MeV}$$

在一个简单的模型中,假定 α 粒子存在于核中. 它经受到核力和库仑力,它们符号相反、力程不同. 假定 α 粒子在核中快速运动而几乎不受力. 当它脱离核时, α 粒子将受到一势的作用,如图 21.21 所示.

$$U(r) = \begin{cases} -U_0, & r < R \\ \dfrac{1}{4\pi\varepsilon_0} \dfrac{2(Z-2)e^2}{r}, & r > R \end{cases} \tag{21.35}$$

按照式(21.33),有

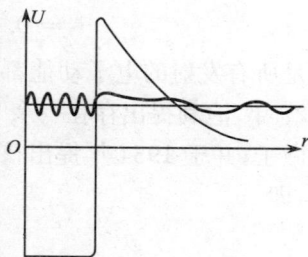

图 21.21 α 衰变

$$-\frac{\dfrac{dN}{dt}}{N} = \lambda = fT \tag{21.36}$$

其中,碰撞频率 $f = v/(2R)$,而透射概率 T 是

$$T = \exp\left\{-\frac{2}{\hbar}\int_R^{R'}\sqrt{2\mu[U(r)-T_\alpha]}\,dr\right\} \tag{21.37}$$

利用数据 $f = 5\times10^{20}\,\text{s}^{-1}$ 和 $T = 10^{-38}$,则衰变概率和半衰期为

$$-\frac{dN}{N} = 5\times10^{-18}\,dt$$

$$t_{1/2} = \frac{\ln2}{\lambda}\frac{a}{\pi\times10^7\,\text{s}} = 4.4\times10^9\,\text{a} \tag{21.38}$$

2) β 衰变

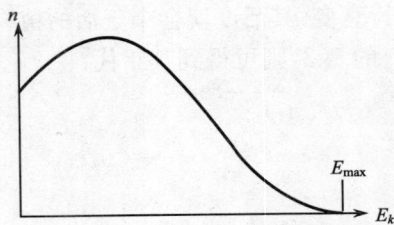

图 21.22　β 衰变

在 β 衰变中,一个中子变成一个质子,即

$$n \longrightarrow p+e$$

质子数 Z 和中子数 N 都变化一个单位,可是质量数 A 没有变.早期研究这一实验时,发射出的粒子被做 β 粒子,后来证明那就是电子.反应前这个电子不可能存在于核中,否则将造成困难.因为 n、p 和 e 自旋都是 1/2,过程中自旋角动量将不守恒.β 谱是连续的,不像 α 粒子那样有非常确定的能量.

在图 21.22 中,我们可以看到 β 粒子存在一个极大能量,β 粒子数 n 有一个极大值.β 衰变前后的静能量差值 Q 为

$$\begin{aligned}Q &= (m_n-m_p-m_e)c^2 \approx (m_n-m_H)c^2 \\ &= 0.782\text{MeV}\end{aligned} \tag{21.39}$$

但是所有发射的电子动能都小于这个值.动量和能量守恒要求存在第三颗粒子. 1927 年,泡利提出存在一个"不可检测的、很轻的、中性粒子".费米称这一粒子为中微子,并于 1934 年提出核 β 衰变理论.他假定 β 衰变本质上是核里面中子的衰变,即

$$n \longrightarrow p+e+\bar{\nu}_e \tag{21.40}$$

实验测得中子的平均寿命为 $(0.935\pm0.014)\times10^2\,\text{s}$.宇宙学认为,中微子在宇宙形成时期大量生成,是至今所有已知粒子中最为丰富的.由于中微子和其他物质的作用十分微弱,很难检测.地球对于中微子而言可认为是完全透明的.

3) γ衰变

$$(\text{慢})n + {}^{238}U \longrightarrow {}^{239}U^* \longrightarrow {}^{239}U + \gamma$$

其中,γ是γ射线,其能量比原子过程中的光子要高 10^2 或 10^3 倍.

2. 核反应

与煤相比,铀"燃烧"过程中有更多的质量转化为能量. 表 21.3 的数据可以支持这一论点.

表 21.3 燃 烧 值 （单位:J/kg）

燃烧物质	燃烧值
煤的燃烧	2.9×10^7
TNT	4.6×10^6
铀裂变	8.6×10^{13}

1) 裂变（fission）

热中子的能量是

$$E = \frac{3}{2} k_B T = \frac{3}{2} k_B \times 300K \approx \frac{3}{2} \frac{1}{40} eV \approx 37.5 MeV \tag{21.41}$$

中子不带电,对它们来说没有库仑势垒,费米用中子轰击各种元素得到了新的放射性元素,例如,$n + {}^{235}U$ 释放的能量通常是

$$Q \approx 2 \times 120 \times 8.5 MeV - 240 \times 7.6 MeV \approx 200 MeV$$

这一裂变的机理可用液滴模型解释.

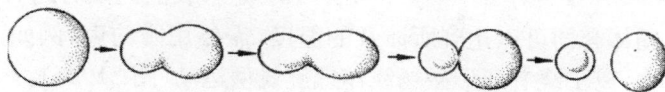

图 21.23 液滴模型解释裂变机制

2) 热核聚变（thermonuclear fusion）

^2H – ^2H 之间的库仑势垒是

$$2E_k = \frac{1}{4\pi \varepsilon_0} \frac{e^2}{2R} \tag{21.42}$$

$$E_k = \frac{1}{4} \left(\frac{1}{4\pi\varepsilon_0} \frac{e^2}{2a_0} \right) \frac{2 \times 0.529\text{Å}}{2.1 \times 10^{-5}\text{Å}}$$

$$= 1.7 \times 10^5 \, \text{eV}$$

对于两个 ^3He 核, 动能 E_k 约为 1MeV. "热核" 这一术语来自于用热能克服库仑势垒. 太阳中心的平均动能为

$$\bar{E}_k = \frac{3}{2} k_B \times 1.5 \times 10^7 \, \text{K} \approx 1.9 \, \text{keV} \ll 200 \, \text{keV}$$

因此似乎不足以克服库仑势垒. 那么聚变发生的机理是什么呢? 由麦克斯韦分布有

$$n(E_k) \sim e^{-E_k/k_B T} \sqrt{E_k} \, \mathrm{d}E_k$$

可见, 存在能量足够高的粒子, 并且还有隧道穿透效应, 它提高了聚变的反应率.

3) 可控热核聚变 (controlled thermonuclear fusion)

热核反应在宇宙间自 15×10^9 年前就开始了. 从核能利用的观点看, 主要的聚变过程是

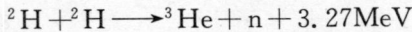

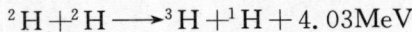

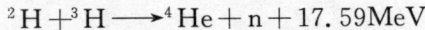

$$^2\text{H} + {}^2\text{H} \longrightarrow {}^3\text{He} + \text{n} + 3.27 \, \text{MeV}$$

$$^2\text{H} + {}^2\text{H} \longrightarrow {}^3\text{H} + {}^1\text{H} + 4.03 \, \text{MeV}$$

$$^2\text{H} + {}^3\text{H} \longrightarrow {}^4\text{He} + \text{n} + 17.59 \, \text{MeV}$$

氘在正常氢中的同位素丰度为 1/6500, 在海水中几乎是取之不竭的.

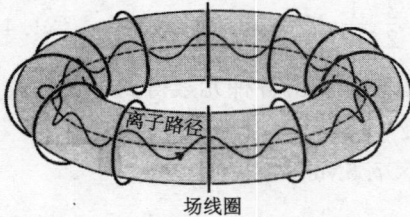

图 21.24　托卡马克

聚变过程要求 3 个条件:

(1) 足够高的粒子密度 n, 可保证碰撞频率较高;

(2) 足够高的温度, 使氘电离 $^2\text{H} \longrightarrow \text{D} + \text{e}$, 成为等离子体, 进而能够克服库仑势垒发生聚变;

(3) 足够长的约束时间 τ.

由于没有固体容器可以达到所涉及的温度, 需要用磁约束. 例如, 在热核聚变装置托卡马克中, 离子绕着环形磁场线作螺旋线型运动 (图 21.24).

劳森证明了成功的热核反应堆必须满足

$$n\tau \geqslant 6 \times 10^{13} \, \text{s} \cdot \text{cm}^{-3}$$

这就是劳森判据 (Lawson's criterion). 加热功率 $P_h = C_h n$; 聚变产生功率 $P_f = C_f n^2 \tau$. 当 $P_f = P_h$ 时, 能量投入与产出达到平衡. 可见, 有能量输出的条件是 $P_f \geqslant P_h$.

21.5　粒 子 物 理

研究物质的基本结构, 是物理学的主要任务. 在 20 世纪中期, 粒子物理学取得重大进展. 本节简要介绍 60 种 "基本粒子", 并对发现某些重要粒子的关键步骤做

一简要分析.

一、电子与光子

1. 电子——人类发现的第一个基本粒子

1895～1897 年,物理学家发现 X 射线、放射性和电子,揭开了研究微观世界的序幕.电子是人们发现的第一种基本粒子,它的发现促进了关于原子结构的研究.那时原子的存在仍受到怀疑,要建立比氢原子还小的电子的概念,实属不易.

1) 汤姆孙的贡献

1897 年,英国科学家汤姆孙根据实验研究,首先提出了电子的概念.为此,他以电子发现者的身份永载史册,并于 1906 年获得诺贝尔物理学奖.汤姆孙的主要贡献如下:

(1) 明确估算出阴极射线粒子的速度约为 200km/s,因此,要观察到电场作用下的偏转,就必须加大电场.

(2) 为了加大电场,阴极射线管内需要更高的真空度(见图 21.25).为此,汤姆孙利用了当时最先进的真空技术,同时他发明了一个关键技术——在抽真空时,将真空管置于热源附近烘烤,这样附着在真空管壁上的气体分子就容易被抽取出来.

(3) 汤姆孙在管外加上了一个线圈,其磁场垂直于电场及射线的方向.当电场力 eE 与磁场力 evB 相等:

$$eE = evB$$

射线不发生偏转,打到管壁中央,由此可得粒子的速度为

$$v = \frac{E}{B}$$

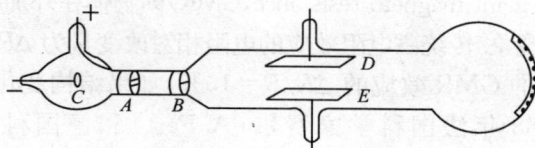

图21.25 汤姆孙测定电子荷质比的实验装置示意图

再根据阴极射线在电场作用下引起的荧光斑点的偏转幅度,就可以算出阴极射线粒子的核质比 e/m,他当时测得 e/m 约为 10^{11} C/kg.实验表明,阴极射线与阴极物质的材料和管内气体的种类无关,是构成各种材料的普适成分,汤姆孙把这种带负电的微小粒子命名为电子.

　　(4) 1898 年,汤姆孙直接测量电子的电量. 实验采用威尔逊云室,即在饱和水蒸气中电子可以成为一个核心,使它周围的水蒸气凝结成小水滴,一定量的电子在云室中便形成了雾滴. 测定了雾滴的数目 N 与电荷总量 Q,就可算出带电电荷的平均值 $e=Q/N$. 当时测得电子电量为 $1.1×10^{-19}$ C,与已知氢离子的电荷具有同一数量级,从而证明了电子质量约为氢离子的千分之一.

　　汤姆孙的成功,在于他敢于突破传统观念,大胆地承认了原子的可分性及电子的存在. 其实休斯脱(A. Schuster)在 1890 年、考夫曼(W. Kaufman)在 1897 年也测出了电子的荷质比. 但由于前者不相信阴极射线的粒子的质量不到氢原子的千分之一,后者不承认阴极射线是粒子,从而失去了发现电子的机会. 从电子的发现历史可知,**"发现的最大困难,在于摆脱一些传统的观念."**

　　2) 密立根的贡献

图 21.26　密立根
(Robert Andrews Millikan
1868～1953)

　　在汤姆孙发现电子之后,还需要进一步确认单个电子的电荷. 1911 年,美国物理学家密立根巧妙地提出油滴实验,测量了单个电子的电荷. 他测得 e 是 $1.591×10^{-19}$ C.

　　3) 电子的自旋

　　现已查明,自旋角动量是微观粒子的重要特征,而电子的自旋(角动量)是最早被认识的. 首先,电子的自旋是原子物理学的基本概念,它可以解释施特恩-格拉赫实验和其他原子物理实验现象. 其次,电子自旋是凝聚态物理学的重要概念,它可以解释材料的磁性、晶体的能带等现象. 1988 年以来,电子自旋的研究有了重大进展,它是解释巨磁电阻效应的关键.

　　巨磁电阻效应(giant magneto resistance,GMR)即物体在外加磁场作用下自身电阻发生显著变化的现象. 传统磁电阻效应的电阻相对改变量为 $ΔR/R=3\%～5\%$.

　　如图 21.27 中的 GMR 效应的 $ΔR/R=10\%$,如果结构变化或在低温下,$ΔR/R$ 还可以更大. 1988 年法国科学家费尔(A. Fert)和德国科学家格林贝格尔(P. Grünberg)发现巨磁电阻效应,他们同获 2007 年诺贝尔物理学奖[①].

　　电子除了具有荷电性质,还具有自旋特性. 荷电性导致可以用电流传递能量与信息,而自旋可以使某些物质成为铁磁质. 在以往的科技中,当传递能量、信息时,一般只利用或控制电子的荷电特性;当存储信息时,才会用到电子的自旋特性——物质的磁性. 而基于巨磁电阻效应的读写磁头,既同时使用了电子的电荷与自旋,

_____

　　① 　参考:赖武彦. 2007. 物理,36(12):897.

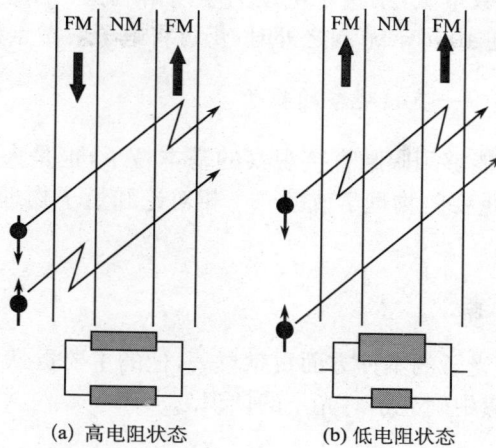

图 21.27 GMR 效应原理图

又是纳米技术的第一次重要应用.

由量子理论可知,铁磁材料中电子的能带分成两个子带,自旋向上子带和自旋向下子带.在如图 21.22 的结构中,格林贝格尔用了一个类似于三明治结构的薄膜,两层厚度约 10nm 的单晶铁层之间,有约 1nm 的单晶铬,这里铬是非铁磁的.在图 21.27(a)的左侧和右侧的铁磁性材料中,磁矩反平行,此时对应的外磁场较弱;而在图 21.27(b)的左侧和右侧的铁磁性材料中,磁矩相互平行,此时对应的外磁场较强.当传导电子穿过这个多层膜结构时,不同自旋取向的电子在层与层之间的界面处所受到的散射是不同的.图 21.27(a)对应高电阻状态,图 21.27(b)对应低电阻状态.这样,根据电路中电阻的高和低,就可以测定外磁场的弱和强.

1990 年 IBM 公司的研究员帕金(S. Parkin),在看到巨磁电阻效应的研究成果之后,意识到它的重要价值.他使用不同的材料和薄膜体积,制出 3 万多种层膜组合.在三四年之内,成功找到了巨磁电阻最好的材料和结构组合,以及进行规模生产的方法,研制出灵敏的读出磁头,将磁盘记录密度提高了 17 倍.有关巨磁电阻效应的技术,已经广泛用于硬盘数据的读取,成为最近几年硬盘小型化过程中的关键技术,以至于在任何一部 MP3 或笔记本电脑中,都有 GMR 效应的影子.

目前,世界上大约 60% 的硬盘磁头由中国制造.我们看到如下的发展轨迹:欧洲科学家的发现—美国企业家的开发—中国工业界的加工.其实,这一发展轨迹不同寻常,值得我们深入思考.

目前,人们还不能直接测量电子的半径.量子电动力学假设电子是点粒子,成功地解释了许多微观与高速现象.例如,高能正、负电子对撞实验表明,到目前为止,尺度小到 10^{-18} m 数量级,用量子电动力学来解释这一实验仍然是正确的. 因此,当所研究的现象在 10^{-18} m 范围之外时,仍可将电子看做点粒子.

2. 光子——人类唯一直接观察的粒子

光子是人类唯一能够用眼睛直接观察的基本粒子,也是人类发现的第二种基本粒子. 20 世纪中最重要的物理学成就——相对论和量子物理都与光的研究密切相关.

1) 爱因斯坦的贡献

爱因斯坦在认识光子的本性方面贡献卓著,他的主要贡献:一是相对论对光的描述,二是从光电效应中确立了对光子的认识.

2) 光子永不静止

1946 年,爱因斯坦在《自述》中说,他在 16 岁读中学时(1895 年),曾无意中想到一个"追光"的假想实验. 他想"如果我以真空中的光速 c 追随一束光线运动,究竟会看到什么现象呢?"设想,一只蜻蜓追上水渠中的波浪,在它看来,水波变成了静止的波形. 同样,如果有人能赶上光波,他将看到具有静止波形的电磁场,这是电磁学所不能允许的. 因为变化的磁场激发电场,变化的电场激发磁场,从而形成电磁波.

在真空中,没有任何静止质量的不为零的粒子,能够与光子以同样的速度运动. 我们说永不静止的光子,就是指真空中光总是以极限速度 c 运动. 任何观测者都不可能与光同行. 所以,在任一观测者看来,真空中的光永远不会静止.

3) 相对论中的光子

狭义相对论指出,光不但有纵向多普勒效应(如光源远离时其频率变小),还有横向多普勒效应(若光源做圆周运动,则圆心处的观测者测得其频率会变小),这是狭义相对论的一个重要科学预言.

在广义相对论中,光子有可能"静止"在黑洞的视界,也会发生"引力红移",即光子从引力势能代数值小的地方,到引力势能代数值大的地方,其频率会变小.

4) 量子物理中的光子

光电效应的爱因斯坦方程为

$$h\nu = \frac{1}{2} m_e v_{\max}^2 + A \tag{21.43}$$

方程(21.43)为后来的密立根实验所证实,因此有坚实的观测基础. 光子的能量为

$$E = h\nu$$

1916 年,根据能量-动量关系式:

$$E^2 = p^2 c^2 + m_0^2 c^4 \tag{21.44}$$

爱因斯坦提出光子的动量为

$$p = \frac{h\nu}{c} = \frac{h}{\lambda} \tag{21.45}$$

光子动量与波长的这一关系式,1923 年由康普顿效应证实.

5)量子场论中的光子

在爱因斯坦之后,对光子认识又有以下新的发展.光子是电磁场的量子,通常的光子称为实光子,构成传播能量(和信息)的电磁波;而静电场和恒定磁场,则是由所谓的虚光子构成.虚光子存在的时间极短,由不确定度关系式:

$$\Delta E \Delta t = \frac{\hbar}{2} \tag{21.46}$$

虚光子能量的不确定度 ΔE 可以很大,发射虚光子的系统,在极短的 Δt 内,能量可以不守恒.

6)光子的纠缠态

1992 年,英国科学家阿斯派克特(A. Aspect)首先进行了验证光子的纠缠态的实验,他证实了级联辐射光子线偏振关联的存在性. 最近,有中国科学家证实五光子纠缠态的存在,并利用国际领先的多光子纠缠技术,首次实现了基于多光子纠缠的量子态远程克隆,推动了量子信息和量子计算的研究.

二、强子

1. 核子的发现

在卢瑟福 α 粒子散射实验之后,人们已知氢原子核带正电荷 e,即与电子电荷绝对值相同,但符号相反,这种粒子被称为质子.1911 年以后,在卢瑟福核式原子模型中,人们仍然认为原子核是由电子与质子组成的.

早在 1920 年,卢瑟福以他丰富的科学想象力提出:"在某些情况下,也许一个电子更加紧密地与氢核相结合……这种中性粒子的存在看来几乎是必需的."他的学生查德威克深信老师的科学预言,终于在 1932 年发现了中子.查德威克测得中子的质量 m_n 比质子的质量 m_p 略大一些,分别为

$$m_n = 1.008\ 665u$$

$$m_p = 1.007\ 277u$$

式中,u 是原子质量单位,1u= $1.660\ 540\ 2\times10^{-27}$kg. 中子和质子的质量只有微小

的差别,前者呈电中性,后者带一个单位的正电荷,其他的性质则十分近似.因此,人们把它们统称为核子.

中子的发现是原子核物理发展历史上的一个里程碑,在理论上它使人们认识到,原子核是由质子和中子组成的.在实践上由于中子不带电,用它作为"炮弹"去轰击其他原子核时,不受静电作用,使它有更多的机会和靶核发生碰撞.中子"炮弹"的利用,为原子核物理的研究开辟了道路,为后来核能的利用打下了基础.

中子发现的历史值得回顾.在查德威克发现中子前,实验中已有迹象表明在核中可能存在一种中性粒子.例如,1930 年德国物理学家玻特(W. Bothe)和他的学生,利用 α 粒子轰击铍元素时,发现产生了一种穿透力极强的中性射线.后来居里夫人的女儿伊雷娜·居里(I. Curie)和她丈夫约里奥(F. Joliot),对这种射线进行了研究.他们将这种射线打到石蜡上,测到了有反冲质子从石蜡放出,他们认为这反冲质子是由这种射线轰击出来的.但是约里奥·居里夫妇和玻特等都受到传统观念的影响,认为这种射线就是大家所熟悉的 γ 射线.这对他们实在是极大的遗憾!对于约里奥居里夫妇,只要根据打出质子的动能,仔细地推算一下,如果这种中性粒子是 γ 粒子的话,那么它的能量将达几十 MeV,要比实验测得的这种未知粒子的能量大很多.于是就会发现这种中性粒子一定是一种新粒子.

回忆这段往事约里奥说,如果他们读过 1920 年卢瑟福的演讲文稿,了解中子假说,那么一定能对这一实验做出正确解释.而了解核内可能存在中性粒子的查德威克适逢其时,在了解了他们的实验之后,立刻意识到质子是由中子打出来的.正如巴斯德的一句名言:"在观察的领域里,机遇只偏爱那些有准备的头脑."

2. 强子的多重态

在 21.4 节,我们对 π 介子已经有所了解.像核子与 π 介子这样参加强相互作用的粒子,统称为**强子**.为了描述强子,除了电荷 Q 与自旋 s,还引入重子数 B、同位旋 I、同位旋的 z 分量 I_z、超荷 Y 等量子数.它们的意义如下:

(1) 重子数 B.所有重子的 B 为 1,反重子的 B 为 -1;

(2) 同位旋 I 和 I_z.对重子的双重态 I 为 1/2,I_z 为 $\pm 1/2$(见图 21.28 中的核子 n、p);对重子的三重态 I 为 1,I_z 为 $(-1,0,1)$(见图 21.28 中的 $\sum^-$、$\sum^0$ 和 $\sum^+$);可见,这里的同位旋与 20.4 节中电子的自旋角动量十分类似,这正是将这一物理量命名为同位"旋"(isotropic spin)的原因.

(3) 超荷 Y.

$$Y = S + B$$

式中,奇异数 S 为

$$S = 2(Q - I_z) - B$$

利用 I_z 和 Y 构成的平面,物理学家发现有一些所谓的八重态和十重态. 例如,在重子八重态中(图 21.28),八个重子的自旋都是 1/2,质量相差也不远. 在重子十重态中(图 21.29),十个重子的自旋都是 3/2,质量也比较接近. 经常提及的还有自旋为 0 的和自旋为 1 的介子八重态.

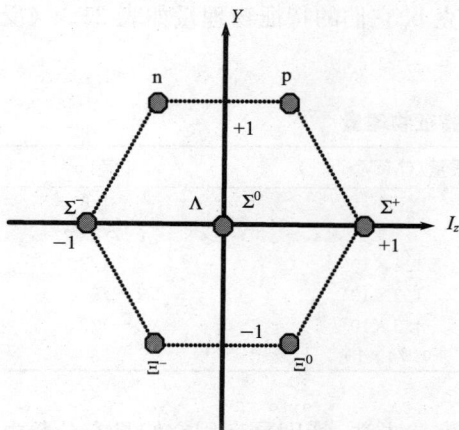

图 21.28 重子八重态

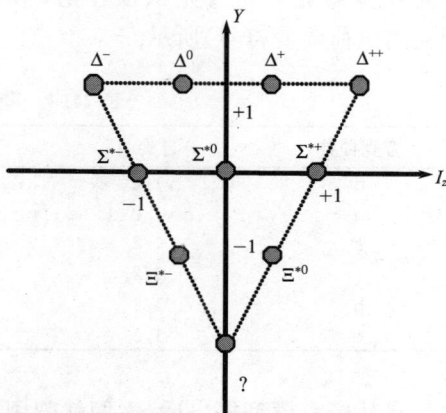

图 21.29 重子十重态

如果在图 21.29 中只有九个粒子,则这张图是不对称的;如果在"?"的位置上补一个粒子,而又不破坏图上有关的对称性,那么这个粒子应有什么性质呢? 结论是:这个粒子的 $Y = -2, I_z = 0, Q = -1$,自旋量子数 $s = 3/2$,将此粒子记为 Ω^-. 由已知的质量差:

$$m_\Sigma - m_\Delta \approx 153\text{MeV}$$
$$m_{\Xi^*} - m_{\Sigma^*} \approx 149\text{MeV} \tag{21.47}$$

可以推断

$$m_{\Omega^-} = m_{\Xi^*} + 149\text{MeV} = 1683\text{MeV} \tag{21.48}$$

实验与上述理论符合得非常好,使得做出这一科学预言的美国科学家盖尔曼获得 1969 年度诺贝尔物理奖.

三、夸克与轻子

就像元素周期表可以预言新元素一样,粒子的对称性十重态也可以预言新粒子 Ω^-. 元素周期表使人们认识到原子内电子的壳层结构,粒子的多重态引导盖尔曼等意识到,强子内部是有结构的.

1. 夸克模型

1) 夸克的特征量

1964 年盖尔曼和茨威格提出了夸克模型,此模型可以成功地解释质子、中子的性质以及强子的八重态和十重态. 研究表明,存在 6 种夸克,它们是上夸克 u、下夸克 d、粲夸克 c、奇夸克 s、顶夸克 t 和底夸克 b. 它们的特征物理量如表 21.4（反夸克的电荷要变符号）所示.

表 21.4　夸克的特征物理量

夸克种类	自旋/$\hbar$	质量/(MeV·c^{-2})	电荷/e
d	1/2	6	$-1/3$
u	1/2	3	2/3
s	1/2	1.4×10^2	$-1/3$
c	1/2	1.3×10^3	2/3
b	1/2	4.3×10^3	$-1/3$
t	1/2	1.74×10^5	2/3

自从夸克模型提出后,人们就曾用各种实验方法,特别是利用它们具有分数电荷的特征来寻找单个夸克,但至今这类实验都没有成功,好像夸克是被永久囚禁在强子中似的（因此,表 21.4 给出的夸克质量,都是根据强子的质量估算的）,这说明在强子内部,夸克之间存在着非常强的相互吸引力.

2) 夸克的色

对于强子内部夸克的研究,使物理学家设想每一种夸克都有 3 种不同的状态. 由于原色有红、绿、蓝 3 种,所以将“色”字借用过来,说每种夸克都可以有 3 种“色”,因而被称为红夸克、绿夸克、蓝夸克.“色”这种性质也是隐藏在强子内部的,所有强子都是“无色”的,因而必须认为每个重子都是由 3 种颜色的夸克组成的,而每个介子由夸克与反夸克组成. 例如,组成质子的 3 个夸克中,就有 1 个是红的,1 个是绿的,1 个是蓝的.

夸克之间的吸引力随着它们之间的距离的增大而增大,距离增大到强子的大小（10^{-15} m）时,这吸引力就非常之大,以至于不能把两个夸克分开,这是目前对夸克囚禁现象的解释. 夸克间的作用力称为色力,色力是强相互作用的基本形式. 如果说万有引力起源于质量,电磁力起源于电荷,那么强相互作用力就起源于色. 理论指出,色力是由被称为胶子的粒子作为媒介传递的.

综上,常说夸克有 6 味,每味夸克有 3 色,考虑到夸克的反粒子,共有 36 种不同状态的夸克.

2. 轻子

继电子的发现之后,1932 年还发现了正电子,其电荷电量与电子相等而符号相反,质量等其他物理量与电子相同.粒子物理把电子、正电子及电子中微子称为轻子.研究表明,轻子一共有 12 种,即电子 e,电子中微子 ν_e,μ 子、μ 子中微子 ν_μ,τ 子和 τ 子中微子 ν_τ,以及它们的反粒子.轻子的特征物理量见表 21.5(反轻子的电荷要变符号).

表 21.5 轻子的特征物理量

轻子种类	自旋/$\hbar$	质量/(MeV·c^{-2})	电荷/e
e	1/2	0.510 998 902(21)	-1
ν_e	1/2	<0.000 003	0
μ	1/2	105.658 357(5)	-1
ν_μ	1/2	<0.19	0
τ	1/2	1777.03	-1
ν_τ	1/2	<18.2	0

这 12 种轻子加上 36 种夸克,共 48 种粒子,常常称作实物粒子.传递电弱相互作用的粒子——包括光子在内的 4 种粒子,与 8 种胶子一起被称为规范粒子.粒子物理学通常研究的,就是以上所提及的 60 种基本粒子.

还有一种未被实验证实的规范粒子——引力子,一共 61 种基本粒子.在这些粒子之外,一般认为还有 Higgs 粒子的存在.通常所说的"基本粒子",一方面是一种习惯叫法,另一方面也反映了认识的阶段性.

3. 粒子的基本特征

后来人们用大能量的加速器来加速电子或质子,企图轰开质子或中子.令人惊奇的是,中子和质子不但没有被打成更小的碎片,反而产生了许多新粒子.由质子碰撞产生的某些新粒子,甚至比质子的质量还要大.为描述粒子常用下面这几种物理量:

(1) 质量.是指粒子的静止质量,常用 MeV·c^{-2} 作质量单位(或简写为 MeV).

(2) 电荷.电荷的基本单位是 e,$1e=1.602\times10^{-19}$C.

(3) 自旋.每个粒子都有自旋,通常用 $\hbar$ 做单位来度量,$1\hbar=1.05\times10^{34}$J·s.

(4) 寿命.除电子、质子和中微子以外,已发现的数百种粒子都是不稳定的,即在一定的时间内衰变为其他粒子.衰变前粒子存在的平均时间称作粒子的寿命.例如,自由中子的寿命约为 12min,很多粒子的寿命仅为 10^{-23}s 甚至 10^{-25}s.

四、四种基本自然力

在日常生活和工程技术中,人们会遇到很多种力. 例如,轮胎内空气的压力、大船下水的浮力、木板间胶水的黏接力、磁铁间的吸力或斥力等. 除了这些宏观我们能观察到的力之外,在微观世界观也存在着这样或那样的力. 例如,分子或原子间的引力或斥力、原子的核与电子之间的引力、核内粒子间的引力或斥力等. 初看起来各种力显得十分繁杂,但现代科学的发展已经证明,自然界只存在四种基本力,其他的力都是这四种力的不同表现. 这四种力是引力、电磁力、弱力和强力. 分别介绍如下:

1. 引力

引力指存在于任何两个质点间的吸引力. 它的规律由牛顿发现,称为万有引力定律. 即

$$f = \frac{Gm_1 m_2}{r^2} \tag{21.49}$$

其中,f 是质量分别为 m_1 和 m_2 的两个质点间的作用力,r 是两质点间的距离. 比例系数 G 称为引力常数,其值为

$$G = 6.67 \times 10^{-11} \text{Nm}^2 \cdot \text{kg}^{-2}$$

现代物理认为存在一种称作"引力子"的粒子,引力是由它传递的.

2. 电磁力

电磁力是带电粒子之间的作用力,它由光子 γ 作为传递媒介. 两个静止的带电粒子间的作用力满足库仑定律,即力的大小与两电荷电量的积 $q_1 q_2$ 成正比,而与两电荷的距离 r 的平方成反比

$$f = \frac{kq_1 q_2}{r^2} \tag{21.50}$$

式中,比例系数 k 为

$$k = 9 \times 10^9 \text{N} \cdot \text{m}^2 \cdot \text{C}^{-2}$$

电磁力比万有引力要大得多. 例如,两个相邻质子之间的静电力按上式计算可达 10^2N,是它们之间万有引力(10^{-34}N)的 10^{36} 倍.

运动电荷之间除了有电力作用外,还有磁力相互作用. 由运动与静止的相对性,人们容易推断电力与磁力之间必然有某种联系. 其实,磁力是电力的一种表现,或者说,磁力和电力具有同一的本源. 因此,电力与磁力统称电磁力.

电子与原子核之间的作用力就是电磁力. 虽然每个中性分子或原子的正负电

荷在数值上相等,但它们内部正负电荷有一定的分布,电荷对外的作用并没有完全抵消. 因此,中性分子或原子间的作用力可以说是一种剩余电磁力. 我们所熟悉的各种因接触而发生的力,如弹力、摩擦力、流体的阻力、压力和浮力等,都是相互靠近的原子或分子间的作用力的宏观表现,因而从本质上来说也是电磁力.

3. 强力

在绝大多数原子核内有不止一个质子,质子间的电磁力是排斥力,但是原子核的各部分并没有自动分离. 这说明在质子之间还存在一种比电磁力还要强的自然力,正是这种力把原子核内的质子以及中子紧紧地束缚在一起. 这种存在于质子、中子和介子等强子之间的作用力称作强力. 强力是夸克所带"色荷"之间的"色力"的一种表现,就像分子(或原子)间的分子力是剩余电磁力一样,强力也可以看成是一种剩余色力.

强子由夸克组成,每个强子整体上都是"无色"的,就像分子整体是不带电的一样. 两个相邻质子间的色力可达 10^4 N. 胶子是色力的传递媒介. 通常所说的力程指作用力可及的范围. 强力的力程非常短. 强子之间的距离超过约 10^{-15} m 时,强力就变得很小,因而可以忽略不计. 小于 10^{-15} m 时,强力占主要的支配地位,而且直到距离减小到大约 0.4×10^{-15} m 时,它都表现为吸引力. 距离再减小时,强力就表现为斥力.

4. 弱力

弱力也是各种粒子之间的一种相互作用,但仅在粒子间的某些反应(如粒子的衰变)中才显示出它的重要性. 弱力是由 W^+、W^- 和 Z^0 粒子传递的,它的力程比强力还要短. 两个相邻质子间的弱力大约仅有 10^{-2} N.

表 21.6 列出了四种基本力的特征. 其中力的强度是指两个质子中心的距离等于它们直径时的相互作用力.

表 21.6 四种基本自然力的特征

力的种类	相互作用的物体	力的强度/N	力 程
万有引力	一切物体	10^{-34}	无限远
弱力	大多数粒子	10^{-2}	小于 10^{-17} m
电磁力	带电物体	10^2	无限远
强力	强子	10^4	10^{-15} m

从复杂多样的力中,人们认识到基本的自然力只有四种,这是 20 世纪物理学的伟大成就. 此后,人们一直试图发现这四种力之间的联系. 爱因斯坦曾想把引力与电磁力统一起来描述,但没有成功. 在杨振宁等提出的理论基础上,温伯格等在

60 年代提出了电弱统一的理论. 这种理论指出, 在高能范围内电磁、弱相互作用本质上是同一性质的相互作用, 称作电弱相互作用. 这种理论认为, 在我们生活的这个世界里, 电磁、弱相互作用之所以表现极为不同, 是因为宇宙在大爆炸之后, 在能量低于 250GeV 的范围内, 发生了一次"对称性自发破缺"造成的. 19 世纪 80 年代前后, 这一理论得到实验的证实.

以上所说的四种基本相互作用是现代粒子物理标准模型的"规范理论"所阐明的, 统称为规范相互作用. 它们都在实验中观察到了. 除这几种规范相互作用外, 标准模型认为还应存在一种非规范相互作用, 称为 Higgs 粒子相互作用. 它的媒介粒子是 Higgs 粒子. 这种相互作用的力程比弱相互作用还要短, 要小于 10^{-18} m, 强度比弱相互作用还要弱. 两个电子相距小于 10^{-18} m 时, 它们之间的 Higgs 粒子作用只相当于电磁作用的 4.70×10^{-11}. 两个电子相距 10^{-15} m 时, 按 Higgs 粒子质量为 130GeV 估算, 它们之间的 Higgs 粒子相互作用只相当于电磁作用的 2.40×10^{-293}. 到目前为止, 这种 Higgs 粒子相互作用还没有被观察到.

思 考 题

21.1 你了解 BE 凝聚吗, 它与本章的讨论有什么关系?

21.2 金属中的自由电子气在什么条件下可以看成是"自由"的?

21.3 金属中的自由电子为什么对比热容贡献很小, 却有很好的导电性能?

21.4 量子统计的适用条件是什么?

21.5 什么是能带、禁带、导带和价带?

21.6 核衰变有哪些方式?

21.7 基本粒子有多少种?

21.8 你认为基本粒子应该怎样分类?

习 题

21.1 已知 Ne 原子的某一激发态和基态的能量差 $E_2 - E_1 = 16.7$ eV, 试计算当 $T = 300$ K 时, 在热平衡态条件下, 处于 E_1 及 E_2 两能级的原子数之比.

21.2 He-Ne 激光器所发激光的波长为 632.8nm, 频率 $\Delta\nu = 5$ kHz, 试估计该激光波列的长度.

21.3 设某 He-Ne 激光器的谐振腔的长度为 1m, 气体介质的折射率可认为等于 1, 试计算相邻谐振频率的间隔; 若该激光器的谱线宽度 $\Delta\nu = 1300 \times 10^6$ Hz, 问所输出的谐振频率共有几个?

21.4 本征半导体 Si 的禁带宽度 $E_g = 1.11$ eV, 电导率 $r \propto e^{-E_g/2kT}$. 当温度从 0℃升高到 10℃时, 试问它的电导率升高几倍?

21.5 p 型半导体锗 Ge 中掺硼 B 在计算受主电离能时, 作为初步近似, 可认为 B^- 束缚一个空穴, 组成类氢原子模型, 浸在无限大的 Ge 电解质中. 已知 Ge 的相对介电常数 $\varepsilon_r = 16.3$, 若空穴的质量 $m_h = m_e$(自由电子质量). 求这半导体的受主电离能 $E_1 = ?$

21.6 室温下($T = 300$ K)对 pn 结二极管反向电压 0.15V 时, 通过的电流为 5μA, 如加同样大小的正向电压通过的电流又是多少?

21.7　室温下($T=300\text{K}$)Si 的本征载流子浓度 $n_i=1.5\times10^{10}\text{ cm}^{-3}$. 若施主浓度 $N_D=5\times10^{15}$ cm^{-3} 受主浓度 $N_A=10^{17}\text{cm}^{-3}$,求室温下 pn 结的接触电势差 V_D?

21.8　已知单晶硅和非单晶硅的禁带宽度分别为 1.11eV 和 1.65eV,试计算它们的本征光电导的吸收限?

21.9　^{14}C 核包含多少质子和中子?

21.10　计算 ^{239}Pu 中每个核子的结合能. 所需的原子质量为 239.052 16u(^{239}Pu),1.007 83u(^{1}H), 1.008 66u(n).

21.11　一放射源包含两类磷放射核^{32}P($t_{1/2}=14.3\text{d}$)和^{33}P($t_{1/2}=25.3\text{d}$). 最初 10% 的衰变来自^{33}P. 多久变为 90%?

21.12　核半径可以通过核对高能电子的散射来测量. 200MeV 电子的德布罗意波长是多少? 这些电子可否作为合适的核探针?

21.13　自由中子如下衰变:

$$n \longrightarrow p+e^-+\nu$$

如果中子与氢原子的质量差是 8.40×10^{-4}u,β 光谱的最大能量是多少?

21.14　铀核^{238}U 发射能量为 4.196MeV 的 α 粒子. 计算这一过程的衰变能 Q,考虑残核^{234}Th 的反冲.

21.15　铀^{238}U 衰变为^{206}Pb 半衰期为 4.47×10^9a. 虽然衰变系列有很多步,但第一步半衰期最长,所以常常可以考虑直接衰变到铅,即

$$^{238}\text{U} \longrightarrow {}^{206}\text{Pb}+\cdots$$

一块岩石发现包含 4.2mg 的 ^{238}U 和 2135mg 的 ^{206}Pb. 假定岩石形成时不包含铅,所有现存的铅都是铀衰变生成的.

(1) 岩石现在包含多少^{238}U 原子和 ^{206}Pb 原子?

(2) 岩石形成时所包含^{238}U 原子有多少个?

(3) 请估算岩石的年龄.

习 题 答 案

第 1 章

1.1　$0.1\text{m}\cdot\text{s}^{-1}$　$53°8'$　东偏北　$0.05\text{m}\cdot\text{s}^{-2}$　$53°8'$　西偏北

1.2　$x=\dfrac{1}{4}y^2$　1.3　$v=-\dfrac{\sqrt{x^2+h^2}}{x}v_0$　$a=-\dfrac{h^2v_0^2}{x^3}$

1.4　(1) $a=\sqrt{\dfrac{(v_0-bt)^4}{R^2}+b^2}$　$\theta=\arctan\dfrac{(v_0-bt)^2}{bR}$

　　(2) $t=\dfrac{v_0}{b}$　(3) $n=\dfrac{v_0^2}{4\pi Rb}$

1.5　(1) 1s　0.5s　(2) 4.9m　3.68m

1.6　$40.25\text{km}\cdot\text{h}^{-1}$　$26°34'$　东南

1.7　(1) $-u\ln(1-bt)$　(2) $\dfrac{bu}{1-bt}$　(3) $6.91\times10^3\text{m}\cdot\text{s}^{-1}$　(4) $22.5\text{m}\cdot\text{s}^{-2}$　$225\text{m}\cdot\text{s}^{-2}$

1.8　(1) $y=x^2-8$　(2) 位置 $2\boldsymbol{i}-4\boldsymbol{j}$　$4\boldsymbol{i}+8\boldsymbol{j}$　速度 $2\boldsymbol{i}+8\boldsymbol{j}$　$2\boldsymbol{i}+16\boldsymbol{j}$　加速度 $8\boldsymbol{j}$　$8\boldsymbol{j}$

1.9　(1) 264m　(2) 空气阻力影响

1.10　$0.25\text{m}\cdot\text{s}^{-2}$　$0.32\text{m}\cdot\text{s}^{-2}$　与 $\boldsymbol{v}$ 夹角为 $128°40'$

1.11　$0.2\text{m}\cdot\text{s}^{-2}$　$0.36\text{m}\cdot\text{s}^{-2}$

第 2 章

2.1　(1) 368N　(2) $0.98\text{m}\cdot\text{s}^{-2}$　2.2　(1) 3.32N　(2) 3.75N

2.3　(1) $a_1=1.96\text{m}\cdot\text{s}^{-2}$向下　$a_2=1.96\text{m}\cdot\text{s}^{-2}$向下　$a_3=5.88\text{m}\cdot\text{s}^{-2}$向上

2.4　$100x$

2.5　$\dfrac{mg\sin\theta\cos\theta}{M+m\sin^2\theta}$　$\dfrac{(m+M)g\sin\theta}{M+m\sin^2\theta}$

2.6　$\omega^2[m_1L_1+m_2(L_1+L_2)]$　$\omega^2m_2(L_1+L_2)$

2.7　(1) $\theta=0$　$T=mg$　(2) $\theta=\arctan\left(\dfrac{a}{g}\right)$　$T=m\sqrt{a^2+g^2}$　(3) $\theta=\alpha$　$T=mg\cos\alpha$

2.8　$N=m(g-4\pi^2n^2h)$　$n>\dfrac{1}{2\pi}\sqrt{g/h}$时 $N=0$

2.9　(1) $6.14\times10^{-2}\text{N}\cdot\text{s}$　(2) 6.14N

2.10　215.6N　2.11　1.5×10^4N

2.13　0.266m　2.14　mv_0/M　2.15　$\dfrac{a-\sqrt{a^2-b^2}}{a+\sqrt{a^2-b^2}}\cdot v_1$

2.16　$\dfrac{1}{12}Ml^2\omega$　2.17　0.237m

2.18　$v=\sqrt{v_0^2-\dfrac{k}{m}(l-l_0)^2}$　$\theta=\arcsin\dfrac{l_0v_0}{lv}$

2.19　$F \geqslant (m_1 + m_2)g$

2.20　(1) $4.69 \times 10^7 \text{m/s}$　$54°'7$　(2) $22°20'$

2.21　75 次　　2.22　319m/s

2.23　(1) $\dfrac{m_1 - m_2}{m_1 + m_2} x_0$　(2) 0　(3) $(m_1 + m_2) \sqrt{\dfrac{gh}{2km_1}}$

第 3 章

3.1　(1) $7.27 \times 10^{-5} \text{rad} \cdot \text{s}^{-1}$　$2.0 \times 10^{-7} \text{rad} \cdot \text{s}^{-1}$　(2) $\omega R \cos\varphi$　$\omega^2 R \cos\varphi$

3.2　$\dfrac{(m_1 - m_2)gR}{J + (m_1 + m_2)R^2}$　$\dfrac{(J + 2m_2 R^2)m_1 g}{J + (m_1 + m_2)R^2}$　$\dfrac{(J + 2m_1 R^2)m_2 g}{J + (m_1 + m_2)R^2}$

3.3　314N

3.4　$\dfrac{m_1 - \mu m_2}{m_1 + m_2 + \dfrac{J}{r^2}}$　$\dfrac{m_1 \left(m_2 + \mu m_2 + \dfrac{J}{r_2}\right)}{m_1 + m_2 + \dfrac{J}{r^2}}$　$\dfrac{m_2 \left(m_1 + \mu m_1 + \dfrac{\mu J}{r^2}\right)}{m_1 + m_2 + \dfrac{J}{r^2}}$

3.5　(1) $\dfrac{3}{4} mgl$　(2) $\dfrac{37}{48} ml^2$　(3) $\dfrac{36g}{37l}$　　3.6　$1.97 \times 10^4 \text{J}$　$1.75 \times 10^4 \text{J}$　　3.7　$\arccos\left(1 - \dfrac{54}{215} \dfrac{v^2}{gl}\right)$

3.8　(1) $\dfrac{2}{3} g$　(2) $\dfrac{1}{6} mg$

第 4 章

4.1　(1) 4.2s　(2) $4.5 \times 10^{-2} \text{m} \cdot \text{s}^{-2}$　(3) $x = 0.02\cos\left(1.5t - \dfrac{\pi}{2}\right)$

4.2　(1) $x = 0.02\cos\left(4\pi t + \dfrac{\pi}{3}\right)$　(2) $x = 0.02\cos\left(4\pi t - \dfrac{2\pi}{3}\right)$

4.3　(1) 0.17m　$-4.2 \times 10^{-3} \text{N}$　(2) $\dfrac{2}{3}$ s

4.4　(1) $x_2 = A\cos\left(\omega t + \varphi - \dfrac{\pi}{2}\right)$　$\Delta\varphi = -\dfrac{\pi}{2}$

4.5　0.44s，　$x = 0.0106\cos(14.1t + 0.109\pi)\text{m}$，　$v = -0.149\sin(14.1t + 0.109\pi)\text{m} \cdot \text{s}^{-1}$

4.6　(1) 6.64N，　(2) $A \geqslant 6.2 \text{cm}$　　4.7　$\text{e}^{-2\pi\beta/\sqrt{\omega_0^2 - \beta^2}}$

4.8　(1) $v = 2\cos(10t - 0.205\pi)\text{m} \cdot \text{s}^{-1}$　(2) $\omega = \omega_0 = 8.4 \text{rad/s}$　$v_m = 2.5 \text{m} \cdot \text{s}^{-1}$

4.9　$1.58 \times 10^{-4} \mu\text{F}$　　4.10　(1) $10^4 \text{rad} \cdot \text{s}^{-1}$　(2) $1.4 \times 10^{-2} \text{A}$

4.11　A：7.81mm　7.81mm；　φ_0：84.8°　185.2°　　4.12　(1) $\dfrac{2\pi}{50}$ s　(2) $\dfrac{10}{3}\pi$ s

第 5 章

5.1　(1) $\varphi = -\dfrac{\pi}{2}$　$y = 0.05\cos\left(1142t - \dfrac{\pi}{2}\right)$　(SI)

　　(2) $\varphi_L - \varphi_0 = -\dfrac{\pi}{2}$　$\varphi_M - \varphi_0 = -2.5\pi$　$\varphi_N - \varphi_0 = -3.5\pi$　$\varphi_P - \varphi_0 = -4\pi$

　　(3) $57 \text{m} \cdot \text{s}^{-1}$

5.2　(1) 0.68s　(2) 1.47Hz　(3) $2.06 \text{m} \cdot \text{s}^{-1}$　　5.3　$1074 \text{m} \cdot \text{s}^{-1}$

5.4　$\dfrac{2}{3}$m　0.125m・s^{-1}　5.3s　0.19Hz

5.5　(1) y 轴负方向　(2) $\dfrac{n}{2\pi}$　$\dfrac{2\pi}{n}$　(3) $\dfrac{2\pi}{r}$　(4) $\dfrac{n}{r}$　(5) $\dfrac{r}{n}(a-b)+t_1$

5.6　$x=2\times10^{-3}\cos2\pi\left(\dfrac{t}{4\pi}-\dfrac{y}{2}-\dfrac{1}{6}\right)$　(SI)

5.7　(1) $y=0.2\cos2\pi\left(\dfrac{t}{0.8}+\dfrac{x}{2}\right)$(SI)　(4) 0.8s

5.8　(1) 1.6×10^5W・m^{-2}　(2) 3.8×10^3J　5.9　$\dfrac{I_1}{I_2}=\dfrac{r_2}{r_1}$　$\dfrac{A_1}{A_2}=\sqrt{\dfrac{r_2}{r_1}}$

5.10　x 轴正向设为 AB 方向,原点取在 A 点,静止的各点的位置为 $x=15-2k$,　$k=0,\pm1$,
　　　$\pm2,\cdots,\pm7$

5.11　$y_1=0.05\cos2\pi(100t-10r_1)$(SI)　$y_2=0.05\cos[2\pi(100t-10r_1)-\pi]$(SI)　P 点不动

5.12　S_1 外侧不动　S_2 外侧加强

5.13　(1) 50Hz　(2) $y_1=0.005\cos2\pi(50t+x/2)$(SI)　$y_2=0.005\cos2\pi(50t-x/2-1/2)$(SI)

5.14　(1) 0.01m,　37.5m・s^{-1}　(2) 0.157m　(3) -8.08m・s^{-1}

5.15　(1) $y=A\cos[2\pi\nu(t-x/u)-\pi/2]$(SI)　(2) $y=A\cos[2\pi\nu(t+x/u)-\pi/2]$(SI)　静止点
　　　的位置:OP 之间 $x=\lambda/4$,　$3\lambda/4$

5.16　(1) 685Hz　618Hz　(2) 660Hz　641Hz　(3) 710Hz　595Hz

5.17　9.4m・s^{-1}

第6章

6.1　16.1m　6.2　$\dfrac{\sqrt{3}}{2}c$　6.3　72km　3×10^{-4}s

6.4　6.71×10^8m　6.5　5/3 昼夜　6.6　$0.946c$

6.7　(80m^2)(1.5625)　6.8　(1) $-0.95c$　(2) 4s　6.9　2.6×10^8m・s^{-1}

6.10　4.97×10^{-15}J　4.56×10^{-15}J　2.80×10^{-14}J　1.82×10^{-14}J

6.11　4.13×10^{-10}J　3.93×10^{-13}J

6.13　(1) 8.69×10^{11}kg　(2) 3.23×10^6kg　(3) 28kg　6.14　(1) 3.06　(2) 2.44

6.15　(1) 5.02m/s　(2) 1.49×10^{-18}kg・m・s^{-1}　(3) 1.9×10^{-18}kg・m・s^{-1}　1.9×10^{-12}N
　　　0.04T

6.16　1.36×10^{-15}m・s^{-1}

第7章

7.1　$(\sqrt{2}-1)l$　7.2　51.2N　7.3　8.02×10^{-19}C　7.4　$\dfrac{1}{2\pi\varepsilon_0}\dfrac{P}{r^3}$　7.5　$\dfrac{\lambda}{2}\sqrt{2}\pi\varepsilon_0 y$

7.6　$\dfrac{1}{4\pi\varepsilon_0}\dfrac{\lambda L}{\left(r^2-\dfrac{L^2}{4}\right)}$,　E 沿带电直线指向缝隙

7.7　$\dfrac{\theta}{2\pi^2\varepsilon R^2}$　7.8　(1) 6.38×10^3V・m^{-1}　(2) 6.95×10^3V・m^{-1}　7.9　0.2V/m　E 指向
　　　缝隙

7.11　(1) $\dfrac{q}{6\varepsilon_0}$　(2) $\dfrac{q}{24\varepsilon_0}$　7.12　$\dfrac{q}{2\varepsilon_0}\left(1-\dfrac{x}{\sqrt{R^2+x^2}}\right)=\dfrac{q}{2\varepsilon_0}(1-\cos\alpha)$

7.13　(1) $9.02\times10^5\mathrm{C}$　(2) $1.14\times10^{-12}\mathrm{C\cdot m^{-2}}$

7.14　(1) 0　$\dfrac{\theta_1}{4\pi\varepsilon_0 r^2}$　$\dfrac{\theta_1+\theta_2}{4\pi\varepsilon_0 r^2}$　(2) 0　$\dfrac{\theta_1}{4\pi\varepsilon_0 r^2}$　0

7.16　$\pm\dfrac{\rho x}{\varepsilon_0}\left(|x|\leqslant\dfrac{d}{2}\right)$　$\pm\dfrac{\rho x}{\varepsilon_0}\left(|x|>\dfrac{d}{2}\right)$

7.17　$0(r<R_1)$　$\dfrac{\lambda_1}{2\pi\varepsilon_0 r}(R_1<r<R_2)$　$\dfrac{\lambda_1+\lambda_2}{2\pi\varepsilon_0 r}(r>R_2)$

7.18　两板外 $E=0$　两板间 $E=\dfrac{\sigma}{\varepsilon_0}$　E 由带正电板指向带负电板.

7.19　(1) q　(2) $\dfrac{qr^2}{4\pi\varepsilon_0 R^4}$　$\dfrac{q}{4\pi\varepsilon_0 r^2}$　(3) $\dfrac{q}{12\pi\varepsilon_0 R}\left(4-\dfrac{r^3}{R^3}\right)$　$\dfrac{q}{4\pi\varepsilon_0 r}$

7.20　$8.85\times10^{-9}\mathrm{C/m^2}$　7.21　$\dfrac{-\sqrt{3}qQ}{2\pi\varepsilon_0 a}$　7.22　(1) $9.1\times10^4\mathrm{V}$　(2) $9.1\times10^{-4}\mathrm{J}$

7.23　(1) $r<a:E=\dfrac{\rho}{2\varepsilon_0}r$　$r>a:E=\dfrac{a^2\rho}{2\varepsilon_0 r}$　(2) $r<a:U=-\dfrac{\rho}{4\varepsilon_0}r^2$

$r>a:U=\dfrac{\rho a^2}{4\varepsilon_0}\left[2\ln\dfrac{a}{r}-1\right]$

7.24　$q_{\text{in}}=4\pi\varepsilon_0 R_1 R_2 R_3 U-R_1 R_2 Q$　$U=U$　$E=0(r<R_1)$

$U=\dfrac{q_{\text{in}}}{4\pi\varepsilon_0 r}+\dfrac{-q_{\text{in}}}{4\pi\varepsilon R_2}+\dfrac{Q+q_{\text{in}}}{4\pi\varepsilon_0 R^3}$　$E=\dfrac{q_{\text{in}}}{4\pi\varepsilon_0 r^2}(R_1<r<R_2)$

$U=\dfrac{Q+q_{\text{in}}}{4\pi\varepsilon_0 R_3}$　$E=0(R_2<r<R_1)$　$U=\dfrac{Q+q_{\text{in}}}{4\pi\varepsilon_0 r}$　$E=\dfrac{Q+q_{\text{in}}}{4\pi\varepsilon_0 r^2}(r<R_3)$

7.25　(1) $r<R_1:D=0$　$E=0$　$R_1<r<R:D=\dfrac{Q}{4\pi\varepsilon_0 r^2}$　$E=\dfrac{Q}{4\pi\varepsilon_0 \varepsilon_r r^2}$

$R<r<R_2:D=\dfrac{Q}{4\pi r^2}$　$E=\dfrac{Q}{4\pi\varepsilon_0 r^2}$　$r<R_2:D=\dfrac{Q}{4\pi r^2}$　$E=\dfrac{Q}{4\pi\varepsilon_0 r^2}$　（曲线略）

(2) $-3.75\times10^3\mathrm{V}$　(3) $9.96\times10^{-5}\mathrm{C\cdot m^{-2}}$

7.26　$\dfrac{Q^2}{8\pi^2\varepsilon l^2 r^2}$　$\dfrac{Q^2}{4\pi\varepsilon l}\ln\dfrac{b}{a}$　$\dfrac{2\pi\varepsilon l}{\ln\dfrac{b}{a}}$,

第 8 章

8.1　(1) $\dfrac{8\sqrt{2}}{\pi}\dfrac{\mu_0 I}{L}$　(2) $\pi\dfrac{\mu_0 I}{L}$　8.2　$\dfrac{\mu_0 I}{R}\left(\dfrac{1}{6}+\dfrac{1}{\pi}-\dfrac{\sqrt{3}}{2\pi}\right)\approx\dfrac{0.21\mu_0 I}{R}$

8.3　(1) $1.44\times10^{-5}\mathrm{T}$　(2) $B_{\text{地}}-B_{\text{线}}=4.56\times10^{-5}\mathrm{T}$

8.4　$6.37\times10^{-5}\mathrm{T}$, 方向与轴垂直　8.5　$13\mathrm{T}$, $0.93\times10^{-23}\mathrm{A\cdot m^2}$

8.6　$0(r\leqslant a)$, $\dfrac{\mu_0 I(r^2-a^2)}{2\pi r(b^2-a^2)}(a<r<b)$, $\dfrac{\mu_0 I}{2\pi r}(r\geqslant b)$（曲线略）

8.7　(1) $\dfrac{\mu_0 NI}{2\pi r}$　(2) $\dfrac{\mu_0 NhI}{2\pi}\ln\dfrac{D_1}{D_2}$　8.8　$1.12\times10^{-17}\mathrm{kg\cdot m/s}$　$21\mathrm{GeV}$

8.9　(1) $1.07\times10^{-2}\mathrm{cm\cdot s^{-1}}$　(2) $5.84\times10^{22}\mathrm{cm^{-3}}$　(3) a 点　(4) b 点

8.10　(1) $1.57\times10^{-2}\mathrm{A\cdot m^2}$　(2) $6.28\times10^{-2}\mathrm{N\cdot m}$

8.11　(1) 0.157A·m² 　(2) 7.85×10⁻²N·m　向上

8.12　(1) 200 A/m　2.51×10⁻⁴T　(2) 200A/m　1.06 T　(3) 2.51×10⁻⁴T　1.05T

8.13　$H=\begin{cases}\dfrac{Ir}{2\pi R_1^2}(r<R_1)\\[2mm]\dfrac{I}{2\pi r}(r>R_1)\end{cases}$　$B=\begin{cases}\dfrac{\mu_0 Ir}{2\pi R_1^2}(r<R_1)\\[2mm]\dfrac{\mu_0\mu_r I}{2\pi r}(R_1<r<R_2)(曲线略)\\[2mm]\dfrac{\mu_0 I}{2\pi r}(r>R_2)\end{cases}$

第 9 章

9.1　−1.9×10⁻³V　C点电势高　9.2　1.1×10⁻⁵V　a端电势高　9.3　2×10⁻³V

9.4　−4.35×10⁻²cos(100πt)V　9.5　0.173V　9.6　−2.51×10⁻²V

9.7　45.5V　逆时针方向　9.8　−0.1[1.5 e⁻ᵗ/¹⁰(1−t/10)]　9.9　$\dfrac{\mu_0 N^2 h}{2\pi}\ln\dfrac{D_1}{D_2}$

9.10　(1) 7.6×10⁻³H　(2) 2.3V　9.11　(1) $\mu_0 N_1(N_2/l)S_2 I_2$　(2) $\mu_0 N_1(N_2/l)S_2$

9.12　(1) $\dfrac{\mu_0 I^2}{16\pi}$　(2) $Re^{1/4}$　9.13　4.4×10⁴kg·m⁻³G

9.14　$\dfrac{\mu_0 I^2}{4\pi}\left(\dfrac{1}{4}+\ln\dfrac{R_2}{R_1}\right)$　$\dfrac{\mu_0}{2\pi}\left(\dfrac{1}{4}+\ln\dfrac{R_2}{R_1}\right)$

第 10 章

10.1　(1) $\dfrac{q_0\omega}{\pi R^2}\cos\omega t$　(2) $\dfrac{q_0\omega r}{2\pi R^2}\cos\omega t$

10.2　(1) 10¹⁰Hz　(2) 10⁻⁷T

10.3　$-j\sqrt{\dfrac{\mu_0}{\varepsilon_0}}H_0\cos\omega\left(t+\dfrac{z}{c}\right)$

10.4　$0.796\cos\left(2\pi\nu t+\dfrac{\pi}{3}\right)$V·m⁻¹

第 11 章

11.1　4.74×10¹⁴Hz　421.8nm

11.2　−2.7cm(与像同侧)

11.3～11.6(略)

第 12 章

12.1　1.638mm　12.2　632.8nm　橙红色　12.3　(1) 58.93μm　(2) 30 条　12.4　4.6μm

12.5　720nm　514nm　400nm　12.6　94.2nm　12.7　458nm　蓝色　12.8　1.000 29

12.9　左：0.81mm,右：0.74mm　12.10　(1) 97nm　(2) 195nm　12.11　作图题,答案略

第 13 章

13.1　1.46μm　13.2　1.12mm　13.3　1.26mm

13.4　(1) 2.4mm　(2) 24mm　(3) 9 条(0,±1,±2,±3,±4)　13.5　(1) 4.4×10⁻⁵mm　(2) 2.3 个

13.6　2.684×10⁻⁷rad　13.7　−2,−1,0,1,2,4,5

13.8　(1) 2　(2) 12μm　13.9　20mm　13.10　±1 级　13.11　(1) 0.276nm　(2) 0.166nm

13.12 (1) 不能 (2) 能，$\lambda=0.142nm$ 的 1 级 $\lambda=0.071nm$ 的 2 级

第 14 章

14.1 $3I_0/32$ $I_0/8$ 14.2 (1) 45° (2) 0° 或 90°，找不到   14.3 2/3   14.4 35.27°

14.5 11.69°   14.6 36.94°   14.7 1/3, 1   14.8 $0.25I_0$ 或 $0.75I_0$

14.9 (1) ①线偏振光、②椭圆偏振光、③线偏振光 (2) ①$I_0/2$、②$I_0/2$、③$3I_0/8$

第 15 章

15.1 21.5   15.2 2/3   15.3 9.52%   15.4 502.9nm   517.8nm   474.0nm   461.5nm

15.5 56.1%   15.6 7.2cm   2.17cm   15.7 $1.42m^{-1}$ $0.278m^{-1}$

第 16 章

16.1 (1) 9.08×10^3Pa (2) 90.4K，$-182.8℃$.   16.2 130℃

16.3 929K，656℃   16.4 $7.19\times10^{-4}m^3$

16.5 $\begin{cases} 3.74\times10^3J\cdot mol^{-1} & 9.35\times10^2J\cdot g^{-1} \\ 6.24\times10^3J\cdot mol^{-1} & 3.12\times10^3J\cdot g^{-1} \\ 6.24\times10^3J\cdot mol^{-1} & 1.95\times10^2J\cdot g^{-1} \end{cases}$

16.6 (1) $6.00\times10^{-21}J$ $4.00\times10^{-21}J$ $10.00\times10^{-21}J$ (2) 1.83×10^3J (3) 1.38J

16.7 (1) 2.67 (2) 4/3 (3) $\sqrt{\dfrac{4}{3}}$ 16.8 7.70K   16.9 (1) 1.66% (2) 0.27

16.10 (1)（曲线略）(2) $1/v_0$ (3) $v_0/2$ 16.11 (1) 曲线略 $2/3v_0$ (2) $2N/3$, $N/3$
　　　(3) $11v_0/9$

16.12 0.20% 2.0×10^{-42}% 1.2×10^{26} 1.2×10^{-15} 16.13 2.0 2×10^3m

16.14 (1) 2.57×10^6Pa 2.97×10^6Pa (2) 5.69×10^5Pa

16.15 $5.8\times10^{-8}m$ $1.28\times10^{-10}s$

16.16 $3.21\times10^{17}m^{-3}$ 7.81m $4.69\times10^4s^{-1}$ 16.17 (1) $\pi d^2/4$ (2) $4/\pi d^2 n$

16.18 (1) $7000m\cdot s^{-1}$ (2) $2.0\times10^{-10}m$ (3) 5.0×10^{10} 次/s

第 17 章

17.1 (1)266J (2)放热 308J

17.2 (1) 0.196atm $48.9\times10^{-3}m^3$ (2) 279.9K $45.95\times10^{-3}m^3$ (3) 1.035atm   282.6K

17.3 (1) 3279J   2033J   1246J (2) 2933J   1687J   1246J

17.4 (1) 3.75×10^3J (2) 5.73×10^3J (3) 曲线略   17.5 略

17.6 $1-T_3/T_2$ 不是卡诺循环

17.7 (1) AB(等温膨胀)过程，吸热，BC(等容冷却)过程，放热 (2) $V_C=V_2$，$T_C=T_1\left(\dfrac{V_1}{V_2}\right)^{\gamma-1}$，

　　　$p_C=\dfrac{M}{\mu}RT_1\left(\dfrac{V_1^{\gamma-1}}{V_2^{\gamma}}\right)$，式中 M 是气体质量，M_{mol} 是摩尔质量 (3) 不是卡诺循环

　　　(4) $1-\dfrac{\left[1-\left(\dfrac{V_1}{V_2}\right)^{\gamma-1}\right]}{(\gamma-1)\ln\dfrac{V_2}{V_1}}$

17.8 略   17.9 (1) 略 (2) 125J $-84J$ $-8.4J\cdot mol^{-1}\cdot K^{-1}$ 17.10 (1) 71.4J   2000J

5000J　（2）略

第18章

18.1　略　18.2　$\nu R\ln 2$　18.3　1.01×10^3J·K^{-1}　-432.6J·K^{-1}　18.4　$c_V\ln\dfrac{T_2}{T_1}+R\ln\dfrac{V_2}{V_1}$

18.5　（1）44%　（2）34%　（3）11.1K　18.6　$\dfrac{M}{\mu}R\ln\dfrac{V_2}{V_1}>0$　18.7　$\dfrac{5}{2}R\ln 2>0$

18.8　$C_v\ln\dfrac{p}{p_0}+C_p\ln\dfrac{V}{V_0}$ 或 $C_p\ln\dfrac{T}{T_0}-R\ln\dfrac{p}{p_0}$

18.9　0　18.10　$p_0/2$　18.11　（1）$(-7/2)R\ln 2$　（2）0　（3）$-R\ln 2$　18.12　2.4J·K^{-1}

18.13　略

第19章

19.1　5682K　5.91×10^7W·m^{-2}　19.2　3.63倍　19.3　1.76×10^{11}Hz　1.5×10^8W

19.4　4.74eV　1.47V　19.5　$5s^{-1}$　19.6　2.5×10^3m^{-3}　19.7　63.7°　4.35×10^{-3}nm

19.8　7.86×10^{-3}nm　19.9　1.72×10^{-27}kg　19.10　2.03×10^{-10}nm

19.11　1.2nm　不　19.12　7.33×10^{-21}kg·m·s^{-1}　5.51×10^7m·s^{-1}　19.13～19.15略

第20章

20.1　（1）$2a^{3/2}$　（2）$3/2a$

20.2　（1）$\psi(x)=\dfrac{1}{\sqrt{\pi}}\dfrac{1}{1+\mathrm{i}x}$　（2）$w(x)=\dfrac{1}{\pi}\dfrac{1}{1+x^2}$　（3）在 $x=0$ 处

20.3　37.7eV　339.3eV　3.77×10^5eV　20.4　5.4×10^{-37}J　5.5×10^{-37}J　0.11×10^{-37}J

20.5　0.091　20.6,20.7　略　20.8　$E_n=-\dfrac{4Rhc}{n^2}$　$\nu=4RC\left(\dfrac{1}{k^2}-\dfrac{1}{n^2}\right)$　$(n^2>k^2)$

20.9　电子将脱离原子运动　速度为 7×10^5m·s^{-1}

第21章

21.1　$1:e^{645}$　21.2　6×10^4m　21.3　8个　21.4　1.3倍

21.5　0.051eV　21.6　0.74V　21.7　1.12μm　0.75μm

21.8　1.12μm　0.75μm

21.9　（a）6；（b）8

21.10　7.6MeV

21.12　6.30×10^{-6}nm

21.13　0.782

21.14　4.268MeV

21.15　（1）10.6×10^{18}　6.24×10^{21}

　　　　（2）6.25×10^{21}

　　　　（3）4.11×10^{10}a

附　录

SI 基本单位

基本量	名称	符号
长度	米	m
质量	千克	kg
时间	秒	s
电流	安[培]	A
热力学温度	开[尔文]	K
物质的量	摩[尔]	mol
发光强度	坎[德拉]	cd

基本物理学常数及常用数值表

名称	符号	计算用值	单位
真空中的光速	c	3.00×10^8	$m \cdot s^{-1}$
普朗克常量	h	6.63×10^{-34}	$J \cdot s$
	$\hbar = h/2\pi$	1.05×10^{-34}	$J \cdot s$
玻尔兹曼常量	k	1.38×10^{-23}	$J \cdot K^{-1}$
引力常量	G	6.67×10^{-11}	$N^2 \cdot m^2 \cdot kg^{-2}$
阿伏伽德罗常数	N_A	6.02×10^{23}	mol^{-1}
元电荷	e	1.60×10^{-19}	C
电子静质量	m_e	9.11×10^{-31}	kg
质子静质量	m_p	1.67×10^{-27}	kg
中子静质量	m_n	1.67×10^{-27}	kg
电子磁矩	μ_e	9.28×10^{-24}	$A \cdot m^2$
质子磁矩	μ_p	1.41×10^{-26}	$A \cdot m^2$
中子磁矩	μ_n	0.966×10^{-26}	$A \cdot m^2$
磁通量子	Φ_0	2.07×10^{-15}	Wb
经典电子半径	r_e	2.82×10^{-15}	m
玻尔半径	a_0	5.29×10^{-11}	m
真空磁导率	μ_0	$4\pi \times 10^{-7}$	$H \cdot m^{-1}$
真空介电常数	$\varepsilon_0 = 1/\mu_0 c^2$	8.85×10^{-12}	$F \cdot m^{-1}$
1 埃	Å	$1Å = 1 \times 10^{-10}$	m
1 光年	l. y.	$1l. y. = 9.46 \times 10^{15}$	m
1 电子伏	eV	$1eV = 1.602 \times 10^{-19}$	J
1 特斯拉	T	$1T = 1 \times 10^4$	G
1 原子质量单位	u	$1u = 1.66 \times 10^{-27}$	kg
		$= 931.5$	$MeV \cdot c^{-2}$

太阳系中的行星
内禀和旋转性质

行星	赤道半径/km	质量 $m_\oplus$	平均密度/g·cm^{-3}	表面引力	赤道面与轨道面交角/(°)
水　星	2.439	0.0553	5.43	0.378	0.0
金　星	6.052	0.8150	5.24	0.894	177.3
地　球	6378.140	1	5.515	1	23.45
火　星	3393.4	0.1074	3.94	0.379	25.19
木　星	71 398	317.89	1.33	2.54	3.12
土　星	60 000	95.17	0.70	1.07	26.73
天王星	26 071	14.56	1.30	0.8	97.86
海王星	24 300	17.24	1.76	1.2	29.56
冥王星	1142	0.002	2.1	0.01	120

* $m_\oplus$ 表示地球质量.

轨道性质

	半长轴/10^6 km	公转周期/d	偏心率	自转周期	轨道面与黄道面交角
水　星	57.9	87.96	0.2056	58.646^d	7°00′26″
金　星	108.2	224.68	0.0068	243.01^{d}R★	3°23′40″
地　球	149.6	365.25	0.0167	23^{h}56^{m}04.1^s	0°00′14″
火　星	227.9	686.95	0.0934	24^{h}37^{m}22.662^s	1°51′09″
木　星	778.3	4337	0.0483	9^{h}50^m>	1°18′29″
土　星	1427.0	10 760	0.0560	10^{h}33.9^m	2°29′17″
天王星	2871.0	30 700	0.0461	17^{h}14^m	0°48′26″
海王星	4497.1	60 200	0.0100	18^h±10^m	1°46′27″
冥王星*	5913.5	90 780	0.2484	6^{d}9^{h}17^m	17°09′03″

★R 指后向旋转(retrograde rotation).

* 2007 年国际天文学联合会表明,冥王星是一颗矮行星,失去行星地位.

能量单位换算

	eV	K	aJ	kJ/mol	Kcal/mol	PHz	μm^{-1}	R$_\infty$
eV	1	1.16×10^4	1.60×10^{-1}	9.6×10	2.3×10	2.4×10^{-1}	8.06×10^{-1}	7.53×10^{-2}
K	0.86×10^{-4}	1	1.38×10^{-5}	8.3×10^{-3}	1.98×10^{-3}	2.1×10^{-5}	6.94×10^{-5}	6.33×10^{-6}
aJ	6.2	7.2×10^4	1	6.0×10^2	1.43×10^2	1.51	5.03	4.59×10^{-1}
kJ/mol	1.04×10^{-2}	1.20×10^2	1.66×10^{-3}	1	2.4×10^{-1}	2.5×10^{-3}	8.33×10^{-3}	7.58×10^{-2}
Kcal/mol	4.4×10^{-2}	5.0×10^2	7.0×10^{-3}	4.2	1	1.05×10^{-2}	3.45×10^{-2}	3.1×10^{-3}
PHz	4.1	4.8×10^4	6.6×10^{-1}	4.0×10^2	9.6×10	1	3.33	3.04×10^{-1}
μm^{-1}	1.24	1.44×10^4	1.99×10^{-1}	1.20×10^2	2.9×10	3.0×10^{-1}	1	9.12×10^{-2}
R$_\infty$	13.6	1.58×10^5	2.18	1.32×10^3	3.2×10^2	3.29	10.97	1

常见物质的相对磁导率和磁化率

物质	温度(20℃)	μ_r	$\chi_m \times 10^5$
真空		1	0
空气	(标准状态)	1.000 000 04	0.04
铂	20°	1.000 26	26
铝	20°	1.000 022	2.2
钠	20°	1.000 007 2	0.72
氧	(标准状态)	1.000 001 9	0.19
汞	20°	0.999 971	−2.9
银	20°	0.999 974	−2.6
铜	20°	0.999 90	−1.0
碳(金刚石)	20°	0.999 979	−2.1
铅	20°	0.999 982	−1.8
岩盐	20°	0.999 986 0	−1.4

压力单位换算表

压力单位	Pa	$Kg \cdot cm^{-2}$	$dyn \cdot cm^{-2}$	$lbf \cdot in^{-2}$	atm	bar	mmHg*
Pa	1	$1.019\ 716 \times 10^{-5}$	10	$1.450\ 342 \times 10^{-4}$	$9.869\ 23 \times 10^{-6}$	1×10^{-5}	7.5006×10^{-3}
$Kg \cdot cm^{-2}$	$9.806\ 65 \times 10^4$	1	$9.806\ 65 \times 10^5$	14.223 43	0.967 841	0.980 665	735.559
$dyn \cdot cm^{-2}$	0.1	$1.019\ 716 \times 10^{-6}$	1	$1.450\ 337 \times 10^{-5}$	$9.869\ 23 \times 10^{-7}$	1×10^{-6}	$7.500\ 62 \times 10^{-4}$
$lbf \cdot in^{-2}$	$6.894\ 76 \times 10^3$	$7.030\ 695 \times 10^{-2}$	$6.894\ 76 \times 10^4$	1	$6.804\ 60 \times 10^{-2}$	$6.894\ 76 \times 10^{-2}$	51.7149
atm	$1.013\ 25 \times 10^5$	1.033 23	$1.013\ 25 \times 10^6$	14.6960	1	1.013 25	760.0
bar	1×10^5	1.019 716	1×10^6	14.5038	6.986 923	1	750.062
mmHg*	133.322 4	$1.359\ 51 \times 10^{-3}$	1333.224	$1.933\ 68 \times 10^{-2}$	$1.315\ 789 \times 10^{-3}$	$1.333\ 22 \times 10^{-3}$	1

* $\rho Hg = 13.5931 \cdot cm^{-3}$, $g = 9.806\ 65 m \cdot s^{-2}$, 0℃；1mmHg=1TVorr≡1/750atm.

电介质的介电常数

气体	温度/℃	相对介电常数	液体	温度/℃	相对介电常数
水蒸气	140～150	1.007 85	固体氨	−90	4.01
气态溴	180	1.0128	固体醋酸	2	4.1
氦	0	1.000 074	石腊	−5	2.0～2.1
氢	0	1.000 26	聚苯乙烯	20	24～2.6
氧	0	1.000 51	无线电瓷	16	6～6.5
氮	0	1.000 58	超高频瓷		7～8.5
氩	0	1.000 56	二氧化钡		106
气态汞	400	1.000 74	橡胶		2～3
空气	0	1.000 585	硬橡胶		4.3
硫化氢	0	1.004	纸		2.5
真空	20	1	干砂		2.5
乙醚	0	4.335	15%水湿砂		约9
液态二氧化碳	20	1.585	木头		2～8

气体	温度/℃	相对介电常数	液体	温度/℃	相对介电常数
甲醇	20	33.7	琥珀		2.8
乙醇	16.3	25.7	冰		2.8
水	14	81.5	虫胶		3～4
液态氨	−270.8	16.2	赛璐珞		3.3
液态氢	−253	1.058	玻璃		4～11
液态氢	−182	1.22	黄磷		4.1
液态氧	−185	1.465	硫		4.2
液态氮	0	2.28	碳（金刚石）		5.5～16.5
液态氯	20	1.9	云母		6～8
煤油	20	2～4	花岗石		7～9
松节油		2.2	大理石		8.3
苯		2.283	食盐		6.2
油漆		3.5	氧化铍		7.5
甘油		45.8			

某些物质的反射、透射和吸收系数

物质	反射系数/%	透射系数/%	吸收系数/%
窗玻璃	8	90	2
磨砂玻璃	12	75	13
乳白色玻璃	50	35	15
无色透明赛璐珞	8	79	13
涂水银的镜面玻璃	70	—	30
涂银的镜面玻璃	85	—	15
白亮木材	小于40	—	大于60
粉笔、石膏、石灰	85		15
白纸	80～60		20～40
白珐琅	65		35
刷白平顶天花板	70		30
红砖墙	10		90
初降雪	85		15
青草层	15～9		85～91
干砂	小于30	—	大于70
黑丝绒	0.2	—	99.8